U0389746

龚俊波　天津大学，教授

贺高红　大连理工大学，教授

胡　杰　中国石油天然气股份有限公司石油化工研究院，教授级高工

胡迁林　中国石油和化学工业联合会，教授级高工

胡曙光　武汉理工大学，教授

华　炜　中国化工学会，教授级高工

黄玉东　哈尔滨工业大学，教授

蹇锡高　大连理工大学，中国工程院院士

金万勤　南京工业大学，教授

李春忠　华东理工大学，教授

李群生　北京化工大学，教授

李小年　浙江工业大学，教授

李仲平　中国运载火箭技术研究院，中国工程院院士

梁爱民　中国石油化工股份有限公司北京化工研究院，教授级高工

刘忠范　北京大学，中国科学院院士

路建美　苏州大学，教授

马　安　中国石油天然气股份有限公司规划总院，教授级高工

马光辉　中国科学院过程工程研究所，中国科学院院士

马紫峰　上海交通大学，教授

聂　红　中国石油化工股份有限公司石油化工科学研究院，教授级高工

彭孝军　大连理工大学，中国科学院院士

钱　锋　华东理工大学，中国工程院院士

乔金樑　中国石油化工股份有限公司北京化工研究院，教授级高工

邱学青　华南理工大学 / 广东工业大学，教授

瞿金平　华南理工大学，中国工程院院士

沈晓冬　南京工业大学，教授

史玉升　华中科技大学，教授

孙克宁　北京理工大学，教授

谭天伟　北京化工大学，中国工程院院士

汪传生　青岛科技大学，教授

王海辉　清华大学，教授

王静康　天津大学，中国工程院院士

王　琪　四川大学，中国工程院院士

王献红　中国科学院长春应用化学研究所，研究员

国家出版基金项目
NATIONAL PUBLICATION FOUNDATION

中国化工学会成立100周年纪念精品专著
The 100th Anniversary of the Founding of CIESC

先进化工材料关键技术丛书

中国化工学会 组织编写

# 超分子插层结构功能材料

## Supramolecular Functional Materials with Intercalated Structure

段雪 卫敏 孙晓明 林彦军 等著

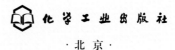

·北京·

# 内容简介

《超分子插层结构功能材料》是"先进化工材料关键技术丛书"的一个分册。

本书基于笔者二十余年的工作积累，是围绕超分子插层结构功能材料开展科学研究和技术开发的系统总结。全书共九章，包括绪论、超分子插层材料的结构设计、超分子插层结构材料的制备方法与原理、超分子插层结构催化材料、超分子插层结构吸附材料、超分子插层结构光功能材料、超分子插层结构生物医用材料、超分子插层结构能源材料和超分子插层结构功能助剂。本书所涉及的研究内容为相关领域国际学术前沿的热点，部分成果为原创，可为超分子插层结构功能材料的基础研究与应用研究提供一些新思路。

《超分子插层结构功能材料》适合化学、化工、材料领域，特别是对插层化学与插层结构功能材料感兴趣的科技术人员阅读，也可供高等院校化学、化工、材料及相关专业师生参考。

图书在版编目（CIP）数据

超分子插层结构功能材料/中国化工学会组织编写；
段雪等著. —北京：化学工业出版社，2022.6
（先进化工材料关键技术丛书）
国家出版基金项目
ISBN 978-7-122-40921-8

Ⅰ.①超… Ⅱ.①中… ②段… Ⅲ.①超分子结构 –
功能材料 Ⅳ.①TB34

中国版本图书馆 CIP 数据核字（2022）第 039433 号

责任编辑：任睿婷 杜进祥 向 东
责任校对：宋 玮
装帧设计：关 飞

出版发行：化学工业出版社（北京市东城区青年湖南街13号 邮政编码100011）
印 装：中煤（北京）印务有限公司
710mm×1000mm 1/16 印张27¾ 字数548千字
2022年6月北京第1版第1次印刷

购书咨询：010-64518888 售后服务：010-64518899
网 址：http://www.cip.com.cn
凡购买本书，如有缺损质量问题，本社销售中心负责调换。

定 价：199.00元 版权所有 违者必究

## 作者简介

**段雪**，北京化工大学教授，2007 年当选中国科学院院士。1982 年毕业于吉林大学获学士学位，1984 年和 1988 年毕业于北京化工学院，获工业催化硕士和博士学位。经 30 余年持续研究，构建了"插层组装与资源利用"特色研究体系，提出了插层结构八面体构筑原则、多相催化反应热与传热耦合、原位超稳矿化、绿氢提效降本和"双碳"目标下过程工业热能及反应耦合等创新概念；设计了旋转微液膜反应器，提出了共沉淀反应体系成核 / 晶化分离、反应 - 分离耦合和无釜水热合成等多种工艺方法；原创紫外阻隔材料、抑烟材料和环境修复材料等系列功能材料。多年获 ESI 中国高被引学者，获国家发明专利授权 60 余件和美国专利授权 5 件。在青海、山东和甘肃等地建立了成果转化基地，实现科技成果转化 20 余项，建成 30 余条工

业生产线，推动了盐湖资源有效利用、汽车精细化学品、介孔吸附材料和土壤修复材料等行业的科技进步，获国家技术发明二等奖 2 项、国家科技进步二等奖 1 项和省部级科技成果奖励 10 余项。先后获国家有突出贡献的中青年专家、中国青年科技奖、全国"五一劳动奖章"、全国杰出专业技术人才和"长江学者奖励计划"特聘教授等荣誉称号。现兼任中国科学院学术委员会基础前沿交叉领域专门委员会委员、中国石油和化学工业联合会副会长、英国皇家化学会会士、*Structure and Bonding* 编委、北京化工大学学术委员会主任等多项学术职务。

**卫敏**，北京化工大学教授，博士生导师。2001 年于北京大学获得理学博士学位，同年加入北京化工大学，2006 年晋升为教授。2008 年佐治亚理工学院访问学者。从事插层组装化学与功能材料研究，围绕插层组装的理论构筑原则、合成方法、材料结构设计与性能调控方面做了系统的研究工作，以功能为导向发展了新型催化材料、电化学能源材料，用于碳一化学、能源催化、生物质催化转化等领域。以通讯作者发表 SCI 收录研究论文 200 余篇；发表论文他引 12200 余次，18 篇论文入选基本科学指标数据库 ESI 高被引 TOP 1% 论文。授权国际专利 2 件，授权国家发明专利 30 余件。作为共同卷主编为 *Structure and Bonding* 编辑第 166 卷；现担任 *Science Bulletin* 期刊副

主编，《催化学报》编委，英国皇家化学会会士。获 2012 年国家杰出青年基金资助；获 2015 年中国石油和化学工业联合会科技进步一等奖；入选 2017 年国家百千万人才工程，被授予"有突出贡献中青年专家"称号；获 2018 年第十五届中国青年科技奖。

**孙晓明**，北京化工大学教授，博士生导师。2000年和2005年于清华大学化学系获理学学士和理学博士学位。2008年在斯坦福大学完成博士后研究回国，进入北京化工大学化工资源有效利用国家重点实验室工作。主要从事纳米能源材料化学研究。近年来主要针对具有应用前景的气体参与的电催化反应开展研究工作，建立了原子级催化剂活性位点精准调控理论，提出了普适性的"气体超浸润电极"概念，用于高性能电解水、氯碱、燃料电池等电极与相应的电化学器件，有效缓解了活性、成本和传质等瓶颈问题，提升了电化学过程和器件的能量效率。目前以第一或通讯作者身份已发表论文150篇，总引用15000余次，他引多于12000次；出版专著一本。申请国际专利8件，获授权2件；获国家发明专利授权40余件。2007年获全国百篇优秀博士论文，2011年获国家自然科学基金杰出青年基金资助，2019年获评中国共产党中央委员会组织部"万人计划"科技创新领军人才。

**林彦军**，北京化工大学教授，博士生导师。1998年获北京化工大学精细化工专业学士学位，2002年和2005年分别获北京化工大学应用化学专业硕士和博士学位。2013年12月至2014年12月在加拿大多伦多大学从事访问学者研究。2005年至今在北京化工大学工作，主要从事插层结构功能材料的应用基础和产品工程研究，先后开发了插层结构高效抑烟剂、紫外线阻隔材料等多种功能材料，作为技术负责人主持建成了多套百吨级中试和千吨级产业化装置，实现了插层材料的大规模生产和实际应用。发表论文70余篇，获美国发明专利授权3件、中国发明专利授权40余件，作为第一起草人制定化工行业标准6项。作为第二完成人获国家技术发明二等奖1项、中国石油和化学工业联合会技术发明一等奖2项，作为第三完成人获中国石油和化学工业联合会技术发明一等奖1项。兼任中国化工学会精细化工专业委员会常务委员、全国安全生产标准化技术委员会化学品安全分技术委员会委员。

# 丛书序言

　　材料是人类生存与发展的基石，是经济建设、社会进步和国家安全的物质基础。新材料作为高新技术产业的先导，是"发明之母"和"产业食粮"，更是国家工业技术与科技水平的前瞻性指标。世界各国竞相将发展新材料产业列为国际战略竞争的重要组成部分。目前，我国新材料研发在国际上的重要地位日益凸显，但在产业规模、关键技术等方面与国外相比仍存在较大差距，新材料已经成为制约我国制造业转型升级的突出短板。

　　先进化工材料也称化工新材料，一般是指通过化学合成工艺生产的、具有优异性能或特殊功能的新型化工材料。包括高性能合成树脂、特种工程塑料、高性能合成橡胶、高性能纤维及其复合材料、先进化工建筑材料、先进膜材料、高性能涂料与黏合剂、高性能化工生物材料、电子化学品、石墨烯材料、3D 打印化工材料、纳米材料、其他化工功能材料等。

　　我国化工产业对国家经济发展贡献巨大，但从产业结构上看，目前以基础和大宗化工原料及产品生产为主，处于全球价值链的中低端。"一代材料，一代装备，一代产业"，先进化工材料具有技术含量高、附加值高、与国民经济各部门配套性强等特点，是新一代信息技术、高端装备、新能源汽车以及新能源、节能环保、生物医药及医疗器械等战略性新兴产业发展的重要支撑，一个国家先进化工材料发展不上去，其高端制造能力与工业发展水平就会受到严重制约。因此，先进化工材料既是我国化工产业转型升级、实现由大到强跨越式发展的重要方向，同时也是我国制造业的"底盘技术"，是实施制造强国战略、推动制造业高质量发展的重要保障，将为新一轮科技革命和产业革命提供坚实的物质基础，具有广阔的发展前景。

　　"关键核心技术是要不来、买不来、讨不来的"。关键核心技术是国之重器，要靠我们自力更生，切实提高自主创新能力，才能把科技发展主动权牢牢掌握在自己手里。新材料是国家重点支持的战略性新兴产业之一，先进化工材料作为新材料的重要方向，是化工行业极具活力和发展潜力的领域，受到中央和行业的高度重视。面向国民经济和社会发展需求，我国先进化工材料领域科技人员在"973计划"、"863计划"、国家科技支撑计划等立项支持下，集中力量攻克了一批"卡脖子"技术、补短板技术、颠覆性技术和关键设备，取得了一系列具有自主知识产权的重大理论和工程化技术突破，部分科技成果已达到世界领先水平。中国化工学会组织编写的"先进化工材料关键技术丛书"正是由数十项国家重大课题以及数十项国家三大科技奖孕育，经过200多位杰出中青年专家深度分析提炼总结而成，丛书各分册主编大都由国家科学技术奖获得者、国家技术发明奖获得者、国家重点研发计划负责人等担任，代表了先进化工材料领域的最高水平。丛书系统阐述了纳米材料、新能源材料、生物材料、先进建筑材料、电子信息材料、先进复合材料及其他功能材料等一系列创新性强、关注度高、应用广泛的科技成果。丛书所述内容大都为专家多年潜心研究和工程实践的结晶，打破了化工材料领域对国外技术的依赖，具有自主知识产权，原创性突出，应用效果好，指导性强。

创新是引领发展的第一动力，科技是战胜困难的有力武器。无论是长期实现中国经济高质量发展，还是短期应对新冠疫情等重大突发事件和经济下行压力，先进化工材料都是最重要的抓手之一。丛书编写以党的十九大精神为指引，以服务创新型国家建设，增强我国科技实力、国防实力和综合国力为目标，按照《中国制造2025》、《新材料产业发展指南》的要求，紧紧围绕支撑我国新能源汽车、新一代信息技术、航空航天、先进轨道交通、节能环保和"大健康"等对国民经济和民生有重大影响的产业发展，相信出版后将会大力促进我国化工行业补短板、强弱项、转型升级，为我国高端制造和战略性新兴产业发展提供强力保障，对彰显文化自信、培育高精尖产业发展新动能、加快经济高质量发展也具有积极意义。

中国工程院院士：

# 前言

　　超分子化学是基于分子间非共价键相互作用而形成分子聚集体的化学，其对现代化学、材料、环境和能源等交叉学科领域产生重要影响。随着超分子化学的发展，依赖于分子间作用力组装成超分子体系的插层结构化合物引起了广泛的研究兴趣。其中层状双金属氢氧化物（LDHs，又称为水滑石）是一类典型的由主体层板和层间客体插层组装得到的超分子插层结构材料。此类材料具有极大的结构和组成设计空间，基于限域效应、主客体协同效应和结构拓扑转变效应，拓展出新一代先进功能材料。由于其具有独特的化学结构、组成和性质，在催化、吸附、光学材料、电化学、生物医药、聚合物助剂等方面显示出巨大的应用潜力，已成为国内外的研究热点。由于超分子插层结构材料的独特性能，对其结构和构效关系的深入研究将极大丰富和发展超分子化学与功能材料的内涵，无论在学术研究还是在应用领域都有重要的发展前景。

　　经多年研究，目前 LDHs 超分子插层结构功能材料已经发展出若干系列，如：（1）超分子插层结构保温材料；（2）超分子插层结构高抑烟阻燃材料；（3）超分子插层结构紫外阻隔材料；（4）超分子插层结构气体阻隔材料；（5）超分子插层结构生物医用材料；（6）超分子插层结构催化材料；（7）超分子插层结构能源材料等。LDHs 超分子插层结构功能材料在很大范畴显示了结构的可调控性：层板元素、客体种类、层间客体排布及取向、主客体相互作用、层间距、介观形貌等均可以调控，从而形成了一个庞大的材料家族。其独特的物理化学特性，为新型功能材料的结构设计、制备及应用提供了广阔的空间。

　　本书系统地阐述了笔者团队 20 余年来围绕 LDHs 超分子插层结构功能材料开展的基础研究和应用研究成果。提出了三类关键科学问题：插层结构材料的理论构筑原则、插层组装的控制方法和原理、插层结构功能材料的结构设计与性能调控。以基础研究为支撑，进一步延长研究链，凝练并解决了三类关键工程化基础问题：成核反应控制、晶化过程控制和原子经济反应设计，实现了插层组装工艺创新。面向国家重大需求，在我国实现了 LDHs 工业化生产。本书具体内容包括超分子插层结构功能材料概述、超分子插层材料的结构设计、超分子插层结构材料的制备方法与原理、超分子插层结构催化材料、超分子插层结构吸附材料、超分子插层结构光功能材料、超分子插层结构生物医用材料、超分子插层结构能源材料和超分子插层结构功能助剂。本书很多成果为笔者团队原创，可为插层结构功能材料的基础和应用研究提供一些新思路。如无特殊情况，本书中"插层结构"一般指代层状双金属氢氧化物（水滑石或 LDHs）。

本书结合笔者团队在插层结构功能材料理论和应用研究的成果和技术资料，涵盖了笔者团队近 20 年来承担的"973 计划"项目（2014CB932100，2011CBA00504，2011CBA00506），国家重点研发计划（2016YFB0301601；2017YFA0206804），国家自然科学基金创新群体（21521005），国家自然科学基金重大项目（22090031，21991102），国家自然科学基金重点项目（91122027，22138001，U1162206，21935001），国家自然科学基金重大科研仪器研制专项（21627813），国家自然科学杰出青年基金项目（21025624，21125101，21225101，21325624）和国家自然科学优秀青年基金项目（21922501，21922801，22022801）。部分成果获得 2001 年度国家科学技术进步二等奖，2004 年度国家技术发明二等奖，2009 年度国家技术发明二等奖，省部级一、二等奖（5 项），中国青年科技奖，侯德榜化工科学技术青年奖，中国催化青年奖等。在此基础上，参阅了大量国内外科技文献，重点针对超分子插层结构功能材料的基础和应用研究完成本书编撰，以帮助科研和工程技术人员对该领域有一个系统的认知，为材料结构设计和性能强化提供理论和应用指导。

本书共九章，由段雪、卫敏、孙晓明、林彦军负责全书的统稿、修改和定稿。第一章由栗振华、杨宇森、陆军撰写；第二章由鄢红、赵晓婕、陈子茹、钟嬿、苗永晨撰写；第三章由李殿卿、冯拥军、宋宇飞、孙晓明、韩景宾、邵明飞、林彦军、项项、唐平贵、贺宇飞、李凯涛、钟海红撰写；第四章由安哲、何静、冯俊婷、范国利、杨宇森、刘雅楠、李殿卿、李峰、卫敏撰写；第五章由雷晓东、项项、孔祥贵撰写；第六章由陆军、田锐撰写；第七章由梁瑞政撰写；第八章由孙晓明、赵宇飞、邵明飞、徐赛龙、周道金、刘文、宋宇飞、杨文胜、韩景宾撰写；第九章由林彦军、韩景宾、李凯涛、刘闻笛撰写。

在本研究团队学习的研究生们为本书的部分研究成果付出了辛勤的劳动，他们包括博士后研究人员朱彦儒等；博士和博士研究生张仕通、徐思民、师慧敏、赵力维、刘慧、张健、邹鲁、王佳、谢任峰、杜逸云、苗成林、王倩、李长明、高娃、王飞、刘杰、李印文、徐明、郝威瀚、崔国庆、张茜、窦肜、雒佳欣、刘雪飞、杨雪婷、马晓红、胡婷婷、陆之毅、孙洁、李鹏松、马丽娜、孟格、杨秋、崔俊雅、谭玲、白莎、王纪康、宁晨君、尹青、崔俊雅、蔡钊、苏宇、史翎、任宏远、王丽静、王桂荣、豆义波、许晓芝、李勇等；硕士和硕士研究生孟庆婷、刘慧敏、王玖钊、宁珣、谭江豪、郑佳琦、郭帅天、高磊、郭懋宽、王沛力、郑敏柔、黄丹丹、赵薇、沈伟城、王冠云、王飒、李素锋、宁波、靳祖超等。

本书还参考了大量国内外同行撰写的书籍和发表的论文资料，在此一并表示衷心感谢。

由于编写此书时间较为仓促，更由于笔者水平有限，疏漏之处在所难免，请读者不吝指正。

段雪，卫敏，孙晓明，林彦军
2022 年 1 月于北京化工大学

# 目录

第二章

超分子插层材料的结构设计　　029

第三章

超分子插层结构材料的制备方法与原理　　063

第四章
# 超分子插层结构催化材料 103

第五章
# 超分子插层结构吸附材料　153

第八章

# 超分子插层结构能源材料 287

## 第九章
# 超分子插层结构功能助剂 369

# 第一章

# 绪　论

# 第一节
# 超分子化学

20世纪80年代，诺贝尔奖得主 Jean-Marie Lehn 等人提出了超分子化学的概念。经过30余年的发展，超分子化学与物理、材料、生命、医学等学科密切交叉融合，取得了诸多突破性的成果，引起了科学家们的广泛研究兴趣。其中，二维层状材料的插层化学，已成为超分子化学领域极具生命力的研究方向。20世纪70年代中期，研究者开始重视天然的插层材料，并利用其结构特点开展了无机-有机复合材料的研究。90年代初期，结构规整的合成型插层材料逐渐受到重视，其中层状双金属氢氧化物（LDHs）最具有代表性。20多年来，研究者提出了插层结构材料的概念，插层组装化学及插层结构材料在科学和技术领域的迅猛发展，为功能材料的研究带来了新机遇和挑战。LDHs 插层结构材料可作为新型催化材料、吸附分离材料、生物医学材料、电化学储能材料、新型添加剂等，展示出十分广阔的应用前景，引起各国科技界的高度重视，并成为当今科技的前沿和热点研究领域。

## 一、超分子化学概述

超分子化学是基于分子间的非共价键相互作用而形成分子聚集体的化学，其不同于基于原子构建分子的传统分子化学，是分子以上层次的化学，它主要研究两个或多个分子通过分子间的非共价键弱相互作用，如氢键、范德华力、偶极-偶极相互作用、亲水/疏水相互作用以及它们之间的协同作用而生成的分子聚集体的结构与功能。超分子化学概念是20世纪80年代末的诺贝尔奖得主 Jean-Marie Lehn 等人在研究模拟蛋白质螺旋结构的自组装体时首次提出的，他们进一步指出了具有超分子结构的材料与其特殊功能之间的联系[1]。90年代 George Whitesides 课题组首先提出纳米尺度结构自组装这一概念；在后续的研究过程中他们继续研究了自组装的应用，并成功地用设计好的分子通过自组装形成具有功能特性的大分子聚集体材料[2]。超分子化学的出现使得科学家们的研究领域从单个分子拓宽至分子的组装体，其从提出至今受到诸多科研人员的青睐和重视，并取得了很多突破性的成果。尤其是2016年，Jean-Pierre Sauvage，Sir J. Fraser Stoddart 和 Bernard L. Feringa 凭借他们在"分子机器"研究方面的杰出成就，分享了当年的诺贝尔化学奖，这更是对超分子化学近几十年发展的肯定，并为该学科的未来发展引领了新方向。

近代化学以分子为中心，关注化学键，特别是共价键的形成与断裂的经典化学研究；超分子化学是其自然延伸，是超越小分子尺度的广义化学。目前研究主要依从化学逻辑，从下而上地合成构筑超分子聚集体体系，研究其自组装、分子识别等性能，探索其潜在应用，符合新世纪自然科学发展趋势。无独有偶，近 20 年来软凝聚态或软物质物理学发展迅猛，成为一个高度交叉而庞大的研究方向，软物质物理 [3] 从上而下研究液晶、聚合物、双亲分子聚集体、生物膜、胶体、黏胶及颗粒物质。这些体系都是超分子聚集体，其共同特点是其组成单元之间的相互作用力比较弱，易受温度影响、熵效应显著；其易于形成非平衡态有序结构，因此具有显著的热波动、多亚稳态、介观尺度自组装、熵驱动的有序 - 无序相变、宏观灵活性等特征，具有"小刺激、大响应"和强非线性的特征。

软物质物理和超分子化学从不同方向和方法，共同研究处于纳米介观尺度的聚集态物质的结构与性能，已经显著影响和带动了现代数学、物理、化学等基础学科的发展，并对现代材料、环境和能源等综合应用学科领域产生重要影响，特别是对生命科学在更深层次认识生命本质、发展新型生物医药技术等方面提供基础认知。对材料科学而言，为在介观领域认识材料的构效关系、开发新一代复合化智能化新型功能材料提供原动力。以超分子化学为代表的超分子科学，使得我们能够在更接近真实物质存在状态的背景下，研究客观物质的存在、转换和运动规律 [4]。

目前的超分子化学研究中，多是基于有机小分子或有机聚合物为构筑单元的聚集态研究，无机超分子化学研究十分缺乏。其实，由于离子键的非饱和性和空间各向同性，典型无机物本身就是"超分子的结构"。例如，自然界存在的珊瑚与珍珠，牙齿与骨骼，人工合成的无机纳米胶体粒子可以看作是无机超分子体系；又如在丰富多彩的无机物晶体结构中，存在着零维、一维和二维纳米尺度空间，为构筑无机 - 有机复合超分子聚集体系提供了绝佳来源。相比于基于碳碳键的线型有机化合物聚集体，无机物拥有从零维点状到三维立体的不同的空间结构（例如基于硅氧键的硅酸盐体系），通过调控其结构和作用力，可为构筑无机复合超分子聚集体提供结构宝库。相比于传统体相无机物硬材料，无机纳米材料或无机纳米粒子在微纳尺度也显示了独特的软物质特性。因此，发展无机超分子化学和复合材料是超分子化学发展中的新兴重要方向，无论对于超分子化学的进一步拓展与发展，还是新型超分子复合智能材料的研发，都具有强大而旺盛的生命力 [5]。

## 二、超分子化学中的相互作用

超分子化学涉及的核心问题是各种弱相互作用的方向性和选择性如何决定分子间的识别及分子的组装性质。这种为数众多的弱相互作用在超分子聚集体系

的聚集 - 解体，刺激 - 响应和非线性性能等方面意义重大。超分子材料通过非共价键相互作用来构筑，包括偶极 - 偶极、氢键、金属配位、亲疏水、范德华力、π-π、静电等相互作用[6]。这些作用力的相互影响以及主体、客体及周围介质（溶剂、晶格等）的影响对于超分子体系的构建非常重要。超分子复合体系中主要的相互作用有[7]：

## 1. 偶极 - 偶极相互作用

两个偶极分子的排列可以导致明显的相互吸引作用，形成邻近的分子上一对单个偶极的排列或者两个偶极分子相对的排列。羰基化合物在固态时存在明显的偶极 - 偶极相互作用。计算表明两个偶极分子相对排列时相互作用的能量约为20kJ/mol，相当于中等强度的氢键。

## 2. 氢键相互作用

氢键可以看作是一种特殊的偶极 - 偶极相互作用，与电负性原子（或拉电子基团）相连的氢原子被邻近的分子或官能团的偶极吸引。由于其相对较强及方向性好的性质，氢键通常被称为"超分子中的万能作用"。典型的氢键相连接的$O \cdots H$距离是$0.25 \sim 0.28nm$，即使超过$0.30nm$，这种作用也是明显的。在超分子化学中氢键是非常独特的，尤其在许多蛋白质的整体构型、酶的基质识别以及DNA的双螺旋结构中，氢键起到非常重要的作用。

## 3. 金属配位相互作用

众所周知，过渡金属阳离子如$Fe^{2+}$、$Pt^{2+}$等，可以与烯烃以及芳香化合物形成络合物，例如二茂铁（$[Fe(C_5H_5)_2]$）和蔡斯（Zeise）盐（$[PtCl_3(C_2H_4)]^-$）。此类络合物中的键合作用非常强，绝不能看成是非共价键，因为它与金属的部分填充的d轨道紧密相连。然而，碱金属和碱土金属与碳碳双键间的相互作用则多为非共价成分的"弱"相互作用，这种相互作用在生物体系中举足轻重。

## 4. 亲疏水相互作用

亲疏水作用通常是与大颗粒或弱溶剂化的粒子对极性分子（尤其是水分子）的排斥力相联系的（例如，借助氢键或者偶极作用）。这种作用在互不混溶的矿物油和水之间尤其明显。水分子相互作用很强烈，使得水中其他物质（例如非极性有机分子）会自发形成一个聚集体，从而被挤出水分子间相互作用之外。例如当环糊精和多环芳烃主体在水中与其他有机客体结合时，由于疏水效应，客体会把水分子从主体空腔中替换出来。

## 5. 范德华力相互作用

范德华力是邻近的核子靠近极化的电子云而产生的弱静电相互作用。这种力是没有方向的，严格来讲，范德华力被分成色散力和交换 - 排斥力。色散力是由邻近分子的波动多重偶极（四极、八极等）作用力引起的吸引力。这种吸引力随着距离的增大而急速减弱（与 $r^6$ 成反比），它存在于分子内的每个化学键，对整个相互作用能有贡献。交换 - 排斥力决定分子的形状并在一定范围内平衡色散力，它以原子间距离的 12 次幂方式递减。

### 6. π-π 相互作用

这种弱静电相互作用发生于芳香环之间，通常存在于相对富电子和缺电子的两个分子之间。虽然 π 堆积有各种各样的中间构型，但常见的有两种：面对面和边对面。面对面的 π 堆积使得石墨有光滑感，可用作润滑剂。核酸碱基对的芳环间的 π 堆积作用有助于稳定 DNA 的双螺旋结构。边对面相互作用可以看作是一个芳环上轻微缺电子的氢原子和另一个芳环上富电子的 π 电子云之间形成弱氢键。

超分子相互作用具有以下几个特点[8]：

① 超分子复合体系中的相互作用与传统的化学键相比多为弱相互作用，不具有专一性，因此，这些相互作用具有加和性和协同性，所构筑的超分子复合体系具有结构多样性、高刺激 - 响应性和环境依赖性。

② 超分子复合体系的组装过程具有动态平衡性，可以形成不同结构、不同状态、不同组成的多层次组装体，组装过程可逆且易于调控，可以实现组装与解组装、界面组装和非平衡组装。

③ 由于相互作用较弱且种类多样，因此超分子复合体系具有外场依赖性和不同时间尺度的响应性。

基于上述重要的非共价键相互作用，超分子体系发展了从最小二聚体、多聚体到更大的有组织、有确定结构、复杂的分子建筑，而这些大量的、多种多样的分子建筑都是在一定条件下由分子识别导演，通过自加工、自组装和自组合所形成分立的低聚分子超分子或伸展的多分子聚集体，如分子层、薄层、胶束、凝胶、中间相、庞大的无机本体以及多金属配位结构等，表现出与组成分子完全不同、更加复杂的化学、物理和生物学性质[9]。

## 三、超分子化学的外延

超分子化学目前已经发展成为化学学科的前沿领域，并与其他学科，如：生命科学、材料科学、信息科学、纳米科学与技术等互相渗透、交叉融合。它所涉及的内容从最初的冠醚、窝穴体、球形物等到而后认识和发展的环糊精、多环芳烃、杯芳烃。上述主体或受体对铵、金属离子、各种中性分子及阴离子均有很高的亲和性，形成以各种非共价键相互作用维持、具有新功能的超分子。尤其进入20世纪90年代，随着超分子化学的日趋成熟和研究工作的不断深入以及对超分子概念的进一步理解，超分子化学开始延伸，吸引那些曾经独立发展的化学研究领域逐渐合并起来，其中发展最快的体系包括富勒烯、碳纳米管、插层化合物、分子筛等在内的多级孔道材料以及金属有机框架材料等[10]。

上述这些研究也极大地鼓舞了科学家进行各种超分子聚集体的设计，从而打开了通向超分子材料和超分子器件的通道，如超分子导体、半导体、磁性材料、液晶、传感器、导线和格栅等，设计组装成超分子光子器件、电子器件、离子器件、开关、信号与信息器件。这些与机械、光物理、电化学功能类似的逻辑闸门，按照分子识别，在超分子水平上进行信息处理，即通过电子、离子、光子和构象变化将其转化为信号，进行三维信息储存和输出，因而对物理科学和信息科学都有深远的影响。目前，智能的超分子功能材料、网络工程和多分子图形的研究课题不断增加。通过自组装生成有确定功能的纳米尺寸的超分子建筑，来获得有机、无机固体纳米材料，将超分子化学与材料科学交融，编织出多姿多彩的新材料，并由此建立起纳米化学。另外，利用非共价相互作用和分子识别，调控、模拟生物过程中的酶催化、DNA结合、膜传递、细胞-细胞识别、药物缓释作用等，使超分子概念不断向生命科学渗透[11]。

Lehn教授指出，通过对分子间相互作用的精确调控，超分子化学逐渐发展成为一门新兴的分子信息化学，它包括在分子水平和结构特征上的信息存储，以及通过特异性相互作用的分子识别过程，实现超分子组装体在分子尺寸上的修正、传输和处理。这导致了程序化化学体系的诞生。他预言，未来超分子体系化合物的特征应为：信息性和程序性的统一；流动性与可逆性的统一；组合性和结构多样性的统一。所有这些特性便构成了"自适应/进化程序化化学体系"这一概念的基本要素。考虑到超分子化学涉及的物理和生物领域，超分子化学便成了一门研究集信息化、组织性、适应性和复合性于一体的物质的学科[12]。

## 四、超分子化学的科学意义

经过几十年的发展，超分子化学通过与周边学科的不断交叉、融合、渗透，从最初的有机主体与有机小分子、离子构成的体系扩展到与高分子和生物大分子构成的超分子。有机主体从天然环糊精、冠醚、穴醚、杯芳烃到有各种基团或单元组合的分子裂缝、笼等。无机分子与有机分子杂交，无机多级孔道材料的介入，已使超分子化学与生命科学、材料科学、纳米科学紧密相连，以致常常难以划清界限。所有这些在20世纪使超分子化学逐渐与相应的物理学、生物学一起发展，构成超分子科学和技术，被认为是 21 世纪新概念和高技术的重要源头之一[7]。

超分子化学的显著成就之一是导向信息科学，其表现是有组织的、复杂的和适应的，从无生命到有生命。自然界亿万年的进化创造了生命体，而执行生命功能的是生命体中的无数个超分子体系。事实上，自然界存在着亿万个超分子体系居于生命体的核心位置，例如，在细胞内的生物化学过程都由特定超分子体系来执行，像 DNA 与 RNA 的合成、蛋白质的表达与分解、脂肪酸合成与分解、能量转换与力学运动体系等。因此超分子科学是研究生物功能、理解生命现象、探索生命起源的一个极其重要的研究领域[13]。

超分子化学的发展将助力生命科学。从超分子及超分子化学的定义来看，超分子是由主体和客体两个部分组成的，这两部分之间的关系可以比喻为锁和钥匙的关系。这些提法实际上是从生物学中借用而来，虽然二者的作用机制可能不尽相同，但是却突出了化学家对生命现象的关注和使某些化学体系具有仿生特性的强烈愿望。随着分子结构和行为复杂程度的提高，信息语言扩展到分子构造中，使分子构造表现出具有生物学特性的自组织功能。这一过程的展开向传统化学研究方式提出了前所未有的挑战，促使化学研究正在实现从结构研究向功能研究的转变，而这一前瞻性的转变将会推动超分子化学领域的发展[13]。

超分子化学的发展将引领材料科学。以超分子化学为基础的超分子材料，是一种正处于开发阶段的现代新型材料。因为材料的性质和功能寓于其自组装过程中，所以，超分子组装技术是超分子材料研究的重要内容。超分子材料作为一种新型的现代实用材料，在很多行业均有着广泛的用途，如：超分子器件、超分子生物体材料、液晶材料、纳米超分子材料等。物理化学与超分子化学的结合则有望改变后者当前定性科学的现状。从微观和宏观上把分子间力、分子识别、分子自组装等过程采用适当的变量进行定量描述，从而提高人们对超分子化学的认识、预测和控制能力，并最终寻求解释超分子体系内在运动规律和预言此类体系整体功能的理论工具[10]。

## 第二节
# 无机超分子材料

## 一、无机材料的超分子特征

无机超分子材料虽然是随着超分子化学概念的建立而被提出的，但其具有更为悠久的发展历史。无机超分子材料来源于自然界，包括贝壳以及一些矿石（如蒙脱土、高岭土、蛭石、云母、滑石等）均可看作天然无机超分子材料。然而天然无机超分子材料存在成分复杂、杂质多等缺点，导致其使用起来极其不便。因此，人工制备具有晶体结构完整、无杂质等特点的新型无机超分子材料受到无机合成化学家的青睐。对于无机超分子材料的结构组成，层状材料是无机超分子材料的主要构筑基元，包括非离子型层状材料（如石墨、氮化硼、氮化碳、黑磷、过渡金属硫化物、金属卤化物）和离子型层状材料［如阳离子层状材料：层状氧化物、层状硅酸盐；阴离子层状材料：层状双金属氢氧化物（水滑石）、层状稀土氢氧化物、MXene］。这些层状材料具有典型二维开放通道，以及原子级厚度的无机层板，并且层板可以带正/负电荷或呈电中性。通过层间氢键、范德华力等相互作用力可以与诸多客体物质（包括：无机金属原子/离子、纳米团簇/颗粒，有机小分子、聚合物或生物大分子等）进行有序组装形成种类繁多的主客体结构无机超分子材料[14]。

## 二、无机超分子材料的制备方法

### 1."自下而上"合成方法

"自下而上"制备方法主要是指以无机盐和其他客体材料作为原料，通过一步合成的方法得到无机超分子材料，主要包括水热法、共沉淀法、成核-晶化隔离法、化学气相沉积法等。比如段雪团队采用一步共沉淀法合成了多种水滑石基无机超分子材料，同时开创了成核-晶化隔离法，并已实现工业化生产。另外，通过化学气相沉积法也可以实现二维钼基（$MoS_2$，$MoO_3$）超分子材料的可控制备[15]。

### 2."自上而下"合成方法

"自上而下"是制备无机超分子材料比较普遍的方法，该方法是指以无机层状材料作为构筑基元，通过离子交换、化学插层、剥层组装、焙烧复原等方法实现系列主客体结构无机超分子材料的可控制备。

（1）离子交换法  离子交换法是一种利用离子型层状材料制备无机超分子材料的有效方法，该方法同时在机械搅拌等外力作用下，将目标客体离子与层状材料层间离子进行置换得到超分子材料。交换离子的种类和交换程度取决于层状材料主体层板的电荷分布和密度，以及目标离子的大小和电荷数。其中根据交换离子的种类，该方法可分为阴离子交换法和阳离子交换法。

（2）化学插层法  化学插层法主要基于非离子型层状材料来构筑无机超分子材料，包括电化学插层和液相氧化还原插层。电化学插层是在传统离子电池的基础上发展起来的，它可以有效地控制插层客体的浓度，并且不同阴/阳离子及分子均可通过电化学插层引入层状材料中[16]。液相氧化还原插层是指通过液相氧化还原反应发生的插层过程，主要发生在层状过渡金属氧化物和硫化物材料中。例如，$VOPO_4 \cdot 2H_2O$ 可以被多种温和的水性还原剂还原。在还原过程中，阳离子被引入层间[17]。

（3）剥层组装法　上述方法为直接合成无机超分子材料提供了简便的途径，然而对层状材料和层间客体种类有严格的限制。剥层组装法为无机超分子材料的合成提供了更为普适的方法，通过将层状材料剥离成单层纳米片，可以实现与不同种类客体（从离子、分子到聚合物）的组装。另外，通过控制反应物的配比和反应条件，可以精确地调整无机超分子材料的化学组成和堆积方式。例如，采用 $Li^+$ 插层和超声剥离的方法，可以制备得到含单层 $MoS_2$ 纳米片的悬浊液；进而可以实现聚氧化乙烯（PEO）分子与 $MoS_2$ 的自组装，组装后 $MoS_2$ 的层间距从初始的 0.64nm 增加到 1.45nm[18]。

# 三、无机超分子材料分类

基于上述方法，系列客体材料（包括金属原子和离子、无机离子和纳米材料、有机分子和聚合物等）已经被成功插层到层状材料中，得到不同类型主客体结构无机超分子材料。因此，将无机超分子材料按照客体种类进行分类，可以分为无机-无机超分子材料和无机-有机超分子材料。

## 1. 无机-无机超分子材料

无机-无机超分子材料是指将零价金属原子/阳离子、无机阴离子，以及一些无机纳米材料作为客体插层到层状材料中形成的无机超分子材料。例如，通过化学或电化学氧化还原反应可以在石墨烯层间或一些层状氧化物中引入各种阳离子（如 $Li^+$、$Na^+$、$K^+$、$Rb^+$、$Ca^{2+}$、$Sr^{2+}$、$Ba^{2+}$ 等），形成各种阳离子插层无机超分子材料，另外也可以在 LDHs 的层间通道中引入各种无机阴离子（如 $F^-$、$Cl^-$、$Br^-$、$I^-$、$CO_3^{2-}$、$NO_3^-$、$ClO_4^-$、$SO_4^{2-}$、$PO_4^{3-}$、$C_2O_4^{2-}$、$BF_4^-$ 等）[14]。此外，一些无机纳米团簇［如多金属氧酸盐（POMs）、量子点（QDs）、贵金属纳米团簇等］也被引入层状材料中，形成无机-无机超分子材料。

## 2. 无机-有机超分子材料

无机-有机超分子材料是指将有机小分子/离子、聚合物分子以及一些生物大分子（如蛋白质、DNA 和 RNA）作为客体插层到层状材料中形成的无机-有机复合的超分子材料。例如，多种光功能分子或染料分子已经被插层到层状纳米材料，包括靛蓝胭脂红、偶氮染料（甲基橙、邻甲基红和媒介黄等）、蒽醌染料、多环芳香化合物（萘、芘、蒽和芘衍生物）等，形成独特的光功能无机-有机超分子材料。此外，将聚合物引入层状材料中近年来受到广泛关注和研究，例如：本书著者团队[19]将剥层钴镍水滑石纳米片和导电聚合物（PEDOT:PSS）通过静电相互作用进行共组装，形成独特的无机-有机超分子结构复合材料，并用作超级电容器电极材料。值得一提的是，Choy等人[20]将DNA作为电荷补偿阴离子，通过离子交换途径插层到LDHs层间。

## 四、无机超分子材料的特点、应用及发展

由无机-无机、无机-有机主客体相互作用所构筑的无机超分子材料可以实现单一层状材料与单一客体难以实现的协同性质。对于客体而言，无机超分子材料中的客体种类、浓度、堆积状态更为可控，激发了通常在体相被抑制的物理化学活性。例如，一些光功能分子在固（体）态的严重聚集降低了其光学效率，导致荧光红移、谱线展宽甚至荧光猝灭。通过将这些光功能物种限制在层状材料中，可以在分子水平上有效抑制光功能分子的聚集，从而避免荧光猝灭并增强机械、热和光稳定性。这也适用于其他具有独特电子、光子学、热学和磁学性质的功能物种。此外，基于主客体插层的无机超分子材料结构变化是可以实时监测并且具有可逆性，为从原子角度理解超分子相互作用力提供了条件。例如，层状TMD材料中的$Li^+$的插层会引起主体层板发生从半导体相（2H相）到金属相（1T相）的转变。通过对$Li^+$插层过程的控制，可以连续调节2H相/1T相的比例；通过$Li^+$的脱出，可以将生成的1T相恢复到2H相。这种客体诱导的相变对研究其光/电化学性质提供了非常理想的体系[16]。

无机超分子材料所具有的独特结构特点使其在超导、超顺磁、热电材料、催化剂等领域备受关注，并被成功用于诸如电化学储能（超级电容器、离子电池）、催化（电催化、光催化、热催化）、光电功能薄膜（透明导电薄膜、智能变色薄膜）、吸附分离、气体阻隔、药物传递和光动力治疗等多个领域。无机超分子材料作为超分子化学研究领域的重要分支，具有非常重要的理论研究意义和实际应用价值。为设计新材料和在分子/原子尺度上调整其性能开辟了一条新途径，为我们提供了一个全新的材料和化学世界。虽然这一具有吸引力的领域在基础和技术上还存在许多挑战，随着对超分子化学研究的不断深入，它将成为新材料合成和新应用探索的一个重要研究方向，具有广阔的发展前景[21]。

# 第三节
# 超分子插层结构功能材料

随着超分子化学的逐步发展、研究工作的逐渐深入，人们对超分子概念的理解进一步加深，超分子化学的范围进一步延伸，逐渐吸纳了那些曾经独立发展起来的化学研究领域，其中值得一提的是超分子插层结构层状化合物。此类化合物以无机层状化合物为主体，利用静电相互作用、范德华力、氢键和 π-π 堆积作用等与为数众多的无机小分子、有机小分子、高分子或纳米颗粒等客体进行超分子插层组装，获得了超分子插层结构层状材料体系，极大丰富了超分子化学的研究领域和应用范围[22]。此类化合物具有特殊的化学结构、组成和性质，在催化、吸附分离、离子交换、电化学、光学材料等方面具有巨大的应用潜力，已成为国内外研究的热点。

## 一、插层结构的超分子特征

以分子或分子聚集体为结构单元，依赖于分子间作用力组装成超分子体系，从简单结构到复杂结构可分为若干层次。如以结构特征为依据，可分为微粒、线、带和管材、超薄膜和层状及插层结构、三维组装结构（如生命体组织与器官）等。层状化合物的层板内存在强的共价键作用，而层间则是一种弱的相互作用力（一般是范德华力）[23]。因此，在一定条件下，某些物质（原子、分子和离子）可以克服层状化合物层与层之间的作用力而可逆地插入层间空隙（有时是离子交换），将层板距离撑开，并与层板形成较强的相互作用力，层板结构不受影响，形成具有可插层和组装性能的层柱化合物。

将层状化合物形象地称为主体，而将被插入的物质称为客体。层柱化合物，又称插层化合物或夹层化合物（intercalation compounds or pillared layered compounds）是指由具有层状结构的化合物主体和其他功能性客体复合而成的物质[24]。通常把具有层柱结构并具有某种特定功能的层柱化合物称作层柱材料。研究客体对主体通过插层作用而组装出结构有序的层柱材料称为插层组装。经插层组装得到的层柱材料属于低维结构材料的范畴。

以层状结构材料为前体（前驱体）、经超分子插层组装而得到的高度有序的层柱结构材料被称为具有插层结构的超分子功能材料。插层结构材料具有典型的超分子结构，即主体层板由无机或有机物质构成，原子间以共价键连接，一般情况下带电荷，层间插入带有与主体层板相反电荷的离子（可以是无机或有机离子、配合物或聚合物离子），使得整体价态平衡。层间离子与主体层板通过多种非共价键作用组装，以离子键或氢键、分子间作用力等弱化学力结合，因此具有可交换性[25]。

## 二、超分子插层结构功能材料的组装方法

层状双金属氢氧化物（layered double hydroxides，LDHs，又称阴离子黏土）是一类典型的超分子插层结构材料，由带正电荷的氢氧化物层板和层间阴离子组成，其化学组成为 $[M^{II}_{1-x}M^{III}_x(OH)_2](A^{n-})_{x/n} \cdot mH_2O$，其中 $M^{II}$ 和 $M^{III}$ 分别为二价和三价六配位金属阳离子；对于典型的 MgAl-LDHs，$x = 0.2 \sim 0.33$，对于含有过渡金属离子的 LDHs，$x$ 的范围更大；$A^{n-}$ 为层间 $n$ 价阴离子[26]。因此，LDHs 是一种三价金属离子异价取代二价金属离子，阴离子进入层间平衡过量层板正电荷的层状有序固溶体。

此类材料的结构特征是，主体层板由二价或者三价金属阳离子与羟基以共价键连接成八面体，一般情况下主体层板带有电荷；层间具有平衡主体层板电荷的阴离子，其可以是一般意义的无机或有机小离子，也可以是配合物离子或聚合物离子；层间离子通过静电相互作用、分子间作用力或氢键等分子间相互作用与主体层板结合形成复合结构。目前，研究者已合成了上百种二元、三元、四元LDHs，建立了以层状水滑石为基础的超分子插层结构功能材料平台。插层结构为典型的超分子结构，存在多种化学键型、多种元素或基团，且结构具有极大的调整空间[27]。同时由于多种功能的组合以及功能性的极大强化，其作为催化材料、选择性红外吸收材料、阻燃材料、磁性材料、电极材料、功能性助剂、药物载体、生物材料等被广泛应用到多种基础科研领域以及国民经济多行业中，具有极高的前沿探索以及产业化应用前景，在国民经济发展中发挥着越来越重要的作用。

超分子插层结构功能材料的组装一直是该研究领域的一个重要课题。目前，已经发展了多种成熟的 LDHs 制备方法，其中包括共沉淀法、水热合成法、成核晶化隔离法、尿素分解法等[28]。研究表明，LDHs 的成核和生长过程的环境，比如反应温度、pH 值、浓度、溶剂等都会对水滑石的结构、组成、形貌、晶粒尺寸等产生重要影响。近年来，随着 LDHs 插层组装材料研究的不断深入，以功能为导向，又发展了一些新的超分子插层结构功能材料的组装方法，比如离子交换、基于结构记忆效应的插层组装、反相微乳液法、反混沉淀、剥层组装、"分子反应平台"插层组装等。

## 三、超分子插层结构功能材料的发展

由于具有精细的超薄二维层状结构，二维层状纳米材料显示出许多独特的物

理、化学、电子和光学特性。由于层状材料的层板主体元素众多以及与层间离子通过非共价键连接，二维层状材料的化学组成及插层结构能够灵活调变，利于构建具有不同性质和作用的功能材料。超分子插层功能材料的发展，给原本主要基于化学键调变的材料化学注入了新的活力，极大地丰富了新材料设计的思路与手段。

将不同主体层板与不同客体插层分子进行排列组合，即可得到多种多样的新型功能材料，超分子插层材料的结构特点又为二者的高效结合提供了合成策略。特别在无机-有机复合材料方面，超分子插层材料有着无与伦比的优势。如何将更多更大更复杂、更具有功能性的有机分子稳定地插入层状材料中，是目前研究的一个重点和难点。随着合成理论和方法的不断发展，越来越多的超分子插层结构功能材料能够被合成出来；而丰富多彩的有机分子，也为超分子插层结构功能材料的发展提供了无限可能。

1994年，本书著者团队率先开展了对LDHs层状结构功能材料的理论基础、应用基础、工程和工业化研究，实现了对层状结构功能材料的结构创新，突破了一系列关键制备技术，对层状结构有了较为深刻的认识[29]。1999年，在层状结构功能材料研究基础上，认识到其具备可插层性，是一种特殊的超分子插层结构材料，即二维插层材料。在此基础上，进一步开展了超分子插层组装的研究，实现了系列LDHs超分子插层材料的结构创新，并提出了一系列关键的制备技术[30]。自2002年以来，通过对超分子插层结构的系统研究，发现在超分子插层结构主客体之间可以发生配位作用。在此理论指导下，提出了构建超分子插层结构的主客体电子转移体系，构筑新型超分子插层结构先进功能材料。近些年来，随着超分子插层结构功能材料和催化科学的快速发展，LDHs凭借其自身结构优势和拓扑转变特性，在光电材料、生物医用材料、吸附材料和催化材料等众多领域得到蓬勃发展，并引起了国内外研究者的广泛关注和极大的研究兴趣。

## 四、超分子插层结构功能材料的分类

经过近30年的研究开发，目前超分子插层结构功能材料已经形成了保温材料、无卤高抑烟阻燃材料、紫外阻隔材料、生物医用材料、多相催化材料、功能助剂材料等若干系列。

### 1. 超分子插层结构保温材料

超分子插层结构保温材料对建筑物的红外辐射具有优异的选择吸收性，可以添加到涂料中，直接涂在建筑物的墙壁和屋顶上，是一种使用简单、保温效果显著的优良建筑保温材料。此外，其还可以添加到聚乙烯农用薄膜中，提高农用膜的红外吸收性能，从而提高其保温能力，为我国农业技术的发展以及温室大棚的使用提供有力支撑。本书著者团队[31]将 $N,N$-双（膦酰基甲基）甘氨酸（草甘膦，GLYP）阴离子通过离子交换法插入 MgAl-NO$_3$-LDH 层间组装成 MgAl-GLYP-LDH，使其具有优异的选择性红外吸收性能；进一步采用母料法将 MgAl-GLYP-LDH 与低密度聚乙烯（LDPE）混合，由于 MgAl-GLYP-LDH/LDPE 具有优异的中红外吸收性，显著提升了农用塑料薄膜的红外吸收性能。

### 2. 超分子插层结构高抑烟阻燃材料

超分子插层结构高抑烟阻燃材料不但具有良好的阻燃性能，而且可以高效吸收高分子材料燃烧产生的窒息性烟雾，起到优良的抑烟效果，是一种新型高抑烟阻燃材料。Heinrich 等[32]通过回流染料插层的水滑石（d-LDH）混合物制备聚丙烯接枝的马来酸酐复合材料（PP-g-MA/d-LDH），为合成低可燃性的 LDHs 基聚合物复合材料提供了一种新途径。

### 3. 超分子插层结构紫外阻隔材料

LDHs 层状结构对紫外线具有屏蔽功能，引入肉桂酸和水杨酸等对紫外线有吸收作用的客体分子，由于其良好的光学吸收和物理屏蔽性能，可吸收 90% 以上的紫外线，添加到沥青中可显著提升沥青基防水材料的使用寿命。紫外线会导致沥青老化，路面开裂、剥落退化，在紫外线辐射强的高海拔地区，情况尤为严重。本书著者团队[33]通过成核晶化隔离法制备了 Mg$_a$Zn$_b$Al$_c$-CO$_3$-LDH，并将其添加至沥青中，在加速紫外线照射老化测试中，LDHs 改性沥青样品显示出优异的抗紫外线老化能力（图 1-1）。

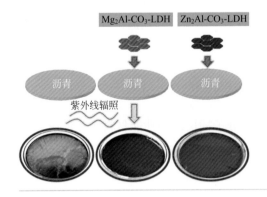

图1-1

Mg$_a$Zn$_b$Al$_c$-CO$_3$-LDH改性沥青样品示意图[33]

### 4. 超分子插层结构生物医用材料

LDHs 最早是作为抗胃酸及抗胃蛋白酶试剂用于生物医药领域，现阶段研究主要集中在将药物分子插层组装后，利用层间扩散阻力、主客体间相互作用等因素，实现药物或生物活性分子的储存、运输与可控释放。

### 5. 超分子插层结构多相催化材料

LDHs 可以作为催化剂、催化剂载体或催化剂前体，在多相催化中具有潜在应用。LDHs 的组成、粒度、形态、表面缺陷结构以及电子性质可以通过不同合成策略进行调节，从而提供不饱和的活性位点（例如低配位的台阶、边角原子），可以用于热催化、光催化和电催化等多相催化反应。本书著者团队[34]合成了含 $Ti^{3+}$ 的 NiTi-LDH 纳米片，显示出优异的可见光光解水催化活性（图1-2）。通过 LDHs 前体结构拓扑转变可获得一系列粒度/形貌和电子结构可调的负载型单金属、双金属催化剂，在选择性加氢、合成气转化、水煤气变换、氧化反应等领域有着广泛的应用。

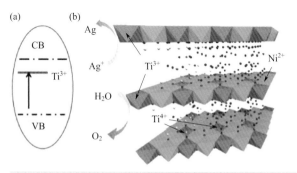

图1-2
（a）$Ti^{3+}$掺杂的NiTi-LDH的能态结构模型，以及（b）NiTi-LDH纳米片在可见光照射下析出氧气的过程示意图[34]

CB—导带；VB—价带

# 第四节
# 超分子插层结构功能材料的特点及应用

超分子插层结构功能材料由于独特的各向异性、微纳结构可控、高的比表面积和丰富的孔道结构、层板元素种类比例可调，以及嵌入不同特性的客体分子，使其具有独特的物理、化学、电子和光学特性，具有广泛的应用前景，为新型功能材料的设计与开发提供了广阔的空间。LDHs 作为二维超分子插层结构功能材料，基于主体层板和插层结构的理论构筑原则、主客体电子转移机制和分子的识别组装、层间限域与空间微观结构调控，为构建新型功能材料提供了很大的设计空间，在光电化学、生物医学、工业催化/吸附等领域有着成熟的生产和应用过程[35,36]。

# 一、超分子插层结构功能材料的性质与效应

超分子插层结构功能材料的主体 LDHs 具有与其他纳米材料不同的层状结构特点，在多个层次上具有纳米结构特性。首先，LDHs 的晶粒尺寸可以是纳米级的，通过多种途径可控合成层板（$ab$ 面）的晶粒尺寸在 20nm 到几百纳米，甚至达到微米级别。其次，LDHs 的层板厚度是纳米级别，其单层 LDHs 片厚度仅为 0.48nm，显微镜下面看到的 LDHs 片一般是几片或几十片沿 $c$ 轴方向堆叠在一起形成厚度约几纳米到十几纳米的 LDHs 微晶。最后，LDHs 的层间是纳米级区域，其二维纳米限域空间可以通过静电作用等将客体分子引入到层间，其层间高度随着客体的大小、排布和取向变化而随之调节[37]。正是因为 LDHs 独特的纳米结构，相比其他材料，LDHs 具有特殊的性质和效应。

## 1. 层板组成和缺陷可调性

作为异价金属取代式有限固溶体，LDHs 结构中具有的适宜大小离子半径及相近电荷数的六配位金属阳离子均可作为 LDHs 主体层板元素，且不同二价 / 三价金属离子的摩尔比影响层板内元素的分布规律。但是受静电斥力的影响，LDHs 层板中的高价金属离子之间往往相互隔离，在层板内保持高度均匀分布的状态存在。异价掺杂导致的正电荷过剩，除了阴离子层间插层电荷补偿途径之外，还可以通过层板内阳离子空位、阴离子共掺杂或羟基解离等途径实现电荷补偿，从而在层板中引入和调控晶体缺陷位点。

## 2. 晶粒尺寸及形貌可调性

根据不同合成方法可制备小粒径、薄层结构、三维纳米复合结构等不同粒径、厚度和形貌的 LDHs，进而改变 LDHs 的性能。如结晶完美的微米级 LDHs 单晶，纳米级 LDHs 纳米片，高比表面积、富含缺陷的 LDHs 粉体；以及在不同衬底上生长的 LDHs 平躺式或直立式超薄膜等。

## 3. 插层组装可调控性与纳米限域效应

结合 LDHs 层状材料的结构特点及电荷分布情况，使得其通过空间限域及电子限域两种途径有效地分散了层间阴离子的聚集状态，即同时满足层板电荷密度与层间距的尺寸要求。LDHs 中存在的层间阴离子可以被其他阴离子交换。对于非球形阴离子，特别是含有长链的阴离子（如羧酸盐或长链磺酸盐），其在层间存在若干种可能的排列方式，即平行的单层、平行的双层或倾斜的单层或双层排列。通过 LDHs 层间的限域作用，可以抑制插层客体分子的热振动，提高客体的光、热稳定性。

LDHs 层间功能分子的价电子被无机纳米层宽禁带所限制，形成无机 / 有机

量子阱结构，产生独特效应。已有研究表明层间客体的光、热、手性稳定性得以提高，LDHs可作为二维"分子容器与反应器"。

### 4．表面效应

LDHs由于其特殊的层状结构，主体层板具有比表面积大的优势，使其具有较低的表面能。因此，制备时无需采用贵的辅助试剂（有机溶剂、偶联剂等）及高能耗生产装备便可得到具有纳米尺寸层状材料LDHs。因其较低的表面能，在实际应用时易于均匀分散，特别适合于高分散催化剂的制备。LDHs的高表面积结合其带正电的层板特征，使其展示出特有的界面效应，如可吸附大量的阴离子和中性小分子，溶剂进入层间可导致其剥层等。

### 5．拓扑转变及记忆效应

LDHs的拓扑转变过程包括正电性层板与原有阴离子间的静电作用及氢键等旧键的断裂以及新键的重筑过程；LDHs结构在一定温度下焙烧会脱除层间水、阴离子和羟基，形成一种复合金属氧化物，称为MMO（mixed metal oxides）或LDO（layered double oxides），具有表面积大、表面碱性强的特点，保持与LDHs晶体结构的一致性，而且维持了沿一定方向上的对称性。当焙烧温度不高于500℃时，将焙烧产物暴露于水和阴离子环境中，可恢复为层状LDHs结构，称为结构记忆效应（structural memory effect）或焙烧-再水合效应。

### 6．小尺寸效应

当晶粒尺寸与光波波长、德布罗意波长等物理特征尺寸相当或更小时，晶体的周期性边界条件被破坏，导致声、光、电、磁、热、力学等呈现新性质。对超微颗粒而言，尺寸变小同时其比表面积亦显著增加，从而产生一系列新奇的性质。

## 二、超分子插层结构功能材料的应用

在过去的几十年里，LDHs得到了广泛的应用，经过适当改性或功能化后，LDHs显示出独特的物理化学性质并应用于环境治理、能源、工业催化及生物医药等领域，取得诸多进展[38,39]。

### 1．环境治理领域应用

21世纪以来，随着工业化和城市化的不断推进，废水、废渣和废气的排放达到了前所未有的水平，其中重金属、阴离子污染物、放射性核素和有机污染物等有害物质可在生物体甚至整个食物链中积累，严重威胁生态系统和人类的健康。LDHs及功能化LDHs的极高的表面积、独特的表面性质使其可作为优良的吸附剂材料，层间客体分子交换能力进一步强化了其在吸附剂领域的应用，且越来越多的研究表明功能化后的LDHs除了吸附作用外，也可表现出降解污染物的催化活性[40,41]。Ma等人利用离子交换法制备了$MoS_4^{2-}$插层改性的Mg/Al-LDH用于去除溶液中重金属离子[42]，研究结果表明$MoS_4$-LDH对$Hg^{2+}$、$Ag^+$等重金属离子具有极强的选择性和极高的吸附速率。

放射性核素如铀（U）、镅（Am）和铕（Eu）通常是化学毒性高的全球性污染物，它们的半衰期长、放射性高，并具有生物毒性。LDHs及其改性材料因其优异的水处理性能，成为近年来去除放射性核素的研究热点。Zhang等人[43]采用两步法制备了$Fe_3O_4$@C@Ni/Al-LDH三元复合材料，用其高效吸附处理污水中的U，并易于从溶液中分离回收再利用。另外，LDHs通过吸附能够有效缓解有机物污染的问题。无机分子插层类LDHs是亲水性的，对离子型污染物优先脱除；而使用有机分子插层的改性类LDHs，层间形成了有机相并伴有表面静电作用，可用于脱除废水中非离子型有机物和疏水性有机物。

### 2．能源领域应用

能源驱动着人类的社会发展与文明进步，自传统化石能源的开发与利用引起了人类社会结构及生产力形式深刻变革并带动经济与科技爆发式的增长后，不断增加的能源需求与有限的化石能源储量形成了尖锐的矛盾，清洁、可再生的新能源的开发及存储已经迫在眉睫[44]。此外，日益发展的科技电子领域也需要开发高效稳定的电能存储设备。因此提高氢能等清洁能源的产生和存储转化器件的效率、设计制造电化学能量存储装置、提升电池的功率密度等成为能源领域的研究热点[45]。LDHs作为一种理想的电化学材料引起了研究者的广泛关注，但其电导率差、层板聚集阻碍了其在连续周期中的循环性能，因此研究者将LDHs与具有优异导电性质的碳材料或导电聚合物结合制备了复合材料，用以提高LDHs的电子延展性，同时防止LDHs团聚[46]。人们针对LDHs电子传输、活性位点暴露、表面离子扩散等方面开展了大量研究，实现了其在电化学领域的应用[47]。

LDHs在高温条件下可经拓扑转变过程得到活性位点分散暴露且不易团聚、继承层板一定取向结构的复合金属氧化物材料，其是一类重要的高活性锂离子电池电极材料，与单一氧化物相比具有更高的比容量和稳定性，可发展成为高性能电池电极材料。

电解水分解析氧反应是吸热反应，需要较高的能量供给，在电解的过程中，起始过电位较高、反应速率迟缓严重限制了其发展。2013年，Dai等人[48]报道了一种NiFe-LDH与碳纳米管的复合物用于电催化析氧反应（OER），与商用贵金属Ir基催化剂相比具有更高的电催化活性和析氧稳定性。科研人员陆续报道了其他层板金属离子的 LDHs 也具有一定的电催化析氧活性，例如 ZnCo/CoMn/CoNi/LiFe-LDH 等包含过渡金属元素的 LDHs 材料，尤其是含有 Ni、Co、Fe、Zn 的 LDHs 已经被广泛应用于电化学催化剂领域。

超级电容器作为一种新兴的储能设备，因其功率密度大、充电时间短、安全隐患小而备受关注。电极材料是决定超级电容器性能的最重要部件，层板含有可变价过渡金属（Co、Ni、Mn 等）的 LDHs 是一类重要的赝电容材料，具有非常高的理论比电容，但受限于氢氧化物自身的导电性和活性组分易团聚等缺点，纯 LDHs 纳米片的超电容性能较低，因此构筑 LDHs 纳米结构（如多级结构、阵列结构）和 LDHs 复合材料（如碳材料、导电聚合物）是重要的研究方向。本书著者团队[49]采用原位生长的方法在 $Co_3O_4$ 纳米线阵列上合成了 LDHs 纳米片结构，得到了具有核壳结构的纳米阵列材料（图 1-3），其比电容和充电速率显著优于 $Co_3O_4$ 纳米线阵列。

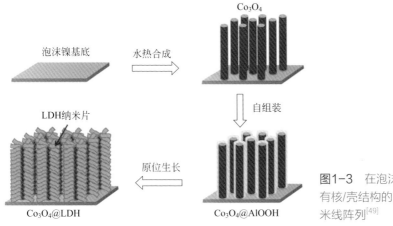

图1-3　在泡沫镍基底上构筑具有核/壳结构的 $Co_3O_4$@LDH 纳米线阵列[49]

### 3. 工业催化领域应用

催化技术是化学化工生产过程最重要的共性关键技术之一。催化反应工艺广泛应用于石油炼制、化肥工业、有机化工、能源工业、环保产业、高分子化工以及部分化学制药工艺中，起到举足轻重的作用；其中负载型催化剂作为一类重要的工业催化剂，在合成氨、费 - 托合成、石油炼制及水蒸气重整等多种重要工业领域中发挥着不可替代的作用，引起了国内外研究者的广泛关注[50,51]。LDHs 具有结构组成的可调控性，表面存在碱性位点，可以作为催化剂；此外 LDHs 经焙烧或还原的拓扑转变过程后，可得到活性组分高度分散并富含缺陷结构的 LDHs 基催化材料。通过调控制备方法及条件，可对 LDHs 基催化材料的结构、组成、粒径、形貌、载体性质、表面缺陷结构以及电子结构进行调控，提供催化反应所需要的特定结构和活性中心，使其在热催化及光催化等领域具有广泛的应用[52]。

选择性加氢反应在石油化工、精细化学品制备以及生物质利用等领域均有重要应用，开发清洁、高效的催化体系具有十分重要的战略意义。Liu 等人[53] 将 PdAg 双金属合金负载于不同 Mg/Ti 比的 Mg/Ti-MMO 载体上，使其具有乙炔选择性加氢反应的优良催化性能。本书著者团队[54] 利用 LDHs 层间阴离子可交换特性，制备了 $NO_3^-$ 和 $CO_3^{2-}$ 两种阴离子插层的 NiAl-LDH 材料，通过拓扑转变还原后得到两种 Ni 基负载型催化剂（Ni/MMO-$NO_3$ 和 Ni/MMO-$CO_3$），在生物质平台化合物糠醛的加氢反应中表现出完全不同的催化选择性。其中，Ni/MMO-$NO_3$ 催化剂对于糠醇的选择性达到 97%，而 Ni/MMO-$CO_3$ 催化剂对四氢糠醇的选择性达到 99%（图 1-4）。

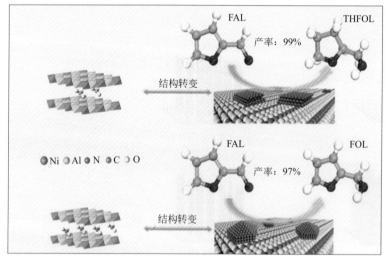

图1-4 不同晶面暴露的Ni纳米粒子催化糠醛选择性加氢反应的示意图[54]
FAL—糠醛；THFOL—四氢糠醇；FOL—糠醇

具有半导体性质的过渡金属基 LDHs 材料具有可见光响应能力及较高量子产率，作为可见光诱导光催化剂引起了广泛关注。通过 LDHs 材料与复合半导体材料能带结构的匹配，可以显著促进光生电子 - 空穴对的转移、电子和空穴寿命的提高，从而提升光生电子和空穴的利用率。本书著者团队[55] 通过两步法制备了 TiO₂@CoAl-LDH 核壳结构材料，其对光催化水分解具有高活性，在阳光和可见光照射下 $O_2$ 生成速率分别为 2.34mmol/(h·g) 和 2.24mmol/(h·g)。研究表明，紫外线响应的 TiO₂ 和可见光响应的 CoAl-LDH 之间的能带结构匹配，不仅拓展了光谱响应范围，也增强了电子耦合作用并促进了电子 - 空穴分离，从而表现出较高的光催化活性。

### 4. 生物医药领域应用

大量研究表明，二维材料的特殊拓扑转变、层状纳米结构所提供的高比表面积、高载药能力和较强生物活性等性质，作为药物载体可以吸附大量药物分子并且能够实现对于药物的可控释放。部分二维纳米材料（如石墨烯、硝酸石墨烯、黑磷）已经显示出较高的光热转换效率，光动力性能优越并可增强生物成像能力，具有很大应用潜力[56,57]。二维LDHs材料具有良好的生物相容性、阴离子交换能力和高化学稳定性，在生物医药领域具有研究价值和发展潜力。例如，在制备功能LDHs材料时可通过共沉淀、离子交换或拓扑重构法将生物活性分子（如药物或DNA）插层进入层间[58]。

增加颗粒在靶点的聚集对于提高纳米颗粒的治疗和诊断效率以及减轻其全身毒性至关重要。大多数用于生物医学的LDHs纳米颗粒的尺寸范围均符合高渗透长滞留效应（EPR）标准，这使得LDHs纳米颗粒可以通过被动靶向选择性地在肿瘤中积累。由于层板的特殊结构，LDHs对于药物还具有优异的保护功能，能够避免药物在生理环境中过早释放并在肿瘤处起到缓释作用，这对于改进化疗药物具有重要意义[59]。

金属酞菁作为光动力治疗中最常用的光敏剂，其自身的团聚和低生物相容性一直是限制其治疗效果的首要问题。本书著者团队[60]通过将酞菁锌（ZnPc）插层到LDHs层间，得到了一种性能优良的光敏剂ZnPc/LDH材料［图1-5（a）］，通过调控ZnPc在LDHs层间的插层比例，可控制其在层间的聚集状态，提升其单态氧产率，从而实现了对酞菁锌光动力性能的极大提升。在细胞和活体实验中，通过近红外荧光成像发现注入ZnPc/LDH 2h后引入光动力治疗可取得最佳治疗效果［图1-5（b）］。

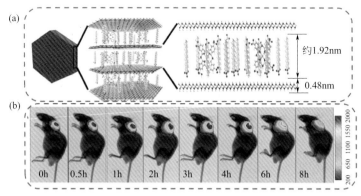

图1-5 （a）ZnPc/LDH结构示意图；（b）肿瘤内注射20μL ZnPc(1.5%)/LDH后不同时间点小鼠体内荧光成像[60]

# 第五节
# 小结与展望

　　超分子化学概念的提出是分子化学发展的必然，也是人类认识自然、改造自然的新手段。纵观自然界物质存在的各种等级结构，生命中各个功能单元的层级结构，复合材料从微观、介观到宏观的不同层次，无不显示着超越分子层次的多级结构特征。超分子复杂多级结构是自然界物质存在、功能实施的重要结构层次。时至今日，超分子的化学研究方兴未艾，超分子化学与材料的研究内涵与外延还在不断拓展与深化之中。已有的超分子体系研究多集中在有机超分子和生物大分子超分子体系，从超分子概念出发研究的无机超分子体系涉及较少。展望未来，插层组装结构及其功能材料作为无机超分子体系的重要组成，有以下几个方面亟待深入研究与发展。

## 一、超分子插层组装结构及组装驱动力研究

　　超分子插层组装结构功能材料的结构研究一直是该领域的研究重点之一，研究主客体相互作用、客 - 客体相互作用依赖于插层结构的特征。未来，在宏观结构分析表征的基础上，人们将更加关注层板与层间介观结构和决定功能的缺陷、微结构、活性中心等微观结构的特征。

　　无机层状材料因其开放的二维层间空间，而具有独特的插层 / 去插层（ intercalation/ deintercalation ）反应，从而为构筑插层结构组装功能材料提供了基本方法。但插层反应受插层客体尺寸和电荷限制，能够插层的客体种类和数量有限，限制了插层组装结构体系的构建。基于此，研究者已经开展了预撑法、原位合成等多种方法实现诸多客体的组装，并获得了一系列研究成果，开发了大量的超分子插层结构功能材料。进而，针对聚阴离子和纳米颗粒，人们采用剥层LDHs 纳米片与功能性客体分子进行组装；剥层的 LDHs 纳米片富含羟基且具有二维各向异性、正电荷密度高、比表面积大、刚性强等性质，利用剥层 LDHs 纳米片与功能客体分子组装，极大拓宽了可组装客体分子的范围，不仅可以实现小分子量的阴离子、中性分子甚至小分子量的阳离子的组装，还成功实现了中性聚合物分子的组装。近年来，人们通过静电力、氢键、范德华力等弱相互作用力使多种功能客体分子进入 LDHs 层间，实现了客体分子固载化，为应用开发提供了较好的研究基础。未来研究将针对不同的应用需求，开展多种功能客体插层组装的超分子复合体系的设计构筑，并集中探索不同插层组装结构中的驱动力，总结构效关系，为功能材料开发提供理论指导。

## 二、超分子插层结构功能材料的构筑原理

已有研究表明插层组装、拓扑转变与基于记忆效应的结构复原等方法已经成为构筑超分子插层组装的重要方法，发展成为功能复合与创新的重要制备手段。利用插层组装，可以构筑 LDHs 基复合功能体系，实现功能强化与新功能开发。利用拓扑转变效应和结构记忆效应，可以发展复合型无机纳米异质结构，如金属/氧化物、氧化物/氧化物、氧化物固溶体等，也可以获得多种插层组装结构体系，用于化工、能源、环境和生物医药等领域。

未来将进一步开展此类材料功能导向的构筑原理研究，采用理论计算模拟结合实验研究的手段，探索主客体协同效应、纳米限域效应、结构记忆效应等在插层组装过程中的具体作用，对于这些效应的产生机制、适用范围和应用前景等进行深入研究。进而，在胶体分散态、液相聚集态或颗粒固态等不同层面，探索超分子相互作用；借鉴软物质物理、胶体物理等的研究成果，分析插层结构复合体系中多种相互作用，如范德华作用力、库仑力和熵力等的特点；研究此类复合体系的聚集 - 分散、溶解 - 沉淀、混溶与分相等过程。基于这些超分子相互作用，研究新的构筑原理，建立新型实验制备方法，用于设计新的插层结构复合体系，并探索其潜在应用价值。

## 三、超分子插层组装功能材料的应用探索

复合化和智能化是功能材料的发展趋势。多年以来，超分子插层组装结构功能材料已经在红外保温、阻燃抑烟、吸附、气体阻隔、紫外线屏蔽等多个领域取得了应用，获得了优良效果，实现了无机层状化合物的资源有效利用与开发。同时，应用开发中发现的很多科学问题无法解释，限制了应用成果的进一步升级与转化。未来将着力于此方面开展应用问题分析与科学问题凝练，探索可行的研究方案。另外，探索将具有优良性能的新型插层组装结构体系开发成具有应用价值的功能材料，着眼于化工、能源、环境和生物医学等领域，拓展其应用范围。

LDHs 结构和构筑基元的多样化和可调控性，为此类功能材料的发展提供了广阔的空间，LDHs 作为添加剂、催化剂、分离与吸附材料以及医药存储与缓释材料等，已成为近年来国际上竞相研发的新兴材料。另外，目前 LDHs 还有诸多科学问题亟待解决，如前体及插层结构的构筑原则、超分子结构的精确描述及性能预测、主客体间电子转移机理及控制、层板主体对客体的分子识别、层内限域空间的化学反应行为及操纵等，这些都是此类功能材料实现深层次创新和可持续发展的关键因素。可以预测未来的发展将是通过系统和深入的基础研究，实现此

类材料的结构创新和制备技术创新，同时有针对性地开展应用研究。随着研究的深入，LDHs 的应用领域将会进一步拓宽，必将会成为一类极具研究潜力和使用价值的新材料。

总之，由于超分子插层组装结构材料的独特效应，对其的深入研究将能极大丰富和发展超分子化学与材料，无论在学术研究还是在应用领域都具有重要的研究价值。本书第二到第九章将系统介绍目前 LDHs 基超分子插层组装结构功能材料的理论模拟、制备及其在催化、吸附、能源、光学及生物医药等方面的基础研究与应用研究进展。

## 参考文献

[1] Lehn J M. Supermolecular chemistry[J]. New York: Wiley-VCH, 1995.

[2] 张希，沈家骢. 超分子科学：认识物质世界的新层面 [J]. 科学通报，2003, 14: 1477.

[3] 国家自然科学基金委员会，中国科学院. 中国学科发展战略 软凝聚态物理学 [M]. 北京：科学出版社，2020.

[4] Masao Doi . 软物质物理 [M]. 吴晨旭，译. 北京：科学出版社，2021.

[5] Dance I G. Supramolecular inorganic chemistry[J]. The Crystal as a Supramolecular Entity, 1996: 137-233.

[6] Oshovsky G V, Reinhoudt D N, Verboom W. Supramolecular chemistry in water[J]. Angewandte Chemie International Edition, 2007, 46(14): 2366-2393.

[7] Steed J W, Atwood J L. Supramolecular chemistry[M]. Chichester: John Wiley & Sons, 2013.

[8] 沈家骢，孙俊奇. 超分子科学研究进展 [J]. 中国科学院院刊，2004, 19: 420.

[9] Dodziuk H. Introduction to supramolecular chemistry[M]. New York: Springer Science & Business Media, 2002.

[10] Amabilino D B, Smith D K, Steed J W. Supramolecular materials[J]. Chemical Society Reviews, 2017, 46(9): 2404-2420.

[11] Kolesnichenko I V, Anslyn E V. Practical applications of supramolecular chemistry[J]. Chemical Society Reviews, 2017, 46(9): 2385-2390.

[12] Lehn J M. From supramolecular chemistry towards constitutional dynamic chemistry and adaptive chemistry[J]. Chemical Society Reviews, 2007, 36(2): 151-160.

[13] Yang H, Yuan B, Zhang X, et al. Supramolecular chemistry at interfaces: host-guest interactions for fabricating multifunctional biointerfaces[J]. Accounts of Chemical Research, 2014, 47(7): 2106-2115.

[14] 段雪，张法智. 插层组装与功能无机材料 [M]. 北京：化学工业出版社，2007.

[15] Lee Y H, Zhang X Q, Zhang W, Chang M T, Lin C T, Chang K D, Yu Y C, Wang J T W, Chang C S, Li L J, Lin T W. Synthesis of large-area MoS$_2$ atomic layers with chemical vapor deposition [J]. Advanced Material, 2012, 24: 2320-2325.

[16] Chhowalla M, Shin H S, Eda G, et al. The chemistry of two-dimensional layered transition metal dichalcogenide nanosheets[J]. Nature Chemistry, 2013, 5(4): 263-275.

[17] Tan C, Cao X, Wu X J, et al. Recent advances in ultrathin two-dimensional nanomaterials[J]. Chemical Reviews,

2017, 117(9): 6225-6331.

[18] Li Y, Liang Y, Hernandez F C R, et al. Enhancing sodium-ion battery performance with interlayer-expanded $MoS_2$-PEO nanocomposites[J]. Nano Energy, 2015, 15: 453-461.

[19] Zhao J, Xu S, Tschulik K, et al. Molecular-scale hybridization of clay monolayers and conducting polymer for thin-film supercapacitors[J]. Advanced Functional Materials, 2015, 25(18): 2745-2753.

[20] Choy J H, Kwak S Y, Park J S, et al. Intercalative nanohybrids of nucleoside monophosphates and DNA in layered metal hydroxide[J]. Journal of the American Chemical Society, 1999, 121(6): 1399-1400.

[21] 段雪，张法智. 无机超分子材料的插层组装化学 [M]. 北京：科学出版社，2009.

[22] 段雪，李殿卿，何静. 插入化学基础研究及超分子结构先进功能材料的插层组装 [C]. 第九届全国化学工艺年会论文集. 北京：中国石化出版社，2005: 1390-1397.

[23] Fernandes F M, Baradari H, Sanchez C. Integrative strategies to hybrid lamellar compounds: an integration challenge[J]. Applied Clay Science, 2014, 100: 2-21.

[24] Cavani F, Trifiro F, Vaceari A. Hydrotaleite type anionic clays: properties and application[J]. Catalysis Today, 1991, 11: 173-301.

[25] Desigaux L, Belkacem M B, Richard P, et al. Self-assembly and characterization of layered double hydroxide/DNA hybrids[J]. Nano Letters, 2006, 6: 199-204.

[26] Evans D G, Slade R. Structural aspects of layered double hydroxides[J]. Springer Berlin Heidelberg, 2006, 119: 1-87.

[27] Boriotti S, Dennis S. Layered double hydroxides: presentand future[M]. New York: Nova Science Publisher, 2001: 1-65.

[28] 林彦军，周永山，王桂荣，等. 插层结构功能材料的组装与产品工程 [J]. 石油化工，2012, 41: 1-8.

[29] 王利人，周永山，林彦军，等. 以功能为导向的插层结构功能材料结构设计及应用 [J]. 化学通报（印刷版），2011, 74: 1074-1083.

[30] Xu X Y, Lin Y J, Evans D G, et al. Layered intercalated functional materials based on efficient utilization of magnesium resources in China [J]. Science China-Chemistry, 2010, 53: 1461-1469.

[31] Wang L, Xu X, Evans D, et al. Synthesis of an N,N-bis(phosphonomethyl)glycine anion-intercalated layered double hydroxide and its selective infrared absorption effect in low density polyethylene films for use in agriculture[J]. Industrial & Engineering Chemistry Research, 2010, 49: 5339-5346.

[32] Kang N J, Wang D Y, Kutlu B, et al. A new approach to reducing the flammability of layered double hydroxide (LDH)-based polymer composites: preparation and characterization of dye structure-intercalated LDH and its effect on the flammability of polypropylene-grafted maleic anhydride/d-LDH composites[J]. ACS Applied Materials & Interfaces, 2013, 5: 8991-8997.

[33] Wang G, Rao D, Li K, et al. UV Blocking by Mg-Zn-Al layered double hydroxides for the protection of asphalt road surfaces[J]. Industrial & Engineering Chemistry Research, 2014, 53: 4165-4172.

[34] Zhao Y, Li B, Wang Q, et al. NiTi-layered double hydroxides nanosheets as efficient photocatalysts for oxygen evolution from water using visible light[J]. Chemical Science, 2014, 5: 951-958.

[35] Li F, Duan X. Applications of layered double hydroxides [J] . Structure and Bonding, 2006, 119: 193-223.

[36] Zhang R, Ai Y, Lu Z. Application of multifunctional layered double hydroxides for removing environmental pollutants: recent experimental and theoretical progress[J]. Journal of Environmental Chemical Engineering, 2020, 8: 103908.

[37] Williams G R, O'Hare. Towards understanding, control and application of layered double hydroxide chemistry [J].

Journal of Materials Chemistry, 2006, 16: 3065-3074.

[38] Guo X, Zhang F, Evans D G, et al. Layered double hydroxide films: synthesis, properties and applications[J]. Chemical Communications, 2010, 46: 5197.

[39] Feng J, He Y, Liu Y, et al. Supported catalysts based on layered double hydroxides for catalytic oxidation and hydrogenation: general functionality and promising application prospects[J]. Chemical Society Reviews, 2015, 44: 5291.

[40] Wen T, Wu X, Tan X, et al. One-pot synthesis of water-swellable Mg-Al layered double hydroxides and graphene oxide nanocomposites for efficient removal of As( V ) from aqueous solutions[J]. ACS Applied Materials & Interfaces, 2013, 5: 3304.

[41] Lu H, Zhu Z, Zhang H, et al. Fenton-like catalysis and oxidation/adsorption performances of acetaminophen and arsenic pollutants in water on a multimetal Cu-Zn-Fe-LDH[J]. ACS Applied Materials & Interfaces, 2016, 8: 25343.

[42] Ma L, Wang Q, Islam S M, et al. Highly selective and efficient removal of heavy metals by layered double hydroxide intercalated with the $MoS_4^{2-}$ ion[J]. Journal of the American Chemical Society, 2016, 138: 2858.

[43] Zhang X, Wang J, Li R, et al. Preparation of $Fe_3O_4$@C@layered double hydroxide composite for magnetic separation of uranium[J]. Industrial & Engineering Chemistry Research, 2013, 52: 10152.

[44] Wang H, Dai H. Strongly coupled inorganic-nano-carbon hybrid materials for energy storage[J]. Chemical Society Reviews, 2013, 42: 3088.

[45] Cavaliere S, Subianto S, Savych I, et al. Electrospinning: designed architectures for energy conversion and storage devices[J]. Energy & Environmental Science, 2011, 4: 4761.

[46] Wang L, Dionigi F, Nguyen N T, et al. Tantalum nitride nanorod arrays: introducing Ni-Fe layered double hydroxides as a cocatalyst strongly stabilizing photoanodes in water splitting[J]. Chemistry of Materials, 2015, 27: 2360.

[47] Zhou L, Shao M, Wei M, et al. Advances in efficient electrocatalysts based on layered double hydroxides and their derivatives[J]. Journal of Energy Chemistry, 2017, 26: 1094.

[48] Gong M, Li Y, Wang H, et al. An advanced Ni-Fe layered double hydroxide electrocatalyst for water oxidation[J]. Journal of the American Chemical Society, 2013, 135: 8452.

[49] Ning F, Shao M, Zhang C, et al. $Co_3O_4$@Layered double hydroxide core/shell hierarchical nanowire arrays for enhanced supercapacitance performance[J]. Nano Energy, 2014, 7: 134.

[50] Sun Y, Gao S, Lei F, et al. Atomically-thin two-dimensional sheets for understanding active sites in catalysis[J]. Chemical Society Reviews, 2015, 44: 623.

[51] Zaera F. Nanostructured materials for applications in heterogeneous catalysis[J]. Chemical Society Reviews, 2013, 42: 2746.

[52] Fan G, Li F, Evans D G, et al. Catalytic applications of layered double hydroxides: recent advances and perspectives[J]. Chemical Society Reviews, 2014, 43: 7040.

[53] Liu Y, Zhao J, He Y, et al. Highly efficient PdAg catalyst using a reducible Mg-Ti mixed oxide for selective hydrogenation of acetylene: role of acidic and basic sites[J]. Journal of Catalysis, 2017, 348: 135.

[54] Meng X, Yang Y, Chen L, et al. A control over hydrogenation selectivity of furfural via tuning exposed facet of Ni catalysts[J]. ACS Catalysis, 2019, 9: 4226.

[55] Dou Y, Zhang S, Pan T, et al. $TiO_2$@Layered double hydroxide core-shell nanospheres with largely enhanced photocatalytic activity toward $O_2$ generation[J]. Advanced Functional Materials, 2015, 25: 2243.

[56] Chen Y, Tan C, Zhang H, et al. Two-dimensional graphene analogues for biomedical applications[J]. Chemical Society Reviews, 2015, 44: 2681.

[57] Ke H, Wang J, Dai Z, et al. Gold-nanoshelled microcapsules: a theranostic agent for ultrasound contrast imaging

and photothennal therapy[J]. Angewandte Chemie International Edition, 2011, 50: 3017.

[58] Cao Z, Zhang L, Liang K, et al. Biodegradable 2D Fe-Al hydroxide for nanocatalytic tumor-dynamic therapy with tumor specificity[J]. Advanced Science, 2018, 5: 1801155.

[59] Peng L, Mei X, He J, et al. Monolayer nanosheets with an extremely high drug loading toward controlled delivery and cancer theranostics[J]. Advanced Materials, 2018, 30: 1707389.

[60] Liang R, Tian R, Ma L, et al. A supermolecular photosensitizer with excellent anticancer performance in photodynamic therapy[J]. Advanced Functional Materials, 2014, 24: 3144.

# 第二章
# 超分子插层材料的结构设计

层状双金属氢氧化物（layered double hydroxides，LDHs），亦称为类水滑石（hydrotalcite-like compounds），或阴离子黏土，是一类具有超分子插层结构的功能材料。其主体层板由二元或多元金属氢氧化物构成并且带正电，层间阴离子平衡层板电荷。基于其层板金属元素及组成、层间阴离子丰富的可调变性能，LDHs在催化、吸附、生物/医药、光、电、磁等功能材料领域展现出重要的应用价值和发展前景，受到学术界和产业界的广泛关注。LDHs化合物因其层状结构特征不易获得单晶结构，因此对其结构仍存在许多未解决或有争议的问题，如：何种金属离子可以引入LDHs层板；层板阳离子的相对含量在什么范围内可以得到纯相LDHs；阴离子在LDHs层间的排列方式；层板和层间客体的相互作用力等。材料的结构决定其性能，故LDHs的结构设计与构筑是其进一步应用的基础。近年来，计算机技术的快速发展使得从理论计算角度认识LDHs微观结构以指导其结构设计成为可能。本章从LDHs的主体结构特性、客体结构特性与主客体相互作用的理论认识出发，重点介绍近年来发展的LDHs结构设计的理论方法、依据及构效关系，为以LDHs为材料平台构筑新型功能材料提供一定的理论指导。

# 第一节
# 超分子插层材料结构设计的理论方法

LDHs类超分子插层材料的理论研究方法主要包括两大类：一类是电子结构方法，从电子尺度计算分子的性质，如体系的电荷分布、能量、光谱等；另一类是分子模拟方法，从分子或原子尺度计算粒子平衡构型和能量，如最低能量构型、构型转换能和扩散性质等。

## 一、电子结构方法

电子结构方法基于量子力学。量子力学以分子中电子的非定域化为基础，一切电子的行为以其波函数表示。欲得到电子的波函数，需求解薛定谔（Schrödinger）方程，定态Schrödinger方程可表示为：

$$\hat{H}\Psi = E\Psi \tag{2-1}$$

式中　$\hat{H}$——哈密顿算符；

　　　$\Psi$——电子的波函数；

　　　$E$——体系能量。

由于 Schrödinger 方程对多电子体系很难得到精确解，需使用各种方法对其近似求解。使用较为普遍的近似求解方法有从头算分子轨道法（*ab initio molecular orbital*）、半经验分子轨道法（semi-empirical molecular orbital）和密度泛函理论（density functional theory，DFT）方法[1-3]。

## 1．从头算分子轨道法

从头算分子轨道法是基于量子力学基本原理直接求解薛定谔方程的量子化学计算方法，特点是没有经验参数，对体系不做过多的简化。大多数情况下，从头算法含一定的近似，这些近似大多通过基本数学方法就可以推理得出。这种计算方法虽然精确，但计算量太大，限制了多电子体系的精确计算，并且难以考虑电子的相关作用。

## 2．半经验分子轨道法

半经验分子轨道法用电子结构实验数据估算最难计算的积分部分，从最简单的模型哈密顿量出发，仅仅考虑分子中的相互作用，而忽略了许多二、三、四中心积分。常用的方法有全略微分重叠、间略微分重叠等方法。尽管半经验方法可显著减少必要的计算工作量，但是所得结果只带有定性和半定量的特性，准确性不够。

## 3．密度泛函理论方法

密度泛函理论是利用电子密度分布函数研究多电子结构体系的量子化学方法，广泛应用于计算材料学和计算化学领域，特别是用来研究大分子和凝聚态的性质。DFT 最早源于 Thomas-Fermi 模型，1965 年，Kohn 和 Sham 建立了 Kohn-Sham 方程，可以计算分子的基态能量 $E[\rho(r)]$，即：

$$E[\rho(r)] = E_\mathrm{T}[\rho(r)] + E_\mathrm{V}[\rho(r)] + E_\mathrm{J}[\rho(r)] + E_\mathrm{X}[\rho(r)] + E_\mathrm{C}[\rho(r)] \qquad （2-2）$$

式中　$E_\mathrm{T}[\rho(r)]$——非相互作用的动能，eV；

$E_\mathrm{V}[\rho(r)]$——势能，eV；

$E_\mathrm{J}[\rho(r)]$——库仑相互作用能，eV；

$E_\mathrm{X}[\rho(r)]$——交换能，eV；

$E_\mathrm{C}[\rho(r)]$——关联能，eV。

交换能和关联能由量子效应引起，两者相加之和是交换关联能 $E_\mathrm{XC}[\rho(r)]$，代表所有未包括在独立粒子模型中的其他相互作用部分。研究者围绕 $E_\mathrm{XC}[\rho(r)]$ 提出了不同的近似方案，如局域密度近似（LDA）、广义梯度近似（GGA）等。LDA 使用均相电子气来计算体系的交换能（均相电子气的交换能是可以精确求解的），采用对自由电子气进行拟合的方法来处理。GGA 是一种半局域化近似方法，提高了计算结果的准确性，适用于电子密度分布非均匀的体系。

## 二、分子模拟方法

分子模拟方法一般研究含有大量数目的粒子系统的集体行为，主要的方法包括分子力学（molecular mechanics，MM）方法、分子动力学（molecular dynamics，MD）模拟和蒙特卡洛（Monte Carlo，MC）模拟[4]。

### 1. 分子力学方法

分子力学方法以原子间相互作用势为基础，利用经典物理学定律预测分子的结构和性质。分子力学用位能函数来表示键长、键角、二面角等结构参数以及非键作用等偏离"理想"值时的分子能量，称为势能的变化。采用优化的方法，寻找分子势能处于极小值状态时的分子构型。分子的势能可以表示为：

$$E_{pot} = E_b + E_\theta + E_\phi + E_{nb} + \cdots \tag{2-3}$$

式中　$E_b$——键伸缩能，eV；

　　　$E_\theta$——键角能，eV；

　　　$E_\phi$——二面角能，eV；

　　　$E_{nb}$——非键能，eV。

非键能包括范德华作用能、静电相互作用能、氢键作用能等。势能函数描述了各种形式相互作用能对分子势能的影响，它的有关参数、常数和表达式通常称为力场。

### 2. 分子动力学模拟

分子动力学模拟是在给定分子势函数和力场的情况下，用解经典牛顿方程的方法研究分子的运动和构型空间，其基本假设是：无限时间平均等于系统平均或对整个构型空间的积分。在 MD 计算时假设分子中原子的运动符合牛顿定律，则分子的运动情况可用积分牛顿方程来获得：

$$F_i(t) = m_i a_i(t) = m_i \frac{\partial^2 \boldsymbol{r}_i(t)}{\partial t^2} \tag{2-4}$$

式中　$i$——$i = 1, 2\cdots, N$（$N$ 为分子中的原子个数）；

　$F_i(t)$——原子 $i$ 在 $t$ 时所受的力，N；

　　$m_i$——原子 $i$ 的质量，kg；

　$a_i(t)$——原子 $i$ 在 $t$ 时的加速度，m/s²；

　$r_i(t)$——原子 $i$ 在 $t$ 时的位置。

一旦知道初始的坐标和速度，就可以确定下一个时间的坐标和速度。对于一个完整的动力学过程，其速度和坐标被称为轨迹。

分子动力学通常用于计算较大的体系，能量计算比较耗费时间而且需储存的内容较多。此方法的优点是可同时获得系统的动态与统计热力学性质。但由于此计算需采用数值积分方法，因此仅能研究系统短时间内的运动。

### 3．蒙特卡洛模拟

蒙特卡洛模拟是一种利用随机取样处理和解决问题的计算机模拟方法。由于任何宏观体系本质上都是含大量运动自由度的动力学系统，其中包含着很多随机性因素，这使得 MC 方法的应用非常广泛。相应地，也产生了许多种用于分子模拟的 MC 方法：经典 MC（classical MC，CMC）、量子 MC（quantum MC，QMC）以及动力学 MC（dynamical MC，DMC）等方法。利用 CMC 方法，可以得到体系的热力学性质、稳态结构等。在 QMC 中，可以利用随机数计算体系的波函数、电子结构等。DMC 经常用来研究一些与时间演化有关的过程，此方法多用于研究复杂体系及金属的结构及其相变性质；其不足在于只能计算统计平均值，无法得到系统的动态信息。

# 第二节
# 主体结构特性与设计

## 一、层板元素的引入——金属离子的八面体变形度原则

LDHs 的结构可用通式 $[M_{1-x}^{2+} M_x^{3+}(OH)_2]^{x+}(A^{n-})_{x/n} \cdot mH_2O$ 来表示；由于二价、三价阳离子（$M^{2+}$、$M^{3+}$）和插层阴离子（$A^{n-}$）的种类丰富，以及 $x$ 可以在一定的范围内调控，从而可得到大量同构材料。典型的 LDHs 结构示意图如图 2-1 所示[5]。

实验研究者通过大量的工作得到合成 LDHs 的经验规则：引入 LDHs 层板中的金属阳离子的半径应与 $Mg^{2+}$ 的半径（0.072nm）相差不大。尽管这对于 LDHs 的合成非常有帮助，但仍然存在例外。例如，根据该规则，许多研究人员试图将与 $Mg^{2+}$ 半径接近的 $Pd^{2+}$ 和 $Pt^{2+}$（分别为 0.086nm 和 0.080nm）引入 LDHs 层板中，却仅能实现痕量引入（0.04% ～ 5.0%，以原子计）[6]。但是，具有比 $Mg^{2+}$ 更大半径的 $Ca^{2+}$ 和 $Cd^{2+}$（分别为 0.100nm 和 0.095nm）则可以被引入到 LDHs 层板中，形成相对稳定的 LDHs 结构[7,8]。

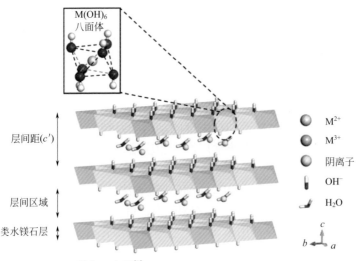

**图2-1** LDHs结构示意图[5]

以上结果表明，离子尺寸不是影响 LDHs 结构的唯一关键因素。由于 LDHs 层板由二价和三价金属离子的 $MO_6$（M 为金属阳离子）八面体共边形成，本书著者团队[9]认为金属离子的配位环境是影响其能否进入层板的关键因素，包括尺寸的因素，也包括角度的因素。将金属离子的 $[M(OH_2)_6]^{n+}$ 作为 LDHs 基本结构单元，进行 DFT 理论计算（图 2-2），结果表明：O—M—O 键角比 M—O 键长对于 LDHs 的形成更重要。因此，如表 2-1 所示，将∠O—M—O 偏离 90° 的大小定义为八面体变形度（$\theta$）：

$$\theta = (\bar{\alpha} - \bar{\beta})/2 \tag{2-5}$$

式中　$\bar{\alpha}$——大于90°键角的平均值；

　　　$\bar{\beta}$——小于90°键角的平均值。

对计算出的金属阳离子进行分类：① I 型：$\theta$ 在 0° ~ 1° 范围内的正则结构 [图 2-2（a）]；② II 型：$\theta$ 为 1° ~ 10° 的轻微变形结构 [图 2-2（b）]；③ III 型：$\theta$ 大于 10° 的严重变形结构 [图 2-2（c）]。对 $MO_6$ 八面体的结构性质如 M—O 键长、O—M—O 键角及其变形度、自然键轨道（NBO）以及结合能等性质进行详细分析，并与实验结果对比表明：金属离子是否能稳定地进入层板与其所处的分类有关，稳定性次序为 I 型 > II 型 > III 型。 I 型金属离子引入 LDHs 材料中可以得到稳定的 LDHs 层板结构，且二价和三价离子之间易于相互组合形成二元 LDHs 层板；II 型金属离子倾向于作为多元 LDHs 的其中一个组分；而 III 型金属离子由于形变较大，则难以引入 LDHs 形成稳定结构。此研究提供了一个全新的判定方法——八面体变形度判据，该判据与经验性判据相比更具有决定性意义，离子分类与 LDHs 合成的实验结果对比吻合度较高（表 2-1），从而为合成新型 LDHs 提供了理论指导。以此为依据，能够很好地理解"离子半径相近原则"所不能解释的情况：根据分类标准，$Ca^{2+}$、$Cd^{2+}$ 属于 I 型金属离子，而 $Pd^{2+}$ 和 $Pt^{2+}$ 属于 III 型金属离子，故前者可以形成 LDHs 结构，而后者则不能。

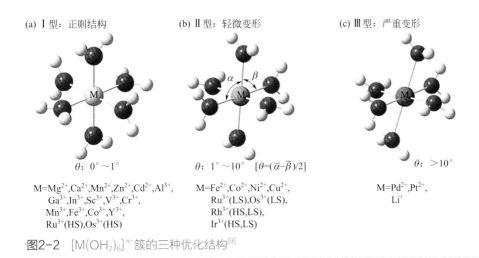

(a) I 型：正则结构　　　　(b) II 型：轻微变形　　　　(c) III 型：严重变形

$\theta$: $0° \sim 1°$　　　$\theta$: $1° \sim 10°$ $[\theta = (\bar{\alpha} - \bar{\beta})/2]$　　　$\theta$: $> 10°$

M=$Mg^{2+}$,$Ca^{2+}$,$Mn^{2+}$,$Zn^{2+}$,$Cd^{2+}$,$Al^{3+}$,　　　M=$Fe^{2+}$,$Co^{2+}$,$Ni^{2+}$,$Cu^{2+}$,　　　M=$Pd^{2+}$,$Pt^{2+}$,
　$Ga^{3+}$,$In^{3+}$,$Sc^{3+}$,$V^{3+}$,$Cr^{3+}$,　　　　　$Ru^{3+}$(LS),$Os^{3+}$(LS),　　　　　$Li^{+}$
　$Mn^{3+}$,$Fe^{3+}$,$Co^{3+}$,$Y^{3+}$,　　　　　$Rh^{3+}$(HS,LS),
　$Ru^{3+}$(HS),$Os^{3+}$(HS)　　　　　$Ir^{3+}$(HS,LS)

**图2-2** $[M(OH_2)_6]^{n+}$簇的三种优化结构[9]

表2-1　金属离子计算分类与LDHs合成实验结果

| $M^{2+}$ | 类型 | $M^{3+}$（或$M4^{+}$） | 类型 | 文献 |
|---|---|---|---|---|
| $Cd^{2+}$ | I | $Al^{3+}$ | I | [8] |
| $Mg^{2+}$ | I | $Al^{3+}$ | I | [10] |
| | | $Cr^{3+}$ | I | [11] |
| | | $Fe^{3+}$ | I | [12] |
| $Zn^{2+}$ | I | $Al^{3+}$ | I | [13] |
| | | $Cr^{3+}$ | I | [11] |
| | | $Co^{3+}$ | I | [14] |
| $Ni^{2+}$ | II | $Al^{3+}$ | I | [15] |
| | | $Fe^{3+}$ | I | [16] |
| $Cu^{2+}$ | II | $Al^{3+}$ | I | [17] |
| | | $Cr^{3+}$ | I | [18] |
| $Ca^{2+}$ | I | $Al^{3+}$ | I | [19] |
| | | $Fe^{3+}$ | I | [20] |
| $Co^{2+}$ | II | $Al^{3+}$ | I | [21] |
| | | $Cr^{3+}$ | I | [11] |
| | | $Mn^{4+}$ | I | [22] |
| $Fe^{2+}$ | II | $Al^{3+}$ | I | [23] |

为了提供对包含不同二价阳离子的 LDHs 结构性质和相对稳定性的进一步理解，本书著者团队[24]进一步建立了包含 LDHs 基本结构信息的最小团簇模型 $[M_2Al(OH_2)_9(OH)_4]^{3+}$ 簇（$M = Mg^{2+}$，$Ca^{2+}$，$Mn^{2+}$，$Fe^{2+}$，$Co^{2+}$，$Ni^{2+}$，$Cu^{2+}$，$Zn^{2+}$ 或 $Cd^{2+}$），系统地分析了几何参数（键长和键角）、自然键轨道（NBO）、三中心桥接—OH 基团的伸缩振动频率、簇模型的键能、金属离子的价电子构型和 Jahn-Teller 效应对 LDHs 材料结构和稳定性的影响。结果表明，二价阳离子的电子结构在 LDHs 结构性质和相对稳定性中起到比离子尺寸更重要的作用，主要表现在：① LDHs 层板的几何构型及 OH 的伸缩振动频率受到不同金属离子电子结构性质（电子构型、自然键轨道、自然电荷的转移及键级等）的显著影响；②在含闭壳层离子的团簇中，2Ni-Al 团簇具有最高的稳定性、2Cu-Al 具有最低的稳定性，而在含开壳层离子的团簇中，2Mg-Al 和 2Zn-Al 团簇具有最高的稳定性。

## 二、层板元素组成及比例限制

$M^{2+}/M^{3+}$ 摩尔比（$R$）在 LDHs 结构的形成中具有重要作用。LDHs 层板的电荷密度是由 $R$ 值决定的，因此通过改变 $R$ 值可以对层间阴离子的数目和排列方式进行调控，从而实现 LDHs 的可控制备。由各种合成方法制备得到的 LDHs 中，三价阳离子比例 $x[x = M^{3+}/(M^{2+}+M^{3+})]$ 的范围通常在 0.1 ~ 0.5 之间，但是只有当 $x$ 在 0.2 ~ 0.33 之间，即 $M^{2+}/M^{3+}$ 摩尔比 $R[R = (1-x)/x]$ 为 2 ~ 4 时才有纯的 LDHs 晶相存在。如天然 LDHs，就是完全符合上述规律的，MgAl-LDH 纯相只有在 $R$ 为 2 ~ 4 时存在[6,25]。但是，仍然有不少超过这一范围的 LDHs 晶相存在的情况[26]。对于不同金属离子在不同 $R$ 值的 LDHs 中起到了何种作用，以及为何 $R$ 值为 2 ~ 4 时才有纯的晶形存在，也是一直受关注的问题。

本书著者团队[27]研究了一系列 ZnAl-LDH 团簇（$R = 2 \sim 6$）的结构性质和稳定性，以了解锌铝比对 ZnAl-LDH 层板结构和稳定性的影响。结果表明相应的 $Zn_R$-Al（$R = 2 \sim 6$）团簇的成键稳定性随着 $R$ 的增加而降低。不同的 $R$ 值导致团簇的微结构不同，从而影响 LDHs 晶胞参数 $a$ 值的变化。通过分析阳离子 $Zn^{2+}$ 和 $Al^{3+}$ 的结构和键性质发现，当 $R < 5$ 时，三价阳离子 $Al^{3+}$ 在决定相应 $Zn_R$-Al（$R = 2 \sim 6$）团簇的微观结构性质、形成和成键稳定性方面起着决定性作用；当 $R \geqslant 5$ 时，二价阳离子 $Zn^{2+}$ 占据了团簇的大部分阳离子位置，结构更接近 $Zn(OH)_2$。因此 ZnAl-LDH 相在 $R = 2 \sim 5$ 时可以保持稳定的状态，而且在此范围内 $R$ 越小越稳定。这些结果与实验数据基本一致。

本书著者团队[28]利用密度泛函理论的平面波赝势和虚拟晶体近似（VCA）计算了 MgAl-Cl-LDH（$R = 2 \sim 5$）的几何结构、晶格能和态密度，结论与实验数据吻合度较高，即通常可以在 $R = 2 \sim 4$ 范围内获得纯的 LDHs，$R$ 值太大会导致 LDHs 中镁 - 氧八面体密度高，易于形成 Mg(OH)$_2$ 或 MgCO$_3$。同时，对于相同大小的 MgAl-Cl-LDH 晶胞，Al(Ⅲ)—O—Al(Ⅲ) 键的数目和主体层板的电荷密度随着 $R$ 的减少而增加，一方面导致了金属阳离子之间更强的静电排斥力、更长的 Al—O 键键长、更小的 O—Al(Ⅲ)—O 键角以及层间距；另一方面，Al(Ⅲ)—O—Al(Ⅲ) 键导致了局域电荷密度上升，从而使得晶体整体能量升高，导致结构不稳定。因此，当 $R$ 在一个较小的范围内时，为获得稳定的 LDHs 结构，应尽量避免 M(Ⅲ)—O—M(Ⅲ) 键存在。

层间距离是 LDHs 的重要结构参数。本书著者团队[29]通过对单层 MgAl-LDH 的计算表明：当 $R$ 在 2 ～ 4 之间时，LDHs 的层间距离最小，表明 MgAl-A-LDH 在这个 Mg/Al 比值范围内是最稳定的，与实验相符；当 $R$ > 5 时，LDHs 层板中 Mg$^{2+}$ 的密度升高，其层间距变化更接近水镁石，层间空间趋于稳定。进一步对结合能的研究发现：对于组成相同的 LDHs，大多数阴离子的相对结合能随 $R$ 的增加先减小后增大。当阴离子相同时，$R$ 在 2 ～ 4 范围内，LDHs 的相对结合能达到最大，进一步表明了 LDHs 的结构在该比例下相对稳定。进一步拓展以上的研究结果，建立了三层 LDHs 模型[30]，通过对 NiAl-A-LDH/ZnAl-A-LDH（A = OH$^-$、Cl$^-$、Br$^-$、NO$_3^-$、HCOO$^-$、CO$_3^{2-}$、SO$_4^{2-}$、PO$_4^{3-}$）的晶格参数 $c$ 的研究发现：对于三种具有相同层间阴离子的 LDHs，当 $R$（M$^{II}$/Al）= 2 ～ 4 时，晶格参数 $c$ 随着 $R$ 的增加而增大；当 $R$ > 4 以后，层板结构越来越接近其相应的氢氧化物并且层间距离趋于稳定，因此 $c$ 值会缓慢增加以达到恒定，表明 $R$ 在 2 ～ 4 范围内能够获得最稳定的 LDHs 结构（图 2-3）。

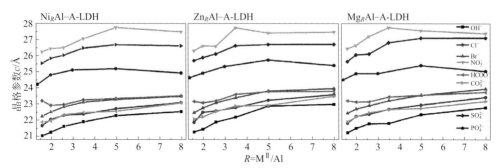

**图2-3** M$_R$Al-A-LDH 的晶格参数 $c$ 与 $R$(M$^{II}$/Al) 的关系[30]

注：1Å = 10$^{-10}$m

$R$ 的改变也会导致 LDHs 电子性质的改变。Wang 等人[31]通过密度泛函理论研究了 $R$ = 2 ～ 4 的 ZnTi-LDH，能带结构图表明初始摩尔比为 2 : 1（2.94eV）、3 : 1（3.02eV）和 4 : 1（3.04eV）的 ZnTi-LDH 的带隙能随钛元素含量的减少而增大，紫外吸收能力也随之减弱。

# 三、结构拓扑转变与记忆效应

拓扑性质是指产物晶体与生成物晶体至少存在一种晶体结构保持着等价性。LDHs 和焙烧产物尖晶石型氧化物的晶格同属六方晶系，且晶格尺寸存在整倍数关系，同时二者存在类似的原子分布，因而认为 LDHs 的焙烧过程可能导致一种结构拓扑转变。LDHs 的记忆效应是指将该材料放在低于 400℃的温度下焙烧，会生成复合金属氧化物（MMO）；将 MMO 暴露于水和阴离子环境中，可以恢复 LDHs 层状结构[32]。因为 LDHs 焙烧和复原的循环会影响 LDHs 基催化剂的活性，所以，对 LDHs 结构拓扑转变和记忆效应的深入挖掘具有科学和技术上的双重意义。

实验研究表明，LDHs 热分解过程一般分为三个阶段：①第一阶段是 LDHs 表面吸附的水分子以及层间水分子的脱除；②第二阶段是 LDHs 层间阴离子以及层板的分解；③第三阶段是层板上羟基的脱除[33]。大多数工作采用实验方法研究 LDHs 的热分解过程，例如，本书著者团队[34]研究了 ZnAl-LDH 的热分解机理，结果发现在 300℃煅烧时，ZnO 会在（$10\bar{1}0$）晶面的方向上以二维扩张的方式生长；当加热到 500～800℃时，ZnAl-LDH 转变为氧化物/尖晶石复合结构（$ZnO/ZnAl_2O_4$）。尽管可以通过实验方法从宏观角度研究 LDHs 的热分解过程及其产物，但是很难在原子水平上解释 LDHs 发生拓扑转变和记忆效应的机理。

Costa 等人[35]运用分子动力学模拟的方法研究了 $Mg_2Al-CO_3$-LDH 在 25～350℃温度范围内的热致结构重建以及层间阴离子的分解过程。通过热重分析（TGA）曲线得到温度升高到 180℃附近时，层间的水分子完全脱去，层与阴离子之间相互作用力优先于氢键。最终，这种相互作用可以导致阴离子以单齿或双齿配体的形式直接结合到氢氧化物层中。随着温度继续升高到 240℃以上，碳酸根离子也逐渐从层间脱去，中间体逐渐形成；温度升到 280℃时，生成了单齿配体中间体；温度为 350℃时，单齿配体中间体逐渐转化为双齿配体中间体。本书著者团队[36]采用基于 DFT 的分子动力学模拟方法，系统研究了 $Mg_2Al-CO_3$-LDH 在升温过程中的晶相结构演变机理，包括客体阴离子的分解机理、金属原子迁移规律、拓扑转变产物结构特点等性质，在原子水平上揭示了 LDHs 热致拓扑转变的结构变化规律（图 2-4）。研究结果表明：在 330℃时，LDHs 由单齿结构分解为 $CO_2$ 和 $H_2O$，但很好地保持了其层状结构；在不高于 450℃的温度下，金属在 LDHs 中的排列/分散仅沿 $c$ 轴方向迁移，故煅烧生成的复合金属氧化物能恢复到原来的层状结构，具有记忆效应；温度达到 800℃时，LDHs 的层状结构完全坍塌，导致阳离子分布无序并产生大量空穴。

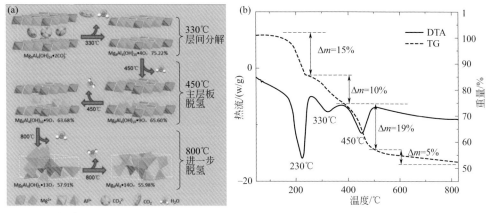

**图2-4** （a）$Mg_2Al-CO_3-LDH$热解脱水过程的三个步骤示意图；（b）$Mg_2Al-CO_3-LDH$样品在100～800℃的热分析曲线[36]

DTA—差热分析；TG—热重分析

本书著者团队[37,38]进一步通过第一性原理方法，并结合热重分析，研究了ZnAl-LDH、NiAl-LDH和MgFe-LDH分别在其升温热分解过程中的拓扑转变及记忆效应的机理（ZnAl-LDH：273℃、800℃；NiAl-LDH：365℃、800℃；MgFe-LDH：380℃、800℃）。在第一个温度下主要模拟了层间阴离子的分解，观察三种LDHs的分解方式及气体的释放顺序，结果发现三种LDHs层间阴离子均通过单齿配体中间体的形式分解。ZnAl-LDH先向环境中释放$H_2O$，再释放$CO_2$，层板结构在层间阴离子分解前就开始坍塌；而NiAl-LDH和MgFe-LDH则是同时释放$H_2O$和$CO_2$，层间阴离子分解之后层板开始脱羟基，随着$H_2O$的逐渐失去，层板发生坍塌。

本书著者团队[36]将主体层板逐渐脱水过程中的LDHs模型用CLDH表示，并用数字代表脱出的水分子个数，例如：CLDH-1代表脱除一个水分子的产物，CLDH-6代表脱除六个水分子的产物。分别向CLDH-1-CLDH-6模型中插入$CO_2$和$H_2O$，通过观察是否存在结构重建过程判断其是否具有记忆效应。将LDHs焙烧分解过程中层板金属离子分散度（$\sigma$）定义为拓扑不变量，结合均方根位移（$r_{msd}$），以此研究煅烧过程中金属离子在LDHs(001)晶面和（120）晶面上的迁移规律。

如图2-5所示，将LDHs (001)晶面分解为12个均等大小的六边形区域，并且保证理想情况下，LDHs中的每个金属离子均处于六边形区域的中心。金属离子在LDHs (001)晶面和（120）晶面的分散度（$\sigma$）和均方根位移（$r_{msd}$）定义如下：

$$\sigma_{top} = \sqrt{\frac{\sum_{i=1}^{12}(X_{top,i} - \overline{X}_{top})^2}{12}} \tag{2-6}$$

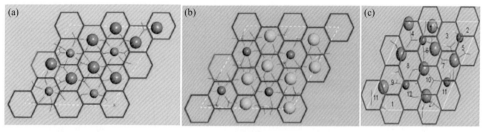

图2-5　（a）NiAl-CLDH-1、（b）MgFe-CLDH-1和（c）ZnAl- CLDH-1的（001）晶面示意图[37,38]

$$\sigma_{\text{side}} = \sqrt{\dfrac{\sum\limits_{i=1}^{3}(X_{\text{side},i}-\bar{X}_{\text{side}})^2}{3}} \tag{2-7}$$

$$r_{\text{msd}} = \sqrt{\dfrac{\sum\limits_{i=1}^{12}s_i^2}{12}} \tag{2-8}$$

式中　$\sigma_{\text{top}}$——金属离子在LDHs (001)晶面的分散度；

$\sigma_{\text{side}}$——金属离子在 LDHs (120) 晶面的分散度；

$X_{\text{top},i}$，$X_{\text{side},i}$——金属离子分布在第$i$（$i$=1,2,3,…,12）个六边形区域内的总量；

$\bar{X}_{\text{top}}$——每个区域内金属离子分布数量的平均值［对于 LDHs (001) 晶面，$\bar{X}_{\text{top}}$=1］；

$\bar{X}_{\text{side}}$——每个区域内金属离子分布数量的平均值［对于 LDHs (120) 晶面，$\bar{X}_{\text{side}}$=4］；

$r_{\text{msd}}$——均方根位移；

$s_i$——第$i$（$i$=1,2,3,…,12）个金属离子与该金属离子的参考位置之间的空间位移值。

　　研究发现，ZnAl-LDH 的层间阴离子分解后，$Zn^{2+}$、$Al^{3+}$ 无论是在平行于层板的方向还是在垂直于层板的方向均发生了显著的迁移；而 NiAl-LDH、MgFe-LDH 的层间阴离子分解后，金属离子在平行于层板的方向上保持着原来的位置，在垂直于层板的方向上则发生了显著的迁移。这不仅证明了 LDHs 的拓扑不变性，而且说明了三种 LDHs 的稳定性顺序如下：NiAl-LDH>MgFe-LDH>ZnAl-LDH。

　　为测试其记忆效应，将 $H_2O$ 和 $CO_2$ 分子逐个插入到 M-CLDH-$n$（$n$=1,2,3,4,5,6）结构中，结果发现：将 $H_2O$ 和 $CO_2$ 插入 Zn-CLDH-$n$（$n$=1,2,3,4,5,6）结构模型中，无论是哪种产物模型均无法复原到最初的层状模型，金属离子也不能恢复到原来的八面体结构，说明 ZnAl-CO₃-LDH 没有记忆效应。对于 NiAl-LDH 结构，Ni-CLDH-1 结构能恢复到原来的层状结构，其他的 CLDH 产物结构则不能，这说明 NiAl-LDH 具有记忆效应。对于 MgFe-LDH 结构，模拟结果发现 Mg-CLDH-2 和 Mg-CLDH-3 能恢复到原来的层状结构，而其他的结构则不能，表明 MgFe-LDH 也具有记忆效应，且其记忆效应强于 NiAl-LDH。总体来说，含 Mg、Ni 的 LDHs 具有记忆效应，含 Zn 的 LDHs 没有记忆效应，与实验结果一致。

## 四、层板电荷分布性质

了解 LDHs 层板电荷的分布对于进一步研究其催化、电学方面的功能性具有重要意义。本书著者团队[29]基于 DFT 方法计算了系列 MgAl-LDH (003) 晶面的差分电荷性质。图 2-6 是 $R=2$ 时，$Mg_2Al$-A-LDH 体系层板的差分电荷图，其中红色区域表示电荷富集，蓝色区域表示电荷消耗。对于具有不同层间阴离子的 LDHs，其金属阳离子的电荷转移是相似的，表明层间阴离子对 LDHs 层板的电荷密度差几乎没有影响。$Mg^{2+}$ 周围的区域为浅红色或白色，而 $Al^{3+}$ 周围的区域为蓝色，这表明在形成 LDHs 层板时，$Al^{3+}$ 的电子密度比 $Mg^{2+}$ 明显降低，可能与 $Al^{3+}$ 更高的正电荷有关。$Mg^{2+}$ 和 $Al^{3+}$ 周围区域的差分电荷图没有重叠，表明 Mg—O 和 Al—O 键为离子键。

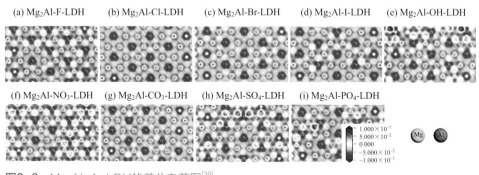

(a) Mg₂Al-F-LDH    (b) Mg₂Al-Cl-LDH    (c) Mg₂Al-Br-LDH    (d) Mg₂Al-I-LDH    (e) Mg₂Al-OH-LDH

(f) Mg₂Al-NO₃-LDH    (g) Mg₂Al-CO₃-LDH    (h) Mg₂Al-SO₄-LDH    (i) Mg₂Al-PO₄-LDH

图2-6   Mg₂Al-A-LDH的差分电荷图[29]

Moraes 等人[39]采用从头计算方法研究了 LDHs 在不除去层间硫酸根的情况下交换阳离子的能力。构建了层间含硫酸根、不同层板组成（MgAl 和 ZnAl）的 LDHs 结构，进行 Na⁺ 被 K⁺ 取代反应的热力学研究。尽管 LDHs 传统上是阴离子交换剂，但也可以交换阳离子，这为 LDHs 的应用开辟了新的前景。结果表明，MgAl-LDH 和 ZnAl-LDH 之间的主要电荷差异体现在层板中的 Mg 和 Zn。Zn 的电荷比 Mg 低，说明 Zn 发生更多的电荷转移，所以 ZnAl-LDH 中羟基比 MgAl-LDH 中羟基的碱性更强。同时，阳离子周围的水分子带有少量的负电荷，这是由阳离子和水分子之间的静电相互作用所致。

# 第三节
# 客体取向和分布——LDHFF 分子力场构建

　　为获取不同功能性的 LDHs 材料，实验中常采用阴离子交换法将具有不同功能性的客体插层进入 LDHs[40]。到目前为止，多种简单无机阴离子如卤离子、硝酸根离子、硫酸根离子、碳酸根离子等，以及有机阴离子如酒石酸根、含羧酸根阴离子、含苯环阴离子等已经被成功引入到 LDHs 层间（表 2-2），合成的材料在催化[41]、吸附[42]、电化学[43]、功能薄膜[44]、生物医药[45]等领域受到了广泛关注。因此，客体阴离子在基于 LDHs 的功能性材料中起到关键作用。实验上原子力显微镜（AFM）和偏振紫外 - 可见光谱（polarized UV-vis spectra）是表征 LDHs 层间客体分布的重要手段[46,47]。随着计算技术的快速发展，层间客体的行为也可以通过量子力学方法和分子动力学模拟的方法进行理论模拟。到目前为止，研究者采用分子模拟方法，对层间客体的溶胀性质、阴离子排布方式、客体相互作用、离子交换性质等进行了详细研究[48,49,30]。

表2-2　不同阴离子插层的 $M^{I/II}_2M^{III/IV}$-LDH 汇总

| $M^{I/II}$ | $M^{III/IV}$ | 离子 | 晶胞参数 $c$/Å | 文献 |
|---|---|---|---|---|
| Mg$^{2+}$ | Al$^{3+}$ | Cl$^-$ | 5.57 | [28] |
| | | Br$^-$ | 7.95 | [50] |
| | | OH$^-$ | 7.64 | [26] |
| | | NO$_3^-$ | 8.79 | [50] |
| | | CO$_3^{2-}$ | 7.54 | [51] |
| | | SO$_4^{2-}$ | 8.58 | [50] |
| | | PO$_4^{3-}$ | 9.20 | [40] |
| | Cr$^{3+}$ | Cl$^-$ | 7.72 | [52] |
| | | CO$_3^{2-}$ | 7.80 | [26] |
| | Mn$^{3+}$ | CO$_3^{2-}$ | 7.80 | [26] |
| | Fe$^{3+}$ | CO$_3^{2-}$ | 7.81 | [26] |

| $M^{I/II}$ | $M^{III/IV}$ | 离子 | 晶胞参数 $c$/Å | 文献 |
|---|---|---|---|---|
| Ni$^{2+}$ | Al$^{3+}$ | Br$^-$ | 7.95 | [50] |
| | | NO$_3^-$ | 8.79 | [50] |
| | | Cl$^-$ | 7.64 | [53] |
| | | CO$_3^{2-}$ | 7.70 | [54] |
| | | OH$^-$ | 7.55 | [50] |
| | | PO$_4^{3-}$ | 9.20 | [40] |
| | Cr$^{3+}$ | Cl$^-$ | 7.74 | [55] |
| | | NO$_3^-$ | 7.27 | [56] |
| | Fe$^{3+}$ | CO$_3^{2-}$ | 7.60 | [28] |
| | | NO$_3^-$ | 8.80 | [57] |
| Zn$^{2+}$ | Al$^{3+}$ | Br$^-$ | 7.95 | [50] |
| | | Cl$^-$ | 7.78 | [58] |
| | | OH$^-$ | 7.55 | [50] |
| | | NO$_3^-$ | 8.79 | [50] |
| | | SO$_4^{2-}$ | 11.44 | [59] |
| | | CO$_3^{2-}$ | 7.58 | [58] |
| | | PO$_4^{3-}$ | 9.20 | [40] |
| | Cr$^{3+}$ | Cl$^-$ | 7.88 | [60] |
| | | SO$_4^{2-}$ | 12.82 | [59] |
| Cu$^{2+}$ | Cr$^{3+}$ | Cl$^-$ | 7.70 | [60] |
| | | SO$_4^{2-}$ | 11.81 | [59] |
| Co$^{2+}$ | Mn$^{4+}$ | CO$_3^{2-}$ | 7.61 | [61] |
| | Fe$^{3+}$ | CO$_3^{2-}$ | 7.69 | [62] |
| Fe$^{2+}$ | Fe$^{3+}$ | CO$_3^{2-}$ | 7.57 | [62] |

# 一、取向结构和客体分布——LDHFF分子力场构建

基于静电或氢键等相互作用，层板阳离子的有序排布会导致层间客体的有序排列。本书著者团队[63]基于量子力学方法，采用密度泛函理论（DFT）方法模拟了不同阴离子插层的 MgAl-LDH，发现当阴离子价态相同时，阴离子在层间的排布方式与其半径大小密切相关：半径越大，越倾向于倾斜或垂直于层板排布；阴离子的尺寸越大、电荷越低，层板电荷对其取向的影响越大。另外，以力场为基础的 MD 模拟方法主要用来研究层间客体的性质及其与层板的相互作用[64]。基于 MD 模拟的结果发现：LDHs 层间阴离子可以采取单层结构，也可以采取双层结构排布[49]。一般地，两端均具有较高负电荷的阴离子以单层结构分布于 LDHs 层间，因为它们可以与层板直接作用形成氢键或有较强的静电作用；而负电荷集

中在一端的阴离子只能形成双层结构[65]。Kumar 等人[66]利用 MD 模拟方法，详细阐述了柠檬酸插层 Mg₃Al-LDH 的层间客体排布及水合膨胀性质；并采用同样的方法探究了不同种类有机羧酸根插层的 Mg₃Al-LDH 的结构。结果显示：所有的一元羧酸根均平行于层板排布，丙酸根中的—$COO^-$ 垂直于层板，而乙酸根中的—$COO^-$ 的取向是无序的[67]。

　　另外，同种阴离子在同种 LDHs 层间可能会出现不同的排布情况，Newman 等人[68]通过 MD 方法研究了对苯二甲酸阴离子在 Mg₂Al-LDH 层间的排布取向。发现当层板电荷较高、层间水含量较高时，对苯二甲酸阴离子在层间倾向于垂直排布；反之，则倾向于水平排布。本书著者团队[49]对包含水分子和不同层间阴离子的 NiAl-A-LDH（A=$F^-$，$Cl^-$，$Br^-$，$OH^-$，$NO_3^-$，$CO_3^{2-}$ 和 $SO_4^{2-}$）进行了 MD 模拟研究。通过模拟将含有不同客体 NiAl-LDH 的层间水分子的堆积模式分为 3 种类型：类型 1，当层间阴离子为 $NO_3^-$，$CO_3^{2-}$，$Cl^-$，$Br^-$ 和 $OH^-$ 时，插层水分子和阴离子紧密堆积并平行于层板；类型 2，当层间阴离子为 $SO_4^{2-}$ 时，层间水分子分布比较松散；类型 3，当层间含水量较多时，水分子在层间呈双层排布。总之，从层间阴离子与层板形成的角度而言，客体在 LDHs 层间的排布主要有以下几种方式：与层板平行分布于层间；与层板成一定角度排布于层间；垂直层板排布于层间。从阴离子在层间的堆积层数而言，客体阴离子在层间以单层或双层排布的报道较多。

　　目前在 LDHs 动力学模拟中使用较多的是 CLAYFF、CVFF 和 Dreiding 力场[69]，但是这些力场均存在一些不足，如：CLAYFF 力场中大多数参数是根据阳离子黏土材料得出的，并不完全适合 LDHs 类材料；CVFF 和 Dreiding 力场缺少对金属离子在八面体场中的力场参数，现有的力场很难满足分子模拟的需要。鉴于此，本书著者团队[70]对前期 LDHs 分子动力学模拟方法进行了完善，设计了能够准确表达 LDHs 主体层板中金属元素的八面体六配位特点的势函数，得到了多种金属离子的力场参数，建立了适用于 LDHs 层状材料的通用分子力场 LDHFF，式（2-9）为 LDHFF 的势函数表达式。通过对含有相似的层间阴离子构型和离子半径（$CO_3^{2-}$ 和 $NO_3^-$）的 Mg₂Al-LDH 分子动力学模拟，观察到金属离子在长时间的 MD 模拟中仍保持稳定的八面体六配位结构（图 2-7）；且 $CO_3^{2-}$ 在层间以平躺取向排布，$NO_3^-$ 则呈现倾斜排布；二者在层间的不同排布归因于所带电荷的差异，从而揭示了实验中无法观测到的层间构型。

$$E_{total} = E_b + E_a + E_{bb} + E_{ba} + E_{vdw} + E_{coubl} \tag{2-9}$$

式中　　$E_b$——键伸缩项；

　　　　$E_a$——成键作用项；

　$E_{bb}$，$E_{ba}$——交叉作用项；

$E_{vdw}$，$E_{coubl}$——非键作用项。

其中，

$$E_b = \sum_b \sum_{n=2}^{4} k_{b,n}(b-b_0)^n \tag{2-10}$$

$$E_a = \sum_\theta \sum_{n=2}^{4} k_{a,n}(\theta-\theta_0)^n \tag{2-11}$$

$$E_{bb} = \sum_b \sum_{b'} k_{bb'}(b-b_0)(b'-b_0') \tag{2-12}$$

$$E_{ba} = \sum_b \sum_\theta k_{ba}(b-b_0)(\theta-\theta_0) \tag{2-13}$$

$$E_{vdw} = \sum \varepsilon_{ij} \left[ 2\left(\frac{r_{ij}^0}{r_{ij}}\right)^9 - 3\left(\frac{r_{ij}^0}{r_{ij}}\right)^6 \right] \tag{2-14}$$

$$E_{coubl} = 332.1 \sum \frac{q_i q_j}{r_{ij}} \tag{2-15}$$

式中　$k_{b,n}$——键伸缩相互作用的振动常数（1kcal = 4.19kJ，1Å = 0.1nm），kcal/(mol·Å$^4$)；

$b_0$——平衡键长，Å；

$k_{a,n}$——键角弯曲的常数，kcal/(mol·rad$^2$)；

$\theta_0$——平衡键角，（°）；

$k_{bb'}$——交叉项中的耦合常数，kcal/(mol·Å$^2$)；

$k_{ba}$——交叉项中的耦合常数，kcal/(mol·Å$^2$·rad$^2$)；

$\varepsilon_{ij}$——弱相互作用的范德华势阱深度，kcal/mol；

$r_{ij}^0$——作用半径，Å；

$q_i$——力场电荷，e。

　　LDHFF 可以维持长时间动力学模拟过程中主体层板的结构稳定性，显著拓展了 LDHs 分子动力学模拟的时空尺度，目前已被应用于 LDHs 材料层间客体取向结构和分布的模拟及预测[71-73]。本书著者团队[71]基于 LDHFF 力场采用 MD 方法模拟了分层 LDH/壳聚糖 H-LDH/CTS 主客体的相互作用以及氧气在 H-LDH/CTS 中的热运动，证实了 H-LDH 在提高氧气阻隔性能方面的关键作用。进一步采用 LDHFF 力场为基础的 MD 方法证实了醋酸纤维素/LDH（CA/LDH）中 CA 与 LDH 间的氢键网络是抑制氧气扩散的重要因素[72]；并在此基础上，模拟了 $CO_2$ 吸附对 LDH/聚丙烯酸（LDH/PAA）的氧气阻隔性能的影响，证实了吸附的 $CO_2$ 导致了薄膜的超低透氧性[73]。这些实践应用表明 LDHFF 力场为新型 LDHs

功能材料的设计和制备提供了理论指导和模拟依据，是 LDHs 材料分子模拟理论的重要发展。

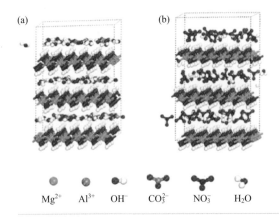

图2-7
（a）Mg₂Al-CO₃-LDH和（b）Mg₂Al-NO₃-LDH采用LDHFF力场进行NPT（298K，0.1MPa）模拟的末帧快照[70]

## 二、客体间相互作用

层间阴离子的特性影响 LDHs 的功能性，如一些有机分子引入 LDHs 层间后，分子间的 π-π 或偶极 - 偶极力可能导致有机分子产生较强的分子间相互作用，从而影响 LDHs 类材料的性质。另外 LDHs 的晶体结构中通常含有水分子，虽然这些插层水分子可以通过热处理去除，然而，由于其本身具有高度的吸湿性，LDHs 可以从大气或溶液中吸收水分子重新水合[74]。水分子可以和层板的羟基形成氢键来增强 LDHs 的稳定性，同时也可以和阴离子相互作用[66]。LDHs 类化合物的层间距、阴离子交换能力和催化活性等性质，均会受到其结构中水分子数量和阴离子种类的影响[30]。本书著者团队[75] 采用 MD 方法得到了二萘嵌苯四羧酸根阴离子（PTCB）插层 MgAl-LDH 体系中不同水合状态下客体的取向，以及证实了不同水合状态下，层间聚集行为存在着差异。Costa 等人[76] 运用周期性边界条件和从头算密度泛函理论计算了 ZnAl-A-LDH（A = Cl⁻，$CO_3^{2-}$）和 MgAl-CO₃-LDH 的差分电荷，发现层间水分子与阴离子间的相互作用强于层板羟基与层间组分之间的相互作用。本书著者团队[77] 基于前期发展的 LDHFF 力场，利用 MD 方法对染料和不同链长烷基磺酸盐（$C_nH_{2n+1}SO_3$，$n = 5$，6，7，10，12）表面活性剂分子共插层 ZnAl-LDH 结构进行模拟，发现共插层分子尺寸相近时，客体与客体之间相互作用最大，LDHs 的结构最稳定；并提出了两种抑制染料在 LDHs 中聚集的方法：选择一种与染料尺寸相近的表面活性剂进行共插层，或者增加 LDHs 基质中三价阳离子的含量。进一步，本书著者团队[63] 利用 DFT 方法分析了不同阴离子插层的 Mg₂Al-LDH 层间物种的差分电荷（图 2-8），发现层间阴离子与水分子之间的相互作用力主要来源于静电力。总之，层间阴离子和水分子的存在对维持 LDHs 结构稳定具有十分重要的作用。

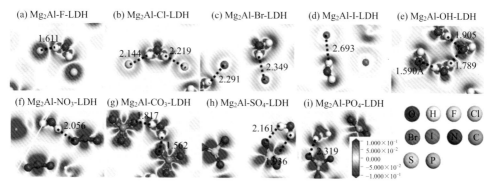

图2-8　不同阴离子插层的 $Mg_2Al-A-LDH$（ $A=F^-$， $Cl^-$， $Br^-$， $I^-$， $OH^-$， $NO_3^-$， $CO_3^{2-}$， $SO_4^{2-}$， $PO_4^{3-}$ ）层间物种差分电荷俯视图：水中的 H 原子（H）与卤离子（X）或氧酸根阴离子中的 O 原子（O）的距离 $d_{X\cdots H'}$ 或 $d_{O\cdots H'}$ [63]
（单位：Å， $1Å=10^{-10}m$ ）

## 三、层间阴离子交换性质

对于确定的 LDHs 而言，离子交换与插层均具有一定的选择性。选择性取决于层间距离、交换与被交换阴离子的尺寸及性质、插层物种的结构与性质，同时还取决于反应温度及所用的溶剂等[50,78,79]。此外，LDHs 的层板组成也会对离子交换反应产生一定的影响。比如 ZnAl-LDH、MgAl-LDH 作为离子交换的前驱体比较合适，但是采用 NiAl-LDH、MgFe-LDH 作为前驱体则很难进行离子交换反应[80]。对于无机阴离子，实验研究者已经发现了其引入 LDHs 层间的亲和力大小顺序为： $CO_3^{2-}>SO_4^{2-}>OH^->F^->Cl^->NO_3^-$[50]。最近，随着计算机硬件和软件的发展，LDHs 离子交换性质的热力学和动力学特征也逐渐被揭示。本书著者团队[49]采用 MD 方法证实了 NiAl-LDH 中不同阴离子的离子交换作用。Costa 等人[81]采用 DFT 方法通过计算吉布斯自由能得到了 $Zn_{2/3}Al_{1/3}(OH)_2A_{1/3}\cdot2/3H_2O$ 离子交换的选择性顺序。本书著者团队[30]采用 DFT 与 MD 相结合的方法从热力学和动力学角度探究了不同层板组成、不同层板比例的 $M_RAl-LDH$（M＝Mg，Ni，Zn）的离子交换性质，结果表明 LDHs 的阴离子交换性质不仅与阴离子的排布方式、大小、所带的电荷、电负性有关，也与主客体间的氢键强度、电荷转移有关，证实发生离子交换反应的主要驱动力是静电力；并通过模拟不同层间阴离子在 LDHs 中的扩散，得到同一阴离子在不同方向的扩散系数为： $x>y>z$ ，沿 $z$（ $c$ 方向）的扩散系数几乎为零。这说明阴离子的扩散主要发生在 LDHs 晶胞的 $xy$

面，即 *ab* 面，进一步说明阴离子交换反应主要沿 LDHs 晶胞的 *ab* 方向进行。此外，推断出当晶胞参数 $c < 24.0$Å 时，阴离子交换行为主要受热力学因素的影响；当 $c > 24.0$Å 时，阴离子交换行为受动力学因素和热力学因素共同影响（图 2-9）。因此，可以根据这些研究结果来选取离子交换的 LDHs 前驱体，对用阴离子交换法设计合成 LDHs 功能材料具有一定的指导意义。

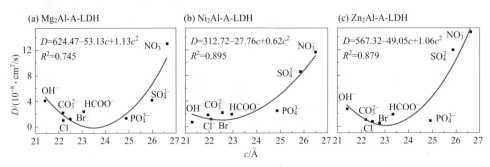

图2-9　不同阴离子插层M₂Al-LDH的晶胞参数c和阴离子扩散系数的关系（红色实线为拟合曲线）[30]

# 第四节
# 插层结构特性与设计

## 一、插层结构稳定的驱动力——主客体相互作用

　　LDHs 的主体层板带有一定数量的正电荷。因此，需要在层间引入阴离子来平衡电荷以确保 LDHs 材料保持电中性。主客体相互作用是保持插层结构稳定的主要因素。LDHs 主客体之间存在着多种弱相互作用，包括静电力、范德华力以及氢键。主客体之间的相互作用会影响 LDHs 中阴离子的排布方式、层间距等结构性质、离子交换反应的性能、热稳定性等。

　　本书著者团队[82]采用 DFT 方法分析了不同阴离子插层 Mg₂Al-A-LDH 的层板与层间的差分电荷（图 2-10），发现对于卤素阴离子，X···H 的长度按照 I>Br>Cl>F 的顺序变化，这表明 X···H 氢键和主客体之间的相互作用依次增强；对于含氧阴离子（$NO_3^-$，$CO_3^{2-}$，$SO_4^{2-}$ 和 $PO_4^{3-}$），O···H 距离通常比 X···H 短，这与此类阴离子的大小和方向有关。由于氢键相互作用与弱静电相互作用有关，因此，层板与层间阴离子之间的主客体相互作用主要来源于静电相互作用，即插层结构稳定的主要驱动力来自于主客体间静电相互作用。

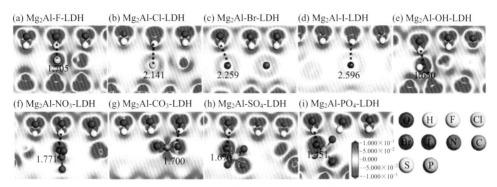

图2-10 不同阴离子插层Mg₂Al-A-LDH的层板与层间物种的差分电荷图，以及层间羟基的H原子与层间阴离子中的X或氧原子之间的距离（Å）[82]

Leitão 课题组[83] 采用 DFT 方法计算了 MgAl-TA-LDH[TA＝对苯二甲酸阴离子，$x = N_{Al}/(N_{Al} + N_{Mg}) = 1/4$、1/3 和 1/2] 的结构和电子性质，分析了层板电荷增加时层间客体与层板之间的相互作用，结果表明：当层板电荷增加时，一个 TA 占据的面积受到限制，不会显著改变 TA 和层之间的电子转移；另外，增加层板电荷密度（从 $x = 1/4$ 到 $x = 1/2$），水分子与层之间的电子相互作用支撑其结构稳定性。

他们在另一项工作中使用 DFT 模拟方法研究了水合前后十二烷基硫酸酯（DDS）插层 ZnAl-LDH 的结构和性质变化[84]，发现脱水后 ZnAl-LDH 层间距明显收缩。电荷密度分析表明：阴离子的水合作用倾向于将电荷转移分布在无机层上，说明水分子在结构稳定中起着重要作用；而去水合后虽然主客体存在相互作用，但 DDS 阴离子呈现 3.15° 的构象弯曲，使得层间距减小。

Leitão 等人[85] 通过使用周期性边界条件和从头算密度泛函理论计算 LDHs 的电子结构。在 ZnAl-Cl-LDH、ZnAl-CO₃-LDH 和 MgAl-CO₃-LDH 中，水分子通过多重氢键与层间阴离子 $CO_3^{2-}$ 相连接，且水分子与层间阴离子之间的相互作用比层间羟基与层间阴离子之间的相互作用更强；$CO_3^{2-}$ 插层 LDHs 的电荷密度分布大于 Cl⁻ 插层的电荷密度分布。

## 二、体系能带结构与光催化性质

为深入研究 LDHs 在光功能材料、电学材料和催化剂方面的应用，对其能带结构的分析和研究具有重要的指导意义。能带理论认为晶体中的多个电子的共同作用使得单能级分裂成 $N$ 个看似连续的能级，而这些能级构成了能带。因此能带结构反映了晶体的诸多信息，如导电性、带隙、能带边缘位置等，对其进行计算有利于明确材料的构效关系[69]。LDHs 结构、组成具有可调性，其带隙宽度通常在 2.0～3.4eV 可调[86]，并且其在有机污染物降解、有害阴离子还原、电解水、二氧化碳还原、固氮等方面有较为广泛的应用[87]。

半导体光催化分解水包括三个主要步骤：①吸收能量超过半导体带隙的光子，使半导体中产生电子和空穴对；②电荷分离，随后这些光生载流子在半导体颗粒中迁移；③载体表面与水之间发生化学反应。对于产氢，半导体导带底的电势需要比氢气的还原电势（pH = 0，0V vs. SHE；pH = 7，0.41V vs. SHE）更负。而要制备氧气，半导体价带顶的电势需要比氧气的氧化电势（pH = 0，1.23V vs. SHE；pH = 7，0.82V vs. SHE）更正[88]。

以析氧反应（oxygen evolution reaction，OER）为例，判断一个半导体析氧光催化剂的优劣有两个判据：①由禁带宽度反映的光响应范围（$E_g < 3.1eV$）；②不需要施加外部偏压即可自发进行光催化反应[89]。$E_g$ 可用式（2-16）计算：

$$E_g = E_{CBM} - E_{VBM} \tag{2-16}$$

式中　$E_{CBM}$——导带底的能级，eV；

　　　$E_{VBM}$——价带顶的能级，eV。

光学禁带宽度等于本征电子禁带宽度减去激子结合能。大部分半导体的激子结合能非常小，因此一般不区分本征电子禁带宽度和光学禁带宽度[90]。而第二个判据，光催化剂是否需要外加偏压，需比较其光催化析氧驱动力和其析氧反应势能决定步骤能垒的大小[91]。驱动力 $E_{df}$ 是氧气的氧化电位 [pH = 7 时，$E(O_2/H_2O) = 0.82V$ vs. SHE] 减去半导体价带顶的电位。因此，驱动力 $E_{df}$ 可用式（2-17）计算：

$$E_{df} = 0.82 \text{ eV} + 4.5 \text{ eV} - E_{VBM} = 5.32 \text{ eV} - E_{VBM} \tag{2-17}$$

式中　$E_{df}$——光催化析氧驱动力，eV。

为了获得半导体的能带边缘位置，需要求解半导体的功函数（$W$）。功函数是将固体内的一个电子移动到固体表面所需要克服的功。功函数可用式（2-18）计算：

$$W = -e\phi - E_F \tag{2-18}$$

式中　$e$——一个电子带有的电荷；

　　　$\phi$——半导体表面真空的静电势，V；

　　　$E_F$——半导体的费米能级，eV。

通过计算半导体的能带结构，可以通过式（2-19）计算出导带底和费米能级的能量差（$x$）：

$$x = E_{CBM} - E_F \qquad (2\text{-}19)$$

式中 $x$——导带底和费米能级的能量差，eV。

半导体的能带边缘位置可通过式（2-20）和式（2-21）求解：

$$E_{CBM} = E_F + x = -W + x \qquad (2\text{-}20)$$

$$E_{VBM} = E_{CBM} - E_g = -W + x - E_g \qquad (2\text{-}21)$$

半导体上不同晶面的功函数数值不同。对于 LDHs 材料，已经有文献报道，（003）晶面是其优先暴露晶面。因此，通常选取（003）晶面作为析氧反应晶面。

本书著者团队[5]采用 Hubbard + U 校正的密度泛函理论，计算了 $M^{II}_n M^{III}$-LDH（$M^{II}$=Mg$^{2+}$，Co$^{2+}$，Ni$^{2+}$，Zn$^{2+}$；$M^{III}$=Al$^{3+}$，Ga$^{3+}$）和 $M^{III/IV}$ 为过渡金属的 $M^{II}_n M^{III/IV}$-A-LDH（$M^{II}$=Mg$^{2+}$，Co$^{2+}$，Ni$^{2+}$，Cu$^{2+}$，Zn$^{2+}$；$M^{III}$=Cr$^{3+}$，Fe$^{3+}$；$M^{IV}$=Ti$^{4+}$；$n$=2，3，4；A=Cl$^-$，NO$_3^-$，CO$_3^{2-}$）的电子结构，得到了本征电子性质，以此预测 OER 反应可行性以及反应路径（图2-11）。

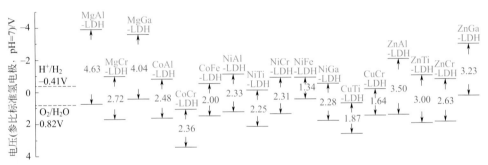

图2-11 氯离子插层的LDHs相对于标准氢电极的带边缘位置，在pH=7时标记了H$_2$的还原电位和O$_2$的氧化电位[5]

10种含主族金属的 $M^{II}_n M^{III/IV}$-LDH 的费米能级均在禁带，所以10种皆为半导体。这些 LDHs 的禁带宽度从小到大分别为：Ni$_2$Ga-Cl-LDH（2.275eV）< Ni$_2$Al-Cl-LDH（2.326eV）< Co$_n$Al-A-LDH（2.403 ～ 2.480eV）< Zn$_2$Ga-Cl-LDH（3.225eV）< Zn$_2$Al-Cl-LDH（3.495eV）< Mg$_2$Ga-Cl-LDH（4.040eV）< Mg$_2$Al-Cl-LDH（4.631eV）。而且还发现，含 Al 的 LDHs 禁带宽度均大于相应的含 Ga 的 LDHs；当 LDHs 的 $M^{III}$ 相同时，不同 $M^{II}$ 的 LDHs 按禁带宽度排序为：Ni < Co < Zn < Mg。半导体的禁带宽度会显著影响其光吸收行为：当半导体禁带宽度小于 3.1eV 时，其可以吸收可见光，因此 $M^{II}$ 含有 Co 和 Ni 的 LDHs 均能吸收可见光，而 $M^{II}$ 含有 Mg 和 Zn 的 LDHs 仅吸收紫外线。通过对比费米能级与价

带顶和导带底的距离可知 $Ni_2Ga$-Cl-LDH 是 n 型半导体，而其他 LDHs 是 p 型半导体。

进一步采用 Hubbard+U 校正的密度泛函理论，研究了含过渡金属的 $M^{II}_nM^{III/IV}$-LDH 的前线轨道（价带顶和导带底）的主要组成部分（$M^{II}=Mg^{2+}$，$Co^{2+}$，$Ni^{2+}$，$Cu^{2+}$，$Zn^{2+}$；$M^{III}=Cr^{3+}$，$Fe^{3+}$；$M^{IV}=Ti^{4+}$；$n=2$，3，4；A=$Cl^-$，$NO_3^-$，$CO_3^{2-}$）。O-2p 是每种 LDHs 价带顶的主要组成部分，这意味着光生空穴倾向于定域在 LDHs 羟基的氧原子上。由于 LDHs 主体层板上的羟基通过氢键与水分子连接，光生空穴定域在羟基氧原子上，有利于氧化水分子。Co-3d，Ni-3d，Cu-3d，Zn-3d，Cr-3d，Fe-3d 轨道，对相应 LDHs 的价带顶有贡献。而 Ti-3d 轨道对含 Ti 的 LDHs 价带顶没有明显贡献。故 Ni-3d，Cu-3d，Zn-3d 轨道也对含 Ti 的 LDHs 的光催化析氧活性有贡献。所计算的 LDHs 的导带底主要由过渡金属的 3d 轨道组成。根据这些 LDHs 的价带顶和导带底组成可知，通过调变 LDHs 主体层板中金属阳离子的种类，可以实现对 LDHs 电子结构的调控。由于三价主族金属阳离子（Al 和 Ga）对价带顶和导带底的贡献很小，因此其在光催化析氧反应中是惰性的。但是，三价/四价过渡金属（Cr，Fe，Ti）对前线轨道有贡献，故也可能提供光催化析氧反应的活性位。

根据 LDHs 的价带边缘相对于氧气氧化电位的位置，可判断 LDHs 光催化氧气生成反应的驱动力。本书著者团队[88]计算了光催化析氧反应的四个基元反应，得到了每一步基元反应的吉布斯自由能变，确定了析氧反应的速控步骤。对于所计算的 12 种 LDHs，基元步骤 A.1（$H_2O+* \longrightarrow *OH+H^++e^-$）均容易发生。因为 LDHs 表面的羟基是亲水性的，水分子很容易吸附在 LDHs 表面，然后脱去一个氢原子。大体上，相比于基元步骤 A.1 和 D.1（$*OOH \longrightarrow *+O_2+H^++e^-$），基元步骤 B.1（$*OH \longrightarrow *O+H^++e^-$）和 C.1（$*O+H_2O \longrightarrow *OOH+H^++e^-$）更难发生。基元步骤 B.1 是将吸附态的羟基自由基上的氢原子脱除，基元步骤 C.1 是将另一个水分子中的羟基连接上 *O。对 $Ni_2Ti$-Cl-LDH、$Mg_2Cr$-Cl-LDH、$Ni_2Cr$-Cl-LDH、$Zn_2Cr$-Cl-LDH、$Ni_2Cr$-$NO_3$-LDH、$Ni_2Cr$-$CO_3$-LDH、$Ni_3Cr$-Cl-LDH、$Ni_4Cr$-Cl-LDH 而言，基元步骤 B.1 的吉布斯函数 $\Delta G_B$ 是这 4 步基元步骤中最大的。而基元步骤 C.1 的吉布斯函数 $\Delta G_C$ 是 $Zn_2Ti$-Cl-LDH、$Cu_2Ti$-Cl-LDH、$Cu_2Cr$-Cl-LDH、$Co_2Fe$-Cl-LDH 的 4 步基元步骤中最大的。基元步骤中吉布斯函数最大的一步，是析氧反应的势能决定步骤。因此，基元步骤 B.1 是前 8 种 LDHs 的析氧势能决定步骤，而基元步骤 C.1 是后 4 种 LDHs 的势能决定步骤。计算研究发现 $Co_2Fe$-Cl-LDH、$Ni_2Ti$-Cl-LDH、$Zn_2Ti$-Cl-LDH、$Zn_2Cr$-Cl-LDH 及 $Ni_nCr$-A-LDH 能够在光照下通过驱动力克服反应的势能决定步骤能垒，自发析氧，此计算结果与实验观测值一致。

# 三、体系的酸碱位点

LDHs 的层板是由复合金属氢氧化物组成，故碱性为其最基本性能，其碱性与层板上的阳离子和羟基的性质有关[92]。LDHs 也带有一定的酸性特征，酸性的强弱与层间阴离子性质和层板金属氢氧化物的酸碱性有关。

层间客体为 $CO_3^{2-}$、$NO_3^-$、$Cl^-$ 等阴离子时，LDHs 的酸性比较弱；而层间客体为有机酸、杂多酸等阴离子时，LDHs 的酸性则较强。LDHs 通常用作金属氧化物的前驱体，并且这些前驱体通常具有碱催化剂的性质[93]。因此，LDHs 本身表现出 Lewis 碱性质，其碱性决定了催化性能。含有过渡金属（Ni、Co、Cu、Cr 或 Mn）的 LDHs 通常被用作重整、硝基苯还原、甲烷化、甲醇合成、高级醇合成和费-托反应等催化剂的前驱体。本书著者团队[82] 通过态密度分析发现 MgAl-LDH 中碱性最强位点为层间阴离子，酸性最强的位点为层板 $Mg^{2+}$；且阴离子价态越高，越靠近费米能级（图 2-12）。

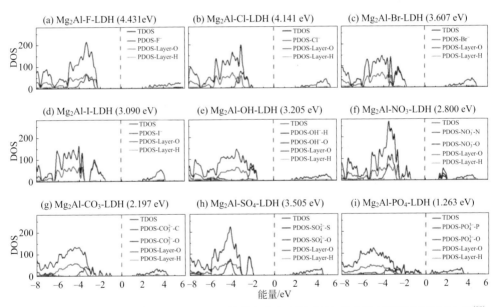

图2-12 不同阴离子插层的 $Mg_2Al$-A-LDH 的总态密度（TDOS）和分波态密度（PDOS）图[82]

经验证据表明，LDHs 的碱性质也取决于其组成，例如，ZnAl-LDH、ZnCr-LDH 或 NiAl-LDH 的碱性要弱于 MgAl-LDH[94]。同样，在 LDHs 结构中引入 $Ga^{3+}$ 代替 $Al^{3+}$ 导致碱性位点总数的减少[95]。因此，LDHs 的碱性受到层板元素电负性的影响，而碱性最强的位点与 LDHs 价带顶的组成有关。

电负性和硬度与体系的酸碱性直接相关，LDHs 中层板组成元素因其本身性质和在周期表的位置差异，从而使 LDHs 展现出不同的酸碱性。图 2-13 表明了电负性和硬度与 LDHs 中二价金属离子有关，硬度 ($\eta$)［$\eta = (E_{LUMO} - E_{HOMO})/2$，HOMO 为最高占据分子轨道（highest occupied molecular orbital），LUMO 为最低未占据轨道（lowest unoccupied molecular orbital）］的变化趋势与带隙的变化趋势相同；且 HOMO-LUMO 带隙越大，硬度越高。在同一族中，碱性随周期数的增加而增加，含闭壳层二价阳离子的 LDHs 比开壳层过渡金属离子的 LDHs 碱性更强，这与实验发现相符，即 ZnAl-LDH、ZnCr-LDH、NiAl-LDH 比 MgAl-LDH 碱性弱。电负性 ($\chi$) 的值按 $Mg^{2+} < Zn^{2+} < Ni^{2+} < Cu^{2+} < Co^{2+}$ 的顺序增加，所以含有二价闭壳层金属阳离子的 LDHs 碱性高于含有开壳层过渡金属阳离子的 LDHs。这与实验结果一致，即 ZnAl-LDH、ZnCr-LDH、NiAl-LDH 的碱性低于 MgAl-LDH。

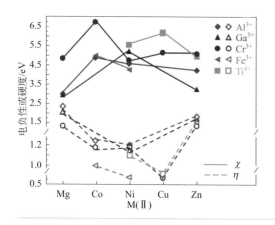

图2-13
M(Ⅱ)M(Ⅲ/Ⅳ)-Cl-LDH的Mulliken电负性（$\chi$）和硬度（$\eta$）随二价金属阳离子原子序数的变化关系[5]

# 第五节
# 小结与展望

本章以 LDHs 材料的结构设计为出发点，重点介绍了 LDHs 的主体结构特征、客体结构特征与主客体相互作用的理论研究进展，以及近年来发展的 LDHs 结构设计的理论方法、依据和构效关系的新认识。在主体结构方面，介绍了八面体变形度判据及其应用、层板元素种类比例、层板电荷分布对 LDHs 结构、性质的影响，以及拓扑结构转变和记忆效应的本质原因；客体结构方面，介绍了用于模拟

LDHs 结构的通用分子力场 LDHFF，以及客体分布、客体间相互作用、离子交换性质的影响因素；主客体结构方面，讨论了主客体相互作用的来源、能带结构及其与光催化性能的关系。从理论研究的角度揭示了 LDHs 材料体系的构效关系，为 LDHs 及相关材料的结构设计和制备提供了理论参考和指导。

由于计算方法和计算技术的局限性，目前 LDHs 的理论研究仍存在尚待解决的问题，如：如何以功能为导向，快速、高效地实现对 LDHs 的结构的设计；如何对溶剂的影响、介质的 pH 进行模拟等。另外，LDHs 在光催化、电催化、抗氧化、土壤修复等领域展现出广泛的应用前景，仍需进一步揭示其作用机理。

目前，高通量和机器学习已越来越广泛应用于材料设计。高通量计算具有高效能、可并行、可扩展等优点，使得研究人员能够快速执行大规模计算机模拟。通过高通量计算，我们可以有目标地去发现筛选一些新材料体系。如：苏文霞等人[96]从材料基因技术出发，基于高通量的第一性原理计算，将具有巨磁热效应的 $La(Fe_xSi_{1-x})_{13}$ 基稀土合金作为研究对象，研究了掺杂 Co、Mn、Ni 和 Al 等多种元素对体系磁相变温度的影响，为获得具有不同磁相变温度的 $La(Fe_xSi_{1-x})_{13}$ 基稀土磁制冷材料提供研究基础。

机器学习（machine learning）方法利用已知数据，在某些算法的指导下自动优化并改进模型，使之能对全新的情境进行判断和预测。机器学习根据输入数据集可以分为两类，一类是自顶向下的方法，即从实验数据中学习；另一类是自下而上的方法，即根据第一原理进行预测。机器学习可以帮助我们预测材料的复杂行为。如：Kate 等人[97]使用无监督机器学习方法，包括非负矩阵分解 (NMF) 和张量分解，通过分析飞行时间二次离子质谱 (ToF-SIMS) 的信号，以此来跟踪材料的成分变化和质量传输。使用 NMF 和 ToF-SIMS 相结合的方法可以识别出电化学界面过程中的一小部分活性成分。

量子力学 / 分子力学（quantum mechanics/molecular mechanics，QM/MM）方法也是计算化学发展的趋势之一，它是一种结合量子力学和分子力学计算的方法。在对电子结构变化敏感的区域使用具有更好精度的量子力学方法，而对于系统的其余部分使用具有更快计算速度的分子力学方法，以达到既精细又高效的目标。如，Ghadari 等人[98]使用 QM/MM 方法研究了 20 种氨基酸 (AA) 与掺氮石墨烯 (NG) 结构的结合特性。该项研究分别采用 QM 和 MM 方法描述重点研究的氨基酸部分和其他部分。发现氨基酸与石墨烯表面之间的 π-π 相互作用是影响最大的力。

对于 LDHs 插层材料，利用前期积累及进一步搜集的计算数据和实验数据，基于专家系统、高通量材料计算和机器学习等的集成，通过 QM/ML（quantum mechanics/machine learning）方法、定量构效关系（quantitative structure activity relationships，QSAR）等多种数据挖掘的方法，构建 LDHs 的信息计算平台和机器学习数据集，将有望实现功能分子组成和结构的高效理论预测、智能择向和高通量筛选。对于溶剂、介质环境的影响，可以构建隐式或显示溶剂的方法来模拟体系的存在环境。机理的揭示可以结合目前已有的过渡态搜索等方法，并发展量子力学和分子力学结合的 QM/MM 方法来深入探讨。计算方法和技术的发展将会进一步推动 LDHs 材料主客体结构及构效关系的理论研究，为 LDHs 新型功能材料的发展提供更为坚实的理论基础。

# 参考文献

[1] Mcnamara J P, Hillier I H. Semi-empirical molecular orbital methods including dispersion corrections for the accurate prediction of the full range of intermolecular interactions in biomolecules [J]. Physical Chemistry Chemical Physics, 2007, 9(19): 2362-2370.

[2] Sato R, Vohra S, Yamamoto S, et al. Specific interactions between tau protein and curcumin derivatives: molecular docking and *ab initio* molecular orbital simulations [J]. Journal of Molecular Graphics and Modelling, 2020, 98: 107611.

[3] Verma P, Truhlar D G. Status and challenges of density functional theory [J]. Trends in Chemistry, 2020, 2(4): 302-318.

[4] 高倪，范永太，邵泽庆，等. 计算化学的应用研究进展 [J]. 山东化工，2020, 49(6): 88-89.

[5] Yan H, Zhao X J, Zhu Y Q, et al. The periodic table Ⅱ [M]. Germany: Springer Link, 2019: 89-120.

[6] Basile F, Fornasari G, Gazzano M, et al. Thermal evolution and catalytic activity of Pd/Mg/Al mixed oxides obtained from a hydrotalcite-type precursor [J]. Applied Clay Science, 2001, 18(1-2): 51-57.

[7] Terzis A, Filippakis S, Kuzel H J, et al. The crystal structure of $Ca_2Al(OH)_6Cl \cdot 2H_2O$ [J]. Zeitschrift für Kristallographie, 1987, 181(1-4): 29-34.

[8] Vichi F M, Alves O L. Preparation of Cd/Al layered double hydroxides and their intercalation reactions with phosphonic acids [J]. Journal of Materials Chemistry, 1997, 7(8): 1631-1634.

[9] Yan H, Lu J, Wei M, et al. Theoretical study of the hexahydrated metal cations for the understanding of their template effects in the construction of layered double hydroxides [J]. Journal of Molecular Structure: Theochem, 2008, 866(1-3): 34-45.

[10] Parida K, Das J. Mg-Al hydrotalcites: preparation, characterisation and ketonisation of acetic acid [J]. Journal of Molecular Catalysis A: Chemical, 2000, 151: 185-192.

[11] Boclair J W, Braterman P S, Jiang J, et al. Layered double hydroxide stability. 2. formation of Cr(Ⅲ)-containing layered double hydroxides directly from solution [J]. Chemistry of Materials, 1999, 11(2): 303-307.

[12] Kannan S, Jasra R V. Microwave assisted rapid crystallization of Mg-M(Ⅲ) hydrotalcitewhere M(Ⅲ)=Al, Fe or Cr [J]. Journal of Materials Chemistry, 2000, 10(10): 2311-2314.

[13] Chang Z, Evans D G, Duan X, et al. Synthesis of [Zn-Al-$CO_3$] layered double hydroxides by a coprecipitation method under steady-state conditions [J]. Journal of Solid State Chemistry, 2005, 178(9): 2766-2777.

[14] Li Y, Zhang L, Xiang X, et al. Engineering of ZnCo-layered double hydroxide nanowalls toward high-efficiency electrochemical water oxidation [J]. Journal of Materials Chemistry A, 2014, 2(33): 13250.

[15] Tichit D, Durand R, Rolland A, et al. Selective half-hydrogenation of adiponitrile to aminocapronitrile on Ni-based catalysts elaborated from lamellar double hydroxide precursors [J]. Journal of Catalysis, 2002, 211(2): 511-520.

[16] Arco M D, Malet P, Trujillano R, et al. Synthesis and characterization of hydrotalcites containing Ni(Ⅱ) and Fe(Ⅲ) and their calcination products [J]. Chemistry of Materials, 1999, 11(3): 624-633.

[17] Lwin Y, Yarmo M A, Yaakob Z, et al. Synthesis and characterization of Cu-Al layered double hydroxides [J]. Materials Research Bulletin, 2001, 36(1): 193-198.

[18] Depège C, Bigey L, Forano C, et al. Synthesis and characterization of new copper-chromium layered double hydroxides pillared with polyoxovanadates [J]. Journal of Solid State Chemistry, 1996, 126(2): 314-323.

[19] Millange F, Walton R I, Lei L, et al. Efficient separation of terephthalate and phthalate anions by selective ion-exchange intercalation in the layered double hydroxide $Ca_2Al(OH)_6 \cdot NO_3 \cdot 2H_2O$ [J]. Chemistry of Materials, 2000, 12(7): 1990-1994.

[20] Rousselot I, Taviot-Gueho C, Leroux F, et al. Insights on the structural chemistry of hydrocalumite and hydrotalcite-like materials: investigation of the series $Ca_2M^{3+}(OH)_6Cl \cdot 2H_2O$ ($M^{3+}$: $Al^{3+}$, $Ga^{3+}$, $Fe^{3+}$, and $Sc^{3+}$) by X-ray powder diffraction [J]. Journal of Solid State Chemistry, 2002, 167(1): 137-144.

[21] Pérez-Ramírez J, Mul G, Kapteijn F, et al. A spectroscopic study of the effect of the trivalent cation on the thermal decomposition behaviour of Co-based hydrotalcites [J]. Journal of Materials Chemistry, 2001, 11(10): 2529-2536.

[22] Wang D, Chen X, Evans D G, et al. Well-dispersed $Co_3O_4/Co_2MnO_4$ nanocomposites as a synergistic bifunctional catalyst for oxygen reduction and oxygen evolution reactions [J]. Nanoscale, 2013, 5(12): 5312.

[23] Carja G, Nakamura R, Aida T, et al. Textural properties of layered double hydroxides: effect of magnesium substitution by copper or iron [J]. Microporous and Mesoporous Materials, 2001, 47: 275-284.

[24] Yan H, Wei M, Ma J, et al. Theoretical study on the structural properties and relative stability of M(Ⅱ)-Al layered double hydroxides based on a cluster model [J]. Journal of Physical Chemistry A, 2009, 113(21): 6133-6141.

[25] Shannon R D. Revised effective ionic radii and systematic studies of interatomic distances in halides and chalcogenides [J]. Acta Crystal, 1976, 32(5): 751-767.

[26] Cavani F, Trifirb F, Vaccari A. Hydrotalcite-type anionic clays: preparation, properties and applications [J]. Catalysis Today, 1991, 11: 173-301.

[27] Yan H, Wei M, Ma J, et al. Density functional theory study on the influence of cation ratio on the host layer structure of Zn/Al double hydroxides [J]. Particuology, 2010, 8: 212-220.

[28] Yan H, Wei M, Ma J, et al. Plane-wave density functional theory study on the structural and energetic properties of cation-disordered Mg-Al layered double hydroxides [J]. Journal of Physical Chemistry A, 2010, 114(27): 7369-7376.

[29] Liu H M, Zhao X J, Zhu Y Q, et al. DFT study on MgAl-layered double hydroxides with different interlayer anions: structure, anion exchange, host-guest interaction and basic sites [J]. Physical Chemistry Chemical Physics, 2020, 22: 2521-2529.

[30] Zhao X J, Zhu Y Q, Xu S M, et al. Anion exchange behavior of M$^{Ⅱ}$Al layered double hydroxides: a molecular dynamics and DFT study [J]. Physical Chemistry Chemical Physics, 2020, 22: 19758-19768.

[31] Wang X R, Li Y, Tang L P, et al. Fabrication of Zn-Ti layered double hydroxide by varying cationic ratio of $Ti^{4+}$ and its application as UV absorbent [J]. Chinese Chemical Letters, 2017, 28(002): 394-399.

[32] Bezerra B G P, Bieseki L, Mello M I S, et al. Memory effect on a LDH/zeolite a composite: an XRD in situ study [J]. Materials, 2021, 14(9): 2102.

[33] 邹瑜. 水滑石类功能材料的特性分析及其阻燃应用 [J]. 硅酸盐通报, 2020, 39(12): 4034-4042.

[34] Zhao X, Zhang F, Xu S, et al. From layered double hydroxides to ZnO-based mixed metal oxides by thermal

decomposition: transformation mechanism and UV-blocking properties of the product [J]. Chemistry of Materials, 2010, 22(13): 3933-3942.

[35] Costa D G, Rocha A B, Souza W F, et al. Ab initio study of reaction pathways related to initial steps of thermal decomposition of the layered double hydroxide compounds [J]. The Journal of Physical Chemistry C, 2012, 116(25): 13679-13687.

[36] Zhang S T, Dou Y B, Zhou J Y, et al. DFT-based simulation and experimental validation of the topotactic transformation of MgAl layered double hydroxides [J]. Chemphyschem A European Journal of Chemical Physics & Physical Chemistry, 2016, 17(17): 2754-2766.

[37] Meng Q T, Yan H. Theoretical study on the topotactic transformation and memory effect of M(Ⅱ)M(Ⅲ)-layered double hydroxides [J]. Molecular Simulation, 2017, 43(13-16): 1338-1347.

[38] Meng Q T, Yan H. Theoretical and experimental study on the topotactic transformation mechanism of Zn-Al layered double hydroxides [J]. Science China Chemistry, 2017, 47(4): 493-502.

[39] Moraes P I R, Wypych F, Leitão A A. DFT study of layered double hydroxides with cation exchange capacity: $(A^+(H_2O)_6)[M_6^{2+}Al_3(OH)_{18}(SO_4)_2] \cdot 6H_2O$ ($M^{2+}$ = Mg, Zn and $A^+$ = Na, K) [J]. The Journal of Physical Chemistry C, 2019, 123(15): 9838-9845.

[40] Badreddine M, Legrouri A, Barroug A, et al. Ion exchange of different phosphate ions into the zinc-aluminium-chloride layered double hydroxide [J]. Materials Letters, 1999, 38(6): 391-395.

[41] Ling T, Xu S, Wang Z, et al. Highly selective photoreduction of $CO_2$ with suppressing $H_2$ evolution over monolayer layered double hydroxide under irradiation above 600 nm [J]. Angewandte Chemie International Edition, 2019, 58(34): 11860-11867.

[42] Shen Y, Zhao X, Zhang X, et al. Removal of $Pb^{2+}$ from the aqueous solution by tartrate intercalated layered double hydroxides [J]. Korean Journal of Chemical Engineering, 2016, 33(1): 159-169.

[43] Yan A, Wang X, Cheng J. Research progress of NiMn layered double hydroxides for supercapacitors: a review [J]. Nanomaterials, 2018, 8(10): 747.

[44] Wang Q, O'Hare D. Recent advances in the synthesis and application of layered double hydroxide (LDH) [J]. Chemical Reviews, 2012, 112(7): 4124-4155.

[45] Yan L, Wang Y, Hu T, et al. Layered double hydroxide nanosheets: towards ultrasensitive tumor microenvironment responsive synergistic therapy [J]. Journal of Materials Chemistry B, 2020, 8: 1445-1455.

[46] Yao K, Taniguchi M, Nakata M, et al. Electrochemical STM observation of $[Fe(CN)_6]_3$-ions adsorbed on a hydrotalcite crystal surface [J]. Journal of Electroanalytical Chemistry, 1998, 458(1-2): 249-252.

[47] Wang J, Ren X, Feng X, et al. Study of assembly of arachidic acid/LDHs hybrid films containing photoactive dyes [J]. Journal of Colloid and Interface Science, 2008, 318(2): 337-347.

[48] Liu S, Li S, Li X. Intercalation of methotrexatum into layered double hydroxides via exfoliation-reassembly process [J]. Applied Surface Science, 2015, 330: 253-261.

[49] Li H, Ma J, Evans D J, et al. Molecular dynamics modeling of the structures and binding energies of α-nickel hydroxides and nickel-aluminum layered double hydroxides containing various interlayer guest anions [J]. Chemistry of Materials, 2006, 18(18): 4405-4414.

[50] Miyata S. Anion-exchange properties of hydrotalcite-like compounds [J]. Clays and Clay Minerals, 1983, 31(4): 305-311.

[51] Radha S, Navrotsky A. Energetics of $CO_2$ adsorption on Mg-Al layered double hydroxides and related mixed metal oxides [J]. The Journal of Physical Chemistry B, 2014, 118(51): 29836-29844.

[52] Maeda K, Domen K. Photocatalytic water splitting: recent progress and future challenges [J]. The Journal of Physical Chemistry Letters, 2010, 1(18): 2655-2661.

[53] Bernal M E P, Casero R J R, Benito F, et al. Nickel-aluminum layered double hydroxides prepared via inverse micelles formation [J]. Journal of Solid State Chemistry, 2009, 182(6): 1593-1601.

[54] Géraud E, Rafqah S, Sarakha M, et al. Three dimensionally ordered macroporous layered double hydroxides: preparation by templated impregnation/coprecipitation and pattern stability upon calcination [J]. Chemistry of Materials, 2008, 20(3): 1116-1125.

[55] Clause O, Gazzano M, Trifiro' F, et al. Preparation and thermal reactivity of nickel/chromium and nickel/aluminium hydrotalcite-type precursors [J]. Applied Catalysis, 1991, 73(2): 217-236.

[56] Asiabi H, Yamini Y, Shamsayei M, et al. Highly selective and efficient removal and extraction of heavy metals by layered double hydroxides intercalated with the diphenylamine-4-sulfonate: cmparative study [J]. Chemical Engineering Journal, 2017, 323: 212-223.

[57] Wang Y C, Gu Y, Xie D, et al. A hierarchical hybrid monolith: $MoS_4^{2-}$-intercalated NiFe layered double hydroxide nanosheet arrays assembled on carbon foam for highly efficient heavy metal removal [J]. Journal of Materials Chemistry A, 2019, 7(20): 12869-12881.

[58] Radha A V, Kamath P V, Shivakumara C. Conservation of order, disorder, and "crystallinity" during anion-exchange reactions among layered double hydroxides (LDHs) of Zn with Al [J]. The Journal of Physical Chemistry B, 2007, 111(13): 3411-3418.

[59] Jayanthi K, Kamath P V, Periyasamy G. Electronic-structure calculations of cation-ordered II - III layered double hydroxides: origin of the distortion of the metal-coordination symmetry: electronic-structure calculations of cation-ordered II - III layered double hydroxides: origin of the distortion of the metal-coordination symmetry [J]. European Journal of Inorganic Chemistry, 2017, 2017(30): 3675-3682.

[60] Prevot V, Forano C, Besse J P. Intercalation of anionic oxalato complexes into layered double hydroxides [J]. Journal of Solid State Chemistry, 2000, 153(2): 301-309.

[61] Zhao J W, Chen J L, Xu S M, et al. CoMn-layered double hydroxide nanowalls supported on carbon fibers for high-performance flexible energy storage devices [J]. Journal of Materials Chemistry A, 2013, 1(31): 8836-8843.

[62] Grégoire B, Ruby C, Carteret C. Structural cohesion of M II -M III layered double hydroxides crystals: electrostatic forces and cationic polarizing power [J]. Crystal Growth & Design, 2012, 12(9): 4324-4333.

[63] Liu H, Zhao X, Zhu Y, et al. DFT study on MgAl-layered double hydroxides with different interlayer anions: structure, anion exchange, host-guest interaction and basic sites [J]. Physical Chemistry Chemical Physics, 2020, 22: 2521-2529.

[64] Tsukanov A A, Psakhie S G. Energy and structure of bonds in the interaction of organic anions with layered double hydroxide nanosheets: a molecular dynamics study [J]. Scientific Reports, 2016, 6(1): 19986.

[65] Lei L, Zhang W, Hu M, et al. Layered double hydroxides: structures, properties and applications [J]. Journal of Inorganic Chemistry, 2005, 21(4): 452-462.

[66] Kumar P, Kalinichev A, Kirkpatrick R. Hydration, swelling, interlayer structure, and hydrogen bonding in organolayered double hydroxides: insights from molecular dynamics simulation of citrate-intercalated hydrotalcite [J]. The Journal of Physical Chemistry B, 2006, 110(9): 3841-3844.

[67] Kumar P P, Kalinichev A G, Kirkpatrick R J. Molecular dynamics simulation of the energetics and structure of layered double hydroxides intercalated with carboxylic acids [J]. The Journal of Physical Chemistry C, 2007, 111(36): 13517-13523.

[68] Newman S P, Williams S J, Coveney P V, et al. Interlayer arrangement of hydrated MgAl layered double hydroxides containing guest terephthalate anions: comparison of simulation and measurement [J]. The Journal of Physical Chemistry B, 1998, 102(35): 6710-6719.

[69] 赵晓婕，朱玉荃，钟嬿，等. 类水滑石材料主客体插层结构的构筑及特性的理论研究 [J]. 高等学校化学学报，2020, 41(11): 2287-2305.

[70] Zhang S, Yan H, Wei M, et al. Valence force field for layered double hydroxide materials based on the parameterization of octahedrally coordinated metal cations [J]. The Journal of Physical Chemistry C, 2012, 116(5): 3421-3431.

[71] Pan T, Xu S, Dou Y, et al. Remarkable oxygen barrier films based on a layered double hydroxide/chitosan hierarchical structure [J]. Journal of Materials Chemistry A, 2015, 3(23): 12350-12356.

[72] Dou Y, Xu S, Liu X, et al. Transparent, flexible films based on layered double hydroxide/cellulose acetate with excellent oxygen barrier property [J]. Advanced Functional Materials, 2014, 24(4): 514-521.

[73] Dou Y, Pan T, Xu S, et al. Transparent, ultrahigh-gas-barrier films with a brick-mortar-sand [J]. Angewandte Chemie International Edition, 2015, 54(33): 9673-9678.

[74] Petrova N, Mizota T, Stanimirova T, et al. Sorption of water vapor on a low-temperature hydrotalcite metaphase: calorimetric study [J]. Microporous and Mesoporous Materials, 2003, 63(1-3): 139-145.

[75] Yan D, Lu J, Wei M, et al. A combined study based on experiment and molecular dynamics: perylene tetracarboxylate intercalated in a layered double hydroxide matrix [J]. Physical Chemistry Chemical Physics, 2009, 11: 9200-9209.

[76] Costa D G, Rocha A B, Diniz R, et al. Structural model proposition and thermodynamic and vibrational analysis of hydrotalcite-like compounds by DFT calculations [J]. The Journal of Physical Chemistry C, 2010, 114(33): 14133-14140.

[77] Xu S, Zhang S, Shi W, et al. Understanding the thermal motion of the luminescent dyes in the dye-surfactant cointercalated ZnAl-layered double hydroxides: a molecular dynamics study [J]. RSC Advances, 2014, 4: 47472-47480.

[78] Iyi N, Kurashima K, Fujita T. Orientation of an organic anion and second-staging structure in layered double-hydroxide intercalates [J]. Chemistry of Materials, 2002, 14(2): 583-589.

[79] Aicken A M, Bell I S, Coveney P V, et al. Simulation of layered double hydroxide intercalates [J]. Advanced Materials, 1997, 9(6): 409-500.

[80] 段雪，张法智. 插层组装与功能材料 [M]. 北京：化学工业出版社，2007.

[81] Costa D G, Rocha A B, Souza W F, et al. Comparative structural, thermodynamic and electronic analyses of Zn-Al-An hydrotalcite-like compounds ($A^{n-} = Cl^-$, $F^-$, $Br^-$, $OH^-$, $CO_3^{2-}$ or $NO_3^-$): an ab initio study [J]. Applied Clay Science, 2012, 56: 16-22.

[82] Liu H M, Zhao X J, Zhu Y Q, et al. DFT study on MgAl-layered double hydroxides with different interlayer anions: structure, anion exchange, host-guest interaction and basic sites [J]. Physical Chemistry Chemical Physics, 2020, 22: 2521-2529.

[83] Nangoi I M, Vaiss V S, Souza W F, et al. Theoretical studies of the interaction of terephthalate anion in MgAl-layered double hydroxides [J]. Applied Clay Science, 2015, 107: 131-137.

[84] Nangoi I M, Tavares S R, Wypych F, et al. Investigation of benzophenone adsolubilized into $Zn_3Al$-LDH intercalated with dodecylsulfate by DFT calculations [J]. Applied Clay Science, 2019, 179: 105153.

[85] Costa D G, Rocha A B, Diniz R, et al. Structural model proposition and thermodynamic and vibrational analysis of hydrotalcite-like compounds by DFT calculations [J]. Journal of Physical Chemistry C, 2010, 114: 14133-14140.

[86] Xu S M, Pan T, Dou Y B, et al. Theoretical and experimental study on M$^{II}$M$^{III}$-layered double hydroxides as efficient photocatalysts toward oxygen evolution from water [J]. The Journal of Physical Chemistry C, 2015, 119(33): 18823-18834.

[87] Hao G Q, Zou J , Chen X Q, et al. Layered double hydroxides materials for photo(electro-) catalytic applications [J]. Chemical Engineering Journal, 2020, 397: 125407.

[88] Xu S M, Yan H, Wei M. Band structure engineering of transition metal-based Layered double hydroxides toward photocatalytic oxygen evolution from water: a theoretica-experimental combination study [J]. The Journal of Physical Chemistry C, 2017, 121(5): 2683-2695.

[89] Linsebigler A L, Lu G, Yates J T. Photocatalysis on TiO$_2$ surfaces: principles, and selected results [J]. Chemical Reviews, 1995, 95: 735-758.

[90] Singh A K, Mathew K, Zhuang H L, et al. Computational screening of 2D materials for photocatalysis [J]. Journal of Physical Chemistry Letters, 2015, 6(6): 1087-1098.

[91] Ida S, Ishihara T. Recent progress in two-dimensional oxide photocatalysts for water splitting [J]. The Journal of Physical Chemistry Letters, 2014, 5: 2533-2542.

[92] Park M, Lee C I, Lee E J, et al. Layered double hydroxides as potential solid base for beneficial remediation of endosulfan-contaminated soils [J]. Journal of Physics and Chemistry of Solids, 2004, 65(2-3): 513-516.

[93] Yan H, Zhao X J, Zhu Y Q, et al. The periodic table as a guide to the construction and properties of layered double hydroxides [J]. Structure Bond, 2019, 182: 89-120.

[94] Forte M B, Elias É C, Pastore H O, et al. Evaluation of clavulanic acid adsorption in MgAl-layered double hydroxides: kinetic, equilibrium and thermodynamic studies [J]. Adsorption Science & Technology, 2012, 30(1): 65-80.

[95] Herepanova S V, Leont'eva N N, Arbuzov A B, et al. Structure of oxides prepared by decomposition of layered double Mg-Al and Ni-Al hydroxides [J]. Journal of Solid State Chemistry, 2015, 225: 417-426.

[96] 苏文霞，陆海鸣，曾子芮，等. 磁制冷材料 LaFe$_{11.5}$Si$_{1.5}$ 基合金成分与磁相变温度关系的高通量计算 [J]. 物理学报，2021,70(20): 308-316.

[97] Higgins K, Lorenz M, Ziatdinov M, et al. Exploration of electrochemical reactions at organic-inorganic halide perovskite interfaces via machine learning in in situ time-of-flight secondary ion mass spectrometr [J].Advanced Functional Materials, 2020, 30: 2001995.

[98] Ghadari R. A study on the interactions of amino acids with nitrogen doped graphene; docking, MD simulation, and QM/MM studies [J]. Physical Chemistry Chemical Physics, 2016, 18: 4352-4361.

# 第三章

# 超分子插层结构材料的制备
# 方法与原理

超分子插层结构材料由于其独特性质广泛用作催化材料、热稳定剂、红外保温材料、紫外阻隔材料及抑烟剂等，该类材料的制备创新一方面保证了其应用性能的不断提升，同时更能赋予其新的功能，使应用领域不断拓宽。本章从共沉淀法、离子交换法、焙烧复原法和水热法为代表的插层组装法出发，总结了近年来超分子插层结构材料制备的新策略，包括自上而下的剥离法、自下而上的合成法、原位生长法、导向组装法及拓扑转化法等，进一步介绍了超分子插层结构材料工程化过程中的关键技术突破及绿色制备的最新进展。

# 第一节
# 插层组装法

依据胶体化学和晶体学理论，调变 LDHs 成核时的浓度和温度可以控制晶体成核的速度，调变 LDHs 晶化时间、温度及晶化方法可以控制晶体生长速度，可以在较宽的范围内对 LDHs 的晶粒尺寸及其分布进行调控[1]。LDHs 的制备方法对于控制 LDHs 的晶粒形貌也非常重要，有关 LDHs 的制备方法的研究一直是该领域的重要内容之一。目前几种常用的 LDHs 合成方法主要有共沉淀法（包括单滴法、双滴法、成核晶化隔离法）、离子交换法、焙烧复原法和水热法等。

## 一、共沉淀法

共沉淀法是将构成 LDHs 主体层板的混合金属离子盐溶液在剧烈搅拌条件下和含有层间阴离子的碱溶液进行混合，使之发生共沉淀，然后将得到的胶体在一定 pH、温度、气氛保护下，晶化数小时或者数天，即可得到目标 LDHs 产物。共沉淀的基本要求是达到过饱和条件，达到过饱和条件的方法有多种，在 LDHs 合成中采用 pH 值调节法，最关键的一点是生成沉淀的 pH 值必须高于或至少等于最难溶金属氢氧化物沉淀的 pH 值。该方法应用范围广，几乎所有适用的 $M^{2+}$ 和 $M^{3+}$ 都可形成相应的 LDHs。根据实验手段不同，共沉淀法又分为单滴法、双滴法和成核晶化隔离法等。

### 1. 单滴法
单滴法又称变化 pH 法或高过饱和度法。制备过程是首先将含有金属阳离子

$M^{2+}$ 和 $M^{3+}$ 的混合盐溶液在剧烈搅拌下滴加到碱溶液中［图3-1（a）］，然后在一定温度下晶化。该方法特点是在滴加过程中体系 pH 值持续变化，但体系始终处于高过饱和状态，在此状态条件下，往往由于搅拌速度远低于沉淀速度，常会伴有氢氧化物或难溶盐等杂晶相生成，导致 LDHs 产品纯度降低[2]。

### 2. 双滴法

双滴法又称恒定 pH 法或低过饱和度法。该方法是在成核过程中通过控制滴加速度将金属离子混合盐溶液和碱溶液同时缓慢滴加到搅拌容器中，混合溶液体系的 pH 值由控制滴加速度来调节［图3-1（b）］。该方法的特点是在溶液滴加过程中体系 pH 值保持恒定，易得到晶相单一的 LDHs，因此是实验室合成 LDHs 的最常用方法[3]。

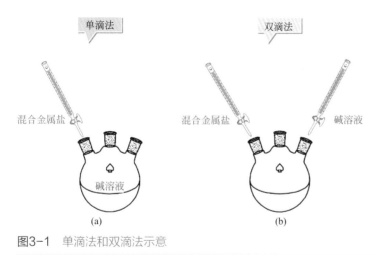

图3-1 单滴法和双滴法示意

### 3. 成核晶化隔离法

成核晶化隔离法由本书著者团队提出，是快速地将金属盐溶液和碱溶液同时加入全返混旋转液膜反应器中混合，剧烈循环搅拌几分钟，然后将浆液在一定温度下晶化，得到目标 LDHs 产品[4]。该方法通过控制反应器转子线速度使反应物充分混合，LDHs 成核过程瞬间完成，最大化地保证 LDHs 生长的环境一致，进而使晶核同步生长，保证 LDHs 晶粒尺寸的均一性（图3-2）。共沉淀反应制备 LDHs 大致分为两个阶段：一是成核阶段，在这一阶段中通过化学反应形成 LDHs 晶核；二是晶核生长阶段（晶化过程）。将这两个阶段分开，可以最大限度保证 LDHs 粒子的生长环境一致，从而使得最终晶体颗粒的尺寸均一。而成核晶化隔离法，正是利用全返混液膜反应器进行金属盐溶液与碱溶液共沉淀反应，可使反应物溶液快速混合，在瞬间形成大量晶核，最大限度地减少成核和晶体生长同时发生的可能性，并使成核、晶化隔离进行。该方法可以分别控制晶体成核和生长条件，从而实现对 LDHs 晶粒尺寸的有效控制，更好地满足各种实际需要。该方法的关键是成核的瞬时性和均匀性，因此成核过程中液膜反应器可调参数对控制 LDHs 尺寸具有重要意义。与恒定 pH 法相比，成核晶化隔离法合成的 LDHs 其 XRD 特征衍射峰更强、基线更平稳，表明样品结晶度更高，晶相结构更完整。

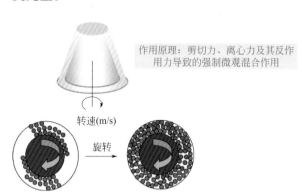

图3-2
成核晶化隔离法的原理示意

### 4. 共沉淀法影响因素

在采用共沉淀法制备 LDHs 过程中，为了得到结晶良好的水滑石需考虑以下几个反应条件：①反应介质的 pH 值；②碱溶液浓度；③碱溶液的性质；④晶化时间和晶化温度；⑤总阳离子浓度；⑥ $M^{2+}/M^{3+}$ 摩尔比。首先，可以使用不同的化合物作为沉淀剂，如碱与相应的金属碳酸盐的混合物、碱本身或氨[5]。用碱或氨作为沉淀剂时，需要有相应的金属碳酸盐［$Na_2CO_3$、$K_2CO_3$ 或 $(NH_4)_2CO_3$］才能得到层状双金属氢氧化物的碳酸盐形式。由于碳酸盐阴离子对 LDHs 层间结构的高选择性，在用金属硝酸盐和碱溶液制备 LDHs 时，空气中存在的二氧化碳往往会溶入体系当中，使得 LDHs 同时形成硝酸盐和碳酸盐两种形式。因此，很难排除空气中存在的二氧化碳和获得纯硝酸形式的 LDHs。插入除碳酸盐外的给定阴离子的一种方法是在无二氧化碳的条件下工作[6]。

为了使层状双金属氢氧化物完全沉淀，应使用足够强的碱。通常是使用两种碱基的混合物（如 NaOH 和 $Na_2CO_3$）得到碳酸盐阴离子插层的 LDHs[7]。但金属前驱体中金属离子的浓度与碱溶液中阴离子（$OH^-$ 或 $CO_3^{2-}$）的浓度是否存在比例关系，从文献中并未发现固定的比例。无论碱溶液浓度如何，均可获得纯水滑石相。如前所述，pH 值对 LDHs 结晶有很大的影响。值得注意的是，当使用金属硝酸盐或金属氯化物作为起始反应物，碳酸盐离子浓度应超过阳离子，以获得纯碳酸盐 LDHs 相，而不形成任何额外的硝化或氯化水滑石相。

因为碳酸盐离子可以掺入到层状结构中，而不需要对样品进行任何特殊处理。在沉淀阶段碳酸盐离子的掺入可以排除任何含有硝酸盐或氯离子插层的水滑石相的形成，因为相应离子的金属盐通常用于合成 LDHs。除了 NaOH 和 $Na_2CO_3$ 两种碱液的混合物的使用，其他沉淀剂如氨或尿素也可用于合成 LDHs 材料，以减少洗涤样品去除钠离子的步骤。使用氨水作为沉淀剂，由于降低了成核速率，导致颗粒致密，有利于晶体的生长。Abderrazek 等[8] 对合成 ZnAl-LDH 的操作条件进行了详细和系统的研究，其中采用氨水作沉淀剂分析元素含量时发现，阳离子浓度低于标准值，这意味着 Zn 没有完全插入 LDHs 层。这可能是由于 $Zn^{2+}$ 与氨配位反应形成氨的配合物，如式（3-1）～式（3-3）：

$$Zn^{2+} + NH_3 === [Zn(NH_3)]^{2+} \tag{3-1}$$

$$Zn^{2+} + 2NH_3 === [Zn(NH_3)_2]^{2+} \tag{3-2}$$

$$Zn^{2+} + 3NH_3 === [Zn(NH_3)_3]^{2+} \tag{3-3}$$

因此当使用氨水作沉淀剂时，必须考虑到金属离子与氨形成配合物的可能性。在合成之前，应该检查这种金属是否能形成配合物，配位作用会导致金属的丢失，从而不能形成水滑石相。

晶化温度的升高促使结晶度更高、粒径更大的 LDHs 的形成，晶化时间对结晶度有一定的积极影响，但很难确定具体的温度调控范围。因为对于 LDHs，不同的应用需要有不同的粒径。事实上，结晶度和颗粒大小也取决于 LDHs 结构组成中的金属性质和用于沉淀 LDHs 的碱溶液。对于共沉淀法，金属离子的总浓度应小于或等于 0.5mol/L，较高的浓度会导致额外相的形成[9]。为形成特征层状结构，$[M^{2+}_{1-x}M^{3+}_x(OH)_2]^{x+}(A^{n-})_{x/n} \cdot mH_2O$ 中的 $x$ 值应在 0.2 ～ 0.33 范围内。较高的 $x$ 值会导致相邻的 Al 八面体的增加，从而导致 $Al(OH)_3$ 的生成。

## 二、离子交换法

由于层状双金属氢氧化物是由阳离子层层堆叠形成，而阴离子在层间区域，因此阴离子在其中的扩散是非常有利的。由于这种特性，可以在惰性气氛下通过阴离子交换反应制备层状双金属氢氧化物，以避免层间碳酸盐的堆积。静电力在阴离子交换过程中起着重要的作用，但有关这一过程的热力学数据有限[10]。离子交换法是利用 LDHs 层间阴离子的可交换性，将所需插入的阴离子与 LDHs 前驱体的层间阴离子进行交换，从而得到目标 LDHs 插层产物。研究表明，一些常见阴离子的交换能力顺序是：$CO_3^{2-} > SO_4^{2-} > HPO_4^{2-} > F^- > Cl^- > B(OH)_4^- > NO_3^-$，高价态阴离子易于交换进入层间，低价态阴离子易于被交换出来。该方法是合成一些特殊组成 LDHs 的重要方法。目前，离子交换法已经应用于以下有机和无机阴离子的插层反应：羧酸根、阴离子表面活性剂、多金属氧阴离子盐、磷酸根、金属配合物离子等。通常离子交换法可以按照以下两种过程进行，如式（3-4）和式（3-5）：

$$\text{LDH} \cdot A^{m-} + X^{n-} \longrightarrow \text{LDH}(X^{n-})_{m/n} + A^{m-} \tag{3-4}$$

$$\text{LDH} \cdot A^{m-} + X^{n-} + m\text{H}^{+} \longrightarrow \text{LDH}(X^{n-})_{m/n} + \text{H}_{m}A \tag{3-5}$$

在式（3-4）情况下，LDHs 前驱体一般是一价阴离子插层 LDHs，例如氯离子、硝酸根离子、高氯酸根离子等。这些阴离子与 LDHs 层板的静电作用相对较弱。在式（3-5）情况下，LDHs 前驱体一般为碳酸根插层 LDHs。酸性条件下，羧酸根或对苯二酸根离子插层 LDHs 也可以作为前驱体进行离子交换反应。

离子交换反应进行的程度与下列因素有关：①离子交换能力；② LDHs 层板的溶胀；③交换介质的 pH 值。一般情况下，离子的电荷密度越高、半径越小，交换能力越强。$NO_3^-$、$Cl^-$ 等容易被交换出来，因此常用作交换前驱体。选用合适的溶剂和适宜的溶胀条件将有利于前驱体 LDHs 层板的溶胀，使得离子交换易于进行。如无机阴离子的交换往往采用水为溶剂，而对于有机阴离子在一些情况下采用有机溶剂可使交换更容易进行。通常提高温度有利于离子交换的进行，但实际操作时要考虑温度对 LDHs 结构的影响。通常条件下，交换介质的 pH 值越小，越有利于减小层板与层间阴离子的结合能力，有利于交换的进行。但溶液中的 pH 值过低对 LDHs 的碱性层板有破坏作用，因此交换过程中溶液的 pH 值一般要大于 4。此外，在某些情况下，LDHs 的层板组成对离子交换反应也产生一定影响，如 MgAl-LDH、ZnAl-LDH 适于作为离子交换的前驱体，而采用 NiAl-LDH 作前驱体则较难进行离子交换[1]。同时，LDH 的层板电荷密度也对交换反应产生影响，层板电荷密度高将有利于离子交换。

## 三、焙烧复原法

焙烧复原法是建立在 LDHs 的"结构记忆效应"特性基础上的制备方法：在一定温度下将 LDHs 的焙烧产物双金属氧化物（layered double oxides，LDOs）加入到含有某种阴离子的溶液中，则将发生 LDHs 的层状结构的重组，阴离子进入层间，形成具有新结构的 LDHs[4]。在采用焙烧复原法制备 LDHs 时应该依据母体 LDHs 的组成来选择相应的焙烧温度。一般情况下，焙烧温度在 500℃以内重建 LDHs 的结构是可行的。以 MgAl-LDH 为例，焙烧温度在 500℃以内，焙烧产物 LDOs；当焙烧温度高于 500℃时，焙烧产物中有镁铝尖晶石生成，由此导致 LDHs 结构的不完全复原。焙烧时采用逐步升温法可提高 LDOs 的结晶度，若升温速率过快，$CO_2$ 和 $H_2O$ 的迅速逸出则容易导致层结构的破坏。

## 四、水热法

水热法以金属离子的难溶性氧化物或氢氧化物为原料，以水为介质，以尿素或者六亚甲基四胺作为沉淀剂，通过对容器加热获得高温高压的晶化环境，从而得到 LDHs。该法的优势在于：第一，改变反应温度、反应压力和投料比等工艺参数可控制粒子的晶体结构与形态；第二，产物纯度高、团聚少且粒径分布较窄；第三，避免竞争阴离子的插层，有利于制备有机改性的 LDHs。水热法合成的关键在于选择合适的沉淀剂，沉淀剂不仅要能够随着温度缓慢分解为反应体系提供足够的 OH⁻，同时不能引入其他阴离子。

总结上述几种 LDHs 的合成方法，在制备 LDHs 时影响结晶度的因素有：物料配比和浓度、pH 值、晶化过程[1]。首先，金属离子浓度范围可从 mmol/L 到 mol/L 之间调节。一般来说，金属离子浓度越高，形成的晶核越多，LDHs 颗粒尺寸越小；金属离子浓度越低，形成的晶核越少，LDHs 颗粒尺寸越大。LDHs 粒子成核后，需要一定的晶化过程使微小的无定形粒子慢慢长大，颗粒最终趋于规整。研究表明，晶化温度越高、晶化时间越长，LDHs 晶相结构越趋于完整，晶粒尺寸越大。一般情况下，动态条件下得到的 LDHs 产品晶粒尺寸在几十纳米左右，而静态晶化晶粒尺寸可以显著增大到微米级。晶化过程中，一般采用以下两种方法提高 LDHs 产品结晶度：①自生压力釜中，在高于 373K 条件下高温晶化，水热合成法即采用该晶化方法；②在低于 373K 常压的条件下老化处理，共沉淀法、离子交换法等采用该晶化方法。

# 第二节
# 剥层重组法

作为一种层状材料，LDHs 在应用中往往会出现堆叠、团聚等现象，导致其性能的降低。为避免上述影响，可以将 LDHs 制备成单层纳米片（厚度约为 1nm，横向尺寸介于亚微米到几十微米间）。单层 LDHs 纳米片具有各向异性和较高的比表面积，既可用于基础研究的模型，又可作为制造各种功能性复合材料的基础，可最大程度地发挥每个单层的作用。LDHs 层板的高电荷密度、层间的高阴离子含量以及大量的层间氢键，使得片层之间具有较强的静电相互作用和亲水性，导致 LDHs 难以在一般的溶剂里被剥离制备。在过去十几年中，LDHs 纳米片的制备已经得到了广泛的研究。目前，通常有两个途径得到纳米级 LDHs 片层：自上而下（Top-Down）的剥离法和自下而上（Bottom-Up）的合成法。

## 一、自上而下的剥离法

迄今为止，"自上而下"（Top-Down）的剥离合成是最广泛的方法。广义的来说，该方法是指从大尺寸、多层的原始材料分离为小尺寸、单层的纳米级材料。影响 LDHs 剥离效果的因素有许多，如层板金属种类、摩尔比，层间阴离子种类等。根据文献报道整理，目前 LDHs 的自上而下剥层方法主要有：丁醇剥离法、甲苯剥离法、丙烯酸酯剥离法、甲酰胺剥离法和水相剥离法。

### 1．丁醇剥离法

Adachi-Pagano 等人[11]首次报告了 ZnAl-LDH 在丁醇溶剂中的完全剥离。丁醇溶剂替代了层间抗衡离子的溶剂壳，导致层膨胀并因此削弱了层间相互作用。具体做法是，以十二烷基硫酸钠（SDS）作为表面活性剂，丁醇作为分散剂进行剥离，他们证明了改性的锌铝硝酸根 LDHs（Zn-Al-NO$_3$-LDH-DS）能够在 120℃、16h 的条件下完全剥层，形成最大浓度可达 1.5g/L 的半透明胶体，并且可以稳定保持至少 8 个月。低级醇类（例如甲醇、乙醇）的剥层效果明显不如丁醇理想，仅能得到极易沉降的分散液。甲醇中的剥层受到层间水分子取代的动力学控制，因此只有约 50% 的 LDHs 会被剥离。丁醇、戊醇等更高级醇似乎可以避免这个问题。除此之外，水合状态也是 LDHs 片层剥离的重要因素，在室温下真空干燥的改性 LDHs 在丁醇中得以完全分离。沸点高于水的丁醇在回流条件下可以快速取代水合状态较弱的 LDHs 中的所有层间水分子，从而使片层剥离。

### 2．甲苯剥离法

非极性溶剂如四氯化碳、甲苯由于热力学上的优势，也是潜在的分散剂。在十二烷基硫酸盐（DDS）插层的 LDHs 中，其脂肪族尾部的阴离子会表现出高度的交错性，这形成了最大限度的客体-客体分散相互作用，使层板的间距通常会被扩展到 2.5～3nm。根据库仑作用，带正电的水镁石层之间的吸引力最小[12]。因此，如果溶剂分子能够充分溶剂化插层阴离子的疏水尾，则剥离可能在热力学上变得有利。基于此，采用十二烷基硫酸钠（SDS）对镁铝碳酸根 LDHs 进行改性，干燥后的固体以 0.2g/mL 的比例加入甲苯中进行超声处理。结果表明，在甲苯溶剂中，样品的疏水层间距由 2.63nm 溶胀到了 3.76nm，但并未实现完全剥离。相同的实验方法在四氯化碳溶剂中却实现了片层的剥离，这归因于接近球形的四氯化碳分子的溶剂化作用可能会使 LDHs 片层中表面活性剂的细长脂肪族链断裂，从而可比甲苯更有效地提高其自由度。

### 3．丙烯酸酯剥离法

使用有机聚合物对 LDHs 进行剥层也是可行的方法之一。O'Leary 等人[13]最早提出了 MgAl-LDH 在有机聚合物（特别是丙烯酸酯单体）溶剂中的剥层现象。具体的做法是将 SDS 改性疏水后的 MgAl-LDH 以最高 10% 的负载量添加到极性丙烯酸酯单体中，然后在 70℃下对混合物进行高剪切搅拌 20min。搅拌所带来的巨大横向剪切力是 LDHs 片层得以分离的关键因素，2-甲基丙烯酸羟乙酯（HEMA）中剥层的 LDHs 层间距由 0.78nm 增加到了 2.6nm，并且通过扫描电子显微镜（SEM）观察到 LDHs 片层结构，可以稳定存在数周。而 LDHs 在其他丙烯酸酯单体（如甲基丙烯酸乙酯，甲基丙烯酸甲酯等）中的剥层虽然也都形成均匀的悬浮液，但是 2h 后会分离为两相：一个是纯丙烯酸酯单体相，另一个是 MgAl-LDH 片层在丙烯酸酯单体中的凝胶状胶体。除丙烯酸酯外，聚苯乙烯等有机聚合物也可用于 LDHs 的剥层。

### 4．甲酰胺剥离法

甲酰胺剥离法利用极性溶剂与 LDHs 层间阴离子形成的氢键和自身的氢键来实现层间的大量渗透和溶胀，从而构建一个理想的剥离环境。

Sasaki 课题组[14]在 2005 年直接通过甲酰胺对于镁铝硝酸根 LDHs 进行剥层。具体的做法是，首先通过水热法和酸交换得到镁铝硝酸根 LDHs，然后在氮气吹扫下以 0.5g/L 的比例分散到甲酰胺中剧烈搅拌，即可得到厚度小于 3nm、横向尺寸大于 1μm 的片层。镁铝硝酸根 LDHs 能直接在甲酰胺中剥层的机理可能归因于甲酰胺的强极性羰基通过取代层间水来破坏原来的层间氢键，从而削弱了层与层的吸引力，并促进剥层。本书著者团队[15]利用甲酰胺剥离法实现了对 MgAl-LDH、CoAl-LDH、NiAl-LDH 的剥层，得到了片层厚度为 0.8nm 的单层纳米片（图 3-3），进一步对剥层后不同金属元素组成的 LDHs 纳米片进行重组，得到了异质结构的 LDHs 薄膜材料。

### 5．水相剥离法

Gardner 等[16]在室温下，通过在水中水解甲醇盐插层的镁铝 LDHs 获得了接近透明的胶体，是最早的水相 LDHs 剥离。他们分两步获得了胶体溶液：首先，在非水介质（醇）中制备 LDHs 的醇盐嵌入物；然后，将得到的 LDHs 衍生物再与水混合水解。结果表明，要成功实现 LDHs 在水中剥离，在非水介质中合成的母体醇盐插层的 LDHs 是关键因素。Antonyraj 等人[17] 通过六亚甲基四胺（HMT）水解方法，在 80℃下合成了没有碳酸盐污染的 LDHs，所制备的硝酸根插层的 LDHs 在水中和甲酰胺中成功剥层。AFM 图像表明在甲酰胺和水中测定的薄片厚度相似，范围为 2 ～ 10nm，这表明分散剂不影响剥离程度。

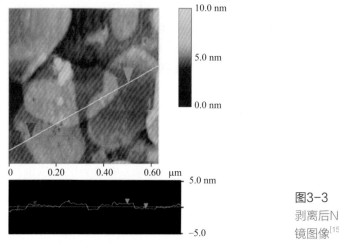

图3-3
剥离后NiAl-LDH片层的原子力显微
镜图像[15]

## 二、自下而上的合成法

自下而上合成法通常是指从适当的前体直接合成 LDHs 纳米片的一步法。相较于前者，自下而上合成法在 LDHs 反应、晶化过程中避免了层间强静电力的形成，省去了烦琐的剥层步骤。需要注意的是，自下而上合成法的反应微环境的控制往往更加严格，这也是能否成功得到 LDHs 片层的关键因素之一。以下主要介绍反相微乳液法和甲酰胺辅助合成法。

### 1．反相微乳液法

O'Hare 课题组[18] 报道了反相微乳液法。将传统的水性共沉淀系统（pH≥10 的情况下）引入到异辛烷的油相中，以 DDS 为表面活性剂、1- 丁醇为辅助表面活性剂。LDHs 晶体生长所需物质的水相分散在油相中，形成被 DDS 包围的液滴。这些液滴充当纳米反应器，只能为 LDHs 纳米片的生长提供有限的空间和原料。因此，可以通过水与表面活性剂之比（$w$）来有效地控制颗粒的直径和厚度，DDS 聚集体在油包水系统中的结构和相变是调节 LDHs 颗粒尺寸的驱动力。合成的 LDHs 也通过 AFM 进行了表征，显示出非常小的平均厚度。这也证实了基于 XRD 的结论：即每个粒子中有限的堆积层数使 $c$ 轴方向有序性较差，因此导致了 XRD 图上的（003）峰强度较弱。晶体学研究表明，镁铝 LDHs 单层的厚度为 4.7Å。因此，对于厚度为（14.8±1.2）Å 的纳米片 LDHs，在没有考虑通过电荷平衡 DDS 阴离子扩大的层间间距的情况下最多可包含 3～4 个水镁石层。元素分析结果表明，DDS 基团作为电荷平衡物质覆盖了纳米片，电荷平衡 DDS 基团在该层周围形成了一个柔性壳，因此在 AFM 观察下，该柔性壳使粒子的厚度大于 4.7Å。最近，这种"自下而上"的方法已扩展到其他 LDHs 体系，例如 NiAl-LDH 和 CoAl-LDH（图 3-4），以及其他反相微乳液体系。

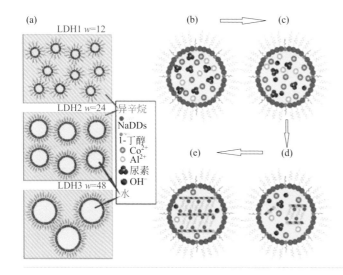

图3-4
在反相微乳液中形成LDHs纳米片的示意图[19]
（a）三种水/表面活性剂比例不同的微乳液；（b）胶束内部的金属盐和尿素的混合物；（c）尿素开始水解；（d）LDHs相开始结晶；（e）最终的纳米片产品

### 2. 甲酰胺辅助合成法

孙陆逸等[3]报道了一种甲酰胺辅助合成法，在 23% 体积分数甲酰胺的情况下用共沉淀法合成 LDHs 单层纳米片。在 LDHs 纳米片的合成过程中，由于甲酰胺的高介电常数及其与 LDHs 层表面的相互作用，甲酰胺分子会被吸附到 LDHs 表面上，从而阻止了层状结构的形成。所制备的 LDHs 单层纳米片的平均厚度约为 0.8nm，其形状近似于六边形，直径约为 25～50nm。当将该分散体样品干燥到硅晶片上时，观察到在 11.02°（0.8nm）处的宽而强烈的衍射峰，层间距离的略微增加归因于层间紊乱和层间通道内的残留水。几乎透明的 MgAl-LDH 水分散液表现出丁达尔效应，它证明了胶体 LDHs 纳米片的存在。离心后，收集类似凝胶的样品，该样品形成松散且无规堆叠的 LDHs 纳米片。这种凝胶样品在约 200nm 处出现（110）峰。观察到与 LDHs 面内衍射角对应的 $2\theta=60°$，表明样品中存在片状结构。该小组的进一步研究表明[20]，随着反应系统中甲酰胺体积分数的增加，可以更好地制备 LDHs 单层纳米片：以 30% 体积分数的甲酰胺制备的镁铝 LDHs 大都表现出单层特征。同时，具有较高层电荷的 LDHs 也有利于 LDHs 单层纳米片的形成。

### 3. 其他合成法

王军等[21]报道了一种由过氧化氢诱导的自下而上制备 LDHs 纳米片的方法，所获得的纳米片的平均厚度为约 1.44nm，对应于大约两个 LDHs 层的理论厚度（0.76nm×2＝1.52nm）。在该方法中，使用高浓度的过氧化氢溶液是制备 LDHs 纳米片的关键。具体步骤为将硝酸镁、硝酸铝和尿素溶解在 30mL 0～30%（质量分数）的过氧化氢溶液中，然后将反应混合物转移到衬有特氟隆的水热反应器中，并在 150℃下加热 24h。在合成过程中，由于过氧化氢的原位分解，产生了大量氧气。剧烈运动的氧气分子，导致了 LDHs 层分离，因此推测过氧化氢的快速分解是 LDHs 剥离的主要原因。

# 第三节
# 原位生长法

尽管 LDHs 材料在电化学能量存储和转换等方面具有巨大潜力，但如何快速高效且低成本地制备 LDHs 电极仍然是一项重大挑战。LDHs 的原位生长会产生定向和刚性的纳米片阵列结构，能够有效暴露活性位点并简化电极制造工艺，近年来愈发受到关注。在本节中，我们将简要总结通过原位生长法制备 LDHs 有序结构的几种途径，并依据生长基底的种类分别展示相应的研究进展。

## 一、原位电沉积法

原位电沉积法为制备具有受控组成和结构的 LDHs 阵列提供了一种快速有效的方法，通过还原硝酸根或硫酸根离子产生氢氧根离子来提高工作电极上的局部 pH 值，促成相应 LDHs 的沉淀：

$$NO_3^- + H_2O + 2e^- \longrightarrow NO_2^- + 2OH^- \qquad (3-6)$$

$$SO_4^{2-} + H_2O + 2e^- \longrightarrow SO_3^{2-} + 2OH^- \qquad (3-7)$$

各种导电基底均可用于电沉积 LDHs 电极，适用于各种前沿领域。不过，能够被电沉积的 LDHs 种类仍有待扩展。

### 1. 金属表面原位电沉积

Dennis 课题组[22] 早在 1989 年通过电沉积法从金属硝酸盐溶液中生成了一系列镍基氢氧化物，预示着未来通过电化学原位合成 LDHs 的潜力。Choi 课题组[23] 以及 Gupta 等人[24] 的研究分别证明，沉积电位、溶液组成对于原位形成的 LDHs 阵列的组成和结构具有重要影响。

本书著者团队[25] 首先通过电合成方法获得了具有不同二价金属离子的含铁 LDHs，极大地拓展了电化学手段能够合成 LDHs 的种类（图 3-5）。铁的引入是借助于工作电极上发生的还原反应产生 $M_xFe_{1-x}(OH)_2$ 沉淀实现的。由于会发生 $Fe^{2+}$ 至 $Fe^{3+}$ 的自氧化，样品在制备完成后会从绿色变为棕褐色。该方法可以在数百秒内直接电化学原位沉积垂直于基材表面的超薄 MFe-LDH（M＝Ni，Co 和 Li）纳米片阵列。本书著者团队[26] 进一步拓展了原位电沉积 LDHs 的元素种类，首次实现了 NiLa-LDH 的合成并表现出增强的 OER 活性，从实验上证明了将镧系金属元素引入 LDHs 的可行性。

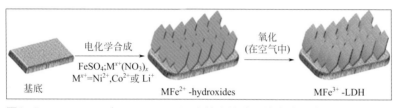

**图3-5** MFe-LDH(M＝Co、Ni和Li) 纳米片阵列的合成路线图

### 2. 过渡金属氧化物表面电沉积

过渡金属氧化物是一类具有良好赝电容特性的材料，在能量储存和转化领域极具潜力，这使其可以作为有序骨架为 LDHs 提供更多的沉积位点并产生独特的协同效应。本书著者团队[27] 首先在 Ni 纳米线表面制备 NiO 阵列，再以三电极体系在其上电沉积 CoNi-LDH 阵列，实现了良好的超电容性能。

利用阳光经由光电化学（PEC）手段将水分解为氢和氧是一种理想的可再生清洁能源生产方法，而 LDHs 材料能够促进电子 - 空穴对分离和改善氧释放动力学，因而已被用于改善 PEC 电极的光电流。本书著者团队[28] 通过简便的电沉积方法将 LDHs 纳米片直接沉积到 ZnO 纳米线上，从而制备了排列良好的 ZnO@CoNi-LDH 核壳多级纳米阵列。该材料在 PEC 测试中表现出良好的水分解性能，大大提高了光电流密度和稳定性。本书著者团队[29] 首先通过水热法在氟掺杂氧化锡（FTO）表面原位制备出 {020} 晶面垂直于基底的 $WO_3$ 纳米立方体阵列，然后在边缘富电子的 {020} 和 {200} 晶面选择性沉积 Ag 纳米粒子，并在富空穴

{002} 晶面电沉积 ZnFe-LDH 纳米片，实现了 PEC 性能的大幅提升。

### 3．过渡金属硫属化合物表面电沉积

除了过渡金属的氧化物，过渡金属硫属化合物也可以作为 LDHs 电沉积的基底。例如，过渡金属磷化物（TMP）具有优异的 HER（析氢反应）催化性能，但它们缓慢的 OER 动力学显著限制了其在水分解领域的应用。相反，LDHs 材料在碱性介质中 OER 性能极佳，但 HER 活性却很差。本书著者团队[30] 设计了 TMP 与 LDHs 的复合电极，首先利用水热法在泡沫 Ni 表面生长 CoNi-LDH 阵列，并对其进行磷化处理使其转化为 CoNiP 纳米片阵列，随后通过电沉积手段在磷化物表面原位沉积 NiFe-LDH 纳米片，从而结合了两种材料优异的 HER 和 OER 性能，实现了牢固的电子耦合并增强界面处的电子传输，提升了全解水的催化活性和稳定性。

### 4．导电聚合物表面电沉积

导电聚合物（CPs）具有较高的电导率、丰富的氧化还原活性位点和低成本。不过，CPs 在充放电过程中由于反复插入和耗尽离子，体积变化显著，因而稳定性差。为了解决这个问题，本书著者团队[31] 使用 PPy 纳米线（NWs）作为核，通过两步电合成方法沉积 CoNi-LDH 纳米片壳层，制造出精巧的纳米阵列复合物。其中 PPy 核可作为促进电子收集和快速传输的导电网络，而 LDHs 外壳则起到了保护层的作用，在长时间的充电 / 放电循环过程中抑制 PPy 的体积膨胀 / 收缩，保证材料的循环稳定性。

## 二、原位水热法

与合成粉体 LDHs 不同，在基底上原位生长 LDHs 意味着基底和 LDHs 需要建立牢固的结合，这可以通过直接活化金属基质、引入 LDHs 种子、在 LDHs 与基底之间建立分子相互作用等方案来实现。不过，原位水热法的制备条件相对苛刻，通常需要较高的温度和较长的反应时间。

### 1．金属基底原位水热法

刘金平课题组[32] 于 2011 年报道了一种在柔性 Fe-Co-Ni 合金基底上构建牢固的 CoFe-LDH 纳米片阵列（NWA）的原位水热合成法，发现原位手段合成的阵列与基材之间具有超强的结合力。本书著者团队[33] 进一步证明了通过使用尿素作为碱源和 NH₄F 作为生长助剂，在柔性 Ni 箔基底生长 CoAl-LDH 纳米片阵列（图 3-6）。这些 Ni 箔上 CoAl-LDH 的 X 射线衍射（XRD）图案观察不到明显的 [00l] 反射峰，这表明 LDHs 阵列沿垂直于基底的 *ab* 平面优先取向。

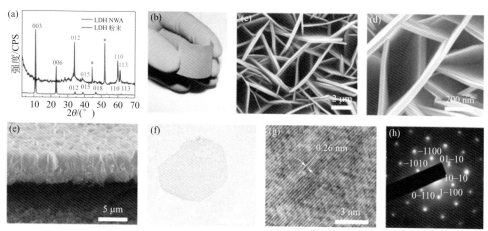

图3-6 （a）生长于镍箔基底上的CoAl-LDH纳米片阵列及刮下的相应粉末样品的XRD图；CoAl-LDH纳米片阵列的（b）光学照片及（c）~（e）SEM、（f）TEM、（g）HRTEM图像和（h）相应的SAED图像

### 2. 碳材料表面原位水热法

碳材料具有优异的电子迁移率和高比表面积，将其与LDHs结合使用，可有效改善系统导电性和电子转移能力，弥补LDHs较差的功率性能和稳定性。然而，碳材料的亲水性普遍较差，水热过程中金属离子难以接近碳基底，因此提前对碳基底进行亲水改性处理对于LDHs的后续生长至关重要。本书著者团队[34]通过用官能团对碳纳米管（CNT）表面进行化学修饰，从而顺利在CNT骨架上合成了NiMn-LDH。张强课题组[35]使用尿素辅助沉淀的原位水热法合成了新型的NiFe-LDH/石墨烯复合物，利用碳材料自身的缺陷对金属阳离子进行限域锚固，在空间上限制NiFe-LDH的成核和生长。此外，垂直于还原氧化石墨烯（rGO）表面生长LDHs纳米片阵列的三明治结构rGO/NiAl-LDH复合材料也被成功制备[36]。这种夹层结构有效地避免了单个石墨烯片的堆叠和聚集，无疑有助于材料保持较高的比表面积和介孔特性，进而增强其赝电容特性。本书著者团队[37]最近还实现了有机分子的插层钴铝LDHs阵列在碳布基底表面的原位水热合成，为后续材料的合成提供了有效的拓扑转变前驱体。

### 3. 金属氧化物表面原位水热法

王兴旺课题组[38]通过两步水热反应制备了核壳型$NiCo_2O_4$@NiFe-LDH纳米阵列，其对HER和OER都起到了高效电催化作用。在此纳米阵列中，含有大量$Ni^{3+}$的$NiCo_2O_4$核促进了$NiCo_2O_4$和NiFe-LDH之间的电子转移，因而提升了材料的全解水性能。

### 4. 金属 - 有机配合物表面原位水热法

金属 - 有机骨架（MOF）的纳米孔晶体结构有利于质量传输，因此通常用作设计和合成用于电催化的高性能空心纳米结构材料的起始模板。但 MOF 本身导电率较低、稳定性不佳，因此不宜直接用于能量转换和存储。Utkur Mirsaidov 课题组[39]研究发现，可以通过调控金属前体的浓度、溶剂的水含量和 MOF 模板形态来调整蚀刻和生长的速率，从而得到一系列中空的 LDHs 纳米结构，在保持孔隙率的前提下提升了导电性和稳定性。

## 三、金属表面原位刻蚀法

除了外源添加金属离子，LDHs 层板中的金属组分还可以源自基底本身，即在 LDHs 形成过程中原位刻蚀基底金属。王强斌课题组[40]通过简单的一步合成法在室温下于泡沫 Ni 基底上制备出 NiFe-LDH 用于高效 OER。此 NiFe-LDH 的形成遵循溶解 - 沉淀机理：$Fe^{3+}$ 水解产生的酸性环境联合 $NO_3^-$ 刻蚀泡沫 Ni 表面产生 $Ni^{2+}$，随后 $Ni^{2+}$ 与水解的 Fe 物种原位共沉淀于泡沫 Ni 表面生成 LDHs。

# 第四节
# 导向组装法

## 一、模板导向法

利用有机模板来合成具有从介观尺度到宏观尺度复杂形态的无机材料是化学领域一个重要的研究方向。根据模板剂所起的作用，可将其分为以分子间或分子内的弱相互作用维系特异形状的"软"模板和以共价键维系特异形状的"硬"模板。近年来，模板导向法在特异形貌 LDHs 纳米材料的可控组装领域发挥了重要作用。

### 1. 软模板法

"软"模板常常是由表面活性剂分子聚集而成的，主要包括两亲分子形成的各种有序聚合物，如囊泡、胶团、微乳液等。例如，本书著者团队[41]在 TX-100（聚氧乙烯单 -4- 辛基苯基醚）表面活性剂 - 正丁醇助表面活性剂 - 环己烷 - 水的油水乳状液中，通过油滴模板法在室温下将 CoCo-LDH 纳米片组装在油滴模板上，形成多壳球体。本书著者团队[42]采用以十二烷基磺酸钠为模板剂，通过水热法合成了内部结构可调的球形 MgFe-LDH（图 3-7）。

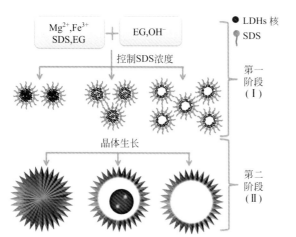

图3-7
表面活性剂导向下内部结构可调变的
LDHs微球形成机理示意图

## 2. 硬模板法

"硬"模板，主要指一些由共价键维系的模板，如具有不同空间结构的高分子聚合物、天然高分子材料、阳极氧化铝膜、多孔硅、分子筛、胶态晶体、碳纳米管和限域沉积位的量子阱等。本书著者团队[43]以 $SiO_2$ 为"硬"模板剂，通过一步水热法合成了 NiFe-LDH 空心微球。本书著者团队[44]采用原位转化策略，以 ZIF-67@ZIF-8（MOF）为模板剂合成了系列 NiZnCoFe-LDH。研究发现，随着 ZIF-67@ZIF-8 模板剂核壳数目的增加（1→3），分别得到了单壳空心（SSH）、双壳空心（DSH）以及多壳空心（TSH）NiZnCoFe-LDH（图 3-8）。

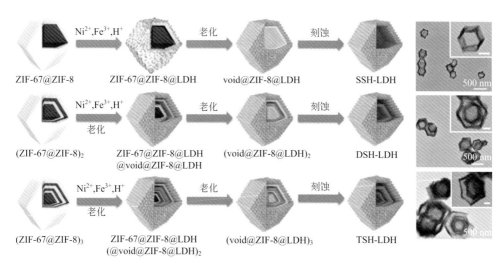

**图3-8** 不同壳厚度LDHs的形成机理示意图和TEM照片

ZIF——zeolitic imidazolate framework，沸石咪唑盐骨架材料

## 二、外场导向法

目前，国内外对 LDHs 的研究主要集中于粉体材料的制备和性能研究，而 LDHs 粉体材料的取向杂乱无章，缺乏方向性，限制了其在光、电、磁等领域的应用。一般而言，改变外界因素可对分子间相互作用进行有效调控，从而实现分子的有序组装，而纳米颗粒由大量的分子组成，表面通常带有一定量的电荷，在外界环境或者外场作用力下也能够进行可控组装，进而实现粉体材料由无序结构到有序结构的转变。

### 1. 磁场导向

分散在溶剂中的磁性纳米颗粒会受到短程范德华力和长程偶极与偶极之间相互作用的影响，当存在外加磁场时，外加磁场作用力使纳米颗粒相互靠近，偶极与偶极之间的相互作用加强，纳米颗粒定向组装从而得到有序结构。例如，本书著者团队[45]通过外加磁场将 CoFe-LDH 和四（4-磺基苯基）卟啉（TPPS）进行层层组装，得到了 (CoFe-LDH/TPPS)$_n$ 有序薄膜，组装过程如图 3-9 所示，在外磁场环境下，将处理后表面带负电荷的 ITO 基底置于 CoFe-LDH 胶体悬浊液中，浸泡 10min 后用去离子水清洗，在 ITO 基底表面组装了一层 CoFe-LDH；然后将其浸入到 TPPS 水溶液中浸泡 10min，取出后用去离子水清洗，得到 CoFe-LDH/TPPS 薄膜；重复上述步骤多次后即可获得 (CoFe-LDH/TPPS)$_n$ 有序薄膜。

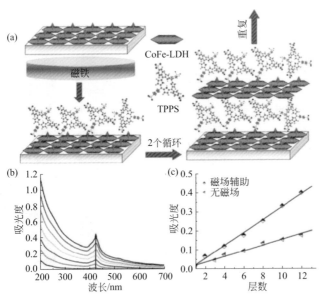

图3-9 （a）(CoFe-LDH/TPPS)$_n$薄膜磁场导向层层组装示意图；（b）(CoFe-LDH/TPPS)$_n$薄膜的UV-Vis吸收光谱和（c）吸收强度随薄膜层数的变化

## 2．电场导向

电场导向法是制备薄膜的常用方法之一，近年来在 LDHs 薄膜的组装中获得了应用。其主要原理是通过施加电场使分散在溶剂中的带电粒子发生定向移动，从而在各种不同的导电基底上均匀沉积，形成薄膜。LDHs 纳米颗粒或纳米片表面带有正电荷，在外加电场的作用下，LDHs 纳米颗粒或纳米片将向阴极定向迁移，在阴极表面形成薄膜，其厚度可通过改变 LDHs 的胶体浓度、电场强度、沉积时间等进行调控，是一种简单、高效的 LDHs 薄膜制备方法。

本书著者团队[46]将荧光素（FLU）和庚烷磺酸（HES）插层至 MgAl-LDH 层间，制备了 HES 和 FLU 共插层 MgAl-LDH（HES-FLU/MgAl-LDH）溶胶，将两片 ITO 玻璃作为工作电极和对电极以 1cm 的间距平行置于 HES-FLU/MgAl-LDH 溶胶中，并施加 9V 的电压进行电泳沉积，制备了 HES-FLU/MgAl-LDH 功能薄膜。薄膜中 HES-FLU/MgAl-LDH 纳米片以 $ab$ 面高度平行于基底进行堆积，薄膜的厚度与沉积时间具有良好的线性关系，因此，通过改变沉积时间即可对薄膜厚度进行精确调控。从 HES-FLU/MgAl-LDH 薄膜的 SEM 照片（图 3-10）可看出薄膜表面光滑且均匀，进一步放大可发现 HES-FLU/MgAl-LDH 纳米片紧密堆积且具有高的 $c$ 轴取向性。荧光显微照片显示荧光素（FLU）在薄膜中均匀分布。

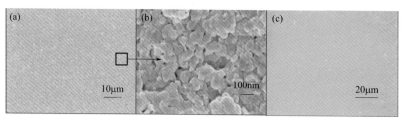

图3-10 （a）、（b）HES-FLU/MgAl-LDH薄膜的SEM照片；（c）荧光显微照片

## 3．力场导向

除利用 LDHs 的磁性和荷电性在磁场和电场下进行导向组装外，人们也常借助力场对 LDHs 纳米颗粒和单层纳米片进行组装，进而构筑功能薄膜。由于 LDHs 具有二维片层结构，呈现出各向异性，LDHs 纳米片在外界力场作用下可形成择优取向，并通过二维平面的"面-面"作用和边缘的"边-边"作用进行有序组装，构建成高度有序的薄膜。通常而言，在构筑薄膜的过程中，表面张力、静电作用力和离心作用力起着关键作用。

（1）表面张力导向组装　表面张力在各种溶剂中均广泛存在，在湿滤饼的干燥过程中可使微细颗粒紧密团聚在一起而形成聚集体。粒径小、尺寸均一的颗粒更有利于形成均匀、平整、致密的薄膜。因此，粒径小、尺寸均一 LDHs 的制备是采用表面张力组装高质量 LDHs 薄膜的关键。本书著者团队[47]利用成核/晶化隔离法和离子交换法制备了 ZnAl-Tb(EDTA)-LDH，将所获得的三种 LDHs 浆液制备成质量分数为 2% 的悬浊液，取一定量的悬浊液装入玻璃器皿中，在 60℃下干燥 4h 即构建了尺寸达到厘米级别、具有良好机械强度的自支撑透明薄膜，且薄膜的厚度可通过改变悬浊液的浓度和干燥条件在数微米至数百微米间进行调控。

（2）静电作用力导向组装　由于 LDHs 主体层板带有正电荷，与带负电荷的阴离子存在强烈的静电引力，这种静电引力可促使 LDHs 层板与阴离子进行自组装而形成插层结构功能材料，如对组装过程进行导向则可得到 LDHs 基功能薄膜。此外，LDHs 纳米片表面的原子处于配位不饱和的状态，带有一定量的结构电荷，也可用于静电作用力导向组装。本书著者团队[48]采用成核/晶化隔离法合成了 MgAl-LDH，经膜过滤后获得了胶状 MgAl-LDH 悬浊液，与聚苯乙烯磺酸钠（PSS）溶液通过层层静电自组装即在石英玻璃表面组装得到致密的 (LDH/PSS)$_n$ 薄膜，将 (LDH/PSS)$_n$ 薄膜焙烧后获得了复合金属氧化物 MMO 薄膜，其组装示意如图 3-11 所示。

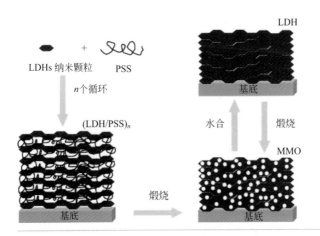

图3-11
(LDH/PSS)$_n$薄膜及MMO薄膜的组装示意图

本书著者团队[49]亦采用层层静电自组装技术以 XAl-LDH(X = Mg、Ni、Zn、Co) 与聚丙烯酸阴离子（PAA）为基元构筑了 (XAl-LDH/PAA)$_n$ 薄膜。(MgAl-LDH/PAA)$_n$ 薄膜的 UV-Vis 吸收光谱（图 3-12）显示薄膜在 193nm 处的吸收随组装层数的增加而逐渐增强，说明膜的厚度在增加。(MgAl-LDH/PAA)$_{15}$ 薄膜的 XRD 谱图中在高角度处未出现 LDHs 粉体的特征衍射峰，说明 MgAl-LDH 纳米片以 ab 面平行基底进行组装。从 (MgAl-LDH/PAA)$_{15}$ 薄膜的 SEM 照片可以看出 MgAl-LDH 纳米片形成了致密堆积，薄膜表面光滑平整，厚度约为 149nm，Mg、Al、O 和 C 元素在薄膜上均匀分布。

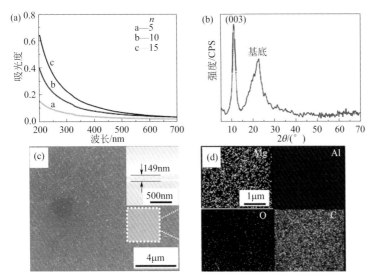

图3-12 （a）(MgAl-LDH/PAA)$_n$ ($n$=5、10、15)薄膜的UV-Vis吸收光谱；（b）(MgAl-LDH/PAA)$_{15}$薄膜的XRD谱图、（c）SEM照片和（d）EDX元素分布照片

未剥离的 LDHs 纳米片厚度较厚，因此以未剥离的 LDHs 纳米片通过静电层层组装获得薄膜的厚度通常偏厚，而 LDHs 剥离技术的突破为以单层 LDHs 纳米片为构筑基元组装超薄膜提供了可能。本书著者团队[50] 将 MgAl-LDH 加入到甲酰胺中进行振荡剥离，获得了剥离的 MgAl-LDH 纳米片溶胶，将用 H$_2$SO$_4$ 处理并表面带有负电荷的石英玻璃片浸入到剥离的 MgAl-LDH 纳米片溶胶中进行静电吸附，浸渍 10min 后取出并用大量的去离子水洗涤即可在石英玻璃表面吸附一层 MgAl-LDH 单层纳米片；再将该片浸入到聚［2-（3-噻吩乙氧基）-4-丁基磺酸钠］（SPT）溶液中进行静电组装，浸泡 10min 后取出洗涤，完成一个静电自组装循环，经多个循环后即在石英玻璃表面组装得到致密的 (SPT/LDH)$_n$ 超薄膜，其组装示意图如图 3-13 所示。

层层静电组装不仅适用于聚合物阴离子与单层 LDHs 纳米片的组装，而且也适用于由阴离子构筑的胶束及阴离子包裹的量子点与单层 LDHs 纳米片的组装。本书著者团队[51] 以单层 MgAl-LDH 纳米片和巯基丁二酸包覆的 CdTe 量子点（CdTe QD）为组装基元，采用层层静电组装技术组装了 CdTe QD/LDH 超薄纳米片，其组装示意图如图 3-14 所示。将表面带负电荷的石英玻璃浸入到单层 MgAl-LDH 纳米片胶体中，浸渍 10min 后取出洗涤，然后再在 CdTe QD 胶体中浸泡 10min，取出后洗涤干净即完成 1 个组装循环，经多个组装循环后在石英玻璃基底表面构筑了致密、表面光滑的 (CdTe QD/LDH)$_n$ 超薄膜。

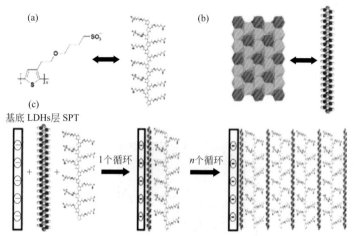

图3-13　（a）SPT分子结构式；（b）单层MgAl-LDH结构示意图；（c）(SPT/LDH)_n超薄膜静电组装示意图

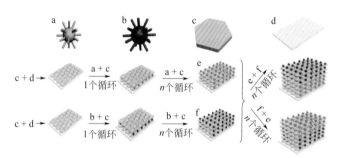

图3-14　(CdTe QD/LDHs)_n超薄膜的组装示意图
a—CdTe-535(发射波长为535nm)；b—CdTe-635(发射波长为635nm)；c—LDHs；d—基底

（3）离心作用力导向组装　旋转过程可产生离心作用力，在离心作用力下物体将沿着径向方向运动，借助离心作用力可在平整基底上涂膜，从而在基底上构筑功能薄膜。由于LDHs具有二维片层结构，在离心作用力下，LDHs纳米片倾向于以 $ab$ 面沿着离心力的方向运动，形成具有 $c$ 轴取向的致密薄膜。本书著者团队[52]在旋涂仪上以600r/min的转速进行涂膜，借助离心作用力将MgAl-LDH纳米片溶胶旋涂在镁合金表面，真空干燥后即在镁合金表面构建了MgAl-LDH薄膜，MgAl-LDH薄膜的厚度可方便地通过改变旋涂次数进行控制，从而获得不同厚度的薄膜。MgAl-LDH薄膜具有高度的 $c$ 轴取向性，表面平整光滑且MgAl-LDH纳米片以 $ab$ 面平行于镁合金基底有序排列。

本书著者团队[53]进一步采用离心作用力导向组装技术制备了由醋酸纤维素（CA）与MgAl-LDH交替组装的柔性透明的 (CA/LDH)_n 薄膜。实验中首先在硅片基底上旋涂一层 CA 溶液，干燥后再在 CA 薄膜上旋涂一层 MgAl-LDH 悬浊液，MgAl-LDH 薄膜的厚度可通过改变 MgAl-LDH 悬浊液的浓度进行调控，经多次交替旋涂后在硅片基底上构筑了 (CA/LDH)$_n$ 薄膜，将 (CA/LDH)$_n$ 薄膜从硅片上剥离并在 85℃ 下加热处理 2h 即得到柔性透明的 (CA/LDH)$_n$ 薄膜。(CA/LDH)$_n$ 薄膜的 XRD 谱图（图 3-15）中未出现非基面的特征衍射峰，说明薄膜中的 LDHs 纳米片以 ab 面平行基底排列。(CA/LDH)$_n$ 薄膜具有非常高的透光性，表面光滑而平整，薄膜中的 MgAl-LDH 纳米片紧密堆积，具有高度的 c 轴取向性。

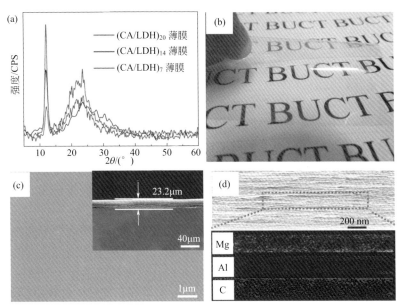

图3-15　（a）(CA/LDH)$_n$（$n$ = 7、14、20）薄膜的XRD谱图；（b）～（d）(CA/LDH)$_{20}$薄膜的数码照片和SEM照片

# 第五节
# 拓扑转化法

　　在晶体学中，结构拓扑性质是指在连续空间变换过程中，晶体内部原子排布方式保持不变的结构特性。Markov 和 Petrov[54] 报道 CuCo-LDH 与其焙烧产物 CuCo 尖晶石同属六方晶系，晶格尺寸存在整倍数关系且尖晶石暴露晶面原子排布与焙烧前暴露的晶面原子排布相似，说明 LDHs 材料具有热致结构拓扑转变效

应。本书著者团队[55]通过分子动力学模拟和实验研究发现，在 LDHs 相转变过程中，金属离子在层板方向上的排布方式和位置基本保持不变，仅发生垂直于层板方向的迁移，由于氧化物微晶生长方向的受限，从而使得 LDHs 材料具有结构拓扑效应。LDHs 材料在结构拓扑过程中这种限制氧化物微晶生长的效应也被称为晶格限域效应。可见，三元及以上 LDHs 材料在焙烧下，其焙烧产物复合金属氧化物（MMO）的原子分布方式可继承其前驱体材料特征。由于引入金属离子与 LDHs 兼容性存在差异，如 $Cu^{2+}$、$Co^{2+}$、$Ni^{2+}$、$Fe^{2+}$ 等离子半径与 $Mg^{2+}$ 相近，可实现同晶取代 $Mg^{2+}$ 进入 LDHs 层板，而 Pd、Pt 和 Au 等贵金属因离子半径过大而影响八面体晶胞稳定性，难以进入 LDHs 层板。根据金属离子的引入方法，可将 LDHs 拓扑转化法分为内源法、外源法及内 - 外源协同法。

## 一、内源法

根据 LDHs 层板构筑原则，与 $Mg^{2+}$ 离子半径接近的 $Co^{2+}$、$Ni^{2+}$、$Cu^{2+}$、$Fe^{2+}$ 和 $Zn^{2+}$ 等可替代 $Mg^{2+}$ 与三价金属阳离子形成稳定的 LDHs 层状结构，实现金属原子在层板八面体阵列中的高度分散和有序化排列。在焙烧条件下，LDHs 发生结构拓扑转变，各金属元素在原子水平上仍可均匀排布，从而获得金属元素高度分散且稳定分散的复合金属氧化物功能材料。

在拓扑转变过程中，晶格限域效应及氧化物微晶形成的粗糙表面可抑制金属原子的团聚，使其成为制备活性组分高度分散且稳定分散的负载型催化剂的有效方法。本书著者团队[56]以球形氧化铝为载体并在其表面原位生长了 NiAl-LDH，经过拓扑转变制备了 U-Ni/$Al_2O_3$ 催化剂。由于 Ni 原子在拓扑转变过程中受 $Al_2O_3$ 氧化物微晶的阻隔，焙烧和还原后仍然高度分散于载体表面，因此催化剂具有较高的 Ni 金属分散度，与浸渍法制备的 Ni/$Al_2O_3$ 催化剂相比，U-Ni/$Al_2O_3$ 催化剂 Ni 分散度提高至 28.6%。此外，将四种金属元素同时引入 LDHs 层板，根据元素本身的还原性质以及拓扑条件的差异，还可构筑双金属催化剂。如图 3-16 所示，本书著者团队[57]制备了 CoGaZnAl-LDH，在 LDHs 拓扑转变过程中，由于还原速率相当，层板内均匀分散的 Co 和 Ga 同时被还原，从而形成了合金结构，促进了合成气转化反应中 CO 的吸附解离和碳碳键耦合。

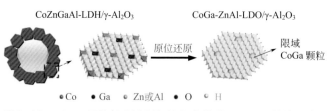

图3-16　LDHs拓扑转变法制备均匀分散的CoGa颗粒的示意图[57]

近年来，大量的研究表明LDHs拓扑转变形成的MMO存在着异质界面结构，且在晶格限域效应下，界面处的位点具有促进电荷分离和电子转移的作用，对催化过程，如精细化学品的合成、电解水等具有显著影响。如图3-17所示，本书著者团队[59]通过对单层NiTi-LDH进行焙烧，经拓扑转变后制备了以$TiO_2$为载体的超细NiO纳米片。LDHs的层状结构及晶格限域抑制了面状NiO纳米颗粒的生长，从而获得了尺寸仅为4.0nm、厚度为1.1nm的NiO纳米片，其具有高比例NiO{110}晶面、$Ni^{3+}$和$Ti^{3+}$活性位和丰富的界面结构，在电化学水氧化中表现出优异的性能。该拓扑结构转变在其他Ni基材料中也具有普适性。

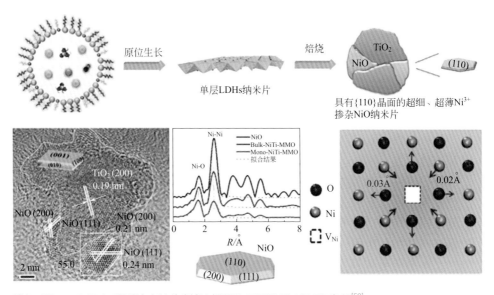

图3-17　NiO/$TiO_2$异质纳米结构制备过程及HRTEM和XAFS表征[59]

本书著者团队[60]深入研究了在拓扑转变过程中异质界面结构的变化过程（图3-18）。以ZnCo-LDH为例，焙烧温度为200℃时，晶粒主要由具有尖晶石结构的$ZnCo_2O_4$及锌矿结构ZnO组成，晶粒间存在大量的异质结界面。随着焙烧温度从200℃升高到800℃，Zn逐渐从$ZnCo_2O_4$中熔出，$ZnCo_2O_4$向$Co_3O_4$转变，同时ZnO晶相比例增加，且晶粒之间的异质结界面逐渐清晰。此外，本书著者团队[61]通过精准控制结构拓扑还原温度、还原时间、还原气氛等条件，诱导出了金属-金属界面，在以CuCoAl-LDH为前驱体的层状材料中，由于先还原出的金属Cu颗粒与可还原$CoAlO_x$载体间存在电子作用，促使部分$Co^{2+}$还原为亚纳米团簇并迁移至Cu颗粒表面，从而得到了金属-金属以及金属-氧化物界面共存的Co/Cu/$CoAlO_x$纳米材料。

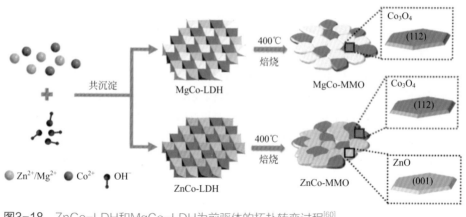

图3-18　ZnCo-LDH和MgCo-LDH为前驱体的拓扑转变过程[60]

## 二、外源法

　　Pd、Pt、Au等贵金属元素以及部分稀土元素由于离子半径较大，与LDHs相容性较差，不能进入或只能以很小的比例进入LDHs层板，因此通常采用传统浸渍、沉淀沉积等方法将其负载在LDHs或MMO上。由于LDHs及其拓扑转变产物MMO具有较大的比表面积及丰富的Lewis碱性位点，与金属盐具有较强的静电吸附作用，这不仅有助于提高外源引入活性金属的分散，而且增强了金属与载体间的相互作用，是良好的载体材料。

　　本书著者团队[62]以MgAl-LDH焙烧后得到的MgAl-MMO为载体，采用浸渍法制备得到了负载型Pd基催化剂，在制备过程中，$Pd^{2+}$首先吸附在载体表面碱性位点$O^{2-}$上，经高温还原，载体表面酸性位（$Al^{3+}$或阳离子空位）对活性组分再分散，形成大量低配位数表面Pd原子，提高了催化剂的分散度（图3-19）。此外，MgAl-MMO载体表面碱性位还可有效降低Pd的电子云密度。本书著者团队[63]以MgAl-LDH为前驱体，利用拓扑转化法获得复合金属氧化物(MgAl-MMO)，再利用浸渍法将铟和铂前驱体浸渍到载体上，随后对其进行焙烧和还原，获得了组成可调的$PtIn$合金纳米颗粒，其中$PtIn_2$催化剂具有富电子$Pt^{\delta-}$位点（$0<\delta<1$），显著增强了甘油氢解成1,2-PDO的催化性能。本书著者团队设计制备了$[Pt(NH_3)_4]^{2+}$/ZnAl-LDH催化剂前驱体，在还原性气氛热处理下发生结构转变，得到了系列负载量不同的Pt/Zn(Al)O单原子催化剂[64]，研究发现，Pt在较低的负载量时，主要以$Pt^{2+}$的形式存在，在负载量较高时同时以$Pt_1^0$和$Pt_1^{\delta+}$存在，且随单原子Pt负载量增加，$Pt_1^0$的比例逐渐增加。

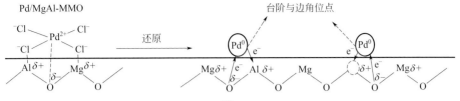

**图3-19** Pd与MMO表面相互作用示意图[62]

近期研究发现由可还原性金属离子 $Co^{2+}$、$Fe^{2+}$、$Ti^{3+}$、$Ce^{3+}$ 等组成的金属氧化物具有较低的还原电势，能够自发还原负载于其上的部分贵金属前驱体组分（$PdCl_4^{2-}$、$AuCl_4^{2-}$、$PtCl_4^{2-}$ 等）。由于 LDHs 材料具有层板元素种类及比例可调的特性，将可还原性金属离子引入 LDHs 层板，经拓扑转变即可得到具有还原位点的复合金属氧化物载体材料。如图 3-20 所示，本书著者团队[65] 将可变价金属离子 $Co^{2+}$ 和 $Ce^{3+}$ 引入 LDHs 层板，制备得到了 CoAlCe-LDH 载体前驱体材料，随后通过热处理拓扑转变构筑了具有均匀分散还原位点及 Co-Ce 还原界面的 CoAlCe-MMO 载体材料。以其为载体，采用自发原位还原法成功制备得到了亚纳米级分散的负载型 Pd 基催化剂。该载体中具有的 Co-Ce 还原界面固载和还原 Pd 物种的能力较强，可有效抑制 Pd 的团聚，有助于原位还原过程中 $Pd^0$ 物种的锚定和分散。

**图3-20** Co-Ce还原界面改性原位还原示意图

## 三、内-外源协同法

基于 LDHs 材料的结构特点，利用引入层板内的第二活性金属与外源性活性金属之间的相互作用，可得到稳定分散的双组分催化剂。由于 LDHs 层板金属阳离子组成及拓扑结构转化的可调控性，可实现双组分催化剂结构的有效调控。

利用 LDHs 材料内外源相结合的方法，本书著者团队[66]在球形氧化铝表面原位合成 MgGaAl-LDH 前驱体，再通过浸渍法引入钯活性组分，获得 $PdCl_4^{2-}$/MgGaAl-LDH@$Al_2O_3$ 前驱体，后利用拓扑转化法得到 Pd-Ga/MgO-$Al_2O_3$（图3-21）。研究发现，通过拓扑转化法得到的双金属纳米合金平均粒径仅为2.6nm，其具备高分散性及良好的合金化程度。相似的，本书著者团队[67]在花状微球形 $Ni_2Al$-LDH 表面外源引入 Sb 或 Bi 元素，通过焙烧使 LDHs 前驱体发生结构拓扑转变，得到了纳米颗粒均匀分散的 Ni 基金属间化合物（NiSb 和 NiBi）催化剂。本书著者团队[68]将重整反应的助剂元素（如 Sn、Zr、$Ga^{3+}$ 等）引入 MgAl-LDH 或 ZnAl-LDH 层板内，再利用外源负载 Pt 前驱体，通过拓扑还原制备得到近似单原子分散的 Pt 重整催化剂。

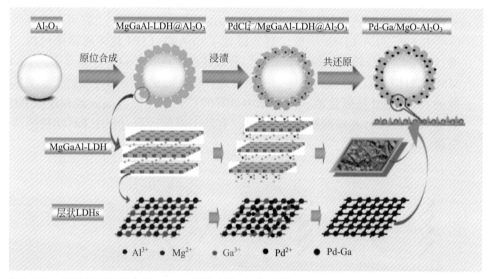

图3-21　新型负载型双金属Pd-Ga催化剂的合成示意图

本书著者团队[69]利用原位生长法合成了 MgSnAl-LDH@$Al_2O_3$ 前驱体后通过初湿浸渍法将 $Pt^{2+}$ 引入到其表面，通过拓扑转化还原得到了负载量（质量分数）为 0.50% 的 Pt/Mg(Sn)(Al)O@$Al_2O_3$ 催化剂（Pt/Sn 摩尔比为 0.6）。在该催化剂中，LDHs 的晶格限域效应诱导 Pt 原子以筏状小团簇的形式分散存在，并与限制在 Mg（Al）O 晶格中的 $Sn^{IV/II}$ 位发生强烈的相互作用。本书著者团队[70]基于拓扑效应，以 CuMgAl-LDH 为前驱体制备了 Cu 纳米团簇后利用 Pt、Cu 两种金属之间的电势差异，通过电置换反应将 Pt 单原子引入到 Cu 纳米团簇表面，设计并合成了 PtCu 单原子合金（PtCu-SAA）催化剂，这项工作为利用 LDHs 材料设计制备单原子合金催化剂提供了成功范例（图 3-22）。

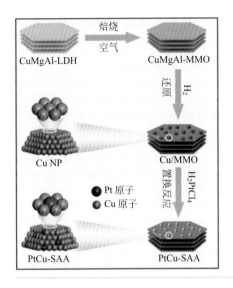

图3-22
PtCu-SAA制备的示意图

　　拓扑转化法除可以精细调控催化剂结构外，通过对MMO进行外源修饰，也可制备生物医用纳米材料。本书著者团队[71]以超薄CoFe-LDH为前驱体，通过将NaHSe溶液与CoFe-LDH前驱体混合并在180℃下加热完成CoFe-LDH前驱体拓扑结构的转变，制备得到了精细超薄硒化钴铁（CFS）纳米片，纳米片经聚乙二醇（PEG）改性后表现出良好的光声成像能力及光热性能，同时该纳米片在小鼠体外和体内试验表现出良好抗癌活性。

# 第六节
# 工业化生产方法

## 一、共沉淀法

　　共沉淀法是目前LDHs工业化生产中最主要的制备方法，国内外多数LDHs生产企业均采用该方法。该方法反应条件温和，可比较容易地实现对LDHs组成、结构及形貌等的可控调节，方便产品性能调节与质量控制[72]。该方法主要采用二价和三价等不同价态的金属混合盐溶液与混合碱溶液，在过饱和状态下通过快速沉淀反应形成目标LDHs晶体，其中金属盐溶液或碱溶液中的阴离子为LDHs提供层间阴离子[73]。溶液中金属离子达到过饱和是发生共沉淀反应的基础条件，为达到过饱和状态，需要对溶液体系 pH 进行调控。当溶液 pH 高于或等于金属氢氧化物沉淀的 pH 值时，该反应即可发生。因此，根据反应时过饱和度的不同，共沉淀反应可分为变化 pH 值法[74]和恒定 pH 值法[75]。

### 1. 变化 pH 值法

变化 pH 值法，又称高饱和度沉淀法或单滴法。该方法先按照规定比例分别在配料釜中配制碳酸钠和氢氧化钠的混合碱溶液，以及可溶性二价和三价金属盐混合溶液（主要为金属氯化盐或硫酸盐）。将一定体积混合碱溶液全部投放入反应釜中，后将计量比例混合盐溶液按照一定速度滴入装有混合碱的反应釜中，同时进行剧烈搅拌发生共沉淀反应生产 LDHs 晶体。该反应在沉淀过程中由于体系中过饱和度一直较高，在反应成核阶段会形成大量晶核，导致其结晶度较差，在一定温度下晶化一定时间可有效提高 LDHs 产物的结晶度和晶体结构完整性，但由于在前期滴加过程中同时存在着新生晶核形成与已生晶核沉淀生长的过程，制备的 LDHs 产物晶粒尺寸分布不均匀[76]。同时，由于体系中 pH 变化较为剧烈，沉淀反应生成速度大大超过反应釜搅拌速度，导致沉淀反应不均匀，因此容易形成二价或三价金属阳离子的氢氧化物而导致产物不纯。故该反应过程对于工艺操作要求较高，需精准控制滴加速度、搅拌速度等工艺参数。

### 2. 恒定 pH 值法

恒定 pH 值法又称双滴法，是一种稳态共沉淀法。根据产品需求以及原料配比要求，分别在两个配料釜中按比例配制可溶性二价和三价金属盐混合溶液（主要为金属氯化盐或硫酸盐）和碱混合溶液（主要为氢氧化钠和碳酸钠），后将一定体积混合盐溶液和混合碱溶液分别计量后由计量槽按一定速度加入反应釜中，同时进行剧烈搅拌，进而发生共沉淀反应形成 LDHs 晶体。后在一定反应温度下进行晶化，促进 LDHs 晶体生长完整。在盐和碱滴加过程中，通过调控滴加速度精准控制体系 pH，并保持基本不变，进而对产物晶体结构完整性、粒径尺寸分布及形貌实现调控[77]。该方法由于反应体系过饱和度较低，基于晶体生长理论，晶体的成核速度低于晶体的生长速度，因而可制备出晶体结构更加完整、晶相单一的 LDHs，且晶粒尺寸分布更加均匀。

### 3. 成核晶化隔离法

恒定 pH 值法和变化 pH 值法在反应过程中均存在着晶体成核与晶核生长同时进行等过程，易导致产品结晶度差、存在杂质和粒度分布不均匀，影响产品应用性能与下游使用。针对这一问题，本书著者团队创制了成核晶化隔离法[78]，该方法将按照一定比例配制金属盐混合溶液与碱混合溶液，后以等体积、相同速度同时加入到全返混旋转液膜反应器中，两种溶液在反应器中的狭窄空间内猛烈碰撞，瞬间形成大量尺寸均一的 LDHs 晶核，并被快速排出系统，再将浆液在一定温度、时间等条件下同步进行晶化，可得到形貌尺寸均匀的 LDHs 产品。

　　该方法所使用的全返混旋转液膜反应器如图 3-23 所示[72]。该反应器主要利用其定子与转子间的超薄反应空间，反应物在该空间内强大的剪切力场中进行剧烈混合形成晶核，通过调控定子与转子间距、转子速度、进料速度等条件可实现成核过程的精准控制，进而保证晶化后产品质量。通过对以上参数进行调控优化可获得工业生产最佳工艺条件，进而实现工业化生产。

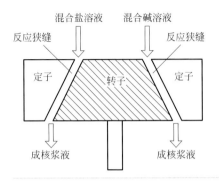

图3-23
全返混旋转液膜反应器示意图[72]

　　该方法实现了 LDHs 颗粒尺寸及形貌的可控调节[79]，对于保证产品质量、提高产品性能具有重要意义，展现出了广泛的产业化生产应用前景。基于该方法，本书著者团队先后发展了表面缺陷控制[80]、等电点原位改性[81]、程序控温动态晶化[82] 等系列关键制备技术，并通过系列工程化研究，与国内多家知名企业合作，先后在辽宁大连、江苏江阴、山东临沂等地建设了 6 套千吨级工业化装置，生产了无铅 PVC 热稳定剂、红外保温材料、紫外阻隔材料、抑烟剂等高性能材料，实现了系列 LDHs 功能材料的工业化生产[83]。

　　目前，工业化制备的 LDHs 产品多为多层结构。与多层结构 LDHs 相比，单层 LDHs 纳米片具有高度暴露配位不饱和位点、高比表面积等诸多优点，可显著提升催化 / 吸附等性能而受到广泛关注[84]。目前，单层 LDHs 的合成主要分为自下而上的策略和自上而下的策略，但均局限于实验室级别，难以满足工业化公斤级要求，或需要昂贵的设备[85]。

　　成核晶化隔离法为实现规模化合成单层 LDHs 提供了一种便捷途径。本书著者团队采用成核晶化隔离法，通过调控全返混旋转液膜反应器的转速、盐溶液浓度，在添加少量的生长抑制剂（甲酰胺等）条件下，实现了规模化制备多品种单层 LDHs 纳米片胶体（如图 3-24），制备的多种单层 LDHs 产品厚度约 1nm[86]。此外，使用氨水溶液作为共沉淀剂，避免了有机物的引入，实现了无有机溶剂添加的单层 LDHs 胶体短时间的大量合成。该方法为单层 LDHs 的工业化生产奠定了基础。

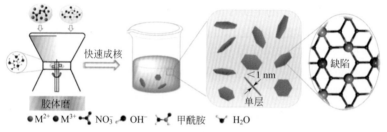

快速成核

胶体磨

● M²⁺ ● M³⁺ ✦ NO₃⁻ ● OH⁻ ● 甲酰胺 ● H₂O

缺陷

<1 nm

单层

**图3-24 单层LDHs纳米片合成示意图[86]**

#### 4．氨缓慢释放法

氨缓慢释放法又称尿素法[76]。该方法是将尿素作为碱源，以提供反应体系所需碱度。该反应是将组成层板的盐混合溶液溶解后加入一定量的尿素，后将其加入到高压反应釜中，在一定温度条件下反应一定时间得到LDHs产品。该反应利用了尿素在90℃以上会逐渐分解生成氨气，整个反应体系过饱和度较低，同时pH值始终保持一致，进而可制备出粒径尺寸大、晶体结构生长完整的LDHs产品[87]。通过调控反应物离子浓度、尿素比例等，可制备出一次粒径处于0.2～5μm的LDHs产品，使其作为红外吸收材料、气体阻隔材料等得到广泛应用。

## 二、清洁工艺（固相合成法）

### 1．金属氧化物／氢氧化物法

金属氧化物／氢氧化物法是一种以构成层板组成的二价或三价金属阳离子的金属氧化物或氢氧化物为主要原料，通过水热或机械化学反应使原子重组而得到目标水滑石的方法。该方法常用的原料为镁、锌、钙、铝的氧化物和氢氧化物，反应过程中不使用氢氧化钠等沉淀剂，具有副产物少、后续处理简单、原子利用率高等优势。

徐向宇等[88]采用氢氧化镁和氢氧化铝作为构筑LDHs层板的镁源和铝源，以碳酸铵作为层间客体碳酸根的来源，通过水热反应成功制备了MgAl-CO₃-LDH。具体制备步骤为：将3g (NH₄)₂CO₃溶解于去离子水中配制成20mL溶液，取2g镁铝摩尔比为2∶1的Mg(OH)₂和Al(OH)₃加入到(NH₄)₂CO₃溶液中制备成悬浊液，然后加入高压反应釜中，加热至200℃反应2h，或是加入聚四氟乙烯水热釜中，在200℃下用400W微波处理30min，即可获得MgAl-CO₃-LDH。所制备的LDHs纳米片具有较高的结晶度，尺寸处于50～600nm之间（图3-25）。

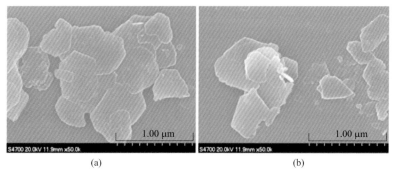

图3-25　水热（a）和微波水热（b）所制备样品的SEM照片

吕志[89]借助高剪切力将镁铝摩尔比为2:1的氢氧化镁和氢氧化铝制作成质量分数为10%的悬浊液，加入高压反应釜中，并通入$CO_2$气体使压力保持在1MPa，将体系加热至180℃并反应6h即制备得到高结晶度的MgAl-$CO_3$-LDH。同时，采用同样的方法，以氢氧化镁、氢氧化铝和硼酸为原料，控制Mg/Al=2.2、B/Al=3.0，在220℃下搅拌反应2～4h制备了高纯度、高结晶度的MgAl-B-LDH。本书著者团队[90]以碱式碳酸镁、氢氧化镁和氢氧化铝为原料，经胶体磨研磨获得质量分数约为9%的悬浊液，在180℃下搅拌反应6h制备了高结晶度的MgAl-$CO_3$-LDH，其中碱式碳酸镁不仅提供层板所需的镁源，而且也提供层间客体碳酸根阴离子。李凯涛[91]以氢氧化镁、拟薄水铝石和$CO_2$为原料，通过水热反应制备了MgAl-$CO_3$-LDH。研究发现，拟薄水铝石的聚集状态和氢氧化镁的颗粒尺寸对产物的形貌和颗粒尺寸具有显著影响，当拟薄水铝石由团聚态转为分散态、氢氧化镁的颗粒尺寸由微米级减小至纳米级时，LDHs纳米片的一次粒径明显减小，形貌由纳米片组装的团聚体转变为分散均匀的纳米片。此外，以纳米氧化锌、拟薄水铝石和$CO_2$为原料，在120℃、0.1MPa下反应6h制备了结晶度良好的ZnAl-$CO_3$-LDH。

### 2. 盐-金属氧化物/氢氧化物法

在金属氧化物/氢氧化物法的基础上，将部分低活性的反应原料替换为反应活性高的可溶性金属盐用于水滑石制备，该方法即为盐-金属氧化物/氢氧化物法。该方法通过采用活性高的可溶性金属盐代替活性低的氧化物和氢氧化物，以降低反应能垒，从而在更加温和的反应条件下制备LDHs，并减少副产物的产量，降低成本。

Williams等[92]采用可溶性的LiCl、$LiNO_3$和$Li_2SO_4$与不同结构的氧化铝（三水铝石、活化三水铝石、拜三水铝石）反应分别制备了[LiAl$_2$(OH)$_6$]Cl·$y$H$_2$O、[LiAl$_2$(OH)$_6$]NO$_3$·$y$H$_2$O和[LiAl$_2$(OH)$_6$]$_2$SO$_4$·$y$H$_2$O。Valente等[93]采用Mg(OH)$_2$

与勃姆石作为原料并加入不同金属硝酸盐对体系 pH 进行调节，反应 6 ～ 8h 制备了碳酸根插层 MgAl-LDH、MgNiAl-LDH、MgCuAl-LDH 和 MgFeAl-LDH，实现了盐 - 氢氧化物法制备不同组成的三元 LDHs。本书著者团队 [94] 以氯化镁和硝酸镁为原料，氢氧化钙、氧化钙为沉淀剂制备纳米氢氧化镁，然后将新鲜制备的纳米氢氧化镁湿滤饼与可溶性二价和三价金属盐反应，在温和条件下制备纳米镁基 LDHs，副产的氯化镁和硝酸镁再用于制备纳米氢氧化镁，实现循环利用。本书著者团队 [95] 以碱式碳酸镁、氢氧化镁和硝酸铝为原料，在 80℃ 下搅拌反应 6h 即制备了 MgAl-CO$_3$-LDH。

# 第七节
# 小结与展望

　　超分子插层结构材料的制备研究方兴未艾，通过制备过程的创新赋予其新的性质与功能，拓宽了超分子插层结构材料的应用领域与范畴。以共沉淀法、离子交换法、焙烧复原法和水热法为代表的插层组装法是 LDHs 合成的基本方法。通过科研人员的不懈努力，在胶体化学和晶体学理论指导下，通过调变 LDHs 成核过程，得以控制晶体生长速度，在较宽的范围内实现了 LDHs 的晶粒尺寸及其分布的精准控制。作为一种层状材料，LDHs 在实际应用中往往会出现片层结构的堆叠、团聚等现象，影响了其应用性能。单层 LDHs 纳米片具有各向异性和较高的比表面积，既可用于基础研究的模型，又可作为制造各种功能性复合材料的单元，可最大程度地发挥每个单层的作用。基于此，通过深入研究，目前已发展出自上而下的剥离法和自下而上的合成法两种可行途径，通过破坏超分子插层结构材料片层之间具有的强静电相互作用，实现了 LDHs 的剥离与单层超分子的制备。在导电基底表面原位生长 LDHs 纳米片阵列同样是充分发挥超分子插层结构材料性能的重要途径，目前已发展了包括原位电沉积法、原位水热法及金属表面原位刻蚀法等原位生长法，有效暴露了材料表面活性位点并简化了实际应用的制造工艺。利用晶体发育过程中模板剂与外场辅助作用，将无序生长导向为有序组装，使超分子插层结构材料在介观尺度到宏观尺度具有一定形状、尺寸和取向的结构，极大地丰富并拓展了 LDHs 材料的功能。基于超分子插层结构材料结构拓扑效应，创新和发展了内源法、外源法及内 - 外源协同法等拓扑转化策略，实现了金属位点可控定位。基于以上基础研究结果，本书著者团队先后发展了表面缺陷控制、等电点原位改性、程序控温动态晶化等系列关键制备技术，并通过系列工程化实践，先后建设了 6 套千吨级工业化装置，生产了无铅 PVC 热稳定剂、红外保温材料、紫外阻隔材料、抑烟剂等高性能材料，实现了一系列 LDHs 功能材料的工业化生产。化工资源的高效利用和绿色利用一直是化工领域的研究重点与发展方向，在现有基础上，应进一步探索与发展超分子插层结构材料的清洁制备与利用，不断完善制备原理，在更加温和的反应条件下实现原子经济反应制备，在反应装置与反应原料的高效利用中寻找最佳平衡点，最终实现超分子插层结构材料的跨越性与可持续性发展。

## 参考文献

[1] 段雪，张法智. 插层组装与功能材料 [M]. 北京：化学工业出版社，2007.

[2] Reichle W T. Catalytic reactions by thermally activated, synthetic, anionic clay minerals [J]. Journal of Catalysis, 1985, 94: 547-557.

[3] Yu J, Martin B R, Clearfield A, Luo Z, et al. One-step direct synthesis of layered double hydroxide single-layer nanosheets[J]. Nanoscale, 2015, 7: 9448-9451.

[4] Zhao Y, Li F, Zhang R, et al. Preparation of layered double-hydroxide nanomaterials with a uniform crystallite size using a new method involving separate uucleation and aging steps[J]. Chemistry of Materials, 2006, 14: 4286-4291.

[5] Alvarez M G, Chimentao R J, Figueras F, et al. Tunable basic and textural properties of hydrotalcite derived materials for transesterification of glycerol[J]. Applied Clay Science, 2012, 58: 16-24.

[6] Rezvani Z, Khodam F, Mokhtari A, et al. Amine-assisted syntheses of carbonate-free and highly crystalline nitrate-containing Zn-Al layered double hydroxides[J]. Zeitschrift Für Anorganische Und Allgemeine Chemie, 2014, 640: 2203-2207.

[7] Theiss F L, Ayoko G A, Frost R L. Synthesis of layered double hydroxides containing $Mg^{2+}$, $Zn^{2+}$, $Ca^{2+}$ and $Al^{3+}$ layer cations by co-precipitation methods-a review[J]. Applied Surface Science, 2016, 383: 200-213.

[8] Abderrazek K, Srasra N F, Srasra E. Synthesis and characterization of [Zn-Al] layered double hydroxides: effect of the operating parameters[J]. Journal of the Chinese Chemical Society, 2017, 64: 346-353.

[9] Bukhtiyarova M V. A review on effect of synthesis conditions on the formation of layered double hydroxides[J]. Journal of Solid State Chemistry, 2019, 269: 494-506.

[10] Jijoe P S, Yashas S R, Shivaraju H P. Fundamentals, synthesis, characterization and environmental applications of layered double hydroxides: a review[J]. Environmental Chemistry Letters, 2021, 19: 2643-2661.

[11] Adachi-Pagano M, Forano C, Besse J-P. Delamination of layered double hydroxides by use of surfactants[J]. Chemical Communications, 2000, 1: 91-92.

[12] Jobbágy M A, Regazzoni A E. Delamination and restacking of hybrid layered double hydroxides assessed by in situ XRD[J]. Journal of Colloid and Interface Science, 2004, 275: 345-348.

[13] O'Leary S, O'Hare D, Seeley G. Delamination of layered double hydroxides in polar monomers: new LDH-acrylate nanocomposites[J]. Chemical Communications, 2002, 14: 1506-1507.

[14] Li L, Ma R, Ebina Y, et al. Positively charged nanosheets derived via total delamination of layered double

hydroxides[J]. Chemistry of Materials, 2005, 17: 4386-4391.

[15] Han J, Lu J, Wei M, et al. Heterogeneous ultrathin films fabricated by alternate assembly of exfoliated layered double hydroxides and polyanion[J]. Chemical Communications, 2008, 44: 5188-5190.

[16] Gardner E, Huntoon KM, Pinnavaia T J. Direct synthesis of alkoxide-intercalated derivatives of hydrocalcite-like layered double hydroxides: precursors for the formation of colloidal layered double hydroxide suspensions and transparent thin films[J]. Advanced Materials, 2001, 13: 1263-1266.

[17] Antonyraj C A, Koilraj P, Kannan S. Synthesis of delaminated LDH: a facile two step approach[J]. Chemical Communications, 2010, 46(11): 1902-1904.

[18] Hu G, O'Hare D. Unique layered double hydroxide morphologies using reverse microemulsion synthesis[J]. Journal of the American Chemical Society, 2005, 127: 17808-17813.

[19] Wu Y, Jacobs R, Warner J, et al. Reverse micelle synthesis of Co-Al LDHs: control of particle size and magnetic properties[J]. Chemistry of Materials, 2011, 23: 171-180.

[20] Yu J, Liu J, Clearfield A, et al. Synthesis of layered double hydroxide single-layer nanosheets in formamide[J]. Inorganic Chemistry, 2016, 55: 12036-12041.

[21] Yan Y, Liu Q, Wang J, et al. Single-step synthesis of layered double hydroxides ultrathin nanosheets[J]. Journal of Colloid and Interface Science, 2012, 371(1): 15-19.

[22] Dennis A C. Effect of coprecipitated metal ions on the electrochemistry of nickel hydroxide thin films: cyclic voltammetry in 1M KOH[J]. Journal of The Electrochemical Society, 1989, 136: 723-728.

[23] Yarger M, Steinmiller E, Choi K. Electrochemical synthesis of Zn-Al layered double hydroxide (LDH) films[J]. Inorganic Chemistry, 2008, 47: 5859-5865.

[24] Gupta V, Gupta S, Miura N. Al-substituted α-cobalt hydroxide synthesized by potentiostatic deposition method as an electrode material for redox-supercapacitors[J]. Journal of Power Sources, 2008, 177: 685-689.

[25] Li Z, Shao M, An H, et al. Fast electrosynthesis of Fe-containing layered double hydroxide arrays toward highly efficient electrocatalytic oxidation reactions[J]. Chemical Science, 2015, 6: 6624-6631.

[26] Jiang S, Liu Y, Xie W, et al. Electrosynthesis of hierarchical NiLa-layered double hydroxide electrode for efficient oxygen evolution reaction[J]. Journal of Energy Chemistry, 2019, 33: 125-129.

[27] Yin Q, Li D, Zhang J, et al. An all-solid-state fiber-type supercapacitor based on hierarchical Ni/NiO@CoNi-layered double hydroxide core-shell nanoarrays[J]. Journal of Alloys and Compounds, 2020, 813: 152187.1-152187.8.

[28] Shao M, Ning F, Wei M, et al. Hierarchical nanowire arrays dased on ZnO core-layered double hydroxide shell for largely enhanced photoelectrochemical water splitting[J]. Advanced Functional Materials, 2014, 24: 580-586.

[29] Liu J, Xu S, Li Y, et al. Facet engineering of WO₃ arrays toward highly efficient and stable photoelectrochemical hydrogen generation from natural seawater[J]. Applied Catalysis B: Environmental, 2020, 264: 118540.

[30] Zhou L, Jiang S, Liu Y, et al. Ultrathin CoNiP@layered double hydroxides core-shell nanosheets arrays for largely enhanced overall water splitting[J]. ACS Applied Energy Materials, 2018, 1: 623-631.

[31] Shao M, Li Z, Zhang R, et al. Hierarchical conducting polymer@clay core-shell arrays for flexible all-solid-state supercapacitor devices[J]. Small, 2015, 11: 3530-3538.

[32] Jiang J, Zhu J, Ding R, et al. Co-Fe layered double hydroxide nanowall array grown from an alloy substrate and its calcined product as a composite anode for lithium-ion batteries[J]. Journal of Materials Chemistry, 2011, 21: 15969-15974.

[33] Han J, Dou Y, Zhao J, et al. Flexible CoAl LDH@PEDOT core/shell nanoplatelet array for high-performance energy storage[J]. Small, 2013, 9: 98-106.

超分子插层结构功能材料

[34] Zhao J, Chen J, Xu S, et al. Hierarchical NiMn layered double hydroxide/carbon nanotubes architecture with superb energy density for flexible supercapacitors[J]. Advanced Functional Materials, 2014, 24: 2938-2946.

[35] Tang C, Wang H-F, Wang H-S, et al. Spatially confined hybridization of nanometer-sized NiFe hydroxides into nitrogen-doped graphene frameworks leading to superior oxygen evolution reactivity[J]. Advanced Materials, 2015, 27: 4516-4522.

[36] Xu J, Gai S, He F, et al. A sandwich-type three-dimensional layered double hydroxide nanosheet array/graphene composite: fabrication and high supercapacitor performance[J]. Journal of Materials Chemistry A, 2014, 2: 1022-1031.

[37] Fan K, Li Z, Song Y, et al. Confinement synthesis based on layered double hydroxides: a new strategy to construct single-atom-containing integrated electrodes[J]. Advanced Functional Materials, 2020, 31: 2008064.1-2008064.9.

[38] Wang Z, Zeng S, Liu W, et al. Coupling molecularly ultrathin sheets of NiFe-layered double hydroxide on $NiCo_2O_4$ nanowire arrays for highly efficient overall water-splitting activity[J]. ACS Applied Materials & Interfaces, 2017, 9: 1488-1495.

[39] Wang W, Yan H, Anand U, et al. Visualizing the conversion of metal-organic framework nanoparticles into hollow layered double hydroxide nanocages[J]. Journal of the American Chemical Society, 2021, 143: 1854-1862.

[40] Yang H, Wang C, Zhang Y, et al. Green synthesis of NiFe LDH/Ni foam at room temperature for highly efficient electrocatalytic oxygen evolution reaction[J]. Science China Materials, 2019, 62: 681-689.

[41] Sun J, Liu H, Chen X, et al. An oil droplet template method for the synthesis of hierarchical structured $Co_3O_4$ anodes for Li-ion batteries[J]. Nanoscale, 2013, 5: 7564-7571.

[42] Shao M, Ning F, Zhao J, et al. Hierarchical layered double hydroxide microspheres with largely enhanced performance for ethanol electrooxidation[J]. Advanced Functional Materials, 2013, 23: 3513-3518.

[43] Zhang C, Shao M, Zhou L, et al. Hierarchical NiFe layered double hydroxide hollow microspheres with highly-efficient behavior toward oxygen evolution reaction[J]. ACS Applied Materials & Interfaces, 2016, 8: 33697-33703.

[44] Qin Y, Wang B, Qiu Y, et al. Multi-shelled hollow layered double hydroxides with enhanced performance for the oxygen evolution reaction[J]. Chemical Communications, 2021, 57: 2752-2755.

[45] Shao M, Wei M, Evans D G, et al. Magnetic-field-assisted assembly of CoFe layered double hydroxide ultrathin films with enhanced electrochemical behavior and magnetic anisotropy[J]. Chemical Communications, 2011, 47: 3171-3173.

[46] Shi W, He S, Wei M, et al. Optical pH sensor with rapid response based on a fluorescein-intercalated layered double hydroxide[J]. Advanced Functional Materials, 2010, 20: 3856-3863.

[47] Wang L, Li C, Liu M, et al. Large continuous, transparent and oriented self-supporting films of layered double hydroxides with tunable chemical composition[J]. Chemical Communications, 2007, 2: 123-125.

[48] Han J, Dou Y, Wei M, et al. Erasable nanoporous antireflection coatings based on the reconstruction effect of layered double hydroxides[J]. Angewandte Chemie International Edition, 2010, 49: 2171-2174.

[49] Dou Y, Pan T, Xu S, et al. Transparent, ultrahigh-gas-barrier films with a brick-mortar-sand structure[J]. Angewandte Chemie-International Edition, 2015, 54: 9673-9678.

[50] Yan D, Lu J, Ma J, et al. Fabrication of an anionic polythiophene/layered double hydroxide ultrathin film showing red luminescence and reversible pH photoresponse[J]. AIChE Journal, 2011, 57: 1926-1935.

[51] Liang R, Xu S, Yan D, et al. CdTe quantum dots/layered double hydroxide ultrathin films with multicolor light emission via layer-by-layer assembly[J]. Advanced Functional Materials, 2012, 22: 4940-4948.

[52] Zhang F, Sun M, Xu S, et al. Fabrication of oriented layered double hydroxide films by spin coating and their

use in corrosion protection[J]. Chemical Engineering Journal, 2008, 141: 362-367.

[53] Dou Y, Xu S, Liu X, et al. Transparent, flexible films based on layered double hydroxide/cellulose acetate with excellent oxygen barrier property[J]. Advanced Functional Materials, 2014, 24: 514-521.

[54] Markov L, Petrov K. Topotactic preparation of copper-cobalt oxide spinels by thwemal decomposition of double-layered oxide hydroxide nitrate mixed crystals [J]. Solid State Ionics, 1990, 39: 187-193.

[55] Zhang S, Dou Y, Zhou J, et al. DFT-based simulation and experimental validation of the topotactic transformation of MgAl layered double hydroxides[J]. Chem Phys Chem, 2016, 17: 2754-2766.

[56] Feng J, Lin Y, Evans D, et al. Enhanced metal dispersion and hydrodechlorination properties of a Ni/Al$_2$O$_3$ catalyst derived from layered double hydroxides[J]. Journal of Catalysis, 2009, 266: 351-358.

[57] Ning X, An Z, He J. Remarkably efficient CoGa catalyst with uniformly dispersed and trapped structure for ethanol and higher alcohol synthesis from syngas[J]. Journal of Catalysis, 2016, 340: 236-247.

[58] Wang Q, Yu Z, Feng J, et al. Insight into the Effect of dual active Cu$^0$/Cu$^+$ sites in Cu/ZnO-Al$_2$O$_3$ catalyst on 5-hydroxylmethylfurfural hydrodeoxygenation[J]. ACS Sustainable Chemistry & Engineering, 2020, 8: 15288-15298.

[59] Zhao Y, Jia X, Chen G, et al. Ultrafine NiO nanosheets stabilized by TiO$_2$ from monolayer NiTi-LDH precursors: an active water oxidation electrocatalyst[J]. Journal of the American Chemical Society, 2016, 138: 6517-6524.

[60] Xu Y, Wang Z, Tan L, et al. Fine tuning the heterostructured interfaces by topological transformation of layered double hydroxide nanosheets[J]. Industrial & Engineering Chemistry Research, 2018, 57: 10411-10420.

[61] Wang Q, Feng J, Zheng L, et al. Interfacial structure-determined reaction pathway and slectivity for 5-hydroxymethyl furfural hydrogenation over Cu-based catalysts[J]. ACS Catalysis, 2020, 10: 1353-1365.

[62] He Y, Fan J, Feng J, et al. Pd nanoparticles on hydrotalcite as an effi cient catalyst for partial hydrogenation of acetylene: effect of support acidic and basic properties[J]. Journal of Catalysis, 2015, 331: 118-127.

[63] Zhang X, Cui G, Wei M. PtIn alloy catalysts toward selective hydrogenolysis of glycerol to 1,2-propanediol[J]. Industrial & Engineering Chemistry Research, 2020, 59: 12999-13006.

[64] Ma X, An Z, Song H, et al. Atomic Pt-catalyzed heterogeneous anti-markovnikov C-N formation: Pt$_1^0$ activating N-H for Pt$_1^{\delta+}$-activated C=C attack[J]. Journal of the American Chemical Society, 2020, 142: 9017-9027.

[65] Li H, Yang T, Jiang Y, et al. Synthesis of supported Pd nanocluster catalyst by spontaneous reduction on layered double hydroxide[J]. Journal of Catalysis, 2020, 385: 313-323.

[66] He Y, Liang L, Liu Y, et al. Partial hydrogenation of acetylene using highly stable dispersed bimetallic Pd-Ga/MgO-Al$_2$O$_3$ catalyst[J]. Journal of Catalysis, 2014, 309: 166-173.

[67] Yu J, Yang Y, Chen L, et al. NiBi intermetallic compounds catalyst toward selective hydrogenation of unsaturated aldehydes[J]. Applied Catalysis B: Environmental, 2020, 277: 119273.1-119273.9.

[68] Zhu Y, An Z, He J. Single-atom and small-cluster Pt induced by Sn(IV) sites confined in an LDH lattice for catalytic reforming[J]. Journal of Catalysis, 2016, 341: 44-54.

[69] Zhu Y, An Z, Song H, et al. Lattice-confined Sn(IV/II) stabilizing raft-like Pt clusters: high selectivity and durability in propane dehydrogenation[J]. ACS Catalysis, 2017, 7(10), 6973-6978.

[70] Zhang X, Cui G, Feng H, et al. Platinum-copper single atom alloy catalysts with high performance towards glycerol hydrogenolysis[J]. Nature Communications, 2019, 10: 5812.1-5812.12.

[71] Wu J, Zhang S, Mei X, et al. Ultrathin transition metal chalcogenide nanosheets synthesized via topotactic transformation for effective cancer theranostics[J]. Applied Materials &Interfaces, 2020, 12: 48310-48320.

[72] Evans D G, Duan X. Preparation of layered double hydroxides and their applications as additives in polymers, as precursors to magnetic materials and in biology and medicine[J]. Chemical Communications, 2006, 37: 485-496.

[73] Zheng S, Lu J, Yan D, et al. An inexpensive co-intercalated layered double hydroxide composite with electron donor-acceptor character for photoelectrochemical water splitting[J]. Scientific Reports, 2015, 5: 798-801.

[74] Zhang W, Guo X, He J, et al. Preparation of Ni(Ⅱ)/Ti(Ⅳ) layered double hydroxide at high supersaturation[J]. Journal of the European Ceramic Society, 2008, 28: 1623-1629.

[75] Wang Z, Teng X, Lu C. Carbonate interlayered hydrotalcites-enhanced peroxynitrous acid chemiluminescence for high selectivity sensing of ascorbic acid[J]. Analyst, 2012,137: 1876-1881.

[76] 段雪，陆军. 二维纳米复合氢氧化物：结构、组装与功能 [M]. 北京：科学出版社，2013.

[77] He J, Wei M, Li B, et al. Preparation of layered double hydroxides[J]. Structure and Bonding, 2006, 119: 89-119.

[78] 林彦军、李殿卿、李峰、等. 一种旋转液膜反应器及其在制备层状复合金属氢氧化物中的应用：ZL201210105567.6[P]. 2013-12-25.

[79] Wang G, Rao D, Li K, et al. UV blocking by Mg-Zn-Al layered double hydroxides for the protection of asphalt road surfaces[J]. Industrial & Engineering Chemistry Research, 2014, 53: 4165-4172.

[80] 林彦军、钟凯、王桂荣、等. 一种控制表面缺陷及表面电位的层状复合金属氢氧化物制备方法：ZL201110108024.5[P]. 2012-12-12.

[81] 林彦军、李殿卿、段雪、等. 利用等电点对层状复合金属氢氧化物进行原位改性的方法：ZL200910080719.X[P]. 2011-02-16.

[82] 段雪、矫庆泽、李峰、等. 程序控温动态晶化制备阴离子层状晶体材料的方法：CN00132146.3[P]. 2000-12-14.

[83] 马嘉壮、陈颖、李凯涛、等. 镁基插层结构功能材料研究进展 [J]. 化工学报，2021, 72(06): 2922-2933.

[84] 许艳旗、谭玲、王泽林、等. 水滑石多尺度结构精准调控及其光驱动催化应用研究 [J]. 科学通报，2018, 63(34): 3598-3611.

[85] 李天、郝晓杰、白莎、等. 单层类水滑石纳米片的可控合成及规模生产展望 [J]. 物理化学学报，2020, 36(09): 71-87.

[86] Bai S, Li T, Wang H, et al. Scale-up synthesis of monolayer layered double hydroxide nanosheets via separate nucleation and aging steps method for efficient $CO_2$ photoreduction[J]. Chemical Engineering Journal, 2021, 419: 129390.1-129390.9.

[87] 林彦军、周永山、王桂荣、等. 插层结构功能材料的组装与产品工程 [J]. 石油化工，2012, 41: 1-8.

[88] Xu X, Li D, Song J, et al. Synthesis of Mg-Al-carbonate layered double hydroxide by an atom-economic reaction[J]. Particuology, 2010, 8: 198-201.

[89] 吕志. 原子经济反应合成 LDHs 及相关动力学研究 [D]. 北京：北京化工大学，2009.

[90] 邓复平. 光热稳定型无机 - 有机复合颜料的制备及性能研究 [D]. 北京：北京化工大学，2012.

[91] 李凯涛. 原子经济反应制备水滑石的机理、结构调控与性能研究 [D]. 北京：北京化工大学，2019.

[92] Williams G R, O'Hare D. A kinetic study of the intercalation of lithium salts into $Al(OH)_3$[J]. The Journal of Physical Chemistry B, 2006, 110: 10619-10629.

[93] Valente J S, Sánchez-Cantú M, Lima E, et al. Method for large-scale production of multimetallic layered double hydroxides: formation mechanism discernment[J]. Chemistry of Materials, 2009, 21 5809-5818.

[94] 唐平贵、陈廷伟、李殿卿、等. 一种镁基层状复合氢氧化物的制备方法：ZL 201610182401.2[P]. 2016-03-28.

[95] 冯拥军、郭艺璇、李殿卿、等. 一种层状复合金属氢氧化物的清洁制备方法：ZL201810787867.4[P]. 2020-07-18.

# 第四章
# 超分子插层结构催化材料

103

催化科学与技术作为化学化工关键技术之一，对经济发展和社会进步起到了巨大的推动作用。现代化学工业、石油工业、能源、制药以及环境等领域广泛使用催化剂；在化学工业生产中，催化过程占据全部化学过程的80%以上。针对特定的化学反应，发展高效的新型催化功能材料制备方法，控制催化活性中心结构及结构稳定性，实现可控催化反应过程的高转化率、高选择性、长寿命一直是催化学科的核心目标。阴离子插层结构材料水滑石（LDHs），基于其结构上多因素调变性，例如：主体层板金属组成、主体层板电荷密度及分布、层间客体种类及数量、层内空间尺寸、主客体相互作用等，提供了极大的结构设计空间，在催化领域已展现出广阔的发展前景，引起了研究者的广泛关注。

# 第一节
# 概述

层状及超分子插层结构 LDHs 材料作为催化材料，具有如下特点：① LDHs 比表面积可通过控制粒度和合成条件等进行调变，减小 LDHs 粒径及调变 LDHs 合成的溶剂体系可以有效提高比表面积。LDHs 层间距离可被适宜溶剂溶胀而增加，层间通道高度增大到一定程度即可通过层板剥离，得到单个或有限片层堆积的 LDHs 纳米片。② LDHs 具有弹性的二维空间，可将尺寸可调的多种催化活性阴离子进行插层，构筑超分子插层体系；小分子反应底物扩散至层内空间，使得催化反应在二维限域空间内进行，利用几何及电子协同效应可促进多相催化反应的进行。③ LDHs 主体层板与客体阴离子为静电相互作用，此外层间的多种弱相互作用（如氢键、范德华作用力）的能量差与不对称催化反应中对映异构体过渡态之间的能量差相近，为对映体选择性的强化提供可能。

以 LDHs 为前驱体，经煅烧可形成金属氧化物类催化材料，若在还原气氛下煅烧还可形成氧化物负载的高分散金属催化材料。此方法合成的复合金属氧化物及负载型高分散金属催化材料具有传统高温固相反应法和溶胶 - 凝胶法等无法比拟的优点。首先，由于 LDHs 存在晶格能最低效应及晶格定位效应，层板中的金属离子和层间的阴离子以一定方式均匀分布；因此，以 LDHs 作为前驱体可以在适当的焙烧条件下得到结构良好、活性中心分布均匀的复合金属氧化物及高分散金属催化材料。其次，由于 LDHs 层板金属元素具有可调控性，可以设计不同的层板组成结构，得到系列组成可调的复合金属氧化物或负载型高分散金属催化材料。

基于 LDHs 层板金属阳离子以原子水平高度分散及层间阴离子有序排布的结构特点，利用 LDHs 材料作为单一前驱体，经层板剥离、插层组装及晶格限域等途径，制备层状及插层结构催化材料、复合金属氧化物／硫化物催化材料以及负载型金属催化材料等，具有显著的优势（图 4-1）。此外，利用 LDHs 前体层板金属离子组成和比例以及层间阴离子种类、数量和排布的可调控性，可制备得到多种组成可调的多相催化材料。本章详细介绍近年来基于 LDHs 层状及插层结构催化材料的研究进展。

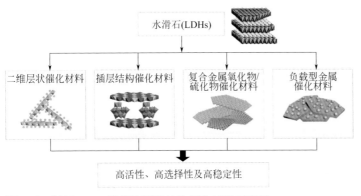

图4-1 基于LDHs层状及插层结构催化材料示意图

# 第二节
# 层状及插层结构催化材料

## 一、二维层状催化材料

### 1. LDHs 单片层催化材料

LDHs 主体层板与层间客体阴离子之间主要通过静电引力相互作用，层板还可通过—OH 与客体阴离子形成氢键[1]，层板与层间水分子、层间水分子与客体阴离子及水分子之间也存在氢键作用；此外，还普遍存在范德华作用力。LDHs 层间通道高度可依据客体分子尺寸和排布方式在一定范围内变化，并可被适宜溶剂溶胀而增加。当 LDHs 层间通道高度增大到一定程度时，即可实现层板剥离，得到单个或有限片层的 LDHs 纳米片。与阳离子型层状材料相比，LDHs 层板的电荷密度较高，其层板剥离难度较大，直到 2000 年才取得进展。Adachi-Pagano 等人 [2] 率先报道了以丁醇为溶剂对十二烷基硫酸根插层的 Zn/Al-LDH 进行剥离，得到了稳定的 LDHs 纳米片胶体溶液。随后，氨基酸 [3] 及硝酸根插层 LDHs[4] 在极性溶剂甲酰胺中的剥离，以及乳酸根插层 LDHs 在水中的剥离 [5] 见诸报道。此外，徐治平等 [6] 还利用二次晶化的方法制备了高分散的 Mg/M$^{III}$-LDH（M＝Al、Fe 等），得到了具有较高稳定性、粒径可调的 LDHs 胶体溶液。

　　层板剥离可使层板上的位点（如酸或碱性位等）及位于层间的催化活性位（如层间客体阴离子）得以充分暴露，更易被反应物所接近，从而大幅度提高反应的活性，甚至可实现多相反应的类均相化 [7]，在液固相催化反应领域展现出潜在的优势。本书著者团队 [7] 将 L- 氨基酸插层 LDHs 纳米片层作为选择性氧化活性中心钒的配体，将所得的胶体化催化剂用于催化不对称烯丙醇环氧化反应。研究发现，在甲酰胺溶剂中剥离 L- 谷氨酸插层 LDHs 直接与钒配位，得到的胶体化催化剂对 2- 甲基 -3- 苯基 - 烯丙醇的不对称环氧化反应速率比插层体系显著提高，接近均相催化体系水平，成功实现了多相催化反应的类均相化过程（图 4-2）。进一步以水为介质对氨基酸插层 LDHs 进行剥离，以水溶性的 VOSO$_4$ 为钒源，催化反应结束后，胶体催化剂位于上层水相，产物则分散在下层有机相，通过简单的液 - 液分离直接实现了胶体催化剂的回收。结果发现，与均相催化剂相比，LDHs 层板修饰氨基酸配体使得反应对映体选择性显著增加。这可以归因于反应物分子扩散至 LDHs 层间，受到刚性层板的空间限制。剥离 LDHs 纳米片使得催化反应可以在类均相反应条件下进行，从而显著提高了反应速率，同时保留了将配体锚定在 LDHs 层上所带来的对映选择性的增强。此外，对于液 - 液不相溶反应体系，则可通过简单的液 - 液分离直接将胶体催化剂与产物分离。

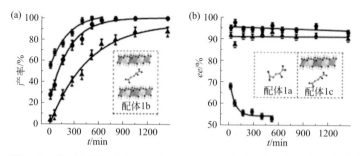

图4-2　分别以均相（黑色，1a）、插层结构（蓝色，1b）以及剥离体系（红色，1c）L-氨基酸作为金属钒中心配体催化2-甲基-3-苯基-烯丙醇不对称环氧化反应的（a）产率和（b）ee值与反应时间的关系曲线[7]

本书著者团队[8]在 LDHs 作为氨基酸大取代基提高 Zn 催化的不对称 Aldol 反应体系中，研究发现以 L- 氨基酸插层体系为手性配体时，由于金属锌离子中心与层板的静电斥力，使得催化中心较难进入层间与氨基酸手性配体发生配位，从而表现出较低的不对称诱导性能；而剥离后高分散的 LDHs 层板有利于其取代的 L- 氨基酸与金属锌中心的配位，从而进一步发挥层板的取代基效应，层板羟基与层间氨基酸的作用有利于反应中间体的稳定，在不对称 Aldol 反应中形成优势构型（2S，1R）。此外，本书著者团队[9]将 α- 氨基酸阴离子插层的 LDHs 与 Rh(III) 配位，并将其应用于 C—H 键的活化反应。在水溶液中将制备的 α- 氨基酸阴离子插层的 LDHs 超声剥离并与 [Cp*RhCl₂]₂进行配位，用于催化 N-( 新戊酰基 ) 苯胺和丙烯酸甲酯生成 1- 羰基 -1,2,3,4- 四氢异喹啉 -3- 羧酸甲酯的 C—H 键活化反应中，获得了大于 99% 的转化率和大于 99% 的产率。

Liu 课题组[10]将 Pd(II) 掺杂 MgAl-LDH 在甲酰胺中剥离制备了一种新型的单分散纳米片，胶体溶液直接催化溴苯及苯乙烯 Heck 反应，获得了高达 100% 的 1,2- 苯乙烯产率，且反应初始单位时间内单位活性中心转化的反应物分子数即转换频率（turnover frequency，TOF）高达 $10000h^{-1}$，远远高于浸渍法制备的 MgAl-LDH 负载 $Pd^{2+}$ 的催化效率（产率：42%；TOF 值：$420h^{-1}$）。本书著者团队[11]通过剥离 CoAl-LDH 制备了超薄且富含空位的纳米片，然后将其与氧化石墨（GO）组装，得到 CoAl-ELDH/GO 复合催化剂；该催化剂除了氧空位和钴空位，还含有带负电的 $V_{Co}$-Co-$OH^{\delta-}$ 位点和暴露的晶格氧位点，在苯甲醇氧化反应中表现出优异的催化性能，TOF 值为未剥离 CoAl-LDH 前驱体的 5 倍。

最近，LDHs 主体层板的缺陷结构对催化过程的强化作用已得到证实。Zhang 等[12]将 LDHs 剥离为单层纳米片作为光催化剂高效还原 $CO_2$ 制备 CO，研究表明，LDHs 单层纳米片边缘具有丰富的空位团（氧空位等），提供了大量不饱和配位金属原子，可以明显提高对反应物分子的吸附能力[13]，进而提高反应光诱导电荷分离的能力，促进了 $CO_2$ 的催化还原。借鉴此思路，对于多相催化过程，如何利用 LDHs 的缺陷结构提高碱性等功能性，从而强化反应活性是值得深入研究的新思路。

### 2. 基于单片层 LDHs 的结构化催化材料

LDHs 纳米片表面正电荷分布均匀，通过层层自组装（LBL）的方法可将具有电催化活性的阴离子与剥离的 LDHs 纳米片进行交替组装，制备活性中心有序排列的电催化材料。本书著者团队[14]基于酞菁钴（CoTsPc）对多巴胺的选择性电催化作用，利用 LBL 法制备了有序的 (LDH/CoTsPc)ₙ 修饰电极，利用 LDHs 对 CoTsPc 的分散固载作用，实现了在抗坏血酸干扰下对多巴胺的选择性检测。

多巴胺浓度在 $2.0×10^{-5}$ ~ $1.4×10^{-4}$ mol/L 范围内时，氧化峰电流和多巴胺浓度呈现良好的线性关系（$r$=0.998），检测限为 $3.2×10^{-7}$ mol/L。在此基础上，该课题组[15]提出利用剥离的 LDHs 纳米片和金纳米粒子交替组装制备结构有序的 LDH/Au NP 复合薄膜，用于葡萄糖的电催化检测。研究表明，LDHs 纳米片作为构筑单元为金纳米粒子提供合适的化学微环境来保持其活性，并且有效抑制了金纳米粒子的聚集。

本书著者团队[16]利用 LDHs 纳米片与铁卟啉阴离子（Fe-TPPS）进行层层自组装得到了 LDH/Fe-TPPS 薄膜材料。LDHs 纳米片为 Fe-TPPS 提供了二维限域空间，促进了其分散及有序排列。该薄膜具有超晶格有序结构，其厚度可在纳米尺度进行调控，在催化过氧化氢的还原反应中呈现出良好的电化学活性；Fe-TPPS 作为电子媒介体促进了电子在薄膜修饰电极上的传递速率。为了进一步提高该类复合薄膜的电催化效率，利用外磁场辅助的静电沉积方法实现了 LDH/卟啉超薄膜的有序组装[17]。磁场诱导下得到的薄膜表面更加平整，有序度更高，对葡萄糖氧化显示出优异的电催化行为。

2015 年，本书著者团队[18]报道了一种具有砖 - 砂浆 - 砂结构的超高阻气膜，由 XAl- 层状双金属氢氧化物（LDHs，X＝Mg，Ni，Zn，Co）纳米片和聚丙烯酸（PAA）层层组装而成，然后填充 $CO_2$ 分子，表示为 $(XAl-LDH/PAA)_n-CO_2$。LDHs 近乎完全平行的取向增加了气体扩散程，阻碍了气体分子在 PAA 中的传输。实验研究和理论模拟都表明，化学吸附的 $CO_2$ 填充至有机 - 无机界面处的自由体积，从而进一步抑制渗透气体的扩散。该文提出的策略为阻隔机制提供了新认识，$(XAl-LDH/PAA)_n-CO_2$ 薄膜是迄今报道的最好的阻气薄膜之一。Lee 等[19]将 MgAl-LDH 剥离为厚度仅 1 ~ 2nm 的超薄纳米片，将其作为载体制备 Pt/LDH 催化剂，表面 Pt 纳米颗粒分散均匀、颗粒尺寸小，仅为 2 ~ 3nm。在对硝基苯酚加氢反应中进行性能评价发现，该催化剂由于活性金属高分散的特点，表现出比 Pt/C、Pt/CNT、Pt/clay（黏土）等传统催化剂更优异的催化活性，其 TOF 值达 $0.67min^{-1}$，30min 内对硝基苯酚的转化率达 99%。

# 二、插层结构催化材料

## （一）插层结构手性催化材料

不对称催化反应是高效合成单一对映体手性化合物的重要途径之一。传统的均相催化剂在使用过程中经常会出现催化剂失活、反应后难于回收再利用以及反应体系分离过程耗费大量溶剂等问题[20]。将均相催化剂以物理和化学方法固定在载体表面或孔道，实现均相催化剂多相化，符合绿色化学发展趋势的要求，成为近年来不对称催化领域的研究热点；但同时也面临巨大挑战。一方面，多相化后，体系不可避免出现相界面，如液-液、液-固、气-液-固界面等，界面阻力限制了反应物分子向催化活性中心的扩散，从而导致催化活性大幅度下降；另一方面，对于大多数的不对称催化过程，得到 R- 产物与 S- 产物的对映异构体过渡态之间的能量差值非常小，仅为 15kJ/mol[21]，而多相化后载体表面多种弱相互作用，如范德华力、氢键以及物理吸附等与其在一个数量级，很容易进一步缩小两种对映异构体过渡态之间的能量差值，使得不对称选择性被削弱甚至完全丧失。此外，多相催化体系也经常面临催化剂活性组分流失的问题。因此，如何设计构筑具有高活性及高选择性的多相手性催化材料定向强化不对称催化过程，是有机合成、多相催化、材料科学等领域密切关注的问题。基于 LDHs 层间阴离子种类和数量的可调控性，在LDHs 层间引入具有不对称催化活性中心的阴离子，利用层内空间的限域效应和主体层板的协同效应强化手性活性中心的不对称诱导性，利用多相反应体系类均相化和 LDHs 层板功能协同提高反应活性，是一个有效的解决方案。

超分子插层方法是实现均相手性催化活性中心固载化的有效途径之一。研究者通过经典组装方法直接将手性小分子氨基酸及金属配合物引入 LDHs 层间制备多相手性催化材料，应用于不对称催化反应实现了催化剂的重复使用，获得了稍低于或与均相相当的不对称选择性。例如，本书著者团队[22]采用焙烧复原法制备得到了 L- 脯氨酸插层 LDHs，应用于苯甲醛与丙酮的不对称 Aldol 反应，获得了与均相体系相当的反应转化率及对映体过量值（enantiomeric excess，ee 值）；催化剂循环使用三次后，催化活性及不对称选择性基本保持不变。研究表明，LDHs 层内空间氨基酸旋光稳定性的提高是活性及选择性保持的主要原因，同时对层板参与的多相不对称反应机理进行了预测。Anderson 课题组[23-25]将 Mn(salen) 配合物引入锌铝 LDHs 层间，在常温常压下催化烯烃的不对称环氧化反应，得到了与均相催化剂相当的活性与 ee 值。

## 1. LDHs 层内空间限域效应强化不对称选择性

利用载体的"限域效应"提高多相催化反应的不对称选择性，成为近年来研究热点之一[21]。在微孔分子筛、介孔材料、碳纳米管等的刚性孔空间内，利用限域效应提高多相不对称反应的选择性取得了良好的效果。研究表明，限域环境中的界面作用、对称性消除、曲率以及限域导致的熵减少在分子组织行为中起到重要作用[26,27]。与具有确定的孔径及孔结构的刚性孔材料相比，层状材料具有以下优势：首先，层内弹性空间可调，一方面可以适应不同大小的手性分子进行静电组装，另一方面对同一手性分子可提供不同的限域环境；其次，除了静电作用，层间的多种弱相互作用如氢键、范德华作用力等的能量差与对映异构体过渡态之间的能量差相近，进而影响到对映体选择性。

Vijaikumar 等人[28]同样采用焙烧复原法制备了 L-脯氨酸插层 LDHs，并用于催化 β-硝基苯乙烯与丙酮的不对称 Michael 加成反应，发现层内空间的限域效应造成对映体选择性发生了反转。Pitchumani 等人[29]利用焙烧复原法将十六种 L-氨基酸阴离子插入 LDHs 层间制备多相催化剂催化苯酚及苯硫酚的选择性甲基化反应，均获得了远高于游离氨基酸催化的反应转化率和选择性；尤其是亮氨酸插层 LDHs 催化反应主产物产率高达 98%，远高于均相亮氨酸 3% 的反应产率。结果显示，氨基酸阴离子疏水链越长反应产率越高，层内限域空间的氨基酸活性中心疏水环境增强可提高反应活性和选择性。Singh 等人[30]提出了在离子液体中利用金鸡纳碱类手性配体与 $OsO_4^{2-}$ 插层的 LDHs 构筑均相-多相催化材料，在烯烃的不对称双羟基化反应中，底物二苯乙烯转化 1R,2R-二苯乙二醇的产率和 ee 值分别高达 96% 和 94%。

本书著者团队[31]将手性酒石酸钛配合物通过静电作用引入 LDHs 层间，酒石酸钛阴离子在层间保持了其原有的配位结构，且呈现双层交错的有序排列。应用到苯基甲基硫醚的不对称氧化反应，不对称选择性从均相催化体系的无选择性增大到 50%；研究表明，LDHs 层内空间的限域效应是反应不对称选择性从无到有显著突破的关键因素。进一步通过调控层内受限环境强化不对称选择性[32]，LDHs 层间通道高度可以被适宜溶剂溶胀，通过调控溶剂极性可调控层间通道高度，进而调控层内空间的限域效应。结合溶胀后的层内通道高度和 ee 值发现，ee 值随溶胀后通道高度的减小而增大，进一步验证了 LDHs 层内空间的限域效应。

本书著者团队[33]进一步采用层间原位配位的方法制备酒石酸钛配合物插层 LDHs，利用层内限域空间固定金属配合物的配位结构，从而提高反应的不对称选择性。通过控制层板电荷密度将层内酒石酸配体控制为垂直于层板和平行于层板的两种取向方式，然后与 $Ti^{4+}$ 中心原位配位构筑酒石酸钛配合物插层 LDHs（图 4-3）。在硫醚不对称氧化反应中，两种配位结构的酒石酸钛配合物插层 LDHs 均表现出远远高于均相反应的不对称选择性；尤其是当 L-酒石酸在 LDHs 层间垂直于层板方向取向时，L-酒石酸配体通过羰基氧及羟基氧与钛中心发生配位，形成更具刚性的 [2.2.1] 的二环配位结构，在硫醚不对称氧化反应中，显示出较高的不对称选择性（58%）。本书著者团队[34]制备了二维手性多金属氧酸盐（POM）催化剂。通过剥离、共价修饰、重组等步骤，非手性 POM 被有序地限制在手性离子液体（CIL）修饰的 LDHs 层间。POM 分子的手性被 L-或 D-吡咯烷型分子链 CIL 诱导，其不对称催化活性因二维层内空间限域效应而增强，其对烯丙醇的不对称环氧化反应具有较高的 TOF 值和对映体选择性。

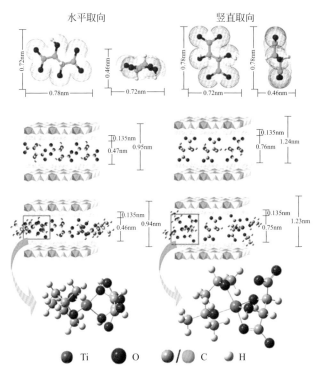

水平取向

竖直取向

Ti    O    ●/● C    H

**图4-3** 不同层间排列取向的L-酒石酸插层LDHs及其原位组装产物的结构示意图[33]

### 2. LDHs主体层板空间/电子协同效应强化不对称选择性

在均相不对称催化中，催化剂的手性配体结构设计是提高反应不对称选择性的重要途径之一[35-37]。一般来说，配体的两种结构会影响反应不对称选择性：配体的相关功能基团构型上需具有一定的刚性与活性中心相匹配；配体的取代基团与反应底物分子之间的次级相互作用的控制，即电子效应和空间位阻效应，要求配体取代基与底物有合适的电子效应，且配体取代基的几何形状及大小应与底物匹配。Noyori 等人[38]对一系列具有较大体积且存在对称结构的手性配体进行了研究，结果表明具有 $C_2$ 对称轴的配体其手性识别能力强，在提高反应不对称选择性方面具有很大潜力。

受到均相催化剂配体设计的启发，本书著者团队[7]提出以具有二维有序刚性层板的 LDHs 作为配体大取代基，利用了 LDHs 二维层板的空间/电子协同效应促进不对称选择性的新思路（图 4-4）。LDHs 显示了如下结构优势：首先，LDHs 具有二维有序的刚性层板，可使活性中心周围空间环境存在稳定的差异；其次，层间客体与主体层板之间弱相互作用的能量差与两种对映异构体过渡态之间的能量差相近，进而影响到对映体选择性。

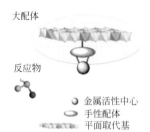

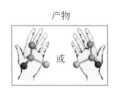

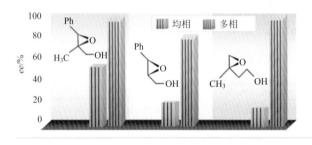

图4-4
二维纳米片作为刚性取代基提高钒催化的不对称烯丙醇环氧化反应$ee$值[7]

小分子氨基酸除了作为手性活性中心催化不对称反应[39]，还可作为金属配合物中的手性配体协同金属阳离子高效催化不对称反应。本书著者团队[7]提出以 LDHs 作为金属配合物中 L- 氨基酸配体的大取代基，首先将 L- 氨基酸（L- 谷氨酸、L- 丙氨酸及 L- 丝氨酸）以一定的排布方式引入 LDHs 层间，作为金属钒中心的配体与钒原位配位，提高钒催化的不对称烯丙醇环氧化反应的不对称选择性。结果显示，在 L- 谷氨酸插层 LDHs 原位配位钒体系催化的 2- 甲基 -3- 苯基 -烯丙醇不对称烯丙醇环氧化反应中，顺式产物的 $ee$ 值由均相反应的 16% 提高到68%，反式产物的 $ee$ 值由 53% 提高到 90% 以上。对于 L- 丙氨酸及 L- 丝氨酸，不对称选择性也明显提高，反式产物的 $ee$ 值由 56% 和 58% 分别提高到了 94%和 95%，顺式产物由 8% 和 17% 分别提高到了 15% 和 64%。进一步将反应底物扩展到单取代 3- 苯基 - 烯丙醇和高级烯丙醇 3- 甲基 - 丁 -3- 烯 -1- 醇，也观察到了 $ee$ 值明显提高（图 4-4）。LDHs 插层结构氨基酸配体可直接以固 - 液分离方式通过简单过滤实现回收，三次重复使用后产率和主产物 $ee$ 值基本保持不变。在此基础上，该课题组研究了 LDHs 作为大取代基的不同 L- 氨基酸体系的多重主客体相互作用以及催化剂重复使用性与活性中心稳定性的关联[40]。

进一步将反应体系进行扩展，以 LDHs 为 L- 氨基酸大配体作为 Zn 中心配体催化不对称 Aldol 加成反应[41]。LDHs 修饰 L- 谷氨酸作为手性配体，硝基苯甲醛和环己酮的不对称 Aldol 反应反式产物的 $ee$ 值由均相催化体系的无选择性上升至 70%，实现了从无到有的突破。将扩展体系至 LDHs 修饰 L- 氨基酸直接作为催化中心催化不对称 Aldol 加成反应[41]，LDHs 修饰 L- 谷氨酸直接催化苯甲醛与环己酮的 Aldol 反应反式产物的 $ee$ 值由均相反应的 34% 提高到 71%。对于其他 L-

氨基酸催化中心，在转化率相近的情况下，ee 值明显提高。

在基于 LDHs 制备的超分子插层手性催化材料中，除了主客体静电作用，层板通过—OH 与客体阴离子形成氢键，层板与层间水分子、层间水分子之间，及其与客体阴离子也存在氢键作用。针对 LDHs 作为配体大取代基提高多相体系不对称选择性的本质原因，本书著者团队[41,42] 围绕空间效应和电子效应进行了计算研究，探讨了主体层板和多客体之间氢键作用提高不对称选择性的机理。针对 LDHs 修饰 L- 氨基酸为配体协同钒催化不对称烯丙醇环氧化反应体系[42]，研究发现，LDHs 修饰的 L- 氨基酸与钒配位后，除了氨基酸羧基氧与层板形成的两个氢键外，V＝O 也与层板形成了氢键（图 4-5）。该氢键的形成增强了层板改性氨基酸结构的刚性，使得反式产物（2R,3R）的过渡态更难以形成，从空间效应上解释了实验上观察到的 ee 值提高的现象。当底物以凹面的构型进攻时，层板与过渡态中氨基酸的氢键作用增强；而当底物以凸面的构型进攻时，该氢键作用并无明显变化。过渡态中底物氧与层板形成了一个新的氢键，前者形成的过渡态中，由于进攻位阻较小，导致该氢键作用明显强于后者形成的过渡态，从电子效应角度解释了实验上观察到的 ee 值提高的原因。在锌催化和氨基酸直接催化[41] 的不对称 Aldol 反应，从空间和电子角度深入研究了主客体多重氢键作用在 LDHs 层板作为配体的大取代基或直接作为大配体的多相催化体系中对不对称选择性提高的重要作用。

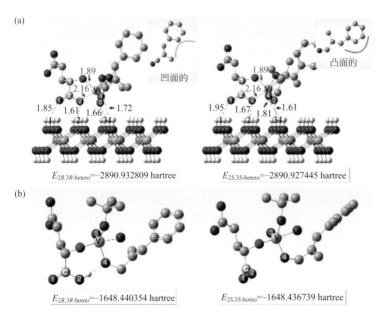

图4-5  以（a）LDHs修饰L−谷氨酸及（b）L−谷氨酸为配体的钒催化的不对称烯丙醇环氧化反应过渡态的能量和主要键长（● V ● Zn ● Al ● N ● C ● O ● H）[42]

hetero—多相；homo—均相；1hartree = 2625.5kJ/mol

此外，本书著者团队[7,41]研究发现金属活性中心的分布与 LDHs 层板作为氨基酸刚性取代基提高不对称选择性的程度密切相关。以 L- 谷氨酸作为 LDHs 大配体协同提高钒催化的不对称烯丙醇环氧化反应为例，当钒中心在 LDHs 层板中心位置与氨基酸进行配位时，顺式产物 ee 值由均相反应的 16% 提高到了 68%，反式产物的 ee 值由 53% 提高到了 90% 以上；而当钒中心在 LDHs 层板边缘位置与氨基酸进行配位时，反式产物的 ee 值仅为 80%，而顺式产物 ee 值由均相催化体系的 18% 降低到了 9%。理论计算表明，与位于层板中的金属活性中心相比，位于层板边缘的金属活性中心与氨基酸配位时，层板与氨基酸羧基氧形成的两个氢键作用被明显削弱，层板对底物进攻方向的限制减小，不论底物以凸面或凹面构型进攻对氨基酸及 V＝O 与层板形成的氢键作用均无明显破坏，导致多相化后反应产物 ee 值变化不大[8]。因此，为了发挥 LDHs 层板作为氨基酸刚性取代基提高不对称选择性的优势，应尽量避免位于 LDHs 边缘的活性中心与氨基酸进行配位。

2017 年，本书著者团队[43]将 α- 氨基酸阴离子插层的 LDHs 直接作为催化剂，应用于 α,β- 不饱和醛的不对称环氧化反应中，获得了 72% 的环氧化合物产率和产物主对映异构体 93% 的不对称选择性。LDHs 层板作为 α- 氨基酸阴离子的刚性取代基提供大位阻，提高了反应的不对称选择性。进一步调变 α- 氨基酸阴离子的种类，研究发现 α- 氨基酸阴离子在 LDHs 层间形成的疏水微环境和其排列的有序度影响反应的活性和不对称选择性。层间微环境疏水性越强，反应的产率越高；α- 氨基酸阴离子在 LDHs 层间排列有序度越高，反应的不对称选择性越高。

生物酶分子也是重要的手性催化剂之一，其可以高效催化不对称 C—C 键的形成；然而，游离酶存在对环境敏感、难以回收的缺点，需要对其进行固定化。研究者探索了利用 LDHs 与酶的界面静电识别作用实现酶分子的固定化。本书著者团队[44]通过预撑法制备了青霉素酰化酶插层 LDHs，所得固定化酶热稳定性得到提高；进一步通过剥离乳酸插层镁铝 LDHs 得到的纳米片与酶分子进行组装，控制了猪胰脂肪酶（PPL）在层间的取向，提高了 PPL 在三乙酸甘油酯水解反应中的催化活性[45,46]；PPL 以活性中心面向层板水平取向时，反应活性为游离酶的 445%。在 α- 苯乙胺动力学拆分反应中，其对映体选择性为 54.5%，高于游离酶催化的 40.9%。作者进一步将酶扩展至血红蛋白（Hb）和牛血清蛋白（BSA），研究了三种不同形状和表面性质的酶分子与 LDHs 的界面组装规律。

## （二）插层结构酸碱催化材料

碱催化反应广泛应用于工业生产中，如异构化、齐聚、烷基化、缩合、加成、加氢、环化、氧化等。传统的液碱催化剂［如 NaOH，Ba(OH)₂ 等］具有较高的转化率，但其选择性较差，设备腐蚀严重，无法进行回收利用，而且会对环境造成很大污染，所以均相催化体系多相化已成为近年来催化研究领域的重要发展趋势，开发具有高效催化活性、可循环使用的固体碱催化剂成为多相催化研究领域的热点之一[47]。固体碱代替均相液碱在化学工业中有几个突出的优点：催化剂易于分离、易于再生、降低对反应设备的腐蚀、减小环境污染。

LDHs 由于主体层板具有丰富的表面羟基，可作为固体碱催化剂催化多种有机反应。LDHs 材料具有层板金属元素呈原子级分散、层板组成比例可调、插层阴离子可交换、限域效应以及结构记忆效应等特点，在一定温度下（300 ~ 600℃）对其进行焙烧处理可转化均匀分散的复合金属氧化物（MMO），具有较大的比表面积和丰富的 Lewis 碱性位点。基于 LDHs 的记忆效应对 MMO 进行无 $CO_2$ 条件下的水合复原，MMO 可重新转化为 LDHs 结构，且其层间引入大量 $OH^-$ 阴离子，可提供丰富 Brønsted 碱性位点。LDHs 材料及其焙烧产物中均存在较强的碱性位[48]，因此可作为固体碱催化剂催化如羟醛缩合反应[49]、烯烃环氧化反应[50] 等，且其碱催化活性与主体层板金属离子及插层阴离子（如 $OH^-$）种类和分布有密切关联[51]。

本书著者团队[51] 基于 LDHs 材料特有的结构记忆效应，对 LDHs 固体碱催化剂的碱性位结构（种类、强度、数量、电子结构）进行了精细调控。以 CaAl-LDH 为前体，经高温焙烧转化为复合金属氧化物（CaAl-MMO）；再经过水合处理进行结构复原，层间引入 $OH^-$，得到 LDHs 固体碱催化剂（re-CaAl-LDH）。性能评价结果显示：与传统 MgAl-LDH 固体碱催化剂（re-MgAl-LDH）相比，re-Ca₄Al-LDH 固体碱催化剂对于甲醛与异丁醛的羟醛缩合反应制备羟基新戊醛显示出显著增强的催化活性 [ 产率为 61.5%，初始生成速率为 53mmol/(g·h)]，明显优于传统固体碱催化剂，且在循环使用 6 次后催化性能没有明显下降。对弱碱性结构与催化性能之间进行关联及 DFT 理论计算，发现这种弱 Brønsted 碱性位点作为活性中心可促进产物羟基新戊醛的脱附，抑制了深度缩合副反应，从而显著提高了产物的选择性（图 4-6）。

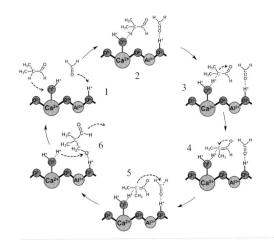

图4-6
异丁醛与甲醛在re-CaAl-LDH催化剂上的醛醇缩合反应机理示意图[51]

近年来的研究表明通过引入不同离子半径的金属阳离子进入 LDHs 主体晶格中所产生的几何效应对活性中心的微观结构起着至关重要的调节作用。一些金属作为结构助剂在氧化还原、加氢和缩合反应中已经被广泛应用。为了实现更高的催化性能，本书著者团队[52,53] 基于 re-Ca$_4$Al-LDH 固体碱催化剂体系，通过一锅法引入助剂 Mn、Ga、In，经高温焙烧转化为复合金属氧化物（CaMAl-MMO）；经过再水合结构复原过程，制备得到助剂修饰的 LDHs 固体碱催化剂（re-Ca$_4$Al$_{1-x}$M$_x$-LDH）。与 re-Ca$_4$Al-LDH 相比，Mn、Ga 掺入的样品对甲醛与异丁醛羟醛缩合制备羟基新戊醛反应表现出显著提高的催化性能，接近液体碱催化剂的水平。研究表明掺杂元素的引入导致的几何效应引起主体层板的晶格扩张，使层板中 Ca$^{2+}$ 暴露更多空 s 轨道，增强了 Ca$^{2+}$ 与 OH$^-$ 的 7 配位结构中 Ca—O 之间的配位键合作用，从而造成 Ca$^{2+}$ 的平均电子密度增加而 OH$^-$ 的氧物种电子密度降低；通过 XPS 和 DFT 计算证明了掺入 Ga 和 In 后催化剂的碱性强度没有发生变化，说明元素的掺入只改变了碱性位点数量而对碱性位点强度没有明显影响。

Medina 等人[49] 的研究表明，LDO 的再水合过程直接影响重构 LDHs 表面羟基活化位点的数目和强度，进而影响羟醛缩合反应中的催化活性。本书著者团队[54] 对比研究了尿素法和共沉淀法制备的两种 LDHs 前驱体经焙烧 - 复原得到的层状催化材料结构及其在丙酮羟醛缩合反应中的催化性能。研究发现，尿素法制备的 LDHs 经焙烧复原后保持了良好的晶格结构，LDHs 表面的 OH$^-$ 呈现有序排列，提高了催化活性。进一步扩展反应至脂肪酸甲酯转化为单乙醇酰胺的反应中，产率高达 87%。此外，Winter 等人[55] 报道了碳纳米纤维表面原位生长的 Mg/Al-LDH 多级结构，经焙烧 - 复原活化后，碳纳米纤维表面存在大量可接近且高度分散的 OH$^-$，从而显著提高催化效率；与非负载型粉体 Mg/Al-LDH 相比，其催化活性提高了近 4 倍。

本书著者团队[56] 制备了 Zn$_3$Al-Zn$_5$WO、Zn$_3$Al-Zn$_2$Mn$_3$WO 和 Zn$_3$Al-Zn$_2$Fe$_3$WO 催化剂，将其用于芳香醛的肟化反应，LDHs 层板上的羟基可以和多酸的端基氧原子发生氢键相互作用，限制了多酸表面的质子流动，减少了催化剂的酸性，从而提升了选择性。尽管催化活性略有降低，但 POM/LDH 具有单独多酸催化剂不具备的优势[57]。醛酮和三甲基氰硅烷（TMSCN）发生的缩合反应简称为硅氰化反应，其反应产物是重要的有机中间体[58]。本书著者团队[59] 使用剥离组装法制备了 Mg$_3$Al-LnW$_{10}$（Ln=Eu、Tb、Dy），同时具有酸性位和碱性位；利用催化剂的酸碱协同效应，将其应用于催化不同醛酮的硅氰化反应中，在无溶剂温和的反应条件下，显示出优异的催化活性。其中，苯甲醛和正己醛的每个活性中心上被转化的分子数（TON 值）分别可达 119950 和 19906；Mg$_3$Al-EuW$_{10}$ 经 10 次催化循环，其催化活性没有明显降低。通过将多酸 H-PW$_{12}$ 与剥离 LDHs 纳米片相混合[60]，得到了 POM/LDH 纳米复合材料 Mg$_3$Al-PW$_{12}$，将其作为多相催化剂用于不同醛酮与亚甲基化合物的 Knoevenagel 反应，在 60℃混合溶剂 [V（异丙

醇 )：$V($ 水 $)=2:1]$ 的条件下，显示出优异的催化活性，其中苯甲醛的 TON 值可达 47980。

## 三、主客体协同催化材料

LDHs 主体层板作为固体碱可协同层间客体活性中心高效催化羟醛缩合反应[49]、C—H 键活化反应[9] 等反应，利用主客体协同效应大幅提高反应性能。Choudary 课题组[61] 将纳米钯离子引入 LDHs 层间，作为氯苯 Heck-、Suzuki-、Sonogashira- 和 Stille- 型耦合反应的催化剂，研究发现 LDHs 层板作为固体碱表现出一定的协同作用。Kaneda 等人[62] 首次报道了 $Ru^{4+}$ 掺杂的 LDHs 催化伯醇与腈类化合物的 $\alpha$- 烷基化反应的多相催化反应，获得了高达 98% 的 $\alpha$- 乙基苯乙腈产率。反应无需外加液体碱，LDHs 层板作为固体碱可提供反应所需的碱性位点。本书著者团队[49] 发现 LDHs 层板碱性可以协助层间脯氨酸离子活性中心催化不对称 Aldol 反应，并提出了相应的 LDHs 协同的不对称催化机理。

在 LDHs 层板的类取代基作用提高反应不对称选择性工作基础上，本书著者团队[9] 提出利用 LDHs 的空间协同（大配体效应）及功能协同（层板碱性）同时提高活性和区域选择性，在 LDHs 层板改性氨基酸作为 Rh 中心配体催化 C—H 键活化反应体系中，LDHs 层板除了提供大的位阻提高不对称选择性（>20:1），同时提供碱性位点提高反应活性（>99% )（图 4-7）。研究发现，不加碱的条件下，

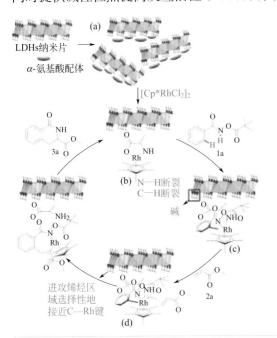

图4-7
LDHs层板改性氨基酸作为Rh中心配体催化C—H键活化反应的多相催化机理[9]

LDHs 作为固体碱，能够提供反应所需的碱性位，且获得了比液体碱更高的活性。进一步，通过调变 LDHs 层板二价金属种类（$M^{2+} = Zn^{2+}$，$Mg^{2+}$，$Ni^{2+}$）可有效调控层板碱性，反应的转化率随着 LDHs 碱性的增强而提升。进一步提出了 LDHs 层板几何协同及碱性位点协同提高活性和区域选择性的多相催化机理。此研究工作通过简单的途径达到了生物复杂体系优异的催化效果[63]，得到了同时提高的活性（>99%）和区域选择性（>20∶1）；尽管没有得到不对称选择性，但是利用 LDHs 的空间协同及功能协同强化不对称选择性的新思路，值得进一步深入研究。

# 第三节
# 基于层状前体法的复合金属氧化物/硫化物催化材料

基于 LDHs 的晶格定位作用可将具有催化活性的金属元素引入层板，制备活性组分高度分散的二元或多元 LDHs 前体，基于 LDHs 前体拓扑转变过程可以获得多种复合金属氧化物及金属硫化物纳米功能材料。上述以层状 LDHs 为前体制备纳米功能材料的方法被称为层状前体法，不仅能够继承 LDHs 前体的结构和形貌特征，具有较高比表面积（$100 \sim 300m^2/g$）、丰富孔道结构、表/界面组成和结构可调的特点，还能够保证各组分良好的分散性和热稳定性。采用 LDHs 前体法，通过控制前体的组成、结构、形貌、焙烧处理条件等制备系列高性能的碱土金属复合氧化物、过渡金属复合氧化物、复合金属硫化物，在光、电、热催化等诸多领域显示了优异的催化性能。

## 一、碱土金属复合氧化物

碱土金属是指元素周期表中ⅡA族元素，包括铍（Be）、镁（Mg）、钙（Ca）、锶（Sr）、钡（Ba）、镭（Ra）等六种元素，碱土金属容易失去外层电子形成二价金属阳离子，可以与一定比例的三价金属阳离子组成 LDHs。碱土金属的复合金属氧化物是一类重要的固体碱催化剂，在非均相催化反应中占据重要地位。

Xiao[64] 以 MgAl-LDH 为前体制备了不同 Mg/Al 比的 MgAl 复合金属氧化物固体碱催化剂，并研究了其在催化异丙醇氢转移还原肉桂醛制备肉桂醇反应中的性能。研究表明，改变前体的焙烧温度可实现对表面碱性位浓度的调控。表面的弱碱性位点源于表面 $OH^-$，中强碱性位点源于 $Mg^{2+}$—$O^{2-}$ 与 $Al^{3+}$—$O^{2-}$ 键合对上的氧，二者分别活化异丙醇和肉桂醛，利于 Meerwein-Ponndorf-Verley 反应中六元环中间产物的生成，从而促进肉桂醛向环化产物的转化。

Wang 等人[65]通过无溶剂固相反应制备 MgAl-LDH 前体，经焙烧处理得到 MgAl 复合氧化物催化剂，用于催化碳酸二甲酯制碳酸二乙酯反应。在 85℃、乙醇/碳酸二甲酯投料比为 0.8∶1、空速 2.4h$^{-1}$ 的条件下，Mg/Al 比为 2∶1 的复合金属氧化物催化剂对乙醇的转化率高达 68.97%，稳定性良好，使用 1800h 后活性无明显下降。催化剂上醇的转化率随着中强碱性位和弱酸性位的增加而升高。作者研究了催化机理（图 4-8），将优异的催化性能归因于表面丰富的中强碱性位点和弱酸性位点。

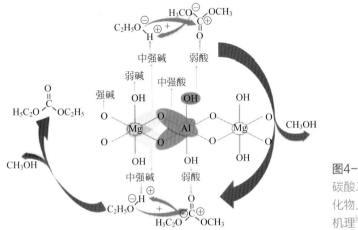

图4-8
碳酸二甲酯在Mg-Al复合氧化物上转化生成碳酸二乙酯的机理[65]

Oleg 等人[66]以 MgAl-LDH 为前体制备 MgAl 复合金属氧化物催化剂，并系统研究催化剂的化学组成和结构对糠醛及丙酮的缩合反应性能的影响。结果表明，催化剂中的 Al 组分影响催化剂的粒径大小及形貌，且催化剂中碱性位的浓度和强度及催化性能均受 Mg/Al 比的影响。研究发现催化剂的活性主要与碱性位的浓度有关，尤其是强碱性位的浓度；同时酸性位点通过影响反应脱水性能而影响反应产物的组成和分布。除了 LDHs 前体中层板元素组成和比例，焙烧处理条件对催化剂表面的酸碱性有重要的影响，从而决定催化性能。Gomes 等人[67]以 MgAl-LDH 为前体制备了 MgAl 复合金属氧化物催化剂，将其用于酯交换反应制备生物柴油。作者比较了不同焙烧处理条件下得到的催化剂反应前后的形貌，发现反应后 507℃焙烧样品比 700℃焙烧样品粒径增加更为显著；同时还发现 507℃焙烧样品在反应中存在明显的 Na 熔出，XRD 表明残留的 Na 在焙烧处理后形成具有催化活性的 NaAlO$_2$。

通过对碱土金属复合氧化物进行表面修饰可以进一步调变所得固体碱催化剂的催化性能。Lercher 等人[68]以不同 Mg/Al 比的 MgAl-LDH 为前体，通过高温焙烧处理和 NH₄F 水溶液处理得到系列氟修饰的 MgAl 复合金属氧化物。研究表明，经过氟修饰处理后，复合金属氧化物表面部分氧原子和羟基被 F⁻ 取代，Lewis 酸性位点浓度增加，显著提升了异丙醇分子的脱氢效率。推测氟的修饰改性能够在不改变催化剂总碱性强度的条件下提升催化剂从极性分子中提取质子的能力。

碱土金属复合氧化物在生物质资源的转化和利用领域具有重要的应用价值。Bell 等人[69] 研究了 MgAl 复合氧化物催化剂在 C₃ ～ C₅ 生物质衍生酮类化合物的气相自缩合反应中的性能。XRD 和热分析结果表明方镁石结构的 MgO 在 623K 时开始形成，同时伴随着 LDHs 层板结构的彻底消失及层板羟基间的缩合，最终形成结晶度完好的方镁石结构 MgO；在逐步升温的过程中，Al³⁺ 从 LDHs 前体的八面体结构转移到 MgO 的四面体或八面体结构中，并形成大量的晶格缺陷用以补偿 Al³⁺ 带来的过量正电荷；与 Mg²⁺/Al³⁺ 缺陷位相邻的氧原子处于配位不饱和状态，形成了新的碱性位点。研究表明，催化剂表面的酸性中心可以有效促进反应过程中甲基酮的环化，通过调节 LDHs 前体的焙烧温度可实现对催化剂织构和表面酸碱中心的调控，从而对无环二聚烯酮和环烯酮三聚体的选择性进行调变。

Labbé 等人[70] 以 MgAl-LDH 和 ZnAl-LDH 为前体，经焙烧处理后得一系列表面碱性不同的 MgAl 和 ZnAl 复合金属氧化物，用于松木快速催化热解反应。研究发现，MgAl 复合金属氧化物具有比 ZnAl 更高的比表面积和丰富的表面碱性位点，使得热解产物中酸和脱氧芳香烃（如甲苯和二甲苯）的含量显著降低。该课题组[71] 进一步研究了复合金属氧化物在纤维素脱氧反应中的性能，LDHs 前体法制备的复合金属氧化物能够将纤维素高选择性热解成呋喃化合物，且通过调变催化剂的金属组成比例便可实现对纤维素催化热解产物分布的调控。

## 二、过渡金属复合氧化物

过渡金属复合氧化物具有独特的理化性质而被人们广泛关注，在化学、材料、物理等诸多领域有着广泛应用。与过渡金属复合氧化物块材相比，具有纳米结构的过渡金属复合氧化物在光、电、磁、催化等方面有特殊性质。基于 LDHs 结构和组成的可调变性将具有催化活性的过渡金属引入到 LDHs 层板，以含有过渡金属的 LDHs 为前体经焙烧和结构拓扑转变，可制备不同尺寸、组成、晶体结构、缺陷能级空位、电子价态及表面性质的过渡金属复合氧化物催化剂。开展催化剂的构效关系研究，是过渡金属复合氧化物催化材料以性能为导向进行催化剂设计和性能强化的重要途径。

### 1. 过渡金属复合氧化物基加氢/脱氢催化材料

本书著者团队[72]采用 HRTEM 并结合 SAED、27Al MAS NMR 和 TG-DTA 等手段监测 ZnAl-LDH 前体在焙烧过程中 ZnO 晶粒的成核和定向生长、$ZnAl_2O_4$ 的形成，以及所得复合金属氧化物纳米材料的结构、组成和形态演变规律，分析 LDHs 前体向复合金属氧化物转变的机理（图 4-9），为 LDHs 前体法制备过渡金属复合氧化物纳米催化材料提供了实验依据。

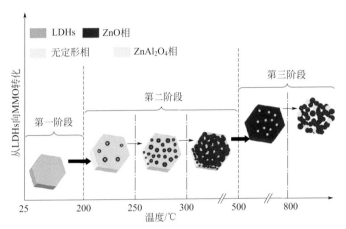

图4-9　不同温度下ZnAl-LDH前体向ZnO基复合金属氧化物转变的机制[72]

由于 Ni、Cu、Fe、Co 等过渡金属元素丰富的价态和优异的催化活性，常被引入 LDHs 层板用于制备过渡金属复合氧化物催化剂并应用于诸多催化反应体系。Wood 等人[73]以 NiAl-LDH 为前体制备了富镍的高分散过渡金属复合氧化物（Ni-MMO），系统研究了其在重油升级反应去除重油中所含有毒有害组分，并提升重油的品质和价值。作者分别从固、液、气相质量平衡、液体黏度降低、脱硫和真沸点分布等方面评价了催化热解后的重油升级程度。研究发现不同的焙烧后处理条件对催化剂的性能有很大影响，在 $N_2$ 气氛下处理得到的 Ni-MMO（$N_2$）表现出优先吸附沥青质和聚芳族化合物的特性，易于生成聚芳族混合氧化物-焦前驱体；在 $H_2$ 还原气氛下处理得到的 Ni-MMO（$H_2$），其加氢活性更为优异。

本书著者团队[74]以 ZnCo-LDH 为前体制备了具有 $Co_3O_4/ZnO$ 异质结构的复合氧化物，在对甲基苯甲醇和甲氧基苯胺的脱氢偶联反应中表现出优异的催化活性，产率高达 99%。如图 4-10 所示，优异的催化性能主要归因于催化剂中充分暴露的 $Co_3O_4$ 的活性（112）晶面及 $Co_3O_4/ZnO$ 界面结构。作者发现 $Co_3O_4/ZnO$ 异质结构中 ZnO 的存在能够促进催化剂中的电子转移，$Co_3O_4/ZnO$ 界面处的 Zn

能够进入到 $Co_3O_4$ 的四面体中影响 Co 物种的氧化态，降低醇类物质脱氢反应的能垒，从而提升了脱氢耦合反应的催化活性。

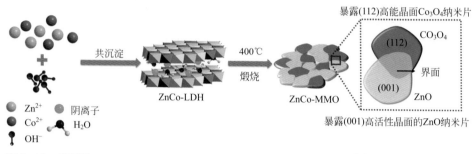

**图4-10** 高活性 $Co_3O_4$/ZnO 异质结构复合氧化物催化剂制备示意图[74]

将多种过渡金属元素引入到 LDHs 的层板制备多元 LDHs 前体，通过焙烧处理得到多元过渡金属复合氧化物催化剂是提升其催化性能、拓展应用范围的有效手段。Han 等人[75]以 NiMgFe-LDH 为前体制备三元 $NiMgFeO_x$ 固体碱催化剂，并将其应用于由木质素磺酸盐一步制备酚类的反应。研究表明，$NiMgFeO_x$ 固体碱适中的碱度及铁氧化物的存在使其在木质素磺酸盐解聚反应中表现出优异的催化性能，液体产率高达 75.82%，固体残渣仅为 19.71%，液体产物中酚类物质的产率为 59.68%。催化剂可通过控制燃烧固体残渣而再生，且再生后的催化剂具有优异的活性和稳定性。

本书著者团队[76]在可控制备三元 CuZnAl-LDH 的基础上，通过 Fe、Mn 的部分取代制备了 CuZnFeAl-LDH 和 CuZnMnFeAl-LDH 四元前体，经焙烧处理得到四元过渡金属复合氧化物。研究表明，通过 Fe 离子部分取代 Al 离子和 Mn 离子部分取代 Zn 离子的方式，可逐步改善 $Cu^{2+}$ 活性中心的氧化还原性能。Fe、Mn 的取代能够提升苯酚的转化效率，且调控过渡金属的引入量可调控所得催化剂深度氧化的能力。Crivello 等人[77]以四元 MgAlZnFe-LDH 为前体制备了系列 MgAlZnFe 过渡金属复合氧化物，系统研究了其在乙苯脱氢制苯乙烯反应中的催化性能。研究表明，催化剂中 Fe 物种以氧化铁和尖晶石形式存在，Zn 物种以氧化锌或尖晶石形式存在；随着 Zn 含量的增加，ZnO 相逐渐增加，所得催化剂的比表面积呈现下降趋势。MgAlZnFe 过渡金属复合氧化物高的比表面积、高度分散的氧化物相和尖晶石相，以及适宜的磁性是其在乙苯脱氢制苯乙烯反应中表现出优异活性和稳定性的主要原因。

单一的金属活性中心已不能满足特殊催化领域及某些催化反应的需求，将过渡金属元素和碱土金属元素同步引入到 LDHs 层板，并以此为前体制备富含多活性中心的过渡金属复合氧化物催化剂是提升催化剂性能的有效手段。侯震山等人[78]以 CoCaAl-LDH 为前体，通过改变前体中 Co/Ca 的比例实现对所得 Co-Ca-Al 复合金属氧化物催化剂的表面电子结构和碱性的有效调控，并研究其在甘油氢解反应中的性能。研究表明，Co（Ⅱ）和 Ca（Ⅱ）氧化物之间的强相互作用不仅赋予了催化剂更多缺电子的 Co（Ⅱ）位点，还形成了大量中等强度的碱性位点。其中 $Co_2$-$Ca_4$-$Al_3$ 催化剂表现出最佳的催化活性和 1,2- 丙二醇的选择性，且焙烧过程中形成的碳酸钙相覆盖在 $CaO$-$CoAl_2O_4$ 复合金属氧化物表面，起到防止中等碱位点和金属活性物种浸出的作用。

## 2. 过渡金属复合氧化物基环境催化材料

LDHs 前体法构筑的过渡金属复合氧化物催化剂在 $NO_x$、$SO_x$、$H_2S$，以及挥发性有机物的去除方面也表现出优异的催化性能。Henriques 等人[79]通过 LDHs 前体法制备得到了含有 Mn、Mg、Al 的尖晶石型过渡金属复合氧化物，研究了其在流化床催化裂化装置中的脱硫性能。研究表明，Mn 的引入可显著增强催化剂的脱硫性能，催化剂中 Al 含量的高低对 $SO_x$ 的吸收影响较小，且随着 Al 含量的增加催化剂的再生时间延长。作者还研究了 CO 和 NO 存在条件下催化剂对 $SO_x$ 的吸收和释放行为，发现 CO 和 NO 的存在不会对 $SO_x$ 的去除造成显著影响。在 $H_2S$ 气体的处理方面，郝正平等人[80]以 LDHs 前体法制备了表面碱性可调的 MgAlV 过渡金属复合氧化物，并研究了其在 $H_2S$ 选择性氧化中的催化性能和氧化机理。研究表明，V 物种在变形的 $[VO_4]^{3-}$、$Mg_3V_2O_8$ 以及 $VO_2^+$ 中主要以孤立的 $V^{5+}$ 的形式存在，V 物种良好的分散性、适宜的中等强度碱性环境使得催化剂能够在相对较低的反应温度（100～200℃）范围内表现出较高的催化活性。催化机理研究表明，$H_2S$ 首先吸附在具有中等强度碱性的 MgO 的 Mg-O-Mg 位点形成 $S^{2-}$ 和 $H_2O$，随后 $S^{2-}$ 被 $V^{5+}$ 氧化成 $S_n$ 并形成氧空位和 $V^{4+}$，最后 $V^{4+}$ 被 $O_2$ 氧化成 $V^{5+}$，$O^{2-}$ 进入氧空位中完成催化循环。

在一些过渡金属复合氧化物中掺杂稀土金属元素能够增强催化剂的催化活性。Li 等人[81]以 CuCeAl-LDH 为前体制备了系列 CuCeAl 过渡金属复合氧化物催化剂，并利用原位红外表征技术对催化剂表面催化 CO 还原 NO 的反应过程进行了研究。结果表明，少量 Ce 的引入（Cu/Ce=15∶1）能够降低 CO 选择性还原 NO 的反应温度，达到提升催化反应活性与选择性的目的。其中 Al/Ce 比为 4 的 LDHs 前体得到的 $Cu_2Ce_{0.2}Al_{0.8}$ 催化剂表现出最佳的催化活性，可归因于 Ce 的引入显著提高了催化剂的氧化还原能力。

在挥发性有机物的处理方面过渡金属复合氧化物同样具有优异的催化性能。郝正平等人[82]以 LDHs 前体法制备得到 CuMgAl 复合氧化物，用于低 NO 浓度下正丁胺的氧化降解反应。研究表明，催化剂中 Cu 含量显著影响催化性能，其

中 $Cu_{0.4}Mg_{2.6}AlO$ 表现出最佳的催化活性，350℃条件下正丁胺的转化率为 100%，产物 $N_2$ 的选择性高达 83%。催化机理研究表明，正丁胺以 C—N 键断裂的方式吸附在表面酸性位点，转变为 $C_4H_9^*$ 和 $NH_2^*$ 物种，随后吸附的 $NH_2^*$ 物种转变为含氮无机物，表面弱酸性位点有利于吸附和活化 $NH_2$ 物种，Cu-O-Cu 活性位点促进吸附的 $NH_2$ 物种向 $N_2$ 的转化。该课题组[83]进一步制备了 $Mn_xAlO$ 复合氧化物，深入研究了表面氧性质对丙酮催化氧化反应性能的影响，并利用原位表征手段捕捉关键反应中间物种，并结合密度泛函理论计算探究丙酮催化氧化的反应过程和决速步骤。

对于光催化而言，催化剂的比表面积、粒径大小、表/界面结构和电子迁移率对其光催化性能有着重要的影响。基于 LDHs 层状前体法制备的过渡金属复合氧化物光催化材料因具有较高的电化学活性面积、充分暴露的活性位点、充分接触的表/界面结构、丰富的孔道结构等特点，显示了优异的光催化性能。Ananthakrishnan 等人[84]基于层状前体法合成 CuMgAl 复合氧化物，通过 Ce 的引入制备了具有光催化活性的复合金属氧化物光催化剂。研究表明，光催化剂比表面积达到 $138m^2/g$，Ce 掺杂不仅能够降低光生电子和空穴的结合能，同时 $Ce^{4+}/Ce^{3+}$ 的氧化还原能够产生活性羟基自由基，利于光催化反应的进行。因此，Ce 掺杂样品在可见光和紫外线下的光降解速率显著提升，分别是未掺杂样品的 3.7 倍和 5 倍。此外，La、In 等元素的修饰改性也是提升过渡金属氧化物光催化材料性能的有效手段。Tzompantzi 等人[85]基于层状前体法合成 ZnAlLa 复合氧化物，La 含量低的样品 $E_g$ 波数向低吸收能方向偏移，而 La 含量高的样品的 $E_g$ 波数向高吸收能方向偏移。所得催化剂用于低强度紫外-可见光（254nm，$4400\mu W/cm^2$）条件下苯酚的光降解反应，与未掺杂 La 样品相比，ZnAlLa 复合氧化物催化酚的矿化可高达 66% ～ 88%。

本书著者团队[86]以无定形氧化铝为 Al 源和硬模板，在其表面原位生长 ZnAl-LDH，通过控制焙烧处理条件得到了具有六方片状结构、且优先暴露高活性（0001）晶面的 ZnO 基复合材料（图 4-11），该催化剂的能带宽度仅为 2.9eV。复合材料的能带宽度、高活性的（0001）晶面结构特性使得其对罗丹明 B 的降解能力得到显著提升。本书著者团队[87]以球形无定形氧化铝为模板和 Al 源，在其表面原位生长二维的 CoZnAl-LDH 前体，通过焙烧和结构拓扑转变制备得到了具有花状核壳结构的 $Al_2O_3@CoZnAl-MMO$ 催化材料，在无溶剂条件下，以叔丁基过氧化氢为氧源，以乙苯的选择性氧化为模型反应研究其催化性能。由于其独特的花状核壳结构特性及前体中 Zn 组分的存在使得 Co 活性组分得以高度均匀分散，所得催化剂与传统浸渍法制备的负载型 Co 基催化剂相比具有更高的催化活性和选择性。

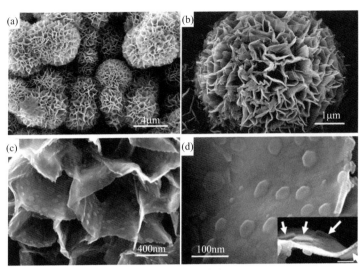

**图4-11** 花状ZnAl-MMO的SEM图片[86]

### 3. 结构化过渡金属复合氧化物催化材料

近年来研究结果表明结构化的薄膜催化剂与粉体催化剂相比，无论在性能还是在实际应用中均具有独特优势。本书著者团队[88]采用生物模板法利用低温原子层沉积工艺在豆荚的表面上制备均匀的 $Al_2O_3$ 层，通过原位生长技术在其表面生长 ZnAl-LDH 薄膜，经焙烧处理得到具有仿生多级结构的锌铝复合金属氧化物光催化材料，对罗丹明 B 的降解反应显示出较高的催化活性。研究表明，采用生物模板法制备的仿生多级结构的锌铝复合金属氧化物催化剂，具有多级纳微孔道结构、大比表面积，有利于反应物和产物的扩散及传质，因此表现出较高的催化性能。

本书著者团队[89]采用原位生长法在阳极氧化铝表面合成了一种具有表面交联和垂直排列的 CoNiAl-LDH 前体，通过焙烧还原得到三元 CoNiAl 复合金属氧化物薄膜材料。研究表明，活性 Ni 和 Co 物种高度分散，且 LDHs 前体在焙烧和结构拓扑转变过程中形成了大量的氧空位和开放式的孔道结构。与粉体催化剂样品对比，该薄膜催化剂在苯甲醇氧化反应中表现出优异的催化性能，且具有较高的结构稳定性。陈运法等人[90]采用原位生长法在铝基体表面制备 CoMnAl-LDH 前体，经焙烧处理得到结构化的 CoMnAlO 薄膜催化剂，将其用于苯酚的降解反应。研究表明，结构化的薄膜催化剂 $CoMn_2AlO$ 具有垂直于基体生长的片状结构和开放式的孔道（图 4-12），活性位点充分暴露；该薄膜催化剂具有催化活性高、压降低的特点，更适合实际环境中挥发性气体的降解，在 3000000mL/(g·h) 空速（以催化剂质量计）下，催化剂表面苯酚的降解率高达 90%。

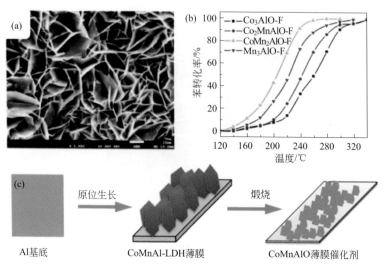

图4-12 （a）Mn$_x$Al-LDH扫描电镜图；（b）在CoMnAlO-F催化剂上反应温度曲线；（c）原位生长法制备薄膜催化剂的示意图[90]

## 三、基于层状前体法的复合金属硫化物

金属硫化物尤其是复合金属硫化物由于其优异的导电性、机械稳定性和热稳定性而备受关注。大多数金属硫化物具有二维层状结构，表现出类似于甚至优于石墨烯的特性，具有带隙可调的复合金属硫化物可作为光、电催化剂用于电催化析氢（HER）、电催化析氧（OER）、氧还原（ORR）等反应。但常规传统方法制备的金属硫化物往往存在着导电能力差、量子效率低、易发生光腐蚀等问题，严重影响其催化性能。基于层状前体法制备的复合金属硫化物在一定程度上克服了上述问题，因而备受研究者的关注。

针对传统 CdS 光催化剂量子效率低、易发生光腐蚀这一问题，Guo 等人[91]以硫酸十二酯插层的 CdAl-LDH 为前体，并以 H$_2$S 为硫源对前体进行硫化处理，得到高度分散在氧化铝基体的 CdS 纳米颗粒。通过调变前体中的 Cd/Al 比实现了对 CdS 粒径大小的调变。Al 组分的存在能够提高催化剂的稳定性，阻止 CdS 颗粒从基体中脱离，所得的催化剂在紫外线和可见光条件下表现出优异的罗丹明 B 降解能力。Morse 课题组[92] 以结构化硝酸根 LDHs 薄膜为前体，以 Na$_2$S 为硫源对薄膜前体进行硫化处理得到金属硫化物薄膜。硫化过程中，NO$_3^-$ 和 S$^{2-}$ 发生离子交换的同时伴随着晶体结构中 OH$^-$ 被 S$^{2-}$ 替代，最终形成相应金属硫化物薄膜。硫化处理过程中前体的形貌和结构得以保存，上述方法为 LDHs 前体法制备金属硫化物或硫化物固溶体开创了新思路。

本书著者团队[93]以 ZnCdAl-LDH 为前体，通过原位硫化的方法制备了系列均匀分布在无定形氧化铝基体中 $Zn_xCd_{1-x}S$ 固溶体纳米阵列结构材料。通过调变 ZnCdAl-LDH 前体中的 Zn/Cd 摩尔比调控了催化剂带隙，在可见光条件下实现对亚甲基蓝的高效降解。研究表明，光催化活性随着前体中 Zn 物质的量的下降而提高。进一步通过强碱溶蚀的方法选择性溶蚀体系中的无定形氧化铝，得到系列带隙可调、具有超疏水特性的介孔 $Zn_xCd_{1-x}S$ 固溶体光催化材料，其比表面积和孔容均有所增加，带隙进一步降低，在可见光下光催化降解亚甲基蓝的性能得到进一步提高。

近年来人们发现在金属硫化物的表面进行第二种元素的修饰改性能够提升所得材料的催化性能。王婷婷等人[94]以 CoAl-LDH 为前体，以 P 粉和 S 粉作为 P 源和 S 源，采用气相沉积法对前体进行同步磷化和硫化处理，得到 CoPS 纳米颗粒高度分散并锚定在无定形氧化铝基体上的 $CoPS/Al_2O_3$-$n$ 全解水电催化剂。研究表明，LDHs 前体法制备的催化剂及同步磷化和硫化处理能够抑制活性组分的团聚和失活，在 1mol/L 的 KOH 碱性电解液中的 HER 和 OER 反应的起始电位分别为 67mV 和 250mV。电流密度为 $10mA/cm^2$，二电极电池的电位仅为 1.75V，表现出优异的全分解水性能。$P^{2-}$ 和 $Co^{3+}$ 之间的强的供电子和接受电子配对能力，以及催化剂较高的电化学活性面积、丰富的多孔结构，是影响其催化性能的关键因素。

本书著者团队[95]以 CoFe-LDH 为前体，以 S 粉和 Se 粉为 S 源和 Se 源，采用高温气相法对前体同步进行 S 化和 Se 化处理得到 $Co_{0.75}Fe_{0.25}(S_{0.2}Se_{0.8})_2$，并研究了其 OER 性能。结果表明，S、Se 共修饰不仅能够获得更高的电化学活性面积，同时还能显著提升催化剂的导电能力，在 1mol/L 的 KOH 电解液中，当电流密度为 $10mA/cm^2$ 时催化剂的过电位为 293mV，对应的塔菲尔斜率为 77mV/dec。与对照样品 $Co_{0.75}Fe_{0.25}S_2$、$Co_{0.75}Fe_{0.25}Se_2$、$Co_{0.75}Fe_{0.25}(S_{0.2}Se_{0.8})_2$ 相比，目标催化剂的 OER 性能显著提升。

催化剂形貌和空间排布方式的改变同样会影响到催化剂的性能。Long 等人[96]以超薄 NiFe-LDH 纳米片为前体，采用硫化拓扑转变制备 β-FeNiS 纳米片催化剂，该催化剂在碱性电解液中体现了优异的 HER 活性和稳定性。进一步通过退火处理实现由 β-FeNiS 向 α-FeNiS 的转变，进一步提升了 HER 活性：$10mA/cm^2$ 时的催化剂表面的过电位仅为 105mV，且具有较小的塔菲尔斜率 40mV/dec。张军等人[97]采用水热法在泡沫镍（NF）表面原位生长 NiFe-LDH 纳米片，得到具有三维结构的 NiFe-LDH/NF 前体；随后以 2-巯基乙醇为硫源，以 $NaH_2PO_2 \cdot H_2O$ 为磷源，采用水热法对前体同步进行硫化和磷化处理得到具有三维多孔结构的 P-$(Ni，Fe)_3S_2$/NF 电催化剂。与 $(Ni，Fe)_3S_2$/NF 样品相比，P-$(Ni，Fe)_3S_2$/NF 电催化剂的 HER 性能显著提升，在 1mol/L KOH 电解液、电流密度为 $10mA/cm^2$ 时，催化剂表面的过电位为 196mV。曹菲菲等人 [98] 采用原位生长法在泡沫镍表面制备 NiFe-LDH 前体，并以 Na$_2$S 为硫源对 NiFe-LDH/NF 前体进行硫化处理得到具有三维结构特征的 Fe-Ni$_3$S$_2$/NF 电催化剂。研究表明，与 Ni$_3$S$_2$ 催化剂样品相比，Fe 的引入能够进一步提高催化剂的电化学活性面积，提升催化剂表面对水的吸附能力，优化 Ni$_3$S$_2$ 对氢的吸附能力，从而使得 Fe-Ni$_3$S$_2$/NF 表现出优异的 HER 性能。

# 第四节
# 基于层状前体法的负载型金属催化材料

## 一、负载型单原子催化材料

负载型金属催化剂具有活性中心利用率高、活性金属组分用量少、利于传质和便于连续操作等优点，是目前应用最为广泛的一类工业催化剂。对于负载型金属催化剂，其催化性能与活性组分在载体上的尺寸大小密切相关。为使负载型金属催化剂上每个金属原子的催化效果达到最佳，研究者不断降低活性金属颗粒的尺寸。以单个金属原子的形式分散并作为催化剂活性中心的负载型催化剂称为单原子催化剂，在这类催化剂中不存在相同原子之间的金属 - 金属键，相比于传统的纳米粒子或团簇，单原子催化剂有更高的原子利用率和催化效率。单原子催化剂兼具均相催化剂均匀、单一的活性中心和多相催化剂结构稳定、易分离的特点，是多相催化与均相催化相联系的重要纽带，因此近年来成为催化领域的前沿和热点 [99]。

以 LDHs 为前体，利用其结构特点和性质在制备负载型纳米颗粒催化剂方面已取得较多进展。进一步以 LDHs 二维层状材料作为催化剂前体或载体，在负载型团簇催化剂及单原子催化剂方面也表现出十分广阔的研究前景 [100]。LDHs 的二维主体层板具有限域作用，将含有能够引入 LDHs 层板的金属元素的活性位定义为内源性活性位，将含有不能引入 LDHs 层板的金属元素的活性位定义为外源性活性位，利用层板的限域作用制备内源性及外源性活性位高分散催化材料。

### 1. 贵金属单原子催化材料

Pt、Au、Rh 等贵金属催化剂广泛用于工业化催化反应。根据 LDHs 层板构筑规则，Pt、Au、Rh、Pd等贵金属元素由于形成的八面体晶胞变形度过大，难以直接进入LDHs层板[101]。因此可以通过层板的金属阳离子位点、阳离子空位以及碱性位点等对这类活性金属进行锚定，限制其迁移和聚集；同时根据晶格能最低效应和拓扑转变过程中脱羟基产生的粗糙表面对活性金属的限域作用，制备一系列稳定的单原子催化材料。这是使用外源法引入活性金属制备单原子催化材料的典型应用。

（1）Pt单原子催化剂　Pt基催化剂是应用最早的催化剂，在金属催化领域占据了重要地位。本书著者团队[102,103]将重整反应的助剂元素（如Sn、Zr、Ga等）引入MgAl-LDH或ZnAl-LDH层板内，利用LDHs层板的晶格定位效应使金属离子限域于晶格内，进而制备得到近似单原子分散的Pt重整催化剂。研究发现，限域于层板晶格、高分散的Sn促进了Pt的分散，高分散的Pt主要以单原子和小原子簇的形式存在。将该单原子Pt催化剂用于正庚烷重整反应中，发现Pt单原子及小原子簇可以抑制氢解和芳构，提高环化选择性。基于上述思路，该课题组进一步设计制备了$[Pt(NH_3)_4]^{2+}$/ZnAl-LDH催化剂前驱体，在还原性气氛中热处理，得到了负载量不同的Pt/Zn(Al)O单原子催化剂[104]，并用于烯烃反马氏氢胺化反应中。研究发现，Pt在较低的负载量时，主要以$Pt^{2+}$的形式存在，在负载量较高时同时以$Pt_1^0$和$Pt_1^{\delta+}$存在。随单原子Pt负载量增加，$Pt_1^0$的比例逐渐增加。通过调变Pt分散结构并关联其与氢胺化反应活性，确定了原子级分散的Pt（$Pt_1$）为活性中心；关联单原子Pt电子结构与氢胺化反应区域选择性，发现$Pt_1^{2+}$是催化马氏氢胺化的活性中心，而$Pt_1^0$和$Pt_1^{\delta+}$是催化反马氏氢胺化的活性中心，并且获得了高达331的TON值和92%的反马氏选择性。通过烯烃和胺的原位红外吸脱附以及胺的原位EPR实验，揭示了单原子$Pt_1^0$和$Pt_1^{\delta+}$协同催化反马氏氢胺化反应机理：单原子$Pt_1^0$活化N中心使之亲电，单原子$Pt_1^{\delta+}$活化C═C使$\beta$-C亲核，$\beta$-C进攻亲电的N中心从而发生C—N键加成反应（图4-13）。

Pt基催化剂是催化甘油转化为1,2-丙二醇的优良催化剂，然而Pt基催化剂对目标产物选择性较低；Cu基催化剂在该反应中选择性较高，但活性和稳定性较差。因此，若将Pt原子分布到Cu纳米颗粒表面，设计单原子合金（SAA）催化剂，可同时保证活性和选择性。利用LDHs层板晶格原位还原得到高分散Cu纳米颗粒并进一步负载微量Pt原子，本书著者团队[105]报道了一种Pt以单原子形式存在的PtCu单原子合金催化剂，以实现贵金属Pt的最大化利用并构建更多的Pt-Cu界面位点，消除连续的Pt-Pt位点，减弱C—C键断裂能力；结合PtCu单原子合金催化剂中单原子Pt对C—H键的断裂能力、加氢能力以及Cu对C—O键的断裂能力，该PtCu单原子合金催化剂显示出对甘油氢解制备1,2-丙二醇的高活性和选择性。原位实验研究和理论计算均证实Pt-Cu界面位点是本征活性中心：Pt单原子促进甘油分子中C—H键的活化吸附，而末端C—O键的解离吸附则发生在相邻的 Cu 原子上（图 4-14）。

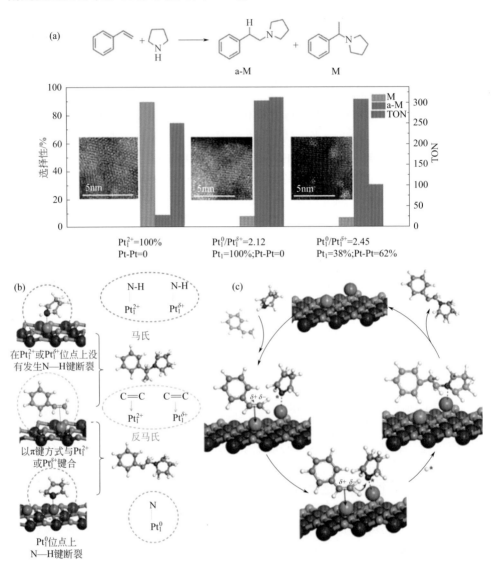

图4-13 （a）Pt/Zn(Al)O单原子催化剂HAADF-STEM照片与催化性能，（b）反应机理示意图及（c）反应路径示意图[104]

（2）Rh 单原子催化剂　Rh 金属也是应用十分广泛的活性金属之一，使用掺杂方法制备出的 Rh 单原子催化剂在肼氧化反应中表现出优异的催化性能。本书著者团队[106]采用共沉淀法，通过调节 LDHs 的晶化时间制备了一系列不同厚度的 NiFe-LDH，并合成了负载量不同的 Rh/NiFe-x（x 代表负载量）单原子催化剂。

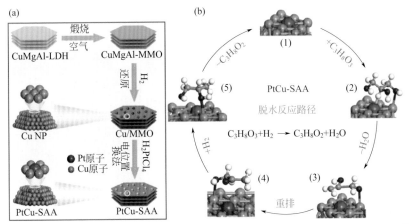

图4-14 （a）PtCu单原子合金合成方法示意图及（b）甘油氢解反应机理图[103]

催化剂结构表征显示 Rh 原子取代了部分 Fe 原子，掺杂在层板中与其他金属共面的位置。Rh 与 O 原子配位，其配位数为 5.91。当催化剂中 Rh 负载量（质量分数）为 5.4% 时催化性能最佳。此外，超薄 NiFe-LDH 因暴露出更多的活性位点，具有更优异的催化性能，该催化剂对肼电氧化反应降低了 80mV 的电位，并且在 1000 次循环中催化性能没有明显的下降，表现出了优异的稳定性。

（3）Ru 单原子催化剂　本书著者团队[107] 以 CoFe-LDH 作为载体，实现了稳定的 Ru 单原子催化剂制备，并将其用于电解水析氧反应（OER）。研究表明，CoFe-LDH 不仅作为催化剂活性组分的载体，LDHs 层板上碱性位点为负载的贵金属原子提供稳定的锚定位点，实现了 Ru 的单分散。该催化剂在 OER 反应中表现出了高活性和稳定性，24h 反应后仍保持 99% 的初始活性。XPS 结果表明，LDHs 层板表面的 Co 和 Fe 向 Ru 转移电子，使得 Ru 处于一种富集电子的状态（+1.6 价），与 XANES 表征结果相吻合。在电流密度 10mA/cm$^2$ 的条件下，Ru/CoFe-LDH 催化剂对 OER 反应的过电势为 198mV，Tafel 斜率仅为 39mV/dec，催化性能显著优于 CoFe-LDH 以及商用 RuO$_2$ 催化剂。

单原子催化剂的性能很大程度上受载体化学微环境的影响。本书著者团队[108] 使用共沉淀法合成了 Ru$_1$/mono-NiFe 单原子催化剂。研究发现，单个 Ru 原子通过与三个氧原子的配位，锚定在单层镍铁 LDHs 铁原子的顶部（图 4-15）。该催化剂对肼电氧化反应表现出了优异的催化活性，与没有负载单原子 Ru 的 NiFe-LDH 相比，其催化性能获得大幅提高。通过密度泛函理论计算，Ru 单原子可以稳定带有一个不成对电子的肼电氧化中间体（$^*$N$_2$H$_3$ 和 $^*$N$_2$H），从而降低了反应决速步的活化能垒，提高了催化反应性能。大多数单原子催化剂的活性金属负载量均在较低水平（低于 1% 甚至 0.5%）以防止活性金属团聚，此工作可以将 Ru 单原子的负载量（质量分数）提高至 7%。

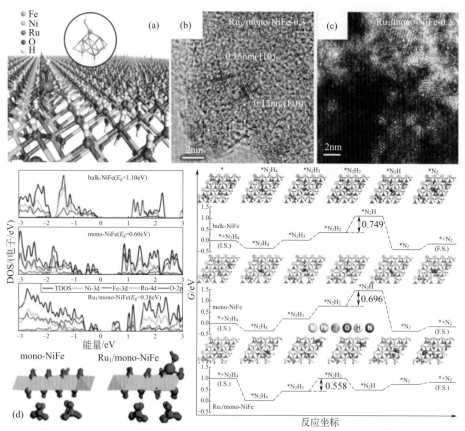

**图4-15** （a）Ru₁/mono-NiFe催化剂模型图，（b）（c）球差电镜照片，（d）肼电氧化反应性能机理及DFT计算结果图[108]

## 2．非贵金属单原子催化材料

众所周知，非贵金属元素例如 Ni、Co、Cu、Fe 等在催化活性和产物选择性方面与贵金属元素有着一定的差距，然而非贵金属具有自然储量丰富、价格低廉的优势。因此，在使用非贵金属元素作为催化剂活性金属元素时对负载量的要求往往不高。实际上，对于大多数非贵金属催化剂，其负载量通常比贵金属高出数倍甚至 1 ～ 2 个数量级，基于非贵金属元素的单原子催化剂的报道相当有限。近期，本书著者团队[109]采用水热法在碳布上原位生长了CoAl-LDH，用间氨基苯磺酸（MA）和对甲苯磺酸钠（PA）进行插层组装，再经煅烧和酸刻蚀处理得到了 Co 单原子电极。其中层间 MA 分子提供了高活性的 N 物种形成 Co-N 位点，而 PA 分子促进了 Co 单原子的暴露；通过调节 MA 和 PA 的插层比例，可以有效控制 Co 单原子的配位环境和暴露程度。该电极对氧还原（ORR）和析氧反应（OER）表现出很高的双功能活性，同时表现出优异的稳定性。由于 LDHs 的层板元素、插层阴离子的种类和比例均具有可调控性，作者提出的限域合成方法为其他单原子催化剂的制备提供了新思路。

## 二、负载型金属团簇催化材料

与金属单原子材料不同，金属团簇材料（由几个至几十个金属原子组成）中具有连续的金属位点，但其尺寸又小于金属颗粒。因此，金属团簇材料在保证活性位点连续性的同时兼具小尺寸的纳米效应。随着表征手段的不断发展，对催化剂精细结构的认识也在不断加深，近年来对金属团簇的相关研究成为多相催化领域的热点。

虽然金属团簇与金属单原子都具有明显的纳米效应，但两者之间具有明显的差异。Corma 等人[110]认为金属单原子可以看作不连续的金属位点，具有金属元素相对应的原子轨道结构；而金属团簇具有复杂的分子轨道结构，是介于单原子与颗粒之间的过渡态，兼具有高分散与位点连续的特性。此外，单原子自身结构较为简单，只是受表征手段的制约限制了其发展；而金属团簇却更为复杂，不仅可以形成二维或三维结构，而且其表面与体相的结构及性质差异也具有多样化特性。

### 1. 贵金属原子簇催化材料

本书著者团队[111]采用 DFT 计算的方法研究了 Au/MgAl-LDH 催化剂表面 Au 团簇的分散结构。为简化计算，假定 Au 簇负载在 LDHs 层板的（0001）基面或（1010）侧面两种晶面上，分别对应于单层 MgAl-LDH 层板的顶部或边缘部位。根据密度泛函理论的计算结果，相比于负载在层板顶部的 Au 团簇而言，LDHs 层板会向负载在边缘的 Au 团簇转移更多电子，说明 Au 团簇会更偏向于负载在边缘位置。不仅如此，LDHs 上负载 Au 团簇的吸附能随团簇尺寸的增加而增大，说明较大尺寸的团簇处于更稳定的状态。进一步进行了 $O_2$ 与负载在 LDHs 层板顶部的 Au 团簇之间的相互作用研究，并给出了 Au 团簇/MgAl-LDH 理论上的催化氧化性能。计算结果表明，$O_2$ 通过与两个 Au 原子桥式连接生成关键的 $O_2^-$ 物种，从而证明该材料催化氧化反应的可行性。

本书著者团队[112]基于 LDHs 材料的限域作用，通过甲巯丙脯酸分子进行封端，合成了系列负载型 Au 团簇材料。根据 HRTEM 表征结果，经过负载并焙烧脱除封端剂后 Au 团簇尺寸没有发生明显变化（0.9nm±0.3nm），证明金属-

载体之间强相互作用防止 Au 团簇在焙烧过程中发生团聚。特别地，Au 团簇均匀分散在 NiAl-LDH 六角形层板的边缘位置，说明相对于层板中间的位点，Au 团簇更偏向于吸附在层板边缘的高能位上。所得的催化剂对苯乙醇需氧氧化反应具有更为优异的催化活性，其中 $Au_{25}/Ni_3Al$-LDH 的性能最佳，在甲苯作溶剂条件下 TOF 值达到 $6780h^{-1}$，无溶剂条件下 TOF 值达到 $118500h^{-1}$。对比不同 Ni/Al 比例的催化剂，其活性排序为：$Ni_4Al<Ni_2Al<Ni_3Al$，这与 XPS 结果中各样品的 Au 元素电子富集情况相符合，其中 $Au_{25}/Ni_3Al$-LDH 中 Au 电子云密度最高。

本书著者团队[113]借助超声辅助 $NaBH_4$ 液相还原，将 PdCu 合金团簇固定在 LDH/rGO 纳米片表面，得到一系列具有分级结构的超细 PdCu 合金催化剂（$m$-$PdCu_x$/LDH/rGO）。三种催化剂 0.85-$PdCu_{1.5}$/LDH/rGO、0.83-$PdCu_{3.0}$/LDH/rGO 和 0.80-$PdCu_{5.5}$/LDH/rGO 均表现出优异的 Heck 反应催化性能，而 0.83-$PdCu_{3.0}$/LDH/rGO 的 TOF 值最高，这归因于高度分散的超小 $PdCu_{3.0}$ 簇、$Pd^0$ 中心的最大电子密度以及 $PdCu_{3.0}$NCs-LDH-rGO 三相协同作用。最低 Pd 负载量的催化剂样品 0.01-$PdCu_{3.0}$/LDH/rGO 的 TOF 达到 $210000h^{-1}$（Pd 摩尔分数：$2\times10^{-5}$%），在报道的非均相 Pd 基催化剂中为最高值。

本书著者团队[114]提出利用受限于主体层板晶格内的 $Sn^{IV}$ 对 Pt 的诱导效应，控制 Pt 在载体表面的稳定分散（图4-16）。将其用于丙烷脱氢制丙烯的反应，研究发现该催化剂可在 550℃ 下获得 30% 的丙烷转化率，且丙烯选择性大于 99%。构效关系研究表明，限域于层板晶格的 $Sn^{II/IV}$ 与 Pt 的强相互作用促进了 Pt 的高分散，使 Pt 以二维"筏状"原子簇的形式存在，并呈富电子的状态，从而抑制了氢解反应且促进了丙烯的脱附。反应后，金属 Pt 中心分散状态保持不变，没

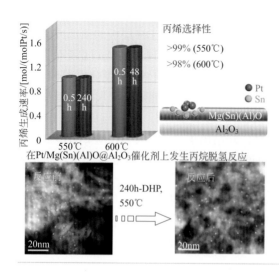

图4-16
Pt/Mg(Sn)(Al)O@Al₂O₃催化剂性能对比图、结构示意图及反应前后的电镜照片[114]

有观察到明显的 Pt 聚集现象，表现出优异的稳定性。此外，将 Pt$^{2+}$ 吸附到 MgAl-LDH@Al$_2$O$_3$ 表面，通过 H$_2$ 热处理制备得到 Pt/Mg（Al）O@Al$_2$O$_3$ 催化剂[115]。由于 LDHs 晶格限域作用及其向 MMO 转变过程中因脱羟基产生的网阱效应，Pt 团簇保持高分散的特性。在负载量（质量分数）达到 1.67% 时，Pt 团簇平均尺寸为 1.6nm。Pt 团簇中配位不饱和的 Pt-Pt 位点可以吸附呋喃环中的 C—O 键，弱化并促进其发生断裂，因此可以将糠醇定向转化为 1,2- 戊二醇，糠醇转化率大于 99%，1,2- 戊二醇选择性达到 86%。

本书著者团队[116] 报道了通过 LDHs 层板本身的氧化还原特性制备负载型金属团簇催化剂的方法，发现具有可变价态 Co$^{2+}$ 的 LDHs（CoAl-LDH）能够用作载体和还原剂，用于制备分布均匀的 PdAu 团簇催化剂。LDHs 层板中 Co$^{2+}$ 被氧化为 Co$^{3+}$，而活性金属离子则被还原为双金属 PdAu 团簇催化剂，其对苄醇的选择性氧化反应显示了较高的催化性能，活化能为 62.4kJ/mol；反应时间 4h 时，苯甲醛的选择性达到 94%。该课题组[117] 还合成了 CoAl-LDH、FeAl-LDH、CoFe-LDH、CoNiFe-LDH、CoCuAl-LDH、CoAlCe-LDH 载体，将 Pd$^{2+}$ 吸附到 LDHs 表面并加入十六烷基三甲基氯化铵（CTAC）作为表面活性剂，利用 LDHs 层板自身的氧化还原特性，制备得到 Pd 团簇 /LDH 材料（图 4-17）。HRTEM 图像显示：Pd 团簇的平均粒径为 1.5nm，且均匀分布在载体上。XPS 分析表明，制备过程中 Co 与 Pd 发生氧化还原反应，Pd$^{2+}$ 得到电子被还原为 Pd$^0$，同时 Co$^{2+}$ 失去电子被氧化为 Co$^{3+}$。该 Pd 团簇催化剂对苯甲醇选择性氧化反应具有极高的催化活性，转化率达到 92%，选择性为 91%，其 TOF 值是传统催化剂样品的 2.2 倍。此外，Pd 团簇 /CoAl-LDH 具有良好的重复使用性和稳定性，在 150h 持续反应中保持稳定的催化活性。

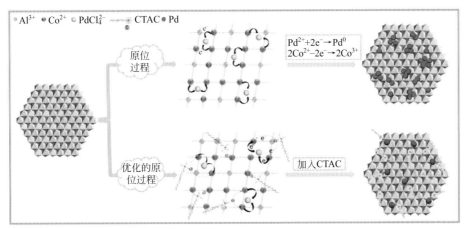

图4-17　自发原位氧化还原法制备Pd$_i$/CoAl-LDH和Pd$_{MI}$/CoAl-LDH[117]

## 2. 非贵金属原子簇催化材料

尽管在多相催化领域中,贵金属元素的应用广泛、性能优异,但是由于这些元素本身的稀缺特性,导致其价格昂贵并且发展前景有限。非贵金属元素的含量丰富、来源广泛、价格较低,因而也引起了研究者的广泛关注。Uchikoshi 等人[118]通过剥层-自组装法合成了 Mo 团簇/ZnAl-LDH 材料,具有较高的光催化性能。剥层后的 LDHs 材料可以自发吸附带正电的物种,因此作者通过混合剥层的 ZnAl-LDH 和 Mo 团簇溶液制备出 Mo 团簇插层的 LDHs 材料(CG1@ZAG)。XRD 谱图表明与未剥层的 LDHs 材料相比,CG1@ZAG 的结晶度较差,但是没有金属团簇对应的特征峰存在,证明 Mo 团簇的尺寸低于 XRD 检测限。STEM-EDX 结果表明,Mo 团簇在材料中呈现均匀分布的状态。CG1@ZAG 材料具有良好的紫外-可见光吸收能力,具有潜在的光催化性能。

# 三、负载型金属纳米催化材料

## 1. 贵金属纳米催化材料

本书著者团队[119]利用 LDHs 在拓扑转变过程中酸碱性位点的变化对活性金属的限域作用,采用浸渍法制备了负载型 Pd 纳米颗粒催化剂。研究发现 LDHs 载体表面的强 Lewis 碱性位点为金属前驱体 $Pd^{2+}$ 提供了吸附中心,而热处理过程中 $Al^{3+}$ 或金属离子空位形成的酸性位点促进了 Pd 原子的再分散,形成大量台阶、边角或缺陷等低配位的表面 Pd 原子,从而有效提高了 Pd 的分散度。由于低配位数 Pd 位点具有较低的吸附焓,产物乙烯更易于从其表面脱附,因此在以 Pd/MgAl-MMO 为催化剂的乙炔选择性加氢反应体系中,当转化率为 80% 时乙烯选择性高达 88%,分别为 Pd/MgO 和 Pd/Al₂O₃ 催化剂的 1.8 倍和 2.1 倍。本书著者团队[120]通过控制活化条件,对 LDHs 载体的层状结构进行重建,从而改变 Brønsted 碱位点的数量,制备了负载于 LDHs 表面的 Pd 纳米粒子(NP)催化剂。研究发现具有大量 Brønsted 碱性位的催化剂在苯甲醇氧化反应中具有更高的活性,经过 5 次催化循环后,仍可得到较高的苯甲醛收率。

本书著者团队[121]采用一步合成法制备了层间含 $PdCl_4^{2-}$ 的 MgAl-LDH,并将其置于葡萄糖溶液中通过碳化过程合成 LDH-C 复合材料。值得注意的是,该碳化过程同时实现了 Pd 的原位还原,当负载量(质量分数)为 5.5% 时其平均粒径为 7.2nm。研究表明,C 的引入能够有效增强活性金属和载体间的相互作用,从而使 Pd/C-LDH 催化剂在柠檬醛加氢反应中对柠檬醛的 C═C 骨架表现出良好的吸附能力,其 TOF 值达 $0.169s^{-1}$。本书著者团队[122]将活性组分前驱体 $PdCl_4^{2-}$ 引入 MgAl-LDH 层间,再经液相还原的方式制备了活性金属 Pd 颗粒高分散于

LDHs 层间的三明治结构催化剂，并证实了与蒽醌分子轨道相匹配的优势活性位点。在该催化剂中，活性金属 Pd 以嵌入的方式排布在 LDHs 层间，形成更多的金属-载体界面位点，且插层过程中层板表面羟基的缺失诱导产生丰富的氧空位，促使催化剂中 Pd 与 LDHs 载体界面产生较强的电子相互作用（EMSI）。在蒽醌选择性加氢反应中，该催化剂的 TOF 值为传统催化剂的 2.7 倍（图 4-18）。

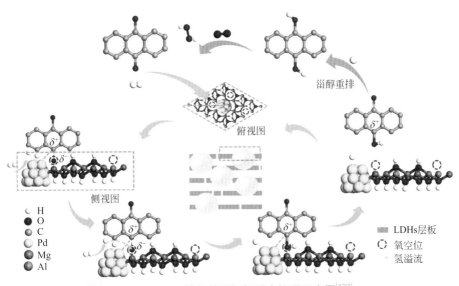

**图4-18**　Pd颗粒插层MgAl-LDH催化蒽醌加氢反应机理示意图[122]

　　本书著者团队[123]采用均相沉积法在含 Au 的负电溶胶中制备了高分散 Au/MgAl-LDH，并考察了载体不同晶面暴露的缺陷位点对金属颗粒的限域作用。研究表明，$Au^{3+}$ 优先吸附于 LDHs 纳米片边缘的（$10\bar{1}0$）晶面，且该晶面缺陷位点与金属离子较强的相互作用有效抑制了负载过程中 Au 纳米颗粒的团聚。当 Au 负载量（质量分数）低于 0.66% 时，该晶面为 Au 颗粒的唯一负载晶面，金属颗粒尺寸为 2.5nm±0.8nm。随 Au 负载量逐渐增大，LDHs（0001）晶面表面缺陷位点也成为金属离子的吸附中心，负载量（质量分数）为 5.48% 时，（$10\bar{1}0$）晶面 Au 颗粒尺寸为 3.4nm±1.4nm，而（0001）晶面 Au 颗粒尺寸达 5.8nm±1.5nm。基于上述缺陷位点对活性金属限域作用的差异，系列 Au/MgAl-LDH 在苯乙烯环氧化反应中的催化性能明显不同：当 Au 负载量（质量分数）从 0.10% 逐渐增至 5.48% 时，催化剂的 TOF 值从 $970.2h^{-1}$ 降至 $26.5h^{-1}$。

　　本书著者团队[124]将非贵金属 Cu 等引入 LDHs 层板，借助其限域作用锚定 $PdCl_4^{2-}$，经拓扑转变后获得 PdCu 合金催化剂。作为对比，采用共浸渍法，以 MgAl-LDH 为载体制备了 PdCu 催化剂，其具有明显的核壳结构，表明 LDHs 层板限域作用对提高催化剂的分散度及合金化程度具有显著的促进作用。在此基础上，进一步以 $PtCl_6^{2-}$/MgAlGa-LDH 为前驱体[125]，分别在 $H_2/N_2$ 及 $H_2/CO_2$ 混合气氛下进行原位还原，获得了 PtGa 合金及具有 C@PtGa 界面结构的催化剂。将其用于肉桂醛选择性加氢反应，发现 C@PtGa 催化剂的本征活性及 C=O 选择性均远高于传统方法制备的 PtGa 合金催化剂。表征结果说明，C@PtGa 中 PtGa 合金纳米颗粒被非晶碳层均匀覆盖，碳层界面具有多孔可渗透的特点，易于活化底物。此外，界面结构的构筑有利于活性位点电子云密度的提升，且产生的空间位阻效应改变了肉桂醛的吸附方式，因此大幅度提高了 C=O 键的选择性。

### 2．非贵金属纳米催化材料

（1）Ni 基催化剂　本书著者团队[126]在球形氧化铝载体表面及孔道内原位合成 NiAl-LDH 作为活性组分前驱体，利用 LDHs 层板晶格定位效应以及层内空间的限域效应，经高温焙烧和还原处理获得活性位高度分散的负载型 $Ni/Al_2O_3$ 催化剂，在氯苯加氢脱氯反应中表现出较高的加氢活性和稳定性。本书著者团队[127]合成了具有花状形貌的 NiAl-LDH 多级结构前驱体，经焙烧还原后得到平均粒径为 5.0nm±0.9nm 的高分散负载型 $Ni/Al_2O_3$ 催化剂（图 4-19）。采用 HRTEM 和 EXAFS 等表征技术，发现 LDHs 前驱体法制备的催化剂中活性金属 Ni 表面具有丰富的缺陷位，使得该催化剂在 $CO_2$ 甲烷化反应中表现出优异的催化活性，当甲烷转化率为 50% 时，其转化温度比浸渍法催化剂低 74℃。采用类似的方法，该课题组制备了载体酸碱性可控的负载型 Ni/NiAl-MMO 催化剂[128]。原位表征手段表明立方相的类 NiO（$Al^{3+}$ 掺杂 NiO）高度分散在无定形的 $Al_2O_3$ 中，存在中强酸碱对（$Ni^{\delta+}$-$O^{\delta-}$）。在 2-辛醇脱氢羰基化反应中，2-辛酮的生成速率高达 78.5mmol/(g•h)，是传统浸渍法制备的 $Ni/Al_2O_3$ 的 3.9 倍。采用时间分辨原位 EXAFS 和动力学同位素研究催化反应机理，揭示了金属位点 $Ni^0$ 及载体中类 NiO 的中强酸碱对的协同效应加速了 $\alpha$-C—H 断裂和 O—H 断裂，从而有效提升了 2-辛醇脱氢羰基化的催化活性。

本书著者团队[129]通过调变 Ni-NiAl-LDO 中 Ni 颗粒粒径及引入微量氧进行处理的方法，一步实现了醇脱氢、C=C/C=N 键构筑及 C=C/C=N 键转移加氢制备 C—C/C—N 键。在表界面氧化态 Ni 和金属态 Ni 协同催化乙醇脱氢过程中，四氢喹啉的选择性可达 97%。本书著者团队[130]由单源 NiAlCe-LDH 前驱体制备了钙钛矿型 $AlCeO_3$ 负载的 Ni 催化剂，用于低温 $CO_2$ 甲烷化。研究发现，Ce 的引入导致 Ni 物种的可还原性增强，促进了金属 $Ni^0$ 的分散和钙钛矿型 $AlCeO_3$ 固溶体的形成。$AlCeO_3$ 固溶体负载的 Ni 催化剂表现出了优异的低温活性和 $CO_2$ 甲烷化稳定性，并在 200℃ 时甲烷产率高达 83%。本书著者团队[131,132]以 NiMgAl-LDH 为前驱体，经拓扑转变制备了均匀分散的 Ni 催化剂，用于纤维素液相重整制氢。通过调控催化剂碱性位点数目及 Ni 纳米颗粒与载体间的相互作用，实现了高效产氢，收率约为 30.9%。研究表明，载体碱性位活化 O—H 键，而 Ni 纳米颗粒活化 C—H 及 C—C 键。

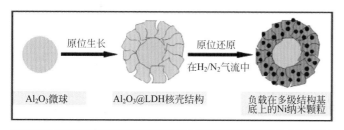

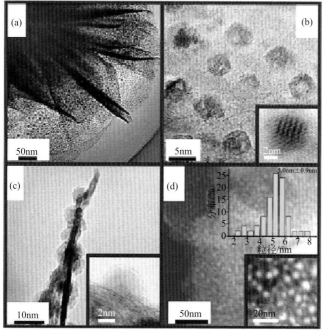

图4-19　高分散Ni催化剂的合成示意图及Ni/H-Al$_2$O$_3$（400）的HRTEM照片[127]

对于负载型金属催化剂而言，金属 - 载体强相互作用（SMSI）对催化性能具有重要的影响。本书著者团队 [133] 以 NiTi-LDH 为前驱体，经结构拓扑转变制备了不同 SMSI 强度的负载型 Ni@TiO$_{2-x}$ 纳米颗粒催化剂，用于水煤气变换反应（WGS）中。采用多种研究手段探究了催化剂的电子结构，研究发现 TiO$_{2-x}$ 载体向界面处的 Ni 原子发生电子转移，形成富电子的 Ni$^{\delta-}$ 物种，说明金属 Ni 纳米粒子与 TiO$_{2-x}$ 载体之间存在强的电子相互作用。研究发现 TiO$_{2-x}$ 中的 Ti 原子以五配位的结构存在，促使 Ni$^{\delta-}$-O$_v$-Ti$^{3+}$ 界面位点的形成，作为催化 WGS 反应的双功能活性位点。进一步采用原位 X 射线吸收谱、原位红外和 DFT 计算相结合的研究手段，系统研究了 WGS 的反应机理[134]，发现 CO 分子在 Ni 表面发生活化吸附，并导致催化剂表面发生重构；水分子在界面氧空位发生解离，氧原子填充氧空位并释放氢气；表面吸附的 CO 分子进一步与界面氧反应生成 $CO_2$，从而验证了氧化还原机理。

（2）Cu 基催化剂　本书著者团队[135]以 CuMgAl-LDH 为前驱体合成了高分散 Cu 基催化剂，其中 Cu 负载量高达 40.3%，Cu NP 平均粒径仅为 6nm。在 1，4- 环己烷二甲酸二甲酯（DMCD）气相加氢制 1,4- 环己烷二甲醇（CHDM）的反应中进行性能评价，发现 Mg 的引入使载体表面具有较多 Lewis 碱性位点，可与反应物中的羰基空轨道相互作用，提高 DMCD 分子中酯基加氢能力，连续反应 200h 后 DMCD 转化率仍保持 100%，CHDM 选择性为 99.8%。该课题组[136]进一步将 Mn 元素引入到 LDHs 层板中合成了 CuMnAl-LDH 前驱体，发现 Mn 的引入可形成含 Mn 的尖晶石相，并使得还原后得到的 Cu 基催化剂形成高度分散的 $Cu^0$ 纳米颗粒及大量的氧空位缺陷，且金属铜位点和表面氧空位之间的协同作用保证了催化剂在琥珀酸二甲酯（DMS）氢化生成 $\gamma$- 丁内酯（GBL）反应中同时实现了高转化活性（99.8%）和高选择性（98%）。本书著者团队[137]采用 CuMgAl-LDH 前体经结构拓扑法制备得到高分散铜基催化剂，并将其用于草酸二甲酯加氢制乙二醇，获得了高达 94.4% 的乙二醇产率。研究表明，载体的路易斯酸（$Al^{3+}$）位点和中强碱（$Mg^{2+}$-$O^{2-}$ 对）位点是吸附和活化底物的中心。此外，本书著者团队[138]提出了一种梯度还原策略，可有效调控催化活性位点的精细结构，从而提供富含缺陷的纳米孪晶 Cu 颗粒。在糠醛向环戊酮（CPO）的转化中，纳米孪晶 Cu 颗粒促进了 C—O 和 C═C 的活化，糠醛转化率达到 100%，CPO 选择性为 92%，比常规球形 Cu 颗粒高 50%。研究发现，多台阶缺陷位通过促进 4- 羟基 -2- 环戊烯酮（HCP）加氢脱氧生成 C—O 和 HCP 或环戊烯酮加氢生成 C═C，对提高 CPO 选择性起着决定性的作用。

随着对催化机理的深入探索，研究发现与表面位点相比，处于界面处的位点由于受到界面作用的影响，能够表现出更优异的催化性能。本书著者团队[139]以 CuMgAl-LDH 及 CuCoAl-LDH 为前驱体制备了 $Cu/MgAlO_x$ 与 $Co@Cu/CoAlO_x$，并揭示了 LDHs 层状结构对金属 - 氧化物界面结构以及金属 - 金属界面结构的诱导形成机制（图 4-20）。通过精准控制 CuMgAl-LDH 拓扑转变条件，获得了具有半包覆式 $Cu/MgAlO_x$ 界面结构的催化剂。进一步将 Mg 替换为可还原性 Co 后，部分 $Co^{2+}$ 被诱导还原为配位数极低的亚纳米团簇并迁移至 Cu 表面，从而获得 $Co@Cu/CoAlO_x$ 多重界面催化剂。用于 5-HMF（5- 羟甲基糠醛）加氢反应发现，仅具有金属 - 氧化物界面的 $Cu/MgAlO_x$ 只对 C═O 氢化具有活性，获得了 92.7% 产率的 2,5- 二羟甲基呋喃；而同时具有金属 - 金属以及金属 - 氧化物界面的 Co@

Cu/3CoAlO$_x$ 则可依次催化 C═O 氢化和 C—OH 氢解，2,5- 二甲基呋喃的产率达到 98.5%。本书著者团队[140] 设计了一种由 Cu$_4$Fe$_1$Mg$_4$-LDH 前驱体衍生的 Fe$_5$C$_2$ 簇锚定于 Cu 纳米颗粒的界面结构催化剂，并将其应用于合成气制长链醇反应中。在 1MPa 的反应压力下，该催化剂表现出的 CO 转化率为 53.2%，对长链醇选择性为 14.8%（摩尔分数），时空产率为 0.101g/(g cat·h)，与其他 Cu-Fe 二元催化剂在 3 ~ 8MPa 压力下的最佳时空产率水平相当。研究发现 Fe$_5$C$_2$ 团簇与 Cu 纳米颗粒之间的协同作用是低压下高效催化生成长链醇的主要原因。

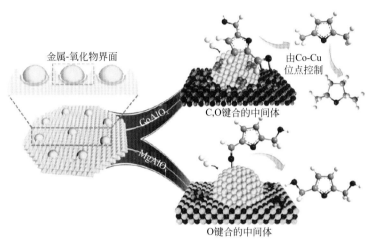

图4-20　Cu/MgAlO$_x$和Co@Cu/CoAlO$_x$结构示意图及其在5-HMF加氢反应中的作用机制[139]

（3）非贵金属纳米合金催化剂　基于 LDHs 层板金属元素的相互分散性，将性质相似的金属元素同时引入 LDHs 层板，可制备结构均匀且高分散的负载型合金催化剂。本书著者团队[141] 将 Ni 和 Cu 元素引入 MgAl-LDH 层板，经共还原处理获得了负载型 NiCu 合金催化剂，并用于乙炔选择性加氢反应。与浸渍法制备的 NiCu 合金催化剂相比，LDHs 前体法制备的 NiCu 合金催化剂由于具有更高的分散度、更强的电子和几何效应，有利于乙烯在催化剂表面的脱附，表现出较高的乙烯选择性。同时，NiCu 合金的生成使得 Cu 原子有效稀释了邻近的 Ni 原子浓度，从而削弱了 Ni 对于 C—C 键断裂的活性，因此可以在很大程度上抑制积碳的形成。本书著者团队[142] 采用内源法合成了不同 Ni/Zn 比（3:1、1:1 和 1:3）的 LDHs，得到了系列 NiZn 合金催化剂。研究发现，随着 Zn 含量的增加，NiZn 合金逐渐由 α-NiZn（Ni$_3$Zn$_1$-MMO 和 Ni$_1$Zn$_1$-MMO）转变为 β-NiZn（Ni$_1$Zn$_3$-MMO）。进一步基于超薄 Ni$_2$Al-LDH，通过 LDHs 前体与 Sn 盐的碱溶液共沉淀混合制备了三种 Ni-Sn 金属间化合物（IMC）（Ni$_3$Sn$_1$，Ni$_3$Sn$_2$ 和 Ni$_3$Sn$_4$），其中 Ni$_3$Sn$_2$ 在糠醛加氢制糠醇反应中表现出极高的选择性。原位 FT-IR、DFT 计算和 Bader 电荷分析验证了 Sn 向 Ni 的电子转移，促进了 Ni 位点上 C＝O 键的活化吸附，同时抑制了 C＝C 键的吸附。在此基础上，该课题组[143]以 Ni₂Al-LDH 为前驱体，通过引入金属 Sb 和 Bi 分别得到 NiSb 和 NiBi 金属间化合物（IMC）催化剂。其中 NiBi 催化剂对不饱和醛中 C＝O 的加氢反应显示出普遍的选择性，多种不饱和醛都可以高选择性地转化为相应的不饱和醇。对于单金属 Ni 催化剂，样品表面上同时发生 C＝C 和 C＝O 键的活化吸附，从而生成饱和醇。相反，具有位阻作用的 NiBi-IMC 催化剂有序的表面原子结构通过 C＝O 活化诱导不饱和醛的垂直吸附构型，从而决定了对不饱和醇的高选择性。近期，该课题组[144]还制备了高度均匀分散在 Al₂O₃ 表面的 NiMo-IMC 催化剂，在较低的氢气压力（0.1MPa）下表现出优异的糠醛加氢脱氧催化性能，2-甲基呋喃的收率达到 99%，明显优于单金属 Ni（9%）、NiMo 合金（37%）和其他已报道的 Ni 基催化剂。研究发现 Ni 位点促进 C＝O 的加氢生成 C—OH，而 Mo 的亲氧性导致 NiMo 相邻位点对于 C—O 键断裂的高活性，从而获得高产率的 2-甲基呋喃。

本书著者团队[145,146]将 Co 和 Ga 元素引入 ZnAl-LDH 层板，采用原位生长法在球形氧化铝表面制备了 CoZnGaAl-LDH/Al₂O₃ 前驱体，并采用 XRD、SEM-EDS 和 HAADF 等手段证明 LDHs 的晶格定位作用有利于提高 CoGa 催化剂的合金化程度及分散度。将该催化剂应用于合成气转化反应制备乙醇和高级醇，反应15h 后 CO 转化率为 43.5%、醇选择性达 59%，其中 93% 为 C₂₊ 醇。良好的催化性能除归因于 CoGa 合金的高分散性外，还与活性组分间较强的电子效应有关，由于 Co 较大的电负性使得 Ga 向 Co 转移电子，而富集电子的 Co 有利于 CO 的解离吸附和碳碳键的耦合。

# 第五节
# 小结与展望

基于 LDHs 二维结构效应制备层状及插层结构催化材料、复合金属氧化物/硫化物催化材料以及高分散金属催化剂的研究已取得了显著的进展，并已用于诸多催化反应甚至实现了产业化应用，但在该领域的研究工作中仍存在一些亟待解决的科学问题和挑战。

## 1. 原位表征技术与活性位点构筑及催化机制
对于 LDHs 前驱体在插层组装及拓扑转变过程中的精细结构变化及其与催化

剂活性位点数量和结构间的关系需采用更多原位手段进行研究，以揭示 LDHs 基催化材料活性位结构特征及其调控规律，从而为高性能 LDHs 基催化材料的设计合成提供理论依据。对于二维限域及平面限域的活性位点上的反应机制，需采用更多时空分辨的原位表征手段进行研究，例如：活性位点上底物吸附活化态的确认与迁移、反应中间体的辨认与迁移，以及活性位结构的演变规律等，从原子、分子水平研究固/气和固/液表界面过程、单原子、团簇结构及其反应动力学和红外振动态激发分子反应动力学，将有力推动多相催化领域关键科学问题的解决。

### 2. 反应条件下催化剂结构的理论预测与构效关系的建立

前期的研究发现，在实际反应条件下 LDHs 基催化剂的表界面结构将会发生变化，比如：反应气氛条件下催化剂活性位的形成、底物分子吸附诱导催化剂表面结构重构、催化剂在反应条件下的结构演变规律等，由于实验和表征技术的限制，尚未获得清晰的揭示。理论模拟研究的开展，为原子尺度下探索活性位点本质特性提供了另一条途径。比如，DFT 与第一性分子动力学相结合，可以获取基元反应的基本动力学信息，探索活性位点的动态变化过程和本质特征。此外，系统地认识催化剂结构和反应性能的关系，有助于合理设计基于 LDHs 的高性能催化剂，进一步加快产业化进程。

### 3. "多催化"过程实现高附加值产物的高效合成

"多催化"过程是指多种催化中心能够在同一反应中作为催化剂，或者以"一锅法"形式对多个催化反应进行调控。"多催化"过程包括协同催化、多米诺催化等，不仅能够实现传统催化反应无法实现的过程，而且能够简化合成步骤、提高合成效率。针对一些需要精确立体结构调控、新反应路径构建、热力学熵难以实现的反应，协同催化具有明显的优势；针对一些从线型底物构建多重键、在不同反应物熵构建多个化学键等反应，多米诺催化具有简化合成步骤、兼容不稳定中间体物种等优势。利用 LDHs 主客体结构上多种可调变因素，设计制备多活性位点协同的催化中心可实现"多催化"反应，相关研究工作有望成为该领域新的研究热点。

## 参考文献

[1] Evans D G, Slade R C T. Structural aspects of layered double hydroxides [J]. Struct Bond, 2006, 119: 1-87.

[2] Adachi-Pagano M, Forano C, Besse J-P. Delamination of layered double hydroxides by use of surfactants [J].

Chemical Communications, 2000 (1): 91-92.

[3] Khan A I, O'Hare D. Intercalation chemistry of layered double hydroxides: recent developments and applications [J]. Journal of Materials Chemistry, 2002, 12(11): 3191-3198.

[4] Ma R, Liu Z, Takada K, et al. Synthesis and exfoliation of $Co^{2+}$-$Fe^{3+}$ layered double hydroxides: an innovative topochemical approach [J]. Journal of the American Chemical Society, 2007, 129(129): 5257-5263.

[5] Hibino T, Kobayashi M. Delamination of layered double hydroxides in water [J]. Journal of Materials Chemistry, 2005, 15(6): 653-656.

[6] Xu Z P, Stevenson G S, Lu C-Q, et al. Stable suspension of layered double hydroxide nanoparticles in aqueous solution [J]. Journal of the American Chemical Society, 2006, 128(1): 36-37.

[7] Wang J, Zhao L, Shi H, et al. Highly enantioselective and efficient asymmetric epoxidation catalysts: inorganic nanosheets modified with alpha-amino acids as ligands [J]. Angewandte Chemie International Edition, 2011, 50(39): 9171-9176.

[8] Zhao L W, Shi H M, An Z, et al. Validity of inorganic nanosheets as an efficient planar substituent to enhance the enantioselectivity of transition-metal-catalyzed asymmetric synthesis [J]. Chemistry, 2013, 19(37): 12350-12355.

[9] Liu H, An Z, He J. Nanosheet-enhanced rhodium(Ⅲ)-catalysis in C—H activation [J]. ACS Catalysis, 2014, 4(10): 3543-3550.

[10] Liu S, Jiang X, Zhuo G. Heck reaction catalyzed by colloids of delaminated Pd-containing layered double hydroxide [J]. Journal of Molecular Catalysis A: Chemical, 2008, 290(1-2): 72-78.

[11] Wang Q, Chen L, Guan S, et al. Ultrathin and vacancy-rich CoAl-layered double hydroxide/graphite oxide catalysts: promotional effect of cobalt vacancies and oxygen vacancies in alcoholoxidation [J]. ACS Catalysis, 2018, 8(4): 3104-3115.

[12] Zhao Y, Wang Q, Bian T, et al. $Ni^{3+}$ doped monolayer layered double hydroxide nanosheets as efficient electrodes for supercapacitors [J]. Nanoscale, 2015, 7(16): 7168-7173.

[13] Zhao Y, Chen G, Bian T, et al. Defect-rich ultrathin ZnAl-layered double hydroxide nanosheets for efficient photoreduction of $CO_2$ to CO with water [J]. Advanced Materials, 2015, 27(47): 7824-7831.

[14] Han J, Xu X, Rao X, et al. Layer-by-layer assembly of layered double hydroxide/cobalt phthalocyanine ultrathin film and its application for sensors [J]. Journal of Materials Chemistry, 2011, 21(7): 2126-2130.

[15] Zhao J, Kong X, Shi W, et al. Self-assembly of layered double hydroxide nanosheets/Au nanoparticles ultrathin films for enzyme-free electrocatalysis of glucose [J]. Journal of Materials Chemistry, 2011, 21(36): 13926-13933.

[16] Shao M, Han J, Shi W, et al. Layer-by-layer assembly of porphyrin/layered double hydroxide ultrathin film and its electrocatalytic behavior for $H_2O_2$ [J]. Electrochemistry Communications, 2010, 12(8): 1077-1080.

[17] Shao M, Wei M, Evans D G, et al. Magnetic-field-assisted assembly of CoFe layered double hydroxide ultrathin films with enhanced electrochemical behavior and magnetic anisotropy [J]. Chemical Communications, 2011, 47(11): 3171-3173.

[18] Dou Y, Pan T, Xu S, et al. Transparent, ultrahigh-gas-barrier films with a brick-mortar-sand structure [J]. Angewandte Chemie International Edition, 2015, 54(33): 9673-9678.

[19] Lee J H, Kim H, Lee Y S, et al. Enhanced catalytic activity of platinum nanoparticles by exfoliated metal hydroxide nanosheets [J]. ChemCatChem, 2014, 6(1): 113-118.

[20] Blaser H-U, Pugin B, Spindler F, et al. From a chiral switch to a ligand portfolio for asymmetric catalysis [J]. Accounts of Chemical Research, 2007, 40(12): 1240-1250.

[21] Thomas J M, Maschmeyer T, Johnson B F G, et al. Constrained chiral catalysts [J]. Journal of Molecular

Catalysis A: Chemical, 1999, 141(1-3): 139-144.

[22] An Z, Zhang W, Shi H, et al. An effective heterogeneous L-proline catalyst for the asymmetric aldol reaction using anionic clays as intercalated support [J]. Journal of Catalysis, 2006, 241: 319-327.

[23] Bhattacharjee S, Anderson J A. Synthesis and characterization of novel chiral sulfonato-salen-manganese(Ⅲ) complex in a zinc-aluminium LDH host [J]. Chemical Communications, 2004, (5): 554-555.

[24] Bhattacharjee S, Anderson J A. Epoxidation by layered double hydroxide-hosted catalysts. Catalyst synthesis and use in the epoxidation of R-(+)-limonene and (−)-α-pinene using molecular oxygen [J]. Catalysis Letters, 2004, 95: 119-125.

[25] Bhattacharjee S, Anderson J A. Novel chiral sulphonato-salen-manganese(Ⅲ)-pillared hydrotalcite catalysts for the asymmetric epoxidation of styrenes and cyclic alkenes [J]. Advanced Synthesis & Catalysis, 2006, 348(1-2): 151-158.

[26] Goettmann F, Sanchez C. How does confinement affect the catalytic activity of mesoporous materials? [J]. Journal of Materials Chemistry, 2007, 17(1): 24-30.

[27] Mikami K, Yamanaka M. Symmetry breaking in asymmetric catalysis: racemic catalysis to autocatalysis [J]. Chemical Reviews, 2003, 103(8): 3369-3400.

[28] Vijaikumar S, Dhakshinamoorthy A, Pitchumani K. L-proline anchored hydrotalcite clays: an efficient catalyst for asymmetric Michael addition [J]. Applied Catalysis A: General, 2008, 340(1): 25-32.

[29] Subramanian T, Dhakshinamoorthy A, Pitchumani K. Amino acid intercalated layered double hydroxide catalyzed chemoselective methylation of phenols and thiophenols with dimethyl carbonate [J]. Tetrahedron Letters, 2013, 54(52): 7167-7170.

[30] Singh V, Kaur A. Ionophilic imidazolium-tagged cinchona ligand on LDH-immobilized osmium: recyclable and recoverable catalytic system for asymmetric dihydroxylation reaction of olefins [J]. Synlett, 2015, 26(9): 1191-1194.

[31] Shi H, Yu C, He J. On the structure of layered double hydroxides intercalated with titanium tartrate complex for catalytic asymmetric sulfoxidation [J]. Journal of Physical Chemistry C, 2010, 114(41): 17819-17828.

[32] Shi H, Yu C, He J. Constraining titanium tartrate in the interlayer space of layered double hydroxides induces enantioselectivity [J]. Journal of Catalysis, 2010, 271: 79-87.

[33] Shi H, He J. Orientated intercalation of tartrate as chiral ligand to impact asymmetric catalysis [J]. Journal of Catalysis, 2011, 279: 155-162.

[34] Chang W, Qi B, Song Y F. Step-by-step assembly of 2D confined chiral space endowing achiral clusters with asymmetric catalytic activity for epoxidation of allylic alcohols [J]. ACS Appl Mater Interfaces, 2020, 12(32): 36389-36397.

[35] Johnson J S, Evans D A. Chiral bis(oxazoline) copper(Ⅱ) complexes: versatile catalysts for enantioselective cycloaddition, aldol, michael, and carbonyl ene reactions [J]. Accounts of Chemical Research, 2000, 33(6): 325-335.

[36] Trost B M, Bunt R C. On ligand design for catalytic outer sphere reactions: a simple asymmetric synthesis of vinylglycinol [J]. Angewandte Chemie International Edition, 1996, 35(1): 99-102.

[37] Trost B M, Vranken D L V, Bingel C. A modular approach for ligand design for asymmetric allylic alkylations via enantioselective palladium-catalyzed ionizations [J]. Journal of the American Chemical Society, 1992, 114(24): 9327-9343.

[38] Yamakawa M, Ito H, Noyori R. The metal-ligand bifunctional catalysis: a theoretical study on the ruthenium(Ⅱ)-catalyzed hydrogen transfer between alcohols and carbonyl compounds [J]. Journal of the American Chemical Society, 2000, 122(7): 1466-1478.

[39] Mori A, Abet H, Inoue S. Amino-acids, peptides and their derivatives: powerful chiral ligands for metal-

catalyzed asymmetric syntheses [J]. Applied Organometallic Chemistry, 1995, 9(3): 189-197.

[40] Liu H, Zhao L, Wang J, et al. Multilple host-guest interactions in heterogeneous vanadium catalysts: inorganic nanosheets modified alpha-amino acids as ligands [J]. Journal of Catalysis, 2013, 298: 70-76.

[41] Zhao L W, Shi H M, Wang J Z, et al. Nanosheet-enhanced asymmetric induction of chiral alpha-amino acids in catalytic aldol reaction [J]. Chemistry, 2012, 18(48): 15323-15329.

[42] Zhao L W, Shi H M, Wang J Z, et al. Nanosheet-enhanced enantioselectivity in the vanadium-catalyzed asymmetric epoxidation of allylic alcohols [J]. Chemistry, 2012, 18(32): 9911-9918.

[43] Liu H, An Z, He J. Nanosheet-enhanced efficiency in amine-catalyzed asymmetric epoxidation of $\alpha,\beta$-unsaturated aldehydes via host-guest synergy [J]. Molecular Catalysis, 2017, 443: 69-77.

[44] Ren L, He J, Zhang S, et al. Immobilization of penicillin G acylase in layered double hydroxides pillared by glutamate ions [J]. Journal of Molecular Catalysis B: Enzymatic, 2002, 18(1-3): 3-11.

[45] An Z, He J, Lu S, et al. Electrostatic-induced interfacial assembly of enzymes with nanosheets: controlled orientation and optimized activity [J]. AIChE Journal, 2010, 56(10): 2677-2686.

[46] An Z, Lu S, He J, et al. Colloidal assembly of proteins with delaminated lamellas of layered metal hydroxide [J]. Langmuir, 2009, 25(18): 10704-10710.

[47] 陈忠明，陶克毅. 固体碱催化剂的研究进展 [J]. 化工进展，1994, 2: 18-25.

[48] Benhiti R, Ait Ichou A, Zaghloul A, et al. Kinetic, isotherm, thermodynamic and mechanism investigations of dihydrogen phosphate removal by MgAl-LDH [J]. Nanotechnology for Environmental Engineering, 2021, 6(1): 16-27.

[49] Abello S, Medina F, Tichit D, et al. Aldol condensations over reconstructed Mg-Al hydrotalcites: structure-activity relationships related to the rehydration method [J]. Chemistry, 2005, 11(2): 728-739.

[50] Fraile J M, García J I, Mayoral J A. Basic solids in the oxidation of organic compounds [J]. Catalysis Today, 2000, 57: 3-16.

[51] Bing W, Zheng L, He S, et al. Insights on active sites of CaAl-hydrotalcite as a high-performance solid base catalyst toward aldol condensation [J]. ACS Catalysis, 2017, 8(1): 656-664.

[52] Bing W, Wang H, Zheng L, et al. A CaMnAl-hydrotalcite solid basic catalyst toward the aldol condensation reaction with a comparable level to liquid alkali catalysts [J]. Green Chemistry, 2018, 20(13): 3071-3080.

[53] Wang H, Bing W, Chen C, et al. Geometric effect promoted hydrotalcites catalysts towards aldol condensation reaction [J]. Chinese Journal of Catalysis, 2020, 41(8): 1279-1287.

[54] Lei X, Zhang F, Yang L, et al. Highly crystalline activated layered double hydroxides as solid acid-base catalysts [J]. AIChE Journal, 2007, 53(4): 932-940.

[55] Winter F, van Dillen A J, de Jong K P. Supported hydrotalcites as highly active solid base catalysts [J]. Chemical Communications, 2005, (31): 3977-3979.

[56] Zhao S, Xu J, Wei M, et al. Synergistic catalysis by polyoxometalate-intercalated layered double hydroxides: Oximation of aromatic aldehydes with large enhancement of selectivity [J]. Green Chemistry, 2011, 13(2): 384-389.

[57] Deng W, Zhang Q, Wang Y. Polyoxometalates as efficient catalysts for transformations of cellulose into platform chemicals [J]. Dalton Trans, 2012, 41(33): 9817-9831.

[58] Brunel J M, Holmes I P. Chemically catalyzed asymmetric cyanohydrin syntheses [J]. Angewandte Chemie International Edition, 2004, 43(21): 2752-2778.

[59] Jia Y, Zhao S, Song Y-F. The application of spontaneous flocculation for the preparation of lanthanide-containing polyoxometalates intercalated layered double hydroxides: highly efficient heterogeneous catalysts for cyanosilylation [J]. Applied Catalysis A: General, 2014, 487: 172-180.

[60] Jia Y, Fang Y, Zhang Y, et al. Classical keggin intercalated into layered double hydroxides: facile preparation and catalytic efficiency in knoevenagel condensation reactions [J]. Chemistry, 2015, 21(42): 14862-14870.

[61] Choudary B M, Madhi S, Chowdari N S, et al. Layered double hydroxide supported nanopalladium catalyst for Heck-, Suzuki-, Sonogashira-, and Stille-type coupling reactions of chloroarenes [J]. Journal of the American Chemical Society, 2002, 124(47): 14127-14136.

[62] Motokura K, Nishimura D, Mori K, et al. A ruthenium-grafted hydrotalcite as a multifunctional catalyst for direct $\alpha$-alkylation of nitriles with primary alcohols [J]. Journal of the American Chemical Society, 2004, 126(18): 5662-5663.

[63] Lei X, Lu W, Peng Q, et al. Activated MgAl-layered double hydroxide as solid base catalysts for the conversion of fatty acid methyl esters to monoethanolamides [J]. Applied Catalysis A: General, 2011, 399(1-2): 87-92.

[64] Xiao Z. Insight into the Meerwein-Ponndorf-Verley reduction of cinnamaldehyde over MgAl oxides catalysts [J]. Molecular Catalysis, 2017, 436: 1-9.

[65] Wang H, Liu W, Wang Y, et al. Mg-Al mixed oxide derived from hydrotalcites prepared using the solvent-free method: a stable acid-base bifunctional catalyst for continuous-flow transesterification of dimethyl carbonate and ethanol [J]. Industrial & Engineering Chemistry Research, 2020, 59(13): 5591-5600.

[66] Kikhtyanin O, Čapek L, Smoláková L, et al. Influence of Mg-Al mixed oxide compositions on their properties and performance in aldol condensation [J]. Industrial & Engineering Chemistry Research, 2017, 56(45): 13411-13422.

[67] Gomes J F P, Puna J F B, Gonçalves L M, et al. Study on the use of MgAl hydrotalcites as solid heterogeneous catalysts for biodiesel production [J]. Energy, 2011, 36(12): 6770-6778.

[68] Bezen M C I, Breitkopf C, Lercher J A. Influence of fluoride anions on the acid-base broperties of Mg/Al mixed oxides [J]. ACS Catalysis, 2011, 1(10): 1384-1393.

[69] Shylesh S, Kim D, Gokhale A A, et al. Effects of composition and structure of Mg/Al oxides on their activity and selectivity for the condensation of methyl ketones [J]. Industrial & Engineering Chemistry Research, 2016, 55(40): 10635-10644.

[70] Edmunds C W, Mukarakate C, Xu M, et al. Vapor-phase stabilization of biomass pyrolysis vapors using mixed-metal oxide catalysts [J]. ACS Sustainable Chemistry & Engineering, 2019, 7(7): 7386-7394.

[71] Kim P, Rials T G, Labbé N, et al. Screening of mixed-metal oxide species for catalytic ex situ vapor-phase deoxygenation of cellulose by Py-GC/MS coupled with multivariate analysis [J]. Energy & Fuels, 2016, 30(4): 3167-3174.

[72] Zhao X, Zhang F, Xu S, et al. From layered double hydroxides to ZnO-based mixed metal oxides by thermal decomposition: transformation mechanism and UV-blocking properties of the product [J]. Chemistry of Materials, 2010, 22(13): 3933-3942.

[73] Claydon R, Wood J. A mechanistic study of layered-double hydroxide (LDH)-derived nickel-enriched mixed oxide (Ni-MMO) in ultradispersed catalytic pyrolysis of heavy oil and related petroleum coke formation [J]. Energy Fuels, 2019, 33(11): 10820-10832.

[74] Xu Y, Wang Z, Tan L, et al. Interface engineering of high-energy faceted $Co_3O_4$/ZnO heterostructured catalysts derived from layered double hydroxide nanosheets [J]. Industrial & Engineering Chemistry Research, 2018, 57(15): 5259-5267.

[75] Han H, Li J, Wang H, et al. One-step valorization of calcium lignosulfonate to produce phenolics with the addition of solid base oxides in the hydrothermal reaction system [J]. Energy & Fuels, 2019, 33(5): 4302-4309.

[76] Zhang L H, Li F, Evans D G, et al. Cu-Zn-(Mn)-(Fe)-Al layered double hydroxides and their mixed metal oxides: physicochemical and catalytic properties in wet hydrogen peroxide oxidation of phenol [J]. Industrial & Engineering

Chemistry Research, 2010, 49(13): 5959-5968.

[77] Heredia A C, Oliva M I, Zandalazini C I, et al. Synthesis, characterization, and catalytic behavior of Mg-Al-Zn-Fe mixed oxides from precursors layered double hydroxide [J]. Industrial & Engineering Chemistry Research, 2011, 50(11): 6695-6703.

[78] Gong H, Zhao X, Li X, et al. Boosting the long-term stability of hydrotalcite-derived catalysts in hydrogenolysis of glycerol by incorporation of Ca(II) [J]. ACS Sustainable Chemistry & Engineering, 2021, 9(5): 2246-2259.

[79] Polato C M S, Rodrigues A C C, Monteiro J L F, et al. High surface area Mn,Mg,Al-spinels as catalyst additives for $SO_x$ abatement in fluid catalytic cracking units [J]. Industrial & Engineering Chemistry Research, 2010, 49(3): 1252-1258.

[80] Zhang X, Wang Z, Qiao N, et al. Selective catalytic oxidation of $H_2S$ over well-mixed oxides derived from $Mg_2Al_xV_{1-x}$ layered double hydroxides [J]. ACS Catalysis, 2014, 4(5): 1500-1510.

[81] Qian J, Hou X, Wang F, et al. Catalytic reduction of NO by CO over promoted $Cu_3Ce_{0.2}Al_{0.8}$ composite oxides derived from hydrotalcite-like compounds [J]. Journal of Physical Chemistry C, 2018, 122(4): 2097-2106.

[82] Xing X, Li N, Cheng J, et al. Hydrotalcite-derived $Cu_xMg_{3-x}AlO$ oxides for catalytic degradation of *n*-butylamine with low concentration NO and pollutant-destruction mechanism [J]. Industrial & Engineering Chemistry Research, 2019, 58(22): 9362-9371.

[83] Sun Y, Zhang X, Li N, et al. Surface properties enhanced $Mn_xAlO$ oxide catalysts derived from $Mn_xAl$ layered double hydroxides for acetone catalytic oxidation at low temperature [J]. Applied Catalysis B: Environmental, 2019, 251: 295-304.

[84] Goswami K, Ananthakrishnan R. Ce-doped CuMgAl oxide as a redox couple mediated catalyst for visible light aided photooxidation of organic pollutants [J]. ACS Applied Nano Materials, 2019, 2(9): 6030-6039.

[85] Tzompantzi F, Mendoza-Damián G, Rico J L, et al. Enhanced photoactivity for the phenol mineralization on ZnAlLa mixed oxides prepared from calcined LDHs [J]. Catalysis Today, 2014, 220-222: 56-60.

[86] He S, Zhang S, Lu J, et al. Enhancement of visible light photocatalysis by grafting ZnO nanoplatelets with exposed (0001) facets onto a hierarchical substrate [J]. Chemical Communication, 2011, 47(38): 10797-10799.

[87] Xie R, Fan G, Yang L, et al. Solvent-free oxidation of ethylbenzene over hierarchical flower-like core-shell structured Co-based mixed metal oxides with significantly enhanced catalytic performance [J]. Catalysis Science & Technology, 2015, 5(1): 540-548.

[88] Zhao Y, Wei M, Lu J, et al. Nanostructure of layered double hydroxides with improved photocatalysis performance [J]. ACS Nano, 2009, 3(12): 4009-4016.

[89] Zhao C, Wu J, Yang L, et al. In situ growth route to fabricate ternary Co-Ni-Al mixed-metal oxide film as a promising structured catalyst for the oxidation of benzyl alcohol [J]. Industrial & Engineering Chemistry Research, 2017, 56(15): 4237-4244.

[90] Li S, Wang D, Wu X, et al. Recent advance on VOCs oxidation over layered double hydroxides derived mixed metal oxides [J]. Chinese Journal of Catalysis, 2020, 41(4): 550-560.

[91] Guo Y, Zhang H, Wang Y, et al. Controlled growth and photocatalytic properties of CdS nanocrystals implanted in layered metal hydroxide matrixes [J]. Journal of Physical Chemistry B, 2005, 109(46): 21602-21607.

[92] Schwenzer B, Pop L Z, Neilson J R, et al. Nanostructured ZnS and CdS films synthesized using layered double hydroxide films as precursor and template [J]. Inorganic Chemistry, 2009, 48(4): 1542-1550.

[93] Xu X, Lu R, Zhao X, et al. Fabrication and photocatalytic performance of a $Zn_xCd_{1-x}S$ solid solution prepared by sulfuration of a single layered double hydroxide precursor [J]. Applied Catalysis B: Environmental, 2011, 102: 147-156.

[94] Wang T, Zhang Y, Wang Y, et al. Alumina-supported CoPS nanostructures derived from LDH as highly active bifunctional catalysts for overall water splitting [J]. ACS Sustainable Chemistry & Engineering, 2018, 6(8): 10087-10096.

[95] Kang H, Li H, Zhao X, et al. Anion doped bimetallic selenide as efficient electrocatalysts for oxygen evolution reaction [J]. Ceramics International, 2020, 46(3): 2792-2797.

[96] Long X, Li G, Wang Z, et al. Metallic iron-nickel sulfide ultrathin nanosheets as a highly active electrocatalyst for hydrogen evolution reaction in acidic media [J]. Journal of the American Chemical Society, 2015, 137(37): 11900-11903.

[97] Liu C, Jia D, Hao Q, et al. P-doped iron-nickel sulfide nanosheet arrays for highly efficient overall water splitting [J]. ACS Applied Materials & Interfaces, 2019, 11(31): 27667-27676.

[98] Zhang G, Feng Y-S, Lu W-T, et al. Enhanced catalysis of electrochemical overall water splitting in alkaline media by Fe doping in Ni$_3$S$_2$ nanosheet arrays [J]. ACS Catalysis, 2018, 8(6): 5431-5441.

[99] Ji S, Chen Y, Wang X, et al. Chemical synthesis of single atomic site catalysts [J]. Chemical Reviews, 2020, 120(21): 11900-11955.

[100] 余俊，杨宇森，卫敏. 水滑石基负载型催化剂的制备及其在催化反应中的应用 [J]. 化学学报，2019, 77(11): 65-75.

[101] Yan H, Lu J, Wei M, et al. Theoretical study of the hexahydrated metal cations for the understanding of their template effects in the construction of layered double hydroxides [J]. Journal of Molecular Structure: THEOCHEM, 2008, 866(1-3): 34-45.

[102] Zhu Y, An Z, He J. Single-atom and small-cluster Pt induced by Sn (IV) sites confined in an LDH lattice for catalytic reforming [J]. Journal of Catalysis, 2016, 341: 44-54.

[103] Ma X, An Z, Zhu Y, et al. Pseudo-single-atom platinum induced by the promoter confined in brucite-like lattice for catalytic reforming [J]. ChemCatChem, 2016, 8(10): 1773-1777.

[104] Ma X, An Z, Song H, et al. Atomic Pt-catalyzed heterogeneous anti-markovnikov C—N formation: Pt$_1^0$ activating N—H for Pt$_1^{\delta+}$-activated C = C attack [J]. Journal of the American Chemical Society, 2020, 142(19): 9017-9027.

[105] Zhang X, Cui G, Feng H, et al. Platinum-copper single atom alloy catalysts with high performance towards glycerol hydrogenolysis [J]. Nature Communications, 2019, 10(1): 5812-5823.

[106] Zhang H, Guo X, Wang X. Noble metal nanoclusters-decorated NiFe layered double hydroxide superstructure as nanoreactors for selective hydrogenation catalysis [J]. Nanoscale, 2020, 12(34): 17780-17785.

[107] Li P, Wang M, Duan X, et al. Boosting oxygen evolution of single-atomic ruthenium through electronic coupling with cobalt-iron layered double hydroxides [J]. Nature Communications, 2019, 10(1): 1711-1721.

[108] Wang Z, Xu S-M, Xu Y, et al. Single Ru atoms with precise coordination on a monolayer layered double hydroxide for efficient electrooxidation catalysis [J]. Chemical Science, 2019, 10(2): 378-384.

[109] Fan K, Li Z, Song Y, et al. Confinement synthesis based on layered double hydroxides: a new strategy to construct single-atom-containing integrated electrodes [J]. Advanced Functional Materials, 2021, 31(10): 2008064.

[110] Liu L, Corma A. Metal catalysts for heterogeneous catalysis: from single atoms to nanoclusters and nanoparticles [J]. Chemical Reviews, 2018, 118(10): 4981-5079.

[111] Zhu Y, Liu X, Pu M, et al. A density functional theory study of gold clusters supported on layered double hydroxides [J]. Structural Chemistry, 2014, 25(3): 883-893.

[112] Wang S, Yin S, Chen G, et al. Nearly atomic precise gold nanoclusters on nickel-based layered double hydroxides for extraordinarily efficient aerobic oxidation of alcohols [J]. Catalysis Science & Technology, 2016, 6(12):

4090-4104.

[113] Li J, Song Y, Wang Y, et al. Ultrafine PdCu nanoclusters by ultrasonic-assisted reduction on the LDHs/rGO hybrid with significantly enhanced heck reactivity [J]. ACS Applied Materials & Interfaces, 2020, 12(45): 50365-50376.

[114] Zhu Y, An Z, Song H, et al. Lattice-confined Sn (Ⅳ/Ⅱ) stabilizing raft-like Pt clusters: high selectivity and durability in propane dehydrogenation [J]. ACS Catalysis, 2017, 7(10): 6973-6978.

[115] Zhu Y, Zhao W, Zhang J, et al. Selective activation of C—OH, C—O—C, or C=C in furfuryl alcohol by engineered Pt sites supported on layered double oxides [J]. ACS Catalysis, 2020, 10(15): 8032-8041.

[116] Chen S, Li H, Liu Y, et al. Fabrication of Pd-Au clusters by in situ spontaneous reduction of reductive layered double hydroxides [J]. Catalysis Letters, 2021, 151(8): 2355-2365.

[117] Li H, Yang T, Jiang Y, et al. Synthesis of supported Pd nanocluster catalyst by spontaneous reduction on layered double hydroxide [J]. Journal of Catalysis, 2020, 385: 313-323.

[118] Nguyen T K N, Dumait N, Grasset F, et al. Zn-Al layered double hydroxide film functionalized by a luminescent octahedral molybdenum cluster: ultraviolet-visible photoconductivity response [J]. ACS Applied Materials & Interfaces, 2020, 12(36): 40495-40509.

[119] He Y, Fan J, Feng J, et al. Pd nanoparticles on hydrotalcite as an efficient catalyst for partial hydrogenation of acetylene: effect of support acidic and basic properties [J]. Journal of Catalysis, 2015, 331: 118-127.

[120] Chen T, Zhang F, Zhu Y. Pd nanoparticles on layered double hydroxide as efficient catalysts for solvent-free oxidation of benzyl alcohol using molecular oxygen: effect of support basic properties [J]. Catalysis Letters, 2012, 143: 206-218.

[121] Han R, Nan C, Yang L, et al. Direct synthesis of hybrid layered double hydroxide-carbon composites supported Pd nanocatalysts efficient in selective hydrogenation of citral [J]. RSC Advance, 2015, 5: 33199-33207.

[122] Miao C, Hui T, Liu Y, et al. Pd/MgAl-LDH nanocatalyst with vacancy-rich sandwich structure: insight into interfacial effect for selective hydrogenation [J]. Journal of Catalysis, 2019, 370: 107-117.

[123] Zhang F, Zhao X, Feng C, et al. Crystal-face-selective supporting of gold nanoparticles on layered double hydroxide as efficient catalyst for epoxidation of styrene [J]. ACS Catalysis, 2011, 1(4): 232-237.

[124] Liu Y, He Y, Zhou D, et al. Catalytic performance of Pd promoted Cu hydrotalcite-derived catalyst in partial hydrogenation of acetylene: effect of the Pd-Cu alloy formation [J]. Catalysis Science & Technology, 2015, 6: 3027-3037.

[125] Hui T, Miao C, Feng J, et al. Atmosphere induced amorphous and permeable carbon layer encapsulating PtGa catalyst for selective cinnamaldehyde hydrogenation [J]. Journal of Catalysis, 2020, 389: 229-240.

[126] Feng J-T, Lin Y-J, Evans D, et al. Enhanced metal dispersion and hydrodechlorination properties of a Ni/Al$_2$O$_3$ catalyst derived from layered double hydroxides [J]. Journal of Catalysis, 2009, 266: 351-358.

[127] He S, Li C, Chen H, et al. A surface defect-promoted Ni nanocatalyst with simultaneously enhanced activity and stability [J]. Chemistry of Materials, 2013, 25(7): 1040-1046.

[128] Chen H, He S, Xu M, et al. Promoted synergic catalysis between metal Ni and acid-base sites toward oxidant-free dehydrogenation of alcohols [J]. ACS Catalysis, 2017, 7(4): 2735-2743.

[129] Zhang J, An Z, Zhu Y, et al. Ni$^0$-Ni$^{\delta+}$ synergistic catalysis on a nanosized Ni surface for simultaneous formation of C—C and C—N bonds [J]. ACS Catalysis, 2019, 9(12): 11438-11446.

[130] Zhang J, Ren B, Fan G, et al. Exceptional low-temperature activity of perovskite-type AlCeO$_3$ solid solution supported Ni-based nanocatalyst towards CO$_2$ methanation [J]. Catalysis Science & Technology, 2021, 11(11): 3894-3904.

[131] Zhang J, Yan W, An Z, et al. Interface-promoted dehydrogenation and water-gas shift toward high-efficient H$_2$ production from aqueous phase reforming of cellulose [J]. ACS Sustainable Chemistry & Engineering, 2018, 6(6): 7313-7324.

[132] Zhang J, Zhu Y, An Z, et al. Size effects of Ni particles on the cleavage of C—H and C—C bonds toward hydrogen production from cellulose [J]. ACS Applied Energy Materials, 2020, 3(7): 7048-7057.

[133] Xu M, He S, Chen H, et al. TiO$_{2-x}$-modified Ni nanocatalyst with tunable metal-support interaction for water-gas shift reaction [J]. ACS Catalysis, 2017, 7(11): 7600-7609.

[134] Xu M, Yao S, Rao D, et al. Insights into interfacial synergistic catalysis over Ni@TiO$_{2-x}$ catalyst toward water-gas shift reaction [J]. Journal of the American Chemical Society, 2018, 140(36): 11241-11251.

[135] Zhang S, Fan G. Lewis-base-promoted copper-based catalyst for highly efficient hydrogenation of dimethyl 1,4-cyclohexane dicarboxylate [J]. Green Chemistry, 2013, 15: 2389-2393.

[136] Hu Q, Yang L, Fan G. Hydrogenation of biomass-derived compounds containing a carbonyl group over a copper-based nanocatalyst: Insight into the origin and influence of surface oxygen vacancies [J]. Journal of Catalysis, 2016, 340: 184-195.

[137] Cui G, Meng X, Zhang X, et al. Low-temperature hydrogenation of dimethyl oxalate to ethylene glycol via ternary synergistic catalysis of Cu and acid-base sites [J]. Applied Catalysis B: Environmental, 2019, 248: 394-404.

[138] Li Y, Gao W, Peng M, et al. Interfacial Fe$_5$C$_2$-Cu catalysts toward low-pressure syngas conversion to long-chain alcohols [J]. Nature Communications, 2020, 11(1): 61-68.

[139] Zhu Y, Zhang J, Ma X, et al. A gradient reduction strategy to produce defects-rich nano-twin Cu particles for targeting activation of carbon-carbon or carbon-oxygen in furfural conversion [J]. Journal of Catalysis, 2020, 389: 78-86.

[140] Wang Q, Feng J, Zheng L, et al. Interfacial structure-determined reaction pathway and selectivity for 5-hydroxymethyl furfural hydrogenation over Cu-based catalysts [J]. ACS Catalysis, 2019, 10(2): 1353-1365.

[141] Liu Y, Zhao J, Feng J, et al. Layered double hydroxide-derived Ni-Cu nanoalloy catalysts for semi-hydrogenation of alkynes: improvement of selectivity and anti-coking ability via alloying of Ni and Cu [J]. Journal of Catalysis, 2018, 359: 251-260.

[142] Meng X, Wang L, Chen L, et al. Charge-separated metal-couple-site in NiZn alloy catalysts towards furfural hydrodeoxygenation reaction [J]. Journal of Catalysis, 2020, 392: 69-79.

[143] Yu J, Yang Y, Chen L, et al. NiBi intermetallic compounds catalyst toward selective hydrogenation of unsaturated aldehydes [J]. Applied Catalysis B: Environmental, 2020, 277: 119273.

[144] Liu W, Yang Y, Chen L, et al. Atomically-ordered active sites in NiMo intermetallic compound toward low-pressure hydrodeoxygenation of furfural [J]. Applied Catalysis B: Environmental, 2020, 282: 119569.

[145] Ning X, An Z, He J. Remarkably efficient CoGa catalyst with uniformly dispersed and trapped structure for ethanol and higher alcohol synthesis from syngas [J]. Journal of Catalysis, 2016, 340: 236-247.

[146] An Z, Ning X, He J. Ga-promoted CO insertion and C—C coupling on Co catalysts for the synthesis of ethanol and higher alcohols from syngas [J]. Journal of Catalysis, 2017, 356: 157-164.

# 第五章
# 超分子插层结构吸附材料

吸附是一种界面现象，是利用吸附剂将体系中的一种或数种组分通过不同的物理或化学作用力结合到其表面从而达到分离和富集的目的[1]。超分子插层结构功能材料——层状双金属氢氧化物（LDHs）是一类结构可调的阴离子插层结构功能材料。基于其较大的比表面积、主体层板的正电性、碱性和层间阴离子的可交换性，可利用其表面物理吸附作用、静电作用、酸碱中和作用和离子交换作用应用于吸附阴离子[2]。基于 LDHs 的"结构记忆效应"：经高温处理脱除阴离子后形成的复合金属氧化物（LDO 或 CLDHs）会通过吸附阴离子恢复为 LDHs 结构，从而可以再生吸附剂。有机阴离子插层的 LDHs，烃基链在其层间形成了疏水性三维结构，可以通过相似相溶原理，即"吸附增溶"作用将疏水性有机分子溶解在其疏水相中，从而吸附分离体系中的相应有机物[3]。通过同晶取代或溶解重构的方式将重金属离子锚定在 LDHs 的层板晶格中形成含有重金属离子的 LDHs，由于 LDHs 的溶度积常数（$K_{sp}$）比相应碳酸盐或氢氧化物的 $K_{sp}$ 可以小数十个数量级且具有很好的酸碱缓冲能力，因而能够有效地实现对重金属离子的长效固定或矿化，也称为超稳矿化[4]。LDHs 与 CLDHs 将阴离子吸附到层间的能力与其层板金属元素组成和正电荷量、阴离子所带负电荷数与体积（即电荷密度）和分子构型等因素密切相关，从而对体系中的多种阴离子、金属离子具有选择性吸附作用，已成为 LDHs 作为吸附剂应用的研究热点之一。

# 第一节
# 超分子插层结构功能材料结构特点与吸附性能

## 一、结构特点

### 1. 主体层板金属离子的可调控性

LDHs 主体层板金属离子的可调控性主要体现在金属离子种类可调控和金属离子摩尔比的可调控。一般来说，只要二价金属阳离子同三价金属阳离子半径尺寸相当，就能与羟基成键，从而生成类似氢氧化镁的层状结构[5]。最初发现的 LDHs 只有镁铝两种金属元素，但现在在实验室和实际工业生产中，除了常见的金属元素外，稀土元素也能成为 LDHs 层板的组成部分，有些 LDHs 层板还是由三种甚至四种金属元素构成的。而金属离子摩尔比的调变是指 $x$ 值 $[x = M^{3+}/$

（$M^{2+}+M^{3+}$）］在 0.2 ～ 0.33 的范围内可调变，在此范围内可以得到单相 LDHs，该值过高或者过低都容易生成氢氧化物和其他结构的化合物[6]。

### 2．层间阴离子的可交换性

有机阴离子、无机阴离子、配合物阴离子、同多和杂多阴离子都可以被插入 LDHs 层间[7-10]。阴离子的插层能力由阴离子本身的电荷密度决定，与阴离子所带电荷数及阴离子体积有关；LDHs 离子交换能力由其层板所带的正电荷的量来决定。LDHs 交换后其层间阴离子的量、排列状况可通过 LDHs 层板的金属离子的摩尔比值来进行控制[11]。带有阴离子官能团的有机物也可以通过离子交换的方式进入 LDHs 层间，有机物的疏水烃基链在层间形成三维疏水相，可以通过"吸附增溶"作用将非极性有机分子吸附到其中，从而可以用于脱除环境中的有机物[3]。另外，具有络合性能的阴离子型分子进入 LDHs 层间后，则可以通过配位作用将相应的金属离子等吸附到 LDHs 的层间[12]。

### 3．结构记忆效应

LDHs，尤其是碳酸根型 LDHs，具有"记忆"效应，即其层状结构在一定温度的焙烧下会坍塌，生成的物质为复合金属氧化物（CLDHs 或 LDO），将其重新放入含有阴离子的水溶液中，就会恢复其原有的层状结构，即"结构记忆效应"[13]。但对于一些 LDHs，焙烧温度 600℃以上，容易生成难恢复结构的尖晶石[14]。

### 4．表面结构

由于 LDHs 表面富含氢氧根，具有一定的碱性，因而容易接受酸性分子和锚定金属离子[15]。层板表面带有正电荷，又容易与带有负电荷的物质结合。这些作用和表面络合、化学吸附等作用都对 LDHs 的离子吸附效应有帮助[16]。也正是因为 LDHs 的以上独特结构，使之成为一种非常优异的吸附材料，在科学实验和工业生产中具有良好的用途。

## 二、吸附性能

### 1．层间阴离子交换吸附

LDHs 的层间阴离子交换是一个化学过程，用于交换或脱除环境中的阴离子，即层间已有的阴离子被环境中的一个或多个阴离子所替代。由于 LDHs 层间尺寸可调且层间有大量的可交换阴离子。存在可取代阴离子时，层间阴离子为硝酸根的 LDHs 具有极高的阴离子交换能力。LDHs 层间阴离子的交换难易程度为：$CO_3^{2-} > SO_4^{2-} > OH^- > F^- > HPO_4^{2-} > Cl^- > Br^- > NO_3^- > I^-$[17,18]。此外，溶液的 pH 值对于阴离子交换过程同样十分重要[17,18]。通常情况下，LDHs 对 $CO_3^{2-}$ 阴离子的强亲和力将阻碍其他阴离子的充分交换，进而限制了其对于含 $CO_3^{2-}$ 废水中阴离子污染物的去除[19]。MgCaAl-NO₃-LDH 对 $F^-$ 的吸附过程，其机理包括氟化物在 LDHs 颗粒外表面和边缘上的吸附及随后与层间 $NO_3^-$ 的交换[20]。一般来说，利用 LDHs 阴离子交换去除水溶液中无机及有机阴离子的过程均遵循一级和/或拟二级动力学，且吸附等温线可利用 Langmuir 或 Freundlich 模型进行模拟[21-23]。例如，利用 NiAl-LDH 去除水溶液中的草甘膦（GLY）和草铵膦（GLU）阴离子型农药的动力学过程与二级模型良好匹配[24]。

对于 LDHs，其合成条件会对其结构、晶粒尺寸、结晶度、结构性质及层板电荷密度产生影响，因此这些因素进而也将影响吸附过程。此外，层间阴离子的取向也十分重要[25-30]。LDHs 由于其具有高比表面积且表面带有正电荷，可利用溶液中离子与颗粒表面之间的静电相互作用对阴离子物质进行吸附。并且，$OH^-$ 和/或 $H_2O$ 从表面置换阴离子配体的交换过程也会发生[31]。

## 2. 对金属离子的吸附

大部分金属在自然界中虽然分布广泛，但是却含量稀少、开采成本高，属于稀缺资源，因而对含金属离子及其化合物废水的处理与资源回收利用，已经受到越来越多的重视[32-36]。许多无机及有机阴离子插层的 LDHs 已被用于阳离子的去除，例如 $Pb^{2+}$ [32]、$Cr^{6+}$ [33]、$Cu^{2+}$ [34]、$Cd^{2+}$ [35] 和 $U^{6+}$ [36]，等等。在此过程中，阳离子可以通过沉淀至 LDHs 颗粒表面、与表面羟基键合、与层板阳离子进行同晶取代以及与中间层中的功能性配体螯合而实现吸附[37]。

通过同晶取代或溶解重构的方式将重金属离子锚定在 LDHs 的层板晶格中形成含有重金属离子的 LDHs，由于 LDHs 的 $K_{sp}$ 比相应碳酸盐或氢氧化物的 $K_{sp}$ 小，因而能够有效地实现对重金属离子的超稳矿化[4]。在去除 $Cu^{2+}$ 的过程中，MgAl-CO₃-LDH 层板中的 $Mg^{2+}$ 可被 $Cu^{2+}$ 取代，形成 Cu 基 LDHs。其原因在于 $Cu^{2+}$ 的离子半径（0.87nm）和 $Mg^{2+}$ 的离子半径（0.86nm）非常接近，且 $Cu(OH)_2$ 的 $K_{sp}(2.2×10^{-20})$ 远小于 $Mg(OH)_2$ 的 $K_{sp}(1.8×10^{-11})$。因此，$Cu^{2+}$ 在 MgAl-CO₃-LDH 的边缘部位可以与 LDHs 层板中的 $Mg^{2+}$ 发生同晶取代反应[38]。在 LDHs 去除 $Co^{2+}$、$Ni^{2+}$ 和 $Zn^{2+}$ 等金属离子的过程中也发现了同晶取代现象[39]。

基于层间阴离子交换，可通过离子交换的形式将以阴离子团形式存在的重金属离子固定在 LDHs 层间[40-41]。采用 1,5-萘二磺酸根插层的镁铝 LDHs 处理废水中 $Pb^{2+}$ [32]，是通过层间 1,5-萘二磺酸根和表面羟基与 $Pb^{2+}$ 的配位作用实现的。植酸根插层 MgAl-LDH（Phytate-LDH）可用于水溶液中金属离子的吸附富集[12]。Phytate-LDH 对 $Pb^{2+}$、$Pr^{3+}$、$Ce^{3+}$ 和 $Co^{2+}$ 这四种金属离子都有很强的富集性能，在较低金属离子浓度（低于 10mg/L）下富集率均在 97% 以上，对于剧毒的 $Pb^{2+}$

更是能接近 100%，即使在较高的 Pb$^{2+}$ 浓度（100mg/L）下，富集率也能维持在很高水平（99.87%）。当以上四种金属离子同时存在于溶液中时，这种材料的选择性富集顺序为 Pb$^{2+}$ ≫ Pr$^{3+}$ ≈ Ce$^{3+}$ > Co$^{2+}$；在 Pr$^{3+}$、Ce$^{3+}$、Co$^{2+}$ 的混合溶液中，选择性富集顺序为 Pr$^{3+}$ ≈ Ce$^{3+}$ ⩾ Co$^{2+}$；在 Pr$^{3+}$、Co$^{2+}$ 和 Ce$^{3+}$、Co$^{2+}$ 的混合溶液中，选择性富集顺序分别为 Pr$^{3+}$ ⩾ Co$^{2+}$ 和 Ce$^{3+}$ ⩾ Co$^{2+}$。这是由于不同金属离子与植酸根络合反应时的结合能不同导致的。此外，Phytate-LDH 在较宽的 pH 和温度范围内都能保持较好的选择性富集能力 [12]。

### 3. "结构记忆" 效应吸附

CLDHs 由于其较高的阴离子吸附能力及记忆效应，已成为去除阴离子的非常有前景的吸附材料。Yu 等人 [13,42,43] 利用成核晶化隔离法制备的小粒径 Mg$_3$Al-LDH 的焙烧产物来选择性吸附硫代硫酸根与硫氰酸根，其结果可以将最初摩尔比为 1∶1 的硫代硫酸根与硫氰酸根的混合溶液降低到 1∶7，得到纯度较高的硫氰酸铵，能够满足工业品的需求。

出于对环境及成本因素的考虑，吸附剂的再生及再利用已成为迫切需求。对此，需要恢复吸附剂的初始性能。例如，NaCl 和 NaOH 的混合水溶液能够解吸 LDHs 中的 PO$_4^{3-}$，且再生 LDHs 的吸附效率在后续使用过程中仅表现出很小的损失 [44,45]。对于煅烧的 MgAl 及 MgFe-LDH [44]，其再生 LDHs 的结晶度相对原始 LDHs 略有下降，表明其结构部分被破坏。但再生 LDHs 应用于后续吸附时，其阴离子吸附率高于原始材料。ZnAl-CLDH 的吸附 / 解吸实验表明其具有良好的稳定性及可重复使用性 [46]。在 5 个循环中，ZnAl-CLDH 几乎均实现了 100% 的解吸，并且在每个循环中具有几乎相同的吸附量。对于 MgMn-CLDH [45]，其在第二次再生后的吸附能力下降。但由于其在 NaCl 溶液中的解吸效率在连续的吸附 / 再生循环中很稳定，因此，其吸附能力的降低可能是部分 LDHs 溶解造成的。CLDHs 材料的吸附能力会随着再生次数的增加而降低，但其吸附能力仍高于 LDHs。因此，CLDHs 材料已被认为是去除高浓度阴离子污染物更有效的吸附剂。根据一些研究，CLDHs 会优先吸附带有较多电荷及较高电荷密度的阴离子 [47]。但 F$^-$ 和 PO$_4^{3-}$ 在 CLDHs 上的竞争性吸附过程中，F$^-$ 通常不能与 PO$_4^{3-}$ 进行有效竞争，这表明吸附的选择性同样受反应 pH、接触时间及阴离子添加顺序的影响 [48]。

### 4. "吸附增溶" 作用

LDHs 可以通过将疏水性有机阴离子，如表面活性剂，插入到 LDHs 层间来使其表面亲水性发生改变。当较大的有机阴离子插入到 LDHs 的层间时，可以形成有机阴离子插层的 LDHs，使层间形成具有疏水性的三维有机空间，并且进一步扩大 LDHs 的层间距。这种吸附过程通过将疏水性有机物溶入 LDHs 层间，而不是在表面进行吸附固定，该现象被称为"吸附增溶"作用[49]。例如疏水性有机物如萘、硝基苯和苯乙酮，根据极性相似相溶原理，会溶解于十二烷基硫酸盐插层的 LDHs 层间的疏水有机相体系中[50]。ZnAl-CO$_3$-LDH 对噻吩的吸附过程受 pH 的影响较大，在 pH 为 6 ~ 8 时去除效果最好[51]。相反，十二烷基硫酸盐插层的 ZnAl-LDH 的吸附与 pH 无关。初始浓度下，ZnAl-CO$_3$-LDH 和十二烷基硫酸盐插层的 ZnAl-LDH 对噻吩的吸附过程分别符合 S 形和线性吸附曲线。对于 ZnAl-DDS，这种线性吸附曲线模型表明该吸附是一种分区的过程，在 LDHs 的表面没有发生吸附，而是把噻吩吸附固定在层间疏水相中。不同阴离子表面活性剂插层改性的 Zn$_2$Al-LDH(DBS-LDH、DS-LDH)，作为吸附剂对水溶液中的芳香性疏水有机物 2,4,6- 三氯苯酚（2,4,6-TCP）进行吸附增溶性能研究[52]，两者对水溶液中 2,4,6-TCP 的吸附优良。DBS-LDH 对 2,4,6-TCP 吸附是通过 π-π 作用、非极性引力、氢键作用和静电引力实现的。经过 10 次吸附再生循环实验，发现两种吸附剂均维持较高的吸附性能。

有机阴离子插层的 LDHs 是一种具有前景的高效广谱吸附剂，不仅可以用于去除水中的染料[53,54]，而且可以用于生物分离领域[55]。有机阴离子插层的 LDHs 对污染物的吸附与 pH 无关，符合准二级动力学模型和 Langmuir 或 Freundlich 吸附等温线[54,55]，不同等温线和去除效率可能与各种污染物的不同结构有关。例如，吸附时，插入的芳香磺酸盐的芳香环会与含贫电子芳香环的污染物（如苯酚衍生物）发生较强的 π-π 相互作用[54,56]。对脂肪酸和醇类等脂肪族污染物的吸附效率较低。


# 第二节
# 选择性吸附阴离子与捕获锂离子

LDHs 是一种阴离子层状材料，由带正电荷的层状金属阳离子层组成，层间区域含有配平电荷的阴离子和溶剂化分子。金属阳离子占据了共享的八面体的边缘中心，连接形成无限延展的二维片状结构。其通式为 $[M_{1-x}^{2+}M_x^{3+}(OH)_2]^{q+}$ $A_{q/n}^{n-} \cdot yH_2O$。$M^{2+}$ 代表二价金属离子，如 $Mg^{2+}$、$Ni^{2+}$、$Co^{2+}$ 等；$M^{3+}$ 代表三价金属离子，如 $Al^{3+}$、$Fe^{3+}$ 等。LDHs 由 $MO_6$ 八面体组成层板（例如：MgAl-LDH、NiFe-LDH、CoAl-LDH 等）[5,57-59]，$A^{n-}$ 为阴离子在层间，如 $CO_3^{2-}$、$Cl^-$、$NO_3^-$ 等，如图 5-1 所示[60]。

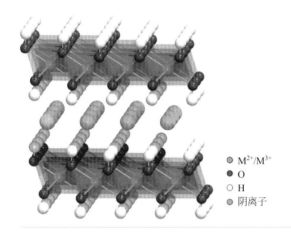

- ● $M^{2+}/M^{3+}$
- ● O
- ○ H
- ● 阴离子

图5-1
层状复合金属氢氧化物的结构示意[60]

除此之外，还存在一类由金属离子嵌入到 $Al(OH)_3$ 的晶格空穴中而形成的复合金属氢氧化物（LiAl-LDH）。其中最著名的，也是唯一的一类，由一价的金属锂离子和三价的金属离子构成的化合物，其分子式为 $[LiAl_2(OH)_6]\ X^{n-}_{1/n}\cdot H_2O$[61-63]。$Al(OH)_3$ 八面体是电中性的，但是在这种有序的空缺中进入 $Li^+$ 之后，就会使层状结构带有正电性，同样地也可以通过向层间插入阴离子来保持化合物的电中性结构[64-66]。LiAl-LDH 的结构如图 5-2 所示[67]，可以清楚地观察到 $Li^+$ 在 LiAl-LDH 中的存在形式。LDHs 层中的每个羟基指向层间区域，均可以与层间阴离子、水分子结合，LDHs 材料在层间的结合性相对较弱，因此表现出了优异的膨胀性能。由于 LDHs 层间阴离子插层展现出了各种独特、独一无二的物理和化学性质，因此驱动着研究者们对这类材料的兴趣日渐浓厚[8]。

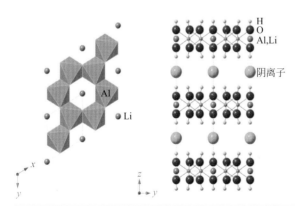

H
O
Al,Li

阴离子

Al

Li

图5-2
LiAl-LDH的结构示意[68]

## 一、选择性吸附阴离子

LDHs 的晶体结构中，由二价和三价金属阳离子构成的层板主体带有正电荷，为使这一结构呈电中性。层间必须有相反电荷离子与之平衡。但并非所有阴离子均可插入层间，层板主体对进入层间的客体有一定的识别能力。LDHs 主要识别具有一定电荷密度、体积适中的无机、有机、杂多酸阴离子以及金属有机阴离子等，甚至是生物客体氨基酸及酶蛋白。常见的可插层进入 LDHs 层间的阴离子有：

① 有机酸阴离子，如：对苯二甲酸、己二酸、丁二酸、丙二酸、癸二酸、十四烷二酸、酰基芳基磺酸等酸根离子；

② 配合物阴离子，如：$Zn(BPS)_3^{4-}$，$Ru(BPS)_3^{3-}$ 等；

③ 同多和杂多酸阴离子，如：$Mo_7O_{24}^{6-}$，$V_{10}O_{28}^{6-}$，$PW_{11}CuO_{39}^{6-}$，$SiW_9V_3O_{40}^{7-}$ 等；

④ 生物客体，如：氨基酸、核苷酸、脱氧核糖核酸等；

⑤ 聚合物阴离子：聚丙烯酸、聚乙烯基苯磺酸、聚磺酸基苯胺等阴离子。

研究证明，阴离子的电荷密度越大，其离子交换能力越强；电荷密度相同时，阴离子直径越小，其离子交换能力越强。比如虽然有的有机染料阴离子体积较大，但是由于其电荷密度较大（苯环连有多个 SO—），采用阴离子交换法可以将其插入 LDHs 层间。又如在 MgAl-LDH 中不能直接插入光敏剂二氢吲哚螺苯并吡喃磺酸盐（sulfonated indolinespirobenzopyran，SP），但是 SP 经过磺化形成 SP-$SO_7$ 后则能插层组装[69]。

最初，研究者主要是利用层板与客体分子之间的静电作用来研究 LDHs 的插层组装。因为 LDHs 层板是带有正电荷的氢氧化物，理论上，所有阴离子型化合物（包括无机、有机、杂多酸以及金属有机化合物等）作为客体都能够通过静电引力与层板发生相互作用，并且通过这种作用力而影响 LDHs 的结构稳定性。比如：在中性或碱性条件下，有机阴离子插层 LDHs 非常稳定；而在酸性条件下，有机阴离子将发生质子化作用，从而减弱了有机阴离子与 LDHs 层板的静电作用，使得有机阴离子脱出层间。另外，扩散理论也可以用来解释层间客体的稳定性。例如，与对苯二甲酸根相比，1,5-萘磺酸根插层 LDHs 在酸性条件下结构更加稳定，原因是 1,5-萘磺酸根的离子较大，进出层板的扩散速率减小；月桂基磺酸根插层 LDHs 结构不易破坏的原因，是 C—H 的缠结阻止阴离子扩散出层间[70]。有的研究者提出，LDHs 的层板结构主要由层间水与客体之间以及层间客体与层板金属羟基之间的氢键作用力来维系[71]。以碳酸根型 LDHs 为例，$CO_3^{2-}$ 和 $H_2O$ 分子在层间随机排列，可以通过破坏它们之间的氢键而自由移动[72]。在通过相邻层板—OH 的对称轴附近分布着 $H_2O$ 分子及 $CO_3^{2-}$ 的氧原子[73]。研究表明，根据层板金属阳离子的不同，层板与客体分子之间可以形成共价键。比如，通过结构恢复使 LDO 在水溶液中恢复成 LDHs，再通过酯化反应使表面改性，得到插层组装的疏水性 LDHs，ZnAl-LDH 层板与客体之间形成共价键，而 MgAl-LDH 层板与客体之间却不能形成共价键[74,75]。研究表明，离子交换反应进行的程度与下列因素有关：

① 离子的交换能力。一般情况下，离子的电荷密度越高，半径越小，交换能力越强。$NO_3^-$、$Cl^-$ 等容易被交换出来，因此常用作交换前驱体。

② LDHs 层板的溶胀。选用合适的溶剂和适宜的溶胀条件将有利于前驱体 LDHs 层板的溶胀，使得离子交换易于进行。如无机阴离子的交换往往采用水为溶剂，而对于有机阴离子在一些情况下采用有机溶剂可使交换更容易进行。通常提高温度有利于离子交换的进行，但实际操作时要考虑温度对 LDHs 结构的影响。

③ 交换介质的 pH 值。通常条件下，交换介质的 pH 值越小，越有利于减小层板与层间阴离子的作用力，有利于交换的进行。但是，溶液的 pH 值过低对 LDHs 的碱性层板有破坏作用，因此交换过程中溶液的 pH 值一般要大于 4。

此外，在某些情况下，LDHs 的层板组成对离子交换反应也产生一定影响，如 MgAl-LDH、ZnAl-LDH 适于作为离子交换的前驱体，而采用 NiAl-LDH 作前驱体则较难进行离子交换。同时，LDHs 的层板电荷密度也对交换反应产生影响，层板电荷密度高将有利于离子交换。

同时，LDHs 还具有吸附选择性，例如，通过选择性吸附去除溶液中的某些金属的配合物阴离子，$Ni(CN)_4^{2-}$、$CrO_4^{2-}$ 等。周家斌等[76]通过水热合成法制备了 $M^{2+}/M^{3+}$ 摩尔比为 3 的 Mg/Al、Ni/Al、Zn/Al 层状双金属氢氧化物（LDHs），研究了 LDHs 对 Cr(Ⅵ) 的吸附速率和热力学，考察了吸附剂的脱附、再生效果。试验表明：MgAl-LDH、NiAl-LDH、ZnAl-LDH 对水中 Cr(Ⅵ) 的去除符合准二级动力学方程，共存阴离子对 LDHs 去除 Cr(Ⅵ) 的抑制作用强弱顺序为：$CO_3^{2-}$>$HCO_3^-$>$SO_4^{2-}$>$H_2PO_4^-$>$Cl^-$>$NO_3^-$。Jong-I Yun[77]成功地合成了三种阳离子比（Mg/Al=2∶1、3∶1 和 4∶1）的磁性 Mg/Al 层状双金属氢氧化物（LDHs），并在碘吸附研究中首次得到了应用。在三种 Mg/Al 比值中，煅烧的 $Fe_3O_4$@4∶1MgAl-LDH 由于层间距宽和 BET 比表面积大，在最大碘吸附容量为 105.04mg/g 的情况下，对碘的去除表现出优异的性能。在竞争碳酸盐阴离子的存在下，$Fe_3O_4$@4∶1LDH 在超过 3g/L 固液比的剂量下，去除率为 >80%。对 $Fe_3O_4$@4∶1LDH 的可回收性试验表明，即使在第一次至第四次循环中，碘化物的去除性能仍保持在 >80%。Prasanna 及其团队[78]使用层间阴离子为 $NO_3^-$ 的 NiFe-LDH 分离废水中的 $CrO_4^{2-}$，结果显示这种材料对 $CrO_4^{2-}$ 有很好的分离效果，分离率超过 90%，吸附容量也接近 100mg/g，通过对比反应前后 LDHs 的 XRD 图谱可以发现分离后类 LDHs 的层板间距明显扩大了，这也证明 $CrO_4^{2-}$ 进入了类 LDHs 层间，通过与 $NO_3^-$ 的离子交换改变了类 LDHs 层板间距，研究还显示镍铁比越低分离性能越强，这主要因为镍铁比越低，层板所带的正电荷就越多，层间所需的阴离子也越多，因此 $CrO_4^{2-}$ 的吸附量也就越大。Ma[79]与其团队通过阴离子交换法制备得到层间阴离子为 $MoS_4^{2-}$ 的插层类 LDHs $Mg_{0.66}Al_{0.34}(OH)_2(MoS_4)_{0.17}·nH_2O$，这种材料对 $Cu^{2+}$、$Pb^{2+}$、$Ag^+$、$Hg^{2+}$ 等金属离子都有极强的富集能力，富集率超过 99%，而且其在以上金属离子的混合溶液中还显现出了良好的选择性，可以按 $Ag^+$、$Hg^{2+}$、$Cu^{2+}$、$Pb^{2+}$、$Cd^{2+}$、$Zn^{2+}$ 的顺序将这些金属离子依次富集提纯，有利于金属离子的循环再利用。不过无机阴离子插层的类 LDHs 不耐酸性，适合在中性或弱碱性条件下净化废水，这一定程度上限制了它们的应用范围 [80,81]。

有机阴离子改性类 LDHs 同样可以用于分离阴离子和金属离子，其分离原理与无机阴离子改性类 LDHs 相似，都是层间阴离子可交换性与络合作用，但值得指出的是由于有机螯合剂对于金属离子的络合作用明显强于无机络合剂，因此有机改性类 LDHs 对金属离子的吸附容量普遍强于无机改性的类 LDHs。除此之外，有机阴离子改性类 LDHs 还可以被应用于分离污水中的有机物，其原理则是相似相溶，即通过有机阴离子改性后的类 LDHs 层间变为有机相，使得同为非极性分子的有机物在水溶液和类 LDHs 层板有机相中因溶解度不同而重新分配，有机分子进入到类 LDHs 层间达到分离的目的。这种方法除了有分离容量高、不引入二次污染等优点外，由于有机物没有与类 LDHs 结合形成较强的化学键，类 LDHs 与有机物都可以通过较简单的手段实现回收再利用 [50,82,83]。Kameda 及其团队 [84] 使用 1,3,6- 三磺酸基萘插层的镁铝类 LDHs 分离水溶液中的 1,3- 二硝基苯、硝基苯、二甲基苯胺、2- 甲氧基苯，结果显示改性类 LDHs 对这四种芳香化合物都有非常好的分离能力，其吸附容量由大到小依次为 1,3- 二硝基苯 > 硝基苯 > 二甲基苯胺 >2- 甲氧基苯，而且因为它们在类 LDHs 层间的分配系数不同且差距较大，因此还可以被类 LDHs 从它们的混合溶液中依次选择性分离，是一种高效的硝基化合物吸附剂。

LDHs 的另一个特性是它的"记忆效应"。当 LDHs 在 450 ~ 500℃焙烧时，由于 LDHs 层状结构的解体，层间的阴离子丢失，形成高活性的金属氧化物。通过将煅烧后的 LDHs（CLDHs）浸泡在含阴离子的水溶液中，可以通过水化和阴离子吸附从水溶液中恢复原来的 LDHs 结构。研究报道，煅烧重建的 LDHs 可以通过增加比表面积和为层间区域的阴离子提供空吸附位来增强阴离子吸附能力 [85,86]。在采用焙烧复原法制备 LDHs 时应该依据母体 LDHs 的组成来选择相应的焙烧温度。一般情况下，焙烧温度在 500℃以内重建 LDHs 的结构是可行的。以 MgAl-LDH 为例，焙烧温度在 500℃以内，焙烧产物是 LDO；当焙烧温度高于 500℃时，焙烧产物中有镁铝尖晶石生成，由此导致 LDHs 结构的不完全复原。焙烧时采用逐步升温法可提高 LDO 的结晶度，若升温速率过快，$CO_2$ 和 $H_2O$ 的迅速逸出则容易导致层结构的破坏 [87]。焙烧复原法的优点是消除了与有机阴离子竞争插层的无机阴离子的影响，但合成过程较繁琐。LDO 经结构复原生成 LDHs 的程度与前驱体层板金属阳离子的性质及焙烧温度有关。焙烧时采用逐步升温法可提高 LDO 的结晶度，若升温速率过快，$CO_2$ 和 $H_2O$ 的迅速逸出易导致层状结构被破坏[87]。Wong 等[88]研究了 $Li_2[Al_2(OH)_6]_2CO_3 \cdot nH_2O$ 在潮湿空气和水溶液条件下的"结构记忆效应"。研究结果表明，220℃条件下焙烧所得的样品，比 820℃条件下的焙烧产物 $LiAlO_2$ 和 $LiAl_5O_8$ 水合复原速度快；焙烧后的 LDO 在水溶液中的水合复原速度比在潮湿空气中快，而且两种条件下的结构复原过程可用相同的动力学机理解释。

## 二、选择性捕获锂离子

随着锂离子电池的快速发展和广泛应用，对锂资源的需求显著增加。根据美国地质调查局（USGS）2020 年数据，世界锂资源量约为 8000 万吨，锂储量 1400 万吨[89]。其中大陆卤水含锂量最为丰富，占总储量的 59%。中国已探明锂资源量为 450 万吨，其中超过 80% 的锂资源蕴藏在盐湖卤水中，并且从卤水生产锂的成本通常比从硬岩源生产成本低 30% ~ 50%。因此，从盐湖盐水中提取锂，具有重要意义。然而，我国大多数盐湖锂资源回收存在高镁锂比、高镁含量这两个关键问题[90,91]，镁锂分离与锂提取面临困难，导致我国锂资源对外依存度达 80% 以上。一旦进口受阻，我国新能源产业、航天航空和核能等相关领域将陷入困境。因此，盐湖镁锂高效分离与锂提取技术是保障我国盐湖锂资源可持续利用的关键，是制约盐湖资源综合、平衡利用的"卡脖子"技术。我国盐湖锂资源提取需提高总收率，提升提锂后资源综合利用程度，发展锂产品高值化、多元化利用途径，加强盐湖提锂的工程化技术研究，突破并掌握核心技术与装备，实现盐湖资源高效、综合、可持续利用的目标。

反应 / 分离耦合是指能同时实现化学反应和物理分离[91]。反应 / 分离耦合技术的主要特点是：

① 在反应过程中分离出具有抑制作用的产物，可提高总收率和处理能力；

② 在反应过程中消除不良物质，从而保持较高的反应速率；

③ 反应过程中产生的热量促进分离过程，从而降低能耗；

④ 简化后续分离过程，从而降低生产成本。

针对我国高镁锂比盐湖镁锂分离的重大难题，本书著者团队提出反应 / 分离耦合创新思想，依据 LDHs 的晶格选择性与离子识别科学原理，在镁锂分离、提取锂的同时联产镁基功能材料，例如：MgAl-LDH。MgAl-LDH 层板由 $MgO_6$ 和 $AlO_6$ 八面体交替排列组成，当镁离子和锂离子在溶液里同时存在时，$Mg^{2+}$ 会形成稳定的金属 - 氧八面体结构即 $MgO_6$，而 $Li^+$ 不能形成八面体结构，即不能进入 LDHs 的层板，使得 MgAl-LDHs 对 $Mg^{2+}$ 具有晶格选择性。因此，卤水中的 $Mg^{2+}$ 与外加 $Al^{3+}$ 在碱作用下反应，形成 MgAl-LDH 固体，镁离子选择性进入固相形成 MgAl-LDH，而锂离子仍保留在液相，实现镁锂高效分离。本书著者团队等从实验和理论模拟两方面提出了混合离子溶液中 Mg/Li 分离的条件判据，为反应 / 分离耦合技术应用于盐湖镁锂分离提供了理论依据。确定了镁离子和锂离子分离的边界条件是 Mg/Al 摩尔比大于 2，而与溶液中的 Mg/Li 质量比无关[92]。在高效回收锂的同时，充分利用了盐湖丰富的镁资源（图 5-3）[93]。镁基功能材料在紫外阻隔、气体阻隔、PVC 热稳定剂、阻燃 / 抑烟、催化、土壤修复治理等领域应广泛。

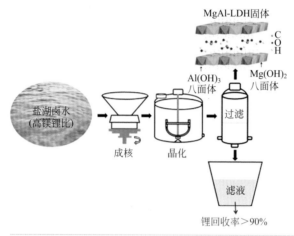

图5-3

反应/分离耦合技术从盐湖卤水中分离镁、锂并制备LDHs产品流程[93]

与 MgAl-LDH 不同，另一种有序空位型 LiAl-LDH 具备选择性捕获锂的能力。利物浦大学 A. Fogg、牛津大学 O'Hare 教授[94]最早对 LiAl-LDH 插层结构进行了研究。他们利用时间分辨的原位 X 射线衍射（EDXRD）来测量锂盐［LiX(X＝Cl、Br)、硝酸盐、OH 和硫酸盐］插入三水铝石位点，形成层状双氢氧化物 $[LiAl_2(OH)_6]X^{n-}_{1/n} \cdot nH_2O$（X＝$Cl^-$、$Br^-$、$OH^-$、$NO_3^-$、$SO_4^{2-}$）的过程。依据晶体结构分析，锂离子可以进入 $Al(OH)_3$ 结构的有序空位，形成稳定的空位嵌入型锂铝氢氧化物（LiAl-LDH）[95,96]。$Li^+$ 可以进入 $Al(OH)_3$ 晶格，占据八面体空穴，而体积较大的碱和碱土金属离子由于空间效应而不能进入，从而使得其对锂具有选择性。虽然 $Mg^{2+}$ 的离子半径（72pm）与 Li 的离子半径（76pm）相似，但 $Mg^{2+}$ 容易与水分子结合形成水合离子（$[Mg(H_2O)_6]_2$），离子半径增大到 428pm，Li 只能形成半径为 382pm 的水合离子，水化自由能远小于 $Mg^{2+}$（Li 为 515kJ/mol，$Mg^{2+}$ 为 1922kJ/mol）。

本书著者团队进一步采用反应 / 分离耦合技术从高钠卤水中提取锂，利用锂基 LDHs（LiAl-LDH）的离子识别结构特征，从提镁后高钠卤水中选择性捕获锂离子，使锂离子进入固相，而钠离子留在液相[95]。通过脱锂反应将 LiAl-LDH 中的锂离子脱出，转变为锂空位型 $Al(OH)_3$ 相，$Al(OH)_3$ 是有序空位型吸附剂，具有可容纳锂离子的 $AlO_6$ 八面体有序晶格空位，可用于选择性捕获锂离子或从盐湖卤水中提取锂同时制备氢氧化铝[96]。该研究实现了从预合成的 LiAl-LDH 中提取回收锂资源，利用固相产物对锂的记忆效应吸附卤水中锂离子，并能恢复到 LiAl-LDH 相，完成循环过程。吸附反应中将锂捕获到 $AlO_6$ 的晶格空位中，$Cl^-$ 插入到层间，形成了 LiAl-LDH，吸附容量为 22.94mg/g，脱附后锂回收率达到 96%。滤液中 Li 浓度为 141.6mg/L，锂回收率为 86.2%。证实了 LiAl-LDH 在选择性捕获锂离子中具有关键作用，拓宽了该方法的适用性。由于该反应是在温和条件下于纯水介质中进行的，不使用任何酸性或碱性溶液，因此适合作为一种从盐湖卤水中提取锂资源的新技术，可进行工程放大。

华东理工大学于建国等[97]研究了具有结构缺陷的 $LiCl \cdot 2Al(OH)_3 \cdot nH_2O$ 吸附剂，从高 Mg/Li 比盐水中提取锂，吸附容量约为 7 ~ 8mg/g，即使卤水中含有高浓度的 $MgCl_2$，吸附剂对锂仍具有选择性，有望从高 Mg/Li 比的盐湖卤水中回收锂。在固定床柱中填充成型吸附剂，模拟锂离子从盐水中的吸附，并研究了锂的突破曲线。研究发现初始锂浓度、床层高度和进料流量对柱吸附性能有显著影响[98]。为了模拟和预测锂的吸附曲线，建立了均匀的表面扩散模型，为盐湖卤水提锂固定床柱吸附的设计和放大提供了技术支持[99]。

层状锂离子捕获材料作为一种高性能绿色吸附剂，适用于高 Mg/Li 比盐湖卤水提锂工艺，具有优异的锂选择性、较高的理论锂吸附容量和较好的循环性能，从而引起了人们的广泛关注。虽然该吸附剂可以有效地分离镁和锂，但吸附容量偏低，需要进一步优化制备工艺。

# 第三节
## 对有机分子的吸附增溶

在 LDHs 的众多衍生物中，有机阴离子插层 LDHs（Organo-LDH）是研究最广泛而且最受关注的一类 LDHs 材料。有机阴离子一经插层至 LDHs 主体层间，不但可以显著提高和/或改变有机物的各种物化性质，而且可以综合 LDHs 本身固有的特点和有机物本身的特征，从而满足实际应用中的多种需求。

### 一、链状分子的吸附增溶

近年来，LDHs 作为聚合物基体的填料，以提高其阻燃性能和力学性能受到越来越多的关注。然而，无机 LDHs 由于其亲水性表面而不能很好地分散在疏水聚合物基体中。一种解决方案是通过将阴离子表面活性剂，如十二烷基硫酸钠（SDS）、十二烷基苯磺酸钠（SDBS）和十六烷基硫酸钠（SHS）等阴离子表面活性剂嵌入到它们的层间空间，从而将无机-LDH的亲水性转变为疏水性质。

Ray L. Frost[100] 提出了一种简单而有效的合成十六烷基硫酸钠（SHS）插层LDHs（CaAl-LDH-SHS）的方法。SHS是一种常用的表面活性剂，被用作有机改性剂。在此方法中不需要进行pH或温度调整。在25℃下，以铝酸三钙为原材料通过SHS离子层，在2h内成功地制备了CaAl-LDH-SHS。

另外将有机缓蚀剂封装到分级LDHs中，是一种实现高耐蚀性或获得金属基体自愈保护的新方法[101]。罗海军等[102]探索了两种环保的有机酸阴离子，天冬氨酸（ASP）和月桂酸（LA）作为缓蚀剂，通过简单的水热一步热法原地插入层状双氢氧化物ZnAl-LDH和MgAl-LDH上，用作镁合金的涂层。由于LDHs的阴离子交换，插入的ASP或LA与腐蚀性的Cl$^-$交换，Cl$^-$浓度会降低。同时在腐蚀环境中释放的ASP或其阴离子可以在镁合金表面形成缓蚀剂保护层进一步延缓腐蚀。因此有机阴离子插入的ZnAl-LDH薄膜可以显著提高镁合金的耐腐蚀性。研究结果表明，ZnAl-LA-LDH比ZnAl-ASP-LDH具有更好的吸收Cl$^-$和释放层间阴离子的能力。

## 二、含环状结构分子的吸附增溶

此外，用阴离子表面活性剂等有机阴离子对亲水性LDHs进行改性，可以使其疏水，显著改善疏水有机污染物的吸附性[49]。迄今为止，关于有机LDHs作为多环芳烃从水溶液中的吸附剂的潜在用途的文献尚不多见。

钱光人等[49]通过共沉淀合成了十二烷基硫酸盐阴离子插层的镁铁层状双氢氧化物（MgFe-DS-LDH），研究了疏水有机污染物（萘、硝基苯、苯乙酮）的吸附特性和机理，并与无机镁铁层双氢氧化物（MgFe-CO$_3$-LDH和MgFe-NO$_3$-LDH）的吸附特性进行了比较。MgFe-DS-LDH对疏水性（萘、硝基苯、苯乙酮）和亲水性（苯胺）等有机物的吸附能力远大于MgFe-CO$_3$-LDH和MgFe-NO$_3$-LDH。对于疏水性化合物萘、硝基苯和苯乙酮，有机分子通过分裂机制分布到层间形成的有机相中，这种分离过程也会受到有机污染物与DS之间的弱相互作用的影响，因此吸附过程有极性选择性。对于亲水性化合物苯胺，其吸附过程似乎有两种机制相配合，苯胺通过氢键被强烈地吸附在氢氧化物层的内表面和外表面，并较弱地分布到有机相中。

R. Celis等人[103]通过将有机阴离子十二烷基硫酸盐（DDS）嵌入MgAl-LDH (HT)中，制备了一种纳米复合材料(HT-DDS)，成功合成的有机LDHs (HT-DDS)对六种疏水化合物（如菲、蒽、氟蒽和芘等）的吸附具有较高的亲和力，吸附过程具有很大的不可逆性。这些结果表明LDHs表面的性质从亲水性转变为疏水性增加了其对非常疏水有机化合物的亲和力。另外，测试 HT-DDS 纳米复合材料作为土壤中多环芳烃的固定剂或屏障的实验表明，在 HT-DDS 修正土壤中多环芳烃吸附的数量取决于 HT-DDS 的应用量，以及多环芳烃的性质。根据土壤-水和 HT-DDS-水的独立吸附行为，在 HT-DDS 修正土壤中的吸附率随预期而增加，纳米复合材料 HT-DDS 也可用作受污染土壤的修正物或屏障，用来增强多环芳烃的土壤保留能力和降低其迁移率。

# 第四节
# 重金属离子超稳矿化

## 一、重金属污染现状

近年来，伴随着工业领域的迅猛发展，冶金、采矿、电镀、皮革等行业扩张迅速，含有重金属的废水及废渣的排放量急剧增加，这些危害废物的未达标排放及不合理放置是导致水体中重金属含量超标的主要原因之一。使用含有大量重金属离子的污染水进行农田灌溉又导致土壤中重金属含量超标，进而导致粮食中重金属含量超标。重金属含量超标的水和粮食经过食物链进入人体内，对人的生命健康造成了严重威胁。

重金属土壤污染形势：2014 年 4 月 17 日，国家环境保护部和国土资源部发表的土壤调查公报显示，全国土壤污染总超标率 16.1%。耕地污染点位超标率达19.4%，根据我国耕地总数计算，被污染的耕地面积超 4 亿亩（1 亩 $= 666.7m^2$），其中主要污染物为重金属，点位超标率为 82.4%，所涉及的重金属主要有镉、汞、砷、铜、铅、铬、锌和镍。土壤污染导致粮食污染进而威胁到人的生命健康，近年来"镉大米""砷大米"等粮食污染事件频发，极为严峻的形势已引起党中央和国家高度重视，2020 年 9 月，习总书记在科学家座谈会上指出"一些地区农业面源污染、耕地重金属污染严重"，土壤修复工作迫在眉睫。

## 二、重金属离子污染修复

### 1. 水污染修复技术

近年来，伴随着科学技术的快速发展以及人们对水污染认识的不断深入，水污染修复技术也在进步更新。目前应用较广的水污染修复技术主要包括化学沉淀法、离子交换法、膜分离法、电渗析法、吸附法、生物絮凝法等。与其他修复方法相比，吸附法因其操作简单、应用范围广、成本较低等优势在水污染治理方面占有明显优势[104-106]。在吸附过程中，吸附效率主要受制于吸附材料[107,108]，如在吸附过程中，带有电荷的重金属污染物主要通过静电吸引作用吸附在吸附剂的表面，因而吸附材料所带电荷的种类和电荷的多少在很大程度上决定了吸附能力的高低；在吸附过程中，一些重金属污染物可通过与吸附材料表面的官能团形成化学键吸附在吸附材料的表面，因此吸附材料表面所带官能团的种类及数量在吸附过程中也起着重要的作用；此外，吸附材料比表面积的大小与吸附位点数量的多少直接相关，进而决定了吸附性能的高低；材料的孔径大小及孔径分布也是决定吸附材料吸附性能优劣的重要因素。在应用过程中，大部分吸附材料如活性炭[109]、沸石[110]、黏土矿物[111]等，与特征污染物间的结合力较弱，导致吸附效率较低（60%～90%）[112,113]。部分高端纳米材料如石墨烯[114]、金属有机框架[115]、碳纳米管[116]等在实验过程中表现出了非常高的吸附效率，然而该类材料制备工艺及过程复杂，制备条件苛刻，导致这些材料价格高昂，规模化生产极为困难，更难以大范围应用。此外，重金属离子存在形式多样且常与其他物质共同存在，极易在吸附过程中对特征重金属离子的吸附造成干扰，导致吸附剂的吸附性能降低。因此，研制低成本、易操作、选择性高、经济环保的吸附材料是吸附法规模化应用关键。

### 2. 土壤污染修复技术

土壤重金属污染问题已经相当严峻，开发高效的修复技术和合理的治理手段极为迫切。重金属在土壤中存在的形态非常复杂，根据其存在形式或价态，通常情况下将其分为交换态和水溶态、有机结合态、铁锰氧化物态和残留态。这几种赋存状态的毒性依次降低，即处于交换态和水溶态的重金属活性最大、毒性最强，对人的危害最大，而处于铁锰氧化物态和残留态的重金属其生物活性大大降低。随着人们对土壤重金属污染的深入研究，土壤修复技术也在快速发展。根据对重金属处理形式的不同，土壤重金属污染修复技术可以分为如下三类[117-119]：

第一类技术：重金属污染土壤封闭，主要是指采用未被污染的土或一些修复材料将污染点进行覆盖或封闭，这种技术严格来讲并不是一种土壤修复技术，仅仅是采用物理方法将污染点进行隔离。

第二类技术：采用物理、化学或生物手段将土壤中的重金属移出，实现重金属离子与土壤的彻底分离，达到污染治理的目的。该类技术主要有原位/异位土壤淋洗技术、电动力修复技术和植物/微生物修复技术等。

第三类技术：采用物理或化学手段（物质）将重金属固定，该技术并非将重金属移出污染源，而是将土壤中的重金属固定或固化，降低其移动性和生物可利用性，使其不能迁移至水、植物、微生物等，切断了重金属的迁移路线，达到修复的目的，该类技术主要有固化／稳定化技术、热处理技术、氧化还原技术、污染土壤玻璃化技术等。

在实际应用过程中，第二类技术治理彻底但工程量极大，修复处理成本高，极易破坏原土壤结构造成营养损失；第三类技术工程量小，成本低，见效快且不破坏土壤结构[120,121]。在 2017 年 12 月 26 日，科技部、环境保护部、农业部等 6 部门共同发布的"土壤污染防治先进技术装备目录"中共有 4 项关于耕地重金属污染修复的技术，其中 3 项技术与原位钝化技术相关，表明重金属原位钝化方法已经得到了行业内的普遍认可。

在土壤重金属原位钝化技术中，重金属钝化剂是核心。近年来，经过众多科研工作者的不懈努力，在土壤重金属钝化剂的研制方面取得了不错进展：Sun 等人[122] 合成了纳米羟基磷灰石，通过化学吸附和沉淀共同作用于土壤中的 Cu 和 Zn，结果表明能有效降低重金属在黑麦草中的富集；Xie 研究组[123] 制备了铁的氧化物和氢氧化物复合材料，通过 Fe 与 As 之间的氧化还原电势差，将毒性强的 As(Ⅲ) 氧化成相对稳定低毒的 As(Ⅴ)；Okkenhaug 等人[124] 研究发现将石灰石和所合成的纳米氢氧化铁复合后，通过对重金属 Pb 和 Sb 吸附、共沉淀及内在络合等作用，可以将土壤孔隙水中的 Sb 和 Pb 量分别降低 66% 和 97%。然而，由于土壤组成的复杂性及污染源的多元性，在重金属污染的土壤中，不仅存在多种重金属离子，而且还存在着大量对土壤无害甚至有利的其他离子，而目前常见的土壤重金属钝化剂如有机碳[125]、海泡石[126]、坡缕石[127] 等，其活性组分单一，在作用过程中以物理吸附和静电引力吸附为主，相互作用力弱，对重金属离子的选择性差，易脱附，导致钝化剂用量增加且使用频繁，推高了使用成本，成为了制约重金属原位钝化技术发展的瓶颈。因此，研制具有多元钝化方式、选择性高、结合力强、绿色安全的新型土壤重金属钝化剂已成为目前土壤重金属污染修复领域亟待解决的问题。

## 三、LDHs在重金属离子水污染方面的应用

LDHs 是由主体层板及层间客体通过插层组装而形成的阴离子型层状材料[6,57,68]。基于主体层板及层间客体的组成、种类的可调变性，LDHs 具有极大的结构和组成设计空间，衍生出了系列无机 - 有机复合功能材料，构成了庞大的插层材料家族。在环境保护[128-130]、光电催化[131-134]、生物医药[135-137] 等领域已表现出良好的应用前景，部分产品已商品化。在重金属污染物去除领域，LDHs 材料也有不俗表现，颇受科研工作者青睐。作为典型的层状主客体二维材料，LDHs 具有与水镁石类似的结构：层板由六配位的金属氢氧化物共用棱边构成，其中，

主体层板中的二价金属阳离子可在一定比例范围内被三价的金属阳离子取代，使得层板带正电荷；层间客体阴离子所带的负电荷与层板所带的正电荷平衡，使得LDHs 材料整体呈电中性。随着制备技术的进步，LDHs 主体层板中的金属元素种类已拓展到三种、四种甚至更多种，层板中所含金属离子的价态也由常见的正二价、正三价组合发展到多重价态的组合。

与其他吸附材料相比，LDHs 独特的结构使得其在重金属离子去除方面具有明显优势（图 5-4），例如，LDHs 层间阴离子的可交换性及结构记忆效应可将以酸根形式存在的重金属离子锁定在 LDHs 层间；通过 LDHs 层间客体的可调变性将功能性客体引入层间，通过客体中的特殊官能团与重金属配位实现污染物去除；LDHs 的碱性可使部分重金属离子以氢氧化物沉淀的形式去除；LDHs 层板中的缺陷位及同晶取代效应可选择性地将重金属离子锚定在层板中。因此，与其他吸附材料相比，LDHs 具有更多方式实现对重金属污染物的去除。

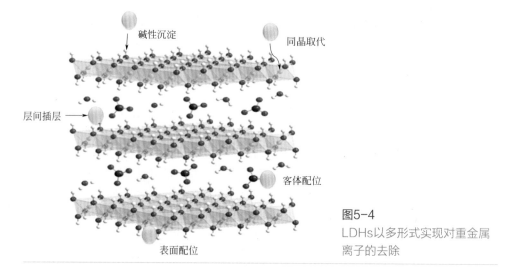

图5-4
LDHs以多形式实现对重金属离子的去除

## 1. 层间离子交换去除水中重金属离子

LDHs 层间阴离子具有可交换性，基于该特点可通过离子交换的形式将重金属离子配合物阴离子引入 LDHs 层间，实现对重金属离子的去除。由于不同阴离子所带电荷、结构尺寸、元素组成等差异使得不同种类的阴离子进入层间时存在优先顺序。在常见无机阴离子中，$CO_3^{2-}$ 与层板的结合力较强，不易被其他阴离子交换；而当 LDHs 层间阴离子为 $NO_3^-$ 和 $Cl^-$ 时，这些阴离子与 LDHs 层板的结合力较弱，可通过层间离子交换的方式将重金属阴离子配合物引入 LDHs 层间实现对重金属离子的去除。如 Li[138]采用水热法制备了 $NO_3^-$ 插层的 MgAl-LDH 用于去除溶液中的 Cr(Ⅵ，$CrO_4^{2-}$)。在去除 Cr(Ⅵ) 的过程中，XRD 分析结果表明

MgAl-LDH 的层间距在重金属离子去除后明显变大，结合 XPS 及 FT-IR 等分析手段，证明 Cr(Ⅵ) 离子主要通过离子交换的方式与层间的 $NO_3^-$ 发生了置换，进入了 LDHs 层间。此外，由于 LDHs 表面具有丰富的—OH，在不同的 pH 条件下容易发生质子化（$—OH_2^+$）和去质子化（$—O^-$）反应，在去除 Cr(Ⅵ) 的过程中，LDHs 表面的 $—OH_2^+$ 和 $CrO_4^{2-}$ 形成表面配合物，增大了 LDHs 对 Cr(Ⅵ) 的去除量；Lu[139] 通过焙烧复原的方法将具有氧化性的过硫酸根引入 MgFe-LDH 层间 (MgFe-$S_2O_8$/LDH)，研究发现该材料在处理含 As(Ⅲ) 废液的过程中可将 As(Ⅲ) 完全转变成 As(Ⅴ)。当 MgFe-$S_2O_8$/LDH 的用量为 0.5g/L 时，废液中 As 的浓度由 1mg/L 快速降低至 10μg/L 以下，达到了世界卫生组织（WHO）对饮用水中 As 含量的要求。该吸附剂的吸附机理包含两个方面：首先，MgFe-$S_2O_8$/LDH 在溶液中原位将 As(Ⅲ) 氧化为低毒性、易吸附的 As(Ⅴ)；随后，通过层间离子交换将 As(Ⅴ) 固定在 LDHs 层间，达到吸附 As 的目的。

基于 LDHs 具有层间阴离子可交换性的特点，一些以阴离子团形式存在的重金属离子（如 $H_2AsO^-$、$CrO_4^{2-}$、$Cr_2O_7^{2-}$ 等）可通过层间阴离子交换的方式进入 LDHs 层间，实现重金属离子的去除。影响去除效果的主要因素概括如下：

① LDHs 原有的层间阴离子的种类。由于不同的阴离子与 LDHs 层板的结合力存在明显差别，导致通过层间阴离子交换去除重金属离子的能力相差较大，如 $CO_3^{2-}$ 与 LDHs 的结合力很强，很难通过层间阴离子交换的方式实现重金属离子的去除，而 $NO_3^-$ 则较为容易地从层间脱离实现层间阴离子交换。因而在重金属离子去除的过程中对 LDHs 层间阴离子的种类需要予以关注，可通过调控合成方法制备含有容易脱离层间的阴离子插层 LDHs 来实现对带有负电荷的重金属离子的去除。

② LDHs 层板元素组成。由于 LDHs 层板元素具有丰富的可调变性，通过构筑与待去除重金属离子有强相互作用的金属离子层板，可有效提高 LDHs 对重金属离子的去除能力，如 Fe(Ⅱ)、Zn(Ⅱ) 对 Cr(Ⅵ)、Fe(Ⅲ) 对 As(Ⅲ) 等。此外，LDHs 层板中各元素的比值对其去除重金属的能力也有明显影响，主要原因在于不同组成比例的 LDHs 层板所具有的电荷密度不同，使得层间阴离子排列方式发生变化，进而导致层间距不同，影响了重金属离子进入层间的能力。

③ LDHs 的结构。LDHs 作为一种荷电性层状材料，容易在 c 轴方向堆叠导致其表面位点利用率降低，因而在合成过程中可通过合成方法或引入适当表面活性剂减少 LDHs 在 c 轴方向的团聚，增大活性位点的暴露，提高对重金属离子的去除能力。

### 2. 层间客体配位作用去除重金属离子

重金属离子通常可与一些有机分子形成配合物且结合力较强，如乙二胺四乙酸（EDTA）[140,141] 等。利用 LDHs 层间客体可调变的特性将这些功能性有机分子引入层间，借助功能性有机分子中特殊的官能团或化学键与重金属离子键合，可提高选择性和去除量。如磺化螯合剂铬变酸（CTA）对 Cr 有特异性，可用于去除溶液中的 Cr(Ⅵ)。然而，CTA 只有在 pH 低于 5 时才能更好地发挥其配位作用[142]，在较高 pH 值时容易团聚导致其与 Cr 的配位能力下降，限制了在实际中的应用。Song[143] 采用成核晶化隔离法将 CTA 引入 ZnAl-LDH 层间，由于 LDHs 的层间限域作用使得 CTA 分子以一定的角度有序排列在 LDH 的层间。插层后所得 ZnAl-CTA/LDH 复合材料在中性条件下对 Cr(Ⅵ) 依然表现出优异的去除性能：最大去除量达到了 782mg/g，Co、Mg、Ni 和 Cd 等离子对其选择性去除 Cr(Ⅵ) 性能无明显影响。

除有机配合物外，多硫化物中的 S 也能够与多种金属离子形成稳定的 M—S 键，因此，多硫化物也常用于重金属离子的去除。Kanatzidis[144] 通过离子交换的方法将 $MoS_4^{2-}$ 引入 MgAl-LDH 层间，LDHs 的层间限域作用使得 $MoS_4^{2-}$ 在层间有序排列，避免了聚集，提高了反应活性。在对 As 的去除过程中，利用 S—As 键的形成实现对 $HAsO_3^{2-}$ 和 $MAsO_4^{2-}$ 的高效去除：当 As(Ⅴ) 的初始浓度为 $10\times10^{-6}$ 时，在 5min 内即对 As(Ⅴ) 的去除率达到 99%，若将其浓度降至 $10\times10^{-9}$，去除效果可达到饮用水的要求。值得注意的是，在 As(Ⅴ) 的去除过程中，当 As(Ⅴ) 初始浓度为 $10\times10^{-6}$ 时，As(Ⅴ) 与 S 反应并未引起 LDHs 层间距的变化，而当初始浓度为 > $50\times10^{-6}$ 时，层间距由初始的 1.07nm 减小到 0.87nm，在去除 As(Ⅲ) 时也有类似的现象出现。其原因在于重金属离子 As(Ⅴ)/As(Ⅲ) 初始浓度较高时，LDHs 层间的 $MoS_4^{2-}$ 与 As(Ⅴ) 形成了新的阴离子配合物 $[(HAsO_4)\cdot(MoS_4)\cdot(HAsO_4)]_6^-$，而并非是层间的 $MoS_4^{2-}$ 与 As(Ⅴ) 发生离子交换反应。该材料除了对 As 表现出高效的去除能力之外，对 $CrO_4^{2-}$ 也表现出优异的去除性能，但去除机理不同：在去除 Cr(Ⅵ) 过程中，$MoS_4^{2-}$ 与 Cr(Ⅵ) 发生氧化还原反应生成了 Cr(Ⅲ)，进而通过 Cr—S 配位键与 $MoS_4^{2-}$ 相结合，部分 $S^{2-}$ 被氧化成 $SO_4^{2-}$。除了对重金属阴离子配合物有高效的去除能力外，$MoS_4$-LDH 还可以通过 M—S 键直接去除重金属离子，如 MgAl-$MoS_4$/LDH 对 $Hg^{2+}$ 的去除量达到了 500mg/g[79]。与重金属阴离子配合物类似的是当重金属离子的浓度较低时，重金属离子与 $MoS_4^{2-}$ 在层间形成 $[M(MoS_4)_2]^{2-}$，当重金属离子浓度较高时，则会形成无定形的 $M(MoS_4)$ 沉淀。

层间阴离子与重金属离子间的配位作用显著提升了 LDHs 去除重金属污染物的性能，其原因总结如下：首先，相比于层间离子交换，在该去除方式中与重金属离子具有配位作用的功能有机分子捕捉重金属离子的能力更强；其次，由于 LDHs 的层间限域作用，功能有机分子在 LDHs 层间呈现出有序排列，避免了团聚，提高了捕捉重金属离子的效率。构筑该类材料的关键在于通过仔细分析待去除污染物的化学性质及特点，进而设计或筛选更有针对性的有机功能分子进行插层以获得功能性无机 / 有机杂化材料，提高去除污染物的能力。然而，对于该类材料虽然其去除目标污染物的能力有明显提升，但是在构筑功能有机分子插层 LDHs 时，由于制备过程较为复杂、条件比较苛刻，限制了其在实际中的应用。

此外，对于一些有机功能分子其本身也是环境污染物，而在插层材料的合成过程中通常需要加入高于理论插层量的有机分子，造成一定量的功能有机分子流失，不仅增加了制备成本也存在污染环境的风险。因此，如何设计高效的制备策略实现低成本、绿色化合成该类材料是需要重点关注的问题。

### 3. 形成难溶物去除水中重金属离子

作为双金属复合氢氧化物，LDHs层板表面拥有丰富的羟基，表现出一定的碱性，而层板元素组成不同，其碱性大小存在差异。因此将LDHs加入到水溶液中时，溶液的pH值会有不同程度的增高。在去除重金属离子的过程中，由于溶液的pH升高使得部分重金属离子以沉淀的形式析出。例如，当采用MgAl-CO$_3$/LDH处理Cu$^{2+}$和Pb$^{2+}$时[145]，Cu$^{2+}$会形成碱式氯化铜沉淀［Cu$_7$Cl$_4$(OH)$_{10}$•H$_2$O］并伴随部分LDHs的分解，而Pb$^{2+}$则会形成PbCO$_3$、PbCl$_2$和Pb(OH)Cl沉淀。当用ZnAl-LDH处理Pb$^{2+}$时则会形成PbCO$_3$。

LDHs在沉淀重金属离子的过程中，除了通过提高溶液的pH使得重金属离子形成相应的沉淀物之外，部分重金属离子还可通过同晶取代作用进入LDHs层板形成含有重金属的LDHs。Rojas[38]通过成核晶化隔离法制备了不同粒径大小的MgAl-CO$_3$/LDH，在Cu$^{2+}$去除实验中发现MgAl-CO$_3$/LDH层板中的Mg$^{2+}$可被Cu$^{2+}$取代，形成Cu基LDHs。其原因在于Cu$^{2+}$的离子半径（0.87nm）和Mg$^{2+}$的离子半径（0.86nm）非常接近，且Cu(OH)$_2$的溶度积常数（$K_{sp}=2.2\times10^{-20}$）远小于Mg(OH)$_2$的溶度积常数（$K_{sp}=1.8\times10^{-11}$）。因此，Cu$^{2+}$在MgAl-CO$_3$/LDH的边缘部位可以与LDHs层板中的Mg$^{2+}$发生同晶取代反应。此外，由于LDHs的边缘部分活性比较高，Mg$^{2+}$易于脱出，所以同晶取代优先从边缘部位开始。在探究LDHs粒径大小对去除性能影响的实验中，发现LDHs的粒径越大，Cu$^{2+}$取代Mg$^{2+}$的速率越慢，原因在于LDHs粒径越小，其活性越高，Mg$^{2+}$从LDHs层板中脱出受到的阻碍越小。以LDHs去除Co$^{2+}$、Ni$^{2+}$和Zn$^{2+}$等金属离子的过程中也发现了同晶取代现象[39,146-148]，即在去除过程中分别形成了CoAl-LDH、NiAl-LDH和ZnAl-LDH。

由上述结果可以看出，该类去除重金属离子的方式并非传统意义的吸附，而是将重金属离子通过化学反应形成沉淀或者通过同晶取代将重金属离子锚定在LDHs层板的晶格中。与金属离子的碳酸盐或氢氧化物相比，LDHs的$K_{sp}$更小（数十个数量级的差别），因而，基于该方法可迅速将溶液中的重金属离子的浓度降至极低，且当重金属离子被锚定在LDHs层板中时其析出能力受到极大限制，能够稳定存在。此外，对于同晶取代来说，由于重金属离子进入到LDHs层板晶格中，而层板中各元素间主要为共价键作用，因此进入层板中的金属离子需要满足一定条件才可能发生该类反应，如所带电荷、离子半径、配位结构等，因而该类方法的选择性得到极大提升。但是，由于进入LDHs层板中的必须是金属离子，因而一些以阴离子团存在的重金属离子（如 $AsO_4^{2-}$，$Cr_2O_7^{2-}$ 等）就难以通过该方法去除。同时，在设计该类 LDHs 时需要考虑同晶取代前后 LDHs 的 $K_{sp}$：如 $K_{sp反应前} > K_{sp反应后}$，则同晶取代难以发生；若 $K_{sp反应前} < K_{sp反应后}$，从热力学角度该过程可以发生，其反应速率受待去除金属离子的粒径尺寸、配位结构、反应体系的酸碱度等因素制约。

## 四、LDHs在重金属土壤污染治理方面的应用

鉴于 LDHs 在治理重金属离子污染水方面的优异表现，近年来研究人员开始探索使用适合的 LDHs 用于土壤重金属污染原位修复，部分产品已应用于实际土壤修复工程中，修复效果显著。

### 1. 吸附-沉淀实现土壤中重金属钝化

Qian 等[149]通过共沉淀法制备了 CaMgFe-LDH 作为原位修复剂用于稻田中的 As(Ⅲ) 污染修复。在含有 0.048mg/L As(Ⅲ) 的废水溶液中的吸附实验结果表明 CaMgFe-LDH 对 As(Ⅲ) 的吸附量为 16mg/g。通过对所得产物分析可知 CaMgFe-LDH 是以多种形式实现 As(Ⅲ) 的去除：层间离子交换使得部分 As(Ⅲ) 进入 LDHs 层间，部分 As(Ⅲ) 与 $Ca^{2+}$ 发生反应形成 $Ca(H_2AsO_3)_2$，同时由于 $CO_3^{2-}$ 的存在部分 $Ca^{2+}$ 会形成 $CaCO_3$，进一步与 As(Ⅲ) 反应生成 $CaHAsO_4$ 沉淀。在砷污染土壤修复实验中发现加入 CaMgFe-LDH 40d 后，As 的固定效率达到了 47%，表现出非常好的应用前景。Barbora 等[150]合成了 Mg/Fe 摩尔比为 4 的 MgFe-LDH，在 450℃ 和 550℃ 下煅烧得到复合金属氧化物 CLDH-450 和 CLDH-550。结果表明 MgFe-LDH、CLDH-450 和 CLDH-550 对 As(Ⅴ)、Pb(Ⅱ) 和 Zn(Ⅱ) 均表现出良好的吸附效果。由于污染物种类不同，去除的机理也不尽相同，对 As 的去除主要通过吸附和层间插层，对 Pb 的去除主要是通过吸附和表面诱导沉淀，对 Zn 的去除主要通过吸附、表面诱导沉淀及同晶取代。在土壤修复的实验过程中 LDHs 和 CLDHs 的差距比较明显，以 As 为例，以 LDHs 为修复剂时，10 周时间内对 As 的有效固定达到了 50%，而 CLDHs 在相同条件下对 As 的有效固定仅有 14%，性能差别较大，表明在土壤修复中 LDHs 具有比较好的优势。

与水系统相比，土壤系统组分更为复杂，干扰吸附剂性能的因素更多。例如土壤中存在的大量 $CO_3^{2-}$ 和 $SO_4^{2-}$ 可能会对 LDHs 吸附重金属离子的性能造成干扰。Bagherifam 等[151]以 ZnAl-LDH 为例，研究了 $CO_3^{2-}$ 和 $SO_4^{2-}$ 的存在对 As(Ⅲ) 和 As(Ⅴ) 吸附性能的影响，土壤吸附实验结果表明 $CO_3^{2-}$ 和 $SO_4^{2-}$ 的存在使得 ZnAl-LDH 对 As 的固定效率略有下降，$CO_3^{2-}$ 的影响更大一些。如对 As(Ⅲ) 的固定率由 69% 降低到了 54%。作者将其归因于分子尺寸的原因：$CO_3^{2-}$ 和 $SO_4^{2-}$ 比 As(Ⅲ) 更容易进入 LDHs 的层间。但无论是 $CO_3^{2-}$ 还是 $SO_4^{2-}$ 的存在对 As(Ⅴ) 的固定并

没有显著影响，可能与 As(V) 的结构有关。上述结论与其他研究者的实验现象并不一致，如 Ardau 等[152] 研究发现 $CO_3^{2-}$ 的存在明显影响了 ZnAl-LDH 对 As 的固定，其固定率由 90% 降低到了 60%。因此，共存离子对 LDHs 吸附性能的影响因素应该是多方面的，具体情况还需进一步探究。

### 2. 氧化还原-沉淀实现重金属钝化

污染物如 As、Cr 在土壤中通常存在多种价态，其毒性和移动性因所处的价态不同而显示出明显的差异。在处理该类重金属污染物时可利用氧化还原反应降低污染物的毒性，抑制其植物可利用性和移动性，LDHs 层板组分的可调变性为这一修复策略提供了可能。Qiu[153] 通过控制合成条件制备了 FeAl-LDH，并应用于 Cr 污染土壤的修复。实验结果表明当 Cr 的初始浓度较低时其固定率达到 99% 以上。机理研究表明当 Cr(VI) 被吸附到 FeAl-LDH 表面时，FeAl-LDH 中的 $Fe^{2+}$ 可与 Cr(VI) 发生氧化还原反应，形成 Cr(III) 和 $Fe^{3+}$。所形成的 $Fe^{3+}$ 和 $Al^{3+}$ 在 $OH^-$ 的作用下发生化学反应生成了 $Fe(OH)_3$、$Fe_2O_3$、$Al(OH)_3$ 和 $Al_2O_3$。处于低价态的 Cr(III) 在上述物相转化的过程中以沉淀的形式被固定，其植物可利用性明显降低，达到修复的目的。

### 3. 同晶取代实现重金属离子的超稳矿化

由于土壤中重金属污染物的毒性主要取决于重金属的赋存状态，当重金属处于沉淀状态时其生物有效性则明显降低。因此，通过选用合适的矿化剂将重金属离子形成具有极低溶解度的矿物形式，其浸出性和生物有效性则会明显下降，实现治理的长效性。研究表明当重金属离子为碳酸盐时，重金属的生物有效性已开始受到抑制[154-155]，由于 LDHs 的特殊结构，其 $K_{sp}$ 远低于相应金属的碳酸盐或氢氧化物[156]，因此，若能将重金属离子矿化成相应的 LDHs，有望解决原位修复技术所面临的两大关键问题：① LDHs 具有超低的 $K_{sp}$（比相应的碳酸盐或氢氧化物小数十个数量级），被锚定在 LDHs 晶格中的重金属离子难以游离出来，有望解决重金属离子易脱附再次形成污染的难题，实现长效治理；②重金属离子矿化成 LDHs 的过程中主要依靠配位不饱和键及晶格匹配，提高了抗干扰能力，有望解决常规修复剂选择性差的难题。

以 CaAl-LDH 修复剂为例[4]，在水体系中，CaAl-LDH 通过同晶取代及溶解-重构的方式能够迅速将溶液中的 $Cd^{2+}$ 矿化成 CdAl-LDH（$t<2min$），当 $Cd^{2+}$ 的初始浓度为 120mg/L 时，最大去除量达到 548mg/g，远超目前所报道的绝大部分材料对镉的去除能力；在土壤测试体系中，采用 CaAl-LDH 修复剂原位修复 7d 后，土壤中 Cd 的有效态含量由 0.482mg/kg 降至 0.023mg/kg，下降幅度达 95.2%；修复 14d 后土壤中 Cd 的有效态含量由 0.467mg/kg 降至 0.018mg/kg，降幅为 96.1%；28d 后，Cd 的有效态含量由 0.473mg/kg 降至 0.015mg/kg，降低了 96.8%。以上数据表明 CaAl-LDH 土壤修复剂能够在短时间内大幅降低土壤中 Cd 的有效态含量，7d 基本达到平衡状态，表现出优异的钝化性能。在实际应用过

程中，修复示范田所生产的小麦中的镉含量明显低于国家相关标准，经过一次修复，已连续三年满足相关要求，修复效果显著（图 5-5）。基于此，本书著者团队与清华大学合作首次提出"超稳矿化结构"概念，并揭示了重金属离子经同晶取代形成超稳矿化结构的作用机制。

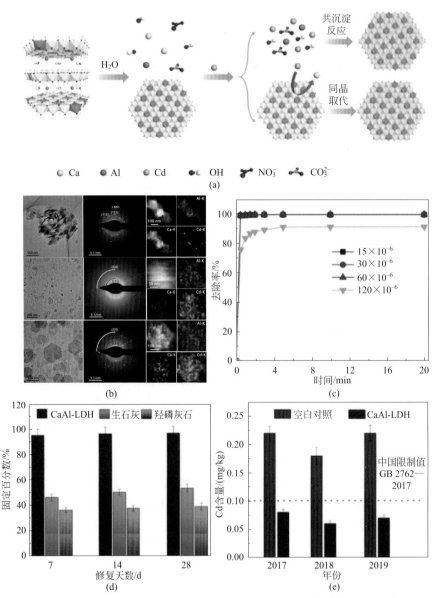

图5-5 以CaAl-LDH为修复剂实现对土壤中镉的超稳矿化作用[4]

# 第五节
# 超分子插层结构功能吸附材料应用实践

## 一、水体净化工程实践——焦化脱硫废液处理

　　钢铁冶金是国民经济重要支柱产业，而焦化为其提供必不可少的焦炭，2013年我国焦炭产量达 4.78 亿吨，但每生产 1t 焦炭会产生 10kg 脱硫废液，现我国每年脱硫废液达 470 多万吨。在炼焦过程中产生的废液成分复杂，属于典型难降解、有毒有害的高浓度废水，其含有大量的高毒、高腐蚀性硫氰酸盐等无机盐，及硫黄、焦油和催化剂等数十种杂质，这种废液的滥排易造成周边水生态、土壤和植被的破坏[42,157-159]。2014 年工信部修订的《焦化行业准入条件》规定了严格的此种废液的处理标准，并将之列入 2016 年 6 月颁布的《国家危险废物名录》（代码 HW11-252-014-11）。此种废液是世界公认的焦化行业污染最严重、最难处理的废水，严重影响焦化企业的生存和关系到国民经济多行业的可持续发展，是焦化产业中的核心技术难题之一[160,161]。脱硫废液中高浓度硫氰酸盐、硫代硫酸盐等无机盐的资源化是"变废为宝"的关键[162-164]。目前，国内外主要采用高能耗、非资源化的蒸发重结晶和高温燃烧制酸法处理，尚无其他工业化技术。针对《国家中长期科学和技术发展规划纲要（2006—2020 年）》中提出的相关战略目标，结合为钢铁工业提供原材料的焦化工业中的高能耗、高污染问题，研发低能耗、高效率、获得高值产品的焦化脱硫废液资源化技术是国家和行业的迫切需要。

　　硫氰酸盐（SCN⁻）具有重要的商业价值，被广泛应用于纺织、钢铁、建筑、农业和制药等领域[165-169]。同时，SCN⁻ 是一种难水解、难挥发的环境污染物。未经任何处理的含硫废水排入到环境中，会对水生生物和其生态环境造成严重危害，因为 SCN⁻ 会抑制水生植物中酶的作用，影响它的生长[159,170,171]。硫氰酸盐和硫代硫酸盐分别在制药工业和农业上具有重要的作用，因此将两者进行有效的分离具有重要的实际应用意义和商业价值[164,172]。一些传统分离这两种离子的方法，例如电渗析、湿法氧化、离子交换、生物降解等，往往成本高、效率低、易造成资源浪费[173-176]。吸附被认为是一种处理水中污染物的有效方法[177-181]，因此可采用吸附的方法来分离这两种阴离子。

　　从焦化脱硫废液中分离多种含硫阴离子是吸附步骤的关键技术难题。废液组分极其复杂，含有高达 20% 以上的化学性质（如溶解性）相似的硫氰酸盐、

硫代硫酸盐和硫酸盐。因此，在吸附处理步骤中必须实现杂阴离子的选择性吸附，否则后续步骤中不得不采用高能耗的多次重结晶方法，且产品纯度难以提高。通过发明一系列具有阴离子分离特性的多功能选择性吸附材料，则可实现脱硫废液中多种含硫阴离子的分离。Yu 等采用共沉淀方法制得镁铝 LDHs[13,42]，于 450℃ 下煅烧得到的 CLDHs。由于 $S_2O_3^{2-}$ 具有较高的电荷密度，使得 CLDHs 能够选择性吸附 $S_2O_3^{2-}$，从而将它从含有 $S_2O_3^{2-}$ 和 $SCN^-$ 的废液中分离出来。并且 $S_2O_3^{2-}$ 插层的 LDHs 可用作含硫缓释化肥，具有重要的实际应用价值：① 土壤中的 $CO_3^{2-}$ 可以逐步替换出层间的 $S_2O_3^{2-}$，使得植物能够有效地利用这些含硫离子作为硫源帮助生长，并有效减少化肥过度使用所造成的环境污染问题；② LDHs 本身具有碱性，可以中和一些酸性土壤，使得土壤的 pH 值更适合一些农作物的生长 [182,183]；③ 可作为镁源为植物提供重要的营养物质 [47]。Geng 等 [42,43] 采用尿素分解法和共沉淀两种方法制得 LDHs 前驱体，煅烧得到相应的 CLDHs，并将这两种方法制得的 CLDHs，用将吸附剂去处理同时含有 $S_2O_3^{2-}$ 和 $SCN^-$ 的废液。研究表明，这两种方法制得的 CLDHs 都对 $S_2O_3^{2-}$ 有较高的选择吸附性，特别是用尿素法制得的 CLDHs，它对 $S_2O_3^{2-}$ 的吸附率到达了 98%，而对 $SCN^-$ 离子则基本不吸附。并且相较而言，用尿素分解法制得的 CLDHs 具有更大的颗粒尺寸、更高的结晶度和更规整的形貌。对于用尿素分解法制得的 CLDHs 而言，它对 $S_2O_3^{2-}$ 的吸附主要分为两个阶段，吸附在 LDHs 的外表面和替代 $SCN^-$ 进入到 LDHs 的层间。Liu 等 [159] 以尿素作为沉淀剂，采用原位水热合成的方法，在泡沫镍上生长镍铝 LDHs 片，得到三维结构化材料。将该结构化材料在 400℃ 下煅烧后用于从含有 $S_2O_3^{2-}$ 和 $SCN^-$ 的废液中选择性吸附 $S_2O_3^{2-}$。该材料对于 $S_2O_3^{2-}$ 的最大吸附容量可达 209.4mg/g，而对于 $SCN^-$ 的最大吸附容量仅为 15.9mg/g。并且该种结构化材料易从溶液中分离，并具有可循环使用性能。

利用 LDHs 的"结构记忆"效应及其焙烧产物（CLDHs）的离子选择性吸附性能 [13,43,59,184-187]，能够从溶液中去除高电荷密度的 $S_2O_3^{2-}$ 和 $SO_4^{2-}$，保留 $SCN^-$，从而保证了硫氰酸盐的纯度在后续步骤中一次结晶即达到优等品的纯度。为了提高吸附的选择性和吸附容量，历经数千次试验对 LDHs 的制备方法进行优化，提高比表面积，改变二次粒子的结构，创造性地通过调控制备过程中的 pH 值和变温速度，调控 LDHs 的表面正电荷和缺陷，在表面形成点缺陷，增大层板电荷密度，优化焙烧条件等，使最终的 CLDHs 材料的吸附选择性与容量均明显增强。用旋转液膜反应器制备创制的 LDHs，通过调节其转速、狭缝大小控制产品的粒径及其分布，采用洗涤水套用技术解决了其工业生产水耗大的难题。创造性地采用模板技术制备高比表面积的环状 LDHs 和空心球状二次粒子，显著提高了 CLDHs 的吸附容量和固液分离性能（如图 5-6 所示）[188]。

图5-6 选择性吸附材料一次粒子（a）、二次粒子（b）及工业化产品（b）[188]

在阴离子选择性吸附材料的基础上，多组分协同使得产品的颜色和纯度得到了明显提升，后续步骤通过一步浓缩结晶即可获得高纯度产品，简化了生产工艺。表5-1给出了多功能选择性吸附材料与传统活性炭材料脱色效果的对比[188]。

表5-1 吸附材料对脱色效果和产品质量的影响[188]

| 废液种类 | 吸附材料 | 原液色度/PCU | 处理后色度/PCU | 产品外观 | 硫氰酸盐纯度% |
|---|---|---|---|---|---|
| 氨为碱源 | 活性炭 | 4236 | 197±13 | 淡绿色 | 92.7±2.2 |
| | CLDHs材料 | | 84±11 | 白色透明 | 98.6±0.4 |
| 碳酸钠为碱源 | 活性炭 | 3312 | 165±9 | 橘红色 | 91.3±1.8 |
| | CLDHs材料 | | 81±4 | 白色透明 | 98.9±0.6 |

本书著者团队经多年攻关，取得了系列关键突破，形成了焦化脱硫废液资源化技术。针对焦化脱硫废液中多种含硫无机盐分离的需求，发明了多功能选择性吸附材料，实现了含硫杂阴离子的去除：发现和利用层状双金属复合氢氧化物焙烧产物的阴离子选择吸附特性，突破了$S_2O_3^{2-}$等阴离子高效脱除难题，并解决了吸附材料的再生问题，一次结晶产品纯度>98%，回用水COD<20mg/L，突破了重结晶法难提取高纯硫氰酸盐的难题。通过"阴离子选择性吸附-胶体微粒高效金属膜分离-一次结晶提纯"工艺集成，实现了脱硫废液的资源化综合利用。

## 二、土壤修复应用实践

基于LDHs材料在重金属离子去除方面的优势，通过组成调控及生产技术创新，本书著者团队实现了具有超稳矿化结构材料的清洁制备。从2015年起，本书著者团队与中国科学院南京土壤所和相关企业合作，以CaAl-LDH为矿化剂对重金属污染的农田展开大田修复实践工作。

表5-2　Cd污染水稻田土壤LDHs修复效果（300kg/亩）

| 项目 | pH | CaCl₂-Cd /(mg/kg) | 水稻秸秆Cd/(mg/kg) | | | 水稻籽粒Cd/(mg/kg) | | |
|---|---|---|---|---|---|---|---|---|
| | | | 2016年 | 2017年 | 2018年 | 2016年 | 2017年 | 2018年 |
| C1 | 6.27 | 0.016 | 1.03 | 1.05 | 1.031 | 0.28 | 0.32 | 0.28 |
| C2 | 6.13 | 0.018 | 1.09 | 1.06 | 1.10 | 0.31 | 0.35 | 0.31 |
| C3 | 6.20 | 0.020 | 1.12 | 1.10 | 1.14 | 0.34 | 0.32 | 0.31 |
| 平均 | 6.20 | 0.018 | 1.08 | 1.07 | 1.09 | 0.31 | 0.33 | 0.30 |
| C4 | 6.87 | 0.008 | 0.53 | 0.52 | 0.55 | 0.14 | 0.15 | 0.16 |
| C5 | 6.59 | 0.007 | 0.58 | 0.60 | 0.51 | 0.13 | 0.15 | 0.15 |
| C6 | 6.65 | 0.006 | 0.63 | 0.47 | 0.56 | 0.18 | 0.12 | 0.11 |
| 平均 | 6.70 | 0.007 | 0.58 | 0.53 | 0.54 | 0.15 | 0.14 | 0.14 |
| 降低 | −0.50 | 61.11% | 46.30% | 50.47% | 50.46% | 51.61% | 57.58% | 53.33% |

表 5-2 是在江苏某地水稻田采用 CaAl-LDH 修复的效果数据，修复材料用量为 300kg/ 亩。数据表明，经 CaAl-LDH 原位修复后，土壤中的全量 Cd 没有太大变化，但 $CaCl_2$ 提取态的 Cd 含量降低了约 60%。同时在秀水 09 号水稻秸秆和籽粒中，Cd 含量与对照组相比均下降了 50% 左右，表明 CaAl-LDH 作为修复剂能有效降低水稻籽粒 Cd 的含量，修复效果显著。此外，通过对该地块修复效果的长期监测以考察其修复的长效性，结果表明当年使用 LDHs 修复后，所收获的水稻 Cd 含量即达到食品卫生标准要求，且连续三年保持在合格范围内。以上数据表明 CaAl-LDH 不仅能快速实现镉离子的矿化且具有非常好的长效性。表 5-3 给出了同一地块不同试验区，修复材料用量为 400kg/ 亩的修复效果。在水稻秸秆和籽粒中，不同的水稻品种 Cd 含量有较大差别，秀水 09 号水稻 Cd 含量与对照组相比分别下降了 85% 和 75% 以上，但是中香 1 号 Cd 含量降低微弱。因此，在 Cd 污染水稻田，采用 CaAl-LDH 有明显效果，还要考虑水稻的基因影响。2016 ~ 2018 年三年相应修复区块的水稻产量，与对照组相比，水稻产量均维持在 620kg/ 亩左右，表明修复材料的施加对水稻产量基本没有影响。以上数据表明，CaAl-LDH 对 Cd 污染水稻田表现出优异修复性能。

表5-3　LDHs用量为400kg/亩时，Cd污染水稻田土壤修复效果

| 项目 | 全量Cd/ (mg/kg) | pH | CaCl₂-Cd/ (mg/kg) | 秸秆Cd/(mg/kg) | | 籽粒Cd/(mg/kg) | |
|---|---|---|---|---|---|---|---|
| | | | | 秀水09 | 中香1号 | 秀水09 | 中香1号 |
| 对照 | 1.23±0.08 | 6.00±0.69 | 0.016±0.001 | 1.03±0.20 | 0.57±0.12 | 0.26±0.04 | 0.24±0.05 |
| LDHs | 1.40±0.06 | 6.87±0.31 | 0.008±0.002 | 0.15±0.03 | 0.55±0.01 | 0.06±0.02 | 0.19±0.03 |

2014 年我国土壤调查公报数据显示，我国耕地污染点位超标率达 19.4%，被污染面积超 4 亿亩。重金属污染较严重的有湖南、江西等地，如湖南省益阳市自古就是著名的粮食市场，其中兰溪米市是全国十大米市之一。然而，近年来由于

人为因素和地质原因的共同作用，当地耕地污染形势严峻，导致"镉大米"事件频发，使其稻米生产及销售受到严重影响，其所属多数种植区所产稻米镉含量超标，部分地区所产稻米镉含量甚至高达 0.6 ～ 0.9mg/kg（国家标准低于 0.2mg/kg），已被禁止种植水稻，土壤镉污染问题已严重影响了农业生产，造成了严重的经济损失。本书著者团队与湖南农业大学喻鹏教授团队联合，以 LDHs 为修复剂，在湖南省衡阳市衡阳县梅花村完成了 20 亩污染农田和浏阳市重金属污染农田基地 20 亩修复试验，超稳矿化材料呈现了明显的矿化降 Cd 效果，修复水稻种植土壤 Cd 含量在 0.15mg/kg，达到国家标准。试验效果包括：

衡阳地区试验，在水田中添加不同含量超稳矿化结构材料 LDHs，通过分析比较添加 0d、7d、14d、28d 后土壤中有效镉以及总镉含量的变化，发现随着超稳矿化结构材料的加入，有效镉 / 总镉的比值随着天数呈下降趋势，并且 28d 后下降率增加至 68.4%，超稳矿化结构材料的加入可以明显降低土壤中 Cd 有效态含量，随着含量的增加，固化作用更明显。

浏阳地区试验，通过添加超稳矿化结构材料，从图 5-7（a）中分析比较添加

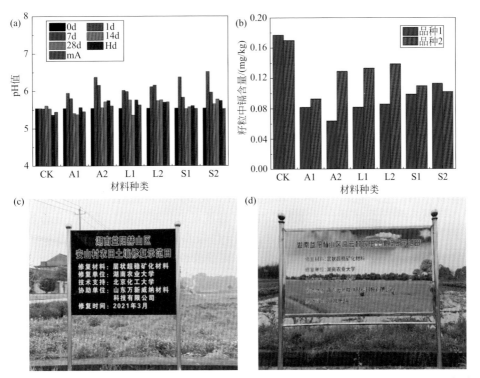

图5-7　（a）LDHs修复材料对土壤酸度的影响；（b）土壤修复后不同品种水稻的稻粒中镉含量的变化；（c）和（d）在湖南赫山区安山村和高云村实施的土壤修复示范田

Hd—抽穗期；mA—成熟期

0d、7d、14d、28d土壤中pH值变化可知，超稳矿化结构材料在添加初期能提高水稻土中pH值，但是随着时间的延长，由于酸雨、肥料的施加以及灌溉水的流通，水稻土的pH值降低。通过对水稻籽粒中镉含量分析［图5-7（b）］，超稳矿化结构材料的施加可以明显降低水稻籽粒中镉含量。其中，水稻品种1的下降率达54%，品种2的下降率达46%，其修复效果得到了用户的认可。在上述工作的基础上，本书著者团队联合湖南农业大学喻鹏教授团队于2021年3月又在湖南的赫山粮食基地进行了300余亩的重金属污染土壤修复工作［图5-7（c），（d）］，相关指标正在监测中。

白银市位于甘肃省中部、黄河上游中段，是有色金属采、选、冶炼和化工生产的工业集中区。东大沟是白银市东部的一条天然排污泄洪沟，自北向南穿过白银市区东侧，沿途汇集了主要工矿企业的工业废水及市区东部城市生活污水，最终汇入距离白银市区约22km的黄河。在长期的矿产开采、冶炼以及工业化进程中形成的重金属污染通过东大沟汇入黄河，不仅使东大沟流域农田及周围生态环境受到严重威胁，而且使流域内及下游面临水资源利用和水污染危害的严重问题。以白银市白银区四龙镇双合村重金属受污染的荞麦（苦荞）田为试验田，考察了CaAl-LDH复配凹凸棒石粉对土壤中Cu、Zn、Pb和Cd四种重金属的污染修复效果。随着LDHs用量的增加，各种重金属的酸溶态均呈下降趋势。其中Zn和Cd的酸溶态显著下降，残渣态相应升高，LDHs显示出了明显的选择性超稳矿化作用。其中，T1试验田使用150kg/亩LDHs和300kg/亩凹凸棒粉；T2试验田使用450kg/亩凹凸棒粉；T3试验田为空白对照组。结果表明：施用凹凸棒粉，能有效提高苦荞产量，对重金属吸收影响不明显。混合施用LDHs和凹凸棒土时，根、茎和籽粒对重金属吸收量均有不同程度的降低，籽粒对Cu、Zn、Cd和Pb的吸收量分别降低了23.5%、23.3%、43.9%和61.0%，表明LDHs具有修复重金属污染的优良作用。凹凸棒石纳米级多孔结构的特性、吸附性和缓释性，以及凹凸棒石本身含有植物需要的各类微量元素，对于作物增产有显著的促进作用；LDHs则可利用自身化学特性通过化学反应将土壤中的重金属超稳矿化。二者复配施用可有效钝化土壤中重金属，降低作物对重金属的吸收。

除针对粮食耕地之外，LDHs超稳矿化材料对叶菜类土壤修复也表现出显著效果。分别采用CaAl-SO$_4$-LDH、某品牌矿化菌和天然矿物对土壤进行修复。结果表明，采用0.5%的LDHs、0.18%的某品牌矿化菌和0.5%某天然矿物对菜地进行修复后，叶菜中的Cd分别下降了30.67%、0.75%和0.86%。对其他重金属，LDHs也显示出远远优于另外两个产品的修复效果。采用不同用量的CaAl-LDH修复后，芹菜、菠菜、莴苣、生菜、青菜和蕹菜中Cd和Pb的生物利用系数。其中，高累积蔬菜（分别对Cd和Pb）品种在CaAl-LDH修复后，生物可利用金属显著下降，中、低累积蔬菜品种生物可利用金属先上升后下降，这与土壤和蔬菜的物化性质相关。总体来说，CaAl-LDH 用于土壤修复后，蔬菜中的重金属含量明显下降，并达到了国家标准要求。

通过以上大田实践结果，可以得到以下结论：以 LDHs 形成超稳矿化结构为核心的原位超稳矿化修复技术在重金属污染土壤领域具有以下优势：

（1）大容量优势　施用 LDHs 所形成的超稳矿化结构（SSMS）具有极低的 $K_{sp}$，使得土壤中与其达到沉淀 - 溶解平衡的重金属离子浓度大幅降低，SSMS 对游离重金属离子具有矿化固化率高和矿化容量大的技术优势。以 SSMS 矿化剂原位修复 Cd 污染土壤为例：在固化率方面，土壤中 Cd 的固化率达到 95.2%，相比之下，市场上常用的羟基磷灰石对 Cd 的固化率仅有 35.9%，生石灰的固化率为 45.8%；在矿化容量方面，SSMS 的用量为 100 ～ 300kg/ 亩，而目前主流材料羟基磷灰石、蒙脱土、生物炭等用量则需要 800 ～ 2000kg/ 亩，即单位重量 SSMS 固化重金属离子的量远超常规修复材料，对 Cd 最大可达 596mg/g。

（2）速度快优势　以 SSMS 超低的 $K_{sp}$ 为驱动力，使得土壤中的重金属离子浓度迅速降低，具有快速矿化的技术优势。以 SSMS 矿化剂原位修复 Cd 污染土壤为例，修复 7d 后，土壤中 Cd 的固化率达到 95% 以上。

（3）长效性优势　被锚定在 SSMS 晶格中的重金属离子，因极低的 $K_{sp}$ 而难以游离出来，可有效解决重金属离子易脱附再次形成污染的难题，使修复具有长效性；SSMS 超稳矿化剂一次修复重金属污染土壤，连续 4 年的跟踪数据证明其效果完全满足国家要求，且目前仍保持良好的修复效果。

（4）选择性优势　SSMS 中的配位不饱和位点具有配位选择性，因而使得其对不同重金属离子的矿化具有选择性，故提高了抗干扰能力，有效解决了常规修复剂选择性差的难题；进一步，通过改变 SSMS 的元素组成，已实现对 As、Pb、Cr、Cd、Cu、Zn 和 Ni 等不同重金属离子污染土壤的定制式超稳矿化剂的设计与制备，为不同地区、不同类型的土壤污染治理提供了针对性修复技术。

（5）低成本优势　SSMS 的生产成本较低，再加之其矿化容量大和长效性技术优势，使其实际使用成本进一步减低，按目前已达到的一次修复、四年持续有效数据测算，修复 1 亩重金属污染土壤，成本约在 300 元以下，而且随持续时间延长，实际成本有望进一步降低。

（6）抗酸性优势　超稳矿化剂在 pH 不低于 4 的条件下，仍具有良好的超稳矿化作用，表现出优异的抗酸性，适用于南方酸雨地区土壤修复。

针对 LDHs 超稳矿化剂的大规模制备，本书著者团队经持续攻关解决了系列工程化难题，创制了旋转微液膜反应器等关键生产装置，发展了清洁生产工艺，先后在北京昌平和山东临沂建成千吨级生产线 3 条，在江苏隆昌化工建成万吨级生产线 1 条，目前利用青海盐湖资源正在建设更大规模的生产线；针对不同的重金属污染土壤，先后设计开发并生产出镁基、钙基和铁基三大系列多品种超稳矿化材料。

# 第六节
## 小结与展望

超分子插层结构功能材料 LDHs 具有主体层板金属离子的可调控、层间阴离子可交换、层板金属离子可同晶取代、锂离子选择性捕获、有机分子插层 LDHs 的"吸附增溶"作用以及焙烧 LDHs 的结构记忆效应等性能，其表面富含氢氧根、层板表面带有正电荷，具有较大的比表面积。近几年来，科学家们利用 LDHs 的这些独特结构和性能，在选择性吸附阴离子与捕获锂离子、对有机分子的吸附增溶、重金属离子超稳矿化方面的研究取得了长足的进步，进而在焦化脱硫废液资源化和重金属污染土壤修复领域实现了工业化大规模应用。很明显，LDHs 是一种非常优异的吸附材料，在科学实验和工业生产中具有良好的用途。

发展 LDHs 材料产业能有效解决我国水体和土壤污染问题，有利于突破水体治理和土壤修复难点并大范围推广，在农用污染耕地修复、盐碱地改良、工矿企业污染场地修复、垃圾渗滤液处理、皮革厂废水处理、河道污泥治理等诸多环境治理的修复场合获得应用。其前提是以我国的优势镁、钙和铝等资源，打造低成本 LDHs 材料清洁生产产业。因此，需要通过构建 LDHs 水体治理和土壤修复材料的选择性吸附与超稳矿化理论体系，深入进行 LDHs 材料的规模化生产技术研究，来加强 LDHs 材料的科技创新和加快 LDHs 材料水体治理及污染土壤修复关键技术集成与应用示范。

LDHs 独特且强大的吸附能力使其在环境治理、生态修复、资源回收与循环利用等领域将有广阔的应用天地，随着 LDHs 在这些领域不断发挥其优势，未来势必与农业、粮食安全、卫生健康、水土生态修复、金属资源提取与利用等形成交叉并高度融合发展，形成新的科学研究分支与新的应用领域，进而推动插层化学学科向着更深、更广、更高的方向快速发展，吸引更多的科研工作者投身其中，为我国经济发展与社会进步做出更大贡献。

## 参考文献

[1] Yang R T. 吸附剂原理与应用 [M]. 马丽萍，等译. 北京：高等教育出版社，2010.

[2] Evans D G, Slade R C T. Structural aspects of layered double hydroxides[J]. Structure and Bonding, 2006, 119: 1-87.

[3] Lei X, Jin M, Williams G R. Layered double hydroxides in the remediation and prevention of water pollution[J].

Energy Environment and Focus, 2014, 3: 4-22.

[4] Kong X, Ge R, Liu T, et al. Super-stable mineralization of cadmium by calciumaluminum layered double hydroxide and its large-scale application in agriculture soil emediation[J]. Chemical Engineering Journal, 2021, 127178.

[5] Williams G R, O'Hare D. Towards understanding, control and application of layered double hydroxide chemistry[J]. Journal of Materials Chemistry, 2006, 16: 3065-3074.

[6] Li F, Duan X. Applications of layered double hydroxides[J]. Structure and Bonding, 2006, 119: 193-223.

[7] Gastuche M C, Brown G, Morrtland M. Mixed magnesium-aluminum hydroxides. I. Preparation and characterization of compounds formed in dialyed systems[J]. Clay Minerals, 1967, 7(2): 177-192.

[8] Martin K J, Pinnavaia T J. Layered double hydroxides as supported anionic reagents. Halide-ion reactivity in zinc chromium hexahydroxide halide hydrates [$Zn_2Cr(OH)_6X \cdot nH_2O$] (X = Cl, I) [J]. Journal of the American Chemical Society, 1986, 108(3): 541-542.

[9] Lopez-Salinas E, Ono Y. Intercalation chemistry of a Mg-Al layered double hydroxides ion-exchanged with complex $MCl_4^{2-}$ (M = Ni, Co) ions from organic media[J]. Microporous Materials, 1993, 1(1): 33-42.

[10] Chibwe K, Jones W. Synthesis of polyoxometalate-pillared layered double hydroxides via calcined precursors[J]. Chemistry of Materials, 1989, 1(5): 489-490.

[11] Genin J M R. Thermodynamic equilibria in aqueous suspensions of synthesis and natural Fe (II)-Fe(III) green rusts: Occurrences of the mineral in hydromorphic soils[J]. Environmental Science & Technology, 1998, 32: 1058-1068.

[12] Jin C, Liu H, Kong X, et al. Enrichment of rare earth metal ions by highly selective adsorption of phytate intercalated layered double hydroxide[J]. Dalton Transactions, 2018, 47: 3093-3101

[13] Yu X, Chang Z, Sun X, et al. Co-production of high quality $NH_4SCN$ and sulfur slow release agent from industrial effluent using calcined MgAl-hydrotalcite[J]. Chemical Engineering Journal, 2011, 169: 151-156.

[14] Xiao L, Ma W, Han M, et al. The influence of ferric iron in calcined nano-Mg/Al hydrotalcite on adsorption of Cr (VI) from aqueous solution[J]. Journal of Hazardous Materials, 2011, 186(1): 690-698.

[15] Lei X, Yang L, Zhang F, et al. Highly crystalline activated layered double hydroxides as solid acid-base catalysts[J]. AIChE Journal, 2007, 53 (4): 932-940.

[16] Park M, Lee C, Lee E J, et al. Layered double hydroxides as potential solid base for beneficial remediation of endosulfan-contaminated soils. Journal of Physics and Chemistry of Solids, 2004, 65: 513-516.

[17] Wang H, Chen J, Cai Y, et al. Defluoridation of drinking water by Mg/Al hydrotalcite-like compounds and their calcined products[J]. Applied Clay Science, 2007, 35(1-2): 59-66.

[18] Lv L, Sun P, Gu Z, et al. Removal of chloride ion from aqueous solution by $ZnAl-NO_3$ layered double hydroxides as anion-exchanger[J]. Journal of Hazardous Materials, 2009, 161: 1444-1449.

[19] Ay A N, Zümreoglu-Karan B, Temel A. Boron removal by hydrotalcite-like, carbonate-free Mg-Al-$NO_3$-LDH and a rationale on the mechanism[J]. Microporous and Mesoporous Materials, 2007, 98(1-3): 1-5.

[20] Lv T, Ma W, Xin G, et al.Physicochemical characterization and sorption behavior of Mg-Ca-Al($NO_3$) hydrotalcite-like compounds toward removal of fluoride from protein solutions[J]. Journal of Hazardous Materials, 2012, 237-238: 121-132.

[21] Johnston A-L, Lester E, Williams O, et al. Understanding layered double hydroxide properties as sorbent materials for removing organic pollutants from environmental waters[J]. Journal of Environmental Chemical Engineering, 2021, 9: 105197.

[22] Shi X, Hong J, Kang L, et al. Significant improvement on selectivity and capacity of glycine-modified FeCo-layered double hydroxides in the removal of As (V) from polluted water[J]. Chemosphere, 2021, 281: 130943.

[23] Huang H, Xia C, Liang D, et al. Comparative study of removing anionic contaminants by layered double hydroxides with different paths[J]. Colloids and Surfaces A: Physicochemical and Engineering Aspects, 2021, 624: 126841.

[24] Khenifi A, Derriche Z, Mousty C, et al. Adsorption of glyphosate and glufosinate by $Ni_2AlNO_3$ layered double hydroxide[J]. Applied Clay Science, 2010, 47: 362-371.

[25] Jiménez-Núñez M L, Solache-Ríosa M, Chávez-Garduno J, et al. Effect of grain size and interfering anion species on the removal of fluoride by hydrotalcite-like compounds[J]. Chemical Engineering Journal, 2012, 181-182: 371-375.

[26] Terry P A. Characterization of Cr ion exchange with hydrotalcite[J]. Chemosphere, 2004, 57: 541-546.

[27] GuoY, Zhu Z, Qiu Y, et al. Adsorption of arsenate on Cu/Mg/Fe/La layered double hydroxide from aqueous solutions[J]. Journal of Hazardous Materials, 2012, 239-240: 279-288.

[28] Wang S-L, Liu C H, Wang M K, et al. Arsenate adsorption by $Mg/Al-NO_3$ layered double hydroxides with varying the Mg/Al ratio[J]. Applied Clay Science, 2009, 43: 79-85.

[29] Ardau C, Frau F, Dore E, et al. Molybdate sorption by Zn-Al sulphate layered double hydroxides[J]. Applied Clay Science, 2012, 65-66: 128-133.

[30] Olfs H-W, Torres-Dorante LO, Eckelt R, et al. Comparison of different synthesis routes for Mg-Al layered double hydroxides (LDH): characterization of the structural phases and anion exchange properties[J]. Applied Clay Science, 2009, 43: 459-464.

[31] Gao B-Y, Chu Y-B, Yue Q-Y, et al. Characterization and coagulation of a polyaluminum chloride (PAC) coagulant with high $Al_{13}$ content[J]. Journal of Environmental Management, 2005, 76: 143-147.

[32] 夏梦棋, 孔祥贵, 蒋美红, 等. 萘磺酸根插层类水滑石对水中 $Pb^{2+}$ 的脱除性能 [J]. 中国科学：化学, 2017, 47(4): 486-492.

[33] Tian W, Kong X, Jiang M, et al. Hierarchical layered double hydroxide epitaxially grown on vermiculite for Cr(Ⅵ) removal[J]. Materials Letters, 2016,175: 110-113.

[34] Yang F, Sun S, Chen X, et al. Mg-Al layered double hydroxides modified clay adsorbents for efficient removal of $Pb^{2+}$, $Cu^{2+}$ and $Ni^{2+}$ from water[J]. Applied Clay Science, 2016, 123: 134-140.

[35] Kameda T, Takeuchi H, Yoshioka T. Uptake of heavy metal ions from aqueous solution using Mg-Al layered double hydroxides intercalated with citrate, malate, and tartrate[J]. Separation and Purification Technologyerials, 2008, 62: 330-336.

[36] Pshinko G N, Kosorukov A A, Puzyrnaya L N, et al. Layered double hydroxides intercalated with EDTA as effective sorbents for U(Ⅵ) recovery from wastewater[J]. Radiochemistry, 2011, 53: 303.

[37] Liang X, Zang Y, Xu Y, et al. Sorption of metal cations on layered double hydroxides[J]. Colloids and Surfaces A: Physicochemical and Engineering Aspects, 2013433: 122-131.

[38] Rojas R. Effect of particle size on copper removal by layered double hydroxides[J]. Chemical Engineering Journal, 2016, 303: 331-337.

[39] Richardson M C, Braterman P S. Cation exchange by anion-exchanging clays: the effects of particle aging[J]. Journal of Materials Chemistry, 2009, 19: 7965-7975.

[40] Goh K, Lim T, Dong Z L. Application of layered double hydroxides for removal of oxyanions: a review[J]. Water Research, 2008, 42: 1343-1368

[41] Hsu L C, Wang S L, Tzou Y M, et al. The removal and recovery of Cr(Ⅵ) by Li/Al layered double hydroxide (LDH) [J]. Journal of Hazardous Materials, 2007, 142: 242-249.

[42] Geng C, Yu X, Chang Z, et al. Kinetics and thermodynamics study of thiosulfate removal from water by calcined MgAl-CO$_3$ layered double hydroxides[J]. Advanced Materials Research, 2012, 396-398: 880-885.

[43] Geng C, Xu T, Li Y, et al. Effect of synthesis method on selective adsorption of thiosulfate by calcined MgAl-layered double hydroxides[J]. Chemical Engineering Journal, 2013, 232: 510-518.

[44] Triantafyllidis K S, Peleka E N, Komvokis V G, et al. Iron-modified hydrotalcite-like materials as highly efficient phosphate sorbents[J]. Journal of Colloid and Interface Science, 2010, 342: 427-436.

[45] Chitrakar R, Tezuka S, Sonoda A, et al. Adsorption of phosphate from seawater on calcined MgMn-layered double hydroxides[J]. Journal of Colloid and Interface Science, 2005, 290: 45-51.

[46] He H, Kang H, Ma S, et al. High adsorption selectivity of ZnAl layered double hydroxides and the calcined materials toward phosphate[J]. Journal of Colloid and Interface Science, 2010, 343: 225-231.

[47] Meng W, Li F, Evans D G, et al. Preparation and intercalation chemistry of magnesium-iron( III ) layered double hydroxides containing exchangeable interlayer chloride and nitrate ions[J]. Materials Research Bulletin, 2004, 39: 1185-1193.

[48] Cai P, Zheng H, Wang C, et al. Competitive adsorption characteristics of fluoride and phosphate on calcined Mg-Al-CO$_3$ layered double hydroxides[J]. Journal of Hazardous Materials, 2012, 213-214: 100-108.

[49] Ruan X, Huang S, Chen H, et al. Sorption of aqueous organic contaminants onto dodecyl sulfate intercalated magnesium iron layered double hydroxide[J]. Applied Clay Science, 2013, 72: 96-103.

[50] Zhao H, Nagy K L. Dodecyl Sulfate-hydrotalcite nanocomposites for trapping chlorinated organic pollutants in water[J]. Journal of Colloid and Interface Science, 2004, 274: 613-624.

[51] Zhao Q, Chang Z, Lei X, et al. Adsorption behavior of thiophene from aqueous solution on carbonate- and dodecylsulfate-intercalated ZnAl layered double hydroxides[J]. Industrial & Engineering Chemistry Research, 2011, 50: 10253-10258.

[52] Zhao P, Liu X, Tian W, et al. Adsolubilization of 2,4,6-trichlorophenol from aqueous solution by surfactant intercalated ZnAl layered double hydroxides[J]. Chemical Engineering Journal, 2015, 279: 597-604.

[53] Bouraada M, Belhalfaoui F, Ouali M S, et al. Sorption study of an acid dye from an aqueous solution on modified Mg-Al layered double hydroxides[J]. Journal of Hazardous Materials, 2009, 163: 463-467.

[54] Wu P, Wu T, He W, et al. Adsorption properties of dodecylsulfate-intercalated layered double hydroxide for various dyes in water[J]. Colloids and Surfaces A: Physicochemical and Engineering Aspects, 2013, 436: 726-731.

[55] Jin L, Ni X, Liu X, et al. Selective adsorption of adenosine and guanosine by a β-cyclodextrin/layered double hydroxide intercalation compound[J]. Chemical Engineering & Technology, 2010, 33: 82-89.

[56] Zaghouane-Boudiafa H, Boutahala M, Tiar C, et al. Treatment of 2,4,5-trichlorophenol by MgAl-SDBS organo-layered double hydroxides: kinetic and equilibrium studies[J]. Chemical Engineering Journal, 2011, 173: 36-41.

[57] Wang Q, O'Hare D. Recent advances in the synthesis and application of layered double hydroxide (LDH) nanosheets[J]. Chemical Reviews, 2012, 112: 4124-4155.

[58] Khan A I, Ragavan A, Fong B, et al. Recent developments in the use of layered double hydroxides as host materials for the storage and triggered release of functional anions[J]. Industrial & Engineering Chemistry Research, 2009, 48: 10196-10205.

[59] Evans D G, Duan X. Preparation of layered double hydroxides and their applications as additives in polymers, as precursors to magnetic materials and in biology and medicine[J]. Chemical Communications, 2006, 37: 485-496.

[60] Yu J, Martin B R, Clearfield A, et al. One-step direct synthesis of layered double hydroxide single-layer nanosheets[J]. Nanoscale, 2015, 7: 9448-9451.

[61] Fogg A M, Freij A J, Parkinson G M. Synthesis and anion exchange chemistry of rhombohedral Li/Al layered double hydroxides[J]. Chemistry of Materials, 2002, 14: 232-234.

[62] Liu Y T, Chen T Y, Wang M K, et al. Mechanistic study of arsenate adsorption on lithium/aluminum layered double hydroxide[J]. Applied Clay Science 2010, 48: 485-491.

[63] Besserguenev A V, Fogg A M, Francis R J. Synthesis and structure of the gibbsite intercalation compounds [LiAl$_2$(OH)$_6$] X {X = Cl, Br, NO$_3$}and [LiAl$_2$(OH)$_6$] Cl · H$_2$O using synchrotron X-ray and neutron powder diffraction[J]. Chemistry of Materials, 1997, 9: 241-247.

[64] Thomas G S, Kamath P V, Kannan S. Variable temperature PXRD studies of LiAl$_2$(OH)$_6$X · H$_2$O (X = Cl, Br): observation of disorder of order transformation in the interlayer[J]. The Journal of Physical Chemistry C, 2007, 111: 18980-18984.

[65] Williams G R, Norquist A J, O'Hare D. Time-resolved, in situ X-ray diffraction studies of staging during phosphonic acid intercalation into [LiAl$_2$(OH)$_6$]Cl · H$_2$O[J]. Chemistry of Materials, 2004, 16: 975-981.

[66] Qu J, He X, Wang B, et al. Synthesis of Li-Al layered double hydroxides via a mechanochemical route[J]. Applied Clay Science, 2016, 120: 24-27.

[67] Wang S L, Lin C H, Yan Y Y, et al. Synthesis of Li/Al LDH using aluminum and LiOH[J]. Applied Clay Science, 2013, 72: 191-195.

[68] Fan G, Li F, Evans D G, et al. Catalytic applications of layered double hydroxides: recent advances and perspectives[J]. Chemical Society Reviews, 2014, 43, 7040-7066.

[69] Tagaya H, Sato S, Kuwahara T, et al. Photoisomerization of indolinespirobenzopyran in anionic clay matrices of layered double hydroxides[J]. Journal of Materials Chemistry A, 1994, 4: 1907-1912.

[70] Christopher O O, Michael M L, et al. Incorporation of poly(acrylic acid), poly(vinylsulfonate) and poly(styrenesulfonate) within layered double hydroxides[J]. Journal of Materials Chemistry A, 1996.

[71] de Roy A, Forano C, Malki K E, et al. Expanded clays and other microporous solids[M]. New York: Van Noatrand, 1992.

[72] Cavani F, TrifiròF, Vaccari A. Hydrotalcite-type anionic clays: preparation, properties and applications[J]. Catalysis Today, 1991, 11: 173-301.

[73] Taylor H. Crystal structures of some double hydroxide minerals[J]. Mineralogical Magazine, 1973, 39: 377-389.

[74] Morioka H, Tagaya H, Karasu M, et al. Preparation of new useful materials by surface modification of inorganic layered compound[J]. Journal of Solid State Chemistry, 1995, 117: 337-342.

[75] Hideyuki, Tagaya, Sumikazu, et al. New preparation method for surface-modified inorganic layered compounds. Journal of Materials Chemistry A, 1996, 6: 1235-1237.

[76] Wang W, Zhou J, Achari G, et al. Cr(Ⅵ) removal from aqueous solutions by hydrothermal synthetic layered double hydroxides: adsorption performance, coexisting anions and regeneration studies[J]. Colloids and Surfaces A: Physicochemical and Engineering Aspects, 2014, 457: 33-40.

[77] Jung I K, Jo Y, Han S C, et al. Efficient removal of iodide anion from aqueous solution with recyclable core-shell magnetic Fe$_3$O$_4$@Mg/Al layered double hydroxide (LDH)[J]. The Science of the Total Environment, 2020, 705: 135814.

[78] Prasanna S V, Rao R A P, Kamath P V. Layered double hydroxides as potential chromate scavengers[J]. Journal of Colloid and Interface Science, 2006, 304: 292-299.

[79] Ma L, Wang Q, Islam S M, et al. Highly selective and efficient removal of heavy metals by layered double hydroxide intercalated with the MoS$_4^{2-}$ ion[J]. Journal of the American Chemical Society, 2016, 138: 2858-2866.

[80] Li B,Zhang Y,Zhou X,et al. Different dye removal mechanisms between monodispersed and uniform hexagonal

thin plate-like MgAl-$CO_3^{2-}$ LDH and its calcined product in efficient removal of Congo red from water[J]. Journal of Alloys and Compounds, 2016.

[81] Barnabas M J, Parambadath S, Mathew A, et al. Highly efficient and selective adsorption of $In^{3+}$ on pristine Zn/Al layered double hydroxide (Zn/Al-LDH) from aqueous solutions[J]. Journal of Solid State Chemistry, 2016, 233: 133-142.

[82] Esumi K, Yamamoto S. Adsorption of sodium dodecyl sulfate on hydrotalcite and adsolubilization of 2-naphthol[J]. Colloids and Surfaces A: Physicochemical and Engineering Aspects, 1998, 137: 385-388.

[83] Kameda T, Shinmyou T, Yoshioka T. Uptake of $Nd^{3+}$ and $Sr^{2+}$ by LiAl layered double hydroxides intercalated with ethylenediaminetetraacetate[J]. Materials Chemistry and Physics, 2016, 177: 8-11.

[84] Kameda T, Yamazaki T, Yoshioka T. Preparation of Mg-Al layered double hydroxides intercalated with 1,3,6-naphthalenetrisulfonate and 3-amino-2,7-naphthalenedisulfonate and assessment of their selective uptake of aromatic compounds from aqueous solutions[J]. Solid State Sciences, 2010, 12: 946-951.

[85] Ghosal P S, Gupta A K. Enhanced efficiency of ANN using non-linear regression for modeling adsorptive removal of fluoride by calcined Ca-Al-$(NO_3)$-LDH[J]. Journal of Molecular Liquids, 2016, 222: 564-570.

[86] Yuan X, Wang Y, Wang J, et al. Calcined graphene/MgAl-layered double hydroxides for enhanced Cr(Ⅵ) removal[J]. Chemical Engineering Journal, 2013, 221: 204-213.

[87] Carlino S, Husain S W, Knowles J A, et al. The reaction of molten phenylphosphonic acid with a layered double hydroxide and its calcined oxide[J]. Solid State Ionics, 1996, 84: 117-129.

[88] Wong F, Buchheit R G. Utilizing the structural memory effect of layered double hydroxides for sensing water uptake in organic coatings[J]. Progress in Organic Coatings, 2004, 51: 91-102.

[89] U.S. Geological Survey. Mineral Commodity Summaries 2020[C]. U.S. Government Publishing Office: U.S. Geological Survey, 2020.

[90] Sun Y, Wang Q, Wang Y, et al. Recent advances in magnesium/lithium separation and lithium extraction technologies from salt lake brine[J]. Separation and Purification Technologyerials, 2021, 256: 117807.

[91] 王琪, 赵有璟, 刘洋, 等. 高镁锂比盐湖镁锂分离与锂提取技术研究进展 [J]. 化工学报, 2021.

[92] Hu S, Sun Y, Pu M, et al. Determination of boundary conditions for highly efficient separation of magnesium and lithium from salt lake brine by reaction-coupled separation technology[J]. Separation and Purification Technologyerials, 2019, 229: 115813.

[93] Guo X, Hu S, Wang C, et al. Highly efficient separation of magnesium and lithium and high-valued utilization of magnesium from salt lake brine by a reaction-coupled separation technology[J]. Industrial & Engineering Chemistry Research, 2018, 57: 6618-6626.

[94] Fogg A O H, et al. Study of the intercalation of lithium salt in gibbsite using time-resolved in situ X-ray diffraction[J]. Chemistry of Materials, 1999, 11: 1771-1775.

[95] Sun Y, Guo X, Hu S, et al. Highly efficient extraction of lithium from salt lake brine by LiAl-layered double hydroxides as lithium-ion-selective capturing material[J]. Journal of Energy Chemistry, 2019: 34.

[96] Sun Y, Yun R, Zang Y, et al. Highly efficient lithium recovery from pre-synthesized chlorine-ion-intercalated LiAl-layered double hydroxides via a mild solution chemistry process[J]. Materials, 2019, 12: 1968.

[97] Zhong J, Lin S, Yu J. Effects of excessive lithium deintercalation on $Li^+$ adsorption performance and structural stability of lithium/aluminum layered double hydroxides. Journal of Colloid and Interface Science, 2020, 572: 107-113.

[98] Zhong J, Lin S, Yu J. Lithium recovery from ultrahigh $Mg^{2+}/Li^+$ ratio brine using a novel granulated Li/Al-LDHs adsorbent[J]. Separation and Purification Technologyerials, 2021, 256: 117780.

[99] Jiang H, Yang Y, Yu J. Application of concentration-dependent HSDM to the lithium adsorption from brine in fixed bed columns[J]. Separation and Purification Technologyerials, 2020, 241: 116682.

[100] Sun M, Zhang P, Wu D, et al. Novel approach to fabricate organo-LDH hybrid by the intercalation of sodium hexadecyl sulfate into tricalcium aluminate[J]. Applied Clay Science, 2017, 140: 25-30.

[101] Zhou M, Tan S, Tao Y, et al. Neighborhood socioeconomics, food environment and land use determinants of public health: isolating the relative importance for essential policy insights[J]. Applied Surface Science, 2017, 404: 246-253.

[102] Song Y, Tang Y, Fang L, et al. Enhancement of corrosion resistance of AZ31 Mg alloys by one-step in situ synthesis of ZnAl-LDH films intercalated with organic anions (ASP, La)[J]. Journal of Magnesium and Alloys, 2020.

[103] Bruna F, Celis R, Real M, et al. Organo/LDH nanocomposite as an adsorbent of polycyclic aromatic hydrocarbons in water and soil-water systems[J]. Journal of Hazardous Materials, 2012: 225-226, 74-80.

[104] He W Y, Ai K L, Ren X Y, et al. Inorganic layered ion-exchangers for decontamination of toxic metal ions in aquatic systems[J]. Journal of Materials Chemistry A, 2017, 5: 19593-19606.

[105] Wang L, Shi C, Wang L, et al. Rational design, synthesis, adsorption principles and applications of metal oxide adsorbents: A review[J]. Nanoscale, 2020, 12: 4790-4815.

[106] Bolisetty S, Peydayesh M, Mezzenga R. Sustainable technologies for water purification from heavy metals: review and analysis[J]. Chemical Society Reviews, 2019, 48: 463-487.

[107] Kemp K C, Seema H, Saleh M, et al. Environmental applications using graphene composites: water remediation and gas adsorption[J]. Nanoscale, 2013, 5: 3149-3171.

[108] Ali I. New Generation adsorbents for water treatment[J]. Chemical Reviews, 2012, 112: 5073-5091.

[109] Kołodyńska D, Krukowska J, Thomas P. Comparison of sorption and desorption studies of heavy metal ions from biochar and commercial active carbon[J]. Chemical Engineering Journal, 2017, 307: 353-363.

[110] Lu X, Wang F, Li X-Y, et al. Adsorption and thermal stabilization of $Pb^{2+}$ and $Cu^{2+}$ by zeolite[J]. Industrial & Engineering Chemistry Research, 2016, 55: 8767-8773.

[111] Yang J, Gao X, Li J, et al. The stabilization process in the remediation of vanadium-contaminated soil by attapulgite, zeolite and hydroxyapatite[J]. Ecological Engineering, 2020, 156: 105975.

[112] Bolisetty S, Mezzenga R. Amyloid-carbon hybrid membranes for universal water purification[J]. Nature Nanotechnology, 2016, 11: 365-371.

[113] Argun M E. Use of clinoptilolite for the removal of nickel ions from water: kinetics and thermodynamics[J]. Journal of Hazardous Materials, 2008, 150: 587-595.

[114] Zhao P, Jian M, Zhang Q, et al. A new paradigm of ultrathin 2D nanomaterial adsorbents in aqueous media: graphene and GO, $MoS_2$, MXenes, and 2D MOFs[J]. Journal of Materials Chemistry A, 2019, 7: 16598-16621.

[115] Li J R, Sculley J L, Zhou H C. Metal-organic frameworks for separations[J]. Chemical Reviews, 2012, 112: 869-932.

[116] Liu P Y, Yan T T, Shi L Y, et al. Graphene-based materials for capacitive deionization[J]. Journal of Materials Chemistry A, 2017, 5: 13907-13943.

[117] Wu C, Shi L, Xue S, et al. Effect of sulfur-iron modified biochar on the available cadmium and bacterial community structure in contaminated soils[J]. The Science of the Total Environment, 2019, 647: 1158-1168.

[118] Chen J, Shi Y, Hou H, et al. Stabilization and mineralization mechanism of Cd with Cu-loaded attapulgite stabilizer assisted with microwave irradiation[J]. Environmental Science & Technology, 2018, 52: 12624-12632.

[119] Palansooriya K N, Shaheen S M, Chen S S, et al. Soil amendments for immobilization of potentially toxic

elements in contaminated soils: a critical review[J]. Environment International, 2020, 134: 105046.

[120] Liu L, Li W, Song W, et al. Remediation techniques for heavy metal-contaminated soils: principles and applicability[J]. The Science of the Total Environment, 2018, 633: 206-219.

[121] Gong Y, Zhao D, Wang Q. An overview of field-scale studies on remediation of soil contaminated with heavy metals and metalloids: Technical progress over the last decade[J]. Water Research, 2018, 147: 440-460.

[122] Sun R-J, Chen J-H, Fan T-T, et al. Effect of nanoparticle hydroxyapatite on the immobilization of Cu and Zn in polluted soil[J]. Environmental Science and Pollution Research, 2018, 25: 73-80.

[123] Xie X, Pi K, Liu Y, et al. In-situ arsenic remediation by aquifer iron coating: field trial in the Datong basin, China[J]. Journal of Hazardous Materials, 2016, 302: 19-26.

[124] Okkenhaug G, Grasshorn Gebhardt K-A, Amstaetter K, et al. Antimony (Sb) and lead (Pb) in contaminated shooting range soils: Sb and Pb mobility and immobilization by iron based sorbents, a field study[J]. Journal of Hazardous Materials, 2016, 307: 336-343.

[125] Nie C, Yang X, Niazi N K, et al. Impact of sugarcane bagasse-derived biochar on heavy metal availability and microbial activity: a field study[J]. Chemosphere, 2018, 200: 274-282.

[126] Yin X, Xu Y, Huang R, et al. Remediation mechanisms for Cd-contaminated soil using natural sepiolite at the field scale[J]. Environmental Science: Processes & Impacts, 2017, 19: 1563-1570.

[127] Liang X, Han J, Xu Y, et al. In situ field-scale remediation of Cd polluted paddy soil using sepiolite and palygorskite[J]. Geoderma, 2014, 235-236: 9-18.

[128] Zhao Y F, He S, Wei M, et al. Hierarchical films of layered double hydroxides by using a sol-gel process and their high adaptability in water treatment[J]. Chemical Communications, 2010, 46: 3031-3033.

[129] Lv L, He J, Wei M, et al. Kinetic studies on fluoride removal by calcined layered double hydroxides[J]. Industrial & Engineering Chemistry Research, 2006, 45: 8623-8628.

[130] Zhao Y F, Wei M, Lu J, et al. Biotemplated hierarchical nanostructure of layered double hydroxides with improved photocatalysis performance[J]. ACS Nano, 2009, 3: 4009-4016.

[131] Yan D, Lu J, Ma J, et al. Layered host-guest materials with reversible piezochromic luminescence[J]. Angewandte Chemie International Edition, 2011, 50: 7037-7040.

[132] Li Z H, Shao M F, Zhou L, et al. Directed growth of metal-organic frameworks and their derived carbon-based network for efficient electrocatalytic oxygen reduction[J]. Advanced Materials, 2016, 28: 2337-2344.

[133] He S, An Z, Wei M, et al. Layered double hydroxide-based catalysts: nanostructure design and catalytic performance[J]. Chemical Communications, 2013, 49: 5912-5920.

[134] Chen H, He S, Xu M, et al. Promoted synergic catalysis between metal Ni and acid-base sites toward oxidant-free dehydrogenation of alcohols[J]. ACS Catalysis, 2017, 7: 2735-2743.

[135] Wei M, Pu M, Guo J, et al. Intercalation of L-dopa into layered double hydroxides: enhancement of both chemical and stereochemical stabilities of a drug through host-guest interactions[J]. Chemistry of Materials, 2008, 20: 5169-5180.

[136] Shao M, Ning F, Zhao J, et al. Preparation of $Fe_3O_4$@$SiO_2$@layered double hydroxide core-shell microspheres for magnetic separation of proteins[J]. Journal of the American Chemical Society, 2012, 134: 1071-1077.

[137] Kong X, Jin L, Wei M, et al. Antioxidant drugs intercalated into layered double hydroxide: structure and in vitro release[J]. Applied Clay Science, 2010, 49: 324-329.

[138] Li J, Cui H, Song X, et al. Adsorption and intercalation of organic pollutants and heavy metal ions into MgAl-LDHs nanosheets with high capacity[J]. RSC Advances, 2016, 6: 92402-92410.

[139] Lu H, Zhu Z, Zhang H, et al. In situ oxidation and efficient simultaneous adsorption of arsenite and arsenate by Mg-Fe-LDH with persulfate intercalation[J]. Water, Air, & Soil Pollution, 2016, 227: 125.

[140] Chen H, Lin J, Zhang N, et al. Preparation of MgAl-EDTA-LDH based electrospun nanofiber membrane and its adsorption properties of copper(Ⅱ) from wastewater[J]. Journal of Hazardous Materials, 2018, 345: 1-9.

[141] Deng L, Shi Z, Wang L, et al. Fabrication of a novel NiFe$_2$O$_4$/Zn-Al layered double hydroxide intercalated with EDTA composite and its adsorption behavior for Cr(Ⅵ) from aqueous solution[J]. Journal of Physics and Chemistry of Solids, 2017, 104: 79-90.

[142] Lee K S, Lee W, Lee D W. Selective separation of metal ions by a chelating agent-loaded anion exchanger[J]. Analytical Chemistry, 1978, 50: 255-258.

[143] Ma L J, Islam S M, Liu H Y, et al. Highly selective and efficient removal of Cr(Ⅵ) and Cu(Ⅱ) by the chromotropic acid-intercalated Zn-Al layered double hydroxides[J]. Industrial & Engineering Chemistry Research, 2013, 52: 4436-4442.

[144] Ma L J, Wang Q, Islam S M, et al. Selective and efficient removal of toxic oxoanions of As(Ⅲ), As(Ⅴ), and Cr(Ⅵ) by layered double hydroxide intercalated with MoS$_4^{2-}$[J]. Chemistry of Materials, 2017, 29: 3274-3284.

[145] Park M, Choi C L, Seo Y J, et al. Reactions of Cu$^{2+}$ and Pb$^{2+}$ with Mg/Al layered double hydroxide[J]. Applied Clay Science, 2007, 37: 143-148.

[146] Pavlovic I, Pérez M R, Barriga C, et al. Adsorption of Cu$^{2+}$, Cd$^{2+}$ and Pb$^{2+}$ ions by layered double hydroxides intercalated with the chelating agents diethylenetriaminepentaacetate and *meso*-2,3-dimercaptosuccinate[J]. Applied Clay Science, 2009, 43: 125-129.

[147] Chen H, Qian G, Ruan X, et al. Removal process of nickel(Ⅱ) by using dodecyl sulfate intercalated calcium aluminum layered double hydroxide[J]. Applied Clay Science, 2016, 132-133: 419-424.

[148] Liu Q, Li Y, Zhang J, et al. Effective removal of zinc from aqueous solution by hydrocalumite[J]. Chemical Engineering Journal, 2011, 175: 33-38.

[149] Zhou J, Shu W, Gao Y, et al. Enhanced arsenite immobilization via ternary layered double hydroxides and application to paddy soil remediation[J]. RSC Advances, 2017, 7: 20320-20326.

[150] Barbora H, Martina V, Petr O, et al. Stability and stabilizing efficiency of Mg-Fe layered double hydroxides and mixed oxides in aqueous solutions and soils with elevated As(Ⅴ), Pb(Ⅱ) and Zn(Ⅱ) contents[J]. The Science of the Total Environment, 2019, 648: 1511-1519.

[151] Bagherifam S, Komarneni S, Lakian A, et al. Evaluation of Zn-Al-SO$_4$ layered double hydroxide for the removal of arsenite and arsenate from a simulated soil solution: Isotherms and kinetics[J]. Applied Clay Science, 2014, 95: 119-125.

[152] Ardau C, Frau A, Lattani F. New data on arsenic sorption properties of Zn-Al sulphate layered double hydroxides: influence of competition with other anions[J]. Applied Clay Science, 2013, 80: 1-9.

[153] He X, Zhong P, Qiu X. Remediation of hexavalent chromium in contaminated soil by Fe(Ⅱ)-Al layered double hydroxide[J]. Chemosphere, 2018, 210: 1157-1166.

[154] Liu Y, Tang Y, Wang P, et al. Mahar W, Ping T, Ronghua I, et al. Immobilization of lead and cadmium in contaminated soil using amendments: A review[J]. Pedosphere, 2015, 25: 555-568.

[155] Mahar A, Wang P, Li R, et al. Immobilization of lead and cadmium in contaminated soil using amendments: a review[J]. Pedosphere, 2015, 25: 555-568.

[156] Boclair J W, Braterman P S. Layered double hydroxide stability. 1. Relative Stabilities of layered double hydroxides and their simple counterparts[J]. Chemistry of Materials, 1999, 11: 298-302.

[157] 雷晓东，于晓，赵强，等. 焦化脱硫废液提盐回用研究及工业化进展 [J]. 化工进展，2009, 28(S2): 416-417.

[158] Zhang M, Tay J H, Qian Y, et al. Comparison between anaerobic-anoxic-oxic and anoxic-oxic system for coke plant wasterwater treatment[J]. Journal of Environmental Engineering, 1997, 123: 876-883.

[159] Liu X, Tian W, Kong X, et al. Selective removal of thiosulfate from thiocyanate-containing water by a three-dimensional structured adsorbent: a calcined NiAl-layered double hydroxidefilm[J]. RSC Advances, 2015, 5: 87948-87955.

[160] 刘立哲，张永程，徐天华，等. 化工废水处理技术及其进展 [J]. 辽宁化工，2015, 44(5): 0935-1004.

[161] 王香莲，湛含辉，刘浩，等. 煤化工废水处理现状及发展方向 [J]. 现代化工，2014, 34(3): 0253-0257.

[162] Yang K, Theil M, Chen Y, et al. Formation and characterization of the fibers and films from mesophase solutions of cellulose in ammonia/ammonium thiocyanate solvent[J]. Polymers, 1992, 33: 170-174.

[163] Kumbasar R. Separation and concentration of cobalt from zinc plant acidic thiocyanate leach solutions containing cobalt and nickel by an emulsion liquid membrane using triisooctylamine as carrier[J]. Journal of Membrane Science, 2009, 333: 118-124.

[164] Sharghi H, Nasseri M, Nejad A, et al. Efficient synthesis of β-hydroxy thiocyanates from epoxides and ammonium thiocyanates using tetraarylporphyrins as new catalysts[J]. Journal of Molecular Catalysis A: Chemical, 2003, 206: 53-57.

[165] Vicente J and Diaz M. Thiocyanate wet oxidation[J]. Environmental Science & Technology, 2003, 37: 1452-1456.

[166] Yin N, Yang G, Zhong Z, et al. Separation of ammonium salts from coking wastewater with nanofiltration combined with diafiltration[J]. Desalination, 2011, 268: 233-237.

[167] Oulego P, Collado S, Garrido L, et al. Wet oxidation of real coke wastewater containing high thiocyanate concentration[J]. Journal of Environmental Management, 2014, 132: 16-23.

[168] Namasivayam C and Sureshkumar M. Modelling thiocyanate adsorption onto surfactant-modified coir pith, an agricultural solid 'Waste' [J]. Process Safety and Environmental Protection, 2007, 85: 521-525.

[169] Kononova O, Kholmogorov A, Danilenko N, et al. Recovery of silver from thiosulfate and thiocyanate leach solutions by adsorption on anion exchange resins and activated carbon[J]. Hydrometallurgy, 2007, 88: 189-195.

[170] Stoot M, Franzmann P, Zappia L, et al. Thiocyanate removal from saline CIP process water by a rotating biological contactor, with reuse of the water for bioleaching[J]. Hydrometallurgy, 2001, 62: 93-105.

[171] Dizge N, Demirbas E, Kobya M. Removal of thiocyanate from aqueous solutions by ion exchange[J]. Journal of Hazardous Materials, 2009, 166: 1367-1376.

[172] Kim Y, Choi J. Selective removal of nitrate ion using a novel composite carbon electrode in capacitive deionization[J]. Water Research, 2012, 46: 6033-6039.

[173] Collado S, Laca A, Diaz M. Catalytic wet oxidation of thiocyanate with homogeneous copper(Ⅱ) sulphate catalyst[J]. Journal of Hazardous Materials, 2010, 177: 183-189.

[174] Namasivayam C, Prathap K. Removal of thiocyanate by industrial solid waste Fe/Cr hydroxide: kinetic and equilibrium studies[J]. Journal of Environmental Management, 2006, 16: 267-274.

[175] Staib C, Lant P. Thiocyanate degradation during activated sludge treatment of coke-ovens wastewater[J]. Biochemical Engineering Journal, 2007, 34: 122-130.

[176] Wu T, Sun D, Li Y, et al. Thiocyanate removal from aqueous solution by a synthetic hydrotalcite sol[J]. Journal of Colloid and Interface Science, 2011, 355: 198-203.

[177] Zou Y, Vera M, Rodrigues E. Adsorption of carbon dioxide at high temperature-a review[J]. Separation and

Purification Technologyerials, 2002, 26: 195-205.

[178] Li Y, Gao B, Wu T, et al. Adsorption kinetics for removal of thiocyanate from aqueous solution by calcined hydrotalcite[J]. Colloids and Surfaces A: Physicochemical and Engineering Aspects, 2008, 325: 38-43.

[179] Zou Y, Rodrigues A. Hydrotalcite-like compounds as adsorbents for carbon dioxide[J]. Energy Conversion and Management, 2002, 43: 1865-1876.

[180] Li Y, Gao B, Wu T, et al. Hexavalent chromium removal from aqueous solution by adsorption on aluminum magnesium mixed hydroxide[J]. Water Research, 2009, 43: 3067-3075.

[181] Ayranci E, Conway B. Adsorption and electrosorption of ethyl xanthate and thiocyanate anions at high-area carbon-cloth electrodes studied by in situ UV spectroscopy: development of procedures for wastewater purification[J]. Analytical Chemistry, 2001, 73: 1181-1189.

[182] You Y, Zhao H, Vance G, et al. Adsorption of dicamba (3,6-dichloro-2-methoxybenzoic acid) in aqueous solution by calcined-layered double hydroxide[J]. Applied Clay Science, 2002, 21: 217-226.

[183] Liu R, Frost R, Martens W, et al. Adsorption of the selenite anion from aqueous solutions by thermally activated layered double hydroxide[J]. Water Research, 2009, 43: 1323-1329.

[184] Lv L, He J, Wei M, et al. Uptake of chloride ion from aqueous solution by calcined layered double hydroxides: equilibrium and kinetic studies[J]. Water Research, 2006, 40: 735-743.

[185] Lv L, Wang Y, Wei M, et al. Bromide ion removal from contaminated water by calcined and uncalcined MgAl-CO$_3$ layered double hydroxides[J]. Journal of Hazardous Materials, 2008, 52: 1130-1137.

[186] 胡云光. 膜反应器在石油化工中的应用 [J]. 石油化工，1994, 23(6): 400-406.

[187] 王学松. 现代膜技术及其应用指南 [M]. 北京：化学工业出版社，2005: 82-83.

[188] 王雨薇，孔祥贵，李慧，等. 焦化脱硫废液资源化技术的应用进展 [J]. 石油化工，2016, 45(10): 1160-1166.

# 第六章
# 超分子插层结构光功能材料

光能是人类最为廉价和最为环保的一种绿色能源，光功能材料泛指一类能对光能进行传输、吸收、储存、转换的材料。由于 LDHs 材料具有主体层板元素、层间插层客体、结晶尺寸和粒径分布等可调因素，因此该类复合材料具有丰富的光学特性。LDHs 主体层板以共价键方式结合，层间存在弱相互作用力，主体层板与客体分子间主要通过库仑静电力、氢键以及范德华力相互作用结合，这些为构筑新型复合光功能材料提供了广阔的构筑平台。本章总结了 LDHs 基插层光功能材料的驱动力和构筑方法、限域效应、结构调控与性能研究，及其在光学传感、光电催化、光电转换、光能存储、光催化燃料电池等领域的应用。

# 第一节
# 插层结构光功能材料

## 一、插层结构光功能材料的结构与性能

在构筑 LDHs 基插层结构功能材料的过程中，利用 LDHs 层板正电性、层板表面丰富的羟基基团，可采用静电、氢键、范德华力等相互作用将光功能客体插层组装到 LDHs 的层间，构筑复合光功能材料。基于 LDHs 的二维层状结构[1]，可以采用插层组装法将客体直接插层或共插层到 LDHs 层间，或通过限域合成方法，获得具有光功能特性的 LDHs 基胶体或粉体材料。基于 LDHs 的可剥层性，可以获得少片层或单片层 LDHs 纳米片，作为结构基元与光功能客体分子进行层层自组装，获得结构可控的 LDHs 基薄膜材料。通过以上方法获得的 LDHs 基插层结构功能材料，具有结构可控、性能可调的优势，主要表现在以下几个方面。

### 1. 结构特征

① 采用插层或组装法构筑的 LDHs 基复合材料均显示出二维层状形貌，客体在 LDHs 二维限域层间有序排列，因而表现出因有序性而特有的结构性能特征。

② 构筑的复合材料，尤其是以单层纳米片组装获得的复合材料，其组成、比例、膜材料厚度可控，客体分子的位置也可以通过组装技术的改变而安排在 LDHs 层板表面、同层或不同层之间，这样的有效控制对于材料性能调节具有重要的意义。

③ 通过改变 LDHs 层板组成、比例以及 LDHs 形貌、长径比，可以有效调节层间客体的构型、取向、与层板所成角度、分散及聚集状态，从而影响光功能客体的电子跃迁行为，表现出不同的光性能。

### 2．性能特征

① 光功能特性强化：光功能客体分子具有不同的构型、分散状态，其在原有状态下，部分客体的光功能特性无法表现，而将其插层组装到 LDHs 的二维层间中，由于 LDHs 的二维限域作用，在空间构型上、电子跃迁上对客体分子进行调控和优化，能够实现客体原来很难或者无法达到的构型、聚集态、电子复合能力等，从而大大提升其光功能特性，获得了高效光功能插层结构材料。

② 稳定性提升：LDHs 具有刚性层板结构，一方面能够屏蔽紫外线，实现对光功能客体的保护，避免客体的光猝灭以及断键反应，使构筑的插层结构材料表现出优异的热稳定性、光稳定性和存储稳定性；另一方面，由于 LDHs 的片层结构能够阻隔外界环境中的氧气、湿气等，有效保护了客体不受外界猝灭剂的影响，在构筑具有室温磷光性能、高效荧光性能的插层结构复合材料中表现出重要作用。

## 二、插层组装客体种类

基于 LDHs 层板的正电性、表面丰富的羟基结构，可以与不同种类、不同电性、不同大小的光功能客体进行插层组装，从而获得具有优异性能的复合材料。LDHs 插层的功能性客体分子多为带负电的小分子量的阴离子，而结合作用力小或不能直接结合 LDHs 的分子或离子，如中性分子、阳离子等，也可以通过选取合适的共插层辅助物质（表面活性剂等），将目标物质与辅助物质一起加入合成原料中，使两者共同插入 LDHs 层间。例如本书著者团队将阴离子有机荧光团（二苯乙烯衍生物，BTZB）插入 LDHs，插层材料对外界压力的变化表现出光学响应，包括发光颜色、紫外 - 可见吸收光谱和荧光寿命的变化[2]；二苯甲酮类紫外吸收剂分子同表面活性剂（十烷基磺酸钠，DES）作为阴离子客体分子与 LDHs 进行共插层，插层产物成功应用于细胞激光共聚焦上 / 下转换荧光成像和寿命成像[3]。为了拓宽可组装客体分子的范围，人们采用剥层 LDHs 纳米片与功能性客体分子进行组装，不仅可以实现小分子（阴离子、阳离子、中性分子）的组装，还成功实现了聚阴离子、中性聚合物分子、生物分子的组装。

### 1．小分子客体组装

（1）阴离子与 LDHs 纳米片的组装　由熵效应原理可知，聚阴离子和富带负电荷的生物大分子相对容易与 LDHs 纳米片组装构筑复合薄膜，但是小分子因为所带电荷少、电荷排斥，很难与 LDHs 的组装形成稳定的复合薄膜，因此需要借助聚阴离子才能提高这些小分子与 LDHs 的组装成功率和稳定性。本书著者团队[4]为了解决 LDHs 对阴离子小分子负载量少、不稳定的问题，将阴离子聚合物聚丙烯酸（PAA）、聚（苯乙烯 -4- 磺酸盐）(PSS) 和聚 [5- 甲氧基 -2-（3- 磺基丙氧基）-1，

4-亚苯基乙烯]（PPV）作为载体，把三（8-羟基喹啉）铝-5-磺酸根（AQS）与上述三种聚阴离子化合物共混调至溶液为碱性，与LDHs纳米片利用静电层层组装法构筑了（AQS-聚阴离子/LDH）$_n$薄膜［图6-1（a）］，与无阴离子聚合物的(AQS/LDHs)$_n$薄膜相比，其发光强度、寿命、偏振光发射等性质都得到了明显的提升。

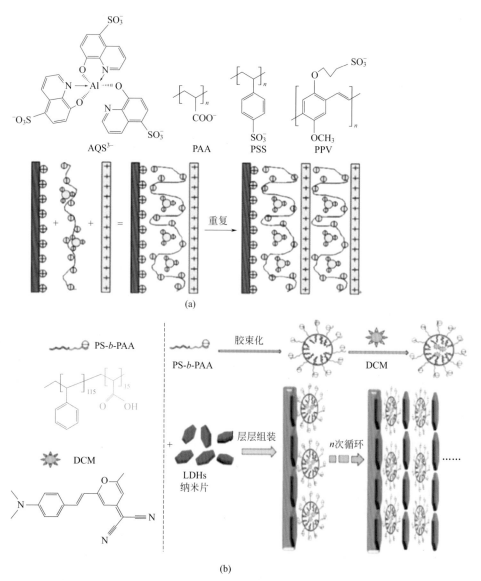

图6-1 （a）制备（AQS-聚阴离子/LDH）$_n$薄膜的简图以及AQS$^3$和聚阴离子化合物的结构式；（b）PS-$b$-PAA和DCM的结构图，PS-$b$-PAA@DCM胶束和(PS-$b$-PAA@DCM/LDH)$_n$的制备示意图

（2）阳离子与 LDHs 纳米片的组装　本书著者团队[5] 提出将二价小阳离子双（N- 甲基吡啶）（BNMA）与聚阴离子聚乙烯磺酸酯（PVS）在一定比例范围内共混形成带负电的 BNMA@PVS 胶束，与剥层 LDHs 纳米片进行静电交替层层组装，形成长程有序的复合薄膜结构。表明利用聚阴离子为载体，可实现阳离子功能性客体分子与 LDHs 纳米片的组装，为制备新型的 LDHs 复合材料奠定基础。

（3）中性分子与 LDHs 纳米片的组装　中性客体小分子可以借助两亲性的嵌段共聚物作为媒介实现与 LDHs 纳米片的静电层层组装，构筑中性客体分子与 LDHs 的有机无机超薄膜体系。本书著者团队[6] 利用两亲性嵌段共聚物胶束的包裹作用，使聚（苯乙烯）-b- 聚丙烯酸（PS-b-PAA）在一定 pH 和 PS-b-PAA 浓度下，形成内部疏水、外部亲水的带负电荷胶束，包裹疏水性中性染料 4-（二氰基亚甲基）-2- 甲基 -6-（4- 二甲基氨基苯乙烯基）-4H- 吡喃（DCM），利用静电层层组装法，将 PS-b-PAA@DCM 胶束溶液与 LDHs 组装制备 PS-b-PAA@DCM/LDH 超薄膜材料［图 6-1（b）］。由此两亲性的嵌段共聚物可以作为组装载体，通过其内部疏水特性包裹中性分子，与 LDHs 静电层层组装，实现 LDHs 对中性疏水性分子的固载化，进而扩大 LDHs 基薄膜的应用范围。

### 2．聚合物客体组装

聚阴离子因为带有大量的负电荷，基于静电相互作用，比较容易与 LDHs 纳米片组装，每层组装后的薄膜会存在电荷过剩的现象，使得每层的薄膜表面电荷极性反转，可以反复循环层层组装形成稳定的有序多层复合薄膜。本书著者团队[7] 将发光聚合物——磺化聚对亚苯（APPP）与 LDHs 纳米片层层组装于石英玻璃基底表面，得到了 (APPP/LDH)$_n$ 发光薄膜，该超薄膜具有无机 - 有机杂化量子阱结构，结果表明刚性的 LDHs 能够有效分离 APPP，从而避免了聚合物链之间的 π-π 相互作用导致的发光红移或者蓝移。同样，基于 LDHs 与客体分子间的静电作用，实现了诸多聚阴离子［如磺化聚亚苯基乙烯（APPV）、磺化聚噻吩（APT）[8] 等］与 LDHs 纳米片的组装。

LDHs 层板上含有丰富的—OH，可将富含—OH、—NH$_2$ 等基团的中性聚合物与 LDHs 纳米片组装形成复合超薄膜。本书著者团队[9] 利用 LDHs 纳米片的胶体溶液与中性聚乙烯醇（PVA）进行了层层组装，构筑了 (PVA/LDH)$_n$ 超薄膜，该薄膜结构呈现周期性，并且有很好的抗压性和延展性，PVA 含有大量的—OH 可以与 LDHs 层板上的—OH 形成氢键，从而使得 PVA 可自发吸附到 LDHs 层板上，层层组装形成多层稳定的复合薄膜。

### 3．复杂生物分子组装

（1）核酸与 LDHs 纳米片的组装　单个核苷酸是由含氮有机碱（称碱基）、戊糖和磷酸三部分构成，在核酸中含带负电的磷酸以及可形成氢键的—OH 和—NH$_2$

基团，所以核酸也是一种典型的聚阴离子，同时富含形成氢键的基团。因此，可基于核酸与LDHs间的静电作用和氢键作用，利用层层组装技术将核酸固定于LDHs层板间形成核酸/无机复合超薄膜。例如本书著者团队[10]利用MgAl-LDH纳米片与DNA层层组装，得到了(DNA/LDH)$_n$薄膜，然后将薄膜浸入到一定浓度的具有手性发色团的卟啉（TMPyP）溶液中，一定时间后得到了TMPyP-(DNA/LDH)$_n$薄膜，在不同的外在条件下，TMPyP与LDHs层板间的DNA结合的排列方式不同，从而产生不同的诱导圆二色性，因此该薄膜可用作手性光学开关。

（2）蛋白质与LDHs纳米片的组装　蛋白质是一类有机大分子，其基本组成单位是氨基酸。氨基酸在结构上的差别取决于侧链基团R的不同，其中一些R基团中含有羧基、氨基、羟基、巯基等极性基团，理论上这类极性氨基酸组成的蛋白质易与LDHs层板间产生静电作用和氢键作用，成为蛋白质与LDHs组装的驱动力，因此含极性氨基酸残基较多的蛋白质可与LDHs纳米片形成组装薄膜。本书著者团队[11]通过成核-晶化法得到水溶性LDHs，然后采用层层组装法与绿色荧光蛋白（EGFP）复合构筑了（EGFP/LDH）生物-无机复合薄膜，实现了EGFP的固载化，而且该薄膜具有长程有序结构和良好的荧光性能，该复合薄膜具有对pH值和环境湿度的可逆性荧光响应。

# 三、插层组装作用力与方法

## 1．插层组装作用力

LDHs可视为具有主客体结构的无机超分子结构材料，其主体层板以共价键方式结合，层间则存在弱相互作用力，主体层板与客体分子间主要通过库仑力、氢键以及范德华力相互作用结合[12]，并以有序方式排列形成层状复合结构。在将光功能客体与LDHs组装的过程中，主要原则是基于光功能客体的表面特性，设计不同的组装方法，基于不同的组装作用力，实现LDHs基插层结构材料的构筑。例如，对于带有负电的客体材料，可与LDHs通过静电作用进行插层组装；对于表面具有羟基、氨基等基团的材料，可以通过氢键与LDHs进行插层组装；而对于中性分子，可以采用范德华力、聚合物分散、胶束包裹等方法与LDHs进行插层组装。

（1）静电力驱动组装　2005年，Sasaki等[13]首先报道了MgAl-LDH在甲酰胺中可以剥层为带正电荷的纳米片，并且成功利用静电层层组装技术，与聚苯乙烯磺酸钠（PSS）交替沉积组装成超薄膜，因此，基于静电相互作用为驱动力，富含正电荷的MgAl-LDH纳米片可以作为一种理想的主体基质，来构筑具有周

期性结构的有机 - 无机复合薄膜材料。

（2）氢键作用驱动组装　本书著者团队[14]将 MgAl-LDH 纳米片与聚乙烯咔唑（PVK）/ 芘复合物基于氢键作用层层组装于石英基底表面，制备了（PVK@芘/LDH）$_n$ 超薄膜。PVK 中含有 N 原子，与 LDHs 层板上的—OH 可形成氢键相互作用，此方法利用中性聚合物和中性小分子之间的相互作用组成自组装前驱体，再通过 LDHs 层板上大量的羟基与聚合物前驱体上面的氢原子形成数量可观的氢键。同样，将中性配合物 Ir(F$_2$ppy)$_3$ 与聚乙烯咔唑（PVK）共混之后，与 LDHs 纳米片进行交替组装，形成了可用于检测有机性挥发气体（VOCs）的 [Ir(F$_2$ppy)$_3$@PVK/LDH]$_n$ 超薄膜[15]。

（3）范德华力驱动组装　本书著者团队[16]将聚 3- 烷基噻吩等中性共轭聚合物与剥层的 LDHs 纳米片利用层层组装技术组装，制备出无机 - 有机复合薄膜，根据中性聚合物具有无电荷、无电负性基团、无可提供氢键的基团特性，推测出这类结构特征的中性聚合物与 LDHs 组装成功的机理既不同于静电驱动的组装，也不同于基于氢键驱动的组装，这些共轭聚合物具有大的 π 电子共轭体系，整个电子高度离域化，LDHs 的正电荷可以与中性聚合物离域 π 电子相互作用而驱动该类中性聚合物与 LDHs 多层组装的成功。

### 2. 插层组装方法

近年来，由于 LDHs 基功能性粉体或者薄膜材料具有优异的功能性，被广泛应用于光电催化等领域。基于 LDHs 插层组装的特性，人们已经开发了许多简单可行的制备方法，以下是几种制备 LDHs 基粉体和薄膜材料的方法：

（1）插层粉体材料的制备方法

① 共沉淀方法[17]：共沉淀方法是制备 LDHs 粉体材料最普遍的方法，将构成层板的金属盐溶液在一定条件下与碱溶液进行混合成核，之后再在一定温度下晶化形成产物。这种方法一般包括单滴变 pH 法和双滴恒定 pH 法[18]、成核晶化法[19]。

② 离子交换法[20]：因为 LDHs 层间阴离子具有交换性，所带负电荷少、体积大的分子可以被带负电荷多、体积小的客体分子所取代。

③ 焙烧还原法[21]：基于 LDHs 的记忆效应，在合适的温度下可以将 LDHs 焙烧后的金属氧化物加入到含有所插层的阴离子客体分子的溶液中，通过搅拌混合，在 LDHs 重构建其层状结构的时候将阴离子客体分子引入到层间形成新功能性 LDHs。

（2）插层组装薄膜的制备方法

① 层层组装技术（LBL）[22]：其基本原理是利用剥层 LDHs 纳米片和客体分子之间的静电或氢键相互作用等，将基底分别依次浸没到不同组分溶液中，交替组装 LDHs 和光功能客体，从而得到结构性能可控的二维有序层状功能材料。

② 溶剂蒸发法 [23]：通过将组装基元分散到溶剂中，然后滴到基底，通过溶剂挥发逐渐形成薄膜，该方法是制备 LDHs 基薄膜的常用方法之一。

③ Langmuir-Blodgett（LB）技术 [24,25]：该技术是由 Langmuir 和其学生 Blodgett 建立的制备单分子膜的技术，它需要借助双亲性分子在空气与水的界面上形成单分子膜，然后经压缩至特定面积，转移到基底上。

④ 旋转涂膜法：是一种在平整基底上制备均匀薄膜的制膜技术。就是将过量的成膜溶胶置于基底中央，随后旋转基底，利用离心力，基底上的溶胶被均匀分散于基底表面进而成膜。

⑤ 原位生长法：主要是选取一种基底，将其表面进行特殊处理，使 LDHs 在上面生长成膜，或者基底直接参加反应，最终在其表面生长上一层 LDHs 薄膜。

# 第二节
# 插层结构光功能材料的纳米限域效应

纳米限域效应是分子或原子处于纳米级有限空间时，由于其平动、振动和转动等运动受到限制，从而表现出与自由状态下明显不同的物理化学性质。因此，纳米限域效应逐渐成为材料科学、多相催化、凝聚态物理以及纳米技术等诸多领域的研究前沿和热点。

LDHs 作为一种层状无机纳米材料，具有特殊的二维结构，为插层客体提供限域的层间微环境，影响光功能客体的结构和性能。由于 LDHs 具有可调控的层间距、层板金属组成和密度，使 LDHs 主体层板进一步影响层间客体的行为，表现出良好的二维限域效应。LDHs 对于光功能客体的限域作用可分为二维空间限域以及电子限域，前者基于对客体在几何空间的限域效应，调控客体的分布情况及性能，而后者基于 LDHs 的强正电场和能级匹配原理影响客体的电子结构及受激电子 / 空穴的复合。在 LDHs 二维限域效应的影响下，获得的 LDHs 插层光功能材料表现出独特的性质，具有广泛的应用前景。

## 一、层间极性反转与二维层间超分子固溶体

为了提升已有有机分子的光功能，利用插层反应，在 LDHs 层间实现有机分子的固载，有可能提高其光功能或者产生新性能。处于层间的有机光功能分

子，与溶液自由态相比，有机光功能分子的光物理特性得以增强。然而，在一些 LDHs 插层体系中，有机分子仍然在层间聚集，导致光学性能不佳[26]。许多研究试图阻止染料聚集，如修改 LDHs 层间区域的理化性质[27]。

共插层是一种可行的抑制染料聚集和提高发光性能的方法，表面活性剂是共插层中常采用的一种分散剂，其作用表现为：为发光分子营造一个均匀分布且非极性的环境，阻碍非辐射过程来减弱荧光猝灭；影响发光分子的排列取向，减弱分子间的聚集而提升发光效率。因此，含表面活性剂的客体预先插入 LDHs 层间，导致层间距增大，体积较大的表面活性剂阴离子插入层间，形成了非极性亲油性二维环境，实现由极性亲水性转化为非极性亲油性的层间，层间有机阴离子荧光团的发光性能得到了改善。

考虑到超分子相互作用，有机共晶体由于其在固态发光性能调节和优化方面的通用性而引起了广泛的关注。有机共晶是由两个或两个以上不同的有机分子在一个晶体晶格内组成的结晶固体[28]。相比之下，无机固溶体是单相结晶固体，大部分是通过离子键形成的[29]。无机固溶体的可变组分比、丰富的缺陷位点和多变的化学及物理性质可用于新的应用。根据杂质原子/离子在固溶体中的位置，无机固溶体可分为取代型固溶体和间隙型固溶体[29]。溶质原子占据溶剂晶格中的结点位置而形成的固溶体称置换固溶体。溶质原子分布于溶剂晶格间隙而形成的固溶体称间隙固溶体。根据杂质原子/离子在基质中的相互溶解度，无机固溶体溶液可分为有限固溶体和无限固溶体[30]。无限固溶体只可能是置换固溶体。无限固溶体也被认为是连续的固溶体，其中一种或多种类型的溶质（杂质原子）可以以任意比例溶解到溶剂（主基体）中，溶剂可以被一种或多种大小和电荷相似的溶质同等地取代，形成均相单相固体，置换率在 0～100% 范围内变化，这有利于调节光学和物理性能。

LDHs 是一种典型的阴离子型二维纳米材料，具有层板阳离子种类可调节、层间阴离子可调节等性能[30]。本书著者团队[3]基于 LDHs 的可插层性，选取三种紫外线吸收剂（BP：BP2、BP4、BP9），使用单滴法制备 DES-BP(x/%)/LDH 2D 层间超分子无限固溶体（ISISS）（图 6-2）。在 DES-BP(x/%)/LDHs 2D ISISS 体系中，LDHs 无机层板为层间 BP 和 DES 有机阴离子共晶提供了一个宽广的 2D 环境，并且层间的 BP 可以被 DES 以任意比例取代，两类阴离子以类似于无限固溶体的排列方式在层间均匀分布，形成主要由 DES 支撑的层状结构，实现了无机 2D 层板内有机阴离子无限固溶体排列，这有利于有机共晶和无机固溶体的交叉结合，为有机共晶的实现提供了良好的主体环境。

层间表面活性剂 DES 能有效分散 BP 阴离子，减弱其分子之间的相互作用，并可以通过改变插层量的比例影响 LDHs 与 BP 阴离子之间的相互作用，进而提高 BP 分子的荧光性能（图 6-3），对其进行优化调控。

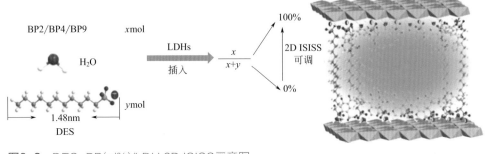

图6-2　DES-BP(x/%)/LDH 2D ISISS示意图

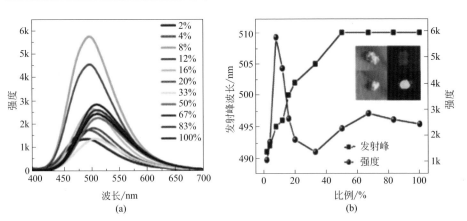

图6-3　（a）DES-BP4(x/%)/LDH 2D ISISS粉末的荧光光谱图；（b）DES-BP4 (x/%)/LDH 2D ISISS粉末的荧光峰位置和峰强度与插层比例（x/%）的关系图（x = 100，83，67，50，33，25，16，8，4，2），激发波长为370nm

　　与复杂的有机合成方法相比，有机阴离子共插法是构筑新型复合光功能材料的一条通用途径，可以进一步挖掘为数众多、结构丰富的有机光功能分子的性能，通过共插层实现其在层间的固定，形成二维层间超分子固溶体，实现性能强化或新性能研发，为开发光功能复合材料提供了一种新途径。

## 二、二维光生激子光物理

　　激子（exciton）是设计各种光电、光子和催化器件时最重要的物理量之一。在光的激发下，价带（VB）电子被激发到导带（CB），随后被电子和空穴间的库仑力束缚在一起构成电子 - 空穴对。因此，激子是由受激电子和空穴由于库仑相互作用形成的束缚态或元激发，束缚的电子 - 空穴对与氢原子非常类似，因此其激子能级分布也与氢原子类似，可以用类氢原子里德伯模型描述，有激子的结合能和 Bohr 半径。相比于氢原子，激子中库仑力是介电屏蔽的库仑力。所谓介电屏蔽是指不同于真空，在半导体中电子 - 空穴间的库仑力要在分母上引入介质介电常数，而介质介电常数通常是大于真空下的值，所以库仑力减小了，这就是所谓的介质屏蔽效应。激子结合能是分离组成激子的电子 - 空穴对所需要提供的能量，其大小在许多基于半导体的光伏与光电器件的工作效率中起着至关重要的作用。根据激子的半径和受激电子与空穴之间库仑作用力大小，激子大体上可以分为两类：弗兰克尔激子（Frenkel excitons）和瓦尼尔激子（Wannier excitons）。

如果由于激光、强电场或磁场等的强激发，在固体中产生高浓度的激子，则可以形成双激子（bi-excitons）或多激子。在 2D TMDC 中的特征是结合能大于传统量子阱结构的一个数量级[31]。

除了中性准粒子外，还可以形成带电的准粒子（三粒子）。后一术语指的是三粒子复合物，例如两个电子和一个空穴可以形成一个带负电荷的三子[32]。

除了材料的介电常数外，激子的结合能还强烈地依赖于系统的维数 $\alpha$。在 $\alpha$ 维空间的一般情况下，激子结合能由下列方程给出[33]

$$E_n = -\frac{E_0}{(n+\frac{a-3}{2})^2} \quad (6-1)$$

式中，$n$ 是主量子数；$E_0$ 是激子里德堡能（exciton Rydberg energy）。在没有介电效应的情况下，理论上 2D 材料的激子结合能比 3D 材料的激子结合能大 4 倍。然而，在原子薄材料的极限中，由于连接电子和空穴的电场线延伸到样品外部，介质屏蔽被进一步降低，这可能导致更大的增强因子。精确确定不同维度的各种材料的激子结合能，具有广泛的基础与应用价值。在已报道的不同维度的材料体系里，激子结合能的变化范围很广。

三维体系，如半导体材料，由于有效的库仑屏蔽作用，使得这类材料中只能形成弱束缚的激子，其结合能一般只有几十毫电子伏。随着体系的维度降低，库仑屏蔽作用也会减弱，从而导致更强的激子效应。近期的研究发现，很多一维和二维材料的激子结合能都比相应的体材料大得多，相应的激子效应也更加显著，从而可为设计新的能量转换器件提供新机遇。

二维过渡金属硫化物（TMDC）和黑磷是分别在可见光和近红外能量上有带隙的半导体。二维半导体材料的激子束缚能特别大，如单层 $WS_2$ 约 0.7eV，单层黑鳞可达 0.9eV。大的激子束缚能的物理原因是：

① 介电屏蔽的减小。在三维情况下，电子 - 空穴对周围都是半导体，而在二维情况下，只在二维平面内有半导体，周围是其他介质或者空气。因此，介电屏蔽极大地减小了，增强了电子 - 空穴对之间的库仑力。

② 空间限制。在二维情况下电子 - 空穴，对被限制在二维平面内运动，而不

能在其他维度上扩展。

③ 二维材料载流子具有较大的有效质量，导致了激子束缚能提升。理论分析表明，二维材料的激子结合能至少是块体材料的 10 倍。

由于在二维半导体材料无法观测到吸收或发射光谱中带间跃迁的起始位置[34]，很难直接求出二维材料的实际带隙和激子束缚能。可以采用里德伯模型对高阶激子激发态进行拟合，外推得到激子束缚能，结合基态激子能量位置可以定出激子束缚能和实际带隙[35]。高阶激发态的位置可以由吸收谱、PL 激发光谱和双光子 PL 激发光谱等方法获得。实际能隙的位置还可以通过双光子 PL 激发谱中对线性增加区域获得。

ⅥB 族 TMDC（钼、钨基二硫化物和二硒化物：$MoS_2$、$MoSe_2$、$WS_2$、$WSe_2$）为层状范德华（VdW）晶体。它们在层内化学结合，但仅通过各层之间的 VdW 层间相互作用弱结合。TMDC 具有三方柱状晶体配位，六方排列的过渡金属夹在两层硫化物之间[36]。通常，所研究的晶体是 2H 相，它破坏了单层中的反转对称性，但恢复了偶数层中的对称性[37]。

这些 TMDC 是半导体，其块体长期以来一直被认为具有间接带隙。然而，人们发现，当这些晶体被机械剥离成单层时，由于 TMDC 单层中没有任何层间相互作用，因此发生了间接到直接的带隙转变。这些减少的层间相互作用表现为价带能量的降低，形成了与多层晶体相比具有更大吸收和更强光致发光（PL）的直接带隙[38]。在 $MoS_2$ 中，化学处理的辅助下，PL 量子产率甚至可以接近 100%[39]。由于 TMDC 是半导体，光激发预计会产生激子、束缚电子对和空穴，它们的行为类似于氢原子。最重要的是，这些激子在二维 TMDC 中具有特别重要的意义，因为与大块晶体相比，由于空间限制和介电屏蔽降低，降维导致了强烈的库仑相互作用，因此，显然激子将主导可观察到的光学现象。

半导体材料中同时存在亮和暗激子。令人惊讶的是，暗激子占据着主导地位，超过了亮激子。在某些条件下，随着激发电子在整个材料中扩散并改变动量，亮激子和暗激子可以互相转变[40]。这一实验首次可视化了暗激子，并研究了它们的性质，以及它们与亮激子的近简并和它们在能量 - 动量角度中的形成途径。

由于二维材料超薄的特性，激子可以受到外界电场、磁场、机械应变等因素的调控，表现出多样化的性质，不仅可以作为基础研究的平台，还在光电子器件领域有非常广阔的应用前景。二维材料中的光 - 物质相互作用在光电子学和光子学应用中具有独特的优势。强激子共振和大的光学振荡强度覆盖了从可见光到红外光的光相互作用。此外，2D 半导体的低维使得它们很容易调节，因为电学、光学和机械特性都可以使用多种调制方法来控制。这种灵活性为诸如可调谐激子光电子器件等器件应用提供了潜力。与需要外延衬底的半导体相比，原子薄的 VdW 本质提供了一个降低外形系数和无衬底组装的平台。

直接带隙 2D 半导体的一个自然应用是开发明亮、灵活和超薄的 LED。石墨烯、

TMDC 和黑磷可以满足对紧凑、高效、快速和宽带光调制器的新需求。例如，由于其独特的线性能量 - 动量色散关系，石墨烯的零带隙使其能够在从可见光到太赫兹频率的极宽的光谱范围内工作[40]。此外，Dirac 点附近的低态密度使得费米能级可以通过电栅进行大的可调谐。同时，高迁移率和低电阻可实现高达 65GHz 的高速电光调制[38]。强的光 - 激子相互作用和原子薄的体积是二维半导体作为激光器发展的增益介质的优势。多腔设计已经被用来演示来自 2D 材料的激光。Wu 等人[41] 在耦合单层 WSe$_2$- 光子晶体腔系统（$Q$ 值约为 2500）中，获得了 160K 以下的超低阈值激光输出。该系统在连续波（CW）泵浦下，获得了约 1W/cm$^2$ 的激光阈值。Salehzadeh 等人[42] 报道了了来自四层 MoS$_2$ 的激光。氧等离子体处理过的 MoS$_2$ 在自立式微盘和微球之间的界面处起到了增益介质的作用。经等离子体处理后的 MoS$_2$ 形成直接带隙，并提供额外的模式重叠，增强了模式重叠和光与物质的耦合，从而降低了激光阈值。L-L 曲线和线宽变窄推断室温连续泵浦下的激光阈值 >1kW/cm$^2$。

综上所述，二维材料中的激子为探索新兴物理提供了丰富的平台，并使这些材料具有多样化的光子应用。由于空间限制和 2D 极限屏蔽的减弱，激子表现出如此强烈的效应，在室温下甚至可以观察到带电的三重激子。对激子系列的能量探测表明，这些激子的结合能达到几百毫电子伏。这些二维系统具有大的振子强度、独特的光学选择规则和多种可调参数。这使得研究分子厚度极限下的光物质相互作用成为可能，并促进了基于 2D 半导体的功能光电子学和光子学的快速发展。由此可见，LDHs 基插层光功能复合材料在其独特的层板二维限域效应下，其二维激子必将显示独特的性质，从而为研究复合光功能材料的激子光物理和光功能器件提供新的研究体系和应用机遇。

# 三、LDHs空间限域效应

基于 LDHs 主体层板与层间客体的相互作用，一方面可以固定层间客体分子，抑制其非辐射跃迁；另一方面可以对客体分子的构型排布、取向排列及分散情况等进行调控和优化，实现高性能插层结构光功能材料的可控制备。

## 1．客体分子构型调控

发光客体的分子构型直接决定了其光学特性。将光功能客体引入到 LDHs，可以通过 LDHs 的二维限域层间空间固定荧光分子，并对其构型及其发光行为进行有效调控。

金纳米簇（Au NCs）因其光稳定性好、生物相容性高等受到广泛关注，其发光特性主要来源于 Au 与配体之间的相互作用，而通过调控 Au NCs 的构型有望实现对其光学性能的优化。基于此，将剥层的 LDHs 超薄纳米片与 Au NCs 层层自组装，基于 Au NCs 与 LDHs 间的氢键及静电作用，获得了具有二维有序结构的复合薄膜[43]。组装后的 Au NCs 锚定在 LDHs 层板上，Au NCs 分布均匀且保持单分散状态无聚集。通过密度泛函理论对限域层间的 Au NCs 进行研究，相较于溶液中呈现准球状结构的 Au NCs［图 6-4（a）］，被限域于 LDHs 层间的 Au NCs 构型发生了变化扩展成伪球形结构［图 6-4（b）］。通过 XPS 研究组装前后 Au NCs 中 Au 的价态变化，对于原始的 Au NCs，Au 的价态位于 Au(0) 和 Au(Ⅰ) 之间；其中，决定 Au NCs 荧光性能的 Au(Ⅰ) 组分占 Au 总量的 34.4%［图 6-4（c）］。对于被限域在 LDHs 层间的 Au NCs，Au(Ⅰ) 的结合能移至 85.4eV，而 Au(Ⅰ) 占 Au 总量的比例增加至 46.4%［图 6-4（d）］。这是由于 LDHs 层板的正电性及其限域作用，使得带负电的 Au NCs 电荷发生偏移，导致决定 Au NCs 荧光性能的 Au(Ⅰ) 含量大幅增加，从而实现 Au NCs 量子产率和荧光寿命的提高。另外，由于 LDHs 与 Au NCs 间主客体相互作用及其对 Au NCs 的锚定固载，实现了 LDH 对 Au NCs 中 Au—S 键的保护，使 (Au NC/LDH)$_{20}$ 超薄膜表现出优异的光稳定性。

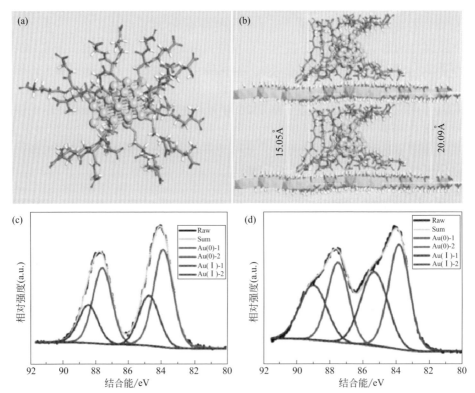

图6-4 （a）原始Au NCs及（b）组装的Au NC/LDH最优化结构模型（Mg：绿色、Al：粉色、O：红色、Au：金色、H：白色、C：灰色、N：蓝色、S：橙色）；（c）Au NCs溶液及（d）(Au NC/LDH)$_{20}$超薄膜的XPS分析

Raw—原始测试数据；Sum—峰拟合值

利用 LDHs 的可插层性，将三（8- 羟基喹啉 -5- 磺酸）合铝阴离子（AQS³⁻）和十二烷基磺酸根（DDS）共插层到 LDHs 层间，构筑 DDS–AQS(x/%)/LDH 复合材料[44]，DDS 的存在提供了层间非极性插层环境，有效隔离了 AQS 阴离子；且长链 DDS 能扩大 LDHs 层间距，以提供配合物配体翻转的空间。基于此，层间 AQS 发生配体翻转形成面式 -AQS 结构，使得 AQS 插层 LDHs 样品的发射相比于 AQS 膜发生了 46nm 的蓝移。

### 2．客体分子取向排列调控

有序的一维荧光聚合物能够展现出较强的宏观各向异性发光，而多数金属配合物分子由于具有较高的分子对称性，使得分子各向异性较低。因此寻找新的途径实现金属配合物在分子尺度上的定向排列及均匀分散可以进一步整合该类化合物的优势。例如，选取带 4 个单位负荷且具有光电特性的邻菲啰啉钌配合物（[Ru(dpds)₃]⁴⁻）与 MgAl-LDH 纳米片进行交替组装成复合超薄膜[45]（图 6-5）。采用荧光偏振测试研究组装前后的发光特性变化：Ru(dpds)₃ 水溶液发光各向异性值 $r = 0.02$，呈现各向同性。而组装获得的 Ru(dpds)₃/LDH 超薄膜在红色荧光发射区域显示出明显的各向异性；随着组装层数的增加，$r$ 不断增长（图 6-5）。以上结果说明，Ru(dpds)₃ 在 LDHs 层间有序排列，且组装层数的增长可以提高薄膜偏振各向异性。

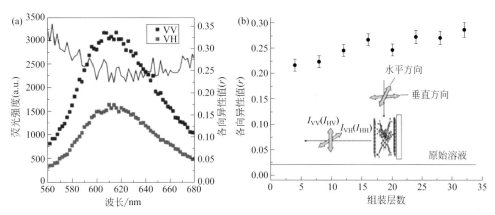

图6-5　[ Ru(dpds)₃/LDH ]₂₈ 超薄膜（a）偏振荧光光谱及（b）各向异性值（r）在随组装层数变化图
H 和 V 分别为水平和垂直于激发光方向的偏振荧光

### 3．客体分子分散状态优化

荧光分子的分散状态直接决定了其光学性能。对于不同分散状态的荧光分子，会因为聚集而产生分子间 π-π 作用导致荧光降低，也可能由于聚集使得分子的非辐射跃迁被抑制导致荧光增强。因此，对荧光分子分散状态的调控可以有效实现对其荧光性能的优化。将这些荧光分子分散到 LDHs 层间，有望通过 LDHs 的二维限域作用调节荧光客体分子的分散状态及荧光性能。

传统的发光染料通常具有 π 共轭体系的疏水基团，在分散状态下需要通过荧光辐射消耗能量，即产生较强的荧光。但是在固态或者高浓度溶液中，这类分子由于分子间 π-π 作用或形成激基缔合物而消耗了激发态能量，导致荧光降低。因此，在这类荧光分子中引入 LDHs，可以通过 LDHs 限域作用避免荧光分子发生聚集，从而获得优异的荧光性能。

将 1- 苯氨基萘 -8- 磺酸盐（ANS）与一系列不同烷基链长度的表面活性剂，如戊磺酸盐（PES）、己烷磺酸盐（HES）、庚磺酸盐（HPS）、癸烷磺酸盐（DES）和十二烷基磺酸盐（DDS）等插入 ZnAl-LDH 层间，实现对层间微环境以及客体分子分散状态的调控[46]。通过改变表面活性剂的极性、ANS 与表面活性剂的相对比例来调节 ANS 的分散状态以及复合材料的发光性能。可以通过 ANS 和表面活性剂之间的"尺寸匹配"来解释：较短链的表面活性剂（PES、HES）无法有效阻止 ANS 分子聚集；而长链的表面活性剂（DES、DDS）具有较强的柔韧性，实现在对层间 ANS 的有效调控。因此，基于 LDHs 提供了限域的二维空间环境，实现了对层间客体荧光分子的分散状态及荧光性能的有效调控。

此外，进一步研究了 LDHs 层间水含量对 3,4,9,10- 苝四羧酸盐（PTCB）分子排列的影响[47]。层间水可以为客体阴离子提供更多的柔性空间，从而对二维限域刚性层板起到润滑作用。在无层间水的条件下，由于主客体之间的强静电相互作用，PTCB 倾斜于层板排列，以头尾堆积形式形成 J 型聚集体。层间 $H_2O$ 与 PTCB 摩尔比为 15∶1 时，层间距增加，PTCB 与层板的倾斜度开始降低，直到高水合条件下接近垂直于层板排列，以面对面堆积形式形成 H 型聚集体，使其发射光谱蓝移。

## 4. 二维聚集诱导发光

传统有机发光分子往往在溶液态或者单分散的状态下发光，一旦分子聚集成固态后，发光强度会急剧减弱甚至消失，这种现象被称为聚集诱导荧光猝灭（aggregation caused quenching，ACQ）现象[48]。ACQ 现象严重制约了有机发光材料的应用。2001 年，唐本忠等发现了一系列螺旋状的分子在稀溶液下没有荧光发射，但在浓溶液及聚集状态下发射出强烈的荧光，表现出的发光现象正好与 ACQ 分子相反，被定义为聚集诱导发光（aggregation-induced emission，AIE）[49]。典型的 AIE 分子有四苯基乙烯（tetraphenylethylene，TPE）、六苯基噻咯（hexaphenylsilole，HPS）和二苯乙烯基蒽（distyrylanthracene，DSA）等[50]。

AIE 的发光机理主要包括分子内运动受限、堆积形成激基缔合物、分子内扭转电荷转移及聚集限制激发态的无辐射跃迁等[51]，其中分子内旋转受限机理最为大家接受[52]。分子内旋转受限机理认为 AIE 的产生主要是由于荧光材料在聚集体状态下，分子间的距离减小，分子间产生明显的重叠，可以有效地抑制分子内芳香取代基的自由旋转。当 AIE 分子在光照激活的状态下，分子的能量不能通过单键自由旋转的热振动方式将吸收的能量释放出来，有效地抑制了材料的非辐射跃迁，使得吸收的能量只能通过辐射跃迁的方式释放（即发出荧光），有效地提高了聚集态发光效率。作为 AIE 体系的中心机理，分子内运动受限（restriction of intramolecular motions，RIM）的本质是通过阻碍非辐射衰减来提高发光效率[50]。

人们设计了多种超分子相互作用，例如氢键、范德华力、阴离子-π 等来取代固态时的 π-π 堆积作用，进而使有机分子内运动受限（RIM）产生聚集诱导发光（AIE）[53,54]。本书著者团队提出利用 LDHs 的二维限域效应，以静电相互作用和氢键作用也能够实现限制分子内运动的效果[55]。比如利用氢键层层组装的方法[56]，将中性聚合物聚乙烯咔唑（PVK）和具有限制诱导荧光特性的四苯乙烯（TPE）与层状双金属氢氧化物（LDHs）纳米片组装成超分子复合薄膜。层间的 PVK 和 TPE 分子组成了荧光共振能量转移（FRET）体系的供体和受体，在 LDHs 层间实现了二维 FRET 过程及 TPE 的限制诱导荧光现象。通过二维层状的空间控制 TPE 的聚集状态来调节两个荧光团之间的能量转移过程，实现了对挥发性溶剂的荧光刺激响应。研究表明对 TPE 分子中 Ph—C═C 的 σ 键旋转的二维限制作用是导致 TPE 发光的根本原因。

随 TPE 浓度的增加，445nm 处 TPE 的荧光强度逐渐红移，这是由于浓度增大，TPE 的聚集状态发生转变导致荧光光谱的移动（图 6-6）。当 TPE 与 PVK 的质量分数为 4% 时，其最大发光波长为 446nm；当 TPE 与 PVK 的质量分数为 10% 时，其最大发光波长为 465nm。较低 TPE 含量（1%～4%，质量分数）的 446nm 荧光峰与固体 TPE 粉末相似，更高 TPE 含量（5%～10%，质量分数）的荧光峰与四氢呋喃（THF）水混合物溶液（体积比 99：1）中的 TPE 胶体接近。孤立的 TPE 分子的四个苯环可以不受约束地围绕 Ph—C 的 σ 键轴旋转，迅速消耗激发态的能量，猝灭了蓝色发光。与没有发光的 TPE 四氢呋喃溶液相比，PVK 包封使 TPE 嵌入 LDHs 中间层，限制了 TPE 的分子内旋转，使其成为平面发色团。当 TPE 含量较低（1%～4%）时，TPE 分子可以均匀分散在 PVK 基体中，不存在 TPE 聚集现象，表明 LDHs 单分子膜的二维层状结构限制诱导了蓝色发光；在相对高浓度（>5%）时，受限制的 TPE 分子表现出与胶体类似的荧光（464nm），表明 PVK 包封后 TPE 分子形成了修饰的平面发色团。

聚集诱导发光（AIE）型生色团向刚性 LDHs 的插入可以用作限制 TPE 苯环旋转的替代机制，插层 TPE 的 AIE 效应可被视为中间层内的二维限制诱导的光发射 RIE 效应。LDHs 以其独特的二维层板结构构成一个特殊的层间区域，利用 LDHs 的层状二维结构把 TPE 限定在一定区域内，由此可为有机发光分子提供一个特殊微环境[57,58]，从而使发光分子具备了独特的光化学性能。

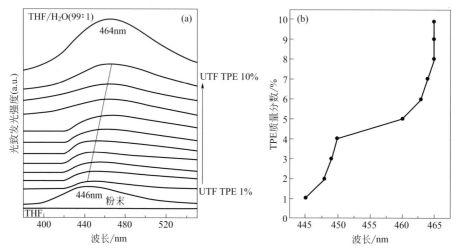

图6-6　（a）TPE不同掺杂浓度组装超薄膜（UTF）的荧光光谱图；（b）PL峰值与UTF的TPE含量的关系图

进一步将 LDHs 纳米片与 9,10-双 [ 4-( 3-磺化丙氧基 ) 苯乙烯基 ] 蒽（BSPSA）进行层层组装构筑复合薄膜，并讨论聚（4-磺酸苯乙烯）（PSS）的存在对 LDHs 层间 BSPSA 的聚集状态及荧光性能的影响[59]。构筑的 (BSPSA/PSS–LDH)$_{20}$ 复合薄膜表现出绿色荧光发射 [ 524nm，图 6-7（a）]，与 BSPSA/PSS 溶液的发射

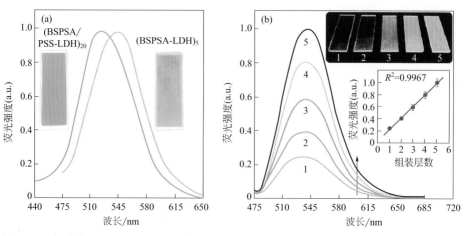

图6-7　（a）(BSPSA/PSS-LDH)$_{20}$和(BSPSA-LDH)$_5$超薄膜的荧光光谱及在紫外线下照片，（b）(BSPSA-LDH)$_n$超薄膜（n = 1～5）的荧光光谱及照片

峰相似，而较 BSPSA 水溶液出现了明显的蓝移。这个现象归因于 BSPSA 和 PSS 分子间相互作用形成了超分子结构，导致 BSPSA 的扭曲结构较大，从而形成较低的共轭度。而 (BSPSA-LDH)₅ 复合薄膜表现出黄色的荧光发光（545nm），其荧光光谱随着组装层数的增多而线性增长，并且相较 BSPSA 溶液没有明显的偏移或展宽［图 6-7（b）］。以上结果表明 BSPSA 的整个组装过程受到 LDHs 层板电荷影响，分子间距离受到控制，有效避免分子间的相互作用。另外，由于 BSPSA 在限域环境中的紧密和有序排列，有效抑制了分子运动，限制了非辐射跃迁而增强了荧光发射，表现出较高的量子产率。

# 四、LDHs电子限域效应

## 1. 光生激子复合行为

荧光量子产率是指物质吸光后电子 - 空穴复合发射的光子数与所吸收激发光的光子数的比值。因此，提高电子-空穴的复合将实现材料荧光量子产率的提高。为实现这一点，研究者采用 LDHs 与荧光客体进行复合，通过调整 LDHs 层板元素调整 LDHs 带隙，从而抑制荧光客体分子激子的转移，促进其电子 - 空穴复合，获得更强的荧光发射。

将金纳米簇（Au NCs）固载在不同金属组成（X-ELDH、MgAl、CoAl 和 CoNi）的 LDHs 纳米片表面，并对其荧光性能进行研究[60]。对 Au NC/X-ELDH（X=MgAl、CoAl 和 CoNi）样品，尽管这些样品中决定 Au NCs 发光的 Au(I) 含量相似，但复合材料的荧光性能却大不相同。其中，Au NC/MgAl-ELDH 具有最强的荧光［图 6-8（a）］，其量子产率达到 19.05%。利用电化学阻抗谱研究不同金属组成的 LDHs 对 Au NCs 电子空穴复合的影响，以解释光学性能的变化［图 6-8（b）］。由于 Au NCs 的激发电子受到 MgAl-ELDH 能带的限制，电子转移被抑制，电子和空穴复合率提高，量子产率大大提高。而对于导电性能较好的 CoNi-ELDH、CoAl-ELDH，由于其可以转移 Au NCs 的光生激子，使得构筑的 Au NC/X-ELDH 复合材料荧光性能较低。此外，Au NC/MgAl-ELDH 的寿命比 Au NC/CoAl-ELDH 和 Au NC/CoNi-ELDH 的寿命长得多［图 6-8（c）］，验证了上述理论。进一步采用密度泛函理论计算研究了 Au NCs 和各种 LDHs 的带隙，通过将 Au NCs 的 $E_{CBM}$ 与这些 LDHs 样品进行比较，Au NCs 的激发电子受到 MgAl-LDH 的电子限域效应而表现出强烈的荧光，却可以转移到 CoAl-LDH 和 CoNi-LDH 的导带而荧光降低。此外，通过将碳点与 LDHs 纳米片组装可以构筑具有长程有序结构和优异的发光特性的超薄膜材料，其量子产率和荧光寿命均有大幅增长。由于 MgAl-LDH 抑制了碳点中光生激子的转移，增强了碳点的辐射跃迁，提高了复合材料的量子产率。由此，通过调控 LDHs 组成，成功实现了对荧光客体分子光生激子的限域作用，优化了客体分子荧光性能。

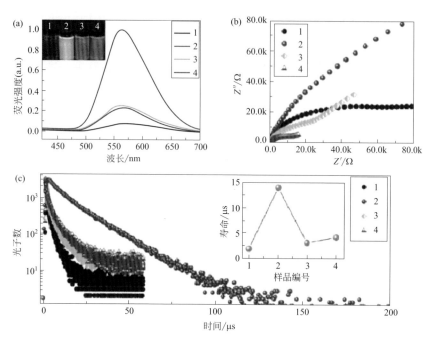

**图6-8** 不同Au NCs样品的（a）荧光发射光谱，（b）电化学阻抗谱图及（c）荧光衰减曲线

样品编号：1—Au NCs；2—Au NC/MgAl-ELDH；3—Au NC/CoAl-ELDH；4—Au NC/ CoNi- ELDH

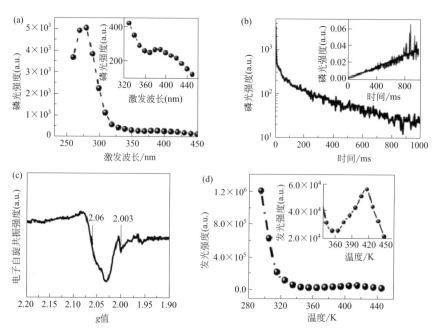

**图6-9** Zn-CDs-LDH样品的（a）磷光强度随激发波长变化，（b）磷光寿命衰减曲线，（c）电子自旋共振光谱及（d）热致发光曲线

## 2. LDHs 表面缺陷作用

在二维纳米材料的研究中发现，表面缺陷的存在可以增强轨道杂化，并导致态密度增加，直接关系到材料吸收光的能力、载流子转移和复合的效率。因此，通过引入不同种类的表面缺陷可以优化光生激子的复合过程，从而调整材料光电、光电催化和光学成像等特性。由于 LDHs 具有较高的比表面积、层板厚度及组成等均可调控特性，在表面缺陷的构建上具有显著优势，有望实现对光功能客体的性能优化。

将碳点（CDs）作为有机发光体，$Zn^{2+}$ 作为共掺杂物诱导形成 LDHs 层板上的缺陷，LDHs 缺陷可作为捕获中心来稳定 CDs 的三重态激子并延长有机分子发光寿命[61]。通过对 CDs 及 Zn-CDs-LDH 能带的分析，受 LDHs 二维限域作用影响，CDs 的磷光可以通过导带中的最低三重激发态（$T_1$）激子直接辐射跃迁到基态产生磷光 [图 6-9（a），（b）]。在光照停止的初始阶段，CDs 中通过隙间窜跃转移到 $T_1$ 的激子和位于浅陷阱的激子可以直接转移到 $S_0$ 并产生磷光，但浅陷阱中的激子会随着时间的延长而被耗尽。在低能量的激发下，激子低于其电离阈值，可以被能量匹配陷阱捕获，最终通过反向隧穿，深陷阱中的激子直接到达能量相匹配的能级后转移到 $S_0$，从而产生持久的发光。进一步结合电子自旋共振 [图 6-9（c）]和热致发光 [图 6-9（d）]等手段，系统地研究了 LDHs 缺陷类型、深度、浓度与激子转移过程间的关系。结果表明，$Zn^{2+}$ 对 LDHs 主体缺陷的类型没有影响，但是会增加 LDHs 的缺陷深度，这更有利于稳定 CDs 的激子并延长其寿命，此外 Zn-CDs-LDH 中的空位总浓度高于 CDs-LDH。因此，丰富的 $Zn^{2+}$ 会使 LDHs 表面形成大量的缺陷，这些缺陷充当 CDs 电子捕获陷阱并阻碍其电子转移过程，从而获得较长的磷光寿命。

## 3. 二维层间能量转移

分子间能量转移是一种普遍存在的光物理过程，深入理解供体 - 受体系统中的能量转移机制对于在光合作用与光伏发电中设计构造光收集系统非常重要。分子间能量转移指的是能量从处于激发态的供体分子向处于基态的受体分子的转移过程，它广泛存在于天然和人工合成的体系中。能量转移的类型从原理上可以分为辐射能量转移和无辐射能量转移两大类。其中，辐射能量转移是指受体吸收处于激发态的供体发射的光子被激发到激发态，而供体回到基态的过程。非辐射能量转移过程不需要供体发射光子和受体吸收光子，是通过供体和受体之间的相互作用将能量直接转移到受体分子的过程。非辐射能量转移又可以分为强相互作用下波动式（wave-like）相干能量转移[62]和弱相互作用下跳跃式（hopping）非相干能量转移，如源于库仑转移机制的 Forster 共振能量转移[63]和源于交换转移机制的 Dexter 能量转移[64]。量子相干能量转移主要发生在当分子间耦合强度大于各自的展宽时，此时激发能可以在供体和受体生色团上离域，并能以波动式的方式在供体和受体生色团之间发生能量转移。而当分子间距离较大时（1～10nm），激发态能量主要以 Forster 共振能量转移机制转移。而在小距离下（<1nm），分子间分子轨道可以发生交叠，因此会发生电子交换作用引起的 Dexter 能量转移。

荧光共振能量转移（Forster resonance energy transfer，FRET）是指处于激发态时的能量供体（D）通过长程的偶极 - 偶极耦合相互作用，通过非辐射的形式将能量转移到邻近的具有相似能级的受体（A），自身失活到基态，而受体发出荧光的过程。荧光共振能量转移类似于近场传输，要求反应的作用距离要远小于激发光的发射波长。在近场区域，处于激发态的供体会发射出虚拟光子，光子随即被受体所吸收。由于这些光子的存在违反了能量和动量守恒，因此是无法探测到的。能量转移的效率主要取决于供受体之间的摩尔比、供体发射光谱与受体吸收光谱重叠的程度，以及它们之间的距离。此外还受供体的吸光能力、量子效率等因素影响。根据 Forster 理论，能量从供体转移到受体的速率 $k_T(r)$ 可以用下述公式计算：

$$k_T(r) = \frac{1}{\tau_D}\left(\frac{R_0}{r}\right)^6 \tag{6-2}$$

式中，$\tau_D$ 是在没有受体的情况下供体的衰减时间；$r$ 是供体与受体之间的距离；$R_0$ 是 Forster 距离，是供体分子能量衰减到一半时的距离，而另一半能量通过辐射和非辐射的形式衰减。能量转移速率在很大程度上取决于距离，并且与 $r^{-6}$ 成正比。Forster 距离通常为 1～10nm。

在对 FRET 的更详细的描述中 [63]，距离 $r$ 的单个供体和单个受体之间能量转移速率可以写成

$$k_T(r) = \frac{Q_D \kappa^2}{\tau_D r^6}\left(\frac{9000(\ln 10)}{128\pi^5 N_A n^4}\right)\int_0^\infty F_D(\lambda)\varepsilon_A(\lambda)\lambda^4 d\lambda \tag{6-3}$$

式中，$Q_D$ 是供体在受体不存在的情况下的量子产率；$n$ 是介质的折射率；$N_A$ 是阿伏伽德罗数；$r$ 是供体到受体的距离；$\tau_D$ 是受体不存在的情况下供体的衰减时间；$\kappa^2$ 是描述供体和受体的转换偶极子取向的参数，考虑到供体与受体的动态随机平均，将 $\kappa^2$ 取 2/3；$F_D(\lambda)$ 是按照总强度（荧光曲线下的面积）归一化在 $\lambda$ 到 $\lambda+\Delta\lambda$ 波长范围内的供体的归一化荧光强度；$\varepsilon_A(\lambda)$ 是受体在 $\lambda$ 处的消光系数。能量转移效率 $\xi$ 是指供体吸收的光子转移到受体的比例，可以表示为

$$\xi = \frac{k_T(r)}{\tau_D^{-1} + k_T(r)} \tag{6-4}$$

能量转移效率是指供体在有受体存在的情况下，能量转移速率与总衰减效率

之比。从式（6-4）可以看出：①当能量转移速率远大于衰减速率时，能量转移是非常有效的；②当转移速率小于衰减速率时，在激发态寿命期间只有较少的能量发生转移，因此能量转移效率较低。

根据公式（6-4）和式（6-2）还能得到能量转移效率与距离的函数

$$\xi = \frac{R_0^6}{R_0^6 + r^6} \qquad (6-5)$$

根据该式可以清楚地发现，当供体与受体之间的距离 $r$ 接近 $R_0$ 时，能量转移效率在很大程度上取决于 $r$。当供受体之间距离小于 $R_0$ 时，能量转移效率快速增加到 1，相反，如果供受体之间距离大于 $R_0$，效率则很快衰减。

上述描述是基于偶极 - 偶极近似下的荧光共振能量转移。在多极库仑相互作用的情况下，例如偶极 - 四极和四极 - 四极相互作用，荧光共振能量转移速率则分别与 $r^8$ 和 $r^{10}$ 成正比[65]。在这种情况下，距离对于能量转移效率的影响将更加重要，并且相互作用的范围也会随之缩短。因此，偶极 - 偶极相互作用项是主要的一项，而对于更大的量子点或供受体非常接近时，则可以考虑更高的其他极子。由于荧光共振能量转移效率主要依赖于供受体之间的距离，因此可以通过调控供受体之间距离以达到调控或者利用荧光共振能量转移实现供受体分子之间距离的测量。另外，通过设计多级的 FRET（cascade FRET）结构的荧光传感器可以提高分析的检测限。多级的荧光共振能量转移过程指的是三个或者三个以上荧光团之间的能量转移过程。含三种荧光物质的多级能量转移可分为三种类型：①含有两对供受体对（D/A pairs），且共享一个荧光团的 FRET 体系，即 $1 \rightarrow 2 \rightarrow 3$；②含有两个平行的 FRET 体系，即 $1 \rightarrow 2$ 和 $1 \rightarrow 3$；③同时含有一步能量转移和二步能量转移，即 $1 \rightarrow 3$ 和 $1 \rightarrow 2 \rightarrow 3$（图 6-10）。多级的能量转移过程较一步能量转移（one-step FRET）具有更多的优势，如更高的远距离能量转移效率、更大的斯托克斯位移、更高的检测灵敏度等[66]。

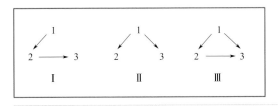

图6-10
三发色团系统的能量转移示意图

由于多步能量转移机理构建的荧光传感器具有更强的荧光发射能力，并且可同时检测多种物质，因此得到了越来越多科研工作者的关注。如图 6-11 所示，本书著者团队等设计了一种基于氢键相互作用的层层组装方法制备的中性小分子——芘与载体聚合物——聚乙烯咔唑（PVK）和 LDHs 单片层组成的超薄膜（UTF）[67]。其中，PVK 的咔唑基团可以通过 π-π 键与芘相互作用，芘@PVK 复合层和 LDHs 单片层基于氢键相互作用形成层层组装超薄膜。由于 LDHs 独特的层间结构，芘与 PVK 的间距在纳米级范围，因此，当仅激发 PVK 时，荧光测试观察到了超薄膜中从 PVK 到芘分子的 FRET 过程，由于该过程可被具有挥发性有机化合物（VOC）阻断，并且 VOC 的吸附和解吸过程是可逆的，使得芘的蓝色发光的开 / 关状态的转换也是可逆的，因此该超薄膜可作为 VOC 的传感器。进而，通过将发蓝光的中性 PVK、发绿光的三 - （8- 羟基 - 喹啉）铝（Alq$_3$）、三 [2-（4,6- 二氟苯基）吡啶 -C2,N] 铱（Ⅲ）[Ir(F$_2$ppy)$_3$(R$_2$)] 和发橙光的 4-（二氰基 - 亚甲基）-2- 甲基 -6-（4- 二甲氨基 - 苯乙烯基）-4H- 吡喃（DCM）与 LDHs 纳米片使用层层组装的方法形成无机 / 有机复合发光超薄膜[68]。由于 LDHs 的层间距在 10nm 以内，满足 FRET 的基本要求，因此可以发生两步级联 FRET 过程，即在激发 PVK 后进行两次能量转移，首先是从 PVK 转移到 Alq$_3$ 或者 Ir(F$_2$ppy)$_3$(R$_2$)，然后到 DCM。由于 DCM 的均匀分散，光致发光光谱表明该超薄膜不仅实现了延长 DCM 染料寿命、显著增强发光强度，还能通过干扰 2D 级联 FRET 过程，对常见的 VOC 显示出快速、灵敏以及高选择性的荧光信号，显示了 DCM 在 VOC 选择性传感领域的潜在应用。由于 LDHs 对荧光分子等具有固定和均匀分散的作用，可有效抑制荧光分子的聚集猝灭，并对有机材料进行固载化，有利于功能薄膜的器件化。且 LDHs 合适的层间距有利于对能量转移的精细调控，因此，利用 LDHs 的组成可调性和可插层性的特点，将荧光分子引入到层间，调变主体 LDHs 超分子结构组成、客体在 LDHs 层间的含量及空间构象、客体微环境的变化等诸多因素，以光功能调控为导向，制备一系列功能化薄膜，可拓宽对能量转移的应用探索。

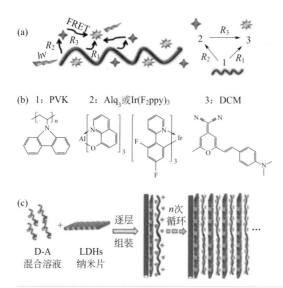

图6-11
二步级联FRET过程以及传感器薄膜制备示意图

## 五、二维层间电子转移

Dexter 能量转移，也称为电子交换能量转移[65]。图 6-12 为 Dexter 能量转移示意图，供体激发态电子通过电子交换相互作用转移到受体激发态，同时受体基态电子转移到供体基态。Dexter 能量转移依赖于在近场中的不同分子之间电子态的波函数重叠。不同于 FRET，Dexter 能量转移要求供受体之间距离更短，通常要求供受体之间距离要小于等于 1nm；另外，供受体之间需要足够大的轨道重叠才能使供受体之间发生有效的电子交换过程，然而轨道重叠可能会干扰供受体各自的波函数，使其吸收或发射光谱发生改变；并且由于电子交换的本质是两个电子转移过程的叠加，因此需要能量供体的激发态能级要大于能量受体的激发态能级，故其与电子转移过程所需具备的条件一样，即能量供体的 LUMO 能级要高于能量受体的 LUMO，能量受体的 HOMO 能级要高于能量供体的 HOMO 能级，最终表现为一个放热过程。因此 Dexter 电子转移的能量受体与 Forster 能量转移相比，Dexter 能量转移速率具有指数距离依赖性，可以表示为

$$k_{DT}(r) = KJ_{DT} \exp \frac{-2r_D}{L} \qquad (6\text{-}6)$$

式中，$k_{DT}$ 指的是 Dexter 能量转移速率；$J_{DT}$ 指的是供体的发光光谱与受体的吸收光谱的重叠积分；$r_D$ 指的是能量供受体之间的距离；$L$ 指的是含供受体总的范德华半径；$K$ 指的是与轨道相互作用相关的常数。其中 $J_{DT}$ 的计算公式如下：

$$J_{DT}(\lambda) = \frac{\int_0^\infty F_D(\lambda)\varepsilon_A(\lambda)\lambda^4 d_\lambda}{\int_0^\infty F_D(\lambda)d_\lambda \int_0^\infty \varepsilon_A(\lambda)d_\lambda} \qquad (6\text{-}7)$$

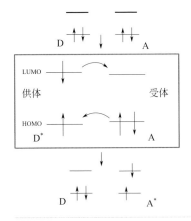

图6-12
Dexter能量转移示意图

从公式（6-7）可以看出，Dexter 光谱重叠积分与 Forster 相似，不同的是供体的发射光谱和受体的吸收光谱都需要对面积进行归一化，因此 Dexter 能量转移与受体的摩尔吸光系数无关。从公式（6-6）可以看出，能量转移速率与供受体光谱重叠程度有关（仅涉及光谱位置和形状），并且随供受体之间间距的增加呈指数性减小，若供受体之间距离大于分子直径（约 0.5 ～ 1nm）时，能量转移速率非常小，基本上可以忽略不计，因此供受体之间的连接方式非常重要。在构建 Dexter 能量转移体系时，通常选用单键、刚性共轭结构作为连接臂。同时，常数 $K$ 对能量转移速率也有很大影响，但其很难通过实验进行测定，因而 Dexter 理论很难定量描述能量转移过程。此外，由于没有电荷分离态产生，因而溶剂极性对其也没有太大影响，但是环境温度对其影响很大。值得注意的是在 Dexter 能量转移体系中，不可避免地存在供受体间偶极相互作用，因此为避免共振能量转移的发生，应选择光谱重叠程度很小的能量转移对。

Dexter 理论和 Forster 理论是目前最常用的两种能量转移理论。确定某一能量转移体系属于哪种类型对能量转移过程本质的理解非常关键。鉴别 Dexter 和 Forster 能量转移的方法有两种：①由于两种能量转移对距离的依赖程度不同，当 D-A 间距大于 1nm 时，Dexter 能量转移基本上不可能发生，所以可通过改变 D-A 间的距离来辨别能量转移类型；② Dexter 能量转移对温度有一定依赖关系，而 Forster 能量转移不受温度影响，因为也可以通过改变体系的温度所引起的变化来辨别能量转移类型。

## 六、二维上转换发光

上转换发光过程是指材料受到低能量长波长的光激发时，通过多种机制将低能量（长波长）的激发光转换为高能量（短波长）发射光的辐射过程。如果发光中心连续吸收两个或多个低能激发光子，经无辐射弛豫、过渡，最终到达基态后，发射出高于吸收能量的高能发射光，则称为双光子吸收上转换发光[69,70]。因其在太阳能电池、光合成、光催化以及光电器件等领域的潜在应用价值而受到广泛关注。

通常人们研究比较多的是稀土上转换发光纳米材料，该类上转换材料采用近红外激光激发，通过掺杂不同的稀土离子以得到不同波长的上转换发射源，其在细胞及生物成像方面应用很广。由于稀土上转换技术所需激发光能量较高（一般需要 $10^6 W/cm$），且上转换量子效率低，所以使得该技术很难实用化。以 LDHs 为主体、稀土有机配合物 Eu(DBM)$_3$bath 和 Tb(acac)$_3$Tiron 分子为客体，通过层层组装法制备了主客体稀土配合物薄膜材料[71]。构筑的 Eu(DBM)$_3$bath/LDH 和 Tb(acac)$_3$Tiron/LDH 薄膜在不同激发功率的 800nm 激光激发下，分别在 614nm 和 488nm、544nm 处发出荧光（图 6-13），即更高能量的荧光，符合上转换发光特性。由于 Eu(DBM)$_3$bath/LDH 和 Tb(acac)$_3$Tiron/LDH 体系荧光发射强度的对数值与入射能量的对数值呈良好的线性关系，斜率分别为1.841和1.897，均接近2，可以判断出这一过程符合双光子吸收机制。通过进一步调控组装到LDHs层间稀土配合物的种类和数量，可以实现对发光薄膜荧光强度的调控，并提高稀土配合物的化学稳定性和荧光稳定性，延长稀土配合物发光材料的寿命。

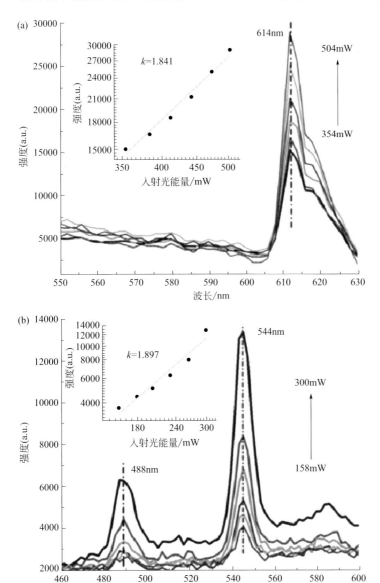

图6-13　800nm激光下（a）［Eu(DBM)₃bath/LDH］₅₀和（b）［Tb(acac)₃Tiron/LDH］₅₀的发光光谱

近年来，一种新型的上转换发光技术，三线态 - 三线态湮灭（triplet-triplet annihilation，TTA）上转换发光技术应运而生。该类上转换发光技术因具有激发功率低，通过独立选择能量给体与受体（考虑能级匹配）而实现激发波长与发射波长的可调以及上转换效率高等优点而受到科学家的广泛关注。基于 TTA 的上转换最早由 Parker 和 Hatchard 在 20 世纪 60 年代提出[72]，他们在菲和萘的混合溶液中通过选择性地激发菲而观察到萘的反斯托克斯延迟荧光（P- 型延迟荧光），即延迟荧光的能量比激发波长大。

由图 6-14 所示，基于 TTA 机理的上转换体系主要由三线态能量给体（敏化剂）与三线态能量受体（湮灭剂）两部分组成。首先，敏化剂在激发光的辐射下从基态（$S_0$）跃迁到单线态激发态（$S_1$），之后通过系间窜跃（ISC）到三线态激发态（$T_1$），处于三线态的敏化剂分子通过三线态 - 三线态能量转移过程（TTET）将其能量传递给受体分子的三线态，处于三重激发态的受体浓度达到一定程度后，两个处于三重激发态的受体分子相互碰撞，产生一个处于单线态激发态的受体和一个回到基态的受体，此时处于单重激发态的受体发射出荧光而回到基态，由于产生荧光发射需要两个三线态分子参与反应，因此，上转换的荧光强度通常与入射光强度呈二次方关系。可用以下方程表示这一过程：

（1）$S(S_0) + hv_1 \longrightarrow {}^*S(S_1)$

（2）${}^*S(S_1) \longrightarrow {}^*S(T_1)$

（3）${}^*S(T_1) + A(S_0) \longrightarrow S(S_0) + {}^*A(T_1)$

（4）${}^*A(T_1) + {}^*A(T_1) \longrightarrow {}^*A(S_1) + A(S_0)$

（5）${}^*A(S_1) \longrightarrow A(S_0) + hv_2$

式中，A 代表湮灭剂受体；S 代表敏化剂；$S_0$ 代表基态；$S_1$ 代表单线态；$T_1$ 代表三线态；* 代表激发态；$v_2 > v_1$。

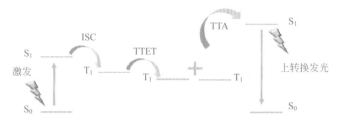

图6-14　三线态-三线态湮灭上转换发光过程示意图

1996 年，Auzel 课题组将基于三价镧系元素（$Ln^{3+}$）的上转换发射层置于光伏器件（PV）以收集光伏器件利用不到的子带隙能量[73]。然而，正是 Trupke、Green 和 Wurfel 探究了这种器件在阳光下运行的理论限制[74]，从而激发了科学界的想象，并促使关于将上转换发光与太阳能电池相结合的研究大量发表。直到 TTA-UC 的出现更加坚定了上转换体系在太阳能电池方面的应用，与稀土上转换相比，TTA 上转换需要更低的激发功率密度，因此，TTA 上转换可较好地利用低能量光子将其转换为高能量光子，使其被光伏太阳能所利用，以提高光伏电池的能量转化效率。然而其也存在自身的一些局限性，如对氧气猝灭极其敏感，且通常液态体系较固态体系效果更好。所以研究 TTA-UC 固态体系如超薄膜在光伏器件方面的应用尤为重要。2012 年，Schmidt 课题组首次将 TTA 上转换发光应用在薄膜太阳能电池上[75]，通过合理选择能量给受体对将 600～750nm 的红光转化为 550～600nm 的光，该波段的光可有效被太阳能电池所利用，从而增强了太阳能电池对太阳光的利用效率，并且发现 720nm 处的增强效果最好。

# 第三节
# 插层结构光功能材料的应用

LDHs 材料由于其特殊的二维层状结构，能够通过反射、散射等物理作用，对紫外线具有一定的阻隔作用；并且 LDHs 多层结构能够形成对紫外线的多重阻隔[76,77]。本书著者团队通过成核晶化隔离法制备了不同粒径的 LDHs，考察了其对不同波长紫外线的屏蔽作用，获得了 LDHs 在 $a$ 轴和 $c$ 轴方向的阈值，而引入不同的金属元素会进一步强化对紫外线的吸收[78]。例如，将 Zn 元素引入 LDHs 层板，由于 Zn 能够与 LDHs 层板氧形成宽禁带化合物，而表现出对紫外线的强吸收能力[79]。由此获得 LDHs 基抗紫外线功能材料，在沥青、塑料等抗光老化中具有广泛应用（详见第九章）[80,81]。另外，由于 LDHs 层板金属氧键以及层间碳酸根的反对称伸缩振动，在 7～8μm 波长范围内表现出红外吸收性能[82,83]。通过改变层间阴离子为硫酸根、磷酸根及其他具有红外强吸收性能的光功能客体，可以进一步提高 LDHs 材料的红外吸收能力，从而在农膜保温中表现出优异的作用（详见第九章）[84,85]。

在构筑 LDHs 基插层结构功能材料的过程中，利用 LDHs 层板正电性、层板表面丰富的羟基基团，采用静电、氢键等相互作用将光功能客体插层组装到 LDHs 结构中。基于 LDHs 的二维层状结构，可以采用插层组装法将客体直接插层或共插层到 LDHs 层间，或通过限域合成方法，获得具有光功能特性的 LDHs 基胶体或粉体材料。基于 LDHs 的可剥层性，可以获得单片层 LDHs 纳米片，将纳米片作为结构基元与光功能客体分子进行层层自组装，由此获得结构高度可控的 LDHs 基薄膜材料。通过以上方法获得的 LDHs 基插层结构功能材料，具有结构可控、性能可调的优势，可作为发光材料应用到传感、成像、显示及防伪中，有潜力作为光电催化剂和光电转换材料应用到光催化燃料电池、太阳能电池及光致储能器件等领域。本节将从这些方面介绍 LDHs 基插层功能材料的应用，讨论其特性以及未来发展潜力。

# 一、发光材料与传感器

## 1．荧光材料

（1）传感　由于刚性 LDHs 层板为层间客体分子提供了保护，提高了插层结构光功能复合材料的稳定性和荧光寿命。在外界温度、压力等刺激下，复合材料层间距发生变化，从而改变客体分子的排列和构型，使其表现出不同的荧光发射。本部分主要介绍 LDHs 复合材料在温度、压力、pH、光辐射及挥发性有机化合物等传感领域的应用。

① 温度传感　荧光温度传感器的设计原理在于：温度会影响荧光分子分散、分子运动状态及辐射跃迁过程，引起其发光强度及荧光寿命的显著变化。

本书著者团队提出了一种基于巯基琥珀酸改性的 CdTe 量子点与 LDHs 层层组装超薄膜作为温度传感器的方法[86]。结果表明，LDHs 组装的超薄膜受热后，其发光强度会明显降低，且在多个循环中表现出优异的可逆性。该复合薄膜对温度的响应是由于在不同温度时 LDHs 限域层间的间距不同，层间 CdTe 量子点的分布状态发生变化，在荧光强度和荧光寿命中显示出对温度的高灵敏响应。与 CdTe 和聚合物制备的膜材料相比，构筑的 CdTe QD-LDH 超薄膜体系具有更好的抗紫外稳定性、机械稳定性和储存稳定性，在温度传感方面表现出广泛的应用前景。类似地，将铜纳米簇（Cu NCs）与 LDHs 层层自组装得到了 Cu NC/LDH 超薄膜，该薄膜表现出对温度的高灵敏响应，且经多个循环周期信号稳定[87]。

通过将阴离子双（2- 磺酰基苯乙烯基）联苯和 LDHs 纳米片逐层组装获得超薄膜材料[88]。荧光各向异性测试结果表明，超薄膜在不同温度下有序度不同：高温下有序度较低，而低温下有序度升高。因此，受层间客体有序度影响，该复合薄膜表现出对温度的荧光响应。分子动力学和周期性密度泛函理论计算证明了在加热 - 冷却过程中 LDHs 层间客体分子相对取向和堆积模式的改变及其与荧光信号的关系，显示出对温度的灵敏响应能力。

② 压力传感　压力是常见的自然刺激之一，为了实现对压力的检测，将有机荧光团 BTZB 插层到 LDHs 层间，制备 BTZB/Mg$_2$Al-LDH 复合材料，表现出对压力的可逆传感[89]。

为了进一步实现压力传感器在兆帕水平上的高灵敏检测，并解决粉末类压力传感器实际操作和回收利用上的不方便，通过将 LDHs 与光功能客体构筑超薄膜材料，借助 LDHs 的限域层间环境，提高压力传感检测的灵敏度[90]。将聚丙烯酸钠改性苯乙烯基联苯衍生物（BTBS）和 LDHs 纳米片层层组装获得柔性超薄膜压力传感器，实现了在兆帕水平上的压力检测[91]。基于 LDHs 层间距的变化及其对光功能客体构型的限域作用，超薄膜的荧光强度与施加压力成二次方关系，具有高灵敏度（图 6-15）。在施加压力后，超薄膜的荧光寿命由原始的 0.71ns 提高到 1.13ns。通过加热可以使超薄膜恢复原始状态，表现出良好的可逆性和可重复性。

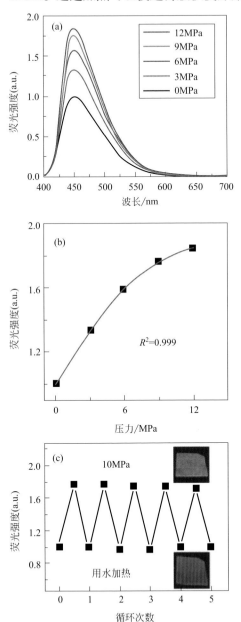

图6-15

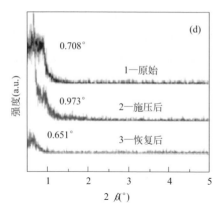

图6-15 (BTBS@PAA/LDH)$_{30}$超薄膜（a）在不同外部压力下的荧光发射光谱；（b）450nm处强度与压力的相关性；（c）荧光强度变化的可逆性；以及（d）小角XRD图

③ pH 传感　通过 DNA 和 MgAl-LDH 纳米片层层自组装制备高取向膜，并将非手性发色团 [5,10,15,20- 四（4- 甲基吡啶基）卟吩四（对甲苯磺酸酯）（TMPyP）] 嵌入稳定在 LDHs 基质中的 DNA 螺旋腔中，获得诱导的手性超薄膜 TMPyP-(DNA/LDH)$_{20}$[92]。将该超薄膜暴露于不同酸性的环境时，电荷状态的变化会导致手性信号的变化，可用于 pH 的检测。该薄膜在 HCl 和 NH$_3$/H$_2$O 蒸汽的 10 个循环中表现出良好的可逆性，具有 pH 检测的潜在应用前景。

④ 光响应　由紫外 - 可见光的交替照射引发的材料结构变化，表现为紫外吸收及荧光发射的变化，可作为具有快速响应的光致开关。传统的光致开关多局限于液相中，固体光功能材料受到荧光猝灭和稳定性不足等影响发展比较缓慢。

为了解决上述问题，通过制备螺吡喃（SP）和聚（丙烯酸叔丁酯 - 丙烯酸乙酯 - 甲基丙烯酸）（PTBEM）胶束，并将此胶束与带正电荷的 LDHs 进行组装制备超薄膜[93]。该超薄膜在 610nm 处的峰值强度随着紫外线照射时间（0 ~ 120s）的增加而逐渐增强。将超薄膜保持在日光环境中时，其荧光发射强度恢复如初。与不添加 LDHs 制备的聚合物薄膜以及滴涂薄膜相比，(SP@PTBEM/LDH)$_{12}$ 超薄膜具有优异的可逆性能和稳定性，可作为智能光响应开关获得应用。

利用以上薄膜的特性，可以通过多基元组装，设计双刺激响应荧光开关的超薄膜材料。例如，在上述体系中进一步引入对 NH$_3$ 有响应的光功能客体核黄素（Rf），可以实现对紫外 - 可见光辐射和 pH 值多个刺激响应[94]，在显示、传感等光学存储器和荧光逻辑器件方面具有应用前景。

⑤ 挥发性有机化合物检测　为了实现对空气中挥发性有机化合物的高效检测，基于芘 / 聚乙烯咔唑和铱配合物 / 聚乙烯咔唑设计了 LDHs 层间能量转移体系，可用于对挥发性有机化合物蒸气（丙酮、甲苯、氯仿、四氢呋喃）等的选择性检测[95,96]。另外，将石墨烯量子点引入 LDHs 中制备 GQD-LDH 薄膜，可将其

应用于 NO$_2$ 气体的可视化检测中[97]。该 GQD-LDH 薄膜对 NO$_2$ 具有很高的选择性，将传感器置于双车道主干道旁，测得的 NO$_2$ 浓度与其他报告的检测方法基本相同。进一步将 GQD-LDH 薄膜制作成纸传感器，并在紫外灯下可视化观察其荧光变化，可以快捷、直观地检测 NO$_2$ 浓度。

⑥ 生物分子检测　利用 LDHs 进行生物分子插层的研究越来越受到重视，许多生物材料包括酶、氨基酸和蛋白质、细菌、DNA 和核苷酸等已经被插层到 LDHs 层间，显示出新的功能，展现了 LDHs 在生物传感器方面的广泛应用前景。例如，将紫外线吸收剂 2- 苯基苯并咪唑 -5- 磺酸根固定在 Zn$_2$Al-LDH 层间，可以实现对三磷酸腺苷的特征性识别，具有良好的可逆性[98]。将 LDHs 和 8- 氨基萘 -1,3,6- 三磺酸盐（ANTS）组装成 LDH/ANTS 超薄膜，可应用于对葡萄糖的检测中[99]。

⑦ 金属离子检测　针对普遍存在的金属离子检测的难题，将客体分子 8- 氨基萘 -1,3,6- 三磺酸盐（ANTS）、1- 氨基 -8- 萘酚 -3,6- 二磺酸钠、吖啶橙（AO）、偶氮苯等与 LDHs 构筑复合薄膜材料，能够实现对 Mg$^{2+}$、Hg$^{2+}$、Be$^{2+}$ 等多种离子的特异性、高灵敏检测[100-103]，方法安全、高效、选择性好、灵敏度高并具有可重复利用性，为设计先进的光学传感器和开关开辟了一条新的途径。

（2）材料结构分析　对于有机 - 无机复合材料，有机基质中无机填料的分散状态对材料性能有重要影响。而一般对复合材料中无机相的分散度评价大多通过电子显微镜进行观察，然而电子显微镜需要对样品进行切片而破坏样品，且不能实现对样品在空间内的连续观察，因此，亟需开发一种对复合材料中无机相分散度的三维可视化及定量分析方法。

为解决这一问题，本书著者团队将广泛应用于生物学领域的分子靶向示踪技术引入材料结构表征领域，并通过共聚焦荧光显微镜对复合材料中无机相分散度进行了三维评价[104]。其主要原理是利用带有硼酸基团的荧光分子对 LDHs 羟基的特异性识别，将构筑的复合薄膜浸泡于 TPEDB（双硼酸四苯基乙烯）溶液中，通过 TPEDB 分子的渗透，可以识别并定位聚合物中的 LDHs，使其呈现青色荧光；而未添加 LDHs 的聚合物薄膜经过相同的操作并没有荧光。为了验证对复合材料中 LDHs 表面羟基靶向的准确性，进一步开展了共染色实验。首先通过静电相互作用，用红色发射量子点（QDs）对 LDHs 进行前染修饰，并将修饰后 LDHs 压制聚合为薄膜，然后将该薄膜浸入 TPEDB 溶液中标记 LDHs。通过荧光共聚焦显微镜对薄膜进行双通道检测（图 6-16），可以同时观察到 QDs 的红色荧光和经 TPEDB 染色后的青色亮点。而将 QDs 前染图与 TPEDB 后染图合并，发现荧光色块重合，表明染色方法的准确性。以上结果提供了一种原位、非破坏性的三维荧光可视化策略，可精确定位和追踪聚合物复合材料中掺入的 LDHs 等填料，具有理论和实际应用价值。

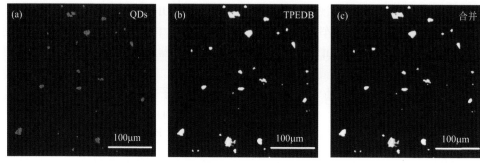

**图6-16**　PE-5%LDH薄膜在（a）QDs前染（b）TPEDB后染以及（c）前染-后染合并后的荧光共聚焦图像

基于上述可视化研究，进一步开发对分散度的定量表征方法[105]。通过对三维空间中无机相在不同深度平面成像结果的分析，发现复合材料内LDHs并不是均匀地由表面向内部分散。提取LDHs颗粒的三维空间位置坐标，利用MATLAB程序得到LDHs粒子间距分布图与平均粒子间距计算结果。随着LDHs含量的增加，纳米颗粒呈现"随机分布""均匀分布""聚集分布"的状态，粒子间距先减小后增大。进一步对不同质量分数的复合材料进行拉伸性能测试，获得LDHs含量-粒子间距-复合材料抗拉强度的相关关系。可以看出复合材料的拉伸强度随LDHs纳米颗粒之间空间间距的减小而增大，这是由于LDHs的聚集导致的。以上结果在微观层面解释了LDHs填充量较高时复合材料力学性能下降的原因，为高性能复合材料的设计提供了理论依据。

（3）成像显示

① 多色发光　传统有机染料的热稳定性和光学稳定性较低，导致有机荧光染料使用寿命较短，限制了其在成像显示中的应用。而通过将LDHs与发色团层层组装，可以得到具有较强光致发光性能和高光学稳定性的多色发光材料。例如，将两种不同尺寸的量子点CdTe-535、CdTe-635与LDHs进行层层自组装，通过改变各个基元用量和组装工艺，实现了超薄膜多色发光的精确调节[106]。

② 白色发光　白色发光材料在照明显示中具有重要的地位。通过将构筑白光的不同荧光基元与LDHs进行组装，可以获得具有接近标准白光CIE坐标的复合材料。本书著者团队分别将具有蓝色荧光的磺化聚对亚苯（APPP）和橙色荧光的磺化聚亚苯基乙烯（APPV）与LDHs层层组装制备了多色及白色的有序超薄膜材料[107]。通过CIE坐标观察，获得的白光(APPP/LDH)$_{12}$(APPV/LDH)$_6$超薄膜的色坐标为（0.296，0.317），接近白光的标准坐标。另外，通过将构筑白光的三原色——蓝色BTBS、绿色CdTe、红色CdTe与LDHs交替组装，可以获得精确调控的白光材料，其CIE坐标达到（0.322，0.324）[108]。

另外，获得的材料可以进一步应用于商用的LED中，并制备白光发光二极管（WLED）[109]。首先通过原位合成构筑 CD/LDH 复合材料，该复合材料在紫外线照射下呈现出从黄绿色到红色的梯度渐变，薄膜的量子产率也得到了大幅提升。进一步将 CD/LDH 应用于商用 450nm LED 制作白光发光二极管（图 6-17），其色坐标达到（0.31，0.29），接近于纯白光 WLED 的色坐标，具有广泛的应用前景。

## 2. 室温磷光材料

有机材料的室温磷光在光伏、光催化反应和传感等光电领域受到广泛关注[110]。LDHs 的二维层状结构为有机磷光材料提供了二维限域环境，抑制了客体分子的非辐射跃迁，并通过层板金属元素增强激子的自旋 - 轨道耦合，构筑了性能优异的室温磷光材料，在气体、湿度传感以及磷光防伪中具有广泛的应用前景[111-113]。

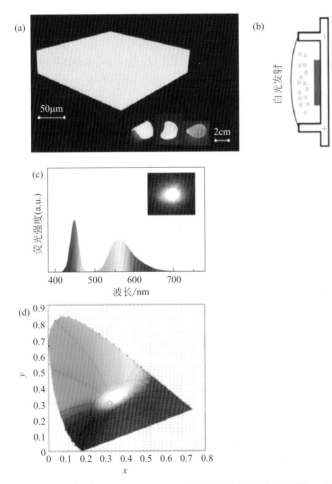

图6-17　（a）CD/LDH@PVA膜的3D共焦显微镜图像；（b）CD/LDH基WLED的示意图；（c）WLED的发射光谱、图片以及（d）相应的CIE坐标

（1）传感

① 氧气传感器　氧气是进行各类生物化学反应的基本要素，对氧气的检测需满足灵敏度高、操作简单、准确度好、范围广的要求。基于构筑的碳量子点 CD/MgAl-LDH 插层结构光功能材料，有望实现在氧气传感中的应用[111]。随着氧浓度从 0% 增加到 100%，CD/MgAl-LDH 复合材料的磷光发射强度呈现线性下降。这是由于氧的电子基态 $^3O_2$（$^3\Sigma_g$）是自旋三重态，可以通过能量转移到最低的单重态 $^1O_2$（$^1\Delta_g$，$^1\Sigma_g^+$）来猝灭发光体的长寿命三重态磷光，即光学氧猝灭的基本机制是从磷光体到三重态氧的能量转移。

② 湿度传感器　采用具有室温磷光性能的插层结构光功能复合薄膜 CD/PVA/LDH，根据其在不同湿度下的发光性能变化，可以实现高灵敏传感[112]。随着相对湿度从 20% 增加到 100%，CD/PVA/LDH-50% 薄膜的磷光强度逐渐降低，并呈现很好的线性相关性。这种简单、快速的方法可以用来定性评价环境湿度，实现对不同湿度环境的高灵敏检测，其性能远远优于纯 CDs 粉末以及 CD/PVA 薄膜。

（2）防伪成像　防伪成像是解决假冒泛滥的重要举措，最常用的发光防伪材料包括有机发色团和无机稀土材料，然而，因为它们的生物相容性低、毒性高被限制使用。因此，获得低毒、生物相容性好、发光效率高的绿色防伪材料至关重要。

在 LDHs 限域层间原位合成单层碳量子点，可以获得荧光和室温磷光性能优异的复合材料[114]。该复合材料在可见光下为无色，而在紫外灯照射下呈现蓝色荧光，去除紫外灯后显示出绿色的室温磷光，具有双发射性能。将具有蓝色荧光、绿色室温磷光的 Zn-CD-LDH 复合材料和具有蓝色荧光的苯乙烯基联苯衍生物（BTBS）分别分散在聚乙烯醇（PVA）中，并作为墨水用于书写和信息保护[115]。在紫外灯照射下，墨迹显示为用 BTBS/PVA、Zn-CD-LDH/PVA 共同构成的数字信息，即蓝色荧光的"66837"。而当紫外灯关闭后，通过观察绿色室温磷光可以很容易地看到"56011"的真实数字信息（图 6-18）。由于 LDHs 的低毒性，该复合材料可以作为原料构筑胶囊，有望成为食品和药品领域潜在的新一代绿色防伪材料。

图6-18　BTBS/PVA、Zn-CD-LDH/PVA墨水共同组成的信息保护（加密和解密）示意图

### 3. 化学发光（CL）与电致化学发光（ECL）

化学发光（CL）是一种根据化学反应产生光信号的发光技术，其优势在于没有背景光源的干扰，在对活性氧（ROS）检测中具有重要的应用。ROS 的化学发光探针通常基于化学发光试剂与 ROS 之间的氧化还原反应。为了提高对特定 ROS 的选择性，在特定的 ROS 供体和合适的荧光染料受体之间建立化学发光共振能量转移（CRET）过程是选择性检测 ROS 的一种有效方法[116]。例如，将钙黄绿素（calcein）分子引入到十二烷基硫酸钠（SDS）双层膜中，并插层到 LDHs 层间制备复合材料[117]。基于 LDHs 的二维限域作用，层间客体分子有序排列。将制备的复合材料在酸性溶液中溶解去除 LDHs 层板后，钙黄绿素和十二烷基硫酸钠结构（Calcein@SDS）仍然保持了有序结构，其荧光偏振光谱显示具有各向异性。此外，得到的 Calcein@SDS 可以接受来自 ONOOH* 供体的能量，从而由于 CRET 过程而产生强的 CL 发射。因此，所制备的 Calcein@SDS 复合材料可以选择性检测 ONOOH。基于此，该复合材料用于检测正常和肿瘤小鼠血浆中 ONOO$^-$ 的浓度，与文献报道结果一致。

电致化学发光（ECL）是指在电场作用下，经氧化还原反应产生发光信号的过程[118-120]。通过将 LDHs 与量子点、金属纳米簇进行层层组装，可以获得性能优异、稳定性好的发光传感材料[121-123]。本书著者团队通过层层组装法构筑了 LDHs 基 (Au NC/LDH)$_n$ 超薄膜，将 (Au NC/LDH)$_{20}$ 超薄膜置于不同温度（20℃、50℃和80℃）下进行 ECL 性能研究发现，(Au NC/LDH)$_{20}$ 超薄膜 ECL 强度随着温度的升高而逐渐减小。进一步引入钌（Ru）构筑 CoAl-LDH/Au NC@Ru 体系，在 6- 巯基嘌呤（6-MP）存在下，阴极 ECL 强度在 2.5 ～ 100nmol/L 线性范围内被有效猝灭，检测限为 1.0nmol/L，为阴极 ECL 传感器的开发开辟了新的道路。

## 二、光电催化材料

现代化学工业、能源工业、石油工业和环境保护等领域广泛使用催化剂。催化科学技术作为国家关键技术之一，对国家的经济、环境和公众健康起着重要作用。催化本身是一门复杂的跨学科的科学，催化过程中的重要一环是催化剂，催化剂是一种加速化学反应而自身不被消耗的物质。催化技术逐渐成为调控化学速率和方向的核心科学。目前人类不断寻找研究和表征催化剂的方法，不断追求从宏观和微观两个层面给出信息。并且不断在追求更高效率的催化剂及其表征，力求更精确地测定活性位的结构、数量，从时间 - 空间两个方面提高对催化剂表面发生过程的分辨能力[124]。

而电化学催化作为催化的重要部分，是电化学与催化的边缘领域，目前进行的电催化的研究，初步揭示了电催化剂活性和选择性的决定因素，提出一些普遍规律，但是这些规律大多是根据常规催化原理提出的，两者具有许多相似性，而电催化剂既能传输电子又能对反应底物起活化作用或促进电子的传递反应速度，电极电位可改变电化学反应的方向、速度和选择性（电位移动 1V，大致可改变反应速度 1010 倍），因此又具有电化学自身的特殊规律[125]。从 20 世纪 70 年代以来，人们对光电化学进行广泛研究，促使了电催化理论和电化学与固体物理、光化学、光物理诸学科交叉领域理论的迅速发展，而且光电化学在太阳能转化为化学能，即光电合成和光催化合成方面，在传感器、光电显色材料和信息存储材料方面，在医学上用以灭菌、杀死癌细胞等方面，展示出广阔的应用前景。

第一类是光催化。层状双金属氢氧化物（LDHs）纳米片在光催化反应中表现出良好的活性，这种活性一般归因于纳米片中丰富的表面氧空位或配位不饱和金属阳离子，这些金属阳离子作为反应物吸附和活化的活性位点。最近，LDHs 纳米片已经被证明是非常有效的光催化 $N_2$ 还原为 $NH_3$ 的还原剂。用氢氧化钠对 ZnCr-LDH、ZnAl-LDH 和 NiAl-LDH 纳米片进行简单的预处理，可以大大提高纳米片中氧空位和低配位金属中心的浓度。从而在 UV-vis 照射下显著提高了对 $N_2$ 还原为 $NH_3$ 的光催化活性（不需要添加牺牲剂或辅助催化剂）[126]。

第二类是电催化。电催化是使电极、电解质界面上的电荷转移加速反应的一种催化作用。电极催化剂的范围仅限于金属和半导体等的电性材料。电催化研究较多的有骨架镍、硼化镍、碳化钨、钠钨青铜、尖晶石型与钨态矿型的半导体氧化物，以及各种金属氧化物及酞菁一类的催化剂。例如采用电沉积方法来构建三维富镍缺陷的镍铁层状双氢氧化物纳米片，修饰铂镍合金纳米颗粒生长在大孔泡沫镍基片（PtNi/$Ni_x$Fe-LDH）作为无黏结剂电催化剂。制备的催化剂（$Pt_3$Ni/$Ni_x$Fe-LDH）表现出较低的过电位（在电流密度为 10mA/cm$^2$ 时为 265mV），OER 的 Tafel 斜率较小（22.2mV/dec），ORR 的半波电位较高（0.852V），且与工业催化剂相比具有较好的长期稳定性[127]。

第三类是光电催化。光电催化是通过催化剂利用光子能量，将许多需要苛刻条件下发生的化学反应转化为在温和的环境下进行反应的先进技术。它作为一门年轻的学科，涉及半导体物理、光电化学、催化化学、材料科学、纳米技术等诸多领域，在能源、环境、健康等人类面临的重大问题方面均有应用前景，一直是科学技术领域的研究热点之一。

电催化的关键是电催化剂。在电催化体系中，可以温和条件下（常温、常压）调变界面电场，控制化学反应朝着希望的方向进行。高性能的催化剂通过改变反应途径降低反应的活化能，具有高催化活性、高选择性和耐久性。近年来纳米科技迅速发展，促进了电催化纳米材料的应用和研究[128]。二维纳米材料具有纳米材料的基本纳米效应，如表面效应、小尺寸效应、量子效应和宏观量子隧道效应，使之具有独特的性能。

在光电催化领域，LDHs 凭借二维纳米效应及其煅烧产物 MMO 独特的结构特性，可以代替传统贵金属催化剂，表现出优异的催化性能。例如将 LDHs 偶联到异质结构上，如图 6-19 钙钛矿氧化物（LaFeO₃）和助催化剂（CoAl-LDH）修饰的 ZnO 基光电阳极用于光电化学电池（PEC）的水裂解。优化后的光阳极（LDH/LFO/ZnO）在模拟阳光（100mW/cm²）下产生的光电流密度为 2.46mA/cm²，是原始 ZnO（0.81mA/cm²）的 3 倍。通过建立 II 型异质结抑制了载流子表面重组，消除了空穴俘获态，促进了 OER 动力学过程，从而提高了 PEC 的水氧化活性。结果表明，该方法获得了最高的体电荷分离率和表面注入效率，分别接近 90% 和 85%[129]。

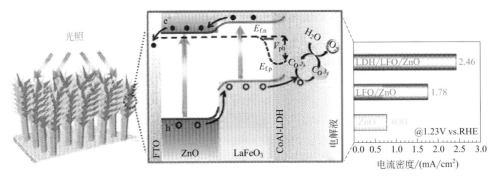

**图6-19** LDH/LFO/ZnO光电极的光电催化机理示意图

二维纳米材料应用于光电催化主要是增强二维纳米材料及复合半导体的光吸收、减少光生载流子之间的复合，增加比表面积，以及提高载流子的迁移率等方式提高光转换效率。LDHs 作为有序层状结构的二维无机材料的一种，具有独特的二维纳米效应；此外，层间存在一些以结晶水形式存在的水分子，这些水分子可以在不破坏层状结构的条件下去除，层间水分子被去除后得到的产物即为混合金属氧化物（MMO）。经过不断努力，将其进行形貌和结构等改性和修饰取得了一定进展，应用于光电催化取得良好效果，但是大都停留在实验室阶段，距离工业化仍有较大距离。光电催化涉及光化学、电化学、半导体物理学等诸方面的问题，需要不同学科的研究人员共同努力。在以后的研究中，开发高效、稳定、具有可见光响应、环境友好、地壳储量丰富的材料用于光电催化仍是重要目标[130]。

## 三、光电转换材料及应用

光电转换材料是能把光能转变为电能的一类能量转换功能材料。光电转换依据的是光电效应，即物质在光辐射的作用下释放出电子的现象。其中，半导体材料吸收光子后，激发的电子仍留在物质内，使物质的电学性能变化为内光电效应，包括光电导效应和光生伏特效应。而半导体吸收光子后，激发的电子能逸出体外，产生光电子发射的，为外光电效应，亦称作光电子发射效应[131-133]。复合结构光电转换材料的设计依据要结合具体材料的光电效应及器件应用场景。

## 1. LDHs 热解产物用于染料敏化太阳能电池

染料敏化太阳能电池（DSSC）的构成类似于三明治结构，主要组成：光阳极，对电极，电解质。首先是结构为 FTO/氧化物/染料分子的光阳极，主要由纳米金属氧化物负载在掺杂氟的 $SnO_2$ 透明导电玻璃（FTO）上并吸附染料分子，其中金属氧化物半导体的种类包括最传统的 $TiO_2$，以及近年来被研究的 ZnO、NiO、$SnO_2$、$In_2O_3$ 等。DSSC 中的对电极通常采用催化活性强的 Pt、Au 等贵金属电极。连接两个电极的电解液，最常用的是含有 $I^-/I_3^-$ 氧化还原对的液体电解质。虽然 $TiO_2$ 是染料敏化太阳能电池中最先应用和最常用的工作电极材料，但是其整体器件效率并不十分理想。ZnO 相比 $TiO_2$，不仅满足于染料分子能够匹配，而且电子迁移率高达 $155cm^2/(V \cdot s)$（300K）。为进一步提高 ZnO 的光电性能，元素掺杂是一个常用的方法。其中，Al 掺杂的氧化锌作为一种典型的 n-型掺杂，使得氧化锌的电阻率进一步降低，同时增大 ZnO 的光学带隙，掺杂氧化锌仍具有稳定的晶型，并且铝掺杂不会降低氧化锌的透光度。因此，铝掺杂氧化锌在太阳能电池中有着大量应用研究。

本书著者团队以 ZnAl-LDH 为前驱体，成功地在 500℃和 600℃的退火温度下制备了实际 Zn/Al 比为 1.29、2.04、2.21 以及 2.75 的 Zn-Al MMO，并将这些 MMO 成功地应用于 DSSC 中作为光阳极材料[134]。通过与其他 Al 掺杂 ZnO 制备方法的比较，该工作中 Zn-Al MMO 的合成方法简便、成本较低，且由于继承了 LDHs 的形貌特点，表现为大小均匀分布的片状结构，这使它具备相对较大的表面积以及独特的二维纳米材料性质。最终，以退火温度为 600℃、Zn/Al 比为 2.75 的 Zn-Al MMO 的 DSSC 取得了为 1.02% 的最大光电转换效率。依据这个思路，实验室还以 ZnTi-LDH 为前驱体，在 500℃和 600℃的退火温度下制备了不同 Zn/Ti 比的 Zn-Ti MMO。同样将其用作 DSSC 的光阳极材料，取得了为 1.38% 的最大光电转换效率。由于光阳极纳米氧化物的形貌对器件性能有一定影响，通过添加 CTAB 控制前驱体的形貌，成功制备了片-球状的 ZnTi-LDH，相应的光电转换效率提升到了 1.74%。

聚合物凝胶电解质由于其优异的长期抗泄漏稳定性，引起广泛关注。Du 等研究了一种基于硬脂酸根插层镁铝 LDHs 为添加剂的准固态复合凝胶电解质染料敏化太阳能电池[135]。在 5% 添加量（质量分数）的器件中获得了 2.86% 的转换效率，而无硬脂酸根插层的镁铝 LDHs 凝胶电解质组件最高效率为 2.05%。复合凝胶电解质的电荷转移电阻和串联电阻的降低归因于插层材料增大的层间距。

## 2. LDHs 热解产物应用于量子点敏化太阳能电池

量子点敏化太阳能电池是相当于用量子点（QDs）取代 DSSC 中染料分子而

制成的。染料分子由于其制备工艺复杂，成本居高不下。量子点作为纳米尺寸的无机半导体材料，具备的量子限域效应使其带隙可通过尺寸大小进行调节。同时还兼有光吸收系数高、化学稳定性好的优点，并且由于多激子效应，其理论最高转换效率高达 44%。Khodam 等研究了锌钛 LDHs 在硫化镉量子点敏化太阳能电池中充当光阳极材料的应用[136]。在测试条件为 AM1.5G 100mW/cm$^2$ 光照下，使用基于 ZnTi-LDH/CdS 光电极制作的 QDSSC 获得了 3.92% 的能量转换效率。

### 3. LDHs 热解产物用于反式聚合物太阳能电池

在反式结构聚合物太阳能电池中，为提高有源层和载流子传输层界面光生载流子的提取和传输效率，往往需要引入界面层/界面修饰层。目前，金属氧化物，尤其是 ZnO 是反式结构聚合物太阳能电池最常用的 CIL。为了提高氧化锌的电子传输性能，往往需要 200℃以上的热退火处理。因此，开发在相对较低温度下易于制备的 CIL 材料很有必要。相比已经报道的几种有机 CIL 材料（共轭聚合物、富勒烯衍生物等），无机 CIL 材料在长期稳定性上有巨大优势，尤其是对长期暴露在户外的太阳能电池而言。

针对以上问题，Liu 等做了硝酸根插层的镁铝 LDHs 在倒置结构聚合物太阳能电池中充当阴极界面修饰层的研究[137]。用镁铝 LDHs 替代氧化锌，实现无高温退火步骤的电池组装。该工作以硝酸根插层的镁铝 LDHs 作为替代 ZnO 的新型 CIL。这种以（PBDTTT-C:PC71BM）为光活性层，$Mg_xAl-NO_3$-LDH 为 CIL 的电池，相较于以 ZnO 为 CIL 的器件显示出光电转换效率的提高。这主要是由于提高了氧化铟锡和活性层之间的界面接触，促进了界面电子传输，从而提高了填充因子。

### 4. LDHs 在其他光电转换器件中的应用

Liu 等利用 LB（Langmuir-Blodgett）技术制备了新型超薄 NF-LDH/染料 LB 半导体薄膜[138]。将薄膜沉积在 ITO 衬底上，得到光阳极薄膜材料，并测试了该材料的光电转换效率。复合 LB 膜电极的光电转换效率提高，光电流比原材料强 2～5 倍。所制备的复合 LB 膜材料有望成为一种新型的杂化光阳极材料，该工作为二维半导体 LDH 作为光电转换元件提供了新思路。

尽管近年来太阳能电池的效率和稳定性研究不断取得突破，但太阳能发电具有不稳定和需求错配特征。随着当前光伏和风能等可再生能源发电规模越来越大，电网稳定性面临的挑战越来越大。电化学储能电站在能源储存和电网调频、调峰上有巨大应用潜力。而电化学储能中，储能材料的突破是实现高能量密度和功率密度的关键。考虑到 LDHs 的结构特点和已有研究，其在光助储能领域具有相当大的应用潜力。

# 四、光能存储材料及应用

## 1．光能存储简介

随着化石燃料的日益消耗以及不可再生和带来的环境问题，探索可再生能源已成为科学家的重要任务[139]。太阳能是一种很有前景的可再生能源，其储量丰富，无污染、成本低。上文提到的光电转换（photoelectric conversion，PC）技术是利用太阳能最有效和可持续的方法之一，然而，太阳能的间歇性阻碍了 PC 的广泛应用[140]。为了解决生产和消费平衡问题，研究人员正在积极探索新型储能装置，实现太阳能绿色能源的储存，满足用户的日常需求。电力储能系统（electric energy storage systems，ESS）可以是超级电容器或者电池，带来了解决问题的新思路。

近些年来研究人员提出了一个全新的方案，既解决了太阳能的间歇性，又避免了复杂结构的麻烦。将能源转换和存储功能集成在单一的设备中，具有体积小、重量轻、灵活性强、安全性高等优点。光转换的电能经两种集成形式存储在 ESS 中：①将单个太阳能电池与 ESS 集成；②在 ESS 中加入双功能光电极，光电极同时进行光能转化和储存电能[141]。

## 2．双功能光电极

与利用太阳能电池（solar cells，SC）进行充电不同，使用光活性和赝电容特性的光电极可以实现光电充电。采用一种将光敏材料与电池型或赝电容型材料偶联的复合材料作为双功能光电极是一种有效的方法[141]。

（1）双功能光电极　过渡金属氧化物和氢氧化物是超级电容器常见的赝电容材料，具有优异的光电性能。一些兼具光电和电容性能的半导体应用于太阳能电容器中，$h\text{-}WO_3$ 有三大优势应用于太阳能电容器中，一是与 $H^+$、$Na^+$、$Li^+$ 等阳离子反应导致的电致变色或光致变色；二是 $h\text{-}WO_3$ 是超级电容器的负极材料，施加负偏压时，有利于和小阳离子反应，中和光生电子；三是 $h\text{-}WO_3$ 具有窄带系 $2.6 \sim 2.8\mathrm{eV}$，吸收可见光产生电子和空穴。基于此，Zhi[142] 等研究了光照下 $h\text{-}WO_3$ 基超级电容器的电容可提高 17%，电容增强来自于光生电子使酸性溶液中的 $H^+$ 嵌入到六方通道中。在 2018 年，Sawangphruk[143] 研究发现钴氧化物和氢氧化物具有与 $h\text{-}WO_3$ 相似的光储能效果，$Co(OH)_2$ 电极在光照下的面积电容显著增强。

开发的赝电容性氢氧化物和氧化物在自然阳光照射下不太敏感，直接捕获太阳能较差。一种有效的方法是将其与 $TiO_2$、$WO_3$ 和 $MoO_3$ 等光敏半导体材料耦合。

（2）复合双功能光电极　Fan[144] 等设计的 $TiO_2/Ni(OH)_2$ 核壳复合光电极，$TiO_2$ 核产生电子和空穴。光产生的电子被 Pt 对电极捕获用于析氢，光产生的空穴通过氧化 $Ni(OH)_2$ 存储。在 0.4V 偏压下，$TiO_2/Ni(OH)_2$ 在光照下充电 300s 后，放电电流为 0.5A/g，得到比电容 482F/g。同样，$TiO_2/NiO$ 和 $TiO_2/Co(OH)_2$ 基器件在 0.5A/g 下的比电容分别为 133F/g 和 337F/g。LiFePO$_4$ 已经应用于电动汽车、医疗设备领域，是发展较为成熟的一类电极材料。如何将其与光储能联系起来，Zhou 等[145] 根据 LiFePO$_4$ 性质给出了开创性的设计，他们以金属锂作为阳极、LiFePO$_4$/N719 为混合光阴极，并可给光充电锂离子电池提供了设计原则，如图 6-20（a）所示。光照下 LiFePO$_4$ 纳米晶体被染料光生空穴氧化脱锂，氧化机制如图 6-20（b）所示。光生电子通过 O$_2$ 介质传递给不溶性碳酸锂，不溶性碳酸锂得以还原，整个系统光电转化和存储效率为 0.06% ～ 0.08%，LiFePO$_4$ 作为染料再生可逆的氧化还原剂。

综合来看，能够实现双功能的电极材料，有两种选择，一是兼具光吸收和储能的半导体，二是寻找与储能材料能级匹配的半导体和光敏剂。以上报道的双功能光电极的设计简单，但是其储能机制比较模糊，两种选择对光吸收材料和储能材料物性兼容性要求较高而且有限，光储能效果一般。

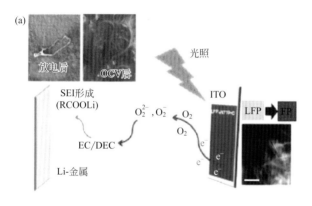

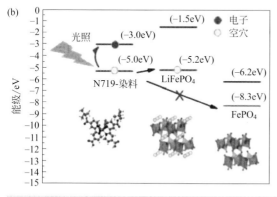

图6-20

（a）光辅助充电机制；（b）光电阴极组件的能带排列示意图

## 3. 光（助）充电储能器件

与双功能光电极研究中单个电极的光储能效果不同，PC 与可充电静态储能系统的集成器件中，更注重光电转化部分和电储能部分的匹配。光在其中的作用因设计不同而灵活多样，除了能够节约电能的输入，还有光助充电降低充电电压，光助放电提高放电电压等。

（1）光助充电电池　为了节省电能，Zhou 等[146]在利用太阳能为锂离子电池供电的方法上做出了贡献，LiFePO$_4$是绝缘的，且不溶于有机/水溶液电解质，因此很难被光电极上的光激发空穴直接氧化。引入 I$_3^-$/I$^-$ 作为中间氧化还原电对，设计了光助充电 Li–LiFePO$_4$ 电池，光助充电电压为 2.78V，相比电充电状态下，降低了 0.63V，节约了约 20% 的电能。类似的设计也在光助锂氧电池（Li-O$_2$）中实现，在典型的非水可充电 Li-O$_2$ 中，过氧化锂（Li$_2$O$_2$）是在氧电极表面形成的放电产物，Li$_2$O$_2$ 的绝缘性能和氧化反应的迟缓动力学使得电化学分解 Li$_2$O$_2$ 很困难。这导致了严重的充电过电位问题，电池的往返效率非常低，而且还引发氧电极和电解质的分解。Wu 等[147]利用化学方法，在充电过程中，染料光生空穴氧化 I$^-$，I$_3^-$ 进而氧化 Li$_2$O$_2$，使其分解，同样的充电过程降低了充电电压，节省了电能。

（2）太阳能电容器　作为另一种光储能装置，太阳能电容器是由染料敏化、钙钛矿、有机或硅太阳能电池设备与超级电容器（电双层、赝和混合）集成到一个器件，所制造的器件必须共用一个电极，或者在同一衬底上[148]。

两电极太阳能电容器，在光充电时，光电转化部分的光生电子直接传递给储能电极材料；在放电过程时，对称的两个储能电极外电路相连，完成放电。MnO$_2$、RuO$_2$ 和 NiCo$_2$O$_4$ 都是典型的赝电容材料，是较为成熟的超级电容器电极材料，在水系电解质中，有良好的储能效果。光电转化部分采用反式的钙钛矿太阳能电池，避免了钙钛矿遇水分解的问题[149]。顺式钙钛矿结构，光生空穴能够氧化 Ni$^{2+}$、Co$^{2+}$，面临着钙钛矿会分解的危险，Gao 等[150]巧妙地设计了一种不对称亲水/疏水 Janus 联合电极，疏水一端靠近钙钛矿层，亲水一端靠近NiCo$_2$O$_4$。而染料敏化的光电转化装置，设计上没那么复杂，但遗憾的是它的光电转化效率比钙钛矿低很多[151]。

近年不同组成的 LDHs 在储能领域得到了极大发展，作为前驱体或者活性组分已成为新型的高效储能材料。基于层板金属元素具有原子级高分散性质，LDHs可以作为锂离子电池的电极材料或者电极材料前驱体。功能化 LDHs 由于其独特的结构和电化学性能，基于层板金属元素的可调变性，大量的研究工作者证明其是超级电容器中有效的电极材料。LDHs 在光电催化和光电转化领域有着越来越多的应用，光助锌氧电池和光助锌二氧化碳电池的发展，要求过电势较低的光电催化剂。太阳能电池需要光电转换材料推动而发展，太阳能电池又是光储能器件不可缺少的元件，高光电转化效率的太阳能电池合理设计到光储能器件中，可以提高光储能效率。这些都显示了 LDHs 有巨大的潜力应用于光储能领域中。

## 五、光催化燃料电池

光催化燃料电池（photocatalytic fuel cell，PFC）是将光催化剂（photocatalysis）集成到燃料电池（fuel cell）中形成的，是一种以太阳能作为驱动力，与燃料中的化学能结合起来转化为电能的能源转换装置。

### 1. 光催化燃料电池工作原理

以单光光阳极燃料电池为例，如图 6-21 所示，主要由光阳极、光阴极、电解质燃料以及质子交换膜组成，在光激发下，电子受到激发从价带跃迁到导带位置，在价带上留下相对稳定的空穴，形成光生电子-空穴对。光生空穴迁移至半导体的表面并与燃料发生氧化反应产生氢质子，透过质子交换膜迁移至阴极[152]。光生 $e^-$ 通过外部导线传至阴极使氧气发生还原反应，并与扩散到阴极的质子结合生成水。PFC 通过光驱动半导体催化剂产生电子及空穴分别与阴阳极物质发生氧化还原反应，因此光催化燃料电池的性能取决于光电极催化剂的性能。

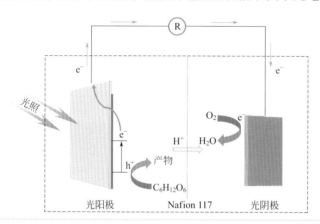

图6-21
光催化燃料电池工作原理示意图

2009 年，Kaneko 小组等人[153] 利用二氧化钛薄膜作为光阳极，以铂电极为阴极在紫外线的照射下降解有机污染物使之完全分解成 $CO_2$ 和 $H_2O$，并且可以将有机物中的化学能转化为电能。该体系作为第一个光催化燃料电池系统，引起了广泛的关注。为了优化 PFC 的性能，Zhao 课题组[154] 开发了以 $TiO_2$ 作为光阳极，利用 $Cu_2O$ 为光阴极的双光电极结构的 PFC 体系。虽然 PFC 可以有效降解污染物并发电，但是由于其体系一些固有缺点，比如：常规光阳极对太阳光的吸收利用十分有限、阴阳极电势差无法驱动电池运行，至今无法大规模应用。因此，改进电极材料、寻找新型的光电极材料对发展 PFC 规模化应用十分重要。

### 2. LDHs 热解产物在光催化燃料电池中的应用

层状双金属氢氧化物（LDHs）因其独特的层状结构、可调带隙、光电分解水的强光催化活性以及易于大规模生产而被确定为有利的光催化剂。此外，由于 LDHs 的活性表面积大、层间阴离子可交换以及表面羟基的碱性，LDHs 的多功能性使其成为一种有效的有机物分解光催化剂。

本书著者团队[155]报道了一种以 NiFe 层状氧化物(LDO)/TiO₂ 为光阳极、炭黑为阴极，利用光电催化生物质将太阳能转化为电能的同时还原 $O_2$ 产生 $H_2O_2$ 的 PFC 系统，达到了更有效的资源利用。采用层状双氢氧化物热解法制备了 $TiO_2$ 负载 NiFe 混合金属氧化物（MMO）光阳极催化剂。图 6-22（a）显示以甲醇为燃料时，$TiO_2$/NiFe MMO 光阳极在光照和黑暗中的 J-V 曲线，其中使用 $TiO_2$/3-NFO-300 作为光阳极时，器件最优的开路电压、短路电流密度和最大功率密度分别为 0.78V、$1093\mu A/cm^2$ 和 $169\mu W/cm^2$，IPCE（光电转换效率）达到 0.41%，是

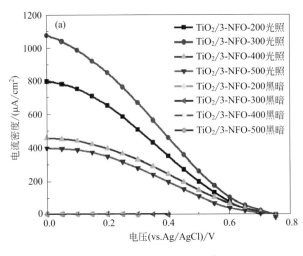

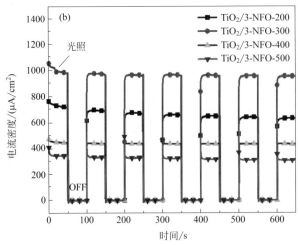

图6-22

（a）$TiO_2$/NiFe MMO光阳极（Ni/Fe=3，焙烧温度：200℃、300℃、400℃、500℃）于 0.5mol/L $Na_2SO_4$ 中（含20% $CH_3OH$电解液）在光照和黑暗中的 J-V 曲线；（b）$TiO_2$/NiO光阳极（Ni/Fe=3，煅烧温度：200℃、300℃、400℃、500℃）和在含有20% $CH_3OH$ 的 0.5mol/L $Na_2SO_4$ 溶液中，在黑暗和可见光照射下的 J-t 测量曲线

使用 $TiO_2/NiO$ 光阳极时的两倍。图 6-22（b）显示了 PFC 光阳极催化剂在光照开 / 关循环下的光响应，光照时短路电流密度立即从 0 上升到 $1070\mu A/cm^2$。煅烧 LDHs 制备 MMO 的方法能有效地暴露表面的催化活性中心。元素掺杂导致晶态 NiO 中的缺陷，使光生电子和空穴分离，光照下，具有缺陷的 NiO 可以有效地抑制载流子复合，使更多的电子可以通过外部电路流向阴极。同时，采用炭黑为阴极耦合二电子氧还原反应，光照 180min 后过氧化氢浓度达到 0.443mmol/L，法拉第效率达到 31.7%。通过构筑复合 $TiO_2$ 负载 LDHs 衍生物 NiFe-MMO 光阳极，实现了 PFC 系统发电与产过氧化氢双重应用。

以上主要介绍了 LDHs 热解产物 MMO 在 PFC 中的应用。由于 LDHs 层板本身性质不同及插层客体的多样性，因而结合到一起形成的插层材料的组成、结构和性能也就丰富多样。所以，插层化合物在很多领域都有很大的应用前景，但是其在光催化燃料电池领域应用较少。插层材料因为兼具层板主体和插层客体的优点，有望成为 PFC 光电极材料的有力竞争者，但是其在光催化燃料电池领域的应用还有很长的路要走。

# 第四节
# 小结与展望

本章总结了 LDHs 基插层光功能材料的驱动力和构筑方法，限域效应、结构调控和性能研究及其应用探索。利用 LDHs 层间离子可交换性、层状结构可调性、结构记忆效应以及单层纳米片的可控性，通过不同的插层、组装以及限域合成方法，实现了多种客体分子在 LDHs 的插层组装，获得了多种有序结构、高性能 LDHs 基插层光功能材料。一方面，通过超分子相互作用，实现了 LDHs 对层间客体的结构、构型优化以及聚集态调控，构筑二维层间超分子固溶体，改变了层间客体的光生激子复合能力，发现了基于二维纳米限域效应的光电性能，对构筑无机超分子光功能材料具有重大意义。另一方面，基于 LDHs 的独特结构与性质，赋予了客体分子原本无法形成或难以具备的特性，实现了新型光功能材料的开发与应用。LDHs 基插层结构光功能材料在荧光、室温磷光、化学发光、电致化学发光、光电催化、光储能等多个领域展示了优异的应用前景。

LDHs 基插层光功能材料的可控构筑和性能优化展现出优异的研发与应用优势，未来有望将在以下几方面发挥重要作用。第一，微观调控及理论认识：通过进一步发展组装和插层技术，实现在纳米、分子甚至原子尺度上的操纵与调控，通过构筑具有有序结构的体系，调控分子与体系中聚集态微结构。第二，性能优化及应用需求：通过优化材料结构性能，发展新型高效光功能材料，实现功能集成、微细加工，进一步探索其在光储能、光学传感器、微电子信息载体、信息功能材料等领域的应用。我们相信，通过研究人员的共同努力，LDHs 基插层光功能材料有望在人工智能、生物医学、资源环境与空间科学等方面发挥作用，为解决我国科学技术攻关领域中的关键问题、关键材料和关键技术提供助力。

## 参考文献

[1] Maluangnont T, Matsuba K, Geng F, et al. Osmotic swelling of layered compounds as a route to producing high-quality two-dimensional materials. A comparative study of tetramethylammonium versus tetrabutylammonium cation in a lepidocrocite-type titanate[J]. Chemistry of Materials, 2013, 25(15): 3137-3146.

[2] Yan D, Lu J, Ma J, et al. Layered host-guest materials with reversible piezochromic luminescence[J]. Angewandte Chemie International Edition, 2011, 50(31): 7037-7040.

[3] Ma R, Li R, Liu X, et al. Restriction-induced luminescence enhancement in 2D interlayer supramolecular infinite solid solution for cell imaging[J]. Advanced Optical Materials, 2020, 8(9): 1902019.

[4] Li S, Lu J, Ma H, et al. Ordered blue luminescent ultrathin films by the effective coassembly of tris(8-hydroxyquinolate-5-sulfonate)aluminum and polyanions with layered double hydroxides[J]. Langmuir, 2011, 27(18): 11501-11507.

[5] Yan D, Lu J, Chen L, et al. A strategy to the ordered assembly of functional small cations with layered double hydroxides for luminescent ultra thin films[J]. Chemical Communications, 2010, 46(32): 5912-5914.

[6] Qin Y, Zhang P, Lai L, et al. Luminous composite ultrathin films of the DCM dye assembled with layered double hydroxides and its fluorescence solvatochromism properties for polarity sensors[J]. Journal of Materials Chemistry C, 2015, 3(20): 5246-5252.

[7] Yan D, Lu J, Wei M, et al. Ordered Poly(p-phenylene)/layered double hydroxide ultrathin films with blue luminescence by layer-by-layer assembly[J]. Angewandte Chemie International Edition, 2009, 48(17): 3073-3076.

[8] Yan D, Lu J, Ma J, et al. Fabrication of an anionic polythiophene/layered double hydroxide ultrathin film showing red luminescence and reversible pH photoresponse[J]. AIChE Journal, 2011, 57(7): 1926-1935.

[9] Han J, Dou Y, Yan D, et al. Biomimetic design and assembly of organic-inorganic composite films with simultaneously enhanced strength and toughness[J]. Chemical Communications, 2011, 47(18): 5274-5276.

[10] Shi W, Jia Y, Xu S, et al. A chiroptical switch based on DNA/layered double hydroxide ultrathin films[J]. Langmuir, 2014, 30(43): 12916-12922.

[11] Zhang P, Hu Y, Ma R, et al. Enhanced green fluorescence protein/layered double hydroxide composite ultrathin films: bio-hybrid assembly and potential application as a fluorescent biosensor[J]. Journal of Materials Chemistry B, 2017, 5(1): 160-166.

[12] Han JB, Lu J, Wei M, et al. Heterogeneous ultrathin films fabricated by alternate assembly of exfoliated layered double hydroxides and polyanion[J]. Chemical Communications, 2008(41): 5188-5190.

[13] Li L, Ma R, Ebina Y, et al. Positively charged nanosheets derived via total delamination of layered double hydroxides[J]. Chemistry of Materials, 2005, 17(17): 4386-4391.

[14] Li Z, Lu J, Li S, et al. Orderly ultrathin films based on perylene/poly(N-vinyl carbazole) assembled with layered double hydroxide nanosheets: 2D fluorescence resonance energy transfer and reversible fluorescence response for volatile organic compounds[J]. Advanced Materials, 2012, 24(45): 6053-6057.

[15] Qin Y, Lu J, Li S, et al. Phosphorescent sensor based on iridium complex/poly(vinylcarbazole) orderly assembled with layered double hydroxide nanosheets: two-dimensional Föster resonance energy transfer and reversible luminescence response for VOCs[J]. The Journal of Physical Chemistry C, 2014, 118(35): 20538-20544.

[16] Zhang P, Li H, Shi J, et al. Assembly of neutral conjugated polymers with layered double hydroxide nanosheets by the layer-by-layer method[J]. RSC Advances, 2016, 6(97): 94739-94747.

[17] Cavani F, Trifirò F, Vaccari A. Hydrotalcite-type anionic clays: preparation, properties and applications[J]. Catalysis Today, 1991, 11(2): 173-301.

[18] Rives V, Angeles Ulibarri Ma. Layered double hydroxides (LDH) intercalated with metal coordination compounds and oxometalates[J]. Coordination Chemistry Reviews, 1999, 181(1): 61-120.

[19] Zhao Y, Li F, Zhang R, et al. Preparation of layered double-hydroxide nanomaterials with a uniform crystallite size using a new method involving separate nucleation and aging steps[J]. Chemistry of Materials, 2002, 14(10): 4286-4291.

[20] Meyn M, Beneke K, Lagaly G. Anion-exchange reactions of layered double hydroxides[J]. Inorganic Chemistry, 1990, 29(26): 5201-5207.

[21] Wong F, Buchheit R G. Utilizing the structural memory effect of layered double hydroxides for sensing water uptake in organic coatings[J]. Progress in Organic Coatings, 2004, 51(2): 91-102.

[22] Wang Q, O'Hare D. Recent advances in the synthesis and application of layered double hydroxide (LDH) nanosheets[J]. Chemical Reviews, 2012, 112(7): 4124-4155.

[23] Leroux F, Adachi-Pagano M, Intissar M, et al. Delamination and restacking of layered double hydroxides[J]. Journal of Materials Chemistry, 2001, 11(1): 105-112.

[24] Debnath P, Chakraborty S, Deb S, et al. Reversible transition between excimer and J-aggregate of indocarbocyanine dye in Langmuir-Blodgett (LB) films[J]. The Journal of Physical Chemistry C, 2015, 119(17): 9429-9441.

[25] Hussain S A, Paul P K, Bhattacharjee D. Role of various LB parameters on the optical characteristics of mixed Langmuir-Blodgett films[J]. Journal of Physics and Chemistry of Solids, 2006, 67(12): 2542-2549.

[26] Yan D, Lu J, Wei M, et al. Recent advances in photofunctional guest/layered double hydroxide host composite systems and their applications: experimental and theoretical perspectives[J]. Journal of Materials Chemistry, 2011, 21(35): 13128-13139.

[27] Zheng S, Lu J, Li W, et al. The 2-phenylbenzimidazole-5-sulfonate/layered double hydroxide co-intercalation composite and its luminescence response to nucleotides[J]. Journal of Materials Chemistry C, 2014, 2(26): 5161-5167.

[28] Friščić T. Supramolecular concepts and new techniques in mechanochemistry: cocrystals, cages, rotaxanes, open metal-organic frameworks[J]. Chemical Society Reviews, 2012, 41(9): 3493-3510.

[29] Zener C. Theory of growth of spherical precipitates from solid solution[J]. Journal of Applied Physics, 1949, 20(10): 950-953.

[30] Castaings M, Lowe M. Finite element model for waves guided along solid systems of arbitrary section coupled to infinite solid media[J]. The Journal of the Acoustical Society of America, 2008, 123(2): 696-708.

[31] Thilagam A. Exciton complexes in low dimensional transition metal dichalcogenides[J]. Journal of Applied Physics, 2014, 116(5): 053523-053523.

[32] Ramirez-Torres A, Turkowski V, Rahman T S. Time-dependent density-matrix functional theory for trion excitations: application to monolayer $MoS_2$ and other transition-metal dichalcogenides[J]. Physical Review B, 2014, 90(8): 085419.

[33] He X F. Excitons in anisotropic solids: the model of fractional-dimensional space[J]. Physical Review B, 1991, 43(3): 2063-2069.

[34] He K, Kumar N, Zhao L, et al. Tightly bound excitons in monolayer $WSe_2$[J]. Physical Review Letters, 2014, 113(2): 026803.

[35] Kolobov A V, Tominaga J. Two-dimensional transition-metal dichalcogenides[M]. Switzerland: Springer International Publishing, 2016: 1-538.

[36] Mak KF, Lee C, Hone J, et al. Atomically thin $MoS_2$: a new direct-gap semiconductor[J]. Physical Review Letters, 2010, 105(13): 136805.

[37] Xiao J, Zhao M, Wang Y, et al. Excitons in atomically thin 2D semiconductors and their applications[J]. Nanophotonics, 2017, 6(6): 1309-1328.

[38] Matin Amani D-HL, Daisuke Kiriya, Jun Xiao,et al. Near-unity photoluminescence quantum yield in $MoS_2$[J]. Science, 2015, 350(6264): 1065-1069.

[39] Julien Madéo,ManK L M, Chakradhar Sahoo, et al. Directly visualizing the momentum-forbidden dark excitons and their dynamics in atomically thin semiconductors[J]. Science, 2020, 370: 1199-1204.

[40] Bonaccorso F, Sun Z, Hasan T, et al. Graphene photonics and optoelectronics[J]. Nature Photonics, 2010, 4(9): 611-622.

[41] Wu S, Buckley S, Schaibley J R, et al. Monolayer semiconductor nanocavity lasers with ultralow thresholds[J]. Nature, 2015, 520(7545): 69-72.

[42] Salehzadeh O, Djavid M, Tran N H, et al. Optically pumped two-dimensional $MoS_2$ lasers operating at room-temperature[J]. Nano Letter, 2015, 15(8): 5302-5306.

[43] Tian R, Zhang S, Li M, et al. Localization of Au nanoclusters on layered double hydroxides nanosheets: confinement-induced emission enhancement and temperature-responsive luminescence[J]. Advanced Functional Materials, 2015, 25(31): 5006-5015.

[44] Li S, Lu J, Wei M, et al. Tris(8-hydroxyquinoline-5-sulfonate)aluminum intercalated Mg-Al layered double hydroxide with blue luminescence by hydrothermal synthesis[J]. Advanced Functional Materials, 2010, 20(17): 2848-2856.

[45] Yan D, Lu J, Wei M, et al. Layer-by-layer assembly of ruthenium( II ) complex anion/layered double hydroxide ordered ultrathin films with polarized luminescence[J]. Chemical Communications, 2009, (42): 6358-6360.

[46] Sun Z, Jin L, Shi W, et al. Controllable photoluminescence properties of an anion-dye-intercalated layered double hydroxide by adjusting the confined environment[J]. Langmuir, 2011, 27(11): 7113-7120.

[47] Yan D, Lu J, Wei M, et al. A combined study based on experiment and molecular dynamics: perylene tetracarboxylate intercalated in a layered double hydroxide matrix[J]. Physical Chemistry Chemical Physics, 2009, 11(40): 9200-9209.

[48] Liang Z-Q, Li Y-X, Yang J-X, et al. Suppression of aggregation-induced fluorescence quenching in pyrene derivatives: photophysical properties and crystal structures[J]. Tetrahedron Letters, 2011, 52(12): 1329-1333.

[49] Luo J, Xie Z, Lam J W Y, et al. Aggregation-induced emission of 1-methyl-1,2,3,4,5-pentaphenylsilole[J].

Chemical Communications, 2001(18): 1740-1741.

[50] Hong Y, Lam J W Y, Tang B Z. Aggregation-induced emission[J]. Chemical Society Reviews, 2011, 40(11): 5361-5388.

[51] Xu Z. Mechanism and application of aggregation induced luminescence compounds[J]. IOP Conference Series: Earth and Environmental Science, 2021, 680(1): 012073.

[52] Hong Y, Lam J W Y, Tang B Z. Aggregation-induced emission: phenomenon, mechanism and applications[J]. Chemical Communications, 2009(29): 4332-4353.

[53] Tsai W-K, Wang C-I, Liao C-H, et al. Molecular design of near-infrared fluorescent Pdots for tumor targeting: aggregation-induced emission versus anti-aggregation-caused quenching[J]. Chemical Science, 2019, 10(1): 198-207.

[54] Liu H, Pan Q, Wu C, et al. Construction of two-dimensional supramolecular nanostructure with aggregation-induced emission effect via host-guest interactions[J]. Materials Chemistry Frontiers, 2019, 3(8): 1532-1537.

[55] Li S, Lu J, Wei M, et al. Tris(8-hydroxyquinoline-5-sulfonate)aluminum intercalated Mg-Al layered double hydroxide with blue luminescence by hydrothermal synthesis[J]. Advanced Functional Materials, 2010, 20(17): 2848-2856.

[56] 李震. 中性荧光分子 @ 聚合物 /LDHs 超分子共组装体系的构筑及其荧光性能的研究 [D]. 北京：北京化工大学，2013.

[57] Caravan P, Ellison J J, McMurry T J, et al. Gadolinium(Ⅲ) Chelates as MRI contrast agents: structure, dynamics, and applications[J]. Chemical Reviews, 1999, 99(9): 2293-2352.

[58] Chakraborty J, Roychowdhury S, Sengupta S, et al. Mg-Al layered double hydroxide-methotrexate nanohybrid drug delivery system: evaluation of efficacy[J]. Materials Science and Engineering: C, 2013, 33(4): 2168-2174.

[59] Guan W, Lu J, Zhou W, et al. Aggregation-induced emission molecules in layered matrices for two-color luminescence films[J]. Chemical Communication, 2014, 50(80): 11895-11898.

[60] Tian R, Yan D, Li C, et al. Surface-confined fluorescence enhancement of Au nanoclusters anchoring to a two-dimensional ultrathin nanosheet toward bioimaging[J]. Nanoscale, 2016, 8(18): 9815-9821.

[61] Shi W, Yao J, Bai L, et al. Defect-stabilized triplet state excitons: toward ultralong organic room-temperature phosphorescence[J]. Advanced Functional Materials, 2018, 28(52): 1804961.

[62] Chen C, Chu P, Bobisch C A, et al. Viewing the interior of a single molecule: vibronically resolved photon imaging at submolecular resolution[J]. Physical Review Letters, 2010, 105: 217402.

[63] Murray C, Dozova N, McCaffrey J G, et al. Visible luminescence spectroscopy of free-base and zinc phthalocyanines isolated in cryogenic matrices[J]. Physical Chemistry Chemical Physics. 2011, 13: 17543-17554.

[64] Brown R J C, Kucernak A R, Long N J, et al. Spectroscopic and electrochemical studies on platinum and palladium phthalocyanines[J]. New Journal of Chemistry, 2004, 28: 676-680.

[65] Luo Y, Chen G, Zhang Y, et al. Electrically driven single-photon superradiance from molecular chains in a plasmonic nanocavity[J]. Physical Review Letters, 2019, 122: 233901.

[66] Tong A K, Jockusch S, Li Z, et al. Triple fluorescence energy transfer in covalently trichromophore-labled DNA[J]. Journal of the American Chemical Society, 2001, 123: 12923-12924.

[67] Li Z, Lu J, Li S, et al. Orderly ultrathin films based on perylene/poly(N-vinyl carbazole) assembled with layered double hydroxide nanosheets: 2D fluorescence resonance energy transfer and reversible fluorescence response for volatile organic compounds[J]. Advanced Materials, 2012, 24 (45): 6053-6057.

[68] Qin Y, Shi J, Gong X, et al. A luminescent inorganic/organic composite ultrathin film based on a 2D cascade FRET process and its potential VOC selective sensing properties[J]. Advanced Functional Materials, 2016, 26 (37): 6752-6759.

[69] 徐东勇，臧竞存. 上转换激光和上转换发光材料的研究进展 [J]. 人工晶体学报，2001, 30(2): 203-210.

[70] 郭春芳. 稀土掺杂上转换发光纳米材料的研究进展 [J]. 广东石油化工学院学报，2019, 29(4): 59-62.

[71] Gao R, Zhao M, Guan Y, et al. Ordered and flexible lanthanide complex thin films showing up-conversion and color-tunable luminescence[J]. Journal of Materials Chemistry C, 2014, 2(45): 9579-9586.

[72] Parker C, Hatchard C. Delayed fluorescence from solutions of anthracene and phenanthrene[J]. Proceedings of the Royal Society A, 1962, 269 (1339): 574-584.

[73] Gibart P, Auzel F, Guillaume J C, et al. Below band gap IR response of substrate-free gaas solar cells using two-photon up-conversion[J]. Japanese Journal of Applied Physics, 1996, 35(8R): 4401.

[74] Shalav A; Richards B, Green M. Luminescent layers for enhanced silicon solar cell performance: up-conversion[J]. Sol Energy Materials & Solar Cells, 2007, 91: 829-842.

[75] Cheng Y, Fuckel B, MacQueen R, et al. Improving the light-harvesting of amorphous silicon solar cells with photochemical upconversion[J]. Energy & Environmental Science 2012, 5 (5): 6953-6959.

[76] Shi W, Lin Y, Zhang S, et al. Study on UV-shielding mechanism of layered double hydroxide materials[J]. Physical Chemistry Chemical Physics, 2013, 15(41): 18217-18222.

[77] 邢颖，李殿卿，郭灿雄，等. Zn-Al-$CO_3$ 水滑石晶粒尺寸控制与光屏蔽作用研究 [J]. 精细化工，2003, 20(1):1-5.

[78] 邢颖. 超分子结构紫外阻隔材料的插层组装及结构与性能研究 [D]. 北京：北京化工大学，2003.

[79] Wang G, Rao D, Li K, et al. UV blocking by Mg-Zn-Al layered double hydroxides for the protection of asphalt road surfaces[J]. Industrial & Engineering Chemistry Research, 2014, 53(11): 4165-4172.

[80] Zhang L, Lin Y, Tuo Z, et al. Synthesis and UV absorption properties of 5-sulfosalicylate-intercalated Zn-Al layered double hydroxides[J]. Journal of Solid State Chemistry, 2007, 180(4): 1230-1235.

[81] Zhu H, Feng Y, Tang P, et al. Synthesis and UV absorption properties of aurintricarboxylic acid intercalated Zn-Al layered double hydroxides[J]. Industrial & Engineering Chemistry Research, 2011, 50(23): 13299-13303.

[82] 许国志，郭灿雄，段雪，等. PE 膜中层状双羟基复合氢氧化物的红外吸收性能 [J]. 应用化学，1999, 16(3): 45-48.

[83] Wang L, Xu X, Evans D, et al. Synthesis of an N,N-bis(phosphonomethyl)glycine anion-intercalated layered double hydroxide and its selective infrared absorption effect in low density polyethylene films for use in agriculture[J]. Industrial & Engineering Chemistry Research, 2010, 49(11): 5339-5346.

[84] 矫庆泽，赵芸，谢晖，等. 水滑石的插层及其选择性红外吸收性能 [J]. 应用化学，2002, 19(10): 1011-1013.

[85] 王丽静，徐向宇，Evans D，等. 磷酸二氢根插层水滑石的制备及其选择性红外吸收性能 [J]. 无机化学学报，2010, 26(6): 970-976.

[86] Liang R, Tian R, Shi W, et al. A temperature sensor based on CdTe quantum dots-layered double dydroxide ultrathin films via layer-by-layer assembly[J]. Chemical Communications, 2013, 49(10): 969-971.

[87] Fu L, Liu H,Yan L, et al. Fabrication of CuNCs/LDHs films with excellent luminescent properties and exploration of thermosensitivity[J]. Industrial & Engineering Chemistry Research, 2019, 58(19): 8009-8015.

[88] Yan D, Lu J, Ma J, et al. Reversibly thermochromic, fluorescent ultrathin films with a supramolecular architecture[J]. Angewandte Chemie International Edition, 2011, 50(3): 720-723.

[89] Yan D, Lu J, Ma J, et al. Layered host-guest materials with reversible piezochromic luminescence[J]. Angewandte Chemie International Edition, 2011, 50(31): 7037-7040.

[90] Zhang L, Ge J, Lu C, et al. Supramolecular layer: toward resolving the conflict between rigidity and flexibility in

design of pressure-enhanced luminescence molecule[J]. Sensors and Actuators: B Chemical, 2018, 268: 519-528.

[91] Li M, Tian R, Yan D, et al. A luminescent ultrathin film with reversible sensing toward pressure[J]. Chemical Communications, 2016, 52(25): 4663-4666.

[92] Shi W, Jia Y, Xu S, et al. A chiroptical switch based on DNA/layered double hydroxide ultrathin films[J]. Langmuir, 2014, 30(43): 12916-12922.

[93] Li Z, Wan S, Shi W, et al. A light-triggered switch based on spiropyran/layered double hydroxide ultrathin films[J]. The Journal of Physical Chemistry C, 2015, 119(13): 7428-7435.

[94] Li Z, Liang R, Liu W, et al. A dual-stimuli-responsive fluorescent switch ultrathin film[J]. Nanoscale, 2015, 7(40): 16737-16743.

[95] Li Z, Lu J, Li S, et al. Orderly ultrathin films based on perylene/poly(N-vinyl carbazole) assembled with layered double hydroxide nanosheets: 2D fluorescence resonance energy transfer and reversible fluorescence response for volatile organic compounds[J]. Advanced Materials, 2012, 24(45): 6053-6057.

[96] Ma R, Tian Z, Hu Y, et al. Amphiphilic CdTe quantum dots@layered double hydroxides/arachidate nanocomposite langmuir-blodget ultrathin films: its assembly and response mechanism as VOC fluorescence sensors[J]. Langmuir, 2018, 34(38): 11354-11363.

[97] Song L, Shi W, Lu C. Confinement effect in layered double hydroxide nanoreactor: improved optical sensing selectivity[J]. Analytical Chemistry, 2016, 88(16): 8188-8193.

[98] Zheng S, Lu J, Li W, et al. The 2-phenylbenzimidazole-5-sulfonate/layered double hydroxide Co-intercalation composite and its luminescence response to nucleotides[J]. Journal of Materials Chemistry C, 2014, 2: 5161-5167.

[99] Jin L, Guo Z, Wang T, et al. Assembly of layered double hydroxide/ANTS ultrathin film and its application as a biosensing material[J]. Sensors & Actuators: B Chemical, 2013, 177: 145-152.

[100] Jin L, Guo Z, Sun Z, et al. Assembly of 8-aminonaphthalene-1,3,6-trisulfonate intercalated layered double hydroxide film for the selective detection of $Mg^{2+}$[J]. Sensors & Actuators: B Chemical, 2011, 161(1): 714-720.

[101] Sun Z, Jin L, Zhang S, et al. An optical sensor based on H-acid/layered double hydroxide composite film for the selective detection of mercury ion[J]. Analytica Chimica Acta, 2011, 702(1): 95-101.

[102] Liu M, Lv G, Mei L, et al. Fabrication of AO/LDH fluorescence composite and its detection of $Hg^{2+}$ in water[J]. Scientific Reports, 2017, 7(1): 1-9.

[103] Shi W, Bai L, Guo J, et al. Self-assembly film of azobenzene and layered double hydroxide and its application as a light-controlled reversible sensor for the detection of $Be^{2+}$[J]. Sensors & Actuators: B Chemical, 2016, 223: 671-678.

[104] Tian R, Zhong J, Lu C, et al. Hydroxyl-triggered fluorescence for location of inorganic materials in polymer-matrix composites[J]. Chemical Science, 2018, 9(1): 218-222.

[105] Zhang Z, Feng Z, Tian R, et al. Novel fluorescence method for determination of spatial interparticle distance in polymer nanocomposites[J]. Analytical Chemistry, 2020, 92(11): 7794-7799.

[106] Liang R, Xu S, Yan D, et al. CdTe quantum dots/layered double hydroxide ultrathin films with multicolor light emission via layer-by-layer assembly[J]. Advanced Functional Materials, 2012, 22(23): 4940-4948.

[107] Yan D, Lu J, Wei M, et al. Heterogeneous transparent ultrathin films with tunable-color luminescence based on the assembly of photoactive organic molecules and layered double hydroxides[J]. Advanced Functional Materials 2011, 21(13): 2497-2505.

[108] Tian R, Liang R, Yan D, et al. Intelligent display films with tunable color emission based on a supermolecular architecture[J]. Journal of Material Chemistry C, 2013, 1: 5654-5660.

[109] Liu W, Liang R, Lin Y. Confined synthesis of carbon dots with tunable long-wavelength emission in a

2-dimensional layered double hydroxide matrix[J]. Nanoscale, 2020, 12(14): 7888-7894.

[110] Bakulin1 A, Rao1 A, Pavelyev V, et al. The role of driving energy and delocalized states for charge separation in organic semiconductors[J]. Science, 2012, 335: 1340-1344.

[111] Bai L, Xue N, Wang X, et al. Activating efficient room temperature phosphorescence of carbon dots by synergism of orderly non-noble metals and dual structural confinements[J]. Nanoscale, 2017, 9: 6658-6664.

[112] Xue N, Yao J, Shi C, et al. Nanosheet-filled polymer film from flow-induced Coassembly: multiscale structure visualization and application[J]. Langmuir, 2018, 34: 14204-14214.

[113] Cui X, Xing X, Wang X, et al. Dual emission of singlet and triplet states boost the sensitivity of pressure-sensing[J]. Chinese Chemical Letters, 2021, 32(9): 2869-2872.

[114] Bai L, Xue N, Zhao Y, et al. Dual-mode emission of single-layered graphene quantum dots in confined nanospace: anti-counterfeiting and sensor applications[J]. Nano Research, 2018, 11(004): 2034-2045.

[115] Kong X, Wang X, Cheng H, et al. Activating room temperature phosphorescence from organic materials by synergistic effects[J]. Journal of Materials Chemistry C, 2018, 7(2): 230-236.

[116] Wang D, Zhao L, Guo L, et al. Online detection of reactive oxygen species in ultraviolet (UV)-irradiated nano-TiO$_2$ suspensions by continuous flow chemiluminescence[J]. Analytical Chemistry, 2014, 86: 10535-10539.

[117] Wang Z, Teng X, Lu C. Orderly arranged fluorescence dyes as a highly efficient chemiluminescence resonance energy transfer probe for peroxynitrite[J]. Analytical Chemistry, 2015, 87(6): 3412-3418.

[118] Tian R, Zhang S, Li M, et al. Localization of Au nanoclusters on layered double hydroxides nanosheets: confinement-induced emission enhancement and temperature-responsive luminescence[J]. Advanced Functional Materials, 2015, 25(31): 5006-5015.

[119] Li Z, Zhou Y, Yan D, et al. Electrochemiluminescence resonance energy transfer (ERET) towards trinitrotoluene sensor based on layer-by-layer assembly of luminol-layered double hydroxides and CdTe quantum dots[J]. Journal of Materials Chemistry C, 2017, 5(14): 3473-3479.

[120] Huo X, Zhang N, Yang H, et al. Electrochemiluminescence resonance energy transfer system for dual-wavelength ratiometric miRNA detection[J]. Analytical Chemistry, 2018, 90: 13723-13728.

[121] Zhou Y, Yan D, and Wei M. A 2D quantum dot-based electrochemiluminescence film sensor towards reversible temperature-sensitive response and nitrite detection[J]. Journal of Materials Chemistry C, 2015, 3: 10099-10106.

[122] Yu Y, Shi J, Zhao X, et al. Electrochemiluminescence detection of reduced and oxidized glutathione ratio by quantum dot-layered double hydroxide film[J]. Analyst, 2016, 141: 3305-3312.

[123] Yu Y, Lu C, and Zhang M. Gold nanoclusters@Ru(bpy)$_3^{2+}$-layered double hydroxide ultrathin film as a cathodic electrochemiluminescence resonance energy transfer probe[J]. Analytical Chemistry, 2015, 87: 8026-8032.

[124] 吴越. 催化化学 [M]. 北京：科学出版社，1995: 1291-1292.

[125] 龚竹青，王志兴. 现代电化学 [M]. 长沙：中南大学出版社，2010: 6-7.

[126] Zhao Y, Zheng L, Shi R, et al. Alkali etching of layered double hydroxide nanosheets for enhanced photocatalytic N$_2$ reduction to NH$_3$[J]. Advanced Energy Materials, 2020, 10(34): 2002199.

[127] Yu X, Kang Y, Wang S, et al. Integrating PtNi nanoparticles on NiFe layered double hydroxide nanosheets as a bifunctional catalyst for hybrid sodium-air batteries[J]. Journal of Materials Chemistry A, 2020, 8(32): 16355-16365.

[128] 孙世刚. 电催化纳米材料 [M]. 北京：化学工业出版社，2017: 1-2.

[129] Long X, Wang C, Wei S, et al. Layered double hydroxide onto perovskite oxide-decorated ZnO nanorods for modulation of carrier transfer behavior in photoelectrochemical water oxidation[J]. ACS Applied Materials & Interfaces, 2020, 12(2): 2452-2459.

[130] 孙世刚. 电催化纳米材料 [M]. 北京：化学工业出版社，2017: 302-305.

[131] 黄昆，韩汝琦. 半导体物理基础 [M]. 北京：电子工业出版社，1979.

[132] 刘恩科，朱秉升，罗晋生. 半导体物理学 [M]. 北京：国防工业出版社，2010: 1-104.

[133] [ 美 ]Donald A Neamen. 半导体器件物理 [M]. 赵毅强，等译. 北京：电子工业出版社，2005.

[134] Xu Z, Shi J, Haroone MS, Chen W, Zheng S, Lu J. Zinc-aluminum oxide solid solution nanosheets obtained by pyrolysis of layered double hydroxide as the photoanodes for dye-sensitized solar cells[J]. Journal of Colloid and Interface Science, 2018, 515: 240-247.

[135] Du T, Zhu J, Wang N, Chen H, He H. Enhanced photovoltaic performance of quasi-solid dye-sensitized solar cells based on composite gel electrolyte with intercalated Mg-Al layered double hydroxide[J]. Journal of the Electrochemical Society, 2015, 162(8): H518-H521.

[136] Khodam F, Amani-Ghadim AR, Aber S. Preparation of CdS quantum dot sensitized solar cell based on ZnTi-layered double hydroxide photoanode to enhance photovoltaic properties[J]. Solar Energy, 2019, 181: 325-332.

[137] Liu Q, Chen X, Hu W, et al. Beyond metal oxides: introducing low-temperature solution-processed ultrathin layered double hydroxide nanosheets into polymer solar cells toward improved electron transport[J]. Solar Rrl, 2019, 3(2).

[138] Liu X, He Y, Zhang G, et al. Preparation and high photocurrent generation enhancement of self-assembled layered double hydroxide-based composite dye films[J]. Langmuir, 2020, 36(26): 7483-7493.

[139] Yu M, McCulloch WD, Huang Z, et al. Solar-powered electrochemical energy storage: an alternative to solar fuels[J]. Journal of Materials Chemistry A, 2016, 4(8): 2766-2782.

[140] Gurung A, Qiao Q. Solar charging batteries: advances, challenges, and opportunities[J]. Joule, 2018, 2(7): 1217-1230.

[141] Zeng Q, Lai Y, Jiang L, et al. Integrated photorechargeable energy storage system: next-generation power source driving the future[J]. Advanced Energy Materials, 2020, 10(14).

[142] Zhu M, Huang Y, Huang Y, et al. Capacitance enhancement in a semiconductor nanostructure-based supercapacitor by solar light and a self-powered supercapacitor-photodetector system[J]. Advanced Functional Materials, 2016, 26(25): 4481-4490.

[143] Kalasina S, Phattharasupakun N, Maihom T, et al. Novel hybrid energy conversion and storage cell with photovoltaic and supercapacitor effects in ionic liquid electrolyte[J]. Scientific Reports, 2018, 8(1): 1-11.

[144] Xia X, Luo J, Zeng Z, et al. Integrated photoelectrochemical energy storage: solar hydrogen generation and supercapacitor[J]. Scientific Reports, 2012, 2(1): 1-6.

[145] Paolella A, Faure C, Bertoni G, et al. Light-assisted delithiation of lithium iron phosphate nanocrystals towards photo-rechargeable lithium ion batteries[J]. Nature Communications, 2017, 8(1): 1-10.

[146] Li Q, Li N, Ishida M, et al. Saving electric energy by integrating a photoelectrode into a Li-ion battery[J]. Journal of Materials Chemistry A, 2015, 3(42): 20903-20907.

[147] Yu M, Ren X, Ma L, et al. Integrating a redox-coupled dye-sensitized photoelectrode into a lithium-oxygen battery for photoassisted charging[J]. Nature Communications, 2014, 5(1): 1-6.

[148] Namsheer K, Rout C S. Photo-powered integrated supercapacitors: a review on recent developments, challenges and future perspectives[J]. Journal of Materials Chemistry A, 2021, 9(13): 8248-8278.

[149] Li C, Islam M M, Moore J, et al. Wearable energy-smart ribbons for synchronous energy harvest and storage[J]. Nature Communicatios, 2016, 7(1): 1-10.

[150] Chen P, Li T-T, Li G-R, et al. Quasi-solid-state solar rechargeable capacitors based on in-situ Janus modified electrode for solar energy multiplication effect[J]. Science China Materials, 2020, 63(9): 1693-1702.

[151] Skunik-Nuckowska M, Grzejszczyk K, Kulesza P J, et al. Integration of solid-state dye-sensitized solar cell with metal oxide charge storage material into photoelectrochemical capacitor[J]. Journal of Power Sources, 2013, 234: 91-99.

[152] Shan X, Ke O, Xinyi Y. A novel visible-light responsive photocatalytic fuel cell with a heterostructured BiVO$_4$/WO$_3$, photoanode and a Pt/C air-breathing cathode[J]. Journal of Colloid and Interface Science, 2018, 532: 758-766.

[153] Ueno H, Nemoto J, Ohnuki K, et al. Photoelectrochemical reaction of biomass-related compounds in a biophotochemical cell comprising a nanoporous TiO$_2$ film photoanode and an O$_2$-reducing cathode[J]. Journal of Applied Electrochemistry, 2009, 39(10): 1897-1905.

[154] Wu Z, Zhao G, Zhang Y, et al. A solar-driven photocatalytic fuel cell with dual photoelectrode for simultaneous wastewater treatment and hydrogen production[J]. Journal of Materials Chemistry A, 2015, 3(7):3416-3424.

[155] Tao S, Wang F, J Zhang, et al. Visible-light-responsive TiO$_2$/NiFe mixed metal oxide-carbon photocatalytic fuel cell with synchronous hydrogen peroxide production[J]. European Journal of Inorganic Chemistry, 2021, 13: 1230-1239.

# 第七章
# 超分子插层结构生物医用材料

自 1999 年 Choy 等人[1] 提出"生物无机纳米异质材料"概念以来，纳米医学领域插层结构多功能材料得到了巨大的发展[2-7]。LDHs 因其良好的生物相容性、生物降解性、阴离子交换能力、pH 敏感性、表面易于修饰等优点，在生物医学应用方面引起了研究者的极大兴趣[8-12]。在该领域，LDHs 最早作为抗酸剂或抗胃蛋白酶剂的药物活性成分而被使用。服用含有 LDHs 的抗胃酸药物，能够显著改善胃部环境即提高胃部的 pH，以缓解胃酸过多引发的胃部疼痛、消化不良、胃灼热等症状[13-15]。近年来，通过多种插层方法，将具有生物功能的客体分子引入 LDHs 层间或表面，实现了药物 / 基因输送、可控释放、癌症诊断与治疗、生物传感、组织工程等领域的创新性突破[16-20]。基于此，本章针对 LDHs 在生物医学领域的应用（图 7-1），重点介绍 LDHs 在药物控制释放、诊疗一体化、生物传感检测、组织工程等方面的研究进展，并讨论目前 LDHs 在这些领域面临的挑战，展望了其未来的发展前景。

# 第一节
# 药物控释材料

药物控释是指通过控制药物的释放速率，使血液中药物浓度保持恒定，延长药物的血浆半衰期，提高其生物利用率，实现对疾病的高效治疗。近年来，LDHs 作为纳米载体用于药物控释已成为生物医药领域的研究热点[21-23]。基于 LDHs 较大的比表面积和可调的层间距，通过离子交换、共沉淀、物理吸附等方法可实现药物分子的高效负载，并具有如下优势：① LDHs 可以保护药物分子免受复杂生理环境的影响，避免药物分子降解失去疗效[24]；② LDHs 表面富含的羟基能够增强其与药物分子的相互作用，提高药物分子的稳定性；③ LDHs 的层间限域或表面限域作用，可以减少药物分子聚集，使其发挥最佳疗效；④ LDHs 良好的生物相容性和特殊的层状结构，可负载难溶性药物分子并提高其溶解度，进而提升药物分子的生物利用度和吸收效率；⑤ LDHs 特有的正电性有利于与负电性的细胞膜结合，可改善细胞对 LDHs 的摄取，促进细胞对药物的摄取效率[25]；⑥ LDHs 在肿瘤微酸环境下易于溶解的特性[26]，既有利于控制药物的释放速率，又可实现材料在体内及时清除，保障了生物安全。因此，LDHs 在药物控释方面具有潜在的应用前景。基于目前的研究，LDHs 药物控释机理可分为 2 种：①离子交换机理，利用 LDHs 层间阴离子可交换的特点，将药物分子插入 LDHs 层间；当 LDHs 纳米复合物进入生物体内后，通过与生理环境中的磷酸盐发生离

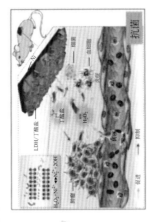

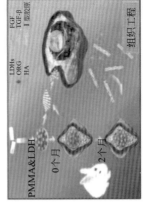

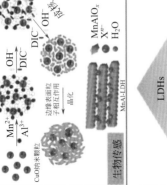

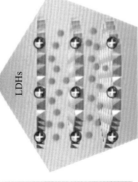

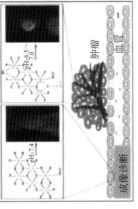

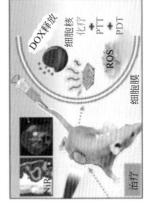

图7-1 LDHs纳米材料在生物医药领域的应用[32,153,167,170,171]

子交换而缓慢释放出层间的药物分子。②溶蚀机理，LDHs呈弱碱性，当LDHs纳米复合物处于弱酸性微环境时，LDHs层板发生部分溶解，进而实现对药物分子的缓慢释放。

## 一、化疗药物控释

化学疗法（简称化疗）是一种应用广泛的癌症治疗方法，但存在化疗药物（如甲氨蝶呤、绿原酸、依托泊苷、阿霉素、达卡巴嗪、喜树碱等）不稳定、溶解性差、吸收效率低，以及对癌细胞的非特异靶向性等问题，容易导致正常细胞非特异性摄取而产生显著副作用[27,28]。LDHs及其纳米复合材料由于其优异的生物相容性、高比表面积和pH依赖的生物降解性，充分满足了药物递送系统的要求。早在2004年，LDHs就被首次用作化疗药物的载体[29]。Choy等人通过离子交换法将化疗药物甲氨蝶呤（MTX）插入LDHs层间，制备了粒径均一的MTX-LDH复合材料。MTX-LDH可被肿瘤细胞内吞，与单独的MTX相比，其表现出优异的治疗效果，能有效抑制癌细胞增殖且对正常细胞无毒性作用。此后，基于LDHs的药物递送系统得到了极大的发展。

大多数LDHs基药物递送系统是通过离子交换过程将化疗药物插入LDHs层间。例如，Wang课题组制备鬼臼毒素（podophyllotoxin，PPT）插层的MgAl-LDH（PPT-LDH）用于癌症化疗[30]，LDHs的引入有效克服了PPT水溶性差、生物利用度低等问题。与PPT相比，PPT-LDH显著提升抗肿瘤功效。Li等人制备了一种LDHs基多功能核壳结构纳米复合材料（DOX@MSPs/LDH）[31]，利用DOX（阿霉素）自身的荧光特性监测其在细胞内的控释进程和治疗效果。研究发现，肿瘤细胞酸性的细胞质能够刺激LDHs层间的DOX-COOH迅速分解为带正电荷的DOX，进而通过排斥作用从正电性的LDHs中快速释放；与此同时，MSPs/LDH在酸性环境下的降解能力进一步促进了DOX的释放。该现象并未在正常细胞中观测到，表明该复合材料具有酸响应的选择性释放能力，这对于增加药物疗效、降低副作用非常关键。

除了上述离子交换法外，化疗药物也可以通过共沉淀法或物理吸附（包括氢键相互作用、范德华力、静电吸引等）加载到LDHs上。为了提高癌细胞对DOX的摄取能力，本书著者团队通过"自下而上"法构建了超薄MgAl-LDH纳米片（MLDHs），实现高效负载化疗药物DOX和光敏剂ICG[32]。对DOX&ICG/MLDH体系载药性能研究表明，在包封效率接近100%情况下，MLDHs对DOX和ICG的负载效率高达797.36%。更重要的是，DOX&ICG/MLDH表现出pH/NIR双刺激响应的药物释放行为，在pH=5.0且NIR照射条件下，1h内释放量达82.37%。本书著者团队进一步调整LDHs组成结构，制备了形貌精确调控的

双稀土元素 $Gd^{3+}$ 和 $Yb^{3+}$ 掺杂的单层 LDHs 载体（Gd&Yb-LDH），通过静电吸附成功负载了疏水性化疗药物喜树碱（SN38）和 ICG[33]。该 Gd&Yb-LDH 载体对 SN38/ICG 的负载量达到 925%。同时，该载药体系在酸性环境（pH=5.5）和 NIR 光照的条件下，实现了 SN38 的响应性可控释放，3min 内释放比例达 79.8%，显示出优异的外界刺激响应性靶向药物释放和精准的癌症治疗。

## 二、基因控释

基因治疗是一种很有前景的治疗方法，其利用具有治疗功能的负电荷核酸分子，如 DNA、小干扰 RNA（siRNA）、短发夹 RNA（shRNA）和非编码单链 RNA（miRNA）等实现对基因相关疾病如癌症、神经退行性疾病和感染性疾病的治疗[16,34]。然而，核酸大分子递送效率低、易降解、毒性大、抗癌特异性差等问题阻碍了其临床应用[35]。为了克服这些局限性，以 LDHs 作为可生物降解的基因递送载体得到了大量研究，带正电荷的 LDHs 可以提高核酸分子的递送效率、靶向能力以及保护核酸分子免于降解，并实现对核酸分子的可控释放。

LDHs 作为生物相容性载体用于基因负载始于 1999 年，Choy 等人利用 MgAl-LDH 通过离子交换法负载 DNA 分子，稳定在 LDHs 间层的 DNA 分子在生理环境中保持了其化学和生物的完整性，未发生任何降解[1]。2008 年，Thyveetil 等人通过 LDHs 载体将 DNA 分子输送到癌细胞中首次实现了基于 LDHs 的基因治疗[36]。当 DNA/LDH 纳米复合物渗透到肿瘤细胞后，LDHs 在肿瘤的弱酸性微环境中逐步溶解，原本稳定在 LDHs 层间的 DNA 分子因而得以缓慢释放以发挥疗效。随后，基于 LDHs 的基因疗法获得了广泛报道。在前人工作的基础上，Wong 等人研究了 LDHs 递送核酸分子到神经元和小鼠成纤维细胞（NIH3T3s）的效率[37]。他们发现 siRNA 或双链 DNA（dsDNA）的传递效率是由核苷酸序列决定的，其中 siRNA 的递送效率为 60%，而 dsDNA 的递送效率为 11%，这表明 LDHs 更适合 siRNA 的传递。

功能化 LDHs 或 LDHs 基纳米复合材料可以进一步提高基因传递效率和治疗效果。例如，Choy 课题组设计叶酸（FA）修饰的 MgAl-LDH（LDHFA）用于负载 survivin siRNA（siSurvivin，一种可诱导癌细胞凋亡的基因），以实现 FA 受体介导的癌细胞靶向摄取[38]。受益于叶酸分子的主动靶向性，制备的 LDHFA/siSurvivin 在肿瘤部位的选择性积累比被动靶向的 LDH/siSurvivin 高 1.2 倍；酸响应的 siSurvivin 释放行为增强了 LDHFA/siSurvivin 对肿瘤生长的抑制率，比 LDH/siSurvivin 高出 3.0 倍。

此外，LDHs 也可用于核糖核酸干扰（RNA interference，RNAi）技术即基因沉默技术。病毒入侵细胞后，细胞可将病毒 RNA 剪成短小片段，其能识别并结合细胞内匹配的 RNA 序列。基因沉默可以通过外加与病毒 RNA 序列匹配的 RNAi，阻止病毒 RNA 在细胞内复制，实现其基因沉默[39]。然而，单独的 RNAi 杀虫喷剂稳定性极差，植物抗虫性最多维持一周，而多次喷洒则会造成成本增加[40]。针对这一问题，许志平课题组利用 LDHs 独特的性质，研制出"基因农药"——LDHs 基 RNAi 喷剂[41]。借助 LDHs 表面的正电性，带负电的 RNAi 可以牢牢吸附在 LDHs 表面从而提高其稳定性，保护 RNAi 不轻易失去药用活性。当 LDHs 基 RNAi 制剂喷洒在植物叶面时，受潮湿条件和空气中 $CO_2$ 的影响，LDHs 可缓慢分解释放 RNAi，延长抗虫害功效至 20d 以上。

## 三、免疫刺激剂控释

免疫治疗是一种针对免疫系统而非肿瘤本身的癌症治疗形式。在该疗法中，通常需要佐剂来增强抗原（如表位肽、重组蛋白、信使 RNA 或 DNA 质粒）的免疫原性，并激活抗原呈递细胞（APCs），同时刺激体液和细胞免疫反应[42-44]。佐剂自身无免疫原性，无毒且可生物降解，能够帮助抗原诱导针对疾病的特异性免疫反应。LDHs 因其优异的生物安全性、独特的层状结构、带正电的主体层板和可调节的层间距，已被广泛报道为理想的免疫佐剂；其能够负载大量抗原并具有酸响应的抗原释放能力，同时可与 APCs 或淋巴器官相互作用，实现有效且持久的免疫治疗[45-47]。

2011 年，Li 等人将共沉淀法合成的 MgAl-LDH 作为佐剂配制了 DNA 疫苗[48]，并证明其可以成功激活树突状细胞（dendritic cells，DCs），这是 LDHs 作为载体促进疫苗在免疫细胞中传递以治疗黑色素瘤的首次尝试，其中 DNA 表现出 pH 敏感型释放行为。此后，LDHs 佐剂被大量研究以开发用于免疫治疗的疫苗。在此期间，研究者们对 LDHs 佐剂的化学组成与其佐剂活性之间的关系进行了探索，结果表明通过组成、粒径和晶体结构调控的理化性质可以显著影响免疫应答。Williams 等[49]合成了一系列由不同阳离子和阴离子组成的 LDHs 纳米颗粒，并进一步负载抗原分子卵清蛋白（OVA）。研究表明 LDHs 纳米颗粒中金属离子组成的差异直接影响佐剂活性。例如，$Ca_2Al-NO_3$-LDH 诱导的 IL-12P70 和 MIP-1β 抗体水平高于 $Mg_2Al-NO_3$-LDH。$Mg_2Al-CO_3$-LDH 诱导的 IgE 和 IgG1 抗体水平高于 $Mg_2Fe-CO_3$-LDH，但其诱导的 IgG2c 抗体水平低于 $Mg_2Fe-CO_3$-LDH。不同阴离子插层的 LDHs 也表现出不同程度的佐剂活性。与 $Mg_2Al-NO_3$-LDH 相比，用 $CO_3^{2-}$ 替代 $NO_3^-$ 得到的 $Mg_2Al-CO_3$-LDH 佐剂活性显著增强，并成功引发了细胞和体液免疫。

LDHs 佐剂的结构和粒径也是影响免疫反应的重要因素。Yan 等人[50]比较了 LDHs 纳米片（尺寸约 177nm）和 LDHs 纳米颗粒（平均直径 110nm）分别与抗原 OVA 结合后的免疫响应差异。研究发现 LDHs 纳米片在刺激特异性抗体反应时比 LDHs 纳米颗粒表现出更强的佐剂活性，这可能归因于 LDHs 纳米片更高的负载能力和更高的吸附能力，抗原释放会相对缓慢，更利于持续刺激免疫反应。Chen 等人[51]制备了三种尺寸分别为 115nm、243nm 和 635nm 的 LDHs 佐剂用于负载致病因子 intiminβ（IB，一种典型的细菌抗原）。免疫学数据表明，平均直径为 115nm 的 LDHs 诱导的 IB 特异性抗体（IgG）水平分别是 243nm 和 635nm LDHs 的 2 倍和 1.5 倍（图 7-2）。

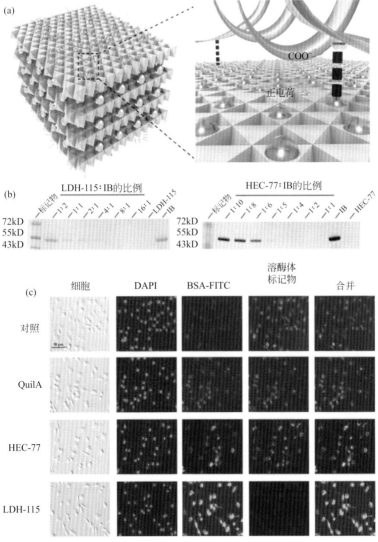

图7-2 （a）LDHs 佐剂通过静电相互作用与抗原 IB 结合的示意图；（b）LDHs 佐剂与抗原 IB 结合后的蛋白印记分析；（c）LDHs 佐剂介导的抗原传递途径[51]

与单独的 LDHs 佐剂相比，结合生物调节剂的 LDHs 基协同纳米佐剂更具增强免疫原性的优势。例如，Li 等人[48]通过将 LDHs 与 FDA 批准的生物调节剂 CpG 相结合，制备了第一个基于 LDHs 的协同纳米佐剂，并进一步负载 pcDNA3-OVA 质粒。免疫学数据表明，相比于 pcDNA3-OVA/LDH，pcDNA3-OVA/LDH-CpG 可更加快速地诱导抗肿瘤免疫反应，实现更有效的肿瘤生长抑制。Zhang 等人[52]将抗原肽 Trp2 加载到 LDH-siIDO 协同纳米佐剂中用于黑色素瘤免疫治疗。研究表明，与单独的 LDHs 佐剂相比，LDH-siIDO 佐剂中负载的 Trp2 诱导了更高水平的细胞毒性 T 细胞。这是因为 siIDO 可以下调树突细胞中 IDO 基因的表达，将树突细胞从免疫耐受转变为免疫激活，从而促进树突细胞呈递抗原，并诱导更多的抗原特异性细胞毒性 T 细胞来抑制黑色素瘤的生长。

## 四、其他药物控释

非甾体抗炎药（NSAIDs）是一类不含有甾体结构的抗炎药，包括阿司匹林、芬布芬、吲哚美辛、萘普生、萘丁美酮、双氯芬酸、布洛芬等。该类药物具有抗炎、抗风湿、止痛、退热和抗凝血等作用，在临床上广泛用于骨关节炎、类风湿性关节炎、多种发热和各种疼痛症状的缓解，但溶解性低、渗透性差、副作用大等因素限制了其药效的发挥。LDHs 因其独特的结构和性质被用于提高抗炎药的溶解性[53]、稳定性及输送效率[29,54]，还可有效控制其释放速率[55-57]，降低副作用。例如，本书著者团队[58]通过共沉淀法将芬布芬（FBF）插层到 MgAl-LDH 层间，进一步用肠溶性聚合物 Eudragit S 100 进行包裹，获得了核壳结构的复合材料。研究表明，单独涂有 Eudragit S 100 的 FBF 在 pH = 7.4 下 3h 内药物基本完全释放，而 FBF-LDH-Eudragit S 100 复合材料以线性方式缓慢释放，在相同 pH 下 5h 仅释放 67% 的药物。这可归因于聚合物中羧酸酯基团和 LDHs 表面之间的相互作用抑制了药物快速释放和聚合物溶解，从而使药物受控释放。

最近研究表明，LDHs 可作为载体向眼部有效递送亲水性或亲脂性的药物，延长药物半衰期，增加药物的滞留时间进而提高其生物利用度，这为治疗眼部疾病（如白内障、青光眼、糖尿病视网膜病变、眼部炎症）提供了一种新的思路[59]。Cao 等人[60]采用共沉淀法将双氯芬酸钠嵌入到 ZnAl-LDH 层间以治疗眼部炎症。体内角膜前滞留评估实验表明，双氯芬酸钠 -LDH 纳米复合材料的血药峰浓度（$C_{max}$）和药时曲线下面积（$AUC_{0 \sim t}$）与商用双氯芬酸钠滴眼液相比，分别显示出 3.1 倍和 4.0 倍的增加。这是因为带正电荷的 LDHs 与眼睛表面存在静电引力，提高了药物的滞留时间。

目前依赖病毒抑制剂和免疫刺激剂的疗法在给药过程中表现出有限的疗效和严重的副作用[61]。设计专门针对 HBV 并表现出有效抗病毒作用的生物活性纳米复合材料是一种新颖但具有挑战性的策略。Carja 等人[62] 首次证明了等离子体金纳米颗粒（Au NP）和 LDHs 自组装复合材料（Au NP/LDH）的抗病毒作用。他们以 HBV 作为模型病毒，研究了 Au NP/LDH 处理前后病毒在肝癌衍生的 HepG2.2.215 细胞中的复制情况，以及病毒颗粒、亚病毒颗粒的分泌情况。结果表明，Au NP/LDH 表现出显著的抗病毒作用，处理后的 HepG2.2.215 细胞释放的病毒颗粒和亚病毒颗粒的量减少多达 80%，且无细胞毒性。基于此，Au NP/LDH 有望用于乙型肝炎的新型疗法。

LDHs 因其独特的结构优势和物理化学性质，在化疗药物和基因、免疫刺激剂等多种药物输送方面研究广泛，能显著提高药物分子的稳定性、溶解度，保护其免于降解，增加药物的输送效率并可控释放，具有良好的开发应用前景。然而，LDHs 作为载体在药物输送与控释方面仍然存在不足。例如，当 LDHs 复合材料应用于血液循环系统时，LDHs 层板的正电性可能导致其与生理环境中负电性生物分子发生相互作用而丧失表面电荷，进而发生药物沉积堵塞血管。其次，目前已有的合成方法获得的 LDHs 结构可重复性还需提高，以确保晶粒尺寸和几何形状高度均一。再者，尽管 LDHs 表面功能化或其颗粒形态的改变可在一定程度上实现药物靶向，仍需进一步研究 LDHs 与细胞之间的相互作用，以激活或触发更多靶向通路增强药物靶向输送。最后，LDHs 纳米复合材料只在细胞和动物活体层面进行了考察，缺乏在临床上的验证，其在人体内的输送过程、起效机制、毒理性质和代谢途径等都需要进一步的探索。

# 第二节
# 诊疗一体化材料

## 一、LDHs在成像诊断领域的应用

医学影像是临床癌症治疗的重要组成部分，在癌症治疗的各个阶段都发挥着重要作用，如癌症筛查、治疗效果监测、肿瘤复发检测等[63-65]。理想的诊断方式应满足如下需求：微创或无创，成像方便，实时监测，能够提供从分子到细胞、从器官到生物体的各种信息，包括身体内部形态、器官和血管的结构、动态的生物过程、药物的生物分布等[66,67]。近年来，癌症成像方式取得了重大进展，从提供基本结构信息的传统技术［荧光成像（fluorescence imaging，FLI）、磁共振成像（magnetic resonance imaging，MRI）、计算机断层扫描（computed tomography，CT）、超声成像（ultrasound，US）、光声成像（photoacoustic imaging，PAI）] 到具有新功能的分子成像方法 [ 单光子发射计算机断层扫描（single photon emission computed tomography，SPECT）、正电子发射断层扫描（positron emission computed tomography，PET）][68-70]。LDHs 因其独特的层状结构，主体组成和客体分子可调节性，已被广泛用于开发多功能成像造影剂（ICA）。基于目前的研究，LDHs 基造影剂有如下 2 种构建方式：①改变元素组成，即在 LDHs 主体层板引入具有成像功能的金属离子，如 $Gd^{3+}$、$Mn^{2+}$、$Fe^{3+}$、$Cu^{2+}$、$Yb^{3+}$、$Dy^{3+}$ 等[11,71,72]；②利用 LDHs 层间阴离子可交换、层板带正电、比表面积大等特点，通过离子交换、共沉淀、物理吸附等方法将成像功能剂插入 LDHs 层间或负载在其表面。迄今为止已开发出用于 FLI、MRI、CT、PAI、PET 和 SPECT 的多种 LDHs 造影剂。

癌症诊断中，FLI 基于其高灵敏度在成像造影方面具有独特优势。LDHs 层板的隔绝与分散作用，可以将荧光物质如金纳米簇（Au NCs）、石墨氮化碳（g-$C_3N_4$）、有机荧光分子吲哚菁绿（ICG）等吸附在 LDHs 表面或插入层间。由此构建的 LDHs 基荧光试剂可以有效抑制荧光物质的聚集和猝灭，从而提升体内 FLI 效率。例如，石墨氮化碳（g-$C_3N_4$）具有源于 C-N 共轭结构的固有荧光，使其成为光学应用的良好候选材料，但传统方法合成的块状 g-$C_3N_4$ 固态荧光量子产率较低[73]。对此，本书著者团队通过微波法触发尿素和柠檬酸在 LDHs 层间缩合，制备了高荧光量子产率氮化碳 /LDH 复合材料（CN/LDH）。MgAl-LDH 的能级结构完全覆盖了氮化碳，从而促进了光激发电子 - 空穴的复合，使量子产率得到极大提升；同时刚性的 LDHs 二维结构也有效地增强了荧光的稳定性[74]。因此，CN/LDH 对外界刺激（光、热、酸碱度）表现出很强的光稳定性，细胞实验表明 CN/LDH 在癌细胞上转换荧光成像中具有潜在的应用前景。

FLI 虽具有较高的敏感性，但其空间分辨率不高，而 MRI 具有副作用低、分辨力强、诊断迅速等优势，在癌症诊断领域被广泛应用[75]。据报道，具有高饱和度和磁化强度的磁性元素或具有顺磁性的元素可具备造影剂功能，例如常见的有 Fe、Mn、Gd、Dy 等，由此可利用 LDHs 层板金属离子可调性，通过引入上述金属离子来构建 MRI 造影剂。Yang 课题组[76]利用肿瘤微环境设计的 MnFe-LDH 作为癌症诊断的 pH 敏感成像剂。MnFe-LDH 可以响应实体瘤的酸性微环境，释放顺磁性的 $Mn^{2+}$ 和 $Fe^{3+}$，从而极大增强肿瘤区域的 $T_1$ MRI 对比度。活体实验表明 MnFe-LDH 不仅可以作为癌症诊疗剂，还为研究能实时监测药物释放过程的治疗机制提供了强有力的工具。

LDHs 除了用于 FLI 和 MRI 成像剂之外，在其他成像技术领域（如 PET、SPECT、CT、PAI 等）也被广泛报道[77,78]。2015 年，许志平课题组[77]首次报道了 LDHs 用于 PET 的潜在用途，他们将 $^{64}Cu^{2+}$ 和 $^{44}Sc^{3+}$ 成功掺入到被牛血清白蛋白（BSA）包覆的 LDHs 层板上，构建了 LDHs 基 PET 造影剂。PET 成像显示 $^{64}$Cu-LDH-BSA 在 4T1 乳腺癌细胞中，通过被动靶向实现了快速且持久的肿瘤摄取，表明利用 LDHs 可以设计一个靶向 PET 的成像平台。Shi 课题组[25] 利用 LDHs 易于修饰的结构特点，在碱性条件下将 Au(OH)$_3$ 沉积到掺 Gd 的 LDHs 表面，将 Au 纳米颗粒作为 CT 造影剂引入到纳米复合材料中，体内外成像实验表明与临床医用 CT 造影剂相比，该纳米复合材料具有更高的 X 射线衰减和更长的体内滞留时间。

## 二、LDHs在癌症治疗方面的应用

传统的癌症治疗方法包括手术治疗、放射疗法和化学疗法，这三种疗法在实际治疗中都存在着亟待改善的不足。如手术治疗较难实现肿瘤完全切除会致其再次复发，化疗和放疗毒副作用大[79,80]。因此，发展高效的新型癌症治疗方法成为了现阶段的研究热点。近年来，光动力疗法（photodynamic therapy，PDT）、光热疗法（photothermal therapy，PTT）、化学动力疗法（chemodynamic therapy，CDT）等新型疗法逐渐兴起。其中，PDT 是利用光敏剂在光激发下产生毒性活性氧（ROS），如单线态氧（$^1O_2$）、超氧自由基（$\cdot O_2^-$）和羟基自由基（$\cdot OH$）实现肿瘤治疗的一种方法[81-83]。PTT 则是利用光热试剂在近红外光照射下将光能转化为热能，使得病灶处产生过高热，从而杀死癌细胞抑制肿瘤生长[84]。相较于传统疗法，PDT 和 PTT 具有微创性、简便、选择性好、可重复治疗以及副作用小的优势。CDT 是利用芬顿试剂（$Fe^{2+}$、$Cu^{2+}$、$Mn^{2+}$ 等），在肿瘤微酸性环境中通过芬顿（Fenton）或类 Fenton 反应催化过氧化氢（$H_2O_2$）歧化产生 $\cdot OH$ 诱导癌细胞凋亡的治疗手段[85]。

对于 PDT 而言，光敏剂、氧气、激发光源是其核心因素。其中，光敏剂的选择十分关键。目前常规的光敏剂，如二氢卟吩 e6（Ce6）、卟啉、酞菁锌（ZnPc）、亚甲基蓝（MB）等[86-88]，由于多苯环的分子结构，自身容易聚集而导致 $^1O_2$ 的生成能力显著降低。为了解决该问题，本书著者团队[89] 基于 LDHs 层间纳米限域效应，以及层间阴离子可调节的特性，通过共沉淀法将光敏剂酞菁锌（ZnPc）插入到 MgAl-LDH 层间，使 ZnPc 以单分散形式存在，从而显著提升了 ZnPc 的 $^1O_2$ 生成能力。活体实验表明 ZnPc/LDH 在 0.3mg/kg 的低剂量时，即达到优异的 PDT 治疗效果。

此外，在 PDT 中，可见光的组织穿透深度极为有限（通常仅数毫米），极大限制了 PDT 的应用范围。为此，本书著者团队[90] 通过插层组装方法制备了 LDHs 超分子光敏剂，将磷光结构基元间苯二甲酸（IPA）插层 LDHs，通过层间限域效应，提高三线态发光寿命（图 7-3）。这种双光子激发超分子光敏剂

的 $^1O_2$ 产率高达 0.74，与传统方法通过能量转移实现近红外 PDT 相比，其单线态氧产量提升 2～3 个数量级。活体实验证实其具有优异的 PDT 效果。此外，由于 PDT 过程中 ROS 的产生需要氧气的参与，因此克服肿瘤内部缺氧也是提升 PDT 效率的重要方式之一。

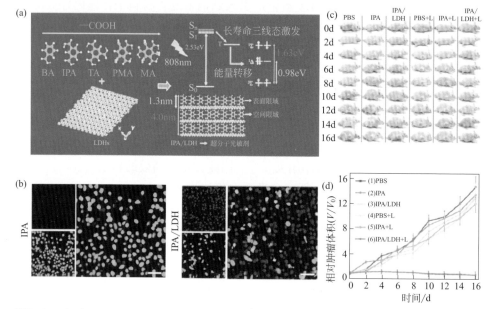

图7-3　（a）IPA/LDH作为双光子光敏剂产生 $^1O_2$ 的机理图；（b）IPA和IPA/LDH的活-死细胞染色图；（c）不同对照组治疗后的小鼠照片；（d）不同对照组处理后的小鼠肿瘤生长曲线[90]

据报道，肿瘤细胞相较于正常细胞耐热能力低，过高热（>40℃）会对肿瘤细胞的稳态环境造成破坏从而诱导细胞凋亡。基于上述机制，PTT 成为了一种有效的肿瘤治疗策略。目前，被批准用于临床使用的吲哚菁绿（ICG）是一类良好的光热试剂，但存在着亲水性不足、稳定性不够的缺点[91]。为了解决这个问题，本书著者团队[92] 提出将 ICG 和靶向试剂叶酸（FA）共插层到 LDHs 层间，合成了一种用于 PTT 的新型靶向光热试剂。由于 LDHs 主体和 ICG 客体之间的超分子相互作用，ICG 在层间呈现单体状态，这就使得 ICG 的光热转换效率大幅提高。光热转换研究表明在弱近红外光（8min；1.1W/cm²）照射下，超低剂量的 ICG-FA/LDH（ICG：10μg/mL）可使温度从 19.8℃ 显著升高到 51.0℃。

除了常见的光热试剂之外，利用 LDHs 自身特殊结构来构建 LDHs 基光热试剂也被广泛报道。许志平课题组[93] 设计了一种富含缺陷的 Cu 掺杂的二维 LDHs 纳米粒子，通过 EXAFS 和 XPS 表征发现 $Cu^{2+}$ 附近存在着较多的缺陷，缺陷可以作为自由电荷的载体显著提升近红外光热转换效率，这种新型的富含缺陷的 Cu-LDH 纳米平台可作为一种很有前途的无机光热试剂。超薄过渡金属硫系化合物具有光热转换效率高、稳定性好等特点[94]，本书著者团队利用 LDHs 拓扑转变特性，通过对 LDHs 表面进行硫化，制备得到基于 LDHs 的过渡金属硫化物超薄纳米材料[95]。光热转换研究显示其光热转换效率（$\eta$）达到 89.0%。类似的，本书著者团队[96]利用超薄 CoFe-LDH 为前体硒化得到钴铁硒化物（CFS），进一步用聚乙二醇（PEG）进行表面改性。所制备的钴铁硒化物超薄纳米片（CFS-PEG）继承了 CoFe-LDH 的超薄形貌，表现出优异的光热性能。活体实验证实了 CFS-PEG 优越的抗癌活性。

光热疗法中近红外光穿透深度不足也是该领域的关键科学问题。在前期工作的基础上，本书著者团队[97]进一步构建了具有近红外二区（NIR-II）光热性能的超薄二维 $CuFe_2S_3$ 纳米片。水热合成的 CuFe-LDH，经过硫化处理后制备得到超薄二维 $CuFe_2S_3$ 纳米片。经 PEG 修饰后，$CuFe_2S_3$ 在 1064nm 处显示出宽带近红外吸收和优异的光热转换效率。活体实验结果表明，$CuFe_2S_3$-PEG 具有显著的 PTT 抗肿瘤活性，能显著抑制肿瘤生长。

基于 Fenton 反应生成 ROS 诱导细胞凋亡的 CDT，因其特异性的杀伤能力和良好的生物安全性，在癌症治疗中受到广泛关注。基于目前的研究，LDHs 基 Fenton 试剂主要是通过改变金属元素组成，即在 LDHs 主体层板引入可催化 Fenton 反应的金属离子，如 $Fe^{2+}$、$Cu^{2+}$、$Mn^{2+}$ 等，由此构建高效的 Fenton 催化剂应用于 CDT[98]。本书著者团队[99]构建了高催化活性和自供 $H_2O_2$ 的 Fenton 纳米药物体系。通过合成超薄 CoFe-LDH 纳米载体，进一步高效负载葡萄糖氧化酶（GOD），由于 $Fe^{3+}$ 在 LDHs 主体层板中的高度分散性，CoFe-LDH 纳米载体表现出协同增强的 Fenton 催化活性。在 GOD 诱导葡萄糖转变成 $H_2O_2$ 的情况下，GOD/CoFe-LDH 复合药物将 $H_2O_2$ 高效转化为·OH，获得了优异的 CDT 效果。

为了进一步提高 CDT 效果，通过调节 Fenton 试剂的物理化学性质使其特异性响应肿瘤微环境也是一种有效策略。针对肿瘤微环境具有谷胱甘肽（GSH）含量过高以及 pH 值偏酸性的特点，本书著者团队[100]采用"自下而上"的方法合成了 CoMn-LDH 纳米片。由于 CoMn-LDH 纳米片具有超低的键能和较大的吸附能，在 GSH（10mmol/L）微环境中表现出快速的降解能力，XPS 分析揭示了在此反应过程中 $Mn^{4+}$ 发挥了氧化作用。在中等酸性条件（pH=6.5）下 GSH 降解率达到 99.82%，从而避免了其与 ROS 的反应，实现了 CDT 效果的提升。紧接着，本书著者团队[101]制备了 CuFe-LDH 超薄纳米复合物，实现了 pH 响应的协同 PTT/CDT。研究表明 CuFe-LDH 纳米药物在酸性刺激响应下可以将葡萄糖转化为·OH 实现 CDT；同时 CuFe-LDH 纳米片在酸性条件下产生的大量缺陷，使得光热转换效率显著提升（pH=5.4 时 83.2% vs. pH=7.4 时 46.0%），且光热带来的温升可促进 Fenton 反应速率。因此，该纳米复合物实现了肿瘤微酸环境响应的特异性 PTT/CDT 联合治疗。

# 三、LDHs构建的诊疗一体化平台

肿瘤微环境复杂程度高且临床患者差异性大，仅依靠单独的治疗不易取得显著成效[102]。目前，单独的治疗受两方面的约束：首先是对早期癌症的检测，只有精准检测到病灶部位的状态才能实现癌症的有效治疗；其次是对给药后病灶部位治疗效果的实时监测，这是评估治疗手段的重要依据[66,103]。要解决这两方面的局限性，迫切需要将诊断和治疗进行结合。目前，诊疗一体化纳米平台主要包括单模成像引导的诊疗试剂和多模成像引导的诊疗试剂。LDHs基于其层板金属元素可控、大比表面积以及层间阴离子可调等特点，在该领域具有独特的潜力。

据报道，基于LDHs构建的单模成像引导的化疗诊疗试剂被广泛应用。Yan等[104]将罗丹明B（RB）荧光分子与LDHs共价连接，并通过PEG修饰后负载抗癌药物甲氨蝶呤（MTX）得到LDH-RB-PEG/MTX。LDHs纳米片阻止了RB的自猝灭，并显示出极强的光致发光能力。细胞实验表明LDH-RB-PEG/MTX可以穿透细胞膜实现FLI。活体实验表明，PEG修饰后LDH-RB/MTX较LDHs和MTX相比具有显著增强的化疗效果。

随着癌症新兴疗法的逐渐增多，基于LDHs构建的单模成像引导的CDT、PDT、PTT等新型诊疗一体化平台也被广泛报道。众所周知，传统有机荧光染料的易于聚集导致荧光量子产率偏低，从而引起荧光信号减弱[105]。针对这一问题，本书著者团队利用超薄LDHs纳米片作为载体，通过负载Ce6和CDs实现FLI和PDT[106]。荧光光谱表明CD-Ce6/LDH的发射强度比Ce6高90倍，这是由于精确调控其负载比例使得荧光共振能量转移效率的显著提升。细胞实验显示CD-Ce6/LDH具有令人满意的FLI和PDT效果。本书著者团队[95]以CoFeMn-LDH为前体，利用其拓扑转变特性硫化制成CFMS纳米片，再经聚乙烯吡咯烷酮（PVP）修饰后得到CFMS-PVP纳米复合物。CFMS-PVP继承了LDHs前驱体超薄形态表现的优异的PTT性能，$Co^{2+}$和$Fe^{3+}$催化Fenton反应实现CDT，NIR光照射引起的温度升高增强了CDT效果。通过细胞实验表明低剂量的CFMS-PVP会导致HepG2癌细胞完全凋亡，活体实验表明CFMS-PVP不仅有显著的PTT/CDT疗效，而且显示出优异的PAI效果。由此可见，LDHs构建的单模成像引导的癌症诊疗一体化平台可以为癌症诊疗提供新的思路。

多模成像即两种或两种以上成像技术的组合，相比于单模成像，多模成像能够更加深入地分析临床相关的生物学现象，实现药物的实时监控，提供更加精准全面的诊断信息[107]。LDHs作为一种二维纳米材料，其固有的生物相容性、生物降解性、比表面积大以及层板间离子可调特性被广泛应用。因此，基于LDHs构建多模成像引导的诊疗一体化平台，为发展新型癌症诊疗技术提供了新的契机。

本书著者团队提出了"自下而上"合成方法，成功制备了Gd掺杂单层LDHs纳米片（MLDH），并高效负载DOX和ICG得到多功能诊疗剂（DOX&ICG/

MLDH）[32]。具有造影功能元素 Gd 赋予其 MRI 功能，ICG 的高效负载提升了其 FLI 效率。DOX 的缓慢释放显著提升了化疗效果，由此实现了化疗 /PTT/PDT 的联合治疗。体内双模成像能够清晰可见肿瘤部位的分布轮廓，活体实验研究表明 DOX&ICG/MLDH 具有出色的抗癌活性。本书著者团队[33] 进一步调控 LDHs 组成结构，制备了双稀土元素 $Gd^{3+}$ 和 $Yb^{3+}$ 掺杂的单层 LDHs 载体，同时通过负载荧光分子 ICG 和化疗药物喜树碱（SN38），构建了兼具 MRI/CT/FLI 多模成像功能以及协同化疗 /PTT/PDT 的多功能诊疗剂。

除了 ICG 之外，Au NCs 也是提升 FLI 的不错选择。对此，本书著者团队[108] 进一步将 Au NCs 和 Ce6 共负载到掺 Gd 的 LDHs 上，所制备的 Ce6&Au NCs/Gd-LDH 相对于原始 Au NCs 极大增强了荧光量子产率、提升了 FLI 能力。结构性质研究表明电子从 Au NCs 转移到 LDHs 上，实现 MRI 和 FLI 的协同增强。此外，细胞和活体实验均证明了优异的 MR/FLI 双模态成像引导的 PDT 效果。

LDHs 作为一种典型的层状二维纳米材料，由于其独特的结构和理化性质可以构建多种类复合纳米材料，在成像诊断、新型癌症治疗及诊疗一体化领域中具有可观的应用前景。然而，LDHs 基纳米复合材料在实现肿瘤成像与治疗的临床应用之前，仍需克服诸多困难。例如，精确控制 LDHs 粒径范围十分具有挑战性，目前采用的合成方法所得的粒径通常从几十到几百纳米不等，较宽的粒径分布限制了 LDHs 药代动力学行为的准确控制。其次，用聚合物、成像剂、药物分子进行 LDHs 改性时，分子数量或密度如何影响其生物学功能在很大程度上未被探索。再者，尽管目前已设计出内源性刺激响应的复合材料，仍需寻找更多的刺激物或增加对这些刺激物的敏感性，以进一步提高纳米药物的选择性和诊疗效率。此外，开发相对较新的 LDHs 体内诊断探针，以及获得新的成像方式仍有很大空间，且有必要探索与其他更具前景疗法的协同作用，以获得最佳诊疗效果。下一步工作应致力于通过不同的毒理学参数，评估 LDHs 基纳米复合材料长期作用于生物体时有无副作用，并研究它们的临床应用潜力。

# 第三节
# 生物传感材料

## 一、生物传感器简介

生物传感器在疾病诊断和分类，评价临床新药或新疗法的安全性和有效性，以及预测个体发病风险和高危人群临床筛查等方面起着至关重要的作用[109]。随着生物传感器在疾病诊断、环境监测、食品检测和医疗保健等方面应用范围的扩大，要求传感器在检测过程中具有高灵敏度、高稳定性、高选择性以及低成本等优良特性[110]。纳米材料本身的特殊性质（如导电性、磁性、氧化还原和酸碱性等）与生物分子的协同作用，可加快响应界面电子传递，促进电极表面的催化反应，有效改善生物传感器各方面的性能[111,112]。因此，基于纳米材料构筑的生物传感器引起了研究者的极大兴趣。在众多纳米材料中，LDHs 作为一种典型的二维无机层状纳米材料，因其特有的结构与性质，在构筑高性能的生物传感器方面有着潜在的应用价值[113]。首先，基于 LDHs 层间客体可交换的结构特点，可利用不同的方法将具有特殊功能的客体插入到 LDHs 层间，且层间区域可为化学反应提供一个良好的微环境[114]。其次，LDHs 层板带有一定的正电荷可通过静电引力与活性生物酶结合，使其在水滑石上形成有序的排列，这种有序排列避免了生物分子的聚集，在很大程度上提高了生物酶的催化活性，为活性酶的固定提供良好载体。再次，LDHs 具有优良的渗透性和多孔性[115]。在电化学生物传感器的制备中，LDHs 在水溶液中特有的膨胀性质和离子交换性能，能够有效提高电化学传导效率。LDHs 作为电极修饰材料，不仅能保护生物分子，还能够增加反应活性和延长作用时间。与贵金属材料相比，LDHs 还具有环保和低成本的优点[116]。目前，基于 LDHs 二维层状材料的生物传感器检测的主要物质有葡萄糖、过氧化氢（$H_2O_2$）、多巴胺（DA）和蛋白质组分等。

## 二、基于LDHs的葡萄糖检测

葡萄糖作为一种重要的生命过程特征化合物，为细胞提供生命活动所必需的能量[117]。因此，葡萄糖检测在生物化学、临床诊断和食品分析等领域具有重要的意义。传统的葡萄糖酶生物传感器是基于葡萄糖和氧气在葡萄糖氧化酶（glucose oxidase，GOD）的协助下发生反应生成葡萄糖内酯[118]。Williams 和 Kumar 于 1962 年率先开发出用于葡萄糖测量的生物传感器[119,120]，该传感器采用葡萄糖氧化酶并基于电流检测原理进行检测。近年来，在传感器表面固定生物分子、创造微环境、维持生物分子的完整功能成为开发酶促生物传感器的目标。因此，选择合适的材料固定酶对于设计高性能葡萄糖生物传感器极为重要。LDHs 具有良好的特性，如较大的比表面积以及层板带有正电荷等优点[121]，可以有效与活性酶结合，提高催化活性。Cosnier 等人[122]首次报道采用表面吸附法成功将 GOD 固定在 LDHs 上，得到性能优异的 GOD/LDH/GC 电极。通过比较聚吡咯膜、海藻酸钠多糖、合成乳胶和 LDHs 不同类型基底材料，确定了 LDHs 可以维持固定化酶的良好活性。并且在 GOD 载量较低的条件下，GOD/LDH/GC 电极在渗透性能、离子交换性能和亲疏水性等方面均表现出优异的性能，实验结果表明该传感器的最高灵敏度为 55mA·L/(mol·cm²)。以上研究表明 LDHs 是有潜力的固定活性酶材料，为制备高性能的酶复合物提供了一种通用方法，在生物传感器应用方面具有广阔的前景。

在过去的十年中，大量研究集中在基于 GOD 改性电极的葡萄糖生物传感器上[123]。尽管取得了巨大进步，但由于酶存在固定过程复杂、稳定性差、需要在低温下保存等问题[124]，其应用受到限制。因此，开发灵敏度高、稳定性强、制备简单的非酶促葡萄糖检测生物传感器备受关注。通过研究发现，直接电催化氧化的非酶促电流型葡萄糖传感器通过使用电活性贵金属（例如 Au、Pt）、过渡金属氧化物（例如 CuO、NiO、MnO₂）、过渡金属氢氧化物和金属配合物等形成的复合材料，具有简单、重现性高和稳定性良好的优点。基于金纳米粒子（Au NPs）化学性质稳定、导电性和催化活性高以及对葡萄糖氧化能力强等特性，Fu 等人[125]采用表面原位生长 Au NPs 的方法，制备了 Au NPs 修饰的 NiAl-LDH/碳纳米管 - 石墨烯（Au/LDH-CNT-G）纳米复合材料，用于高灵敏度非酶葡萄糖传感器。所得改性玻碳电极（Au/LDH-CNT-G/GCE）对葡萄糖的氧化显示出优异的电催化性能，电流响应线性范围为 10μmol/L ～ 6.1mmol/L。低的检测限（1.0μmol/L）和高的灵敏度［1989mA·L/(mol·cm²)］使 Au/LDH-CNT-G 可用于构建非酶葡萄糖生物传感器。

基于临床应用的要求，需要快速和准确地测定葡萄糖含量。因此，提高葡萄糖传感器的灵敏度和选择性变得至关重要。Lu 等人[126]以尿素为沉淀剂，通过水热法直接在多孔镍泡沫上合成了超薄 NiFe-LDH 纳米片作为葡萄糖传感器电极（NiFe-LDH/NF）。通过与用聚合物黏合剂将活性材料固定在导电基板（如玻碳电极）的传统电极相比，NiFe-LDH/NF 可以为电化学反应提供更多的活性位点，促进电解液的进入并改善电子载流子迁移率和附着力。因此，合成的 NiFe-LDH 电极表现出优异的灵敏度［3680.2mA·L/(mol·cm²)］和低检测限（0.59μmol/L）以及短的响应时间（<1s）。

单电化学检测的生物传感器，通常难以同时实现快速响应和肉眼可读信号，这限制了其在定性自助测试中的应用。相比之下，通过将检测信号转换为颜色变化的比色传感器，可以构建一种独立于仪器的简便方法。然而该检测方法通常存在灵敏度较低等局限。基于此，Cui 等人[127]通过直接在 Ni 线上生长 CoFe-LDH 纳米片形成纳米阵列（Ni/CoFe-LDH-NSA），成功制备了一种双功能葡萄糖微传感器。Ni 线作为微基底，实现了对葡萄糖高效的电化学和比色检测。Ni/CoFe-LDH-NSA 在葡萄糖的电化学和比色检测中均表现出高活性和长期耐用性，线性范围分别为 10 ～ 1000μmol/L 和 1 ～ 20μmol/L。双功能葡萄糖传感器结合了电化学和比色法的优点，为新一代高性能葡萄糖传感器提供了新思路。

## 三、基于LDHs的H₂O₂检测

H₂O₂ 具有氧化、杀菌消毒和漂白等多种功效，在医疗卫生、环境分析、轻工业、电子技术等领域被广泛应用。然而作为一种强氧化剂，过量的 H₂O₂ 具有致癌、加速人体衰老、诱发肠胃道损伤、诱发心血管疾病等危害[128]。因此，建立一种简便、灵敏、高效、可靠的方法来测定 H₂O₂ 具有重要的意义[129]。

LDHs 由于具有良好的生物相容性、制备方法简便、表面积大以及层板间阴离子可调等优点，有利于生物分子以及其他改性剂的装载[18]。据文献报道，大部分已开发的 H₂O₂ 传感器都是基于酶的固定化，例如葡萄糖氧化酶[130] 和辣根过氧化物酶（HRP）等。Wang 等[131] 将 HRP 固定在碳纳米点（C-Dot）修饰的 CoFe-LDH 上，并将所制备的复合材料涂覆于玻碳电极（GCE）。进一步研究 HRP/C-Dot/LDH/GC 电极作为 H₂O₂ 生物传感器的实际应用。结果表明，复合材料保留酶的催化活性，生物传感器的线性范围为 0.1 ～ 23.1μmol/L，检测限为 0.04μmol/L。传感器优异的性能可归因于 HRP、C-Dot 和 CoFe-LDH 的协同效应。

在各种开发的分析技术中，基于电化学的生物传感器因其灵敏度高、选择性好、便携性强以及具有体内外实时跟踪 H₂O₂ 能力而备受关注。本书著者团队[132]通过层层自组装（LBL）的方法，以导电聚合物铁（Ⅲ）卟啉作为电活性物质，以 CoAl-LDH 纳米片作为载体，构筑有序超薄膜。铁（Ⅲ）卟啉作为促进电子快速转移的有效介质，使得 CoAl-LDH/Fe(Ⅲ)-TPPS 薄膜修饰电极对 H₂O₂ 表现出优异的电催化性能，具有宽响应范围（$4.9×10^{-7}$ ～ $2.4×10^{-4}$mol/L）、高灵敏度以及低检测限（$1.8×10^{-8}$mol/L）。

由于贵金属具有稀缺性以及价格昂贵等缺点，因此开发非贵金属生物传感器显得尤为重要。Asif 等人[133] 将制备的核壳结构 Fe₃O₄@CuAl-LDH 纳米复合物滴涂于玻碳电极（GCE）表面，可对血清、尿液及各种癌细胞分泌的 H₂O₂ 进行实时监测。研究表明，Fe₃O₄@CuAl-LDH/GCE 在 3 ～ 108nmol/L、0.1 ～ 1.05μmol/L 和 1.14 ～ 10052μmol/L 范围内表现出三种不同的线性响应，实时检测限低至 1nmol/L。

## 四、基于LDHs的多巴胺检测

多巴胺（dopamine，DA）是最重要的儿茶酚胺类神经递质之一，DA 在哺乳动物大脑回路调节、心血管调节、肾脏系统应激反应的控制等许多方面发挥着重要作用[134]。因此，构建一种极其准确和超灵敏的 DA 检测方法对于临床诊断、病理分析和神经元功能感知具有极其重要的意义[135]。迄今为止，已报道了许多用于定量测量 DA 浓度的分析方法，在多种分析方法中，基于电化学检测具有成本低、灵敏度高和便携性强等优点，因此在生物系统 DA 的实时检测中被广泛应用[136]。但电化学响应强度易受材料成分以及工作电极表面性质的影响，且生物体内存在抗坏血酸（ascorbic acid，AA）等与多巴胺电位几乎相同的干扰物质，严重限制了电化学检测方法的应用。考虑到上述问题，需对电极进行化学或生物（如贵金属、电活性物质和酶）修饰，使电化学生物传感器对 DA 具有高灵敏度和选择性检测。

LDHs 由于具有优异的生物相容性、丰富的催化活性以及化学稳定性，在生物传感领域引起广泛的研究兴趣。Annalakshmi 等人[137]通过水热法制备 FeMn-LDH（FMH），随后将该材料滴涂于玻碳电极表面。制备的修饰电极对多巴胺以及半胱氨酸表现出显著的催化活性，具有低检测限（分别为 $5.3×10^{-9}$ mol/L 和 $9.6×10^{-9}$ mol/L）以及宽线性范围（分别为 20nmol/L ～ 700μmol/L 和 30nmol/L ～ 6.67mmol/L）。该电极在检测生物体液中的多巴胺以及全血中的半胱氨酸时，显示出高选择性、良好的重复性和再现性。

此外，使用 LDHs 基复合材料的修饰电极已被证明可有效提高电化学性能。其中，石墨烯（graphene，G）由于其高表面积、强导电性、高柔韧性、良好机械强度和重量轻等优势，已被广泛作为生长和锚定功能纳米材料的基底。Li 等[138]通过简便的低温共沉淀法制备 NiAl-LDH/G 复合材料，将壳聚糖与 NiAl-LDH/G 复合材料物理混匀后滴涂于玻碳电极（GCE）表面。与 NiAl-LDH 改性的电极相比，NiAl-LDH/G 纳米复合材料改性的电极对 DA 表现出高度增强的电催化活性。在含有不同浓度 DA 的 PBS 缓冲溶液（pH = 7.0）中评估 NiAl-LDH/G 修饰电极的电催化性能，结果表明，NiAl-LDH/G 纳米复合材料在 DA 浓度为 $5.0×10^{-7}$ ～ $1.2×10^{-4}$ mol/L 和 $8.0×10^{-5}$ ～ $4×10^{-4}$ mol/L 范围内时，表现出两种不同的线性响应，检测限分别为 $2.0×10^{-7}$ mol/L 和 $9.6×10^{-6}$ mol/L，灵敏度分别为 15.6mA·L/mol 和 22mA·L/mol。

## 五、其他生物分子的检测

生物传感器监测特定蛋白质组分的应用引起了广泛的关注。还原型谷胱甘肽（glutathione，GSH）是一种含 $\gamma$- 酰胺键和巯基的三肽，几乎存在于身体的每一个细胞，生理组织液中 GSH 浓度的变化可能是诊断某些疾病（如白血病等其他癌症）的重要指标[139]。Wang 等人[140]将四磺酸基酞菁钴（CoTsPc）嵌入 ZnAl-LDH（ZnAl-CoTsPc-LDH）用于电催化氧化和检测生物分子。相较于目前大多数酞菁钴配合物修饰的电极，该方法提高了酞菁钴复合修饰电极的电催化活性和稳定性。在生理 pH 下，ZnAl-CoTsPc-LDH 改性的 GC 电极显示出宽的检测范围

（$1\times10^{-3}$ ～ $818\times10^{-3}$mol/L）、低的检测限（$0.2\times10^{-3}$mol/L）。实验结果表明，将酞菁钴复合物嵌入 LDHs 层中间可以有效改善酞菁钴改性电极的电催化活性和稳定性，并且在诸如生物传感器和生物电子等领域中具有潜在的应用价值。

L-半胱氨酸（CySH）是一种重要含硫氨基酸，可以用作许多疾病的指标，包括皮肤病变、生长减缓和宫颈发育不良等[141]。CySH 的氧化发生在高正电位下，这可能会降低生物样品的检测选择性。稀土化合物由于其离子的 4f 壳层而具有独特的电子、光学、磁性和化学性质。基于此，Wang 等人[142]制备了掺杂 Ce 的 MgAl-LDH 改性玻碳电极（MgAlCe-LDH/GCE），用于提高生物传感器检测 CySH 的选择性。通过循环伏安法研究了 CySH 在制备电极上的电化学行为。结果表明，MgAlCe-LDH 在修饰电极上增强了 CySH 的氧化波。进一步详细探究了 pH 值和扫描速率对 CySH 氧化的影响，并且探讨了 MgAlCe-LDH/GCE 上的 CySH 氧化机制。电极的安培电流与 CySH 在 $10\times10^{-6}$ ～ $5400\times10^{-6}$mol/L 范围内的浓度成正比，检测限为 $4.2\times10^{-6}$mol/L。该电极具有低成本、快速响应、宽线性范围、优异的稳定性、良好的选择性和易于制备等显著优点。

凝血酶可用于止血困难的小血管、毛细血管以及实质性脏器出血的止血，其浓度和活性在许多发病机理如白血病、动脉血栓症等中占主导作用，因此，对凝血酶的分析检测在医学上具有重要的意义。Konari 等人[143]利用多壁碳纳米管（MWCNT）优异的化学稳定性、高表面积和高电子传导性的优点，设计了一种以 CNT/ZnCr-LDH 为电极修饰剂的适体传感器，并改善 LDHs 导电性低的不足。MWCNT 和 ZnCr-LDH 两种材料在电极表面的协同作用促使传感器性能的增强。传感器显示出超宽的线性范围（$0.005\times10^{-12}$ ～ $12000\times10^{-12}$mol/L）和超低的检测限（$0.1\times10^{-15}$mol/L）。此外，该生物传感器可用于检测不同疾病患者的脑脊液以及血清样品中的凝血酶，为基于构建适体传感器提供了新的思路。

LDHs 纳米材料因其独特的结构和形貌优势，在固定活性酶、提高负载物分散性以及促进电活性物质催化活性等方面表现出优异的使用性能，极大地提高了生物传感器的灵敏度、选择性和稳定性。在本节中，我们总结了基于 LDHs 纳米材料构筑的生物传感器用于测定葡萄糖、$H_2O_2$、DA 以及其他生物组分的研究进展。尽管使用 LDHs 纳米材料构筑的生物传感器已经取得了较大的进步，但仍然存在一些挑战。首先，大多数生物分子检测仍然存在灵敏度和选择性差的问题。其次，溶液中反应中间体或活性物种的沉积可能会覆盖工作电极的表面，这也是目前传感器运转的缺点之一。未来迫切需要开发便携式、非侵入性、廉价以及灵活的检测设备，从而减少采样时间和频率。随着 LDHs 纳米材料应用于生物传感器的发展和传感器设备的进步，生物传感器的性能将得到显著提高，这将为测定用于体外临床分析的小分子代谢物开辟可靠的新途径。

# 第四节
# 组织工程

组织工程，也被称为"再生医学"，1993 年 Langer 和 Vacanti 对组织工程概念提出简明的定义：应用工程科学和生命科学的原理，开发用于恢复、维持及提高受损伤组织和器官功能的生物学替代物[144]。在此之后越来越多的组织工程生物材料被开发出来，主要包括金属、无机陶瓷、高分子材料及复合材料等，并在生物医学界取得了广泛的应用[145,146]。近年来，由于 LDHs 材料独特的物理化学性质和良好的生物相容性，逐渐被用作构建组织工程的候选材料，在骨修复、伤口愈合、神经再生和心脏组织工程等方面取得了显著的成就，极大地推动了组织工程学的发展。基于 LDHs 的组织工程材料主要体现在以下三个方面：① LDHs与支架材料相结合，解决支架材料普遍生物活性不足的问题，代替或者修复人体的组织和器官，并实现其生理功能；② LDHs 作为优异的药物载体，在复合材料中实现药物的缓慢释放，使药物在组织内作用时间更久，避免药物突释的副作用；③利用 LDHs 独特的层板结构及层板元素的可调变性，通过过渡金属元素的掺杂和抗菌药物的控释，实现组织再生过程中的抗菌功效。

## 一、LDHs支架复合材料在组织工程中的应用

支架作为组织工程最重要的因素，在组织再生过程中扮演着不可或缺的作用，组织工程的支架材料不仅会影响组织中细胞的生物学行为，而且决定着植入体内后能否产生理想的修复效果[147]。正是由于材料独特的物理化学性质，才使得组织再生得以进行下去，为组织的修复提供功能重建[148]。由于 LDHs 材料本身具有主体层板元素可调、粒径尺寸分布可调、生物可降解等优势，使得 LDHs具有一定组织工程需要的活性，有望在组织工程中发挥作用。早在 2010 年，Lin等人[149]就在金属镁基底上定向生长 MgFe-CO$_3$-LDH。在体外实验中，MgFe-CO$_3$-LDH 涂层可以提高纯镁表面的亲水性，且比纯镁基体具有更高的耐蚀性，通过人骨髓间充质干细胞黏附实验结果也表明，MgFe-CO$_3$-LDH 涂层样品比纯镁基质具有更好的细胞铺展和细胞 - 细胞相互作用行为。此后，基于 LDHs 的复合支架材料在组织工程中得到迅速发展。

由于 LDHs 化学组成可调，通过引入生物活性金属离子可以使其具有独特的生物学特性。据最近研究报道[150]，镁离子在平衡成骨细胞 / 破骨细胞分化过程中起着至关重要的作用，骨组织中镁的缺乏极其容易引起骨重建的紊乱，增加骨

质疏松的风险。Kang 等人[151]在探究镁基 LDHs 在成骨分化中作用的研究中，发现 MgAl-LDH 可以通过激活 c-Jun 氨基末端激酶（c-Jun *N*-terminal kinase，JNK）和细胞外信号调节激酶（extracellular signal-regulated kinase，ERK）信号通路上调成骨相关基因矮小相关转录因子 -2（runt-related transcription factor-2，Runx-2）和骨钙蛋白（osteocalcin，OCN）的表达，这充分证明了 LDHs 在成骨分化中优异的性能及巨大的应用潜力。

通过在金属表面原位生长 LDHs 能够成功赋予金属支架一定的生物活性，具有潜在的生物医学应用。Cheng 等人[152]通过水热处理在纯镁支架表面制备了 MgAl-LDH 涂层，所制备的 MgAl-LDH 包覆的镁支架不仅体内外耐蚀性均优于纯镁支架和 Mg(OH)$_2$ 包覆的镁支架，而且通过对小鼠胚胎成骨细胞前体细胞的体外培养表明，MgAl-LDH 包覆的镁支架更有利于成骨分化。将材料的浸提液与人脐静脉内皮细胞共同孵育，结果显示，MgAl-LDH 包覆镁支架的浸提液能够促进血管生成，同时 MgAl-LDH 包覆的镁支架能诱导巨噬细胞极化为 M2 表型，表现出优异的抗炎性能。

此外，LDHs 也早已成功应用于有机高分子聚合物支架之中，并展现出优异的生物活性。本书著者团队[153]合成了具有优异骨结合性能的镁铝层状复合金属氢氧化物（MgAl-LDH）改性的聚甲基丙烯酸甲酯（PMMA）骨水泥（MgAl-LDH/PMMA），并且通过转录组测序阐述了 MgAl-LDH 改性后的 PMMA 骨水泥对骨髓间充质干细胞基因表达的影响，发现 MgAl-LDH/PMMA 可以通过 p38 丝裂原活化蛋白激酶（p38 mitogen activited protein kinase，p38 MAPK）、细胞外调节蛋白激酶 / 丝裂原活化蛋白激酶（extracellular regulated protein kinases/ mitogen activited protein kinase，ERK/MAPK）、成纤维细胞生长因子（fibroblast growth factor，FGF）及转化生长因子 -β（transforming growth factor-β，TGF-β）四种不同的信号通路促进骨再生和骨整合，并经定量聚合酶链反应（quantitative polymerase chain reaction，qPCR）和蛋白质印迹法（Western blot，WB）进一步证实。通过 ALP 染色及 ARS 染色表明 LDHs 改性的 PMMA 骨水泥的成骨性能显著增强。

## 二、LDHs载体复合材料在组织工程中的应用

前文提到的组织工程生物材料在组织工程中已有丰富的应用，然而这些组织工程生物材料普遍面临生物活性不足的问题，因此往往需要引入药物及生长因子，以提高组织工程材料的临床效果[154]。在组织工程领域，常用的药物主要有抑制骨吸收药物、生长因子、核酸、抗炎药物等。LDHs 材料具有层间阴离子可调节性、比表面积高等特点，故客体分子可通过氢键、范

德华力、静电相互作用等弱相互作用力与水滑石层板结合，使 LDHs 具有递送药物的潜力。LDHs 具有 pH 依赖溶解性，因此可实现药物缓释、降低全身毒性[155]。

双膦酸盐如阿仑膦酸钠（alendronate sodium，AL）是治疗骨质疏松症的药物，可以防止破骨细胞介导的骨吸收，维持骨组织的微观结构。然而现有治疗方法需要较大的剂量，往往造成显著的副作用。为此，本书著者团队[156]通过"自下而上"的方法合成了掺杂镱（Yb）的 MgAl-LDH，进一步负载阿仑膦酸钠，应用于股骨头坏死的诊断与治疗。LDHs 可实现极高的药物负载量（197%）与包封率（98.6%），体外及体内成骨分化实验证明，相比于游离的阿仑膦酸钠，纳米复合材料具有良好的促进成骨分化与骨再生性能，LDHs 或 AL/LDH 组的细胞与空白对照组的相比呈现扁平、多突起形状，表明 LDHs 或 AL/LDH 可加速成骨分化过程。

生长因子类药物能够促进成骨细胞的分裂和分化。辛伐他汀（simvastatin，SIM）是治疗高胆固醇血症常用药物之一，具有类生长因子的性能。近年的研究[157]表明，辛伐他汀可以通过提高骨形态发生蛋白 -2（bone morphogenetic protein，BMP-2）和血管内皮生长因子（vascular endothelial growth factor，VEGF）的表达水平来刺激骨再生。为了实现辛伐他汀的精准递送以及可控释放，Yasaei 等人[158]通过共沉淀法制备了 ZnAl-LDH，并通过离子交换法和共沉淀法将辛伐他汀插入其层板间，在 pH = 7.4 的磷酸盐缓冲液中测定了辛伐他汀的释放情况，结果表明，药物释放主要发生于 4h 以内，并一直缓慢释放至 50h。除了负载促进型生长因子，LDHs 也可以作为抑制型生长因子的载体，通过抑制组织再生过程中负相关蛋白的表达，实现另外一种新颖的组织再生途径。例如最近的研究表明，p53 蛋白的表达与骨形成负相关，而 PFTα（pifithrin-α）是一种抑制 p53 功能的选择性抑制剂，Chen 等人[159]通过共沉淀法合成了 MgAl-LDH，将其与壳聚糖（chitosan，CS）混合并冷冻干燥，之后与 PFTα 共同孵育，得到 LDH-CS-PFTα 复合支架，通过实验证实，LDH-CS-PFTα 复合支架实现了 PFTα 的持久释放，并通过 Wnt/β-catenin 途径对骨髓间充质干细胞分化实现促进作用，极大提高了复合支架的骨诱导性能。

此外，作为载体，水滑石层板也可负载辅助治疗药物，主要包括镇痛、抗炎药物等，以改善组织工程临床效果。例如，Bernardo 等人[160]以 MgAl-LDH 作为药物递送载体，在连续搅拌下制备了抗炎药物萘普生插层的 MgAl-LDH，实现了良好的组织整合功能，并可在血液循环中保留一定时间。在模拟生理环境下监测药物释放情况，结果表明，游离的萘普生立刻溶解，而插层在 MgAl-LDH 中的萘普生可实现药物缓释，因此，MgAl-LDH 材料具有良好的萘普生缓释潜力，可在保证骨再生的前提下缓解植骨过程中的疼痛反应。

# 三、LDHs在组织工程抗菌中的应用

迄今为止，细菌感染仍然是全球日益严重的健康问题，困扰着人们的生命安全。然而，目前针对细菌感染的治疗主要依赖于抗生素，其治疗效率低且易引发耐药性。随着纳米技术的发展，纳米材料基抗菌剂已被用于抗菌治疗以提高药物利用率、增强抗菌活性、降低生物毒性并减弱抗菌剂耐药性[161]。LDHs的良好生物相容性、pH敏感的可生物降解性、静电作用驱使的细菌吸附性等优势，为制备高效的抗菌剂奠定了坚实基础。其在抗菌方面的作用分为2种：① LDHs自身作为抗菌剂。由于LDHs层板金属元素种类可调，可引入具有抗菌活性的过渡金属离子（如 $Zn^{2+}$、$Mn^{2+}$、$Cu^{2+}$、$Ni^{2+}$、$Co^{2+}$ 等），在LDHs与致病菌作用过程中，层板上的金属离子缓慢溶出，抑制细菌的生长与繁殖；同时LDHs的光催化性能以及表面存在大量的羟基基团也可在光照条件下产生多种ROS[如单线态氧（$^1O_2$）、羟基自由基（·OH）、超氧阴离子（·$O_2^-$）]，破坏细菌生理结构使其死亡。② LDHs作为抗菌剂载体。基于LDHs客体分子丰富的可调性，将抗菌剂整合到LDHs层间或表面，利用LDHs在酸性环境中可溶解的特性释放药物分子，实现杀菌目的。

近年来，过渡金属离子对多种细菌优良的抗菌能力被广泛报道[162]，包括革兰氏阳性菌、革兰氏阴性菌及真菌。Peng等人[163]通过共沉淀法制备了四种不同金属组成的LDHs（MgAl-LDH、MgFe-LDH、ZnAl-LDH、ZnFe-LDH），并研究了它们对大肠杆菌和金黄色葡萄球菌的抗菌性能。研究发现，相比MgAl-LDH和MgFe-LDH，ZnAl-LDH和ZnFe-LDH显示出更加优异的抗菌性能，且两种细菌对ZnAl-LDH和ZnFe-LDH的耐受浓度较低，表明 $Zn^{2+}$ 具有很强的抗菌能力。目前提出了如下几种机制来解释 $Zn^{2+}$ 的抗菌活性：一是细菌膜功能的破坏，$Zn^{2+}$ 附着在带负电荷的细菌膜上会改变其电荷分布，从而阻碍营养物质的运输。二是蛋白质和酶的变性，$Zn^{2+}$ 会与蛋白质中N和O元素配位或取代激发酶活性的金属离子使其失活。三是核酸损伤，$Zn^{2+}$ 可与核酸结合抑制细菌增殖。除了ZnFe-LDH，含其他过渡金属元素的LDHs也被证实具有优异的抗菌活性。例如，Li等人[164]通过共沉淀法合成了多种MAl-LDH（M=Mg，Mn，Cu，Ni，Co），并探究了其抗菌活性，通过肉汤稀释试验和纸片扩散试验（药敏试验）表明，这些LDHs材料均具有优良的抗菌性能，其主要是通过生物催化产生活性氧自由基的机理发挥作用，并能与其他因素如表面相互作用、颗粒形态、金属离子超载等因素发生协同作用，实现更加优异的杀菌效果。同样将Cu元素掺入LDHs层板，也可赋予LDHs材料优异的抗菌性能。

除了依靠金属离子的抗菌性能，借助LDHs在光催化下产生ROS这一特性也可实现抗菌治疗。本书著者团队[165]通过反相微乳液法合成了粒径在

40～80nm 范围内的 ZnTi-LDH 纳米片，研究了不同尺寸 LDHs 的杀菌效果。在光催化过程中，含 $Ti^{3+}$ 缺陷的 LDHs 产生了 $\cdot O_2^-$ 和 $\cdot OH$ 活性自由基，有效抑制了大肠杆菌、金黄色葡萄球菌和酵母菌的生长。研究发现，$Ti^{3+}$ 的浓度与 LDHs 尺寸有关；随着 LDHs 粒径减小，$Ti^{3+}$ 粒子密度增大，产生的活性自由基更多，因此 40nm 的 ZnTi-LDH 在可见光下对细菌的毒杀作用最佳，抑菌率达到了95%，抗菌性能明显优于 $WO_3$ 和 $TiO_2$。

由于 LDHs 独特的层状结构，将抗菌剂等药物分子（如万古霉素、庆大霉素、磺胺、环丙沙星、脱氢松香酸衍生物、噁唑烷酮、溶菌酶等）整合到 LDHs 层间或表面，利用 pH 响应的释放行为实现杀菌目的也是一种有效策略。Liu 等人[166]将脱氢松香酸衍生物（DHAD）负载到 ZnAlTi-LDH 纳米薄片制备了多功能抗菌复合材料（DHAD/ZnAlTi-LDH）。DHAD/ZnAlTi-LDH 在可见光照射下具有突出的 ROS 产生能力，对大肠杆菌和金黄色葡萄球菌表现出优异的抗菌效果，细菌生长抑制率分别为 94% 和 91%。同时，其优异的抗紫外线能力还可保护皮肤免受紫外线伤害。Liu 课题组[167]通过水热法在镍钛合金表面制备了丁酸盐插层的 NiTi-LDH 薄膜（LDH/Butyrate）。该薄膜可将 $H_2O_2$ 还原为氢氧根离子（$OH^-$），由于对 LDHs 具有高亲和力，产生的 $OH^-$ 将与层间丁酸离子交换，表现出 $H_2O_2$ 响应性丁酸盐释放。同时，薄膜与 $H_2O_2$ 发生反应时可能导致 LDHs 晶格改变，有利于丁酸盐进一步释放。细胞活体试验表明该薄膜显著地抑制了细菌感染且对正常组织无毒性。

LDHs 除了与抗生素等药物结合，通过与天然提取物相结合也同样具备优异的抗菌效果。例如，为解决姜黄素溶解度和生物利用度低这一问题，Gayani 等人[168]使用原位封装方法制备了负载姜黄素的 MgAl-LDH，并通过试验验证了其对金黄色葡萄球菌、铜绿假单胞杆菌、肠球菌的抑制作用，同时与纯姜黄素相比，LDHs 的包封使姜黄素类化合物实现了更为持久的抗菌活性。小檗碱（berberine）是从小檗科植物中提取的生物碱，可作为抗菌药物，但人体对其吸收利用率较低，而高剂量的小檗碱可能会导致肠道副作用。Djebbi 等人[169]通过共沉淀法将盐酸小檗碱与 ZnAl-LDH 层板结合，其释放、吸收效果相比游离的盐酸小檗碱有明显改善，抑菌圈试验结果表明，其对革兰氏阳性菌、革兰氏阴性菌都有显著的抑制作用。可以看出，LDHs 的引入不仅解决了高剂量抗菌药物对人体的伤害，也大大提升了药物的利用率。

对于组织工程，二维 LDHs 材料因其独特的可插层结构和良好的生物相容性，在骨组织工程、成骨植入、创伤修复和组织抗菌等方面取得了广泛的应用。然而，尽管 LDHs 材料在组织工程领域取得了许多令人振奋的成果，但在未来临床应用方面仍然面临着巨大的挑战。首先，研究人员需要继续开发出能够生产更高质量 LDHs 材料的新制备方法，在保证产品质量的前提下实现工业化量产。另外，针对 LDHs 材料在空气或水介质中胶体稳定性差这一限制其临床应用的关键问题，还需要新的化学方法来调整其组成、尺寸或进行表面修饰，以探索适用于 LDHs 结构的功能化策略。更重要的是，目前 LDHs 材料在组织工程中的研究大多集中在细胞和动物试验上，还不足以应用于更复杂的人体。为了实现成功的临床应用，不仅仅要考虑到 LDHs 材料潜在的长期安全性、毒理学及生物可降解性问题，同时也要考虑到每位患者自身不同的情况。总而言之，LDHs 材料在组织工程上的应用，无论是材料作用机理还是临床转化，都还需要进行大量系统的基础研究。

# 第五节
# 小结与展望

　　本章总结了 LDHs 及其衍生物在药物控制释放、诊疗一体化、生物传感检测、组织工程等方面的研究进展。LDHs 具有良好的生物相容性、pH 敏感性、生物可降解性、尺寸可调性、高细胞内递送效率以及形成纳米复合材料的巨大灵活匹配性，在生物医药领域研究广泛。尽管如此，如何促进 LDHs 纳米材料在临床中转化应用，仍然有很长的道路要向前推进。在此，我们对 LDHs 在上述领域的进一步发展做出如下的总结和展望。

　　在 LDHs 药物输送和缓释领域，基于静电和氢键等非共价键相互作用，LDHs 能够输送水溶性及油溶性药物，这是 LDHs 相较于其他纳米材料的优势。但是如何避免在输送过程中的药物释放，并减少对其他组织和器官的损伤，这是在实际应用过程中需要优先考虑的问题。对于该问题，一方面可以采用有机聚合物或者二氧化硅等进行二次包裹，降低药物释放速度；另一方面可以采用一些生物活性物质，如细胞膜、细胞器、外泌体等进行装载，实现药物的定向释放。目前基于 LDHs 的静脉给药系统尚未得到实际临床应用。一个较为折中的方式是将药物负载到 LDHs 上，同时将其与可降解水凝胶结合构筑双重缓释系统，有望实现长效缓释性能。通过将该水凝胶系统注射至病灶部位或周围，可以发挥出长期缓释效果，实现疾病的长期治疗和预防。特别是对于一些需要定时口服或注射药物的慢性疾病，通过一次注射高剂量的凝胶缓释体系并实现长时稳定起效，可以显著地降低患者的依从性。除此之外，通过长期降解及代谢，LDHs 自身的毒性也有望得到显著降低，对于促进 LDHs 注射类药物的临床应用具有非常潜在的应用前景。

在 LDHs 诊疗一体化方面，同样存在着多个制约其临床应用的因素。第一，对于生物成像诊断而言，通过 LDHs 主体层板引入具有成像功能的金属离子或者将成像功能剂插入 LDHs 层间或负载在其表面都能实现多种功能的成像方式。然而目前引入的过渡元素和稀土元素金属离子，基本尚未被批准临床使用，因此前期报道尚处基础研究阶段。比较成熟的方式是探讨如何将目前已经商业化的成像剂与 LDHs 结合，并实现其成像性能增强或者实现靶向病灶部位成像，增强其在病灶部位和正常组织器官的对比度和成像效果。第二，目前利用 LDHs 复合材料实现肿瘤治疗的研究基本尚处在基础研究阶段。然而，基于 LDHs 的光动力治疗、光热治疗、化学动力治疗和气体治疗，都还有广阔的研究前景。比如，目前针对光动力治疗中光源穿透力不足的问题，构建缺陷空位和氧空位实现有效分离电子空穴，同时具有窄带隙的 LDHs 能有效匹配单线态氧的带隙范围，通过近红外光激发产生的电子可以高效跟氧气结合生产单线态氧，有效解决光动力治疗光源穿透力不足的问题。目前，基于 LDHs 的单原子催化剂具有超高的催化效率，基于单原子 LDHs 的发展有望解决化学动力治疗反应速率较低的问题。第三，构建基于 LDHs 的诊疗一体化平台，可以实现治疗过程和治疗效果的实时监测。但是多种组分结合，如何评估成像和治疗之间的协同关系是一个难题。此外，多组分复合材料也会导致自身具有较大的生理毒性。选择具有成像和治疗双重功能的药物并实现高效靶向诊疗是潜在的最佳选择。

在生物传感领域，构建基于 LDHs 的生物传感器并对多种生命标志物均显示出良好的检测性能。然而，目前基于 LDHs 的生物传感器尚处基础研究阶段，同时针对各类活性物质的商业化仪器检测已经相对成熟。因此需要进一步提升 LDHs 生物传感器的检测限、响应时间、选择性和稳定性等关键性能，并提高其在复杂环境中的检测精度。除此之外，发展和开发便携式、非侵入性、廉价以及灵活的检测设备也显得尤为迫切。我们相信随着 LDHs 生物传感器的不断发展，其性能将得到显著提高，未来在体外临床分析的小分子代谢物的高效检测方面具有广泛的应用前景。

在组织工程领域，镁基 LDHs 具有优异的促成骨性能。然而，目前基于镁基 LDHs 骨修复材料的研发尚处初期阶段。相对高纯镁和氧化镁而言，镁基 LDHs 能有效克服前两者存在的生物安全性和促成骨性能不佳等劣势，因此在组织工程领域具有非常广阔的应用前景。尽管如此，未来基于镁基 LDHs 骨修复材料仍需关注以下三个方面：第一，利用镁基 LDHs 优异的载药性能，实现多功能材料的制备。如果可以负载一些骨质疏松药物、各类生长因子等并实现药物的缓慢释放，在促成骨的过程中可以同时有效降低骨质疏松症状和促进成骨、成血管能力。第二，发展和实现制备具有可注射功能的镁基 LDHs 骨修复材料。因此，将镁基 LDHs 与温敏固化水凝胶结合有望实现具有自支撑骨填充材料的制备。进一步负载相关药物可以实现药物的逐级释放，提升药物作用周期。第三，发展具有抑制骨关节炎和促进软骨再生性能的镁基 LDHs 复合材料。目前骨关节炎的发病率居高不下，具有治疗骨关节炎特效的药物尚处开发阶段，而高浓度的镁离子具有优异的促软骨再生性能。如果能够基于 LDHs 为主体，开发具有优异骨关节炎治疗性能的药物，将会有效扩展镁基 LDHs 的应用范围和规模。基于以上三个方面，镁基 LDHs 骨修复材料具有广阔的应用前景。

总之，随着生物医学的不断发展和 LDHs 医用材料的深入研究，基于 LDHs 的生物医学复合材料将会受到越来越多科研工作者和医学工作者的关注和研究，我们坚信，LDHs 生物医学材料在不久的将来一定会在医学的各个领域得到广泛临床应用，这有助于提高人类生命健康和保障公共卫生安全。

# 参考文献

[1] Choy J H, Kwak S Y, Park J S, et al. Intercalative nanohybrids of nucleoside monophosphates and DNA in layered metal hydroxide[J]. Journal of American Chemical Society, 1999, 121: 1399-1400.

[2] Liu Z, Robinson J T, Sun X, et al. PEGylated nanographene oxide for delivery of water-insoluble cancer drugs[J]. Journal of American Chemical Society, 2008, 130(33): 10876-10877.

[3] Chen Y, Ye D, Wu M, et al. Break-up of two-dimensional $MnO_2$ nanosheets promotes ultrasensitive pH-triggered theranostics of cancer[J]. Advanced Materials, 2014, 26: 7019-7026.

[4] Liu T, Wang C, Gu X, et al. Drug delivery with PEGylated $MoS_2$ nano-sheets for combined photothermal and chemotherapy of cancer[J]. Advanced Materials, 2014, 26(21): 3433-3440.

[5] Feng L, Wu L, Qu X. New horizons for diagnostics and therapeutic applications of graphene and graphene oxide[J]. Advanced Materials, 2013, 25(2): 168-186.

[6] Cheng L, Liu J, Gu X et al. PEGylated $WS_2$ nanosheets as a multifunctional theranostic agent for in vivo dual-modal CT/photoacoustic imaging guided photothermal therapy[J]. Advanced Materials, 2014, 26(12): 1886-1893.

[7] Wang H, Yang X, Shao W, et al. Ultrathin black phosphorus nanosheets for efficient singlet oxygen generation[J]. Journal of American Chemical Society, 2015, 137(35): 11376-11382.

[8] Liu C G, Tang H X, Zheng X, et al. Near-infrared-activated lysosome pathway death induced by ROS generated from layered double hydroxide-copper sulfide nanocomposites[J]. ACS Applied Materials interfaces, 2020, 12(36): 40673-40683.

[9] Yan L, Gonca S, Zhu G, et al. Layered double hydroxide nanostructures and nanocomposites for biomedical applications[J]. Journal of Materials Chemistry B, 2019, 7(37): 5583-5601.

[10] Li X, Zhu J, Wei B. Hybrid nanostructures of metal/two-dimensional nanomaterials for plasmon-enhanced applications[J]. Chemical Society Reviews, 2016, 45(14): 3145-3187.

[11] Andrade K N, Pérez A M, Arízaga G G. Passive and active targeting strategies in hybrid layered double hydroxides nanoparticles for tumor bioimaging and therapy[J]. Applied Clay Science, 2019, 181: 105214.

[12] Mohapatra L, Parida K. A review on the recent progress, challenges and perspective of layered double

hydroxides as promising photocatalysts[J]. Journal of Materials Chemistry A, 2016, 4(28): 10744.

[13] Evans D G, Duan X. Preparation of layered double hydroxides and their applications as additives in polymers, as precursors to magnetic materials and in biology and medicine[J]. Chemical Communications, 2006, 485-496.

[14] Williams G R, Fogg A M, Sloan J, et al. Staging during anion-exchange intercalation into $[LiAl_2(OH)_6]$ Cl·$yH_2O$: structural and mechanistic insights[J]. Dalton Transactions, 2007, 3499-3506.

[15] Funnell N P, Wang Q, Connor L, et al. Structural characterisation of a layered double hydroxide nanosheet[J]. Nanoscale, 2014, 6(14): 8032-8036.

[16] Choi G, Eom S, Vinu A, et al. 2D nanostructured metal hydroxides with gene delivery and theranostic functions; a comprehensive review[J]. Chemical Record, 2018, 18: 1033-1053.

[17] Jin W, Ha S, Myung J H, et al. Ceramic layered double hydroxide nanohybrids for therapeutic applications[J]. Journal of the Korean Ceramic Society, 2020, 57: 597-607.

[18] Asif M, Aziz A, Azeem M, et al. A review on electrochemical biosensing platform based on layered double hydroxides for small molecule biomarkers determination[J]. Advances in Colloid and Interface Science, 2018, 262: 21-38.

[19] Tan J K, Balan P, Birbilis N. Advances in LDH coatings on Mg alloys for biomedical applications: a corrosion perspective[J]. Applied Clay Science, 2021, 202: 105948.

[20] Pillai S K, Kleyi P, Beer M, et al. Layered double hydroxides: an advanced encapsulation and delivery system for cosmetic ingredients-an overview[J]. Applied Clay Science, 2020, 199: 105868.

[21] Shirin V K, Sankar R, Johnson A P, et al. Advanced drug delivery applications of layered double hydroxide[J]. Journal of Controlled Release, 2021, 330: 398-426.

[22] 梅旭安，彭刘琪，梁瑞政，等. LDHs 生物医学复合材料的制备及其在药物输送和诊疗方面的应用 [J]. 中国科学：化学，2017, 47(4): 431-441.

[23] 李佳欣，李蓓，王纪康，等. 水滑石（LDHs）及其衍生物在生物医药领域的研究进展 [J]. 化学学报，2021, 79: 238-256.

[24] Choi G, Kim S Y, Oh J M, et al. Drug-ceramic 2-dimensional nanoassemblies for drug delivery system in physiological condition[J]. Journal of the American Ceramic Society, 2012, 95(9): 2758-2765.

[25] Wang L, Xing H, Zhang S, et al. A Gd-doped Mg-Al-LDH/Au nanocomposite for CT/MR bimodal imagings and simultaneous drug delivery [J]. Biomaterials, 2013, 34: 3390-3401.

[26] Choi S G, Choy J H. Effect of physico-chemical parameters on the toxicity of inorganic nanoparticles[J]. Journal of Materials Chemistry, 2011, 21: 5547-5554.

[27] Verweij J, Jonge M. Achievements and future of chemotherapy[J]. European Journal of Cancer, 2000, 36: 1479-1487.7

[28] Zhang G, Wang H, Zhang M, et al. Current status and development of traditional chemotherapy in non-small cell lung cancer under the background of targeted therapy[J]. Chinese Journal of Lung Cancer, 2015, 18(9): 587-591.

[29] Choy J H, Jung J S, Oh J M, et al. Layered double hydroxide as an efficient drug reservoir for folate derivatives[J]. Biomaterials, 2004, 25(15): 3059-3064.

[30] Qin L, Xue M, Wang W, et al. The in vitro and in vivo anti-tumor effect of layered double hydroxides nanoparticles as delivery for podophyllotoxin[J]. International Journal of Pharmaceutics, 2010, 388(1-2): 223-230.

[31] Li D, Zhang Y T, Yu M, et al. Cancer therapy and fluorescence imaging using the active release of doxorubicin from MSPs/Ni-LDH folate targeting nanoparticles[J]. Biomaterials, 2013, 34(32): 7913-7922.

[32] Peng L, Mei X, He J, et al. Monolayer nanosheets with an extremely high drug loading toward controlled delivery and cancer theranostics[J]. Advanced Materials, 2018, 30(16): 1707389.

[33] Mei X, Ma J, Bai X, et al. A bottom-up synthesis of rare-earth-hydrotalcite monolayer nanosheets toward

multimode imaging and synergetic therapy[J]. Chemical Science, 2018, 9(25): 5630-5639.

[34] Ma C C, Wang Z L, Xu T, et al. The approved gene therapy drugs worldwide: from 1998 to 2019[J]. Biotechnology Advances, 2020, 40: 107502.

[35] Edelstein M L, Abedi M R, Wixon J. Gene therapy clinical trials worldwide to 2007—an update[J]. The Journal of Gene Medicine, 2007, 9(10): 833-842.

[36] Thyveetil M A, Coveney P V, Greenwell H C, et al. Role of host layer flexibility in DNA guest intercalation revealed by computer simulation of layered nanomaterials[J]. Journal of the American Chemical Society, 2008, 130(37): 12485-12495.

[37] Wong Y, Cooper H, Zhang K, et al. Efficiency of layered double hydroxide nanoparticle-mediated delivery of siRNA is determined by nucleotide sequence[J]. Journal of Colloid and Interface Science, 2012, 369(1): 453-459.

[38] Park D H, Cho S J, Kwon O J, et al. Biodegradable inorganic nanovector: passive versus active tumor targeting in siRNA transportation[J]. Angewandte Chemie, 2016, 128(14): 4658-4662.

[39] Tenllado F, Llave C, Diaz-Ruiz J R. RNA interference as a new biotechnological tool for the control of virus diseases in plants[J]. Virus Research, 2004, 102(1): 85-96.

[40] Tenllado F, Martinez-Garcia B, Vargas M, et al. Crude extracts of bacterially expressed dsRNA can be used to protect plants against virus infections[J]. BMC Biotechnology, 2003, 3(3): 1-11.

[41] Mitter N, Worrall E A, Robinson K E, et al. Clay nanosheets for topical delivery of RNAi for sustained protection against plant viruses[J]. Nature Plants, 2017, 3: 16207.

[42] Melief C, Burg S. Immunotherapy of established (pre)malignant disease by synthetic long peptide vaccines[J], Nature Review Cancer, 2008, 8: 351-360.

[43] Xia Y, Wu J, Wei W, et al. Exploiting the pliability and lateral mobility of pickering emulsion for enhanced vaccination[J]. Nature Materials, 2018, 17: 187-194.

[44] Reed S G, Orr M T, Fox C B. Key roles of adjuvants in modern vaccines[J]. Nature Medicine, 2013, 19(12): 1597-1608.

[45] Wang J, Zhu R, Gao B, et al. The enhanced immune response of hepatitis B virus DNA vaccine using $SiO_2@$ LDH nanoparticles as an adjuvant[J]. Biomaterials, 2014, 35(1): 466-478.

[46] Li B, Hao G, Sun B, et al. Engineering a therapy-induced "immunogenic cancer cell death" amplifier to boost systemic tumor elimination[J]. Advanced Functional Materials, 2020, 30(12): 1909745.

[47] Shafik H M, Ayoub S M, Ebeid N H, et al. New adjuvant design using layered double hydroxide for production of polyclonal antibodies in radioimmunoassay techniques[J]. J Radioanal Nucl Chem, 2014, 301: 81-89.

[48] Li A, Qin L, Wang W, et al. The use of layered double hydroxides as DNA vaccine delivery vector for enhancement of anti-melanoma immune response[J]. Biomaterials, 2011, 32(2): 469-477.

[49] Williams G R, Fierens K, Preston S G, et al. Immunity induced by a broad class of inorganic crystalline materials is directly controlled by their chemistry[J]. The Journal of Experimental Medicine, 2014, 211(6): 1019-1025.

[50] Yan S, Gu W, Zhang B, et al. High adjuvant activity of layered double hydroxide nanoparticles and nanosheets in anti-tumour vaccine formulations[J]. Dalton Transactions, 2018, 47(9): 2956-2964.

[51] Chen W, Zhang B, Mahony T, et al. Efficient and durable vaccine against intimin β of diarrheagenic *E. coli* induced by clay nanoparticles[J]. Small, 2016, 12(12): 1627-1639.

[52] Zhang L X, Liu D Q, Wang S W, et al. MgAl-layered double hydroxide nanoparticles co-delivering siIDO and Trp2 peptide effectively reduce IDO expression and induce cytotoxic T-lymphocyte responses against melanoma tumor in mice[J]. Journal of Materials Chemistry B, 2017, 5(31): 6266-6276.

[53] Ambrogi V, Fardella G, Grandolini G, et al. Effect of hydrotalcite-like compounds on the aqueous solubility of some poorly water-soluble drugs[J]. Journal of Pharmaceutical Sciences, 2003, 92(7): 1407-1418.

[54] Arco M, Fernández A, Martín C. Release studies of different NSAIDs encapsulated in Mg, Al, Fe-hydrotalcites[J]. Applied Clay Science, 2009, 42(3-4): 538-544.

[55] Figueiredo M P, Cunha V R, Leroux F, et al. Iron-based layered double hydroxide implants: potential drug delivery carriers with tissue biointegration promotion and blood microcirculation preservation[J]. ACS Omega, 2018, 3(12): 18263-18274.

[56] Rojas R, Linck Y G, Cuffini S L, et al. Structural and physicochemical aspects of drug release from layered double hydroxides and layered hydroxide salts[J]. Applied Clay Science, 2015, 109(110): 119-126.

[57] Meneses C C, Sousa P R, Pinto L C, et al. Layered double hydroxide-indomethacin hybrid: a promising biocompatible compound for the treatment of neuroinflammatory diseases[J]. Journal of Drug Science and Technology, 2012, 61: 102190.

[58] Li B, He J, Evans D G, et al. Enteric-coated layered double hydroxides as a controlled release drug delivery system[J]. Internaltional Journal Pharmaceutics, 2004, 287(1-2): 89-95.

[59] Bisht R, Mandal A, Jaiswal J K, et al. Nanocarrier mediated retinal drug delivery: overcoming ocular barriers to treat posterior eye diseases[J]. WIREs Nanomed Nanobiotechnol, 2017, 10(2): e1473.

[60] Cao F, Wang Y, Ping Q, et al. Zn-Al-NO$_3$-layered double hydroxides with intercalated diclofenac for ocular delivery[J]. International Journal Pharmaceutics, 2011, 404(1-2): 250-256.

[61] Yu W, Goddard C, Clearfield E, et al. Design, synthesis, and biological evaluation of triazolo-pyrimidine derivatives as novel inhibitors of hepatitis B virus surface antigen (HBsAg) secretion[J]. Journal of Medicinal Chemistry, 2011, 54(16): 5660-5670.

[62] Carja G, Grosu E F, Petrarean C, et al. Self-assemblies of plasmonic gold/layered double hydroxides with highly efficient antiviral effect against the hepatitis B virus[J]. Nano Research, 2015, 8(11): 3512-3523.

[63] Liu Z, Jin L, Chen J, et al. A survey on applications of deep learning in microscopy image analysis[J]. Computers in Biology and Medicine, 2021, 134: 104523.

[64] Wang Q, Zhang L. External power-driven microrobotic swarm: from fundamental understanding to imaging-guided delivery[J]. ACS Nano, 2021, 15(1): 149-174.

[65] Attia A B E, Balasundaram G, Moothanchery M, et al. A review of clinical photoacoustic imaging: current and future trends[J]. Photoacoustics, 2019, 16: 100144.

[66] Jayanthi V, Das A B, Saxena U. Recent advances in biosensor development for the detection of cancer biomarkers[J]. Biosensors and Bioelectronics, 2017, 91: 15-23.

[67] Burke W M, Orr J, Leitao M, et al. Endometrial cancer: a review and current management strategies: part Ⅰ[J]. Gynecologic Oncology, 2014, 134(2): 385-392.

[68] Xu W, Wang D, Tang B. NIR-Ⅱ AIEgens: a win-win integration towards bioapplications[J]. Angewandte Chemie International Edition in English, 2021, 60(14): 7476-7487.

[69] Shin T H, Choi Y, Kim S, et al. Recent advances in magnetic nanoparticle-based multi-modalimaging[J]. Chemical Society Reviews, 2015, 44(14): 4501-4516.

[70] Chi C, Du Y, Ye J, et al. Intraoperative imaging-guided cancer surgery: from current fluorescence molecular imaging methods to future multi-modality imaging technology[J]. Theranostics, 2014, 4(11): 1072-1084.

[71] Jin W, Park D H. Functional layered double hydroxide nanohybrids for biomedical imaging[J]. Nanomaterials, 2019, 9(10): 1404.

[72] Arrabito G, Bonasera A, Prestopino G, et al. Layered double hydroxides: a toolbox for chemistry and biology[J]. Crystals, 2019, 9(7): 361.

[73] Song Z, Li Z, Lin L, et al. Phenyl-doped graphitic carbon nitride: photoluminescence mechanism and latent fingerprint imaging[J]. Nanoscale, 2017, 9(45): 17737-17742.

[74] Liu W, Xu S, Guan S, et al. Confined synthesis of carbon nitride in a layered host matrix with unprecedented solid-state quantum yield and stability[J]. Advanced Materials, 2018, 30(2): 1704376.

[75] Ni D, Bu W, Ehlerding E B, et al. Engineering of inorganic nanoparticles as magnetic resonance imaging contrast agents[J]. Chemical Society Reviews, 2017, 46(23): 7438-7468.

[76] Huang G, Zhang K L, Chen S, et al. Manganese-iron layered double hydroxide: a theranostic nanoplatform with pH-responsive MRI contrast enhancement and drug release[J]. Journal of Materials Chemistry B, 2017, 5(20): 3629-3633.

[77] Shi S, Fliss B C, Gu Z, et al. Chelator-free labeling of layered double hydroxide nanoparticles for in vivo PET imaging[J]. Scientific Reports, 2015, 5: 16930.

[78] Eom S, Choi G, Nakamura H, et al. 2-Dimensional nanomaterials with imaging and diagnostic functions for nanomedicine: a review[J]. Bulletin of the Chemical Society of Japan, 2020, 93(1): 1-12.

[79] Kurata S, Nawata K, Nawata S, et al. Surgery for abdominal aortic aneurysms associated with malignancy[J]. Surgery Today, 1998, 28: 895-899.

[80] Nam J, Son S, Park K S, et al. Cancer nanomedicine for combination cancer immunotherapy[J]. Nature Reviews Materials, 2019, 4(6): 398-414.

[81] Liu Z, Xie Z, Li W, et al. Photodynamic immunotherapy of cancers based on nanotechnology: recent advances and future challenges[J]. Journal of Nanobiotechnology, 2021, 19(1): 160.

[82] Dai X, Du T, Han K. Engineering nanoparticles for optimized photodynamic therapy[J]. ACS Biomaterials Science & Engineering, 2019, 5(12): 6342-6354.

[83] Lo P C, Rodriguez-Morgade M S, Pandey R K, et al. The unique features and promises of phthalocyanines as advanced photosensitisers for photodynamic therapy of cancer[J]. Chemical Society Reviews, 2020, 49(4): 1041-1056.

[84] Xu C, Pu K. Second near-infrared photothermal materials for combinational nanotheranostics[J]. Chemical Society Reviews, 2021, 50(2): 1111-1137.

[85] Tang Z, Liu Y, He M, et al. Chemodynamic therapy: tumour microenvironment-mediated fenton and fenton-like reactions[J]. Angewandte Chemie International Edition in English, 2019, 58(4): 946-956.

[86] Awuah S G, You Y. Boron dipyrromethene (BODIPY)-based photosensitizers for photodynamic therapy[J]. RSC Advances, 2012, 2(30): 11169-11183.

[87] Zhang J, Jiang C, Longo J P, et al. An updated overview on the development of new photosensitizers for anticancer photodynamic therapy[J]. Acta Pharmaceutica Sinica B, 2018, 8(2): 137-146.

[88] Luby B M, Walsh C D, Zheng G. Advanced photosensitizer activation strategies for smarter photodynamic therapy beacons[J]. Angewandte Chemie International Edition in English, 2019, 58(9): 2558-2569.

[89] Liang R, Tian R, Ma L, et al. A supermolecular photosensitizer with excellent anticancer performance in photodynamic therapy[J]. Advanced Functional Materials, 2014, 24(21): 3144-3151.

[90] Gao R, Mei X, Yan D, et al. Nano-photosensitizer based on layered double hydroxide and isophthalic acid for singlet oxygenation and photodynamic therapy[J]. Nature Communications, 2018, 9(1): 2798.

[91] Wang H, Li X, Tse B W, et al. Indocyanine green-incorporating nanoparticles for cancer theranostics[J]. Theranostics, 2018, 8(5): 1227-1242.

[92] Li C, Liang R, Tian R, et al. A targeted agent with intercalation structure for cancer near-infrared imaging and

photothermal therapy[J]. RSC Advances, 2016, 6(20): 16608-16614.

[93] Li B, Tang J, Chen W, et al. Novel theranostic nanoplatform for complete mice tumor elimination via MR imaging-guided acid-enhanced photothermo-/chemo-therapy[J]. Biomaterials, 2018, 177: 40-51.

[94] Li B, Yuan F, He G, et al. Ultrasmall $CuCo_2S_4$ nanocrystals: all-in-one theragnosis nanoplatform with magnetic resonance/near-infrared imaging for efficiently photothermal therapy of tumors[J]. Advanced Functional Materials, 2017, 27(10): 1606218.

[95] Zhu Y, Wang Y, Williams G R, et al. Multicomponent transition metal dichalcogenide nanosheets for imaging-guided photothermal and chemodynamic therapy[J]. Advanced Science, 2020, 7(23): 2000272.

[96] Wu J, Zhang S, Mei X, et al. Ultrathin transition metal chalcogenide nanosheets synthesized via topotactic transformation for effective cancer theranostics[J]. ACS Applied Materials & Interfaces, 2020, 12(43): 48310-48320.

[97] Wang S, Hu T, Wang G, et al. Ultrathin $CuFe_2S_3$ nanosheets derived from CuFe-layered double hydroxide as an efficient nanoagent for synergistic chemodynamic and NIR-II photothermal therapy[J]. Chemical Engineering Journal, 2021, 419: 129458.

[98] Lin L S, Song J, Song L, et al. Simultaneous Fenton-like ion delivery and glutathione depletion by $MnO_2$-based nanoagent to enhance chemodynamic therapy[J]. Angewandte Chemie International Edition in English, 2018, 57(18): 4902-4906.

[99] Mei X, Hu T, Wang H, et al. Highly dispersed nano-enzyme triggered intracellular catalytic reaction toward cancer specific therapy[J]. Biomaterials, 2020, 258: 120257.

[100] Yan L, Wang Y, Hu T, et al. Layered double hydroxide nanosheets: towards ultrasensitive tumor microenvironment responsive synergistic therapy[J]. Journal of Materials Chemistry B, 2020, 8(7): 1445-1455.

[101] Hu T, Yan L, Wang Z, et al. A pH-responsive ultrathin Cu-based nanoplatform for specific photothermal and chemodynamic synergistic therapy[J]. Chemical Science, 2021, 12(7): 2594-2603.

[102] Wang F H, Shen L, Li J, et al. The Chinese Society of Clinical Oncology (CSCO): clinical guidelines for the diagnosis and treatment of gastric cancer[J]. Cancer Communications, 2019, 39(1): 10.

[103] Fu J, Wang H. Precision diagnosis and treatment of liver cancer in china[J]. Cancer Letters, 2018, 412: 283-288.

[104] Yan L, Zhou M, Zhang X, et al. A novel type of aqueous dispersible ultrathin-layered double hydroxide nanosheets for in vivo bioimaging and drug delivery[J]. ACS Applied Materials & Interfaces, 2017, 9(39): 34185-34193.

[105] Cheng H B, Li Y, Tang B, et al. Assembly strategies of organic-based imaging agents for fluorescence and photoacoustic bioimaging applications[J]. Chemical Society Reviews, 2020, 49(1): 21-31.

[106] Hu T, He J, Zhang S, et al. An ultrathin photosensitizer for simultaneous fluorescence imaging and photodynamic therapy[J]. Chemical Communications, 2018, 54(45): 5760-5763.

[107] Cizmar T, Dholakia K. Exploiting multimode waveguides for pure fibre-based imaging[J]. Nature Communications, 2012, 3: 1027.

[108] Mei X, Wang W, Yan L, et al. Hydrotalcite monolayer toward high performance synergistic dual-modal imaging and cancer therapy[J]. Biomaterials, 2018, 165: 14-24.

[109] 武宝利, 张国梅, 高春光, 等. 生物传感器的应用研究进展 [J]. 中国生物工程杂志, 2004, 24(7): 65-69.

[110] 蔡德聪. 生物传感器发展与应用前景 [J]. 传感器世界, 2001(10): 11-14.

[111] 姜璐. 氧化物纳米材料修饰的电化学传感器在葡萄糖和过氧化氢检测中的应用 [D]. 江苏: 扬州大学, 2021.

[112] 梁宇, 许朗晴, 杨迎军, 等. 纳米碳／纳米金葡糖生物传感器的制备及其影响机制 [J]. 化学试剂, 2019, 41(11): 1139-1144.

[113] 刘儒平, 孔祥贵, 岳钊, 等. 水滑石纳米材料特性及其在电化学生物传感器方面的应用 [J]. 化工进展,

2013, 32(11): 2661-2667.

[114] Wang Z, Liu F, Lu C, et al. Chemiluminescence flow biosensor for glucose using Mg-Al carbonate layered double hydroxides as catalysts and buffer solutions[J]. Biosensors and Bioelectronics, 2012, 38(1): 284-288.

[115] 钱蕊. 基于类水滑石材料固定酶构筑电化学生物传感器 [D]. 北京：北京化工大学，2010.

[116] Mousty C. Biosensing applications of clay-modified electrodes: a review[J]. Analytical and Bioanalytical Chemistry, 2010, 396(1): 315-325.

[117] 庄贞静，肖丹. 基于纳米材料的无酶葡萄糖电化学传感器的研究 [J]. 分析化学，2009, 37(A02): 52.

[118] Sivakumar M, Madhu R, Chen S M, et al. Low-temperature chemical synthesis of $CoWO_4$ nanospheres for sensitive nonenzymatic glucose sensor[J]. The Journal of Physical Chemistry C, 2016, 120: 25752-25759.

[119] Williams D L, Doig A R, Korosi A, et al. Electrochemical-enzymatic analysis of blood glucose and lactate[J]. Analytical Chemistry, 1970, 42(1): 118-121.

[120] Kumar P A, Stanley J, Babu T, et al. Synthesis of nickel-aluminium layered double hydroxide and its application in non-enzymatic glucose sensing[J]. Materials Today Proceedings, 2018, 8(5): 16125-16131.

[121] Shi Q, Han E, Shan D, et al. Development of a high analytical performance amperometric glucose biosensor based on glucose oxidase immobilized in a composite matrix: layered double hydroxides/chitosan[J]. Bioprocess & Biosystems Engineering, 2008, 31(6): 519-526.

[122] Cosnier S, Mousty C, Gondran C, et al. Entrapment of enzyme within organic and inorganic materials for biosensor applications: comparative study[J]. Materials Science and Engineering C, 2006, 26(2-3): 442-447.

[123] Chen L, Sun K, Li P, et al. DNA-enhanced peroxidase-like activity of layered double hydroxide nanosheets and applications in $H_2O_2$ and glucose sensing[J]. Nanoscale, 2013, 5(22): 10982-10988.

[124] Wang F, Zhang Y, Liang W, et al. Non-enzymatic glucose sensor with high sensitivity based on Cu-Al layered double hydroxides[J]. Sensors and Actuators B Chemical, 2018, 273(10): 41-47.

[125] Fu S, Fan G, Yang L, et al. Non-enzymatic glucose sensor based on Au nanoparticles decorated ternary Ni-Al layered double hydroxide/single-walled carbon nanotubes/graphene nanocomposite[J]. Electrochimica Acta, 2015, 152: 146-154.

[126] Lu Y, Jiang B, Fang L, et al. Highly sensitive nonenzymatic glucose sensor based on 3D ultrathin NiFe layered double hydroxide nanosheets[J]. Electroanalysis, 2017, 29(7): 1755-1761.

[127] Cui J, Li Z, Liu K, et al. A bifunctional nonenzymatic flexible glucose microsensor based on CoFe-layered double hydroxide[J]. Nanoscale Advances, 2019, 1(3): 948-952.

[128] 刘婷，路静，魏敏，等. 过氧化氢生物传感器的研究新进展 [J]. 化学传感器，2017, 37(001): 21-27.

[129] Aziz A, Asif M, Ashraf G, et al. Advancements in electrochemical sensing of hydrogen peroxide, glucose and dopamine by using 2D nanoarchitectures of layered double hydroxides or metal dichalcogenides. a review[J]. Microchimica Acta, 2019, 186(10): 671.

[130] Zhang Y, Chen X, Wang J, et al. The direct electrochemistry of glucose oxidase based on layered double-hydroxide nanosheets[J]. Electrochemical and Solid-State Letters, 2008, 11(10): F19-F21.

[131] Wang Y, Wang Z, Rui Y, et al. Horseradish peroxidase immobilization on carbon nanodots/CoFe layered double hydroxides: direct electrochemistry and hydrogen peroxide sensing[J]. Biosensors and Bioelectronics, 2015, 64: 57-62.

[132] Shao M, Han J, Shi W, et al. Layer-by-layer assembly of porphyrin/layered double hydroxide ultrathin film and its electrocatalytic behavior for $H_2O_2$[J]. Electrochemistry Communications, 2010, 12(8): 1077-1080.

[133] Asif M, Liu H, Aziz A, et al. Core-shell iron oxide-layered double hydroxide: high electrochemical sensing performance of $H_2O_2$ biomarker in live cancer cells with plasma therapeutics[J]. Biosensors and Bioelectronics, 2017, 97: 352-359.

[134] Aziz A, Asif M, Azeem M, et al. Self-stacking of exfoliated charged nanosheets of LDHs and graphene as biosensor with real-time tracking of dopamine from live cells[J]. Analytica Chimica Acta, 2019, 1047: 197-207.

[135] Abdolmohammad-Zadeh H, Zamani-Kalajahi M. A novel chemiluminescent-based nano-probe for ultra-trace quantification of dopamine in human plasma samples[J]. Microchemical Journal, 2020, 155: 104704.

[136] Zhang S, Fu Y, Sheng Q, et al. Nickel-cobalt double hydroxide nanosheets wrapped amorphous Ni(OH)$_2$ nanoboxes: development of dopamine sensor with enhanced electrochemical properties[J]. New Journal of Chemistry, 2017, 41(21): 13076-13084.

[137] Annalakshmi M, Kumaravel S, Chen S M, et al. FeMn layered double hydroxides: an efficient bifunctional electrocatalyst for real-time tracking of cysteine in whole blood and dopamine in biological samples[J]. Journal of Materials Chemistry B, 2020, 8(36): 8249-8260.

[138] Li M, Zhu J, Zhang L, et al. Facile synthesis of NiAl-layered double hydroxide/graphene hybrid with enhanced electrochemical properties for detection of dopamine[J]. Nanoscale, 2011, 3(10): 4240-4246.

[139] Larson A M. Acetaminophen hepatotoxicity[J]. Gastroenterology, 1980, 78(2): 382-392.

[140] Wang X, Chen X, Evans D G, et al. A novel biosensor for reduced L-glutathione based on cobalt phthalocyaninetetrasulfonate-intercalated layered double hydroxide modified glassy carbon electrodes[J]. Sensors and Actuators B Chemical, 2011, 160(1): 1444-1449.

[141] Spataru N, Sarada B V, Popa E, et al. Voltammetric determination of L-cysteine at conductive diamond electrodes[J]. Analytical Chemistry, 2001, 73(3): 514-519.

[142] Wang Y, Peng W, Liu L, et al. The electrochemical determination of L-cysteine at a Ce-doped Mg-Al layered double hydroxide modified glassy carbon electrode[J]. Electrochimica Acta, 2012, 70: 193-198.

[143] Konari M, Heydari-Bafrooei E, Dinari M. Efficient immobilization of aptamers on the layered double hydroxide nanohybrids for the electrochemical proteins detection[J]. International Journal of Biological Macromolecules, 2020, 166: 54-60.

[144] Langer R, Vacanti J P. Tissue engineering[J]. Science, 1993, 260: 920-926.

[145] 刘昌胜. 硬组织修复材料与技术 [M]. 北京：科学出版社，2015.

[146] Ramaraju H, Akman R E, Safranski D L, et al. Designing biodegradable shape memory polymers for tissue repair[J]. Advanced Functional Materials, 2020, 30(44).

[147] Raina D B, Matuszewski L M, Vater C, et al. A facile one-stage treatment of critical bone defects using a calcium sulfate/hydroxyapatite biomaterial providing spatiotemporal delivery of bone morphogenic protein-2 and zoledronic acid[J]. Science Advances, 2020, 6: 1779.

[148] 刘昌胜. 生物医学工程 [M]. 上海：华东理工大学出版社，2012.

[149] Lin J K, Uan J Y, Wu C P, et al. Direct growth of oriented Mg-Fe layered double hydroxide (LDH) on pure Mg substrates and in vitro corrosion and cell adhesion testing of LDH-coated Mg samples[J]. Journal of Materials Chemistry, 2011, 21(13): 5011-5020.

[150] Mammoli F, Castiglioni S, Parenti S, et al. Magnesium is a key regulator of the balance between osteoclast and osteoblast differentiation in the presence of vitamin D$_3$[J]. International Journal of Molecular Sciences, 2019, 20(2): 385.

[151] Kang H R, Fernandes C J, Silva R A, et al. Mg-Al and Zn-Al layered double hydroxides promote dynamic expression of marker genes in osteogenic differentiation by modulating mitogen-activated protein kinases[J]. Advanced Healthcare Materials, 2017, 7(4): 1700693.

[152] Cheng S, Zhang D, Li M, et al. Osteogenesis, angiogenesis and immune response of Mg-Al layered double hydroxide coating on pure Mg[J]. Bioactive Materials, 2021, 6(1): 91-105.

[153] Wang Y, Shen S, Hu T, et al. Layered double hydroxide modified bone cement promoting osseointegration via

multiple osteogenic signal pathways[J]. ACS Nano, 2021, 15(6): 9732-9745.

[154] Koons G L, Diba M, Mikos A G. Materials design for bone-tissue engineering[J]. Nature Reviews Materials, 2020, 5: 584-603.

[155] Gu Z, Wu A, Li L, et al. Influence of hydrothermal treatment on physicochemical properties and drug release of anti-inflammatory drugs of intercalated layered double hydroxide nanoparticles[J]. Pharmaceutics, 2014, 6(2): 235-248.

[156] Wang Y, Mei X, Bian Y, et al. Magnesium-based layered double hydroxide nanosheets: a new bone repair material with unprecedented osteogenic differentiation performance[J]. Nanoscale, 2020, 12(37): 19075-19082.

[157] Chou J, Ito T, Otsuka M, et al. The effectiveness of the controlled release of simvastatin from β-TCP macrosphere in the treatment of OVX mice[J]. Journal of Tissue Engineering and Regenerative Medicine, 2016, 10: 195-203.

[158] Yasaei M, Khakbiz M, Ghasemi E, et al. Synthesis and characterization of ZnAl-NO$_3$(-CO$_3$) layered double hydroxide: a novel structure for intercalation and release of simvastatin[J]. Applied Surface Science, 2019, 467: 782-791.

[159] Chen Y X, Zhu R, Ke Q F, et al. MgAl layered double hydroxide/chitosan porous scaffolds loaded with PFT αto promote bone regeneration[J]. Nanoscale, 2017, 9(20): 6765.

[160] Bernardo M P, Rodrigues B, Oliveira T, et al. Naproxen/layered double hydroxide composites for tissue-engineering applications: physicochemical characterization and biological evaluation[J]. Clays and Clay Minerals, 2020, 68: 623-631.

[161] Li S, Dong S, Xu W, et al. Antibacterial hydrogels[J]. Advanced Science, 2018, 5(5): 1700527.

[162] Karaman D S, Ercan U K, Bakay E, et al. Evolving technologies and strategies for combating antibacterial resistance in the advent of the postantibiotic era[J]. Advanced Functional Materials, 2020, 30(15), 1908783.

[163] Peng F, Wang D, Zhang D, et al. The prospect of layered double hydroxide as bone implants: a study of mechanical properties, cytocompatibility and antibacterial activity[J]. Applied Clay Science, 2018, 165: 179-187.

[164] Li M, Li L, Lin S. Efficient antimicrobial properties of layered double hydroxide assembled with transition metals via a facile preparation method[J]. Chinese Chemical Letters, 2020, 31(6): 1511-1515.

[165] Zhao Y, Wang C J, Gao W, et al. Synthesis and antimicrobial activity of ZnTi-layered double hydroxide nanosheets[J]. Journal of Materials Chemistry B, 2013, 1(43): 5988-5994.

[166] Liu X, Hu T, Lin G, et al. The synthesis of a DHAD/ZnAlTi-LDH composite with advanced UV blocking and antibacterial activity for skin protection[J]. RSC Advances, 2020, 10(17): 9786-9790.

[167] Wang D, Peng F, Li J, et al. Butyrate-inserted Ni-Ti layered double hydroxide film for H$_2$O$_2$-mediated tumor and bacteria killing[J]. Materials Today, 2017, 20(5): 238-257.

[168] Gayani B, Dilhari A, Wijesinghe G K, et al. Effect of natural curcuminoids-intercalated layered double hydroxide nanohybrid against staphylococcus aureus, pseudomonas aeruginosa, and enterococcus faecalis: abactericidal, antibiofilm, and mechanistic study[J]. Microbiology Open, 2019, 8(5): 723.

[169] Djebbi M A, Elabed A, Bouaziz Z, et al. Delivery system for berberine chloride based on the nanocarrier ZnAl-layered double hydroxide: physicochemical characterization, release behavior and evaluation of anti-bacterial potential[J]. International Journal of Pharmaceutics, 2016, 515(1-2): 422-430.

[170] Li B, Gu Z, Kurniawan N, et al. Manganese-based layered double hydroxide nanoparticles as a T1-MRI contrast agent with ultrasensitive pH response and high relaxivity[J]. Advanced Materials, 2017, 29(29): 1700373.

[171] Asif M, Haitao W, Shuang D, et al. Metal oxide intercalated layered double hydroxide nanosphere: with enhanced electrocatalyic activity towards H$_2$O$_2$ for biological applications[J]. Sensors and Actuators B: Chemical, 2017, 239: 243-252.

# 第八章

# 超分子插层结构能源材料

能源是人类社会生存和发展的重要基础。迄今为止，人们利用化石能源的主要方式是燃烧，即把储存在化石能源中的化学能转变为热能，进而通过热机做功的方式转变为机械能；或者进一步带动发动机发电，将化学能转变成电能加以利用。但是，这种方式造成能源的巨大浪费和温室气体的排放。因为所有热机都受到卡诺热机效率的限制，能源转化效率很难超过 40%，同时产生大量温室气体和其他污染物（$CO_2$、$NO_x$、$SO_2$ 等）。随着世界经济的发展和人民生活水平的提高，人类社会对能源的需求和消耗持续增长。为减少对化石燃料的依赖，开发和利用绿色可再生能源（如太阳能、风能、潮汐能等）已成为全球可持续发展的当务之急。可再生能源具有环境友好、取之不尽等优点，但是它在时间和空间上分布不均，且开发和利用往往受到昼夜、季节、地理位置等诸多因素的限制。所以，开发新型能源器件，提高能源的转化和利用效率，成为能源材料化学研究的焦点。

迄今为止，新型能源器件面临的主要挑战来自于能源材料尚不能满足快速增长的性能需求和居高不下的成本。无论是光催化剂、电化学催化剂，还是二次电池和超级电容器的电极材料，其性能均取决于材料的组成、结构（晶体结构、电子结构、微纳结构等）和表面性质（表面组成、表面结构和表面浸润性等）。因此，如何建立材料结构与性能之间的关系，开发出性能更优、成本更低的能源材料成为能源材料研究的主要科学问题和研究热点。

近年来，各种不同的金属化合物材料在新能源领域得到了广泛的研究。其中，层状双金属氢氧化物（LDHs）以其独特的结构特征备受重视，它是一种具有超分子结构的阴离子插层材料，其结构通式为 $[M(II)_{1-x}M(III)_x(OH)_2]^{x+}[A_{x/n}^{n-}] \cdot mH_2O$，其中 M(II) 为二价金属离子，可以是 $Mg^{2+}$、$Ni^{2+}$ 等；M(III) 为三价金属离子，如 $Al^{3+}$、$Co^{3+}$、$Cr^{3+}$ 等。将这些二价和三价金属离子进行有效组合后，可以形成二元、三元甚至四元层状氢氧化物。结构式中的 $x$ 为 M(III)/[M(II)+M(III)] 的摩尔比，它的大小会直接影响到层状材料的结构稳定性。如果 $x$ 过高，层状八面体位上的三价元素 M(III) 会增加而形成三价氢氧化物；如果 $x$ 值过低，又会出现二价氢氧化物。所以，只有 $x$ 值在一定范围之内（$0.2<x<0.33$）才能制备出结晶较好的纯相 LDHs 材料。通式中 A 为层间阴离子，可以为无机阴离子如 $CO_3^{2-}$、$NO_3^-$、$F^-$、$Cl^-$、$Br^-$、$I^-$、$ClO_4^-$、$SO_4^{2-}$、$HPO_4^{2-}$、$S_2O_3^{2-}$、$WO_4^{2-}$、$CrO_4^{2-}$、$PO_4^{3-}$ 等；也可以是同多酸、杂多酸阴离子，如 $[V_{10}O_{28}]^{6-}$、$[Mo_9O_{24}]^{6-}$、$[PW_{12}O_{40}]^{3-}$ 等，以及配合物阴离子 $[Fe(CN)_6]^{3-}$、$[Cr(C_2O_4)_3]^{3-}$ 等；也可以为有机阴离子，比如丙二酸根、己二酸根、对苯二甲酸根等。

在层状水滑石结构中，部分二价离子被三价离子取代，使得层板具有了永久正电荷，为了保持整体结构的电中性，阴离子填充到层与层之间的通道中，层间阴离子和层板之间以静电作用力和氢键作用相互连接。由于其独特的超分子层状结构、层板金属离子种类与比例的易于调变、层间阴离子种类可以交换、层数和层间距易于剪裁、易于与其他材料复合进行功能化集成，LDHs 在超级电容器、二次电池以及光催化和电催化等电化学储能与能源转换中表现出很好的应用前景。

本章针对不同能源转化和存储系统的特点和需求，系统阐述插层结构二维材料在电催化、光催化、超级电容器和二次电池中的应用情况，通过材料结构和表界面的设计来提升性能的主要策略和相应的进展。相信随着纳米技术和先进表征手段的发展，以及人们对电化学能源转换和存储机制的理解深入，将有效促进对水滑石基能源材料的设计、合成和调控，推动该类材料在清洁能源和可持续发展中的应用。

# 第一节
# 电催化材料

电催化是一种依托反应物的氧化还原反应将电能转化为化学能的过程。理想的电催化过程需要催化剂具有快速的反应动力学速率、较快的电子传输速率、优先暴露且可充分利用的活性位点等特点。这些要求对电催化材料从活性位点到结构设计提出了要求，具体包括：①活性位点需要具有快速的氧化还原电子转移特性；②催化材料需要具有高速的电子导通性；③催化材料应具有大的比表面积，且能优先暴露具有高活性的反应位点。插层结构材料 LDHs 的组成结构特点保证了其在电催化领域中的广泛应用。

## 一、LDHs在电催化析氧反应中的应用

LDHs 参与的电催化氧化反应主要为析氧反应（oxygen evolution reaction，OER）。如图 8-1 所示，在众多 OER 催化剂中，LDHs 处于性能总结图的左下角，这说明 LDHs 在碱性 OER 中具有最低的工作过电位和较小的塔菲尔（Tafel）斜率，即具有最高的本征活性。

认清反应机理及确认活性位点是进一步提高 LDHs 本征活性的关键所在。根据活性位点参与数目不同，LDHs 表面发生 OER 过程主要涉及两种机理[2]。对于单位点催化过程，如图 8-2 中红色箭头所示，首先，吸附在活性位点上的氢氧根离子通过失去 1 个电子氧化形成 M—OH；然后 M—OH 经过质子和电子的迁移转变成 M—O；M—O 与 OH[-] 反应失去 1 个电子，氧化转换成 M—OOH，然后进行另一个质子和电子转移，进而产生 $O_2$ 并暴露原始活性位点，这种机理被称为吸附质变换机理。对于双位点催化过程，其前两步催化机理与单位点类似：

分别吸附在两个活性位点上的氢氧根离子通过氧化形成两个 M—OH；然后两个 M—OH 分别经过质子和电子的迁移转变成 M—O；最后两个 M—O 通过碰撞结合并转化为 $O_2$，两个活性位点（M）又重新暴露（如图 8-2 蓝色线所示）。

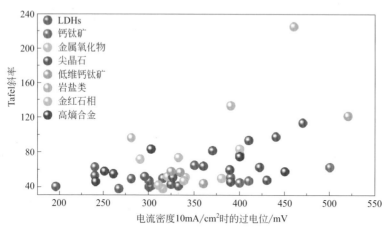

图8-1 不同碱性OER催化材料的本征活性（固定工作电流密度下的过电位；Tafel斜率）[1]

如图 8-3 所示，在众多组成的 LDHs 中，NiFe-LDH 展现出了最小的 Tafel 斜率，证明在其表面上发生的析氧过程具有最快的反应动力学速率[4]。因此，针对碱性 OER 过程寻找优异性能、低成本催化剂的工作多聚焦于 NiFe-LDH[5-7]。

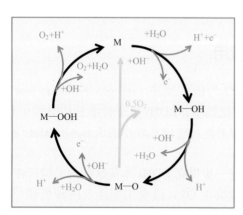

图8-2 酸性电解水（紫色线）和碱性电解水（红色线）的OER反应机理。黑线表示氧气的生成涉及中间体（MOH、MO、MOOH）的形成，蓝线表示两个相邻的氧（M—O）中间体直接反应产生氧气的另一种途径[3]

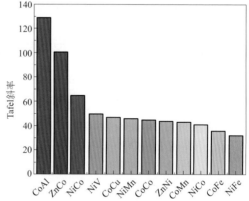

图8-3 不同组成LDHs其析氧反应中Tafel斜率的比较[1]

研究发现，在外加电位逐渐升高过程中，通过拉曼光谱观察到 $Ni^{2+}$ 向 $Ni^{3+}$ 的转变（图 8-4）[8]。后续又有科研人员利用原位穆斯堡尔谱[9]、同位素标定[10,11]、原位同步辐射[12] 等方法观察到在 OER 工作电压区间内既发生了 $Ni^{2+}$ 向 $Ni^{3+}$ 的转变，同时也有 $Fe^{4+}$ 的产生，进而推论 Fe 离子同样参与了 OER 过程。最近，基于密度泛函理论（DFT）模拟计算证明氧桥联的镍和铁（Ni—O—Fe）为 OER 活性位点，OER 反应中间体分别吸附在 Ni 和 Fe 位点上，而不是单一吸附到 Ni 或者 Fe 上[13,14]。本书著者团队则利用选择性刻蚀造缺陷的方法构造了暴露的 Ni—O—Fe 位点，并发现具有这种微观配位结构的材料具有明显优异的 OER 催化性能。这从实验的角度证明 Ni—O—Fe 为 OER 活性位点的存在[15]。在活性位点确认的基础上，下一个难题便是确认 NiFe-LDH 在 OER 中的构效关系。

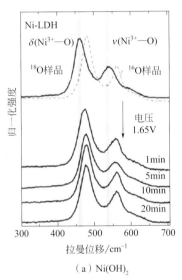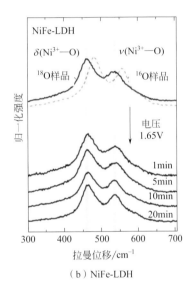

图8-4　原位拉曼光谱研究不同组成层状金属氢氧化物在OER中的活性位点分布情况[8]

插层结构 LDHs 中主客体相互作用的合理利用对于调控 NiFe-LDH 层板位点金属结构并建立其在 OER 中的构效关系十分重要。本书著者团队[16] 研究发现插层具有强还原性阴离子，使得层板金属元素获得富电子（低价态）的电子结构，有利于碱性条件下 OER 过程中的氢氧根吸附及后续的去质子化过程的进行，所对应的 LDHs 具有较低的 OER 过电位和更高的本征活性。相似工作共同揭示出通过适当降低 NiFe-LDH 层板活性位点（Ni—O—Fe）的电子结构，增强活性位点对 OER 反应中间体的吸附作用，可以实现其本征活性的提高[17]。

## 1. 层板组成调控

向 NiFe-LDH 层板内掺杂与 $Ni^{2+}$、$Fe^{3+}$ 离子半径类似的金属阳离子，可以通过金属离子 - 金属离子间的电子转移相互作用实现对 NiFe-LDH 中 Ni—O—Fe 活性中心的电子结构调控，进而提高其本征催化活性。这一类的研究工作中，研究者常采用 $V^{3+}$[16]、$Cr^{3+}$[18]、$Mn^{2+}$[19] 和 $Fe^{2+}$[12] 等具有弱电负性、强还原性的金属阳离子对 NiFe-LDH 进行层板组成调控[20]。

为了提高 Fe 含量同时避免过多的 $Fe^{3+}$，本书著者团队[12] 特别提出利用部分 $Fe^{2+}$ 取代 $Ni^{2+}$ 来构筑 NiFe-LDH 层板，实现大量 Ni—O—Fe 以及 Fe—O—Fe 组合的构建。如图 8-5（a）所示，利用 $Fe^{2+}$ 取代 $Ni^{2+}$ 提高了 Fe 的含量，并为提高 NiFe-LDH 本征 OER 催化活性奠定了基础。如图 8-5（b）所示，当 $Fe^{2+}$ 掺杂量为整体 Fe 含量的 50% 时，制备得到的 $NiFe^{2+}Fe^{3+}$-LDH 具有最佳的 OER 催化活性，具体表现为最低的 OER 过电位（$10mA/cm^2$ 过电位仅为 249mV）。与此工作思路类似，本书著者团队继续将其他具有氧化还原活性的金属阳离子掺杂到 NiFe-LDH 层板上，特别是掺杂具有弱还原性的金属阳离子，如 $Co^{2+}$、$V^{3+}$［图 8-5（c）和（d）］、$Mn^{2+}$ 等[16,19,21]。而如图 8-5（e）和（f）所示，$Co^{3+}$ 部分替代 $Fe^{3+}$，$Co^{3+}$ 的掺杂增强了 NiFe-LDH 对析氧反应中间体的吸附，使得掺杂的 NiFe-LDH 的起峰电位相比于未经过掺杂处理的 NiFe-LDH 有了 33mV 的降低[12,21]。Feng 等[13] 采用 $Ru^{3+}$ 替换部分 $Fe^{3+}$ 的策略，在实现 $Ru^{3+}$ 单原子分散的同时［图 8-5（g）］，利用 $Ru^{3+}$ 弱还原性的特点调控 Ni 和 Fe 离子的电子结构，最终仅需要过电位 225mV 即可达到 $10mA/cm^2$［图 8-5（h）］。

根据前人针对 NiFe-LDH 中掺杂不同金属阳离子对其 OER 性能的影响的结果进行总结发现，掺杂 $V^{3+}$、$Cr^{3+}$、$Fe^{2+}$、$Ru^{3+}$、$Mn^{2+}$、$Co^{2+}$、$Co^{3+}$ 等对于提高 NiFe-LDH 的本征 OER 活性具有良好的效果（图 8-6），这为今后设计基于 NiFe-LDH 的高效 OER 催化剂提供了指导。

位于 NiFeM-LDH 层板中的两性金属氢氧化物［$Cr(OH)_3$、$Zn(OH)_2$、$Al(OH)_3$ 等］在长时间测试条件下会发生部分溶解的现象［图 8-7（a）和（b）］，进而形成了部分缺陷[15,22]，结果使得这类带有缺陷的 NiFeM-LDH 表现出了更好的 OER 本征催化活性。王双印等人充分利用等离子体处理不同层板组成的 LDHs 材料，发现等离子体的处理会在短时间内通过刻蚀和剥层作用向 LDHs 层板引入不同种类的空位，有利于暴露活性位点，增强其 OER 本征活性。如图 8-7（c）所示，经过等离子体的处理后，CoFe-LDH 在 OER 过程中的活性有了明显提升，其在 $10mA/cm^2$ 下的过电位降低了 41mV。等离子体[23]、还原性试剂处理 LDHs，以及通过选择性刻蚀两性金属氢氧化物[24] 是针对 LDHs 的常用的缺陷工程调控方法，对于提高催化剂本征活性及促进电解液与电极间充分接触，有积极的作用。

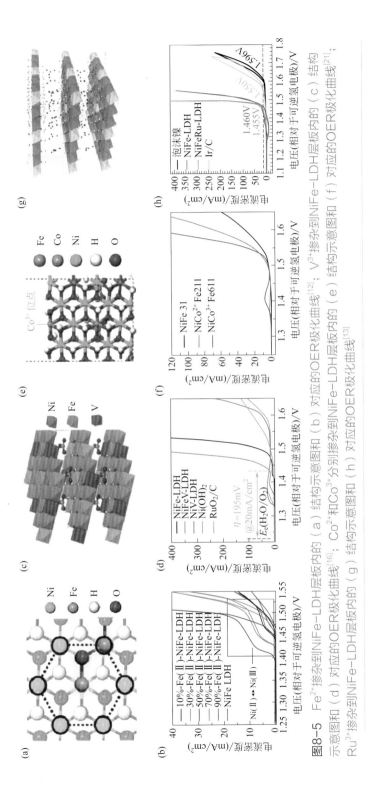

图8-5 Fe²⁺掺杂到NiFe-LDH层板内的（a）结构示意图和（b）对应的OER极化曲线[12]；V³⁺掺杂到NiFe-LDH层板内的（c）结构
示意图和（d）对应的OER极化曲线[16]；Co²⁺和Co³⁺分别掺杂到NiFe-LDH层板内的（e）结构示意图和（f）对应的OER极化曲线[21]；
Ru³⁺掺杂到NiFe-LDH层板内的（g）结构示意图和（h）对应的OER极化曲线[13]

図8-6 NiFe-LDH层板掺杂不同金属阳离子对于其本征OER催化活性的影响[1]

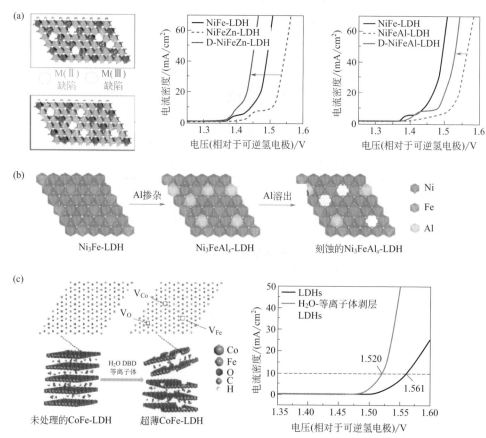

图8-7 LDHs层板缺陷工程实现高性能析氧反应催化剂的制备[1,15,22]

### 2．剥层处理

LDHs 的剥层处理可以暴露更多的活性位点，提高电化学比表面积，促进 OER 过程中电流密度的增加。

闫东鹏等人在制备过程中利用水与甲酰胺共混的形式，采用一步法实现了 NiFe-LDH 的剥层。如图 8-8（a）所示，经过剥层后的 NiFe-LDH 具有更多暴露的不饱和配位活性位点，其 OER 反应动力学速率明显加快，Tafel 斜率降低到了 33.4mV/dec；在相同过电位下，剥层样品的 OER 电流密度相比于未剥层样品提高了 6.7 倍[25]。如图 8-8（b）所示，经过阴离子交换 - 再剥层处理后，单层 NiFe-LDH 的 OER 本征活性得到了明显的提高，起峰过电位降至 250mV，比体相材料降低了 50mV 以上，这证明充分暴露的活性位点提高了 OER 电流密度的增速[26]。

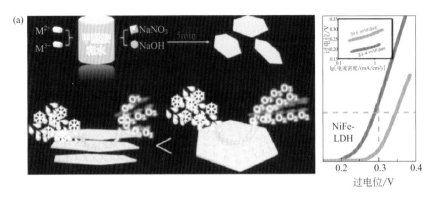

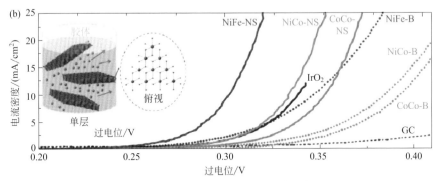

**图8-8** 不同方法实现LDHs的剥层及其OER性能研究[25,26]

### 3．基于LDHs层板分割效应的贵金属单原子负载

近年来，单原子分散的催化材料因其活性位点利用率高而备受瞩目。LDHs 层板上因受静电斥力而呈单原子分散的高价态金属离子是一类潜在的金属离子负

载位点。有学者先后将 $Au^{3+[27]}$、$Ru^{4+[28]}$ 和 Pt 以单原子分散的形式负载到 LDHs 层板上 [29]，进一步通过电子转移作用实现了复合材料 OER 本征催化活性的提高（图 8-9），制备材料的 OER 起峰过电位已降至 200mV 左右，Tafel 斜率已降至 30mV/dec 左右，证明该方法具有一定的工业化应用潜力。

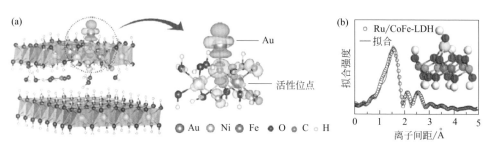

**图8-9** 贵金属单原子负载的LDHs及其在OER中的应用[27,29,30]

$1Å = 10^{-10}m$

### 4. 基于 LDHs/碳材料复合结构的 OER 催化剂设计

在针对 LDHs 设计高性能 OER 催化剂的同时，研究人员考虑利用碳基材料为电子导通提供快速通道，同时大比表面积的碳材料有助于充分暴露 LDHs 中的 OER 活性位点，实现传质行为和电流密度增速的共同提高。

清华大学魏飞、张强等人针对这一方向开展了一系列具有开创性的工作。他们以石墨烯骨架和石墨烯/碳管骨架为支撑材料，再通过共沉淀、晶化成核等方式将 NiFe-LDH 负载到碳材料表面，实现了活性位点的充分暴露和导电性的提高（图 8-10）。在 0.1mol/L KOH 电解液中，这类复合材料在 $10mA/cm^2$ 电流密度下过电位相比于 Ir/C 降低了 73mV。以上工作说明通过将 LDHs 与碳基材料复合，可以提高整体材料的导电性，继续增加暴露的活性位点，这是一类有效提高催化剂催化性能的策略 [31,32]。

### 5. 基于 LDHs 的超浸润结构化电极的制备及在 OER 中的应用

以 LDHs 为构筑单元，制备具有高传质特性的结构化电极对于提高 OER 效率同样重要。国内本书著者团队首先提出了"水下气体超浸润"这一概念 [33]，并通过水热法制备 NiFe-LDH 纳米阵列验证这一概念的准确性 [34]。研究发现，利用水热法或电沉积法将 NiFe-LDH 原位负载于导电集流体表面，可以一方面提高电子的传输速率，增强导电性；另一方面促进了 LDHs 活性位点的优先暴露，增强活性位点与电解液的有效接触（图 8-11），同时由于电极表面粗糙化促进了 OER 过程中电极表面生成气泡的有效脱除。这一基于 LDHs 的纳米结构化电极构筑从增强电子传输和提高传质两方面实现了 OER 催化效率的提高。

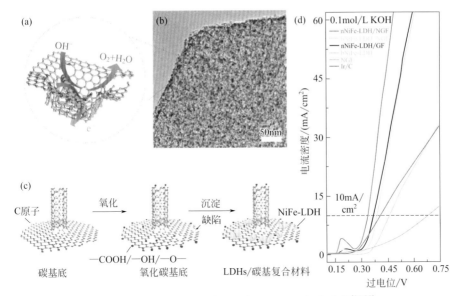

**图8-10** LDHs/碳基复合材料的制备过程示意图及OER极化曲线[31,32]

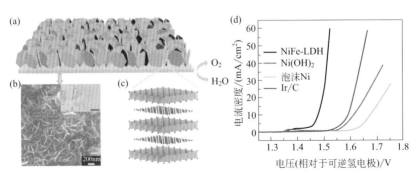

**图8-11** 基于NiFe-LDH的超浸润结构化电极的制备及其在OER中的应用[34]
（a）～（c）阵列化电极的微观示意图及形貌；（d）OER表征中的极化曲线

　　本书著者团队概述并比较了多种制备LDHs纳米阵列的方法。如图8-12所示，通过离子吸附-共沉淀和离子吸附-电还原过程均可制备得到表面高度粗糙化、LDHs边缘位点充分暴露的OER催化电极。这一工作为今后制备适应大电流下工作的电解水电极材料提供了具体的指导方针，具有极高的参考价值[35,36]。相关工作的后续研究为系统性研究结构化电极设计与制备、拓宽LDHs及纳米结构化电极的应用场景奠定了基础[36,37]。

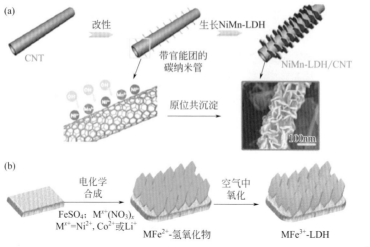

(a)

改性 → 生长NiMn-LDH

CNT

带官能团的碳纳米管

原位共沉淀

NiMn-LDH/CNT

100nm

(b)

电化学合成

FeSO₄；Mˣ⁺(NO₃)ₓ
Mˣ⁺=Ni²⁺, Co²⁺或Li⁺

MFe²⁺-氢氧化物

空气中氧化

MFe³⁺-LDH

**图8-12** （a）水热、（b）电沉积法制备阵列结构LDHs-集流体材料[35,36]

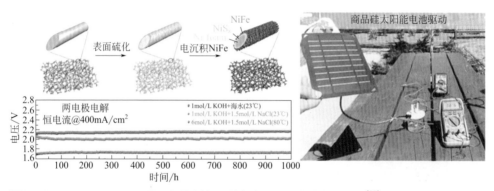

表面硫化 → 电沉积NiFe

商品硅太阳能电池驱动

两电极电解
恒电流@400mA/cm²

- 1mol/L KOH+海水(23℃)
- 1mol/L KOH+1.5mol/L NaCl(23℃)
- 6mol/L KOH+1.5mol/L NaCl(80℃)

电压/V — 时间/h

**图8-13** NiFe/NiSₓ-Ni双层阳极的制备及其在海水电解中的应用测试[37]

在碱性电解纯水的基础上，能够实现海水或盐水的直接利用，将大大降低电解水制氢成本。本书著者团队与斯坦福大学戴宏杰等人合作，通过NiFe-LDH/NiSₓ/Ni（Ni₃）结构化电极的构筑（图8-13），使得在直接海水电解过程中，阳极催化层和催化剂与集流体界面处原位生成富阴离子保护层，从而避免了氯离子导致的电极腐蚀，在高电流密度下实现了上千小时的稳定海水电解[37]。在此基础上，本书著者团队继续针对海水电解中水不断消耗导致NaCl析出的问题，通过提高电解液中氢氧化钠浓度，降低了饱和氯离子浓度，提高了电解系统的稳定性，实现了连续海水电解的氢气、氧气、盐三联产（图8-14）[38]。

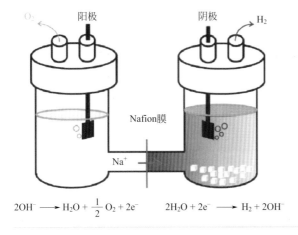

图8-14
电解海水实现三联产[38]

阳极

阴极

O₂

H₂

Nafion膜

Na⁺

$2OH^- \longrightarrow H_2O + \frac{1}{2}O_2 + 2e^-$     $2H_2O + 2e^- \longrightarrow H_2 + 2OH^-$

## 二、LDHs 在电催化有机氧化反应中的应用

另一类电催化氧化反应是有机小分子氧化反应，近年来 LDHs 基催化材料在相关领域也取得了明显的进展。以 LDHs 为多功能催化剂，利用水中的活性氧对有机小分子进行氧化，合成高附加值化学品或实现药物分子的合成及后期官能团修饰，为新型电化学反应的合理构建和机理理解、高效催化剂的理性设计及性能优化指明了方向。清华大学段昊泓课题组报道了 CoFe-LDH 电催化硫醚选择性氧化反应，他们实现了高转化率、高收率、高选择性氧化亚砜类化合物的合成，并进一步将底物拓展到药物分子及氨基酸化合物，对含有敏感基团的复杂分子实现了选择性兼容氧化（图 8-15）[39]。

## 三、LDHs 在电催化还原反应中的应用

LDHs 参与的电催化还原反应主要分为析氢反应（HER）和氮气还原反应（NRR）。HER 是电催化制备氢气的主要方法，而 NRR 则是储氢的主要方法。

根据 Norskov 等人提出的"吸附能火山图"机理，Ni 元素与 Pt 元素位置接近，处于适宜催化 HER 的区域内，因此 Ni 基 LDHs 广泛用于碱性 HER 过程。印度学者 Kundu 等人利用硼氢化钠将 Pt 颗粒负载到 NiFe-LDH 层板上，制备得到的贵金属 -LDH 复合材料展现出了优异的 HER 电催化性能，其起峰过电位仅为 27mV、Tafel 斜率为 51mV/dec[29]。Yan 等制备得到 NiFeV-LDH 材料，其 HER 的起峰过电位为 125mV、Tafel 斜率为 62mV/dec，证明非贵金属材料也可以催化加速 HER 反应[40]。将剥层的 NiFe-LDH 和缺陷态石墨烯进行复合，制备得到的复合材料其 HER 极化曲线在 20mA/cm² 的电流密度下过电位只有 115mV，Tafel

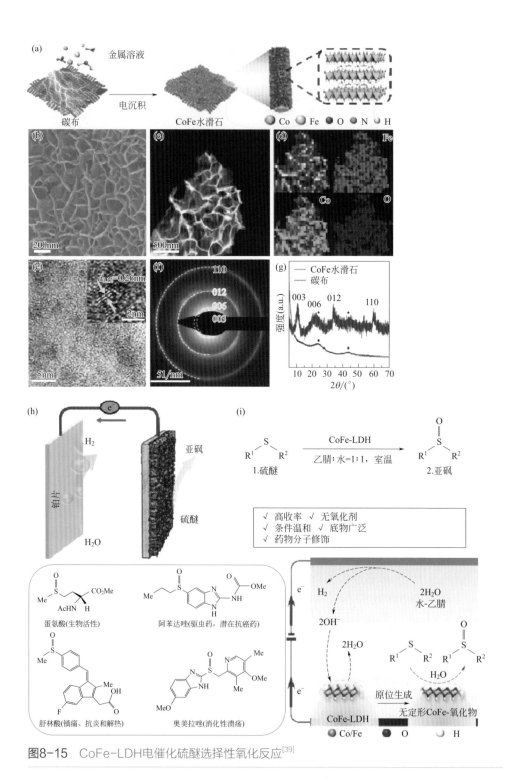

**图8-15** CoFe-LDH电催化硫醚选择性氧化反应[39]

斜率为 60mV/dec，同时经过 8000 次循环伏安曲线的稳定性测试后仍能保证同一过电位下工作电流密度基本不衰减，实现了基于非贵金属 LDHs 的 HER 性能大幅提升（图 8-16）[41]。

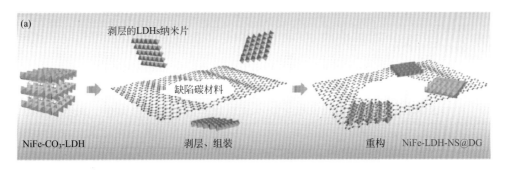

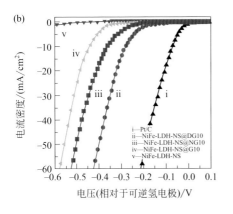

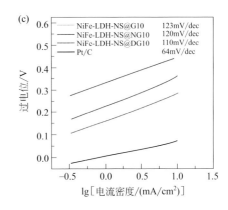

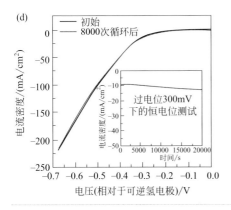

图8-16

（a）NiFe-LDH单层片状结构与缺陷态石墨烯复合的过程；（b）不同材料的HER极化曲线对比图；（c）不同样品的HER Tafel斜率对比图；（d）单层NiFe-LDH纳米片与缺陷态石墨烯复合材料的HER长时间工作稳定性[41]

　　与在 OER 中应用类似，促进生成的氢气气泡迅速从电极表面脱除同样十分重要。Ren 等以泡沫铜为基底，首先通过化学氧化法在基底表面生长氢氧化铜纳米线，再在纳米线表面电沉积一层 NiFe-LDH，其 HER 在 10mA/cm² 的电流密度下过电位为 116mV，作为双功能催化剂用作电解水的阴、阳两极时达到 100mA/cm² 的电流密度下过电位仅为 460mV[42]。后续研究发展出了以泡沫镍为基底的多种高效电催化析氢材料[43-45]，目前最佳的催化性能已经实现在达到 10mA/cm² 的电流密度时，过电位仅为 29mV，这一性能指标可以与传统的 Pt/C 催化剂相媲美[46]。

与 HER 相比，LDHs 利用电催化实现 NRR 的应用实例不多。2020 年，Chen 等人利用微波辅助法在泡沫镍基底上原位生长了 NiFeZn-LDH 纳米阵列，再继续利用 KOH 对两性金属的氢氧化物如氢氧化锌进行选择性刻蚀，最终得到了具有多级孔结构、三维立体化的 NiFeZn-LDH 纳米阵列电极。与之前讨论的 LDHs 在 OER 中的设计理念类似，这一多孔、富缺陷的纳米阵列电极在调控 Ni 和 Fe 离子的电子结构、充分暴露活性位点和增强气体与离子的传质过程方面均有明显的积极作用。在电催化 NRR 中，施加电位为 −0.35V（相对于可逆氢电极）时，最佳样品的最大 NH₃ 产量为 16.89μg/(h·mg)、法拉第效率为 12.5%，证明 LDHs 插层结构材料有着更广泛的应用场景（图 8-17）[47]。

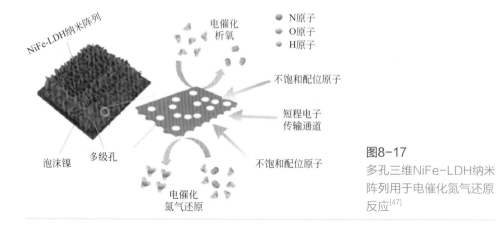

图8-17

多孔三维NiFe-LDH纳米阵列用于电催化氮气还原反应[47]

# 四、小结

LDHs 作为一种组成高度可控、结构可调的二维纳米材料，已经被广泛应用于包括析氧、析氢和氮气还原等多种电催化氧化、还原反应中。尽管不同反应对于活性位点的电子结构、配位方式要求不同，但包括：①剥层处理实现更大的电化学活性比表面积；②引入原子级缺陷实现活性位点充分暴露；③充分利用位于层板的活性位点与层间阴离子间主客体相互作用实现活性的调控和优化等，均为具有研究潜力的本征活性调控手段，也是未来实现更深层次研究的突破点。

在本征活性调控基础之上，基于 LDHs 组装成具有工业化应用前景的超浸润电极为实现具有经济价值的电催化应用提供了新思路。LDHs 二维材料的超浸润电极组装以解决实际工况下传质问题为着手点，实现活性位点的充分暴露，这为实现大电流电解产氢、氮气还原等反应提供了实际的研究方向。

# 第二节
# 光催化材料

随着世界人口的增长和科技的飞速发展，"全球化"加速了人口的流动，促进了经济的发展，但与此同时，化石能源的消耗给生态环境带来了巨大的压力，大力发展清洁能源的需求显得尤为迫切。太阳能作为一种清洁的可持续能源，合理高效地利用太阳能，是解决当前人类所面临的能源、环境问题的理想途径。利用太阳能可以使化学反应在更加温和的条件下进行，且往往具有较高的产物选择性，因而具有广阔的研发和应用前景。

光催化材料在光的照射下产生光生电子和空穴，光生电子具有强的还原能力，可以还原水制备氢气，还原二氧化碳制备太阳燃料，还原 $N_2$ 合成氨；光生空穴具有强氧化能力，可以杀菌、消毒、降低污染物等，也可以利用光生空穴氧化制备高价值化学品。目前主流的光催化材料体系包括：

纳米金属氧化物，如 $TiO_2$、$Fe_2O_3$、$MoO_3$、$WO_3$、$SnO_2$、$V_2O_3$、$Tb_2O_3$、$CuO$、$Al_2O_3$、$NiO$、$ZnO$ 等[48]；

贵金属负载半导体，比如在纳米氧化物 $TiO_2$、$Fe_2O_3$、$WO_3$、$Al_2O_3$、$SrTiO_3$、$V_2O_3$、$CuO$、$NiO$、$ZnO$ 等表面负载贵金属[49]；

表面耦合型半导体，如 $CdS-ZnO$、$CdS-SnO_2$、$CdS-TiO_2$、$CdSe-TiO_2$、$SnO_2-TiO_2$ 等[50,51]；

钙钛矿型氧化物，如 $BaTiO_3$、$SrTiO_3$、$LaFeO_3$ 等[52,53]；

负载型光催化剂，如氧化硅、沸石、氧化铝、活性炭表面负载 $TiO_2$、$ZnO$ 等[54,55]。

但目前的光催化材料面临的主要问题有：①合成制备过程复杂；②光吸收范围窄；③可见光利用率低；④在实际应用中效率低下。因此，寻找一种新型、高效的光催化剂仍十分迫切。

水滑石材料（LDHs）是一种经典的二维阴离子型层状黏土材料，由层板金属元素和层间阴离子构成，由于其合成过程简单、原料价格低廉，而被广泛应用于各种催化反应中。LDHs 层板上丰富的羟基，对 $CO_2$ 等底物具有强烈的吸附作用，而特定的二维层状结构，具有层板金属离子可灵活调变、均匀分布和层板厚度可调等性质，同时层状结构利于光催化反应中光生电子空穴的分离。其禁带宽度可实现 2.1 ~ 3.4eV 范围内的调变，相对于传统光催化剂更占优势，在可见光区域内具有较高的催化活性。因此 LDHs 被认为是具有潜力的光催化还原的催化剂。将 LDHs 真正单独用于光催化始于 2009 年，西班牙 García 课题组首次报道的 Cr-LDH 光催化分解水产氧气[56]，该研究揭开了 LDHs 作为一种独特光催化材料的研究。此后，含有 Cr/Ti/Fe/Zn 等的 LDHs 材料被广泛应用于分解水、$CO_2$ 还原、$N_2$ 还原等方面。2015 年，本书著者团队[36]通过理论计算发现，对 LDHs 层板元素及层间阴离子种类的调控可显著调整 LDHs 的能带结构（图 8-18），从而影响其光吸收范围以及氧化还原电位，使催化剂具有不同的氧化还原能力。此外，可通过调节 LDHs 材料的尺寸大小及厚度，从而可控合成具有催化活性的缺陷位点 LDHs 光催化剂，可以进一步提高催化剂的氧化还原能力。与此同时，可促进对反应中间物的吸附、光生电子-空穴的分离，从而提高光催化效率。相比于其他半导体材料，LDHs 作为一种独特的金属-金属传导催化剂体系（metal-to-metal charge transfer，MMCT）[58,59]，在能带结构的调整、缺陷位点的调控等方面具有独特的优势。此外，该类材料具有可以规模化制备的优势，在光催化、光电催化、光伏催化、光热催化等领域得到了广泛的研究（图 8-19）。

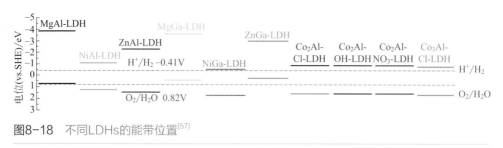

图8-18　不同LDHs的能带位置[57]

# 一、光催化材料典型应用

## 1. LDHs 基材料光催化降解污染物

环境恶化和可持续能源短缺是现代社会面临的紧迫问题。工业生产中酚类、染料和卤代苯化合物等污染物的大量排放对人类社会造成了严重威胁[60,61]，污水处理迫在眉睫[62]。光催化技术由于其众多的优势[63]，近年来为污水处理提供了新的方案（图 8-20）。LDHs 基材料具有能带可调控、光吸收范围较宽、易合成和低成本等优势，为光催化污染物降解研究提供了一条新颖的路线[64-66]。

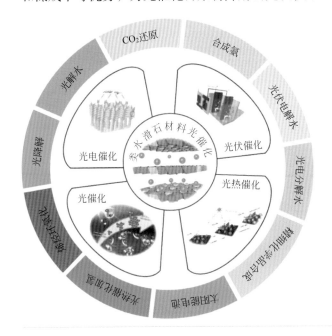

图8-19
LDHs材料在太阳能驱动催化转化领域的应用

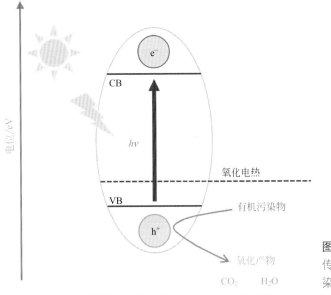

图8-20
传统半导体光催化降解有机污染物机理

偶氮染料凭借其简单的合成工艺、低成本和优秀的着色性，已成为最重要的染料之一，并广泛应用于多个生产领域[67-71]。偶氮染料会阻挡阳光和氧气的透射，而其结构的复杂性使其难以被去除[72]。ZnTi-LDH[73]和含 Cr 的LDHs[74,75]能够有效降解偶氮染料；凭借 LDHs 良好的相容性，本书著者团队在多种基底[76-79]上原位生长 LDHs 薄膜，获得了高于粉末样品的光降解活性[图 8-21（a），（b）]；利用 LDHs 原位拓扑转变的性质，将 LDHs 高温焙烧得到的混合金属氧化物 Ni₂TiO₄[80]、ZnO[78]、ZnAlIn-MMO[81]、MgO/ZnO/In₂O₃[图 8-21（c）][82]、ZnFe₂O₄[83]等材料均在光降解偶氮染料中有优异的表现。

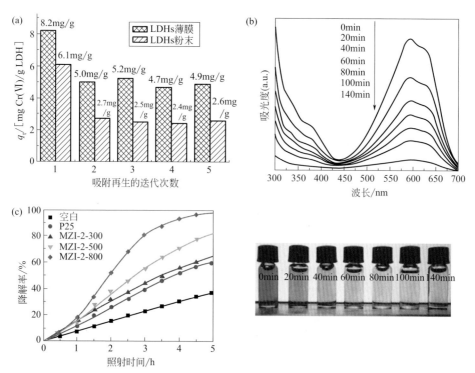

图8-21 （a）LDHs薄膜和粉末吸附Cr(Ⅳ)性能比较[78]；（b）LDH/Al泡沫材料光降解染料瑞马唑亮蓝R过程中的紫外-可见吸收光谱和颜色变化[79]；（c）MgO/ZnO/In₂O₃光降解染料甲基蓝性能[82]

MZI-2-300—MgZnIn-LDH 的 300℃煅烧氧化物
MZI-2-500—MgZnIn-LDH 的 500℃煅烧氧化物
MZI-2-800—MgZnIn-LDH 的 800℃煅烧氧化物

酚类化合物是一类剧毒的芳香烃衍生物，可损伤眼睛、呼吸系统黏膜和皮肤[84]。含 Cr 的 LDHs 具有较小的带隙和较好的可见光吸收性，而且表面丰富的 OH⁻ 能够与光生空穴反应产生具有氧化性的·OH，从而具有优秀的光降解 2,4,6-三氯苯酚活性[74]。通过将 CuCr-LDH 电泳沉积到 Cu 基底上，其光降解活性得到进一步提升[85]。

尽管 LDHs 光催化降解有机污染物取得了重大进展，但在机理的理解和实际应用等方面仍面临挑战。因此，在接下来的工作中需要在探索新的合成方法、制备稳定可回收的 LDHs 基单原子光催化剂以及结合吸附和光催化处理大型工业废物等方面进行重点研究。

### 2. 光催化分解水

（1）光催化分解水产 $O_2$　　2009 年 García 及其同事最早报道了 LDHs 材料可以用作光解水产 $O_2$ 的催化剂[86]，活性最好的 ZnCr-LDH 在 410nm 处的表观量子产率可达 60.9%，从此开启了 LDHs 作为光催化剂的研究。之后，利用 LDHs 的插层组装性质，Hwang 等人制备了 2D ZnCr-LDH 纳米片和层状氧化钛[87]/多金属氧簇的复合材料[88]，获得了比单纯的 ZnCr-LDH 更高的产氧性能。此外，利用 LDHs 尺寸和厚度的可调控性，本书著者团队与 O'Hare 等人通过反相微乳液法成功合成了横向尺寸在 30～60nm 范围内的 NiTi-LDH 纳米片[35]，实现了对 LDHs 表面 $Ti^{3+}$ 缺陷的调控，$Ti^{3+}$ 的密度随着 NiTi-LDH 纳米片尺寸的减小（由 2μm 减小到 30nm）逐渐增加，光催化水分解产生 $O_2$ 的性能随之增强（图 8-22）。

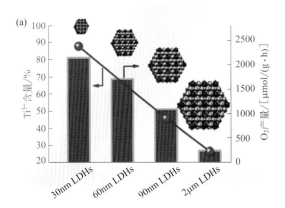

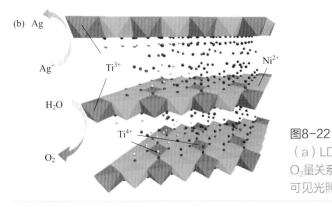

图8-22

（a）LDHs尺寸与$Ti^{3+}$含量及光解水产$O_2$量关系图；（b）$Ti^{3+}$自掺杂NiTi-LDH可见光照射下光解水产$O_2$示意图[89]

不仅如此，超薄的LDHs纳米片结构也表现出了良好的循环稳定性和反应稳定性，进一步证明了LDHs纳米片在光解水领域的应用潜力。虽然LDHs在该领域取得长足进步，但是高活性仍然依赖氧化端的牺牲剂；此外，光催化过程光生载流子分离传输的机理/速率等仍然需要在实验和理论方面进行探究。

（2）光催化分解水产H$_2$以及全分解水　掺铁LDHs材料是最早用来研究光解水产H$_2$的反应体系。通过向MgAl-LDH中掺杂Fe原子，能够获得高达493μmol/(h·g)的可见光催化产H$_2$活性[90]。本书著者团队[91]制备了一系列富含Ti的LDHs材料（NiTi-LDH、ZnTi-LDH、MgAlTi-LDH），在用乳酸为牺牲剂的条件下，显示出优异的光催化分解水产H$_2$的活性：ZnTi-LDH(31.4mmol/h) > NiTi-LDH(15.3mmol/h) > MgAlTi-LDH(4.9mmol/h)，活性远大于层状材料K$_2$Ti$_4$O$_9$（1.7μmol/h）。这是由于LDHs结构中TiO$_6$八面体呈现高度分散状态，且材料表面大量缺陷充当了光生电子的俘获位点，有效提高了光生电子-空穴对的分离，对提高其光解水产氢性能起到关键作用。为了进一步增强电子传输效率，将LDHs与其他材料复合是制备可见光分解水催化剂的有效途径。例如LDHs纳米片可以与其他半导体助催化剂（rGO[82]、CdSe[92]、CdS[92]等）功能化复合。本书著者团队[82]通过原位生长的方法，将NiTi-LDH纳米片锚定在rGO的表面上，成功制备了可见光响应型光催化剂。在500nm下可实现61.2%的量子效率。为了进一步促进载流子转移，该团队设计了异质界面结构Cu$_2$O@LDH光催化剂，在不添加任何牺牲剂和助催化剂条件下实现了光催化全分解水[41,93]。García等人[94]首次报道了将Au纳米粒子与LDHs材料进行复合形成异质结构，作为光催化分解水产氢的新型等离子体光催化剂。采用ZnAl-LDH和ZnCeAl-LDH作为载体，利用LDHs材料的记忆效应，在750℃焙烧成复合金属氧化物后，再在含有AuCl$_3$溶液中进行复原，可以得到分散均匀、粒径尺寸大约2.9nm的Au纳米粒子负载在LDHs上［图8-23（a）］。而直接采用焙烧的氧化物作为载体负载Au形成的粒径较大，约为37nm［图8-23（b）］，从而导致Au NPs与载体的相互作用较弱。通过复原法得到LDHs负载的Au颗粒粒径小，具有较强的等离子体效应，因而在光催化分解水的性能测试中，表现出更优异的产氢性能［图8-23（c）、（d）］。

总的来说，光催化分解水性能的提高，不仅要选择能带合适的光催化剂，同时光生电子-空穴对必须要能够移动到催化剂表面上相应的产氢和产氧活性位点，且需避免其在催化剂表面复合。LDHs材料的层状结构可作为主体材料，其丰富的可调变性有利于能带结构的调控，也可作为催化剂载体材料制备多级复合材料，以促进电子-空穴分离，是一类潜力巨大的光催化水分解催化剂。

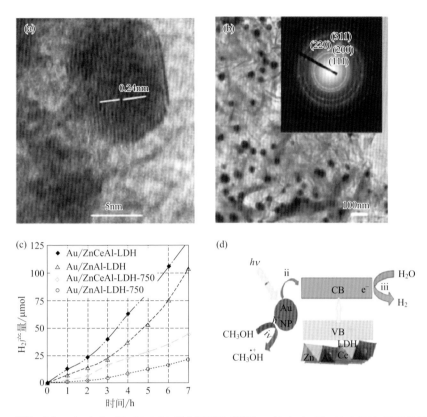

图8-23 （a）Au/ZnAl-LDH的HRTEM图像；（b）Au/ZnAl-LDH-750的TEM图像；（c）Au负载型光催化剂在水-甲醇体系下分解水产氢的性能；（d）Au/LDH在水-甲醇体系下光催化分解水产氢的示意图[95]

### 3. 光催化 $CO_2$ 还原

目前，大量无机半导体光催化剂被用于光催化 $CO_2$ 还原。然而，大多数光催化材料仍存在光吸收性能差、电荷分离能力差、缺少反应活性位点等问题，且其光催化还原 $CO_2$ 效率仍然很低，远不能满足工业化的要求。相对于传统光催化剂，LDHs 因为其独特的层状结构、因层板元素等的不同能带间隙具有丰富的可调控性，有利于光生电子 - 空穴分离，而被认为是一类有潜力的光催化剂。

日本科学家 Izumi[96] 通过 Zn 基 LDHs（ZnCuAl-LDH 和 ZnGaAl-LDH）的催化结果发现，Cu 元素使反应生成 CO/CH₃OH 的活性位点。2012 年，Tanaka 课题组[97] 研究了不同元素组成的 LDHs（NiM-LDH、MgM-LDH 和 ZnM-LDH，其中 M 为 Al、Ga 或 In）的光催化 $CO_2$ 还原活性。最近，本书著者团队[98] 通过理论计算发现光催化 $CO_2$ 还原的选择性与材料中过渡金属的 d 电子结构相关，$t_{2g}^6 e_g^1$

构型的金属阳离子可与氧形成作用力适中的共价键，从而增强对 $H_2O$ 的吸附，进而影响光催化性能。王文中课题组[99]也得到了类似的结论，且发现在低浓度 $CO_2$ 下，CoAl-LDH 可催化生成 $CH_4$，保持 55h 不失活。通过调变 $M^{2+}$ 阳离子来调节超薄 LDHs 光催化剂中的 d- 电子构型是调整 $CO_2$ 转化光催化性能的一种极好的策略。

近年来，使用合成气（CO 和 $H_2$ 的混合物）作为费 - 托反应合成高附加值精细化学品的基本原料已经受到广泛研究。传统的合成气制备方法主要是通过煤和天然气的重整，该过程通常需要苛刻的反应条件，并且不可避免地产生大量的温室气体 $CO_2$。因此，在温和的条件下利用可见光将 $CO_2$ 转化产生比例可调的合成气是一种行之有效的策略。基于此，本书著者团队[100]设计并合成了一系列在超薄 CoAl-LDH 上负载钯纳米颗粒（Pd NPs）的异质结构催化剂。通过调节 Pd NPs 的负载量，产物中 CO / $H_2$ 比例可从 1∶0.74 调至 1∶3［图 8-24（a）］。但由于贵金属储量少且价格昂贵，使其实际应用受到一定限制。接着，他们将 LDHs 与传统的半导体复合形成异质结构，也可有效地调控合成气的比例[101]。通过简单的层板静电作用组装得到 CoAl-LDH/$MoS_2$ 纳米复合材料，实现对产物中合成气 CO 与 $H_2$ 比例的精准调控（1∶1 ～ 1∶15）［图 8-24（b）、（c）］。

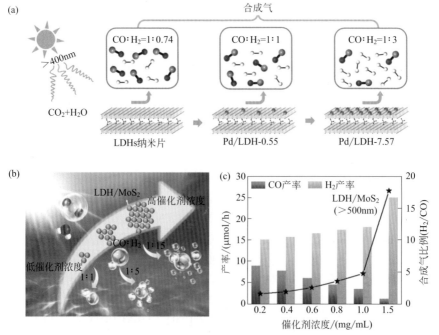

图8-24　（a）贵金属负载的水滑石在调变 $CO_2$ 与 $H_2O$ 反应产物中的应用[102]；（b）、（c）CoAl-LDH/$MoS_2$ 纳米复合材料光催化 $CO_2$ 还原性能示意图[103]

除生成合成气外，在 $CO_2$ 光催化还原过程中，产物 $CH_4$ 具有较高的能量密度，是更有价值的 $C_1$ 产物。但是，从 $CO_2$ 转化到甲烷是一个 8 电子转移过程，该过程在动力学上更加困难，并且 HER 作为竞争反应很难被抑制。在二维材料中引入缺陷位，如氧空位或者金属空位，被证明是一种调控催化活性位点的电子结构，从而提高催化性能的有效方法。在对材料缺陷结构的调控上，张铁锐与本书著者团队 [104] 在不同层厚 ZnAl-LDH 体系中，发现材料中的缺陷位点有利于光催化 $CO_2$ 反应的进行。在此基础上，本书著者团队基于 LDHs 的层板尺寸及厚度可调、层板金属组成可调等特性，提出了调控层板厚度、调变层板元素以及拓扑转变三种方法。

首先，他们通过对 NiAl-LDH 的厚度及粒径的调控 [105]，成功合成不同缺陷密度的 NiAl-LDH，发现单层 NiAl-LDH（m-NiAl-LDH）在 600nm 以上的波段下，$CH_4$ 的选择性接近 50%，同时完全抑制副产物 $H_2$ 的生成。实验和理论计算均表明，单层 NiAl-LDH 优异的催化活性和选择性来源于材料中金属缺陷和羟基缺陷的协同作用［图 8-25（a）～（c）］。与此同时，他们利用 LDHs 层间阴离子可调的特性 [106]，发现与 $CO_3^{2-}$ 插层的 NiAl-LDH 相比，$NO_3^-$ 插层的 NiAl-LDH 光催化活性更高，这是因为 $NO_3^-$ 插层的 LDHs 中有更多的缺陷，且其对可见光的吸收更强，光生电子更不易复合，从而展现出更优异的光催化 $CO_2$ 还原性能。

进一步地，他们发现调变层板元素也是一种极为有效的调变催化剂缺陷及电子结构的策略。通过简单的共沉淀法将 Ni 掺杂到 CoFe-LDH 中，用于高选择性地将 $CO_2$ 光催化还原成 $CH_4$ 和 $CO$ [107]。更令人惊喜的是，在 $\lambda > 500nm$ 下，相比于 CoFe-LDH，NiCoFe-LDH 对甲烷的选择性可从 0% 提高到 78.9%，同时抑制 $H_2$ 生成。在发现 Ni 基 LDHs 对 $CH_4$ 表现出优异选择性的基础上，他们通过调节 LDHs 层板元素组成（Ni 基 LDHs 中三价金属元素），合成了一系列单层的 m-Ni$_3$X-LDH(X＝Cr，Mn，Fe，Co) [108]，从而实现了催化材料中电子结构的调控，并据此探究其与催化性能间的科学关联。光催化 $CO_2$ 还原结果表明［图 8-25（d）］，在 $\lambda > 400nm$ 光照下，m-Ni$_3$X-LDH 的 $CH_4$ 选择性呈"火山形"，m-Ni$_3$Mn-LDH 对 $CH_4$ 的选择性最高，对 $H_2$ 的选择性最低。在 $\lambda＝600nm$ 光照下，m-Ni$_3$Mn-LDH 对 $CH_4$ 的选择性可提升至约 99%，且可以完全抑制 $H_2$ 生成。研究表明，m-Ni$_3$X-LDH 中表面的 Ni 及 O 的价态呈"倒火山形"，和产 $CH_4$、抑制 $H_2$ 的趋势一致，故这种 Ni—O 的负电中心可能是促进 $CH_4$ 生成、抑制 $H_2$ 的活性位点。

除了对 LDHs 材料自身层板粒径厚度调控、层板元素调变外，拓扑转变法在类 LDHs 催化材料的制备中也有重要的应用。本书著者团队 [109] 将 NiAl-LDH 在 $200 \sim 800℃$ 下进行焙烧，通过拓扑转变构筑了一系列具有不同浓度 Ni 缺陷（$V_{Ni}$）和 O 缺陷（$V_O$）的 NiO。通过控制 NiO 中 $V_{Ni}$ 和 $V_O$ 的浓度，实现了对 $CH_4$ 选

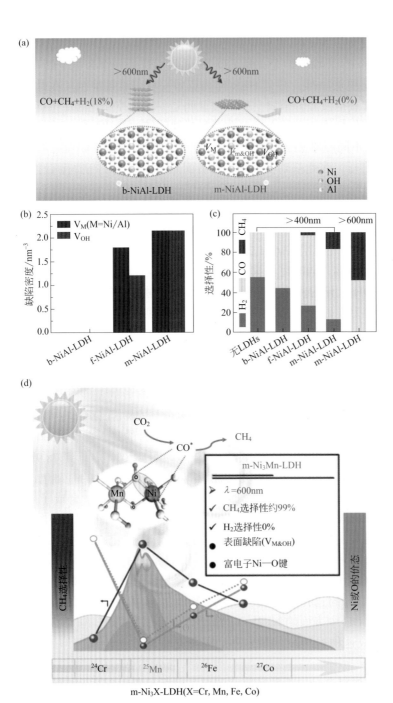

图8-25 （a）～（c）NiAl–LDH光催化$CO_2$还原选择性示意图[105]；（d）m–Ni₃X–LDHs（X= Cr，Mn，Fe，Co)光催化$CO_2$还原选择性示意图[108]

b—体相材料；f—薄层材料；m—单层材料

择性的调控。在 275℃ 下焙烧后的样品，表现出了最大的 $V_{Ni}$ 和 $V_O$ 的浓度，同时也展现出最高的甲烷选择性，且在长波段（$\lambda > 600nm$）仍旧具有催化活性。

目前，在以 LDHs 为载体的材料中，研究者实现了催化剂结构的精准构筑及高效的光催化转化，并通过对 LDHs 缺陷结构和电子结构的精细调控，实现了光催化 $CO_2$ 还原产物的选择性调控，为高波段（$\lambda > 600nm$）下高选择性产 $CH_4$ 及合成气比例的精准调控提供了新思路。但光催化 $CO_2$ 还原的机理尚不明确，产物的附加值还需要进一步提高（高碳烯烃、液态产物等选择性还需要提高）。在今后的研究工作中，需要更多地借助原位表征手段（如：原位红外、原位拉曼、原位同步辐射等）来探究反应机理，以期对光催化 $CO_2$ 还原反应，有更加深入的认识和理解。

### 4. 光催化合成氨

将 $N_2$ 还原为 $NH_3$ 对化学工业和地球的氮循环至关重要，1940 年印度土壤科学家 N. R. Dhar 首次提出使用阳光作为唯一能源直接从 $N_2$ 和 $H_2O$ 生产氨和其他含氮化学物质，称为光催化 $N_2$ 固定[110]。近年来，张铁锐与本书著者团队[59]首次发现富含缺陷的超薄 CuCr-LDH 在可见光甚至 $\lambda > 500nm$ 下，对光催化 $N_2$ 到 $NH_3$ 表现出极高的活性（图 8-26）。这主要归因于超薄 LDHs 纳米片中氧缺陷的引入导致 $MO_6$ 八面体发生变形，促进 $N_2$ 的吸附且丰富的缺陷可充当反应活性位点。为了进一步拓宽太阳能光谱的利用，该团队采用铜掺杂策略成功地合成了超薄 $TiO_2$ 纳米片[111]。在可见光和长波长照射下表现出较高的 $NH_3$ 生成速率，即使在高达 700nm 的光源下仍具有光活性。进一步，在室温下用抗坏血酸还原 CuZnAl-LDH 前驱体[112]成功地合成了 3nm 的超小 $Cu_2O$，并首次将其应用于光催化 $N_2$ 还原为 $NH_3$，展现出优异的活性。

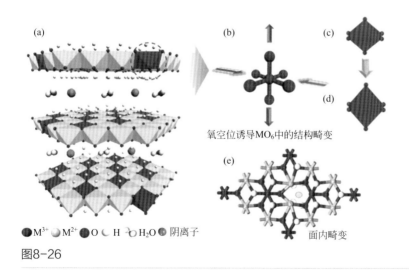

(a)

(b) (c)

(d)

氧空位诱导 $MO_6$ 中的结构畸变

(e)

面内畸变

●$M^{3+}$ ◐$M^{2+}$ ●O ◯H ◌$H_2O$ ⬡阴离子

图 8-26

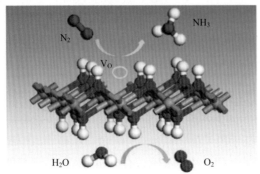

(f)

图8-26 （a）超薄LDHs结构的多面体示意图；（b）LDHs纳米片中$MO_6$八面体的双轴应变：未变形的$MO_6$八面体（c）和相应的应变$MO_6$八面体（d）；（e）DFT计算中的LDHs单层结构模型（氧空位用黄色表示）；（f）光催化合成氨过程[59]

目前，光催化合成氨仍然面临着较低的能量转换效率、产率及装置稳定性等问题，这使得光催化合成氨的成本远远高于其市场价格。考虑到发展阶段的差异和特点，不同策略的互补优势可能是未来的发展方向。LDHs在光电领域均有优异的性能，发展新兴的室温固氮策略，例如光催化、电催化、热催化以及将它们与酶催化配合，可能更适合于小规模合成氨。另外，除合成氨外，还可以考虑固氮产物与精细化学品例如硝酸、乙酰胺和尿素等的偶联反应。

### 5. LDHs 光催化合成精细化学品

苯酚作为重要的有机化工原料，广泛应用于生产酚醛树脂、己内酰胺等重要化学产品，是多种精细化品的原料。目前工业上 95% 的苯酚生产工艺采用异丙基苯氧化多步法，但其能耗高、路线长等问题，严重制约了苯酚的产量。本书著者团队[113]采用空气和水分别作为氧化剂和溶剂，使用 $Zn_2Ti$-LDH 高选择性地实现了苯在水相中向苯酚的直接转化，且苯酚选择性高达81.12%。其合适的价带和导带位置能够分别驱动苯的氧化和活性氧自由基（$\cdot O_2^-$）的产生，而氧缺陷的引入使得电子-空穴复合速率降低，改善了光催化活性[图8-27（a）、（b）]。进一步，该团队又将 NiFe-LDH 用于光催化苯酚羟基化合成苯二酚[102]。通过使用 NiFe-LDH 纳米片（NiFe-NS）作为光催化剂，苯酚转化率和选择性分别可以达到39.74%和99%，而且 NiFe-NS 在550nm 单色光照射下仍能保持高活性[图8-27（c）]。丰富的表面缺陷是 NiFe-NS 催化能力的关键。缺陷不仅使 $H_2O_2$ 更易被吸附在 NiFe-NS 表面，更改变了 NiFe-NS 的能带结构，使电子向 $H_2O_2$ 高效传输，产生了高活性的·OH，进而实现苯酚羟基化[图8-27（d）]。

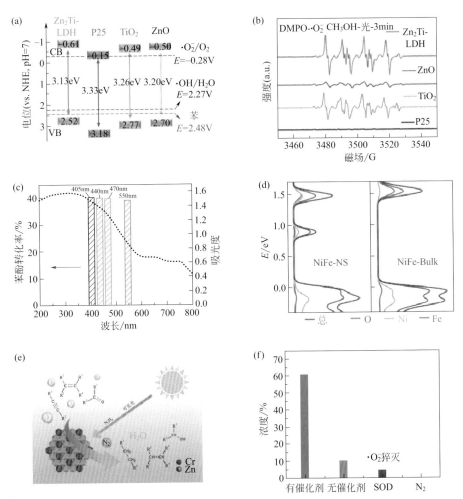

图8-27 不同材料的（a）能带结构和（b）DMPO捕获·$O_2^-$的ESR谱[98]；（c）NiFe-NS 的紫外−可见吸收光谱图和单色光下光催化苯酚羟基化转化率；（d）NiFe-NS和NiFe-Bulk 的态密度图[114]；ZnCr-LDH光催化环辛烯还原（e）示意图和（f）对照实验[115] DMPO—5,5-二甲基-1-吡咯啉-$N$-氧化物

  不饱和键的催化加氢反应在工业上广泛应用于燃料、农药、医药以及精细化学品的合成。本书著者团队[100]利用LDHs作为催化剂，以水合肼替代氢气作为还原剂，在室温、可见光下实现了烯烃高效加氢［图8-27（e）］。其中，ZnCr-LDH表现出最好的催化性能，在氧气氛围下反应4h后，烯烃的转化率达到62.28%［图8-27（f）］，而相应烷烃的选择性高达99%。研究证明水滑石在光照下将氧气转化为超氧自由基，继而将肼氧化为二亚胺，二亚胺将烯烃还原为烷烃。

  利用可再生太阳能在温和的反应条件下进行光催化反应的可行性毋庸置疑，

但与均相催化和传统催化相比，光催化的催化效率依然较低，极大地限制了光催化技术的产业化。而现有的材料对太阳光较低的吸收能力和有限的利用范围也是光催化研究难以回避的问题。通过优化合成方法来调节光催化剂的物理/化学性质和调控反应器、光源、溶剂及添加剂是光催化合成精细化学品的发展方向。

## 二、光电催化材料

光电催化（photoelectrocatalysis，PEC）技术是一种模仿自然光合作用的人工叶绿体，在光照条件下，向半导体材料制成的光电极施加一定偏压，光生空穴（或电子）将会发生定向迁移，到阳极（或阴极）表面以参与氧化（或还原）反应，反应装置使催化过程在空间上是分开的，又由于外置偏压的作用，使得氧化还原两个半反应可以同时进行，无需单独提供牺牲剂促进某个半反应的顺利进行。半导体光电极是 PEC 光电解池的灵魂，因此光电极的发展则代表着 PEC 分解水的研究进展。

本书著者团队[116]将 ZnFe-LDH 纳米阵列垂直生长并高度均匀分布于 $TiO_2$ 表面［图 8-28（a）］，层板间强相互作用和电子结构的高匹配度促使光生空穴可高效迁移进而提升水氧化速率。该团队组进一步将 Ag 及 ZnFe-LDH 负载于 $WO_3$ 表面实现了对自然水资源（如海水等）直接光电分解制备氢能源[117]，使得 LDHs 光电协同分解水的应用有望拓展到工业生产领域［图 8-28（b）］。此外 LDHs 与还原 $TiO_2$ 复合的 $Ti-TiO_{2-x}$@CoCr-LDH 光电阳极也表现出优异的 PEC 性能[118]，除了 LDHs 可以促进 $TiO_2$ 的光电活性，金属氧化物的引入也可以促进反应体系性能的提升。引入空穴捕获剂 $Co_3O_4$ 的 $TiO_2$/C 光电阳极在温和条件下实现了首次基于 PEC 水分解-氧化偶联的芳基氧化反应［图 8-28（c）］[119]，利用分解水产生的中间活性氧物种，进一步偶联精细化学品氧化转化，实现了分解水耦合氧化反应思想的贯通。此后，本书著者团队[120]通过相似方法制备了 ZnO@CoNi-LDH，ZnO 与 CoNi-LDH 的协同作用可高效催化分解水生成氧气。进一步，基于碳材料及碳氮材料良好的导电性，还将还原氧化石墨烯（reduced graphene oxide，rGO）与 NiFe-LDH/$TiO_2$ 复合制备光电极材料［图 8-28（d）］[121]，rGO 的引入不仅促进了光生载流子的有效分离与传输，还有效降低了 NiFe-LDH 的电沉积电位，从而促进反应性能的提升。本书著者团队[122]通过分别先后沉积金纳米粒子负载的 $SiO_2$（Au@$SiO_2$）到 $BiVO_4$ 上构建了两种光电阳极材料，分别为 LDH/Au@$SiO_2$/$BiVO_4$ 和 Au@$SiO_2$/LDH/$BiVO_4$。相比于 Au@$SiO_2$/LDH/$BiVO_4$，LDH/Au@$SiO_2$/$BiVO_4$ 光电阳极表现出更加优异的光电性能，光电流密度达到 $1.92mA/cm^2$。结果表明，LDH/Au@$SiO_2$/$BiVO_4$ 光电阳极中的 Au@$SiO_2$ NPs 在背面光照条件下，更容易吸收足够的光来激发 LSPR（局域表面等离子体共振）效应，从而提高 $BiVO_4$ 中的电荷分离效率，增强了体系的水氧化性能。

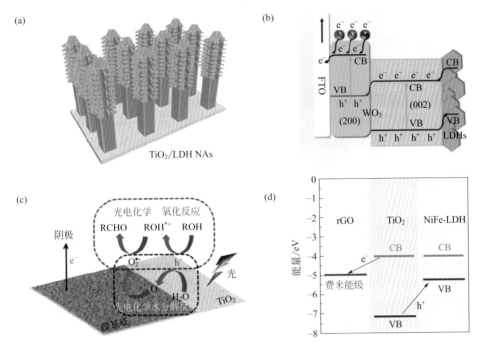

图8-28　(a) TiO₂/ZnFe-LDH复合催化剂形貌示意图[116]；(b) Ag/WO₃/ZnFe-LDH
NSAs能带结构示意图[117]；(c) TiO₂/C/Co₃O₄的光电氧化耦合反应机理图[119]；
(d) TiO₂/rGO/NiFe-LDH的PEC机理图[121]

　　总体上来说，LDHs 基光电极材料的发展以构筑多级阵列型或多孔型的异质结构，从而构成 LDHs 与半导体之间相匹配的能带结构为研究思路，不仅可以充分暴露大量催化活性位点，而且可有效促进光生电子空穴的高效分离与定向传输。虽然目前已取得良好进展，在未来研究中仍有很多挑战和机遇。半导体材料 TiO₂ 仅在紫外区域有响应，极大限制了对太阳能的利用率，可通过掺杂等策略改变其电子结构来拓展其在可见及红外区域的光响应；同时，对于光生载流子分离和传输目前基于能带结构对传输方向及反应位点的判断与讨论，或许可以借助更多的原位时间或空间分辨的表征来得到对反应过程更直观、深层次的认识；此外，对于材料结构的设计可以更多关注到微观纳米甚至原子尺度上，从界面、缺陷角度探究材料催化活性位点对反应性能的影响。

# 三、光伏催化材料

　　光伏（photovoltaic）是太阳能光伏发电系统（solar power system）的简称，是一种利用半导体（Si 基）材料将太阳能直接转换为电能的新型发电系统。太阳能电池是太阳能光伏发电的基础和核心。目前，氢气是最简单的储能载体，而光伏电池制氢是广泛研究的热点之一。光伏电解水制氢利用光伏设备实现光能到电能的转换，然后通过电解池实现电能到氢能的转换。

罗景山等人[33]报道了由钙钛矿 CH₃NH₃PbI₃ 太阳能电池与 NiFe-LDH 连接后，太阳能-氢能转换效率可达 12.3%［图 8-29（a）］。钙钛矿材料由于较窄的能带间隙，从紫外光区到 800nm 红外光区域表现出良好的光电转化效率，进一步由于 NiFe-LDH 在电解水中优良的 HER 和 OER 性能，从而可实现整个光伏系统从太阳能到氢能的高效转化。本书著者团队[37]制备的 NiFe/NiSₓ-Ni 阳极在光驱动电解海水中表现出较高的太阳能-氢能转换效率（11.9%），NiSₓ 钝化层可有效抑制 Cl⁻ 对光电阳极材料的刻蚀，此外在商业硅太阳能电池的 2.75V 驱动下电流可高达 880mA，极大推进了光伏电解海水的产业化研究［图 8-29（b）］。LDHs 经过煅烧得到的高度分散的混合氧化物薄膜，可以被用作染料敏化太阳能电池（DSSC）的半导体。Garcia 等[123]利用 ZnTi-LDH 焙烧得到了高度分散的 ZnO 和 TiO₂ 纳米晶（MMO）作为半导体，并以钌的多吡啶配合物为染料，制成的 DSSC 效率值达到 0.64%。除此之外，将 Fe 修饰在 MgAl-LDH 中制备的 MgFeAl-LDH ［图 8-29（c）］[124]，可以同时作为光吸收剂和电荷分离剂，取代 DSSC 中的染料

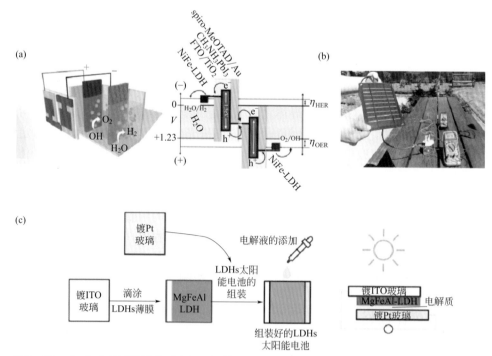

图8-29　（a）水分解装置的示意图和钙钛矿串联电池用于水分解的能量示意图；（b）商业硅太阳能电池2.75 V驱动电解海水图[37]；（c）LDHs太阳能电池制备示意图[124]

和半导体复合物。将硬脂酸插层的 MgAl-LDH 作为添加剂加入 DSSC 的复合凝胶电解质中[125]，可将 PCE（能量转换效率）进一步提高到 2.86%。

整体来看，光伏电解水制氢主要影响因素是光伏材料的光电转化效率和电催化材料的 HER 催化活性。虽然硅基太阳能电池板仍是目前应用最广泛的光伏材料，但是钙钛矿材料在红外光区域的良好光电转化效率使得其极具竞争力，然而如何实现钙钛矿材料的结构稳定性是未来研究的难点之一。与此同时，促进 LDHs 基电催化材料与光伏材料间的电子传输也是光伏电催化体系的重要部分，并且 LDHs 基材料与光伏材料间的界面和电子相互作用则需要更深一步的认识与分析。

## 四、光热催化材料

催化反应在能源领域一直扮演着重要的角色，其中光催化和热催化都被当作是相互独立的两个反应，且有着各自的不足。在光催化反应中，可利用的光源有限且在特定波段下的入射光往往不能激发目标反应的发生；相比于光催化反应，热催化反应可以通过加热的方式促使反应发生，但是热催化反应耗能比较严重。因此，有必要把这两种催化过程结合起来，即发生光热催化，改善单一催化所带来的不足，开辟了一条切合实际的新的催化路径。光热催化根据反应活性差异分为：①光诱导热效应（即光生热），其中光能仅用作热源，催化剂收集太阳能并在光照射下实现光热转化。但是，在高温下发生的反应仍以与传统的热催化反应相似的方式进行，光催化作用很小。②光热协同，光催化和热催化协同参与催化反应，通过整合光热效应提高活性和选择性，反应活性优于单独的热催化。

张铁锐与本书著者团队[126]以 ZnFeAl-LDH 纳米片为前体在不同温度下的氢气氛围中，成功制备了一系列新颖的铁基异质结构光催化剂［图 8-30（a）］。XAFS、原位 XPS 以及 TEM 等手段原位跟踪了催化剂的生成过程，在还原温度为 500℃时，形成了负载在 ZnO 和无定形 $Al_2O_3$ 上的 $Fe^0$ 和 $FeO_x$ 纳米颗粒。该催化剂表现出优异的 CO 加氢性能，对烃类选择性为 89%。这是由于 Fe‐500（温度为 500℃）光催化剂中金属 $Fe^0$ 和 $FeO_x$ 之间紧密而丰富的界面接触，改变了催化剂的电子环境，这种独特的结构更有利于光照条件下 CO 的活化。为了进一步研究 LDHs 还原形成的单质与氧化物界面对光热催化的影响，该团队以 CoFeAl-LDH[127] 纳米片为前体通过在 300～700℃下 $H_2$ 还原，成功制备了一系列 CoFe-X 催化剂［图 8-30（b）］。在紫外‐可见光激发下，不同催化剂在 $CO_2$ 加氢中表现出不同的活性和产物选择性。当还原温度高于 600℃时，获得了氧化铝负载的 CoFe 合金催化剂，该催化剂表现出高的光热 $CO_2$ 转化率，且对烃的选择性高（约95%）。外部直接加热条件下的$CO_2$转化曲线和温度几乎与光热条件下相同，进一步说明$CO_2$加氢过程是通过光热途径而不是光催化途径发生的。同样的，为了进一步研究LDHs还原的CO还原活性，该团队在不同温度通过$H_2$还原ZnCoAl-LDH[128]和CoAl-LDH[129]纳米片，成功制备了一系列具有不同化学成分的新型Co基光热催化剂，均表现出出色的CO加氢性能。

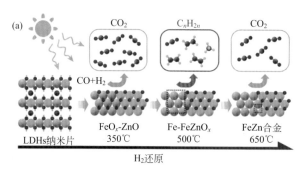

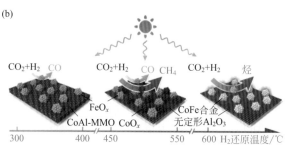

图8-30
（a）通过不同温度（X）氢气还原ZnFeAl-LDH纳米片得到的Fe-X光催化剂及在紫外-可见光激发下CO氢化反应的选择性[122]；
（b）通过在不同温度下氢还原CoFeAl-LDH纳米片前体形成的不同CoFe-X催化剂及其对应$CO_2$加氢选择性[131]

  除了传统的光诱导热效应外，将光催化和热催化耦合，光生载流子与热效应的协同作用也有益于催化。光热协同催化既能解决催化反应动力不足的问题又能弥补高能耗输入的缺陷，以期望实现"1+1>2"的催化反应效果。张铁锐与本书著者团队通过煅烧还原Ni基LDHs[130]，获得$NiO_x$负载的Ni（$NiO_x$/Ni），并将其用作CO加氢光催化剂，光热条件下对$C_{2+}$烃的选择性高达80%。EXAFS和原位XPS结果表明，随着还原温度的升高，氧化镍逐渐消失，单质Ni逐渐形成。当还原温度为525℃时（Ni-525），催化剂表面中的氧化镍和金属镍共存，对$C_2 \sim C_7$的选择性可以达到80%。结果说明，表面氧化物对Ni基催化剂纳米结构的调节，改变了其电子结构，使其能够催化C—C偶联反应，从而导致高级烃的形成。该工作构建了具有光催化活性的新型Ni基催化体系，用于将合成气转化为高级烃，为温和的反应条件下利用太阳能生产燃料/化学品提供了可能。

光热催化能够实现对太阳光光谱的充分利用，同时具有光催化反应能耗低和热催化反应转化率高、选择性好的优势，因此能够有效提高催化效率，在太阳能光催化领域具有更为广阔的应用价值。但是，目前对于光热催化反应的影响因素、内在机制解析以及如何针对具体反应设计有效的光催化剂尚不清楚，因此，在未来的工作中除了设计高效的催化剂外，对于反应的动态监测、反应器设计以及反应机理的进一步认识也尤为重要。

# 第三节
# 超电容材料

开发新型、高效的储能器件对于电化学储能技术的发展意义重大。在众多储能器件中，超级电容器（SC）具有长循环寿命、高功率密度、低成本和高安全性等特点，被广泛应用于电动设备、电气设备、军事及航空等领域。基于电荷存储机制，SC 大致可以分为双电层电容器（EDLC）和赝电容器。双电层电容器是通过电容性材料形成双电层，能很快地存储能量。赝电容器通过在电极活性表面发生可逆的法拉第氧化还原反应来进行电荷存储，其比电容值是 EDLC 的 10 ～ 100 倍。在研究发展过程中，超级电容器的比容量大小以及循环稳定性一直是研究者关注的两个难题。由于赝电容反应（法拉第反应）只发生在与电解液接触的电极近表面，通常认为，电解液中的离子最深可以扩散到电极表面以下 20nm 的深度，大部分底层的电极材料没有参与到储能过程，导致活性材料利用率低等问题[132]。层状双金属氢氧化物（LDHs）具有典型的层状结构，是由带正电荷的一种或者多种金属氢氧化物层板和层间阴离子分别作为主体和客体形成的。正是由于 LDHs 特殊的结构带来的特性，其在电化学储能领域中也得到了广泛的应用。

## 一、LDHs储能材料的电化学活化

在早期的研究中，基于 LDHs 主体层板的高效可逆的氧化还原特性，一直被用作性能优异的碱性 SC 的法拉第赝电容材料。但由于 LDHs 在高电位下较强的析氧反应，导致其电位窗较低（<0.5V）、稳定性较差。针对上述问题，邵等人报道了一种简单且普适的电化学活化策略，使得 LDHs 获得优异的金属阳离子存储特性［图 8-31（a）～（c）］[122]。在中性水系溶液中，电化学活化后的

LDHs 表现出可逆嵌入各种金属阳离子（例如一价 $Na^+$、$K^+$ 和二价 $Ca^{2+}$、$Mg^{2+}$ 和 $Zn^{2+}$）的能力的巨幅提升。与饱和甘汞电极（SCE）相比，其电位窗口能够拓宽至 $0 \sim 1.0V$。例如，活化的 CoFe-LDH 纳米阵列显示出明显改善的比电容性质：$Li^+$（434F/g）、$Na^+$（417F/g）、$K^+$（551F/g）、$Ca^{2+}$（582F/g）、$Mg^{2+}$（629F/g）和 $Zn^{2+}$（330F/g），分别是未活化 CoFe-LDH 比容量的 26 倍、27 倍、33 倍、34 倍、43 倍和 24 倍。通过系统的实验研究和密度泛函理论（DFT）计算表明，活化后的 LDHs 材料中的氢空位（LDH-HV）在离子插层存储中扮演着关键作用。为了进一步揭示阳离子嵌入与二维层状材料晶体结构之间的关系，邵等人进一步提出了利用形貌尺寸相似、晶相结构不同的 $Co(OH)_2$［$\alpha$-$Co(OH)_2$ 和 $\beta$-$Co(OH)_2$］为研究模型，探索其金属离子存储机理[133]。其中，$\alpha$-$Co(OH)_2$ 具有类似水滑石的插层结构，而 $\beta$-$Co(OH)_2$ 具有类似水镁石的非插层结构。随后，对两种样品均进行了电化学活化处理以进行表面重建［分别表示为 E-$\alpha$-$Co(OH)_2$ 和 E-$\beta$-$Co(OH)_2$］。值得一提的是，E-$\alpha$-$Co(OH)_2$ 和 E-$\beta$-$Co(OH)_2$ 表现出截然不同的阳离子存储性能：E-$\alpha$-$Co(OH)_2$ 显示出对各种金属离子的存储性能得以极大改进（例如 $Li^+$、$Na^+$、$K^+$、$Mg^{2+}$ 和 $Ca^{2+}$ 比电容分别 191F/g、112.8F/g、89.2F/g、120F/g 和 103.3F/g，约是 E-$\beta$-$Co(OH)_2$ 的比电容的 4 倍以上）［图 8-31（d）～（f）］。此外，系统的实验进一步证明了具有插层结构的 $\alpha$-$Co(OH)_2$ 更倾向于发生相变重构，有利于金属阳离子的存储性能的改善。相反，$\beta$-$Co(OH)_2$ 则难以实现相变，导致容量有限和相对较低的稳定性。

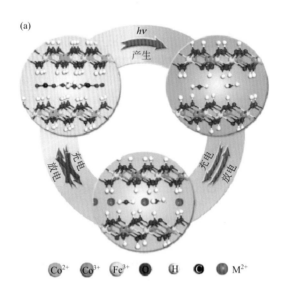

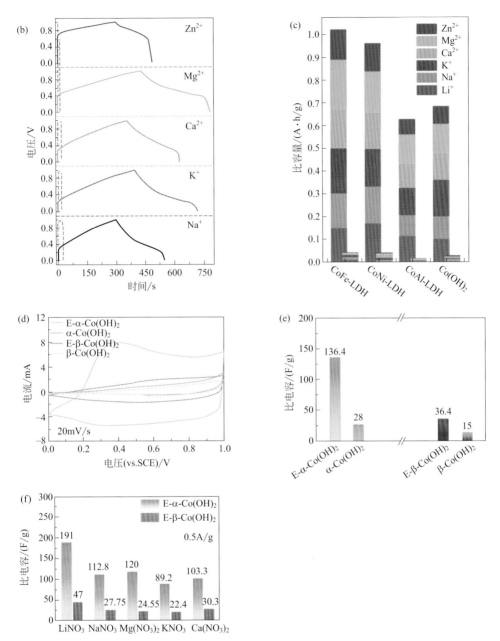

图8-31 （a）电化学活化过程后氢空位的产生对LDHs结构及存储能力的影响示意图；
（b）在2A/g的电流密度下，不同的金属盐溶液中电化学活化后的CoFe-LDH和初始CoFe-LDH的相应充放电曲线；（c）电化学活化处理前后CoFe-LDH、CoNi-LDH、CoAl-LDH和Co(OH)$_2$电极的离子存储性能[122]；在电化学活化前后，α-Co(OH)$_2$和β-Co(OH)$_2$电极的（d）循环伏安曲线、（e）及（f）离子存储性能比较[133]

## 二、纳米阵列电极LDHs超级电容器

近年来，纳米阵列材料的设计合成以及在电化学领域中的应用得到了众多研究者们的关注。通过纳米尺度的单元组装、生长在导电基底上，可以实现电极材料的众多结构优势，例如活性物质的固定化，更大的比表面积和孔隙率等特性。

本书著者团队[134]通过多孔纳米结构阵列的设计思路，在泡沫镍基底上原位合成 CoAl-LDH，得到了多孔的碱式碳酸钴（MPCCH）纳米阵列（图 8-32）。通过电化学测试，MPCCH 纳米阵列在 5mA/cm²、10mA/cm²、20mA/cm²、30mA/cm²、50mA/cm² 的电流密度下表现出了 1075F/g、970F/g、858F/g、808F/g 和 780F/g 的比电容。同时，MPCCH 纳米阵列也具有很好的稳定性，在高电流密度下经过 2000 次循环后，材料仍可以维持原来容量的 92%，体现出纳米阵列在电极材料稳定性方面的优越性。纳米阵列结构在超电容电极领域具有的优势包括高的比表面积、电子传输性质、孔隙率等。

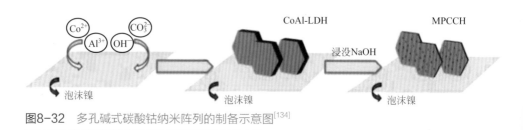

图8-32 多孔碱式碳酸钴纳米阵列的制备示意图[134]

## 三、多级纳米结构LDHs超级电容器

通过构筑纳米阵列结构，电化学活性材料的储能性能可以大幅度提升。对于一级结构的纳米阵列来讲，其单位面积的负载量有限（大约为 2.2 ~ 2.9mg/cm²），导致其单位面积的比电容不高（4.4 ~ 7.9F/cm²）。为了解决上述问题，人们通过构建纳米结构（例如核壳纳米线或超细纤维，纳米阵列膜）来提高基于 LDHs 的 SC 的存储性能。例如，本书著者团队以二氧化硅（SiO₂）作为硬模板，制备内部孔隙率可调的核壳结构的 LDHs 微球。值得一提的是，空心 NiAl-LDH 微球在 2A/g 的电流密度下比电容可达到 735F/g，明显高于核壳结构和蛋黄壳结构。此外，空心微球显示出良好的循环性能（在 8A/g 电流密度下经过 1000 次循环后，其比电容增加了 16.5%）和优异的倍率性能（在 25A/g 大电流密度下，其比电容可保留初始值的 75%）（图 8-33）[135]。

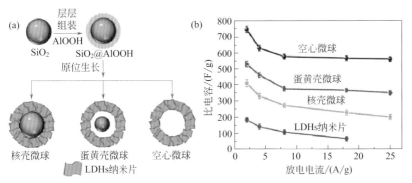

图8-33 （a）从核壳结构到中空结构的LDHs微球的制备示意图；（b）空心、蛋黄壳、核壳的LDHs微球和LDHs纳米片的比电容与放电电流之间的关系[135]

　　本书著者团队[136]提出了一种多步水热合成方法负载多尺度复合的多级纳米阵列结构用于制备高负载量的纳米阵列（图8-34）。多级纳米阵列的优势在于其可以高负载活性材料，保证了良好的电子传导性以及与基底接触牢固而实现的良好循环稳定性。利用Co₃O₄作为一级阵列结构，NiO作为二级负载的纳米结构，构筑了具有多级结构的Co-Ni-O纳米阵列。电化学测试结果证实多级结构Co-Ni-O纳米阵列在5mA/cm²的电流密度下表现出2098F/g的超高比电容。值得注意的是，所构筑的电极的单位面积负载量为12mg/cm²，实现了商业化对高负载、高容量的需求。

图8-34 （a）从左至右依次是氢氧化钴纳米片阵列，碱式碳酸镍包氢氧化钴纳米阵列和煅烧后的多级结构Co-Ni-O纳米阵列；（b）由氢氧化钴煅烧转变的Co₃O₄纳米片阵列的扫描电镜图；（c）和（d）低倍和高倍的多级结构Co-Ni-O纳米阵列的扫描电镜图；（e）多级结构Co-Ni-O纳米阵列透射电镜图[136]

通过上述介绍，纳米阵列结构在超电容电极领域具有的优势包括高的比表面积、电子传输性质、孔隙率等。为了进一步提高材料的比容量，可实施的方法主要有提高材料的孔隙率和增加活性比表面积。刘等人[137]通过自生成-牺牲模板法构建了多级介孔的 NiO 阵列电极材料（NiO-HMNAs），其具有超高的电容量（3114F/g，5mA/cm²）和良好的循环稳定性能（4000 次循环后容量保持在 87.6%），如图 8-35 所示。将其与石墨烯气凝胶材料组装成混合电容器，表现出较高的能量密度（67.0W·h/kg，320W/kg）和循环稳定性（6000 次循环后容量保持在 89.6%）。

(a)

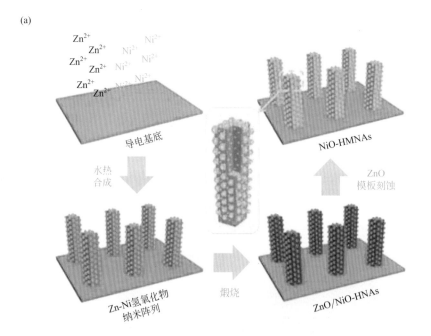

(b)

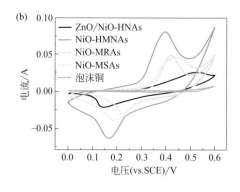

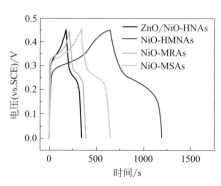

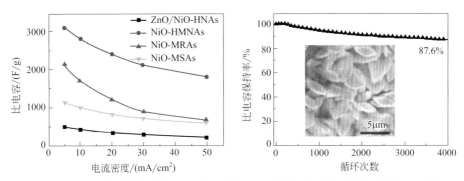

**图8-35** 自生成−牺牲模板法构建多级介孔的NiO阵列电极材料过程示意图（a）及其电化学性能（b）[137]

## 四、LDHs/碳复合超级电容器

导电基底上原位生长具有特定形貌结构的LDHs纳米片是一种增强电极离子和电荷载流子传输的有效方法。据报道，泡沫镍电极上原位生长的CoNi-LDH电极阵列显示出显著增强比电容（在3A/g时可高达2682F/g）和能量密度（在623W/kg时为77.3W·h/kg）以及良好的稳定性[138]。同时，将NiMn-LDH原位生长于碳纳米管（CNT）骨架上，在1.5A/g时可提供最大比电容2960F/g和出色的倍率能力[35]。此外，可以通过原位生长方法将CoMn-LDH生长于柔性的碳纤维膜上，所得到的CoMn-LDH/CF电极提供高比电容（在2.1A/g时可高达1079F/g），甚至在超高的电流密度下也具有出色的倍率性能（在42.0A/g时的比电容保持率为82.5%）[139]。同时，将NiMn-LDH原位生长于碳纳米管骨架上，在1.5A/g时可提供最大比电容2960F/g和出色的倍率能力（图8-36）[35]。

近期，基于核壳NiCo-LDH@CNT电极的超级电容器表现出优异的性能：最大工作电压为1.75V时能量密度为89.7W·h/kg，并且最大功率密度为8.7kW/kg，最大功率放电时能量密度为41.7W·h/kg[140]。石墨烯具有高电荷迁移率和高比表面积，已被有效地用于支持LDHs材料高效的SC。因此，NiAl-LDH/石墨烯复合物表现出最大比电容为781.5F/g，出色的循环寿命，经过200次循环测试后比电容增加22.5%[141]。CoNi-LDH/rGO超晶格复合材料在放电电流高达30A/g时仍能显示出较高的比电容（约500F/g）[142]。

此外，邵等人[143]将LDHs纳米片引入到还原氧化石墨烯的层间，通过抽滤的方法得到了具有介孔结构的自支撑的rGO/CoAl-LDH薄膜电极。其中，石墨烯纳米片作为导电和强大的网络；而所嵌入的LDHs为介孔的创造者，提供高活性比表面积和额外的赝电容。通过使用介孔rGO/CoAl-LDH自支撑膜制备的非对称的SC器件在0.09kW/kg时能量密度为22.6W·h/kg，在6W·h/kg下功率密度为

1.5kW/kg 和较长的寿命（5000 次循环），远胜于已报道的基于 rGO 的自支撑电极。吴等人[35] 报道了一种简便策略将十二烷基硫酸根阴离子插层的 CoAl-LDH 纳米片和高导电性 rGO 复合构筑为一体化多孔材料（称为 GSP-LDH）。由于离子/电子的快速传输，GSP-LDH 表现出高比电容（在 1A/g 时，其比电容可高达 1043F/g）和出色的循环稳定性（2000 次循环后的初始电容保持率为约 84%）。

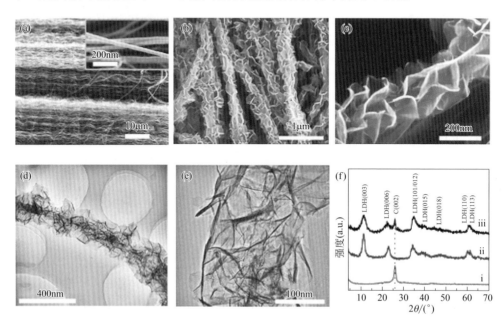

图8-36　（a）原始CNT的SEM图像（插图：放大图像）；（b），（c）NiMn-LDH/CNT 的SEM图像和（d），（e）TEM图像、（f）XRD谱图[35]
i—原始CNT；ii—NiMn-LDH粉末样品；iii—NiMn-LDH/CNT

## 五、LDHs/导电聚合物复合超级电容器

除碳材料外，将导电聚合物与 LDHs 相复合能够实现在电化学过程中电荷传输的极大改善，也是一种获得性能优异的超级电容材料的有效途径。由 CoNi-LDH 单层和商业聚合物 PEDOT∶PSS 通过静电自组装的方式构筑了超晶格异质结构，表现出优异的 SC 性能[104]。在 2A/g 时，复合材料的比电容可高达 960F/g，并且具有优异的倍率性能（在 30A/g 时，其比电容保持率为初始值的 83.7%）。此外，将导电聚合物 PEDOT 原位生长于 CoAl-LDH 表面（CoAl-LDH@PEDOT），该电极可获得优异的倍率性能，具有较高的比能量［39.4W·h/kg（40A/g）］。同时，邵等人[92] 通过两步法合成制备了具有核壳结构（PPy 核和 LDHs 壳）的纳米线阵列。所构筑的 PPy@LDH 核壳 NWs 阵列在电流密度为 1A/g

时，比电容可高达2342F/g，分别是原始PPy（1137F/g）和单纯CoNi-LDH（897F/g）比电容的2.1倍和2.6倍。以PPy@CoNi-LDH电极材料制造的全固态非对称超级电容器在2.4kW/kg时，能量密度约为46W·h/kg；在11.3W·h/kg时，功率密度约为12kW/kg，如图8-37所示。

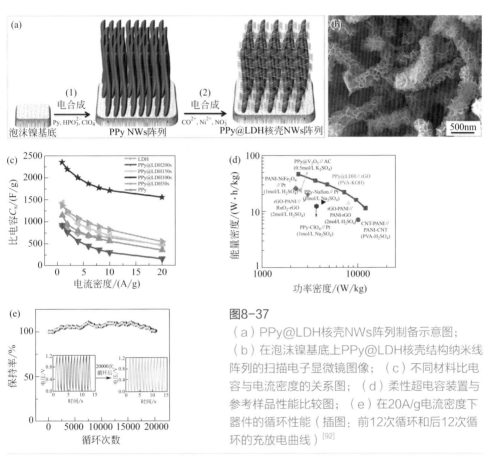

图8-37
（a）PPy@LDH核壳NWs阵列制备示意图；
（b）在泡沫镍基底上PPy@LDH核壳结构纳米线阵列的扫描电子显微镜图像；（c）不同材料比电容与电流密度的关系图；（d）柔性超电容装置与参考样品性能比较图；（e）在20A/g电流密度下器件的循环性能（插图：前12次循环和后12次循环的充放电曲线）[92]

## 六、柔性超级电容器

最近由于柔性和轻型线形超级电容器在设备设计方面的多功能性和便携式应用的潜力，引来了越来越多的关注。基于此，邵等人[143]在铜线上成功构筑了由CuO纳米线为核和CoFe-LDH纳米片为壳的一维纳米阵列电极，并对材料的结构和形貌进行精细调控，所获得的复合电极表现出出色的能量密度（1.857mW·h/cm³）和长循环稳定性（超过2000个周期器件电容保持率为99.5%），见图8-38（a）～（c）。此外，现有的电极材料中大多存在较低电导率和缓慢的反应动力学等问题。基于此，邵等人[144]设计并构筑了 ZnO@C@CoNi-LDH 和 Fe₂O₃@C 核壳结构的纳米线阵列，并组装为非对称柔性固态超级电容器器件。所获得的分层核壳型纳米棒阵列拥有较高的电化学比表面积，可提供丰富的活性位点。所制备的电极组装成 SC 后具有较高能量密度（$1.078mW \cdot h/cm^3$），较高的功率密度（$0.4W/cm^3$）以及出色的循环寿命（10000 次充放电循环后其保持率为 95.01%），见图 8-38（d）～（g）。

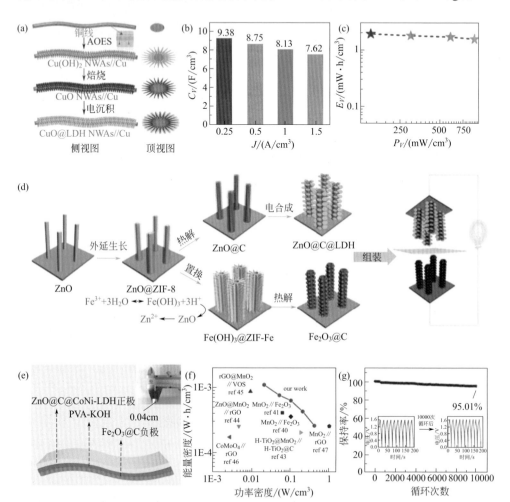

图8-38　（a）在铜线上制备的多级核壳结构CuO@CoFe-LDH纳米线的示意图；（b）线形SC器件电流密度（$J$）与比电容（$C_v$）的关系图及（c）能量比较图[143]；（d）非对称FSSC中ZnO@C@CoNi-LDH正极和Fe₂O₃@C核壳纳米线阵列负极的制备示意图；（e）基于ZnO@C@LDH，Fe₂O₃@C电极和PVA-KOH电解质的柔性SC器件示意图；（f）所构筑的柔性SC与之前文献报道的能量比较图及（g）该柔性器件在20A/g电流密度下的循环性能（插图：前10次和后10次循环的充放电曲线）[144]

随着超电容市场的发展及实际应用的需求，对柔性电极的能量密度和功率密度提出了更高的要求。尽管前期科研工作者付出了巨大的努力，但要实现电极上活性物质的高密度而不影响电极的性能仍然是一个巨大的挑战。邵等人[145]首次提出利用原子经济自维持CVD（SSCVD）方法，将碳纳米管原位组装到纳米阵列上进而形成优异的复合载体，以用于均匀超高质量负载的赝电容材料。所构筑的Co@CNT内核-外壳纳米阵列（NAs）被进一步用作导电基底用于赝电容活性材料（例如CoNi-LDH）的均匀沉积，其负载量可>15mg/cm$^2$。同时，该复合电极的离子和电子传输能力均得到改善。因此，Co@CNT@LDH-NA电极表现出3.18mA·h/cm$^2$的极高面积比容量和63.6mA·h/cm$^3$的体积比容量，这是目前报道的柔性自支撑电极获得的最大值。另外，在2D CoAl-LDH NS上生长的CNT作为SC的负极材料也具有较高的活性。Co@CNT@LDH-NA和CNT-NS进一步分别用作正极和负极来用于柔性的固态SC（FSSC）的组装。所构筑的柔性SC具有出色的超级电容性能：较高的能量密度（98.4W·h/kg；19.7kW·h/m$^3$），功率密度（35kW/kg；7000kW/m$^3$），以及出色的循环寿命。以上结果表明所构筑的复合电极在实际便携式产品中作为能量存储系统的巨大潜力，相关示意图见图8-39。

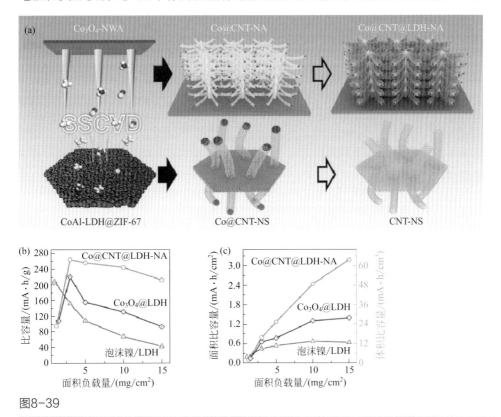

图8-39

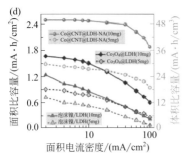
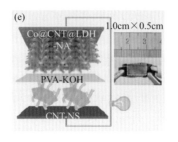
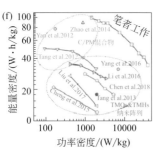
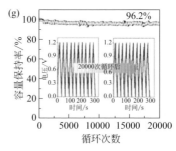

**图8-39** （a）Co@CNT@LDH-NA和CNT-NS制备示意图；（b）Co@CNT@LDH-NA、Co₃O₄@LDH和泡沫镍/LDH的比容量和面积负载量之间的关系及面积比容量和体积比容量与（c）面积负载量、（d）面积电流密度之间的关系；（e）该柔性SC器件制备示意图；（f）该器件与参考文献之间的比能量比较图及其（g）在40mA/cm²的电流密度下的循环稳定性[145]

# 第四节
# 插层结构能源材料——电池材料

　　二次电池由于其优异的性能、较低的成本以及可重复充放电等特性引起了广泛的关注，常见的二次电池有：镍氢电池、镍镉电池、铅蓄电池、金属锂电池、锂离子电池（LIB）等，其中LIB自20世纪90年代成功商业化以来成为应用最广的二次电池[146]。然而，LIB的大规模应用使得锂储量快速减少，导致LIB成本不断增高。应对锂资源短缺的问题，研究人员正在积极探索锂-硫电池[147]、锂-氧电池[111]、金属锂电池[148]、钠离子电池[149]、氯离子电池[150]和各种金属-有机电池等替代品。

为了满足不同领域的需求，研发各种高性能的新型电极材料是一项任重而道远的工作。新型二维纳米材料的数目和种类众多，主要包括石墨烯、过渡金属二硫化物（TMD）、过渡金属碳化物（TMC）、层状复合金属氢氧化物（LDHs）等，其通常表现出强的面内共价键合和弱的面外范德华相互作用力。它们几乎涉及从绝缘体、半导体、金属到超导体的各种材料相关特性，提供了广泛的材料组合解决方案，并且具有可调节的化学和物理特性，适用于高性能电化学能量转换和存储器件[151]。

# 一、二维插层纳米材料在储能方面的研究与应用进展

水滑石是一大类阴离子型层状复合金属氢氧化物（LDHs），在电化学能量存储和转换方面已引起了人们广泛的研究兴趣。LDHs 作为一类典型的二维阴离子型层状无机化合物，其特殊的主客体结构，展现出丰富的可调变性：① LDHs 主体层板上金属元素原子级交替并有序排列，呈现高度均匀有序分散的状态；②主体层板金属元素的种类和比例具有可调变性，可通过调控金属元素的组成和比例，进一步调控主体层板的电荷密度和物理化学性质等；③利用层间阴离子的可交换特性形成插层水滑石，其中阴离子可以在层间均匀分布。层间客体阴离子种类和数量具有广阔的调整空间，可以根据应用需求引入不同的层间阴离子，从整体上改变 LDHs 的性能。这些使 LDHs 本身及其拓扑转变的产物在电化学能量储存和转换方面的研究日益剧增[152]。

基于插层结构二维材料的结构特征，近年不同组成的 LDHs 材料作为前驱体或者活性组分已发展成为新型的高效电化学功能材料。由于 LDHs 具有主体层板离子的可调控性，很多金属离子（如 Mn、Co、Ni 等）都可以通过调控组装到 LDHs 片层结构中，通过高温处理可以实现氢氧化物到复合金属氧化物和尖晶石类化合物的拓扑转变，得到相应的金属氧化物作为二次电池的电极材料。这种以 LDHs 为前驱体制备的尖晶石类化合物颗粒较小且尺寸分布均匀，具有较好的电化学性质。LDHs 类材料除了作为制备过渡金属氧化物的前驱体，由于独特的层板限域效应，还可以作为微反应器和催化剂制备一些特殊纳米复合材料。此外，层状的 LDHs 通过电荷修饰，可以使片层结构带电，与带相反电荷的修饰石墨烯通过静电作用相互吸引，制备各种功能性复合材料。

近年来，水滑石本身及其衍生产物（过渡金属氧化物、硫化物和磷化物）作为电池材料在电化学能量存储方面已引起了人们广泛的研究兴趣。其主要应用包括 4 个方面：① LDHs 作为电极材料直接用于阴离子型二次电池；② LDHs 拓扑转变的层状金属氧化物用于电池正极材料；③ LDHs 前驱体衍生的电极材料用于电池负极材料；④ LDHs 作为载体可用于锂 - 硫电池及金属锂电池[153]。

## 二、LDHs在阴离子型二次电池中的应用

近年来，依靠高电负性与电化学稳定性阴离子嵌入/脱出工作机制的二次电池体系，逐渐引起科研工作者的关注。其中，氯离子电池（chloride ion battery，CIB）[154] 具有高达 2500W·h/L 的理论体积能量密度，与 Li-S 电池相当。截至目前，金属氯化物（$BiCl_3$、$VCl_3$ 和 $CoCl_2$）[155]、金属氯氧化物（FeOCl、VOCl 和 $Sb_4O_5Cl_2$）[156-158] 及氯化有机聚合物（PPyCl@CNT、PANI-Cl@CNT）[159,160] 等都已用于 CIB 中。尽管取得了一定的进展，但在 CIB 正极材料的开发方面还存在诸多问题，如较低的实际容量、电极材料在电解液中的溶解、充放电过程伴随着较大的体积效应等。因此，开发性能优异的新型正极材料是现阶段 CIB 发展的关键。

LDHs 是少数阴离子型插层结构材料之一，其层间通道可以为阴离子提供 2D 扩散通道，使其在结构上具有阴离子嵌入/脱出的可能性。此外，有研究表明[161-163]，由于稳定的拓扑结构，LDHs 主体层板中过渡金属的价态可以在氧化剂的作用下发生变化，同时维持其原有的八面体羟基层晶体结构，层状结构及其形貌均不发生改变。LDHs 材料另一个至关重要的特征是具有很高的阴离子传导率，其 $ab$ 面内的离子电导率可达 $10^{-2}$S/cm，是一类高性能的阴离子导体[164-166]。由于以上结构和组成方面的特性，LDHs 理论上可以作为基于阴离子穿梭可充电电池的正极材料。然而在此之前，既没有关于该类二次电池体系理论预期的提出，也没有相关实验证明的报道。

韩景宾等人[167] 首次利用 Cl⁻ 插层 CoFe-LDH 作为正极材料、金属锂箔作负极、离子液体作电解液，构筑了 LDHs 基氯离子二次电池（图8-40）。该电池表现出优异的能量储存性能：首次放电容量为 239.3mA·h/g，在循环 100 次后，可逆容量稳定在约 160mA·h/g。利用 XRD、XAFS 等表征手段，证明了该电池的储能机理为 LDHs 层间氯离子的嵌入/脱出，伴随着层板上 Co 和 Fe 双金属发生可逆氧化还原反应的多电子储能。该过程具有离子储存容量高、可逆性好、体积变化小等特点（约 3%）。理论计算表明 Cl⁻ 在 LDHs 结构中具有 6 条不同的扩散路径且均展现出很低的扩散能垒（0.12 ~ 0.25eV），LDHs 是一种优良的 Cl⁻ 传导体。由于该类电池中能量存储是基于 Cl⁻ 在正负极之间的穿梭，因此避免了金属枝晶的生成，具有较高的安全性。

随后，考虑到实际生产过程中电极材料的制备成本，韩景宾等人[168] 进一步使用前驱体更廉价的 Ni 元素代替 Co 元素，通过简单的水热-阴离子交换法制备得到 Cl⁻ 插层的 NiFe-LDH，并将其作为 CIB 正极。该工作通过电池原位表征手段原位 XRD 和原位 XAFS 揭示了 Cl⁻ 可逆穿梭的储能机制，利用 SXAS（软 X 射线吸收光谱）技术首次发现了 $MO_6$ 八面体中的氧原子在电池电化学反应过程中参与电荷补偿的行为。

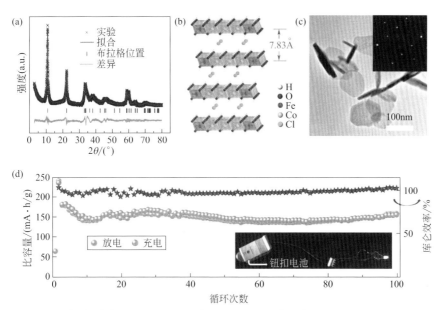

图8-40 （a）粉体CoFe-Cl-LDH的Rietveld XRD谱图（$R_p$=3.91，$R_{wp}$=7.10%，$R_{exp}$=3.41，$\chi^2$=1.02）；（b）Co/Fe比为3:1的三层CoFe-Cl-LDH结构示意图；（c）粉体CoFe-Cl-LDH样品的TEM照片（插图为相应的选取电子衍射图）；（d）电流密度100mA/g时，CoFe-Cl-LDH/C电极的循环性能（以初始CoFe-Cl-LDH在正极中的重量为基础计算其比容量）[167]

虽然经过近几年的发展，报道的 CIB 正极材料大多只能承受几十次充放电循环，且容量仅为 40～80mA·h/g。前面提到的 CoFe-Cl-LDH 材料的放电比容量在 100 次循环后也急剧下降，作者推测这可能是由于 LDHs 层板双金属变价导致的局部结构畸变或 Co 元素经长时间电化学反应在电解液中溶解所致。为了进一步强化 LDHs 基 CIB 的电化学性能，韩景宾等人[169] 通过控制水热阶段金属盐的投料比，合成了不同金属 Al 含量的三元 NiVAl-Cl-LDH，并将其用作 CIB 正极材料。通过对照实验发现，$Al^{3+}$ 的引入有利于维持 LDHs 金属氧化物八面体层板的结构稳定，抑制局部结构畸变，提高 $Cl^-$ 的扩散速率。充放电过程中，层间 $Cl^-$ 的可逆嵌入 / 脱出导致 LDHs 层板上的金属 V 发生 3+/5+ 的可逆氧化还原反应。理论计算结果表明，层板上 Ni 金属的存在使得 V 在电化学过程中更容易发生价态的变化。由于 LDHs 层板中三种金属元素的协同作用，得到的 $Ni_2V_{0.9}Al_{0.1}$-Cl-LDH 正极材料表现出超高的循环寿命：经过 1000 次充放电循环后，其放电比容量仍然稳定在 100mA·h/g，这是当时所报道的 CIB 正极材料的最高值。考虑到 LDHs 材料合成的简便性和组分调控的灵活性，这种层板金属协同作用的提出能够为以后精确设计同时具有高电化学活性和结构稳定性的 CIB 正极材料提供新的策略。

另外，单纯的 LDHs 粉体材料纳米片之间易堆叠和聚集，活性位点易被包埋。此外，LDHs 本身固有的本征动力学差、电导率低等特点也严重影响了阴离子在 LDHs 材料中的扩散速率。韩景宾等人[170]采用一步共沉淀法，成功合成了具有交联网络状分级结构的 NiMn-Cl-LDH/CNT 复合材料（图 8-41）。由于 CNT 的引入，复合材料具有更高的比表面积和整体电导率；在电化学循环过程中，因为发生赝电容吸附，使得材料能够快速存储氯离子。Cl⁻ 在 NiMn-Cl-LDH/CNT 中的离子扩散速率以及 NiMn-Cl-LDH/CNT 的倍率性能得到明显改善，优于纯相 NiMn-Cl-LDH。

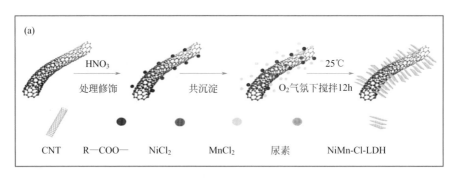

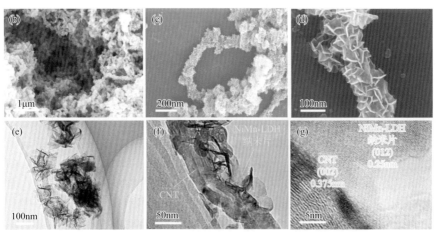

图8-41　NiMn-Cl-LDH/CNT的制备流程示意图（a）及电子显微镜照片 [（b）～（g）][170]

基于对 CIB 机理的认识和性能强化机制的理解，韩景宾等人[171]扩展了更多阴离子（F⁻ 和 Br⁻）电池正极材料。利用 LDHs 材料层间阴离子客体可交换的特点，在高浓度金属卤盐溶液中合成了层间分别为 F⁻、Cl⁻ 和 Br⁻ 高结晶度的 CoNi-LDH 六边形纳米片，并以其为正极材料，发展了不同类型的阴离子电池体系（图 8-42），证明设计思路的普适性。得益于卤素阴离子电池无金属枝晶产生的特点，以及 LDHs 合成原材料来源丰富、价格低廉、制备过程简单、各组分可调控性高等优势，LDHs 基阴离子型电池的出现，将为开发下一代大规模和安全能量储存的电池体系提供新的机会。

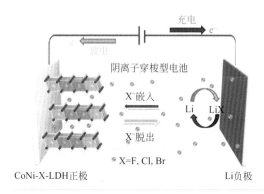

图8-42

CoNi-X (X = F、Cl和Br)LDHs基阴离子电池的工作机理示意图[171]

## 三、基于LDHs拓扑转变合成及改性锂离子电池正极材料

正极材料作为 LIB 的重要组成部分，是决定 LIB 的电化学性能的主要因素。按结构可分为层状 $LiCoO_2$、$LiNiO_2$，三元 $LiNi_xCo_yMn_zO_2$（NCM）及 $LiNi_xCo_yAl_zO_2$（NCA），尖晶石型 $LiMn_2O_4$，橄榄石型 $LiFePO_4$ 等。

### 1. 基于 LDHs 拓扑转变的层状金属氧化物合成及改性研究

层状 $LiCoO_2$ 属六方晶系 $R\overline{3}m$ 空间群，具有 α-$NaFeO_2$ 结构，是最早实现商业化的正极材料，被广泛应用于 3C 电子产品。但 $LiCoO_2$ 的实际比容量仅140mA·h/g（充电截止电压 4.3V vs. $Li^+$/Li），仅为理论比容量 274mA·h/g 的50%。而随着 5G 时代的到来，对锂离子电池正极材料的能量密度提出更高要求。能量密度等于容量和电压的乘积，

$$W = QV$$

因此提高 $LiCoO_2$ 正极材料的工作电压及比容量是提升能量密度的两个重要因素。$LiNiO_2$ 具有与 $LiCoO_2$ 相近的晶体结构及理论比容量，且具有更高的实际比容量，但难以合成计量的 $LiNiO_2$、充电循环过程中结构不稳定、热稳定性及循环性较差，阻碍了 $LiNiO_2$ 材料的实际应用[30]。

发挥不同金属元素的性能优势，构建层状三元或多元金属氧化物正极材料，可以达到协同增效的作用，成为锂离子电池正极材料研发的重要方向，但多种元素共存给正极材料的可控合成带来严峻挑战。为解决层状正极材料存在的上述问题，元素掺杂及表面包覆是主要改性策略。元素掺杂是一种通过改变原子尺度上的晶格，如带隙、正离子序、缺陷浓度和电荷分布等来调节材料基本物理性质的

有效方法。不同掺杂元素及将掺杂元素引入不同位点可达到提升材料比容量、增强循环稳定性、提升倍率性能的作用。如在 $LiCoO_2$ 中掺入 $Ca^{[172,173]}$、$Ni^{[174]}$，或共掺杂 La-Al[175]、Ti-Mg-Al[176] 等元素可以提高其在高电压下的比容量，而更深入的研究表明 $Ca^{[172,173]}$、$Ni^{[174]}$、$La^{[175]}$ 是占据 Li 位并通过柱撑作用起到稳定层状结构、提高耐高电压、提升比容量作用的。为了提高 $LiNiO_2$ 材料的结构稳定性，通常采用其他元素如 Co、Mn、Al 等进行掺杂或共掺杂 [177-179]。通常采用 Co/Mn 或 Co/Al 两种元素取代部分 Ni，制备出放电比容量高、安全性高、循环性能好的三元材料。三元材料可根据掺杂元素的不同分为 $LiNi_{1-x-y}Co_xAl_yO_2$（NCA）和 $LiNi_{1-x-y}Co_xMn_yO_2$（NCM），其中 NCM 根据元素比例不同，从 NCM111（Ni:Co:Mn=1:1:1）到 NCM532、NCM622 和 NCM811。

表面包覆是一种有效的保护电极表面的方法，一是优化电极表面结构，促进表面电荷转移；二是作为电极和电解质界面的物理屏障，增强界面稳定性。在 $LiCoO_2$ 表面包覆 $MnSiO_4^{[180]}$、$FePO_4^{[181]}$、$LaF_3^{[182]}$、$ZnO^{[183]}$ 等可以提高界面稳定性，抑制正极材料与电解质之间的副反应，从而提高 $LiCoO_2$ 的高电压稳定性及比容量。

为达到元素掺杂、表面包覆策略，需要精准调控前驱体及产品的组成结构，开发可控制备方法。LDHs 具有金属离子组成丰富、元素比例可调的特点，在层状金属氧化物正极材料结构设计及合成中发挥着独特作用。本书著者团队 [177] 以 NiCo-LDH 作为反应前驱体，经锂化焙烧获得了 $LiNi_{0.8}Co_{0.2}O_2$ 正极材料，充电截止电位为 4.5V(vs. $Li^+$/Li) 时比容量达到 194.8mA·h/g。本书著者团队 [184] 以 CoMn-LDH 为前驱体与 Li 源进行高温固相反应制备了层状 $LiCo_xMn_{1-x}O_2$ 正极材料，该团队还以 NiCoMn-LDH 为前驱体合成了 $LiNi_xCo_yMn_{1-x-y}O_2^{[185]}$。$LiNi_{0.8}Co_{0.15}Al_{0.05}O_2$(NCA) 放电比容量为 190～195mA·h/g，且具有良好的安全性及循环稳定性，适合作为动力锂离子电池正极材料前驱体的合成是制备 NCA 的关键步骤，主要采用共沉淀法或铝化合物包覆法。共沉淀法是将 NaOH 作为沉淀剂、氨水作为络合剂，与镍、钴、铝盐溶液同时滴入反应釜中，通过共沉淀反应直接获得 $Ni_{0.8}Co_{0.15}Al_{0.05}(OH)_2$。此工艺能够直接制备出氢氧化物前驱体，但在共沉淀过程中容易出现 $Al(OH)_3$ 絮状沉淀，造成所制备的前驱体球形度较差、形貌疏松、振实密度低；并且 $Al(OH)_3$ 为两性氢氧化物，反应过程中对 pH 值的控制精度要求很高，所以合成技术难度较大。铝化合物包覆法是首先通过共沉淀法制备出 $Ni_{0.842}Co_{0.158}(OH)_2$，然后在 $Ni_{0.842}Co_{0.158}(OH)_2$ 表面包覆一层 $Al_2O_3$ 或 $Al(OH)_3$。$Ni_{0.842}Co_{0.158}(OH)_2$ 合成技术难度相对低，能够得到球形度好且振实密度高的材料，并且不在共沉淀过程中引入 $Al^{3+}$，避免了共沉淀法出现的絮状沉淀等问题。但是 $Al_2O_3$ 或 $Al(OH)_3$ 在后续锂化焙烧过程中会容易产生 $\gamma$-$LiAlO_2$ 或 $\beta$-$LiAlO_2$ 杂相，造成 Al 元素在体相内扩散困难，所制出的 $LiNi_{0.8}Co_{0.15}Al_{0.05}O_2$ 材料元素分布不均匀。

本书著者团队开发了利用钴铝水滑石（CoAl-LDH）纳米片包覆 $Ni(OH)_2$ 作为前驱体制备 $LiNi_{0.8}Co_{0.15}Al_{0.05}O_2$ 新方法（图8-43）[186]。与共沉淀法和铝化合物包覆法合成的 $LiNi_{0.8}Co_{0.15}Al_{0.05}O_2$ 相比，该方法合成的 $LiNi_{0.8}Co_{0.15}Al_{0.05}O_2$ 具有球形度好、粒径大且粒径分布均一，无 $\gamma$-$LiAlO_2$ 或 $\beta$-$LiAlO_2$ 等杂相，表现出优异的电化学性能。通过材料在锂化焙烧过程中的晶体结构的变化发现，CoAl-LDH 包覆层在焙烧过程中会形成 $Li_{1-x}(Co_{0.75}Al_{0.25})_{1-x}O_2$，可以作为"缓冲层"，$Li^+$ 需要穿过此缓冲层才能与内部的 NiO 进行反应，减缓了反应速率，使得尽可能多的 $Ni^{2+}$ 被氧化为 $Ni^{3+}$，减少了 $Li^+/Ni^{2+}$ 混排，得到晶体结构规整的 $LiNi_{0.8}Co_{0.15}Al_{0.05}O_2$ 材料。并且，结合能谱与 DFT 计算发现，在高温焙烧过程中，Co 和 Al 间发生"协同扩散"效应，一同向内扩散，避免了 Al 单独扩散时产生铝氧化物杂相，从而得到元素分布均匀的 $LiNi_{0.8}Co_{0.15}Al_{0.05}O_2$ 材料。电化学测试表明 $LiNi_{0.8}Co_{0.15}Al_{0.05}O_2$ 材料在 $2.75 \sim 4.3V$(vs. $Li^+/Li$) 范围内，0.1C 放电比容量为 194.5mA·h/g，100 次循环容量保持率为 90.9%。

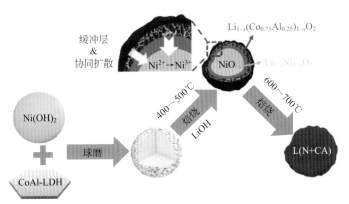

**图8-43** 通过钴铝水滑石包覆 $Ni(OH)_2$ 前驱体制备 $LiNi_{0.8}Co_{0.15}Al_{0.05}O_2$ 材料的示意图[186]

本书著者团队[187] 还以 CoAl-LDH 包覆球形 $Ni(OH)_2$ 为前驱体，制备了 $0.08LiCo_{0.75}Al_{0.25}O_2$-$0.92LiNiO_2$ 材料，其具有 211mA·h/g 的比容量，并具有良好的倍率性能和循环寿命。

### 2. 基于 LDHs 拓扑转变的尖晶石型 $LiMn_2O_4$ 改性研究

$LiMn_2O_4$ 属于 $Fd\bar{3}m$ 空间群具有立方尖晶石 $A[B_2]O_4$ 结构，尖晶石型 $LiMn_2O_4$ 相较于 $LiCoO_2$ 毒性小、成本低、安全性好、倍率性能优秀且容易制备，但其在循环过程中容量衰减较快，因此稳定性较差是制约其发展的一大原因。

$LiMn_2O_4$ 的锂化通过 $Mn^{4+}/Mn^{3+}$ 氧化还原对进行电荷补偿，理论上 $LiMn_2O_4$

中含有 1:1 的 $Mn^{3+}$ 和 $Mn^{4+}$。由于 $Mn^{3+}$（$t_{2g}^3 e_g^1$）中电子的不对称占据，会引起 Jahn-Teller 效应，而 $Mn^{4+}$（$t_{2g}^3 e_g^0$）则不会[188]。造成尖晶石型 $LiMn_2O_4$ 容量衰减的主要原因有：锰的溶解[189]、Jahn-Teller 畸变[190] 以及电解液分解[191]。此外，由于电解液中存在的微量水在高温下与电解质反应会生成 HF，HF 侵蚀 $LiMn_2O_4$ 导致材料结构破坏，造成高温循环性能恶化。元素掺杂[192] 和表面包覆[145,193] 是改善其循环稳定性的主要手段。

通过表面包覆的方法可以将正极材料与电解液分隔开，抑制锰的溶解以及 HF 对活性材料的侵蚀，提升 $LiMn_2O_4$ 正极材料的高温循环性能。表面包覆需要解决如何获得具有良好润湿性能的均匀包覆层问题。本书著者团队[194] 采用复合共沉淀法合成钴铝水滑石（CoAl-LDH）包覆的尖晶石型 $LiMn_2O_4$，再焙烧得到钴铝复合金属氧化物（CoAl-MMO）包覆的尖晶石型 $LiMn_2O_4$ 正极材料（图8-44）。通过复合共沉淀法可以做到无论 $LiMn_2O_4$ 一次颗粒粒径大小，都能够实现均匀包覆。CoAl-MMO 包覆的尖晶石型 $LiMn_2O_4$ 正极材料具有优秀的高温循环稳定性。CoAl-MMO（3%Co 和 0.5%Al，质量分数）包覆的 $LiMn_2O_4$ 在 25℃和 55℃下首次放电比容量分别为 105.3mA·h/g 和 104.5mA·h/g，50 次循环后放电比容量分别为 100mA·h/g 和 92.2mA·h/g，较普通 $LiMn_2O_4$ 有了显著提高。相关工作已取得中国发明专利授权[195]，并已许可企业实施。

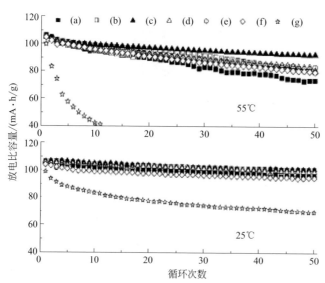

图8-44　25℃和55℃时（a）$LiMn_2O_4$和（b）300℃、（c）400℃、（d）500℃、（e）600℃、（f）700℃、（g）800℃焙烧5h的CoAl-MMO（3% Co，0.5%Al，质量分数）包覆$LiMn_2O_4$的循环曲线[194]

## 四、基于LDHs前驱体法的二次电池负极材料

从锂离子电池的发展历史着眼，负极材料的研究进展对锂离子电池商业化有着重要的影响，开发高效纳米负极材料对于推动锂离子电池走向实际应用至关重要。水滑石主体层板金属元素可调变及元素分布均匀等性质，使得LDHs作为前驱体制备的电极材料在元素分布上可以保持高度的分散与均匀。同时，LDHs的二维层板有序排列可在层间形成限域空间；LDHs层间阴离子调变性可以合成不同元素组成的微观材料。改变LDHs主体层板上金属阳离子以及层间阴离子的种类，其作为前驱体制备的电极材料可以大致分为以下三类：① LDHs拓扑转变的单活性组分负极材料；② LDHs拓扑转变的多活性组分负极材料；③ LDHs拓扑转变的金属化合物与碳复合负极材料；④基于LDHs前驱体制备的衍生碳材料[196]。以下就几类负极材料进行重点介绍。

### 1. LDHs拓扑转变的单活性组分负极材料

水滑石层板上的金属阳离子遵循晶格能最低效应和晶格定位效应，以一定的方式均匀分布于水滑石层板中，这决定了金属活性中心的绝对均匀性。例如$Mg^{2+}$、$Ni^{2+}$、$Mn^{2+}$、$Cu^{2+}$、$Co^{2+}$、$Al^{3+}$、$Fe^{3+}$等金属阳离子在LDHs主体层板上有序排列，可以实现原子水平上的均匀性分布。将这类LDHs作为前驱体，经过焙烧等处理方式可以得到均匀分散的氧化物或硫化物等。这些衍生物具有较高的理论容量，是锂/钠离子电池的理想负极材料[197]。

本书著者团队[198]通过煅烧$Co^{II}Co^{III}$-LDH前驱体成功地制备了介孔超薄$Co_3O_4$纳米片阵列（NSAs）。如图8-45所示，采用快速电合成方法在泡沫镍基板上得到不同厚度的$Co^{II}Co^{III}$-LDH NSAs，在空气下450℃焙烧2h后拓扑转变为不同厚度和不同孔径分布的$Co_3O_4$ NSAs。通过探究不同厚度的$Co_3O_4$ NSAs

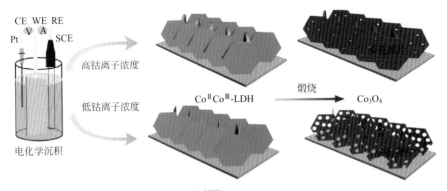

**图8-45** $Co_3O_4$ NSAs的制备示意图[198]

CE—辅助电极；WE—工作电极；RE—参比电极；SCE—饱和甘汞电极

结构以及孔隙分布状况对电化学性能的影响，研究人员发现 3nm 厚度的介孔 $Co_3O_4$ 储锂性能最佳，在 0.1A/g 电流密度下，初始放电容量达约 $2500mA \cdot h/g$，循环 80 次后，可逆容量维持在 $1576.9mA \cdot h/g$，明显高于 $Co_3O_4$ 的理论比容量（$890mA \cdot h/g$）。与其他已报道的 $Co_3O_4$ 负极材料相比，此材料也显示出更为优异的性能。这主要是由于拓扑转变的独立纳米片结构可以减轻反应过程中的团聚和坍塌，适宜的介孔结构能在反应过程中提供更多的活性中心并且可以缓解体积膨胀。此外，具有最佳厚度的 $Co_3O_4$ 纳米片具有更大的比表面积，可以缩短 $Li^+$ 的传输路径，使 $Li^+$ 的储存性能更加优越。

除此之外，研究人员发现非活性组分（例如 $Al_2O_3$、MgO 等）的引入有助于分散活性物质，是提高循环稳定性和倍率能力的有效途径之一。例如，黄新堂等人[199]利用室温浸渍法以 Zn 包覆的不锈钢以及 Al 箔作为原料，制备出具有可调结构的 ZnAl-LDH 薄膜。该实验通过控制反应物的浓度来调控 LDHs 材料的厚度和横向尺寸。在 650℃、Ar 氛围下煅烧 ZnAl-LDH 前驱体，得到 $ZnO/ZnAl_2O_4$ 多孔纳米片薄膜。电化学测试表明，与纯 ZnO 相比，$ZnO/ZnAl_2O_4$ 具有更高的初始和可逆的锂存储容量以及更好的容量保留能力。这是因为均匀分散的非活性物质 $ZnAl_2O_4$ 可以有效减轻活性区域体积变化引起的机械应力，防止 Zn 纳米颗粒在循环时的聚集，从而提高材料的循环稳定性。

虽然研究已证实非活性组分 $Al_2O_3$ 等物质的引入可以有效缓解电极材料在充放电过程中的体积膨胀问题，但引入相对较高含量的 $Al_2O_3$，将导致电极材料中活性组分的含量相对降低，进而大大降低电极材料的比容量。传统的 CoAl-LDH 中 $Co^{2+}/Al^{3+}$ 之比在 2:1 至 4:1 之间，煅烧处理后，所得的非活性 $Al_2O_3$ 可高达 1/5。通过以往的研究发现，高效的锂/钠电极材料需要高含量的活性物质与低含量的非活性物质。对此，本书著者团队[200]合理设计了一种 $Co_9S_8$/S-C/$Al_2O_3$ 复合材料（如图 8-46），研究人员采用共沉淀法合成以十二烷基磺酸盐（$DS^-$）为插层阴离子的 $Co^{2+}Co^{3+}Al^{3+}$-$DS^-$-LDH 前驱体，经过 Ar 氛围下 700℃ 的焙烧硫化得到 $Co_9S_8$/S-C/$Al_2O_3$（Co/Al 摩尔比达到 8.6:1）的复合材料，活性组分 $Co_9S_8$ 的

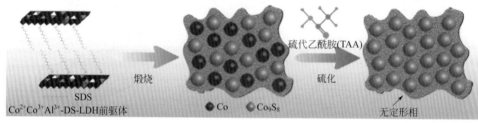

**图8-46** $Co_9S_8$/S-C/$Al_2O_3$复合材料的制备过程[200]

SDS—十二烷基硫酸钠

含量大大提升，与通过传统 CoAl-LDH 得到的电极材料相比，$Co_9S_8$/S-C/$Al_2O_3$ 的储锂性能得到极大改善。以上例子可以看出，改变层板上金属阳离子的类型、比例可以控制目标电活性材料的含量，从而达到控制材料电化学性能的目的，这充分体现了 LDHs 作为前驱体制备电极材料的优越性。

### 2. LDHs 拓扑转变的多活性组合负极材料

与单活性组分相比，多活性组分分布均匀且界面间存在协同效应，因此在锂/钠电池中表现出更好的电化学性能。基于 LDHs 的特点，可以设计制备两相均匀分布、甚至原子级两相分散的多组分活性物质。

① 基于 LDHs 前驱体制备均匀分布多活性金属化合物。基于 LDHs 层间限域效应，本书著者团队[201] 通过一步水热法制备了磷钼酸根（$PMo_{12}O_{40}^{3-}$）插层的 $Co(OH)_2$ 客体 / 主体插层前驱体材料［$PMo_{12}O_{40}^{3-}$-$Co(OH)_2$］，进一步焙烧以及外源硫化处理得到 $MoS_2$/$CoS_2$ 复合材料（如图 8-47 所示）。此方法利用了类水滑石层间阴离子可调变性，限制 $MoS_2$ 片的生长，得到尺寸较小的 $MoS_2$ 片生长在 $CoS_2$ 上，形成双金属硫化物的协同效应，提升了钠离子电池的性能。电化学测试表明，无碳的 $MoS_2$/$CoS_2$ 复合材料在 0.1A/g 下 80 次循环后表现出 396.6mA·h/g 的比容量。该复合材料表现出优异的储钠性能原因在于：a. 双活性 $MoS_2$ 纳米片和 $CoS_2$ 骨架的协同作用；b. 由于 LDHs 层间限域效应，$MoS_2$ 纳米片在 $CoS_2$ 纳米束表面均匀分散。因此，基于 LDHs 插层的主客体前驱体的合成策略开辟了一种有效的方法来制备纳米复合电极材料。

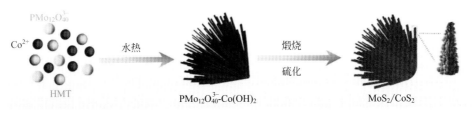

**图8-47** $MoS_2$/$CoS_2$复合材料的制备示意图[201]

HMT—六亚甲基四胺

通过调整 LDHs 主体层板的阳离子，本书著者团队[202] 采用成核和晶化隔离（SNAS）法制备出 CoFe-LDH 前驱体，随后在氢气氛围下煅烧得到两相交错排列、分散良好的 $CoO$/$CoFe_2O_4$ 双活性材料。通过对比 $CoO$/$CoFe_2O_4$ 双活性材料、$CoO$ 相、尖晶石 $CoFe_2O_4$ 相以及 $CoO$ 与 $CoFe_2O_4$ 物理混合物在锂离子电池中的电化学表现，发现 $CoO$/$CoFe_2O_4$ 双活性材料具有更优异的电化学性能。本书著者团队[203] 以 NiFe-LDH 为前驱体制备的 $NiO$/$NiFe_2O_4$ 复合材料也展现出优异的储锂性能。

② 基于 LDHs 前驱体制备原子级分散的多活性组分负极材料。结合 LDHs

层板上金属阳离子原子级分散的特点，本书著者团队[204]制备得到原子级分散的双金属固溶氧化物 $Mn_{0.25}Co_{0.75}O/G$ 纳米复合材料。如图8-48所示，首先采用一步成核晶化隔离法制备 CoMn-LDH/GO 前驱体，随后在600℃、Ar 氛围下煅烧，成功得到负载在石墨烯上的双金属固溶体 $Mn_{0.25}Co_{0.75}O/G$ 纳米复合材料。对其进行储锂性能测试，双金属固溶体 $Mn_{0.25}Co_{0.75}O/G$ 展现出优异的倍率性能。同时还具有较好的循环性能，即使在2A/g的电流密度下循环1300次，双金属固溶体 $Mn_{0.25}Co_{0.75}O/G$ 依旧可以达到1087mA·h/g的比容量。该材料具有优异电化学性能的原因在于水滑石前驱体法制备的电极材料两相间可以达到原子级别的分散，具有良好的协同作用。

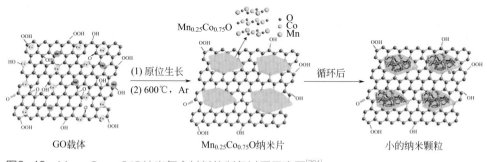

**图8-48** $Mn_{0.25}Co_{0.75}O/G$ 纳米复合材料的制备过程示意图[204]

此外，本书著者团队还通过改变 LDHs 主体层板组成元素种类（Ni、Co、Fe）和比例，以 NiCo-LDH 前驱体合成 $(Ni_{0.7}Co_{0.3})S_2/3DGA$ 复合材料[205]，进一步利用 LDHs 层间限域效应得到 $(Ni_{0.3}Co_{0.7})_9S_8/N\text{-}CNT/rGO$ 复合材料[206]，调控负极材料的电化学性能。

### 3. LDHs 拓扑转变的金属化合物与碳复合负极材料

尽管过渡金属化合物拥有较高的可逆比容量，但是在充放电过程中离子的反复嵌入/脱出会导致材料的体积发生巨大变化，进而引起容量快速衰减。较为常见的解决办法是将其与碳材料相结合，例如石墨烯、碳纳米管、介孔碳等。将金属化合物与碳材料进行复合可以进一步拓展金属化合物的性能及其应用领域。同时，碳材料的存在也可以克服金属化合物的一些固有问题，有效缓解离子嵌入/脱出过程中的体积膨胀，更进一步提升金属化合物的性能。基于水滑石的层间限域效应可实现功能性碳基材料的制备，与基于其金属层板所构筑的金属化合物相结合，即可进一步得到金属化合物-掺杂碳复合材料，从而拓展水滑石前驱体的应用空间。

例如，硫化钴作为常用的锂离子电池负极材料拥有理论比容量高等优势，但其仍然面临着充放电过程中较大的体积变化引起的电极粉化问题和与锂-硫电池类似的多硫化物的穿梭效应，导致容量的快速衰减和差的循环稳定性[207]。目前，人们主要通过设计纳米尺度材料，并构建硫化钴和导电性碳基质的多活性组分复合材料的方式解决上述问题[104]。首先，减小硫化钴颗粒尺寸到纳米尺度不仅可以缩短锂离子的扩散路径，而且可以缓解脱嵌锂过程中硫化钴产生的体积应力，因此提高材料的循环稳定性和倍率性能[208]。另外，碳基质不仅能够作为缓冲材料防止电极的粉化，而且能够吸附循环过程中产生的多硫化物，因此进一步提高循环稳定性和循环寿命[209]。

基于此，本书著者团队[210]使用层间限域碳化与外源硫化的方法制备了硫化钴和氮掺杂碳纳米复合材料，作为锂离子电池负极材料。通过一步水热法将间氨基苯磺酸根阴离子插层进入 $Co(OH)_2$ 层间制备得到具有插层结构的 $Co(OH)_2$ 前驱体；然后将插层结构的 $Co(OH)_2$ 前驱体与硫粉均匀混合，在 $N_2$ 气氛下焙烧得到硫化钴和氮掺杂碳花状复合物（$Co_9S_8/Co_{1-x}S@NC$）（如图 8-49）。本工作利用层间限域效应，对杂原子的掺杂类型和掺杂位置进行控制以实现非金属元素和金属元素的共掺杂；利用层间硫源或外加硫源，可以实现金属硫化物的可控制备。通过控制前驱体的形貌结构，可以实现对终产物形貌结构的控制，制备了硫化钴纳米颗粒部分植入的掺杂碳纳米片构成的花状结构，提供了较大的表面积并构建导电网络，有利于电子和 $Li^+$ 的快速传输。所制备的 $Co_9S_8/Co_{1-x}S@NC$-0.75 电极在电流密度为 50mA/g 时，初始的放电容量和充电可逆比容量分别为 $1555mA \cdot h/g$ 和 $1184mA \cdot h/g$，对应的初始库仑效率为 76%，循环 110 次后，放电比容量仍高达 $1230mA \cdot h/g$，显示出良好的循环稳定性。该优异的储锂性能归因于：①具有小尺寸的硫化钴能够缩短 $Li^+$ 的传输距离和缓解脱嵌锂过程中产生的体积应力，

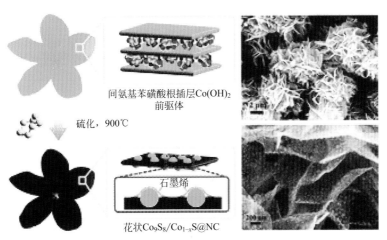

间氨基苯磺酸根插层Co(OH)₂
前驱体

硫化，900℃

石墨烯

花状Co₉S₈/Co₁₋ₓS@NC

图8-49　$Co_9S_8/Co_{1-x}S@NC$复合物在不同制备阶段的示意图和扫描图[210]

这有助于提高电极的循环稳定性和倍率性能；②氮掺杂的碳基质和硫化钴外表面覆盖的几层石墨烯不仅可以防止颗粒之间的聚集，而且可以有效地缓解循环过程中硫化钴的体积膨胀和多硫化物的溶解，因此有助于提高电极的循环稳定性；③薄的颗粒-纳米片结构可以减少离子和电子的传输距离，使硫化钴纳米颗粒被充分地利用，因此有助于获得高的比容量；④具有大比表面积的花状结构和多级孔结构能够使电解液更容易进入电极内部，因而促进离子的快速传输。

本书著者团队[211]采用LDHs层间限域效应成功得到Co$_9$S$_8$-NC@C复合材料。如图8-50所示，首先合成了间氨基苯磺酸（Metanilic）插层的花球状Co(OH)$_2$类水滑石，随后在花球表面原位生长ZIF得到Metanilic-Co(OH)$_2$@ZIF前驱体。将其在Ar气氛中用酸性黄AY-49进行低温硫化，在此过程中，间氨基苯磺酸以及ZIF原位碳化，Co$_9$S$_8$纳米颗粒封装在碳纳米颗粒修饰的碳球中。将其作为钠离子电池的负极材料，在电流密度为100mA/g时，首次放电容量为745mA·h/g，循环100次后比容量保持在382mA·h/g。

**图8-50** Co$_9$S$_8$-NC@C复合材料的制备示意图[211]

系列研究表明，利用LDHs的主体层板阳离子种类可变性以及层间阴离子可调性，可以制得一系列单活性、多活性以及碳基金属复合物材料。这些材料在LIB/SIB展现出优异的电化学性能，极大地扩展了LDHs在电池方面的应用。

### 4．基于LDHs前驱体制备的衍生碳材料

自碳材料在锂电池中商用以来，因其导电性高、环境友好以及成本低的优势引起研究人员的广泛关注。迄今为止，研究人员已经制备出多种类型的碳材料，从不同的维度分类，具有三类碳纳米结构：零维（0D）碳纳米颗粒；一维（1D）碳纳米管；二维（2D）石墨烯及平面碳材料等。研究发现不同类型碳材料具有不同的作用，制备方式也多样化。由于LDHs展现出层板金属离子可调、插层客体可调等优良性质，常被用于制备纳米材料以及限域合成碳基功能性材料，是良好的限域反应主体材料。

① 基于LDHs限域效应制备0D碳纳米颗粒。本书著者团队[212]采用共沉淀

法制得十二烷基苯磺酸根（DBS⁻）插层的 NiAl-DBS⁻-LDH，进一步焙烧处理得到 S 掺杂介孔非晶态碳（SMAC）材料（图 8-51）。通过 SEM 以及 HRTEM 图像分析，SMAC 呈纳米颗粒状形貌，并且具有无序且弯曲的石墨状碳纳米片。这些石墨化特征主要源于 NiAl-LDH 层间的十二烷基苯磺酸根在惰性条件下的碳化。由于 SMAC 具有大的比表面积以及较宽的介孔孔径分布，当其用作锂/钠电池的负极材料，表现出优异的电化学性能。以钠电为例，SMAC 电极在 20mA/g 的电流密度下提供了 313mA·h/g 的初始可逆比容量，循环 50 次后，容量可维持在 220mA·h/g。

十二烷基苯磺酸根插层镍铝水滑石前驱体      S掺杂介孔碳材料

**图8-51**    SMAC的制备示意图[212]

② 基于 LDHs 限域效应制备 1D 超短碳纳米管（碳纳米环）。碳纳米管（CNT）作为一种 1D 碳纳米材料，具有广泛的应用价值，它的物理化学性质与其管壁层数、直径和长度有关[213]。对于碳纳米管径向方向的调控已经有了突破性的研究进展，可以得到最少层数的碳纳米管（即单壁碳纳米管）[214]和最小内径的碳纳米管（0.4nm）[215]。对于锂/钠电池负极材料，制备轴向尺寸较小的超短碳管，不但可以提高比容量，还可以缩短锂离子在管内的传输路径，从而提高其倍率性能[216]。一般超短碳管都采用化学或物理方法截断的"自上而下"方式进行制备[217]，而截断的方法存在碳管长度分布较宽、碳纳米管碎片难于分离以及难以通过调节时间控制长度的问题。本书著者团队[218]基于水滑石层间限域的方式通过"自下而上"的方法制备了轴向尺寸较小的超短碳纳米管（图 8-52），其长度仅约为 1nm，且分布较窄。其长径比（$L/d$）小于 1，可称为一种碳纳米环（CNR），也可以视为石墨烯纳米带卷绕而成的闭合圆环，成功解决了上述问题。

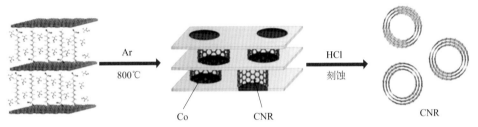

**图8-52**    碳纳米环的制备示意图[218]

此工作使用十二烷基磺酸（DSO）根与甲基丙烯酸甲酯（MMA）共插层的 CoAl-LDH 为前驱体，在高温条件下将 CoAl-LDH 主体层板分解形成复合金属氧化物，并保持了前驱体层状结构。由于引入了对碳材料生长具有催化活性的元素 Co，热处理过程中，因 Co 颗粒对碳材料生长的限制作用，可以确保碳纳米环沿 $z$ 轴方向在二维限域空间生长，从而实现了碳纳米管轴向尺寸的可控合成。对碳纳米环的形成机理进行研究表明，MMA 碳化过程和 $Co^{2+}$ 的还原过程是导致碳纳米管形成的关键因素。DSO 阴离子的存在，平衡层板上的正电荷外，还提供了疏水环境，可共嵌入中性 MMA 分子，中性 MMA 分子充当后续原位生长碳纳米环的碳源。碳纳米环作为锂电池负极材料，由于其超短的轴向尺寸，大大缩短了 $Li^+$ 的扩散程，同时又增加了边缘和环内腔的储锂位点，使碳纳米环展现了优异的电化学性能：高比容量、高倍率和长寿命。

基于 LDHs 层板金属阳离子催化作用，可以制备 1D 碳纳米纤维及碳纳米管。良好排列的 $sp^2$ 碳层导致 1D 碳纳米管或纳米纤维（CNF）由于其独特的结构拥有意想不到的特性。一般来说，CNF 以及 CNT 通常通过 CVD 在金属纳米颗粒（NP）催化剂上合成。金属催化剂及其生长参数是获得具有预期性能的 1D 纳米碳的决定性因素。然而，由于共沉淀/浸渍催化剂的异质性，金属纳米颗粒在支撑催化剂上的形成是相当复杂的。在各种催化剂中，LDHs 被认为是 1D 纳米碳催化生长的候选催化剂，因为 LDHs 的组成可以预测，并且金属可以在原子尺度上分散在 LDHs 的框架中。简单的煅烧和还原即可产生相应的金属氧化物或分散良好的金属纳米颗粒，因此 LDHs 已被用作低维纳米碳生长的特殊催化剂前驱体 [219,220]。

③ 基于 LDHs 限域效应制备 2D 碳材料

a. 制备层数可控石墨烯。石墨烯是指单层石墨片层，厚度仅为一个碳原子厚度，碳原子以 $sp^2$ 杂化按照六边形排列而形成的蜂窝状晶体结构。每个六边形中 C—C 的键长约为 0.142nm，垂直晶面方向存在 $\pi$ 键，电子可自由移动，使石墨烯在晶面方向导电 [221]。

石墨烯的层数直接影响其电子云分布和能隙，从而不同层数的石墨烯具有不同的光、电等性能，因此控制合成具有不同层数的石墨烯具有研究和应用价值。目前研究可控备不同层数石墨烯的方法以固体碳源和气体碳源为主。Novoselov 等人首次通过物理剥离法得到了单层和多层石墨烯，但机械剥离方法很难可控地剥离得到不同层数石墨烯，而且产物量很小。最常用的液相法，如 Hummers 氧化还原方法 [222]，由于难于分离不同层数的石墨烯，因此不能作为石墨烯层数可控的合成方法。目前的研究主要集中在以气体碳源，通过化学气相沉积技术实现石墨烯层数的可控制备 [223]。然而化学气相沉积方法对实验条件要求很高，如载气和气体碳源的流速控制、基底催化剂膜的制备、沉积温度、沉积时间等。

基于此，本书著者团队[224]利用LDHs层间限域效应制备了不同层数的石墨烯。选择了对碳纳米材料生长不具有催化活性的金属元素构建MgAl-LDH层板。根据水滑石的层板组成和插层阴离子的可调变性，将有机阴离子插入水滑石层间使层间距增大，同时中性的有机小分子通过与水滑石层板羟基之间的氢键作用也能同时插入水滑石层间，从而得到有机阴离子与有机小分子共插层的水滑石，如图8-53中StepⅠ所示。将插层结构的水滑石前驱体在还原性气氛下进行焙烧后，使碳源分子在水滑石层间二维限域空间内经过碳化石墨化形成石墨烯，如图8-53中StepⅡ所示。采用化学方法刻蚀掉金属氧化物层板，最终获得石墨烯纳米片，如图8-53中StepⅢ所示。并通过调节碳源分子的插层量〔从图8-53（a）到（c）逐渐增大〕，可以实现不同层数石墨烯纳米片的可控制备。

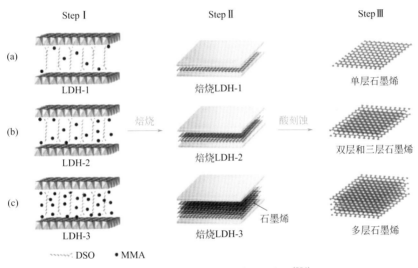

**图8-53**　水滑石二维限域层间制备石墨烯的过程示意图[224]

　　石墨烯的形成分为三个过程：第一个过程，温度为250℃时，MMA在水滑石层间碳化，此时水滑石的层板和支撑层板的DSO阴离子还没有到达热分解温度，因此MMA能够在层间碳化并保持层状结构；第二个过程，温度为450℃时，水滑石层板和层间DSO阴离子开始分解，由于MMA碳化所形成的无定形碳层，可以在水滑石分解形成方镁石晶相时，使其仍能够保持层状结构；第三个过程，温度升高到900℃时，已经碳化的MMA在层状的方镁石层间由无定形碳进一步石墨化，形成石墨烯。

　　b. 制备平面碳材料。实验和理论研究表明，对碳材料进行杂原子掺杂可有效改变材料的理化性质和电子结构，从而诱导材料内部形成缺陷进而提高材料的电化学性能[2,225-227]。在众多杂原子之中，N原子因与C原子相似的原子半径和较高的电负性受到了众多研究者的青睐。在不同的 N 掺杂类型中，季 N 会打破氮掺杂碳材料的 π-π 共轭，导致材料电子导电性较差并不利于 Li⁺ 的扩散[228]。而具有平面结构的吡啶 N 和吡咯 N 可以在碳纳米片表面诱导形成孔缺陷，暴露出大量的储锂位点，同时减小 Li⁺ 的扩散阻力，因此具有高比容量和优异的倍率性能。

通常制备氮掺杂碳材料的方法是将含杂原子有机分子与有机碳源分子经过高温气相沉积、高温热解或溶剂热法得到。这类方法掺 N 位置和类型难以有效控制，且不同 N 类型的作用机制难以明确。本书著者团队利用层间限域碳化的方式成功制备了富含平面结构的氮掺杂碳（NC，图 8-54）材料。所获得 NC 材料的 N 原子中，平面型 N 原子占比超过 90%，成功实现了 N 掺杂碳材料中 N 类型的控制。

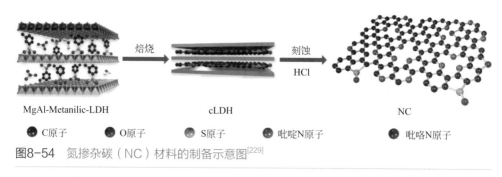

图8-54　氮掺杂碳（NC）材料的制备示意图[229]

此工作利用水滑石插层客体分子可调的性质，在 MgAl-LDH 层的限域空间插入含杂原子的有机小分子间氨基苯磺酸。经过高温焙烧后，主体层板变为复合金属氧化物，层间有机小分子在限域空间内碳化得到氮掺杂碳材料。通过简单的酸刻方法去除主体层板的金属氧化物，即可得到氮掺杂碳（NC）。对所得材料的分析表明，其 N 原子主要组成为吡啶 N 和吡咯 N，季氮含量很少。而通过非限域方法所得的 NC-Bulk 材料中大部分为季氮，无法做到选择性掺杂平面氮。以所得 NC 材料作为锂离子电池负极，由于其丰富的平面氮结构以及由此所得丰富的缺陷和孔结构得到了更多的储锂位点，且 Li⁺ 的嵌入和脱出的扩散阻力更小。电化学测试表明制备的 NC 具有超高的比容量（在电流密度为 0.2A/g 下循环 110 次后可达 2240mA·h/g）、优异的倍率性能（在电流密度为 4.0A/g 下容量保持率为 65.1%）和长久的稳定性（在电流密度为 4.0A/g 下循环 500 次后的可逆容量仍为 950mA·h/g，且库仑效率约为 100%）。

上述实例详细地说明了 LDHs 在制备碳材料时的优势：a. LDHs 的层间限域作用有效控制碳材料的形貌；b. 利用 LDHs 的层间可插层特性原位引入杂原子；c. 制备方式简单、易于规模化制备。

## 五、LDHs作为载体用于Li-S电池和金属锂电池

LDHs 在锂硫 (Li-S) 电池中的应用引起了广泛的关注。LDHs 的结构和组成多变性使得它们的形貌、晶体结构、层间阴离子、电子结构等高度可控。主要结构特征（图 8-55）：①层板暴露的活性中心在促进多硫化物转化和锂沉积方面表现出独特的优势；② LDHs 可易被定制成许多纳米结构，包括纳米颗粒、超薄纳米片阵列和核壳纳米线阵列，具有独特的 3D 缓冲空间、丰富的通道和较大比表面积；③通过拓扑转化，LDHs 可衍生成各种过渡金属化合物和二维纳米碳化合物。到目前为止，LDHs 及其衍生物已成功地应用于硫正极和金属锂负极中，这为解决高性能 Li-S 电池面临的关键障碍提供了重要的机会。

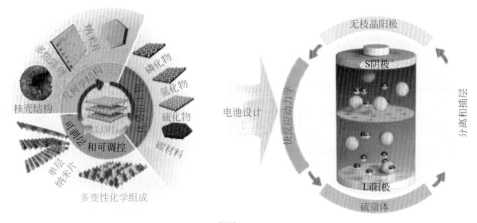

**图8-55** LDHs用于Li-S电池结构示意图[230]

### 1. LDHs 用于锂-硫电池载体

由于 LDHs 的多种拓扑结构和表面可调谐性，在设计高性能 S 载体方面具有很大的优势。其中，LDHs 含有过渡金属离子，由于金属-硫化学键的形成，通常对多硫化物具有良好的催化活性和较强的化学锚定能力，可抑制多硫化物的溶解和促进多硫化物转化[230]。

碳材料是最常见的硫载体。然而，碳材料仍存在成本高、结构化困难、与多硫化物结合力弱等缺点。近年来，LDHs 衍生碳材料由于独特的二维多孔结构、碳层中的金属掺杂可控性、可引入大量的催化中心和多硫化物吸附中心等优势引起了广泛的关注。例如，本书著者团队[196] 在 ZnAl-LDH 纳米片表面定向生长ZIF-67，然后进行简单的热解和酸蚀处理，合成了蜂窝状介孔碳纳米片（MC-NS）[图 8-56（a）]。SEM 和 TEM 图像 [图 8-56（a），（b）] 表明材料具有连续的介

孔结构（50nm）并且在二维碳骨架表面均匀分布着 Co 纳米颗粒，这可作为硫载体和多硫化物转化的促进剂。拉曼光谱和高分辨率 C 1s XPS 谱图［图 8-56（c）］表明，MC-NS 中存在许多缺陷，可作为多硫化物吸附位点实现抑制穿梭效应［图 8-56（d）］。由 DFT 计算结果表明，缺陷的 MC-NS 对 $Li_2S_6$、$Li_2S_4$ 和 $Li_2S_2$ 具有 $-1.02eV$、$-0.83eV$ 和 $-0.35eV$ 的结合能，与碳纳米片（C-NS）($Li_2S_6$: $-0.93eV$；$Li_2S_4$: $-0.68eV$；$Li_2S_2$: $-1.06eV$）相比具有较强的吸附能力。

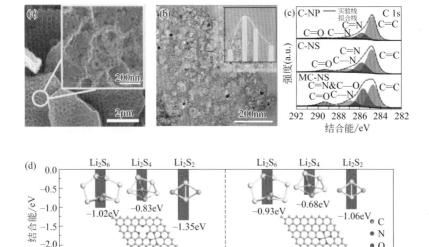

图8-56　MC-NS的（a）SEM和（b）TEM图像；（c）C 1s峰的XPS谱；（d）各种含S物种（$Li_2S_6$、$Li_2S_4$和$Li_2S_2$）在MC-NS（左）和C-NS（右）上的结合能[196]

最近，邓曙光等人[231] 报道了一种高性能的 Li-S 电池正极，它使用碳负载的 LDHs 作为硫的载体，在生物质衍生掺磷碳衬底上生长 LDHs( 称为 NiAl@PAB)。其具有高比表面积和多孔结构，NiAl@PAB(S 质量分数为 66%) 在 0.2C 下产生 1216.3mA·h/g 的高初始放电容量；此外，LDHs 还能与长链多硫化物结合形成金属 - 硫键，从动力学角度加快了多硫化物转化。卢红斌等人[232] 证明 NiCo-LDH 可以作为一种多功能介质来抑制多硫化物的扩散，促进多硫化物的转化。Ni $2p_{3/2}$ 光谱表明在 $Li_2S_6$ 被吸附后，NiCo-LDH 表面的 $Ni^{3+}$ 被还原为 $Ni^{2+}$，从 Co $2p_{3/2}$ 光谱中也可以观察到类似的现象，这表明 $Li_2S_6$ 与 NiCo-LDH 之间发生了氧化还原反应；表明 NiCo-LDH 保证了多硫化物的优异吸附，增强了多硫化物转化的动力学过程。楼雄文等人设计了双层壳（CH@LDH）纳米颗粒作为一种新的 S 载体。CH@LDH 具有典型的蛋黄壳结构，其壳层由相互连接的小纳米片和发达的内腔组成，可以将 S 负载到纳米笼中（质量分数为 75%）。他们还设计了空心 NiFe-LDH 多面体作为 S 载体，进一步提高了 S 正极的性能[25]。空心 NiFe-LDH 多面体的比表面积为 104.3m$^2$/g，保证了正极的高 S 负载。以上研究表明在 Li-S 电池系统中引入 LDHs 作为正极载体材料的概念为高性能的 Li-S 电池开辟了一条新的途径。

## 2. LDHs 用于金属锂电池

许多研究表明，Li 晶体的最终生长形态很大程度上依赖于初始成核过程的晶种分散程度。在 Li 沉积方面，由于 LDHs 的表面化学环境具有可控性，这使其在 Li 负极改性方面表现出独特的优势。例如，在 LDHs 表面可以产生活性氧，因此，可以设计一个"亲锂"界面，从而诱导 Li 金属负极的均匀沉积和剥离。本书著者团队[176]首先报道了超薄 LDHs 上的活性氧（U-LDH-O）可以促进 Li 金属的均匀沉积以抑制 Li 枝晶的形成。通过在铜网上电沉积 CoFe-LDH，然后进行电化学活化，制备了具有有序垂直阵列结构的 Cu/U-LDH-O［图 8-57（a）］。具有 U-LDH-O 结构的电极的电压曲线具有较低成核过电位（16.2mV），且在 Li 成核过程中表现出平滑的倾角，这证实了 U-LDH-O 可以促进 Li 成核。由电子三维电荷密度图表明，LDH-O 的 O 端位点更容易吸附具有强电子重叠的 Li 原子。LDH-O 吸附 Li 具有最负的吸附能（LDH-O + Li 约 5.20eV）。简单调节 LDHs 表面可以实现对 Li 的强吸附。

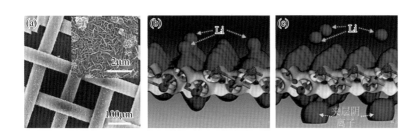

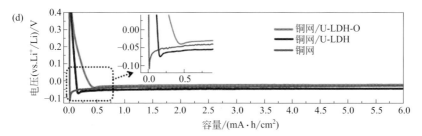

图8-57 （a）不同放大率下铜网/U-LDH-O的扫描电镜图像；Li原子在（b）LDH-O和（c）LDHs上吸附的电子密度；（d）铜网/U-LDH-O、铜网/U-LDH和铜网上Li成核过程中的电压-时间曲线[176]

## 六、结束语

本节概要总结了二维插层层状材料在电池材料中的研究工作进展。主要介绍 LDHs 为代表的阴离子插层层状材料在储能材料中的储能应用。一是利用 LDHs 层板上金属离子受晶格能最低效应及晶格定位效应的影响，以其为反应前驱体制备离子电池正负极电池材料。其具有产物中元素分布均匀，比例、组分可控，产品纯度高及反应温度低等特点。二是利用 LDHs 独特的二维层板结构及其层间阴离子的可调换性，将功能性客体离子引入层间，使材料性能得以扩展或强化。在插层结构材料中，LDHs 主体的化学组成、客体物种的类型和数量及比例、主客体的协同效应等对插层结构材料的性能具有决定性影响。

# 第五节
# 小结与展望

能源的获取和高效利用是人类社会的发展基石。新能源技术特别是电化学能源技术是新能源汽车、下一代通信技术、人工智能等新兴产业的重要支撑。新能源技术，无论是光电（电）解水器件还是二次电池或超级电容器，其性能和效率都极大地取决于材料的性能。进一步拓展新能源材料的种类，明确构效关系，实现结构设计、控制合成和性能改进，对提升新能源生产利用水平、拓展新材料应用都具有重要的意义。

水滑石作为典型的二维阴离子型层状无机化合物，特征的取向生长特点和主客体化学特性，使其展现出丰富的组成和结构可调变性：① LDHs 的层板是由 $MO_6$ 八面体共用棱边而形成，相对于层板与层间客体的弱相互作用，层板内部强化学作用使 LDHs 沿着 $a$ 轴方向的晶面取向生长优于沿 $c$ 轴方向的取向生长，因此 LDHs 的晶习是容易形成纳米片状结构；② LDHs 主体层板上金属元素原子级交替并有序排列，呈现高度均匀有序分散的状态；③主体层板金属元素的种类和比例具有可调变性，可通过调控金属元素的组成和比例，进一步调控主体层板的电荷密度和物理化学性质等；④层间阴离子可交换，其体积、数量、价态以及阴离子与层板羟基的键合强度决定了 LDHs 的层间距大小并能够影响层板阳离子的化学环境，改变 LDHs 的性能。

因此，利用 LDHs 的二维层状结构和主客体组装特性，在本章当中，灵活地设计制备了由 $M^{2+}$ 和 $M^{3+}$（和／或 $M^{4+}$）组成的二元、三元、四元、五元等多元金属阳离子组成的 LDHs。特别利用到 LDHs 具有主体层板金属阳离子种类与比例、层间插层阴离子种类均可调变，且在分子水平上有序性和高度分散性等特点，使 LDHs 本身及其拓扑转化产物在电化学能量储存和转换方面充分体现出优势。

把 LDHs 用于电催化，涉及体系包括：OER、HER、NRR 以及电催化制备有机小分子高值化学品。LDHs 所特有的主体层板金属阳离子种类与比例可调、层间阴离子可交换的性质充分促进了 LDHs 材料催化活性中心的构建，进而调控电催化性能。例如，针对电催化析氧反应，NiFe-LDH 具有非常特别的 Ni-O-Fe 活性中心，OER 本征催化活性优异。进一步通过引入氧空位、$Mn^{2+}$、$V^{3+}$、$Fe^{2+}$ 等低价离子掺杂，引入应力、还原性离子插层等方法，进一步提高催化剂活性，逼近线性标度关系（linear scale relationship）决定的理论极限。尤其 $Fe^{2+}$ 与 $Fe^{3+}$ 构建的 Fe-O-Fe 活性位点，展示出同期最好的析氧活性。在此基础上，将 LDHs 组装成纳米阵列结构，减小气泡黏附力，实现超疏气，能够提高电流增速；将 LDHs 通过还原、硫化、磷化转变为其他金属化合物，在保持大比表面积大、活性位点充分暴露的同时，提高本征活性和抗 $Cl^-$ 腐蚀性，实现海水电解制氢。将纳米阵列用于电催化耦合氧化制备有机小分子高值化学品，可以进一步降低过电位，提高电解制氢经济性。上述研究展示了 LDHs 在电解制氢领域远超同类的催化应用潜力。

把 LDHs 用于光催化，也可以利用 LDHs 层板金属离子的可调性和层间阴离子的可交换性，将光活性金属元素或者光活性阴离子引入 LDHs 结构中，制备出一系列不同活性的本征光催化剂或者催化剂前驱体，在光催化分解水制氢、光催化 $CO_2$ 还原、有机物光降解等领域均展示了很好的应用前景。进一步调控组成和结构，提高光催化效率，有效改善和提高光催化性能，制备超薄无缺陷的 LDHs 纳米片，实现 LDHs 材料复合，是未来光催化实用化的重要课题。

把 LDHs 用于电化学储能，主要包括电化学超级电容器和锂离子电池两大类。在锂离子电池方面，通常是将 LDHs 用作正极氧化物的前驱物，利用 $M^{2+}$ 和 $M^{3+}$ 组成的多元金属阳离子主体层板内部高价金属阳离子互斥的特性，实现特定金属阳离子的高分散。例如，利用钴铝水滑石（CoAl-LDH）纳米片包覆的 $Ni(OH)_2$ 作为前驱体制备 $LiNi_{0.8}Co_{0.15}Al_{0.05}O_2$ 材料，很好地解决了高镍材料前驱体组成不均匀的问题，并且工艺简单易行。未来将 LDHs 材料用作锂离子电池负极材料，应注意调控充放电电压平台，保护层状结构；将 LDHs 作为正极材料的前驱体，应注意提高压实或振实密度。

把 LDHs 用于电化学超级电容器具有更多的优势：LDHs 的纳米薄层结构增大了比表面积，提高了主体层板的氧化还原的高效性和可逆性，碱性法拉第赝电容性能优异。在此基础上发展起来的电化学活化法，能够制造"氢缺陷"，有效改善 LDHs 的金属阳离子存储性能，大大改善了比电容，拓展了储能离子适用性。而构筑 LDHs 纳米阵列电极，则实现了活性物质的牢固复杂，有效增强了界面传质，扩大了电极材料与电解液的接触，缩短了离子迁移路径，提高了材料的利用率，甚至超过"理论值"，有效提高了超级电容器的储能密度和稳定性。现今，纳米阵列电极的构筑方法和设计理念已扩展到各种电化学储能和能量转换器件（包括阴离子电池）中，均取得了良好的效果。

　　综上所述，LDHs 由于其独特的组成和主客体结构特性，在能源转化和存储器件（如电解水制氢氧、作为前驱体制备多元锂电池材料、基于 LDHs 阵列的超级电容器等）中展示出广泛的应用前景，是新一代的全能材料。尤其是在电解制氢领域，LDHs 基材料通过活性位点的有效调控，在性能方面"一骑绝尘"，属于"杀手锏"级应用。未来，以国家和社会需求为导向，明确应用场景，聚焦关键技术、破解瓶颈问题，是实现 LDHs 材料在新能源领域应用的关键。为达此目标，需要我们发展 LDHs 结构分析手段和电化学原位表征手段，进一步深化对于材料组成 - 结构 - 性能之间的关系理解，并在此基础上进一步发展 LDHs 的微观化学键合调控方法和复合材料的有序组装方法；针对新能源领域应用，从跨尺度电极材料设计的角度出发，在原子、分子层面对 LDHs 的组分和电子结构进行调控，在介观尺度构筑特定微纳结构实现关键物质（如离子、电子和气体）的快速通道，从而实现新能源器件的高性能化。

## 参考文献

[1] Zhou D, Li P, et al. Layered double hydroxide-based electrocatalysts for the oxygen evolution reaction: identification and tailoring of active sites, and superaerophobic nanoarray electrode assembly [J]. Chemical Society Reviews, 2021, 50: 8790-8817.

[2] Hu X, Liu X, et al. Core-shell MOF-derived N-doped yolk-shell carbon nanocages homogenously filled with ZnSe and CoSe₂ nanodots as excellent anode materials for lithium- and sodium-ion batteries [J]. Journal of Materials Chemistry A, 2019, 7: 11016-11037.

[3] Suen N T, Hung S F, et al. Electrocatalysis for the oxygen evolution reaction: recent development and future perspectives [J]. Chemical Society Reviews, 2017, 46: 337-365.

[4] Gong M, Li Y, et al. An advanced Ni-Fe layered double hydroxide electrocatalyst for water oxidation [J]. Journal of the American Chemical Society, 2013, 135: 8452-8455.

[5] Gorlin M, Ferreira de Araujo J, et al. Tracking catalyst redox states and reaction dynamics in Ni-Fe oxyhydroxide oxygen evolution reaction electrocatalysts: the role of catalyst support and electrolyte pH [J]. Journal of the American Chemical Society, 2017, 139: 2070-2082.

[6] Smith R D L, Pasquini C, et al. Geometric distortions in nickel (oxy)hydroxide electrocatalysts by redox inactive

iron ions [J]. Energy & Environmental Science, 2018, 11: 2476-2485.

[7] Stevens M B, Trang C D M, et al. Reactive Fe-Sites in Ni/Fe (oxy)hydroxide are responsible for exceptional oxygen electrocatalysis activity [J]. Journal of the American Chemical Society, 2017, 139: 11361-11364.

[8] Louie M W, Bell A T. An investigation of thin-film Ni-Fe oxide catalysts for the electrochemical evolution of oxygen [J]. Journal of the American Chemical Society, 2013, 135: 12329-12337.

[9] Chen J Y, Dang L, et al. Operando analysis of NiFe and Fe oxyhydroxide electrocatalysts for water oxidation: detection of $Fe^{4+}$ by mossbauer spectroscopy [J]. Journal of the American Chemical Society, 2015, 137: 15090-15093.

[10] Lee S, Banjac K, et al. Oxygen isotope labeling experiments reveal different reaction sites for the oxygen evolution reaction on nickel and nickel iron oxides [J]. Angewandte Chemie International Edition, 2019, 58: 10295-10299.

[11] Roy C, Sebok B, et al. Impact of nanoparticle size and lattice oxygen on water oxidation on $NiFeO_xH_y$ [J]. Nature Catalysis, 2018, 1: 820-829.

[12] Zhou D, Cai Z, et al. NiCoFe-layered double hydroxides/N-doped graphene oxide array colloid composite as an efficient bifunctional catalyst for oxygen electrocatalytic reactions [J]. Advanced Energy Materials, 2018, 8: 1701905.

[13] Chen G, Wang T, et al. Accelerated hydrogen evolution kinetics on NiFe-layered double hydroxide electrocatalysts by tailoring water dissociation active sites [J]. Advanced Materials, 2018, 30: 1706279.

[14] Oh J M, Venters C C, et al. U1 snRNP regulates cancer cell migration and invasion in vitro [J]. Nature Communications, 2020, 11: 1.

[15] Xie Q, Cai Z, et al. Layered double hydroxides with atomic-scale defects for superior electrocatalysis [J]. Nano Research, 2018, 11: 4524-4534.

[16] Zhou D, Cai Z, et al. Effects of redox-active interlayer anions on the oxygen evolution reactivity of NiFe-layered double hydroxide nanosheets [J]. Nano Research, 2018, 11: 1358-1368.

[17] Zhou D, Wang S, et al. NiFe hydroxide lattice tensile strain: enhancement of adsorption of oxygenated intermediates for efficient water oxidation catalysis [J]. Angewandte Chemie International Edition, 2019, 58: 736-740.

[18] Yang Y, Dang L, et al. Highly active trimetallic NiFeCr layered double hydroxide electrocatalysts for oxygen evolution reaction [J]. Advanced Energy Materials, 2018, 8: 1703189.

[19] Zhou D, Cai Z, et al. Activating basal plane in NiFe layered double hydroxide by $Mn^{2+}$ doping for efficient and durable oxygen evolution reaction [J]. Nanoscale Horiz, 2018, 3: 532-537.

[20] Qian L, Lu Z, et al. Trinary layered double hydroxides as high-performance bifunctional materials for oxygen electrocatalysis [J]. Advanced Energy Materials, 2015, 5: 1500245.

[21] Bi Y, Cai Z, et al. Understanding the incorporating effect of $Co^{2+}/Co^{3+}$ in NiFe-layered double hydroxide for electrocatalytic oxygen evolution reaction [J]. Journal of catalysis, 2018, 358: 100-107.

[22] Liu H, Wang Y, et al. The effects of Al substitution and partial dissolution on ultrathin NiFeAl trinary layered double hydroxide nanosheets for oxygen evolution reaction in alkaline solution [J]. Nano Energy, 2017, 35: 350-357.

[23] Liu R, Wang Y, et al. Water-plasma-enabled exfoliation of ultrathin layered double hydroxide nanosheets with multivacancies for water oxidation [J]. Advanced Materials, 2017, 29: 1701546.

[24] Liu H, Wang Y, et al. The effects of Al substitution and partial dissolution on ultrathin NiFeAl trinary layered double hydroxide nanosheets for oxygen evolution reaction in alkaline solution [J]. Nano Energy, 2017, 35: 350-357.

[25] Zhang J, Li Z, et al. Nickel-iron layered double hydroxide hollow polyhedrons as a superior sulfur host for lithium-sulfur batteries [J]. Angewandte Chemie International Edition, 2018, 57: 10944-10948.

[26] Song F, Hu X. Exfoliation of layered double hydroxides for enhanced oxygen evolution catalysis [J]. Nature Communications, 2014, 5: 1-9.

[27] Zhang J, Liu J, et al. Single-atom Au/NiFe layered double hydroxide electrocatalyst: probing the origin of activity for oxygen evolution reaction [J]. Journal of the American Chemical Society, 2018, 140: 3876-3879.

[28] Li P, Wang M, et al. Boosting oxygen evolution of single-atomic ruthenium through electronic coupling with cobalt-iron layered double hydroxides [J]. Nature Communications, 2019, 10: 1711.

[29] Anantharaj S, Karthick K, et al. Enhancing electrocatalytic total water splitting at few layer Pt-NiFe layered double hydroxide interfaces [J]. Nano Energy, 2017, 39: 30-43.

[30] Kong F, Liang C, et al. Kinetic stability of bulk $LiNiO_2$ and surface degradation by oxygen evolution in $LiNiO_2$-based cathode materials [J]. Advanced Energy Materials, 2019, 9: 1802586.

[31] Tang C, Wang H S, et al. Spatially confined hybridization of nanometer-sized NiFe hydroxides into nitrogen-doped graphene frameworks leading to superior oxygen evolution reactivity [J]. Advanced Materials, 2015, 27: 4516-4522.

[32] Zhu X, Tang C, et al. Dual-sized NiFe layered double hydroxides in situ grown on oxygen-decorated self-dispersal nanocarbon as enhanced water oxidation catalysts [J]. Journal of Materials Chemistry A, 2015, 3: 24540-24546.

[33] Li Y, Zhang H, et al. Under-water superaerophobic pine-shaped Pt nanoarray electrode for ultrahigh-performance hydrogen evolution [J]. Advanced Functional Materials, 2015, 25: 1737-1744.

[34] Luo J S, Im J-H, et al. Water photolysis at 12.3% efficiency via perovskite photovoltaics and Earth-abundant catalysts [J]. Science, 2014, 345: 1593-1596.

[35] Zhao J, Chen J, et al. Hierarchical NiMn layered double hydroxide/carbon nanotubes architecture with superb energy density for flexible supercapacitors [J]. Advanced Functional Materials, 2014, 24: 2938-2946.

[36] Li Z, Shao M, et al. Fast electrosynthesis of Fe-containing layered double hydroxide arrays toward highly efficient electrocatalytic oxidation reactions [J]. Chemical Science, 2015, 6: 6624-6631.

[37] Kuang Y, Kenney M J, et al. Solar-driven, highly sustained splitting of seawater into hydrogen and oxygen fuels [J]. Proceedings of the National Academy of Sciences, 2019, 116: 6624-6629.

[38] Li P, Wang S, et al. Common-ion effect triggered highly sustained seawater electrolysis with additional NaCl production [J]. Research, 2020, 2020: 2872141.

[39] Ma L, Zhou H, et al. Integrating hydrogen production with anodic selective oxidation of sulfides over a CoFe layered double hydroxide electrode [J]. Chemical Science, 2020, 12: 938-945.

[40] Dinh K N, Zheng P, et al. Ultrathin porous NiFeV ternary layer hydroxide nanosheets as a highly efficient bifunctional electrocatalyst for overall water splitting [J]. Small, 2018, 14: 1703257.

[41] Jia Y, Zhang L, et al. A Heterostructure coupling of exfoliated Ni-Fe hydroxide nanosheet and defective graphene as a bifunctional electrocatalyst for overall water splitting [J]. Advanced Materials, 2017, 29: 1700017.

[42] Yu L, Zhou H, et al. Cu nanowires shelled with NiFe layered double hydroxide nanosheets as bifunctional electrocatalysts for overall water splitting [J]. Energy & Environmental Science, 2017, 10: 1820-1827.

[43] Ye W, Fang X, et al. A three-dimensional nickel-chromium layered double hydroxide micro/nanosheet array as an efficient and stable bifunctional electrocatalyst for overall water splitting [J]. Nanoscale, 2018, 10: 19484-19491.

[44] Huang K, Dong R, et al. Fe-Ni layered double hydroxide arrays with homogeneous heterostructure as efficient electrocatalysts for overall water splitting [J]. ACS Sustainable Chemistry & Engineering, 2019, 7: 15073-15079.

[45] Yang H, Chen Z, et al. B-doping-induced amorphization of LDH for large-current-density hydrogen evolution reaction [J]. Applied Catalysis B: Environmental, 2020, 261: 118240.

[46] Chen G, Wang T, et al. Accelerated hydrogen evolution kinetics on NiFe-layered double hydroxide electrocatalysts by tailoring water dissociation active sites [J]. Advanced Materials, 2018, 30: 1706279.

[47] Sun Y, Jiang T, et al. Two-dimensional nanomesh arrays as bifunctional catalysts for $N_2$ electrolysis [J]. ACS Catalysis, 2020, 10: 11371-11379.

[48] Jing L, Zhou W, et al. Surface tuning for oxide-based nanomaterials as efficient photocatalysts [J]. Chemical Society Reviews, 2013, 42: 9509-9549.

[49] Liu X, Iocozzia J, et al. Noble metal-metal oxide nanohybrids with tailored nanostructures for efficient solar energy conversion, photocatalysis and environmental remediation [J]. Energy & Environmental Science, 2017, 10: 402-434.

[50] Li H, Zhou Y, et al. State-of-the-art progress in diverse heterostructured photocatalysts toward promoting photocatalytic performance [J]. Advanced Functional Materials, 2015, 25: 998-1013.

[51] Wang Z, Li C, et al. Recent developments in heterogeneous photocatalysts for solar-driven overall water splitting [J]. Chemical Society Reviews, 2019, 48: 2109-2125.

[52] Nguyen V-H, Do H H, et al. Perovskite oxide-based photocatalysts for solar-driven hydrogen production: progress and perspectives [J]. Solar Energy, 2020, 211: 584-599.

[53] Kumar A, Kumar A, et al. Perovskite oxide based materials for energy and environment-oriented photocatalysis [J]. ACS Catalysis, 2020, 10: 10253-10315.

[54] Xiang Q, Yu J, et al. Graphene-based semiconductor photocatalysts [J]. Chemical Society Reviews, 2012, 41: 782-796.

[55] Shoji S, Peng X, et al. Photocatalytic uphill conversion of natural gas beyond the limitation of thermal reaction systems [J]. Nature Catalysis, 2020, 3: 148-153.

[56] Silva C G, Bouizi Y, et al. Layered double hydroxides as highly efficient photocatalysts for visible light oxygen generation from water [J]. Journal of the American Chemical Society, 2009, 131: 13833-13839.

[57] Xu S-M, Pan T, et al. Theoretical and experimental study on $M^{II}M^{III}$-layered double hydroxides as efficient photocatalysts toward oxygen evolution from water [J]. The Journal of Physical Chemistry C, 2015, 119: 18823-18834.

[58] Tan L, Xu S-M, et al. Highly selective photoreduction of $CO_2$ with suppressing $H_2$ evolution over monolayer layered double hydroxide under irradiation above 600 nm [J]. Angewandte Chemie International Edition, 2019, 58: 11860-11867.

[59] Zhao Y F, Zhao Y X, et al. Layered-double-hydroxide nanosheets as efficient visible-light-driven photocatalysts for dinitrogen fixation [J]. Advanced Materials, 2017, 29: 1703828.

[60] El Gaini L, Lakraimi M, et al. Removal of indigo carmine dye from water to Mg-Al-$CO_3$-calcined layered double hydroxides [J]. Journal of Hazardous Materials, 2009, 161: 627-632.

[61] O'Connor D, Hou D, et al. Sustainable in situ remediation of recalcitrant organic pollutants in groundwater with controlled release materials: a review [J]. Journal of Controlled Release, 2018, 283: 200-213.

[62] Seftel E M, Puscasu M C, et al. Fabrication of $CeO_2$/LDHs self-assemblies with enhanced photocatalytic performance: a case study on ZnSn-LDH matrix [J]. Applied Catalysis B: Environmental, 2015, 164: 251-260.

[63] Shayegan Z, Lee C-S, et al. $TiO_2$ photocatalyst for removal of volatile organic compounds in gas phase - a review [J]. Chemical Engineering Journal, 2018, 334: 2408-2439.

[64] Li X, Yu J, et al. Hierarchical photocatalysts [J]. Chemical Society Reviews, 2016, 45: 2603-2636.

[65] Wu Y, Wang H, et al. Photogenerated charge transfer via interfacial internal electric field for significantly improved photocatalysis in direct Z-scheme oxygen-doped carbon nitrogen/CoAl-layered double hydroxide heterojunction [J]. Applied Catalysis B: Environmental, 2018, 227: 530-540.

[66] Ziarati A, Badiei A, et al. 3D yolk@shell $TiO_{2-x}$/LDH Architecture: tailored structure for visible light $CO_2$ conversion [J]. ACS Applied Materials & Interfaces, 2019, 11: 5903-5910.

[67] Manera C, Tonello A P, et al. Adsorption of leather dyes on activated carbon from leather shaving wastes: kinetics, equilibrium and thermodynamics studies [J]. Environmental Technology, 2019, 40: 2756-2768.

[68] Meksi N, Moussa A. A review of progress in the ecological application of ionic liquids in textile processes [J]. Journal of Cleaner Production, 2017, 161: 105-126.

[69] Kecic V, Kerkez D, et al. Optimization of azo printing dye removal with oak leaves-nZVI/H$_2$O$_2$ system using statistically designed experiment [J]. Journal of Cleaner Production, 2018, 202: 65-80.

[70] Germinario G, Garrappa S, et al. Chemical composition of felt-tip pen inks [J]. Analytical and Bioanalytical Chemistry, 2018, 410: 1079-1094.

[71] Abu Bakar N H H, Jamil N I F, et al. Environmental friendly natural rubber-blend-poly-vinylpyrrolidone/ silver (NR-*b*-PVP/Ag) films for improved solar driven degradation of organic pollutants at neutral pH [J]. Journal of Photochemistry and Photobiology A, 2018, 352: 9-18.

[72] Collivignarelli M C, Abba A, et al. Treatments for color removal from wastewater: state of the art [J]. Journal of Environmental Management, 2019, 236: 727-745.

[73] Shao M, Han J, et al. The synthesis of hierarchical Zn-Ti layered double hydroxide for efficient visible-light photocatalysis [J]. Chemical Engineering Journal, 2011, 168: 519-524.

[74] Zhao Y, Zhang S, et al. A family of visible-light responsive photocatalysts obtained by dispersing CrO$_6$ octahedra into a hydrotalcite matrix [J]. Chemistry-A European Journal, 2011, 17: 13175-13181.

[75] Liu X, Zhao X, et al. Experimental and theoretical investigation into the elimination of organic pollutants from solution by layered double hydroxides [J]. Applied Catalysis B: Environmental, 2013, 140-141: 241-248.

[76] Zhao Y, Wei M, et al. Biotemplated hierarchical nanostructure of layered double hydroxides with improved photocatalysis performance [J]. ACS Nano, 2009, 3: 4009-4016.

[77] Zhao Y, He S, et al. Hierarchical films of layered double hydroxides by using a sol-gel process and their high adaptability in water treatment [J]. Chemical Communications, 2010, 46: 3031-3033.

[78] He S, Zhang S, et al. Enhancement of visible light photocatalysis by grafting ZnO nanoplatelets with exposed (0001) facets onto a hierarchical substrate [J]. Chemical Communications, 2011, 47: 10797-10799.

[79] Shi H, Zhang T, et al. Photocatalytic hydroxylation of phenol to catechol and hydroquinone by using organic pigment as selective photocatalyst [J]. Curr Org Chem, 2012, 16: 3002-3007.

[80] Shu X, He J, et al. Tailoring of phase composition and photoresponsive properties of Ti-containing nanocomposites from layered precursor [J]. The Journal of Physical Chemistry C, 2008, 112: 4151-4158.

[81] Fan G, Sun W, et al. Visible-light-induced heterostructured Zn-Al-In mixed metal oxide nanocomposite photocatalysts derived from a single precursor [J]. Chemical Engineering Journal, 2011, 174: 467-474.

[82] Xiang X, Xie L, et al. Ternary MgO/ZnO/In$_2$O$_3$ heterostructured photocatalysts derived from a layered precursor and visible-light-induced photocatalytic activity [J]. Chemical Engineering Journal, 2013, 221: 222-229.

[83] Nan C, Fan G, et al. Template-assisted route to porous zinc ferrite film with enhanced visible-light induced photocatalytic performance [J]. Materials Letters, 2013, 106: 5-7.

[84] Bilal M, Rasheed T, et al. Peroxidases-assisted removal of environmentally-related hazardous pollutants with reference to the reaction mechanisms of industrial dyes [J]. Science of the Total Environment, 2018, 644: 1-13.

[85] Tian L, Zhao Y, et al. Immobilized Cu-Cr layered double hydroxide films with visible-light responsive photocatalysis for organic pollutants [J]. Chemical Engineering Journal, 2012, 184: 261-267.

[86] Gomes Silva C, Bouizi Y, et al. Layered double hydroxides as highly efficient photocatalysts for visible light oxygen generation from water [J]. Journal of the American Chemical Society, 2009, 131: 13833-13839.

[87] Gunjakar J L, Kim T W, et al. Mesoporous layer-by-layer ordered nanohybrids of layered double hydroxide and layered metal oxide: highly active visible light photocatalysts with improved chemical stability [J]. Journal of the American Chemical Society, 2011, 133: 14998-15007.

[88] Gun jakar J L, Kim T W, et al. Highly efficient visible light-induced $O_2$ generation by self-assembled nanohybrids of inorganic nanosheets and polyoxometalate nanoclusters [J]. Scientific Reports, 2013, 3: 2080.

[89] Zhao Y, Li B, et al. NiTi-Layered double hydroxides nanosheets as efficient photocatalysts for oxygen evolution from water using visible light [J]. Chemical Science, 2014, 5: 951-958.

[90] Parida K, Satpathy M, et al. Incorporation of $Fe^{3+}$ into Mg/Al layered double hydroxide framework: effects on textural properties and photocatalytic activity for $H_2$ generation [J]. Journal of Materials Chemistry, 2012, 22: 7350-7357.

[91] Zhao Y, Chen P, et al. Highly dispersed $TiO_6$ units in a layered double hydroxide for water splitting [J]. Chemistry-A European Journal, 2012, 18: 11949-11958.

[92] Zhang G, Lin B, et al. Highly efficient visible-light-driven photocatalytic hydrogen generation by immobilizing CdSe nanocrystals on ZnCr-layered double hydroxide nanosheets [J]. International Journal of Hydrogen Energy, 2015, 40: 4758-4765.

[93] Wang C, Ma B, et al. Bridge-type interface optimization on a dual-semiconductor heterostructure toward high performance overall water splitting [J]. Journal of Materials Chemistry A, 2018, 6: 7871-7876.

[94] Carja G, Birsanu M, et al. Composite plasmonic gold/layered double hydroxides and derived mixed oxides as novel photocatalysts for hydrogen generation under solar irradiation [J]. Journal of Materials Chemistry A, 2013, 1: 9092-9098.

[95] Carja G, Birsanu M, et al. Composite plasmonic gold/layered double hydroxides and derived mixed oxides as novel photocatalysts for hydrogen generation under solar irradiation [J]. J Mater Chem A, 2013, 1: 9092-9098.

[96] Ahmed N, Shibata Y, et al. Photocatalytic conversion of carbon dioxide into methanol using zinc-copper-M(III) (M = aluminum, gallium) layered double hydroxides [J]. Journal of catalysis, 2011, 279: 123-135.

[97] Teramura K, Iguchi S, et al. Photocatalytic conversion of $CO_2$ in water over layered double hydroxides [J]. Angewandte Chemie International Edition, 2012, 51: 8008-8011.

[98] Bai S, Wang Z, et al. 600nm Irradiation-induced efficient photocatalytic $CO_2$ reduction by ultrathin layered double hydroxide nanosheets [J]. Industrial & Engineering Chemistry Research, 2020, 59: 5848-5857.

[99] Mei X, Wang W, et al. Hydrotalcite monolayer toward high performance synergistic dual-modal imaging and cancer therapy [J]. Biomaterials, 2018, 165: 14-24.

[100] Wang X, Wang Z L, et al. Tuning the selectivity of photoreduction of $CO_2$ to syngas over Pd/layered double hydroxide nanosheets under visible-light up to 600nm [J]. Journal of Energy Chemistry, 2020, 46: 1-7.

[101] Qiu C, Hao X, et al. 500nm Induced tunable syngas synthesis from $CO_2$ photoreduction by controlling heterojunction concentration [J]. Chemical Communications journal, 2020, 56: 5323.

[102] Wang X, Wang Z L, et al. Tuning the selectivity of photoreduction of $CO_2$ to syngas over Pd/layered double hydroxide nanosheets under visible-light up to 600 nm [J]. J Energy Chem, 2020, 46: 1-7.

[103] Qiu C, Hao X, et al. 500nm Induced tunable syngas synthesis from $CO_2$ photoreduction by controlling heterojunction concentration [J]. Chem. Commun., 2020, 56: 5323

[104] Wang Q, Zou R, et al. Facile synthesis of ultrasmall $CoS_2$ nanoparticles within thin N-doped porous carbon shell for high performance lithium-ion batteries [J]. Small, 2015, 11: 2511-2517.

[105] Tan L, Xu S-M, et al. Highly selective photoreduction of $CO_2$ with suppressing $H_2$ evolution over monolayer layered double hydroxide under irradiation above 600nm [J]. Angew Chem Int Ed, 2019, 58: 11860-11867.

[106] Kipkorir P, Tan L, et al. Intercalation effect in NiAl-layered double hydroxide nanosheets for $CO_2$ reduction under visible light [J]. Chemical Research in Chinese Universities, 2020, 36: 127-133.

[107] Hao X, Tan L, et al. Engineering active Ni sites in ternary layered double hydroxide nanosheets for a highly selective photoreduction of $CO_2$ to $CH_4$ under irradiation above 500nm [J]. Industrial & Engineering Chemistry Research, 2020, 59: 3008-3015.

[108] Tan L, Xu S-M, et al. 600nm Induced nearly 99% selectivity of $CH_4$ from $CO_2$ photoreduction using defect-rich monolayer structures [J]. Cell Reports Physical Science, 2021, 2: 100322.

[109] Wang Z, Xu S-M, et al. 600nm-Driven photoreduction of $CO_2$ through the topological transformation of layered double hydroxides nanosheets [J]. Applied Catalysis B: Environmental, 2020, 270: 118884.

[110] Dhar N R, Pant N N. Nitrogen loss from soils and oxide surfaces [J]. Nature, 1944, 153: 115-116.

[111] Shu C, Wang J, et al. Understanding the reaction chemistry during charging in aprotic lithium-oxygen batteries: existing problems and solutions [J]. Advanced Materials, 2019, 31: 1804587.

[112] Zhang S, Zhao Y, et al. Sub-3nm ultrafine $Cu_2O$ for visible light driven nitrogen fixation [J]. Angewandte Chemie International Edition, 2021, 60: 2554-2560.

[113] Li J, Xu Y, et al. Photocatalytic selective oxidation of benzene to phenol in water over layered double hydroxide: a thermodynamic and kinetic perspective [J]. Chemical Engineering Journal, 2020, 388: 124248.

[114] Wang J, Xu Y, et al. Highly selective photo-hydroxylation of phenol using ultrathin NiFe-layered double hydroxide nanosheets under visible-light up to 550 nm [J]. Green Chemistry, 2020, 22: 8604-8613.

[115] Ma X, Xu Y, et al. Visible-light-induced hydrogenation of C ═ C bonds by hydrazine over ultrathin layered double hydroxide nanosheets [J]. Industrial & Engineering Chemistry Research, 2020, 59: 14315-14322.

[116] Zhang R, Shao M, et al. Photo-assisted synthesis of zinc-iron layered double hydroxides/$TiO_2$ nanoarrays toward highly-efficient photoelectrochemical water splitting [J]. Nano Energy, 2017, 33: 21-28.

[117] Liu J, Xu S-M, et al. Facet engineering of $WO_3$ arrays toward highly efficient and stable photoelectrochemical hydrogen generation from natural seawater [J]. Applied Catalysis B: Environmental, 2020, 264: 118540-118549.

[118] Guo J, Mao C, et al. Reduced titania@layered double hydroxide hybrid photoanodes for enhanced photoelectrochemical water oxidation [J]. Journal of Materials Chemistry A, 2017, 5: 11016-11025.

[119] Zhang R, Shao M, et al. Photoelectrochemical catalysis toward selective anaerobic oxidation of alcohols [J]. Chemistry - A European Journal, 2017, 23: 8142-8147.

[120] Shao M, Ning F, et al. Hierarchical nanowire arrays based on ZnO core-layered double hydroxide shell for largely enhanced photoelectrochemical water splitting [J]. Advanced Functional Materials, 2014, 24: 580-586.

[121] Ning F, Shao M, et al. $TiO_2$/Graphene/NiFe-layered double hydroxide nanorod array photoanodes for efficient photoelectrochemical water splitting [J]. Energy & Environmental Science, 2016, 9: 2633-2643.

[122] Zhao Y, Li Z, et al. Reductive transformation of layered-double-hydroxide nanosheets to Fe-based heterostructures for efficient visible-light photocatalytic hydrogenation of CO [J]. Adv Mater, 2018, 30: 1803127.

[123] Teruel L, Bouizi Y, et al. Hydrotalcites of zinc and titanium as precursors of finely dispersed mixed oxide semiconductors for dye-sensitized solar cells [J]. Energy & Environmental Science, 2010, 3: 154-159.

[124] Naseem S, Gevers B R, et al. Preparation of photoactive transition-metal layered double hydroxides (LDH) to replace dye-sensitized materials in Solar Cells [J]. Materials, 2020, 13: 4384.

[125] Du T, Zhu J, et al. Enhanced photovoltaic performance of quasi-solid dye-sensitized solar cells based on composite gel electrolyte with intercalated Mg-Al layered double hydroxide [J]. Journal of The Electrochemical Society, 2015, 162: H518-H521.

[126] Zhao Y, Li Z, et al. Reductive transformation of layered-double-hydroxide nanosheets to Fe-based heterostructures for efficient visible-light photocatalytic hydrogenation of CO [J]. Advanced Materials, 2018, 30: 1803127.

[127] Chen G, Gao R, et al. Alumina-supported CoFe alloy catalysts derived from layered-double-hydroxide nanosheets for efficient photothermal $CO_2$ hydrogenation to hydrocarbons [J]. Advanced Materials, 2017, 30: 1704663.

[128] Li Z, Liu J, et al. Co-Based catalysts derived from layered-double-hydroxide nanosheets for the photothermal production of light olefins [J]. Advanced Materials, 2018, 30: 1800527.

[129] Yang X, Wang S, et al. Oxygen vacancies induced special $CO_2$ adsorption modes on $Bi_2MoO_6$ for highly selective conversion to $CH_4$ [J]. Applied Catalysis B: Environmental, 2019, 259: 118088.

[130] Zhao Y, Zhao B, et al. Oxide-modified nickel photocatalysts for the production of hydrocarbons in visible light [J]. Angewandte Chemie International Edition, 2016, 55: 4215-4219.

[131] Chen G, Gao R, et al. Alumina-supported cofe alloy catalysts derived from layered-double-hydroxide nanosheets for efficient photothermal $CO_2$ hydrogenation to hydrocarbons [J]. Adv Mater, 2017, 30: 1704663.

[132] Shao Y, El-Kady M F, et al. Design and mechanisms of asymmetric supercapacitors [J]. Chemical Reviews, 2018, 118: 9233-9280.

[133] Li J, Li Z, et al. Phase engineering of cobalt hydroxide toward cation intercalation [J]. Chemical Science, 2021, 12: 1756-1761.

[134] Lu Z, Zhu W, et al. High pseudocapacitive cobalt carbonate hydroxide films derived from CoAl layered double hydroxides [J]. Nanoscale, 2012, 4: 3640-3643.

[135] Shao M, Ning F, et al. Core-shell layered double hydroxide microspheres with tunable interior architecture for supercapacitors [J]. Chemistry of Materials, 2012, 24: 1192-1197.

[136] Lu Z, Yang Q, et al. Hierarchical $Co_3O_4$@Ni-Co-O supercapacitor electrodes with ultrahigh specific capacitance per area [J]. Nano Research, 2012, 5: 369-378.

[137] Meng G, Yang Q, et al. Hierarchical mesoporous NiO nanoarrays with ultrahigh capacitance for aqueous hybrid supercapacitor [J]. Nano Energy, 2016, 30: 831-839.

[138] Chen H, Hu L, et al. Nickel-cobalt layered double hydroxide nanosheets for high-performance supercapacitor electrode materials [J]. Advanced Functional Materials, 2014, 24: 934-942.

[139] Zhao J, Chen J, et al. CoMn-layered double hydroxide nanowalls supported on carbon fibers for high-performance flexible energy storage devices [J]. Journal of Materials Chemistry A, 2013, 1: 8836-8843.

[140] Li X, Shen J, et al. A super-high energy density asymmetric supercapacitor based on 3D core-shell structured NiCo-layered double hydroxide@carbon nanotube and activated polyaniline-derived carbon electrodes with commercial level mass loading [J]. Journal of Materials Chemistry A, 2015, 3: 13244-13253.

[141] Gao Z, Wang J, et al. Graphene nanosheet/$Ni^{2+}$/$Al^{3+}$ layered double-hydroxide composite as a novel electrode for a supercapacitor [J]. Chemistry of Materials, 2011, 23: 3509-3516.

[142] Yin Q, Li D, et al. CoNi-layered double hydroxide array on graphene-based fiber as a new electrode material for microsupercapacitor [J]. Applied Surface Science, 2019, 487: 1-8.

[143] Li Z, Shao M, et al. A flexible all-solid-state micro-supercapacitor based on hierarchical CuO@layered double hydroxide core-shell nanoarrays [J]. Nano Energy, 2016, 20: 294-304.

[144] Yang Q, Li Z, et al. Carbon modified transition metal oxides/hydroxides nanoarrays toward high-performance flexible all-solid-state supercapacitors [J]. Nano Energy, 2017, 41: 408-416.

[145] Li Z, Yang Q, et al. Atom-economical construction of carbon nanotube architectures for flexible supercapacitors with ultrahigh areal and volumetric capacities [J]. Journal of Materials Chemistry A, 2018, 6: 21287-21294.

[146] 张菊芳. 从 2019 年诺贝尔化学奖看锂离子电池的发展及前景 [J]. 化工设计通讯，2020, 46: 237-258.

[147] Zhang X, Chen K, et al. Structure-related electrochemical performance of organosulfur compounds for lithium-sulfur batteries [J]. Energy & Environmental Science, 2020, 13: 1076-1095.

[148] Xie J, Lu Y-C. A retrospective on lithium-ion batteries [J]. Nature Communications, 2020, 11: 2499.

[149] Palomares V, Serras P, et al. Na-ion batteries, recent advances and present challenges to become low cost energy storage systems [J]. Energy & Environmental Science, 2012, 5: 5884-5901.

[150] Liu Q, Wang Y Z, et al. Rechargeable anion-shuttle batteries for low-cost energy storage [J]. Chem, 2021, 7: 1993-2021.

[151] Cao X, Tan C, et al. Solution-processed two-dimensional metal dichalcogenide-based nanomaterials for energy storage and conversion [J]. Advanced Materials, 2016, 28: 6167-6196.

[152] Patel R, Park J T, et al. Transition-metal-based layered double hydroxides tailored for energy conversion and storage [J]. Journal of Materials Chemistry A, 2018, 6: 12-29.

[153] Shao M, Zhang R, et al. Layered double hydroxides toward electrochemical energy storage and conversion: design, synthesis and applications [J]. Chemical Communications, 2015, 51: 15880-15893.

[154] Gschwind F, Euchner H, et al. Chloride ion battery review: theoretical calculations, state of the art, safety, toxicity, and an outlook towards future developments [J]. European Journal of Inorganic Chemistry, 2017, 2017: 2784-2799.

[155] Zhao X, Ren S, et al. Chloride ion battery: a new member in the rechargeable battery family [J]. Journal of Power Sources, 2014, 245: 706-711.

[156] Zhao X, Zhao-Karger Z, et al. Metal oxychlorides as cathode materials for chloride ion batteries [J]. Angewandte Chemie International Edition, 2013, 52: 13621-13624.

[157] Gao P, Reddy M A, et al. VOCl as a cathode for rechargeable chloride ion batteries [J]. Angewandte Chemie International Edition, 2016, 55: 4285-4290.

[158] Lakshmi K P, Janas K J, et al. Antimony oxychloride embedded graphene nanocomposite as efficient cathode material for chloride ion batteries [J]. Journal of Power Sources, 2019, 433: 126685.

[159] Yu T, Yang R, et al. Polyaniline-intercalated FeOCl cathode material for chloride-ion batteries [J]. ChemElectroChem, 2019, 6: 1761-1767.

[160] Zhao X, Zhao Z, et al. Developing polymer cathode material for the chloride ion battery [J]. ACS Applied Materials & Interfaces, 2017, 9: 2535-2540.

[161] Liang J, Ma R, et al. Topochemical synthesis, anion exchange, and exfoliation of Co-Ni layered double hydroxides: a route to positively charged Co-Ni hydroxide nanosheets with tunable composition [J]. Chemistry of Materials, 2009, 22: 371-378.

[162] Ma R, Liang J, et al. Topochemical synthesis of Co-Fe layered double hydroxides at varied Fe/Co ratios: unique intercalation of triiodide and its profound effect [J]. Journal of the American Chemical Society, 2011, 133: 613-620.

[163] Ma R, Liu Z, et al. Synthesis and exfoliation of $Co^{2+}$-$Fe^{3+}$ layered double hydroxides: an innovative topochemical approach [J]. Journal of the American Chemical Society, 2007, 129: 5257-5263.

[164] Furukawa Y, Tadanaga K, et al. Evaluation of ionic conductivity for Mg-Al layered double hydroxide intercalated with inorganic anions [J]. Solid State Ionics, 2011, 192: 185-187.

[165] Kubo D, Tadanaga K, et al. Improvement of electrochemical performance in alkaline fuel cell by hydroxide ion conducting Ni-Al layered double hydroxide [J]. Journal of Power Sources, 2013, 222: 493-497.

[166] Sun P, Ma R, et al. Single-layer nanosheets with exceptionally high and anisotropic hydroxyl ion conductivity [J]. Science Advances, 2017, 3: e1602629.

[167] Yin Q, Rao D, et al. CoFe-Cl layered double hydroxide: a new cathode material for high-performance chloride ion batteries [J]. Advanced Functional Materials, 2019, 29: 1900983.

[168] Yin Q, Luo J, et al. High-performance, long lifetime chloride ion battery using a NiFe-Cl layered double hydroxide cathode [J]. Journal of Materials Chemistry A, 2020, 8: 12548-12555.

[169] Yin Q, Luo J, et al. Ultralong-life chloride ion batteries achieved by the synergistic contribution of intralayer metals in layered double hydroxides [J]. Advanced Functional Materials, 2019, 30: 1907448.

[170] Luo J, Yin Q, et al. NiMn-Cl layered double hydroxide/carbon nanotube networks for high-performance chloride ion batteries [J]. ACS Applied Energy Materials, 2020, 3: 4559-4568.

[171] Yin Q, Zhang J, et al. A new family of rechargeable batteries based on halide ions shuttling [J]. Chemical Engineering Journal, 2020, 389: 124376.

[172] Yang W S, Li X M, et al. Synthesis and electrochemical characterization of pillared layered $Li_{1-2x}Ca_xCoO_2$ [J]. Journal of Physics and Chemistry of Solids, 2006, 67: 1343-1346.

[173] Yang Z, Yang W, et al. Pillared layered $Li_{1-2x}Ca_xCoO_2$ cathode materials obtained by cationic exchange under hydrothermal conditions [J]. Journal of Power Sources, 2008, 184: 557-561.

[174] Liang J, Wu D, et al. Could Li/Ni disorder be utilized positively? Combined experimental and computational investigation on pillar effect of Ni at Li sites on $LiCoO_2$ at high voltages [J]. Electrochimica Acta, 2014, 146: 784-791.

[175] Liu Q, Su X, et al. Approaching the capacity limit of lithium cobalt oxide in lithium ion batteries via lanthanum and aluminium doping [J]. Nature Energy, 2018, 3: 936-943.

[176] Zhang J-N, Li Q, et al. Trace doping of multiple elements enables stable battery cycling of $LiCoO_2$ at 4.6 V [J]. Nature Energy, 2019, 4: 594-603.

[177] Yang Z, Wang B, et al. A novel method for the preparation of submicron-sized $LiNi_{0.8}Co_{0.2}O_2$ cathode material [J]. Electrochimica Acta, 2007, 52: 8069-8074.

[178] Yabuuchi N, Ohzuku T. Novel lithium insertion material of $LiCo_{1/3}Ni_{1/3}Mn_{1/3}O_2$ for advanced lithium-ion batteries [J]. Journal of Power Sources, 2003, 119-121: 171-174.

[179] Myung S-T, Maglia F, et al. Nickel-rich layered cathode materials for automotive lithium-ion batteries: achievements and perspectives [J]. ACS Energy Letters, 2017, 2: 196-223.

[180] Yang Z, Yang W, et al. Enhanced overcharge behavior and thermal stability of commercial $LiCoO_2$ by coating with a novel material [J]. Electrochemistry Communications, 2008, 10: 1136-1139.

[181] Li G, Yang Z, et al. Effect of $FePO_4$ coating on electrochemical and safety performance of $LiCoO_2$ as cathode material for Li-ion batteries [J]. Journal of Power Sources, 2008, 183: 741-748.

[182] Yang Z, Qiao Q, et al. Improvement of structural and electrochemical properties of commercial $LiCoO_2$ by coating with $LaF_3$ [J]. Electrochimica Acta, 2011, 56: 4791-4796.

[183] Dai X Y, Wang L P, et al. Improved electrochemical performance of $LiCoO_2$ electrodes with ZnO coating by radio frequency magnetron sputtering [J]. ACS Applied Materials & Interfaces, 2014, 6: 15853-15859.

[184] Lu Y, Wei M, et al. Synthesis of layered cathode material $Li[Co_xMn_{1-x}]O_2$ from layered double hydroxides precursors [J]. Journal of Solid State Chemistry, 2007, 180: 1775-1782.

[185] Lu Y, Zhao Y. Synthesis of layered cathode materials $Li[Co_xNi_yMn_{1-x-y}]O_2$ from layered double hydroxide precursors [J]. Particuology, 2010, 8: 202-206.

[186] Xiao P, Cao Y, et al. Simple strategy for synthesizing $LiNi_{0.8}Co_{0.15}Al_{0.05}O_2$ using CoAl-LDH nanosheet-

coated Ni(OH)$_2$ as the precursor: dual effects of the buffer layer and synergistic diffusion [J]. ACS Applied Materials & Interfaces, 2021, 13: 29714-29725.

[187] 王茹英, 邱天, 等. 高容量正极材料 0.08LiCo$_{0.75}$Al$_{0.25}$O$_2$-0.92LiNiO$_2$ 的合成与电化学性能研究 [J]. 电化学, 2012, 18: 332-336.

[188] Huang Y, Dong Y, et al. Lithium manganese spinel cathodes for lithium-ion batteries [J]. Advanced Energy Materials, 2021, 11: 2000997.

[189] Zhan C, Wu T, et al. Dissolution, migration, and deposition of transition metal ions in Li-ion batteries exemplified by Mn-based cathodes—a critical review [J]. Energy Environmental & Science, 2018, 11: 243-257.

[190] Ohzuku T, Kato J, et al. Electrochemistry of manganese dioxide in lithium nonaqueous cells: Ⅳ. Jahn-Teller deformation of in MnO$_6$ - octahedron in Li$_x$MnO$_2$ [J]. Journal of the Electrochemical Society, 1991, 138: 2556.

[191] Yamane H, Inoue T, et al. A causal study of the capacity fading of Li$_{1.01}$Mn$_{1.99}$O$_4$ cathode at 80℃, and the suppressing substances of its fading [J]. Journal of Power Sources, 2001, 99: 60-65.

[192] Li G, Chen X, et al. Synthesis of high-energy-density LiMn$_2$O$_4$ cathode through surficial Nb doping for lithium-ion batteries [J]. Journal of Solid State Electrochemistry, 2018, 22: 3099-3109.

[193] Qiu T, Wang J, et al. Improved elevated temperature performance of commercial LiMn$_2$O$_4$ coated with LiNi$_{0.5}$Mn$_{1.5}$O$_4$ [J]. Electrochimica Acta, 2014, 147: 626-635.

[194] Yang Z, Yang W, et al. The effect of a Co-Al mixed metal oxide coating on the elevated temperature performance of a LiMn$_2$O$_4$ cathode material [J]. Journal of Power Sources, 2009, 189: 1147-1153.

[195] 杨文胜, 杨占旭, 汤展峰. 复合金属氧化物包覆尖晶石型 LiMn$_2$O$_4$ 正极材料及制备方法: CN 200910080931[P]. 2009-03-27.

[196] Li J, Chen C, et al. Polysulfide confinement and highly efficient conversion on hierarchical mesoporous carbon nanosheets for Li-S batteries [J]. Advanced Energy Materials, 2019, 9: 1901935.

[197] Xu M, Wei M. Layered double hydroxide-based catalysts: recent advances in preparation, structure, and applications [J]. Advanced Functional Materials, 2018, 28: 1802943.

[198] Li J, Li Z, et al. Ultrathin mesoporous Co$_3$O$_4$ nanosheet arrays for high-performance lithium-ion batteries [J]. ACS Omega, 2018, 3: 1675-1683.

[199] Liu J, Li Y, et al. Layered double hydroxide nano- and microstructures grown directly on metal substrates and their calcined products for application as Li-ion battery electrodes [J]. Advanced Functional Materials, 2008, 18: 1448-1458.

[200] Yang L, Li H, et al. Novel layered double hydroxide precursor derived high-Co$_9$S$_8$-content composite as anode for lithium-ion batteries [J]. Journal of Alloys and Compounds, 2018, 768: 485-494.

[201] Su Y, Wu C, et al. MoS$_2$ nanoplatelets scaffolded within CoS$_2$ nanobundles as anode nanomaterials for sodium-ion batteries [J]. Journal of Alloys and Compounds, 2020, 845: 156229.

[202] Li M, Yin Y X, et al. Well-dispersed bi-component-active CoO/CoFe$_2$O$_4$ nanocomposites with tunable performances as anode materials for lithium-ion batteries [J]. Chemical Communications, 2012, 48: 410-412.

[203] Li X D, Yang W S, et al. Stoichiometric synthesis of pure NiFe$_2$O$_4$ spinel from layered double hydroxide precursors for use as the anode material in lithium-ion batteries rtyree [J]. Journal of Physics and Chemistry of Solids, 2006, 67: 1286-1290.

[204] Wang F, Zhang S, et al. Graphene-supported binary active Mn$_{0.25}$Co$_{0.750}$ solid solution derived from a CoMn-layered double hydroxide precursor for highly improved lithium storage [J]. RSC Advances, 2016, 6: 19716-19722.

[205] Song Y, Li H, et al. Solid-solution sulfides derived from tunable layered double hydroxide precursors/graphene aerogel for pseudocapacitors and sodium-ion batteries [J]. ACS Applied Materials & Interfaces, 2017, 9: 42742-42750.

[206] Lv J, Bai D, et al. Bimetallic sulfide nanoparticles confined by dual-carbon nanostructures as anodes for lithium-/sodium-ion batteries [J]. Chemical Communications, 2018, 54: 8909-8912.

[207] Wu R, Wang D P, et al. In-situ formation of hollow hybrids composed of cobalt sulfides embedded within porous carbon polyhedra/carbon nanotubes for high-performance lithium-ion batteries [J]. Advanced Materials, 2015, 27: 3038-3044.

[208] Jiang H, Ren D, et al. 2D monolayer $MoS_2$-carbon interoverlapped superstructure: engineering ideal atomic interface for lithium ion storage [J]. Advanced Materials, 2015, 27: 3687-3695.

[209] Wang H, Lu S, et al. Graphene/$Co_9S_8$ nanocomposite paper as a binder-free and free-standing anode for lithium-ion batteries [J]. Journal of Materials Chemistry A, 2015, 3: 23677-23683.

[210] Wang J, Bai F, et al. Intercalated $Co(OH)_2$ derived flower-like hybrids composed of cobalt sulfide nanoparticles partially embedded in nitrogen-doped carbon nanosheets with superior lithium storage [J]. Journal of Materials Chemistry A, 2017, 5: 3628-3637.

[211] Lian Y J, Chen F J, et al. $Co_9S_8$ nanoparticles scaffolded within carbon-nanoparticles-decorated carbon spheres as anodes for lithium and sodium storage [J]. Applied Surface Science, 2020, 507: 145061.

[212] Zhang S, Yao F, et al. Sulfur-doped mesoporous carbon from surfactant-intercalated layered double hydroxide precursor as high-performance anode nanomaterials for both Li-ion and Na-ion batteries [J]. Carbon, 2015, 93: 143-150.

[213] Shi X, von dem Bussche A, et al. Cell entry of one-dimensional nanomaterials occurs by tip recognition and rotation [J]. Nature Nanotechnology, 2011, 6: 714-719.

[214] Iijima S, Ichihashi T. Single-shell carbon nanotubes of 1-nm diameter [J]. Nature, 1993, 363: 603-605.

[215] Qin L-C, Zhao X, et al. The smallest carbon nanotube [J]. Nature, 2000, 408: 50.

[216] Guo Y-G, Hu J-S, et al. Nanostructured materials for electrochemical energy conversion and storage devices [J]. Advanced Materials, 2008, 20: 2878-2887.

[217] Javey A, Qi P, et al. Ten-to 50-nm-long quasi-ballistic carbon nanotube devices obtained without complex lithography [J]. Proceedings of the National Academy of Sciences of the United States of America, 2004, 101: 13408-13410.

[218] Sun J, Liu H, et al. Carbon nanorings and their enhanced lithium storage properties [J]. Advanced Materials, 2013, 25: 1125-1130.

[219] Zhao M-Q, Zhang Q, et al. Hierarchical nanocomposites derived from nanocarbons and layered double hydroxides - properties, synthesis, and applications [J]. Advanced Functional Materials, 2012, 22: 675-694.

[220] Xu Z P, Zhang J, et al. Catalytic applications of layered double hydroxides and derivatives [J]. Applied Clay Science, 2011, 53: 139-150.

[221] 朱宏伟, 徐志平, 谢丹. 石墨烯: 结构制备方法与性能表征 [M]. 北京: 清华大学出版社, 2011.

[222] Hummers W S, Offeman R E. Preparation of graphitic oxide [J]. Journal of the American Chemical Society, 1958, 80: 1339-1339.

[223] Reina A, Jia X, et al. Large area, few-layer graphene films on arbitrary substrates by chemical vapor deposition [J]. Nano Letters, 2009, 9: 30-35.

[224] Sun J, Liu H, et al. Synthesis of graphene nanosheets with good control over the number of layers within the two-dimensional galleries of layered double hydroxides [J]. Chemical Communications, 2012, 48: 8126-8128.

[225] Li J, Zhao H, et al. Rational design of 3D N-doped carbon nanosheet framework encapsulated ultrafine ZnO nanocrystals as superior performance anode materials in lithium ion batteries [J]. Journal of Materials Chemistry A, 2019, 7: 25155-25164.

[226] Zhang F, Liu X, et al. Novel S-doped ordered mesoporous carbon nanospheres toward advanced lithium metal anodes [J]. Nano Energy, 2020, 69: 104443.

[227] Kesavan T, Partheeban T, et al. Design of P-doped mesoporous carbon nitrides as high-performance anode materials for Li-ion battery [J]. ACS Applied Materials & Interfaces, 2020, 12: 24007-24018.

[228] Ding W, Wei Z, et al. Space-confinement-induced synthesis of pyridinic- and pyrrolic-nitrogen-doped graphene for the catalysis of oxygen reduction [J]. Angewandte Chemie International Edition, 2013, 52: 11755-11759.

[229] 杨文胜, 王俊, 路艳罗, 等. 一种三维结构硫氮共掺杂多级孔石墨烯及其制备方法: CN104495833A[P]. 2015-04-08.

[230] Cui J, Li Z, et al. Layered double hydroxides and their derivatives for lithium-sulfur batteries [J]. Journal of Materials Chemistry A, 2020, 8: 23738-23755.

[231] Chen S, Wu Z, et al. Constructing layered double hydroxide fences onto porous carbons as high-performance cathodes for lithium-sulfur batteries [J]. Electrochimica Acta, 2019, 312: 109-118.

[232] Zhang L, Chen Z, et al. Nickel-cobalt double hydroxide as a multifunctional mediator for ultrahigh-rate and ultralong-life Li-S batteries [J]. Advanced Energy Materials, 2018, 8: 1802431.

# 第九章
# 超分子插层结构功能助剂

功能助剂是为改善产品生产过程、提高产品质量和产量，或者赋予其独特性能所添加的辅助化学品，又称添加剂。多数聚合物材料在加工、使用过程中均需使用功能助剂，以克服其自身存在的缺点，提高其热稳定性、阻燃抑烟和抗紫外老化等性能。

LDHs 具有独特的超分子结构，其主体层板的组成、层间客体离子种类及数量、层板电荷密度以及晶粒尺寸等均具有可调控性，特别是利用其可插层特性，将具有特定功能的无机或有机物种组装进入层间，在获得新结构的同时，材料的性能被极大地强化，作为多种新型功能助剂得到了快速发展。自 20 世纪 80 年代以来，科学家们陆续合成了具有 PVC 热稳定作用、阻燃抑烟性能、红外吸收性能和紫外阻隔性能等多种功能的新型材料，将其作为助剂添加到聚合物材料中能够大幅提升相关性能，得到了性能优化的聚合物复合材料。随着 LDHs 工业化生产技术的不断进步，各种插层结构功能助剂相继投入工业化生产，并且由于产品绿色、环保、不含铅、镉等重金属和卤素，可替代受 RoHS 指令等限制的传统含铅热稳定剂、含卤阻燃剂等有毒害材料，因此迅速得到了大规模商业化应用。同时由于其材料来源丰富、合成方便、工艺过程相对无公害，带动了多种插层结构功能助剂的工业化生产，取得了良好的经济和社会效益。

基于此，本章针对 LDHs 在功能助剂领域的应用，重点介绍其作为无卤阻燃剂、高效抑烟剂、PVC 热稳定剂、红外吸收材料、气密材料、紫外阻隔材料、吸酸剂、固体润滑材料等的结构设计、性能机理研究和应用探索，并且讨论在理论研究与产品开发等方面所面临的挑战与机遇。

# 第一节
# 超分子插层结构无卤阻燃剂

## 一、阻燃剂概述

近年来，火灾造成的损失日益严重，特别是随着具有优异性能但易燃烧的聚合物材料用品的广泛使用，人们对材料的阻燃性能日益关注，阻燃剂和阻燃技术成为全球研究的热点。阻燃剂是用以提高材料的抗燃性，降低材料被引燃的概率及抑制火焰进一步传播，从而避免材料燃烧与阻止火势蔓延的助剂[1]。阻燃剂主要用于合成和天然高分子材料中，其中 70% 用于塑料，20% 用于橡胶，5% 用于纺织品，3% 用于涂料，2% 用于木材以及纸张，已成为一种重要的功能添加剂[2]。

至 2017 年，全世界阻燃剂的消费量已超过 285 万吨，年均增长率约 5% 且发展稳定。我国阻燃技术研究和发展开始于 20 世纪 80 年代，从 90 年代进入快速发展阶段，至 2019 年，我国阻燃剂年需求量近 90 万吨，年增长速度约为 8.4%[3]。

阻燃剂按化学结构可分为无机阻燃剂、有机阻燃剂和高分子阻燃剂等。其中，有机阻燃剂主要包括卤系、有机磷系及卤 - 磷系、磷 - 氮系、氮系、硅系等；无机阻燃剂主要包括铝镁系、磷系、硼系、钼系和锡系等。

（1）卤系阻燃剂　是我国目前使用最为广泛也是产量最大的阻燃剂，具有阻燃效率高、用量少、成本较低、与聚合物相容性好等优点，应用广泛[4]。但其在燃烧过程中易分解生成卤化氢气体，形成大量烟雾，并释放出二噁英和二苯呋喃等有毒物质，造成人员伤害与环境污染，受到欧盟等国家禁用，甚至有部分国家曾提出要求 2020 年实现溴系阻燃剂零排放[5]。阻燃剂无卤化成为未来发展的重要方向。

（2）无机阻燃剂　以氢氧化镁、氢氧化铝和无机磷化合物为主，具有稳定性好、无毒、无腐蚀性、抑烟和价格低廉等优点[6]。其中，氢氧化铝使用量最大，占无机阻燃剂总量的 80% 以上。该系列阻燃剂主要是利用氢氧化物受热发生分解生成氧化物和水，释放的水蒸气隔离火焰并稀释气相中的可燃气体，进而阻止燃烧继续。作为无机填料性阻燃剂，其不含卤素、可同时作为聚合物填料、具有一定的抑烟作用、不挥发且价格价廉。但同时存在着阻燃效率低、添加量大、氢氧化铝分解起始温度低导致使用受限等缺点。特别是作为无机材料，与有机聚合物材料具有相互作用界面、相容性差，导致聚合物力学性能大幅降低，严重地限制了其应用范围。为解决这一问题，各类新兴技术如粒径超微细化、表面处理、微胶囊化等，在无机阻燃剂性能强化工作中得到广泛应用[7-9]。

1976 年，日本学者 Fujiwaras 等在专利中提到聚合 / 层状硅酸盐纳米复合材料具有潜在的阻燃性能，开启了纳米阻燃技术研究的序幕[7]。此后，聚合物 / 无机物纳米复合材料研究得到了快速发展，开辟了阻燃高分子材料的发展新途径。

## 二、插层结构无卤阻燃剂的构筑与性能

LDHs 是一类插层结构功能材料，近年来作为新型无卤阻燃剂得到快速发展与广泛应用。作为一类层状化合物，其由与氢氧化镁结构类似的带正电荷的主体层板和层间带负电的阴离子组成，同时，层间还含有大量结晶水。LDHs 特殊的层状结构使其具有优异的阻燃性能：① LDHs 层间含有结晶水和碳酸根，在受热分解时吸收热量，同时释放层间结晶水和 $CO_2$，降低燃烧温度、稀释和阻隔可燃气体；② LDHs 在聚合物材料表面形成凝聚相，阻止燃烧面扩展；③ LDHs 分解后形成高分散的大比表面积固体碱，具有强碱性，有利于对燃烧生成的酸性气体进行吸收，具有一定的抑烟作用[10]。

与此同时，相较于传统的金属氢氧化物阻燃剂，LDHs具有丰富的可调变性，可将具有高阻燃活性的金属元素和客体阴离子引入主体层板与层间，从而大幅度提高整体的阻燃性能，可控制备出环境友好的新型高效插层结构阻燃剂。

### 1. 层间阴离子调控与阻燃性能

硼酸锌或硼酸镁等硼酸盐是常见的阻燃剂，其在受热时可形成玻璃态的$B_2O_3$涂层，并覆盖在聚合物表面，促进材料碳化，从而隔绝氧气和热量的进入，进而阻止燃烧。基于此，本书著者团队[11]利用LDHs层间阴离子的可交换性，将硼酸根离子引入LDHs层间，采用成核/晶化隔离法制备了硼酸根插层MgAl-LDH，并采用X射线衍射（XRD）、傅里叶红外（FT-IR）以及$^{11}B$固体核磁（MAS NMR）对其结构进行分析，其XRD和$^{11}B$固体核磁谱图如图9-1所示。由XRD数据计算可知，制备的硼酸根LDHs层间距为1.07nm，表明硼酸根已插入LDHs层间；FT-IR和$^{11}B$ MAS NMR结果表明，硼酸根以$[B_3O_4(OH)_2]_n^{n-}$的形式插入LDHs层间，其分子式为$[Mg_{0.65}Al_{0.35}(OH)_2][B_3O_4(OH)_2]_{0.35} \cdot 0.3H_2O$（简写MgAl-B-LDH）。

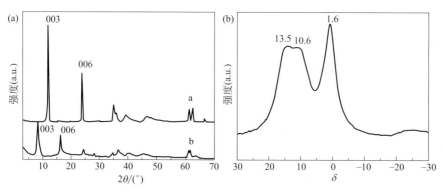

图9-1　MgAl-B-LDH的XRD图（a）和$^{11}B$ MAS NMR谱图（b）

将上述制备的MgAl-B-LDH与乙烯-醋酸乙烯共聚物（EVA-28）按1.5∶1的比例共混，然后压片制得复合材料样片，对其进行极限氧指数与烟密度测试，结果显示：纯EVA-28的氧指数为21.3，基本不具备阻燃性能；添加MgAl-B-LDH的EVA-28氧指数提高至29.2，提高了7.9，同时烟密度下降了45.1%，表现出了优异的阻燃性能。对MgAl-B-LDH/EVA-28复合材料在700℃加热后的样片进行扫描电子显微镜分析，并结合XRD分析发现，MgAl-B-LDH燃烧后形成$Mg_2B_2O_5$、$B_2O_3$等氧化物，并紧密地覆盖在聚合物表面，形成了致密的保护层，进而阻止了可燃气体与热量的传递，显著提高了聚合物的阻燃性能，同时也减少了烟雾的释放。

### 2. 不同主体层板组成插层结构无卤阻燃剂

本书著者团队[12]利用LDHs主体层板元素的可调控性，将具有催化成碳作用的 Zn 元素引入 LDHs 主体层板，采用成核/晶化隔离法制备了 MgAl-CO₃-LDH 和 MgZnAl-CO₃-LDH，并将其以 60%（质量分数）的添加量与丙烯腈-丁二烯-苯乙烯塑料（ABS）进行共混制备了 LDH/ABS 复合材料，对其进行极限氧指数（LOI）与烟密度（$D_m$）测试可知，纯 ABS 的氧指数为 17.8，基本无阻燃性能。LDHs 的加入显著提高了氧指数，其中 MgZnAl-CO₃-LDH/ABS 复合材料氧指数提高至 28.3，相较于纯 ABS 提高了 10.5。

对三种复合材料进一步进行了锥形量热仪测试，结果如图 9-2 所示，MgAl-CO₃-LDH 和 ZnMgAl-CO₃-LDH 的加入显著降低了复合材料的热释放速率峰值（pk-HRR）和质量损失率（MLR），由纯 ABS 的 489kW/m² 分别降低至 196kW/m² 和 214 kW/m²，并显著延长了达到最大热释放速率时间（pk-HRR time），大大提高了 ABS 的阻燃性能。其中，ZnMgAl-CO₃-LDH/ABS 复合材料的氧指数更高、烟密度更小、达到最大热释放速率时间更长，表现出了更为优异的阻燃性能，也进一步表明 Zn 的引入有利于提高 LDHs 的阻燃性能。

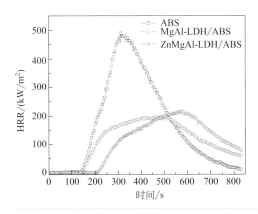

图9-2
不同组成LDH/ABS复合材料热释放曲线

## 三、插层结构无卤阻燃剂的应用

插层结构无卤阻燃剂具有优异的阻燃性能，是一种具有广泛应用前景的阻燃材料，目前发展的系列插层结构无卤阻燃剂已广泛应用于聚丙烯（PP）、聚乙烯（PE）、EVA、ABS、聚氯乙烯（PVC）、聚苯乙烯（PS）以及尼龙等聚合物材料中[13-16]。

本书著者团队[17]利用 LDHs 的可调变性，将具有阻燃性能的 Cu 引入 LDHs 层板，并将其以每百份树脂 4 份 LDHs 的添加量（4phr）加入到软质 PVC 中制备了 LDH/PVC 复合材料。如图 9-3 所示，纯 PVC 的 pk-HRR 和最大平均热释放速率（MARHE）分别为 337.16kW/m² 和 199.58kW/m²，加入 LDHs 后，LDH/PVC 复合材料的 pk-HRR 和 MARHE 分别下降了约 26.5%（247.9kW/m²）和 28.6%（142.52kW/m²），CuAl-LDH 有效降低了软质 PVC 燃烧时的释热速率，抑制了火焰的蔓延，对软质 PVC 表现出了优异的阻燃性能。

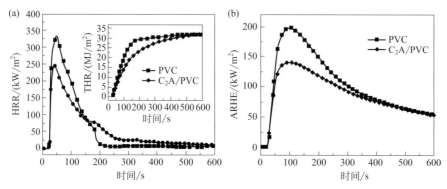

图9-3　PVC与CuAl-LDH/PVC复合材料的释热曲线（a）和平均热释放速率曲线（b）

Wang 等[18] 将具有阻燃作用的硼酸盐引入 LDHs 层间，采用共沉淀法制备了 $Zn_2Al-B_4O_5(OH)_4$-LDH 和 $Mg_3Al-B_4O_5(OH)_4$-LDH，并将其应用到 PP 中制备了 LDH/PP 复合材料。相较于纯 PP，不同组成 LDHs 以 6% 添加量（质量分数）制备的 LDH/PVC 复合材料的 pk-HRR 降低，其中 $Zn_2Al-B_4O_5(OH)_4$-LDH/PP 复合材料下降更为明显。进一步调整 $Zn_2Al-B_4O_5(OH)_4$-LDH 添加量（质量分数）为 15%，其复合材料 pk-HRR 由纯 PP 的 $1693kW/m^2$ 下降至 $614kW/m^2$，下降幅度达 63.7%，表现出了优异的阻燃性能。

Zhang 等[19] 采用共沉淀法制备了 MgAl-LDH，并分别将其以 60% 的添加量（质量分数）应用到聚苯乙烯（PS）、ABS、PE 和 PVC 中制备了系列复合材料。添加 MgAl-LDH 制备的不同类型复合材料的氧指数测试结果显示，相较于纯 PS、ABS、PE 和 PVC，复合材料的 LOI 值分别提高到 28、27、26 和 33，同时燃烧时产生的烟气量也明显减少，MgAl-LDH 对多种聚合物材料均表现出了优异的阻燃性能，并提升了其抑烟能力。

# 第二节
# 超分子插层结构高效抑烟剂

## 一、抑烟剂概述

近年来，聚合物材料广泛应用于电线电缆、汽车零件、电气和电子工业等领域[20]。但大多数聚合物易燃，且在燃烧过程中产生大量烟雾和有毒气体，造成了严重的财产和生命安全危害[21]。据不完全统计，80%的人员死亡都是由于燃烧产生的烟雾和有毒气体所致[22]。因此，提高聚合物材料的抑烟性能对于保护人民生命财产安全具有重大意义。

为减少聚合物燃烧时有毒烟气的释放，研究者们主要从三个方面开展了系列抑烟研究：①在聚合物聚合或共混加工过程中添加具有抑烟功能的助剂（简称抑烟剂）；②对聚合物结构进行优化设计，在其分子链中引入具有抑烟和成炭功能的基团；③在聚合物样品表面沉积具有抑烟功能的涂层。其中，在聚合物中添加抑烟剂是使用最为广泛且有效的方法[23]。

目前，据相关文献报道与已实现应用的抑烟剂及其抑烟机理主要分为以下几类：

（1）金属氢氧化物类　主要是指氢氧化镁和氢氧化铝，也是目前被广泛使用的抑烟剂[24]。镁或铝的氢氧化物在受热时会形成大比表面氧化物，可有效吸收烟雾和其他分解的有毒气态产物，同时可在聚合物表面形成阻隔屏障，抑制烟气的释放[25]。为达到理想抑烟效果，该类添加剂在聚合物中添加量大，影响复合材料的加工与力学性能。

（2）钼系化合物　主要包含钼酸盐和烷基钼酸铵等，目前使用较多的是三氧化钼和八钼酸铵[26]。钼系抑烟剂的适用范围较广，在 PVC、PP、PE、EVA 和 PS 等聚合物中都有使用。在 PVC 抑烟研究中，其抑烟作用主要是通过 Lewis 酸机理或金属键合作用促进聚合物交联成炭，减少可燃物从而促进抑烟[27]。钼系化合物抑烟性能优异，但由于钼金属资源有限且价格昂贵，同时作为重金属具有毒性，限制了其大规模应用。

（3）铁系化合物　主要包括二茂铁、氧化铁和乙酰乙酸铁等[28]。其中，二茂铁是目前应用最为广泛的铁系化合物抑烟剂，它可在气相或者凝聚相发挥抑烟作用，其抑烟机理与聚合物基体结构密切相关。在 PVC 中，二茂铁在凝聚相中通过促进 PVC 脱去 HCl 和交联成炭，可显著降低聚合物烟雾释放[29]。但铁系化合物抑烟剂普遍带有颜色会影响基底的颜色，且与材料混合时易有放热的氧化反应发生，进而限制了其应用。

## 二、插层结构高效抑烟剂的构筑与性能

LDHs 层间具有丰富的 $CO_3^{2-}$ 和结构 $H_2O$，受热时阻燃性气体 $CO_2$ 和 $H_2O$ 释放可隔绝氧气、降低聚合物材料表面温度。同时，LDHs 可在表面形成凝聚相，阻止燃烧面扩展，有效降低烟雾产生。此外，LDHs 分解生成的复合氧化物比表面大且含有丰富的孔结构，可有效吸收燃烧产生的酸性气体，进而达到抑烟效果[30]。特别的，LDHs 具有丰富可调变性，通过优化结构设计，在主体层板或层间引入

具有抑烟性能的特定元素或功能基团，可强化对燃烧产生的酸性气体以及有毒烟气的吸收，进而显著提高 LDHs 的抑烟性能[31-36]。

### 1. 层间客体调控与抑烟性能

含钼化合物具有优异的抑烟性能，利用 LDHs 层间客体的可交换性，将其引入层间可强化 LDHs 的抑烟性能。Xu 等[37]采用水热法合成出 MgAl-NO$_3$-LDH 前驱体，后采用离子交换法将 Mo$_7$O$_{24}^{6-}$ 引入 MgAl-LDH 层间，XRD、FT-IR 以及 LSR 测试结果表明，成功制备了 MgAl-Mo$_7$O$_{24}$-LDH。分别将 MgAl-NO$_3$-LDH 和 MgAl-Mo$_7$O$_{24}$-LDH 作为抑烟材料以 1%、3%、5%、7%、10% 的添加量（质量分数）加入聚氨酯弹性体（PUE）中制备了复合材料，并对其抑烟性能进行测试。结果表明，LDHs 的加入降低了 LDH/PUE 复合材料的烟密度，且随着添加量的增大，烟密度下降。其中，MgAl-Mo$_7$O$_{24}$-LDH 对 PUE 的抑烟性能更为显著，相较于纯 PUE，10% 添加量 MgAl-Mo$_7$O$_{24}$-LDH/PUE 复合材料最大烟密度（$D_{s,max}$）和 10min 烟密度（$D_{10min}$）分别由 411、374 下降到了 274、265，降幅分别达到 33% 和 29%，表现出了优异的抑烟性能。这是由于 MgAl-Mo$_7$O$_{24}$-LDH 层间引入的 Mo$^{6+}$ 具有抑烟作用，LDHs 在热分解过程中产生金属氧化物与 MoO$_3$ 可促进形成残炭，进而增强了抑烟性能。

### 2. 层板组成调控与抑烟性能

EVA 性能优异、应用广泛，但燃烧时易产生大量烟雾。针对此，李素锋[38]利用 LDHs 层板金属元素组成的可调控性，在层板上引入 Zn 元素，采用成核／晶化隔离法制备了 MgAl-LDH 和 MgZnAl-LDH 分别以 150phr 的添加量将其加入 EVA-28 中，采用机械共混法制备了系列 LDH/EVA 复合材料，并采用烟密度箱测试了烟密度，研究了其抑烟性能与作用机理。不同组成 LDH/EVA 复合材料的最大烟密度如表 9-1 所示。由表可知，相较于纯 EVA，LDHs 加入后复合材料的烟密度均出现下降，表明其对 EVA 具有较好的抑烟性能。其中，MgZnAl-LDH 表现出更为优异的抑烟性能，相较于纯 EVA（$D_{s,max}$ 为 187.4），复合材料 $D_{s,max}$ 为 75.6，下降幅度达 59.66%。对其抑烟机理进行分析，这是由于 EVA 受热分解生成乙酸等酸性气体与水蒸气，LDHs 高温分解形成具有高比表面的复合金属氧化物且碱性较强，进而可有效吸收 EVA 释放的酸性烟雾，达到了抑烟效果。

表9-1 MgAl-LDH/EVA-28和MgZnAl-LDH/EVA-28最大烟密度

| 样品 | 最大烟密度（$D_{s,max}$） |
|---|---|
| EVA-28 | 187.4 |
| MgAl-LDH/EVA-28 | 123 |
| MgZnAl-LDH/EVA-28 | 75.6 |

# 三、插层结构高效抑烟剂的应用

插层结构高效抑烟剂性能优异，可单独作为抑烟剂进行使用，也可与其他阻燃抑烟材料配合使用发挥协同作用强化材料抑烟性能，是一种具有广泛应用前景的阻燃材料。据研究报道，系列插层结构高效抑烟剂已在 EVA、TPU（热塑性聚氨酯弹性体）、PUE、聚氯乙烯（PVC）、EP 等聚合物材料中得到应用[33,39,40]。

木材在我们生活中应用广泛，但其高度易燃且燃烧时会释放大量的烟和有毒气体，危害人们生命财产安全。本书著者团队[41] 采用原位生长技术，将具有抑烟性能的 MgAl-LDH 生长在木材导管内表面，并通过调控反应物浓度制备了系列不同 LDHs 含量的 LDH/ 木材复合材料，SEM 如图 9-4 所示，MgAl-LDH 成功生长在木材的内表面，且随着反应物含量增加，生成的 MgAl-LDH 由稀疏薄片变成球形的薄片聚集体覆盖在木材导管内表面上。

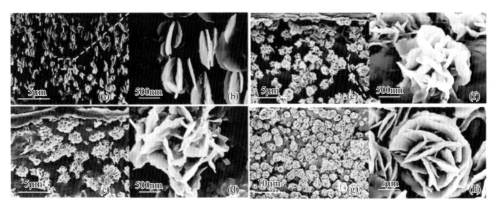

**图9-4** 不同含量LDH/木材复合材料SEM图

（a）和（b）LDH-W-1（56.7mg/g）；（c）和（d）LDH-W-2（71.4mg/g）；（e）和（f）LDH-W-3（106.2mg/g）；（g）和（h）LDH-W-4（122.8mg/g）

总烟释放量（TSP）是测试材料抑烟性能的重要指标，随着 LDH/ 木材复合材料中 MgAl -LDH 含量增加，其总烟量逐渐降低。其中，LDH-W-4 抑烟性能最为优异，相较于纯木材总烟量 $1.501m^2$，LDH-W-4 复合材料下降至 $0.3366m^2$，降幅达 77.57%，表现出了优异的抑烟性能。

聚磷酸铵（APP）是一种常见膨胀型阻燃剂，在 TPU 中广泛使用，但为提高阻燃效果需大量填充，导致 TPU 复合材料在燃烧过程中进一步释放有毒气体，增大烟密度。针对此，本书著者团队[42] 采用成核 / 晶化隔离法合成了粒径均匀的 MgFe-CO$_3$-LDH，并将其以不同添加量（质量分数）应用到 APP/TPU 阻燃体系中制备了 LDH/APP/TPU 复合材料，并采用烟密度箱、TG-IR、LSR、XPS 以及锥形量热仪等测试研究了 MgFe-LDH 对阻燃 APP/TPU 复合材料抑烟性能的作用规律及抑烟机理。结果显示，当采用 4% MgFe-LDH 和 16% APP 进行复配，MgFe-LDH/APP/TPU 复合材料 $D_{s,max}$ 与 $D_{20min}$ 相较于 APP/TPU 复合材料分别由 86.1 和 85.9 下降至 44.0 和 42.1，下降幅度达 48.9% 和 51.0%，MgFe-LDH 实现了阻燃剂 APP 的少量替代，并显著提高了复合材料的抑烟性能，MgFe-LDH 与 APP 表现出了协同抑烟作用。

对其抑烟机理进行分析发现，MgFe-LDH 的加入改变了 APP/TPU 复合材料的热分解途径并提高了其热稳定性和成炭能力，进而减少了 APP/TPU 复合材料热分解产生的 CO、HCN 和异氰酸酯等毒性气体的释放。同时 MgFe-LDH 受热分解产生的金属氧化物与 APP 分解产生的含磷酸性物质发生反应，形成了致密的保护性炭层，屏蔽了聚合物基体与外燃烧区，进而抑制了 TPU 基体产生烟气的释放，抑烟机理如图 9-5 所示。

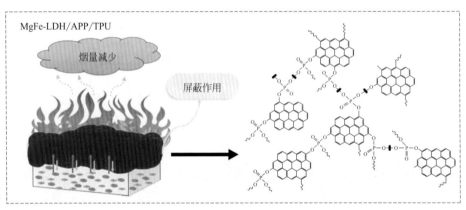

图9-5　MgFe-LDH/APP/TPU复合材料的抑烟机理

# 第三节
# 超分子插层结构PVC热稳定剂

## 一、PVC热稳定剂概述

一般来说，具有防止或减少聚合物因受热而发生降解或交联的作用、延长复合材料使用寿命的添加剂都称为热稳定剂，但目前主要用于热稳定性差的聚氯乙烯（PVC）材料中[43]。PVC作为世界第三大通用塑料，具有阻燃、耐腐蚀、电绝缘性好、力学性能好、便于加工且价格低等优点，被广泛应用于化工、电气、建筑等行业[44]。但其自身热稳定性差，在加工过程中易发生分解，因此必须添加热稳定剂以抑制和延缓PVC自身分解过程，延长使用寿命或提高制品性能[45]。2018年，我国PVC热稳定剂消费量已超过60万吨，是全球热稳定剂用量最大的国家，且随着PVC应用领域的不断拓展和用量增大，稳定剂需求将会进一步提升[46]。

按照化学组成不同，PVC热稳定剂一般可分为以下几类：

（1）铅盐类热稳定剂　该类热稳定剂是应用时间最长、也是最广泛的PVC热稳定剂，目前仍占据我国热稳定剂消费量的60%以上[47]。铅盐类热稳定剂主要是利用其自身与HCl发生反应生成$PbCl_2$，进而吸收PVC热分解产生的HCl达到减弱PVC的自催化降解作用[48]。但其易产生硫化污染，毒性大，具有颜色难以用于透明制品，且相容性和分散性差[49]。2015年，欧盟已全面禁止使用含铅热稳定剂，我国PVC行业的无铅化工作也在稳步推进过程中，含铅热稳定剂的无铅化替代已成为未来热稳定剂行业发展的趋势。

（2）金属皂类热稳定剂　该类热稳定剂多为有机酸和酚的金属盐，常见的为Ca、Ba以及Zn、Cd、Pb的硬脂酸盐。金属皂类热稳定剂可与PVC中的不稳定氯原子发生取代反应，进而抑制PVC脱HCl反应，提高热稳定性能[50]。其中，Zn、Cd皂类具有优异的初期性能，而Ca、Ba皂类初期性能一般。但Zn皂稳定剂在使用后期易发生恶性降解，加速PVC制品变黑焦化，产生"锌烧"现象。因此，目前多采用Zn、Cd皂与Ca、Ba复合使用，发挥协同作用，强化PVC热稳定性能[51]。

（3）有机锡类热稳定剂　该类热稳定剂主要包括脂肪族酸盐类、马来酸盐类和硫醇盐类三种。其主要通过与PVC中烯丙基氯发生置换反应、与共轭双键发生加成反应减少共轭双键数目和吸收HCl发挥热稳定作用，且具有较高的光稳定性，特别适用于要求高度透明性和高度耐热性的硬制品[52,53]。

（4）复合类热稳定剂　该类热稳定剂是一类复合物，通常是将具有协同作用的两种或两种以上金属皂类热稳定剂进行复合，并加以辅助类热稳定剂配合使用[54]。该类稳定剂主要由低碳脂肪酸钡、镉、锌液体稳定剂，环烷酸钡、镉、锌液体稳定剂，共沉淀硬脂酸钡、镉热稳定剂和亚磷酸酯等构成，目前已在PVC中得到普遍应用，也成为了热稳定剂未来发展的重要方向与趋势。

## 二、插层结构PVC热稳定剂的构筑与性能

自1981年日本协和化学工业株式会社率先公开专利和报道，LDHs可作为

环保型 PVC 热稳定剂，近年来得到了快速发展[55]。LDHs 层板表面含有大量羟基，可有效吸收 PVC 分解放出的 HCl；此外，Cl⁻可与层间 $CO_3^{2-}$ 发生置换进入 LDHs 层间，从而起到吸收 HCl、抑制 PVC 自催化分解的作用。与此同时，LDHs 自身无毒、光稳定性强、抗迁移且具有抑制增塑剂等助剂迁移作用，表面易于改性修饰可强化与 PVC 的相容性与加工性[56,57]。特别的是，LDHs 具有丰富的可调变性，通过优化结构设计，在主体层板或层间引入具有较强金属性的元素或吸氯性能的功能基团，可显著强化 LDHs 的 PVC 热稳定性能[58-61]。

### 1. LDHs 层间客体调控与 PVC 热稳定性能

马来酸（maleat）是一种有机二元弱酸，其分子中含有双键，可与 PVC 分级产生的共轭双键发生加成反应，阻止烯丙位 Cl 的脱除，进而阻止 PVC 自分解，提高热稳定性能。基于此，本书著者团队[62]利用 LDHs 层间阴离子的可调控性，将马来酸引入 LDHs 层间，并研究了其对 PVC 的热稳定性和着色性。

XRD 表征结果证明，插层后 MgZnAl-maleat-LDH 各特征衍射峰向低角度移动，层间距变大，进而可降低层间客体对层板羟基的相互作用，有利于提高层板羟基对 PVC 分解产生的 HCl 的吸收。进一步对两种样品进行了热分析，TG-DTA 谱图如图 9-6 所示，由图可知，MgZnAl-maleat-LDH 的热分解主要分为三个阶段，其中在 93℃发生层间水的脱除，167℃层板羟基脱除，相较于 MgZnAl-CO₃-LDH，层间水和层板羟基的脱除温度都明显降低，这也进一步说明了马来酸插入层间后降低了其对层板羟基的相互作用，层板羟基更易脱除，与 XRD 结果相一致。

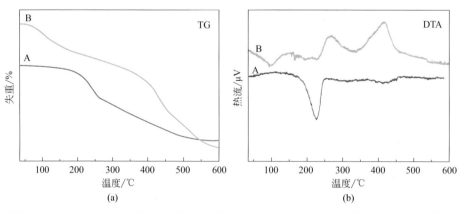

图9-6　MgZnAl-CO₃-LDH（A）和MgZnAl-maleat-LDH（B）的TG、DTA曲线

将两种 LDHs 按照配方制备 PVC 样片，对制备的系列 PVC 样品进行静态热老化测试，结果如图 9-7 所示。由图可知，与 MgZnAl-CO₃-LDH 相比，MgZnAl-maleat-LDH 制备的 PVC 复合样品透明度更高，其在整个老化过程中颜色均较浅，

显著提高了 PVC 前期和后期的着色性，但热老化时间有一定缩短，长期热稳定性有所下降。

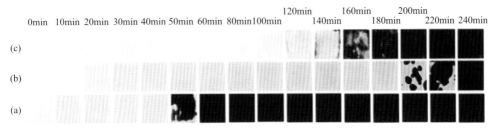

图9-7 （a）PVC纯样片，（b）MgZnAl-CO₃-LDH/PVC，（c）MgZnAl-maleate-LDH/PVC复合材料的热稳定性

### 2. LDHs尺寸调控与PVC热老化性能

作为 PVC 添加剂，LDHs 的粒径尺寸对其在 PVC 树脂中的分散性具有影响，进而影响其性能发挥。本书著者团队[63]通过控制反应物浓度及晶化条件，制备了不同晶粒尺寸的 $Mg_2Al-CO_3-LDH$，并研究了其对 PVC 热稳定性能的影响。采用 XRD 对不同晶粒尺寸 $Mg_2Al-CO_3-LDH$ 的晶体结构进行测试与分析，并通过 Scherrer 公式计算了其晶粒尺寸，制备的系列 $Mg_2Al-CO_3-LDH$ 晶粒其 $a$ 轴方向尺寸分别为 19.26nm、23.57nm、24.62nm、27.72nm。

将不同晶粒尺寸 LDHs 制备 PVC 样片，对制备的系列 PVC 样品进行静态热稳定测试，色差曲线如图 9-8 所示。结果显示，随着 LDHs 粒径尺寸的增大，其对 PVC 的静态热稳定时间呈现下降趋势，且 PVC 的颜色变化更小。刚果红测试时间分别为 261min、247min、244min 和 227min，与静态热稳定时间测试结果相一致。晶粒尺寸较小的 LDHs 对 PVC 表现出了更为优异的热稳定性能。

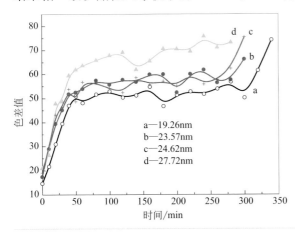

a—19.26nm
b—23.57nm
c—24.62nm
d—27.72nm

图9-8
不同粒径LDHs对PVC热稳定作用的色差曲线

## 三、插层结构PVC热稳定剂的应用

插层结构 PVC 热稳定剂性能优异、绿色环保，伴随着我国环保意识的不断加强以及新技术的发展，有望逐渐实现传统有毒有害热稳定剂的替代，具有十分广阔的应用前景，目前也已得到了诸多研究者以及相关企业的开发与应用[64-66]。

CaAl-LDH 对 PVC 的热稳定性能优异，但初期着色性差；ZnAl-LDH 着色性优异但易产生"锌烧"。基于此，Zeng 等[67] 将 Ca、Zn 同时引入 LDHs 主体层板，采用水热法制备不同 Ca/Zn/Al 摩尔比的 CaZnAl-$CO_3$-LDH，并将其与硬脂酸钙（CaSt$_2$）进行复配使用，研究了层板组成、添加量以及协同作用对 PVC 长期热稳定性和着色性的作用规律。静态热老化实验及色差测试分析结果表明，当在 PVC 中单独使用 CaZnAl-$CO_3$-LDH 作为热稳定剂时，不同层板组成的 CaZnAl-$CO_3$-LDH 均可提高 PVC 的热稳定性能，其中 $Ca_{3.6}Zn_{0.4}Al_2$-$CO_3$-LDH 在 5phr 的最佳添加量下表现最为优异，静态热稳定时间可达 160min。将 $Ca_{3.6}Zn_{0.4}Al_2$-$CO_3$-LDH 与 CaSt$_2$ 进行复配使用，其对 PVC 的热稳定性能优于 LDHs 单独使用，其中添加 6phr $Ca_{3.6}Zn_{0.4}Al_2$-$CO_3$-LDH 和 1phr CaSt$_2$ 的复配体系对 PVC 的热稳定性能最为优异。

LDHs 作为一种无机添加剂易在 PVC 基体中产生团聚影响分散，对其表面进行有机改性是提高其分散性及 PVC 热稳定性能的重要方式。Yang 等[68] 采用 $Ca(OH)_2$、$Al(OH)_3$ 和 $Na_2CO_3$ 作为原料制备了 CaAl-$CO_3$-LDH，并以硬脂酸钠作为改性剂，通过调控反应温度、时间以及改性剂用量对其进行表面改性。对最优改性条件下改性前后 LDHs 制备的 PVC 复合材料进行静态热老化实验和刚果红实验测试，结果表明，相较于未改性 LDHs，改性 LDHs 静态热老化时间至少提高了 30min，刚果红试纸开始变蓝的时间延长了 20min。硬脂酸钠改性 LDHs 表现出了更为优异的热稳定性能，这表明通过对 LDHs 进行有机化改性，改善了 LDHs 在 PVC 中的相容性和分散性，从而显著提高了 LDHs 对 PVC 的热稳定性能。

# 第四节
# 超分子插层结构红外吸收材料

## 一、保温农用薄膜和红外吸收材料

农作物的生长发育需要太阳光，不同波长的光对农作物的生长有不同的影响。对植物光合作用起主要作用的是波长为 400 ~ 520nm 的可见光。绿色植物的叶绿体通过吸收可见光进行光合作用，将二氧化碳和水转化为储存能量的有机物并释放出氧气，从而为人类提供所需的食物和生活必需品。强度适中的紫外线有杀菌效果，对农作物病虫害的抑制有一定作用，而高强度的紫外线会严重影响农作物在光合作用中捕获光能的能力，甚至会引起农作物物种和化学组成的变异。红外线又称热光线，在日光中热量最高，供给植物和土壤热量。白天，地面在太阳光照射下可以吸收大量的热量，地表温度升高；而到了夜间，地球表面在白天储存的热量会不断散失，主要以 7 ~ 25μm（波数为 1428 ~ 400cm$^{-1}$）波长范围的红外线形式向外辐射，峰值为 9 ~ 11μm（1111 ~ 909cm$^{-1}$），在这个波长范围内 90% 的能量被散失[69,70]。

农膜在白天使尽可能多的阳光和热量透过薄膜进入到塑料大棚内，供给农作物光合作用所需的能量，以及在夜间尽可能减少土壤的热量损失，保持地面温度。为了解决农膜保温性能红外阻隔率不佳的问题，将具有红外吸收功能的材料作为保温剂应用到农膜中，能够阻止远红外辐射的透过，起到增强保温效果的作用。目前用于农膜的红外吸收材料主要有碳酸钙、二氧化硅、氢氧化物、硅酸盐、有机硅、硅藻土、高岭土等。结合保温剂的现状和农膜的发展要求，无机保温剂要向超微细化、纳米化发展，平衡农膜的保温性能、力学性能、光学性能和老化性能是一种必然的发展趋势。因此有必要研制新型的具有优良选择性红外吸收性能的红外吸收材料应用于农用塑料薄膜中[71,72]。

## 二、插层结构红外吸收材料的构筑及性能

在农膜中使用 LDHs 作为红外吸收材料，具有很多优点，如增透、缓释、保温、与光稳定协同、具有热稳定作用等，与其他红外吸收材料相比有显著的优越性[73]。但是由于 MgAl-CO$_3$-LDH 层间 CO$_3^{2-}$ 的反对称伸缩振动，只在 7 ~ 8μm 波长范围具有较强的红外吸收，需要对材料进行进一步优化。

### 1. LDHs 的结构调控及其红外吸收性能

P—O 键以及 P＝O 键的振动在 1300 ~ 900cm$^{-1}$ 范围具有强而宽的红外吸收，与夜间地面红外热辐射的峰值范围一致。由此，本书著者团队[74,75]提出将 H$_2$PO$_4^-$ 作为客体阴离子插层到 LDHs 层间，制备 H$_2$PO$_4^-$ 插层 LDHs。MgAl-CO$_3$-LDH 和 MgAl-H$_2$PO$_4$-LDH 在不同波段的红外透过率如表 9-2 所示。从中可以看出，相对于 MgAl-CO$_3$-LDH，MgAl-H$_2$PO$_4$-LDH 在 7 ~ 14μm、7 ~ 25μm 以及 9 ~ 11μm 范围内的红外线透过率分别下降了 18.32%、17.84% 和 54.91%，说明其红外吸收性能，尤其是地表红外热辐射的峰值范围（9 ~ 11μm）内的红外吸收得到大幅度提高。

表9-2　LDHs在红外线不同波段的平均透过率（AT/%）

| 样品 | 7~14μm | 7~25μm | 9~11μm |
|---|---|---|---|
| MgAl-CO$_3$-LDH | 34.49 | 29.66 | 39.54 |
| MgAl-H$_2$PO$_4$-LDH | 28.17 | 24.37 | 17.83 |

　　有机物结构中含有丰富的基团和化学键，红外吸收范围广泛、吸收率高。本书著者团队[76]选择在地表红外热辐射范围内具有较好红外吸收性能的有机物阴离子与LDHs进行插层组装，得到插层结构红外吸收材料，可以大幅度提高LDHs的红外吸收性能和保温性能。如亚氨基乙二酸（IDA），N-（膦羧甲基）亚氨基二乙酸（PMIDA），N,N-双（膦羟甲基）甘氨酸（GLYP），氨基三亚甲基膦酸（ATMP），因其结构中的膦酸基团（—PO$_3$H$_2$）的存在，也在同样的位置具有很强的红外吸收。

　　本书著者团队以MgAl-NO$_3$-LDH为前驱体，采用离子交换法分别将IDA、GLYP、ATMP通过插层组装引入LDHs层间，得到了MgAl-IDA-LDH[77]、MgAl-GLYP-LDH[78]和MgAl-ATMP-LDH[79]三种红外吸收材料，研究了其红外吸收性能的变化。三种材料的XRD如图9-9（a）所示。从图中可以看出，得到的三种插层产物的晶面衍射峰（003）、（006）和（009）与MgAl-NO$_3$-LDH相比，

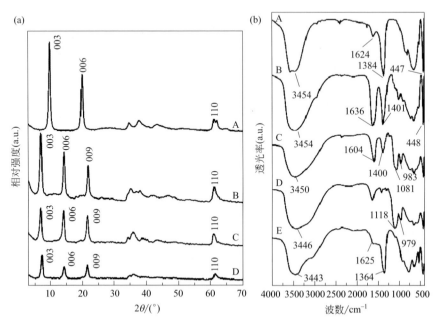

图9-9　MgAl-NO$_3$-LDH（A）、MgAl-IDA-LDH（B）、MgAl-GLYP-LDH（C）、MgAl-ATMP-LDH（D）和MgAl-CO$_3$-LDH（E）的XRD图（a）和红外谱图（b）

均向低角度移动。相应的层间距 $d_{003}$ 也分别增大到 1.23nm、1.24nm 和 1.18nm，表明 IDA、GLYP 和 ATMP 的阴离子均已进入层间取代 $NO_3^-$ 形成了 MgAl-IDA-LDH、MgAl-GLYP-LDH 和 MgAl-ATMP-LDH。

从红外谱图［图 9-9（b）］中可以看出，5 个样品均具有典型的 LDHs 的红外吸收特点。MgAl-NO$_3$-LDH 前驱体的 FT-IR 光谱在 1384cm$^{-1}$ 处出现了 $NO_3^-$ 的特征伸缩振动峰。对于 MgAl-CO$_3$-LDH，在 1360cm$^{-1}$ 出现了归属于 $CO_3^{2-}$ 基团的特征吸收峰。当客体 IDA 插层进入 MgAl-NO$_3$-LDH 前驱体层间后，IDA 分子中位于 1714cm$^{-1}$ 附近归属于 C=O 的伸缩振动吸收峰低移至 1636cm$^{-1}$ 和 1401cm$^{-1}$ 处，说明—COOH 在插层后转变为—COO$^-$，1636cm$^{-1}$ 和 1401cm$^{-1}$ 分别对应于—COO$^-$ 的不对称伸缩振动和对称伸缩振动吸收峰。在 MgAl-GLYP-LDH 和 MgAl-ATMP-LDH 的 FT-IR 谱图中，出现了—COO$^-$ 和 P—O 的特征吸收峰。GLYP 的 FT-IR 谱图中位于 1731cm$^{-1}$ 处的归属于羧基的 C=O 伸缩振动吸收峰消失，在 1604cm$^{-1}$ 和 1400cm$^{-1}$ 处分别出现了归属于—COO$^-$ 的反对称和对称伸缩振动吸收峰，1081cm$^{-1}$ 处的吸收峰归属于膦酸中 P=O 的伸缩振动吸收峰，983cm$^{-1}$ 处出现—PO$_3$H$_2$ 基团的反对称伸缩振动吸收峰。

### 2. LDHs 的粒径调控与红外吸收性能

本书著者团队[80]通过改进的氨释放水热法和离子交换法制备了粒径在 1～9μm 的 H$_2$PO$_4^-$ 插层水滑石，图 9-10（a）显示了 H$_2$PO$_4$-LDH 样品的 XRD 图。H$_2$PO$_4$-LDH 的（003）峰移动到较低的角度，具有较大的层间距（约 1.18nm），与参考文献中报道的结果非常吻合。此外，对于所有插层样品，（110）衍射峰与相应前驱体位于同一位置，表明插层并未改变类水滑石主体结构。由 ICP-OES 测定的 7 个 H$_2$PO$_4$-LDH 样品中 P 的质量分数约为 10%［图 9-10（b）］，与完全嵌入后的 H$_2$PO$_4$-LDH、Mg$_2$Al(OH)$_6$(H$_2$PO$_4$)·4H$_2$O（$M$=310g/mol）理论计算的值一致。结果表明，在 pH 值的控制下，阴离子 H$_2$PO$_4^-$ 成功嵌入到 LDHs 的层间区域。

图 9-10（c）中的 FT-IR 光谱进一步证实了 H$_2$PO$_4^-$ 在 LDHs 的层间区域的成功嵌入。由图中可以观察到 H$_2$PO$_4^-$ 的三个吸收带：位于 1269cm$^{-1}$ 的 PO$_2$ 反对称伸缩振动，位于 1060cm$^{-1}$ 的 PO$_2$ 对称伸缩振动，在 1017cm$^{-1}$ 的 P—OH 伸缩振动。与 NaH$_2$PO$_4$ 盐中的 H$_2$PO$_4^-$ 相比，这些吸收带向低波数移动，是由于主客体的静电/氢键相互作用。图 9-10（d）显示了 H$_2$PO$_4$-LDH 和 CO$_3$-LDH 样品在 7～14μm 范围内的 IR 吸收率与粒径的函数图，趋势的变化显示出平均粒径范围为 1～9μm 的驼峰状曲线。从中可以观察到平均粒径为 5.80μm 的 H$_2$PO$_4$-LDH 的红外吸收约为 60.0%，平均粒径为 8.80μm 的 H$_2$PO$_4$-LDH 的约为 40.8%。有趣的是，随着粒径的增加，CO$_3$-LDH 样品遵循与 H$_2$PO$_4$-LDH 相似

的变化趋势，表明当 LDHs 层板和层间插层阴离子相同时，粒径在增强选择性 IR 吸收性能方面起着关键作用。

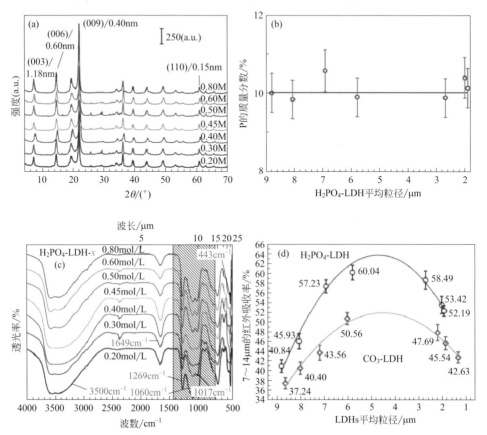

图9-10　（a）通过阴离子交换法从CO₃-LDH前驱体获得H₂PO₄-LDH样品的粉末XRD 图；（b）由ICP-OES得出的H₂PO₄-LDH样品中P质量分数；（c）来自具有不同粒径 H₂PO₄-LDH样品的FT-IR光谱；（d）作为H₂PO₄-LDH和CO₃-LDH样品在7～14μm范围 内的选择性红外吸收与粒径的关系图

## 三、插层结构红外吸收材料的应用

插层结构红外吸收材料可以应用于多种聚合物地膜中，如聚氯乙烯（PVC）、聚乙烯（PE）、乙烯 - 乙酸乙烯酯共聚物（EVA）等。本书著者团队[79]采用母粒工艺，将 MgAl-IDA-LDH、MgAl-PMIDA-LDH、MgAl-GLYP-LDH、MgAl-ATMP-LDH 等插层结构红外吸收材料均匀分散到低密度聚乙烯（LDPE）中制备了 LDH/LDPE 复合材料薄膜。由红外光谱图 9-11 可以看出，添加了 4% 不同 LDHs 的薄膜在 7～25μm（1428～400cm⁻¹）的大范围红外热辐射中表现出明显的红外吸收。MgAl-ATMP-LDH/LDPE 薄膜在 1200～900cm⁻¹ 处出现了宽带强吸收峰，包括地表红外热辐射的峰值范围。通过积分计算各种 LDH/LDPE 薄膜在 9～11μm（1111～909cm⁻¹）的积分值［图 9-11（b）］，得到 LDPE 薄膜的值为 8.3，MgAl-CO₃-LDH/LDPE 薄膜的值为 29.0，而 MgAl-GLYP-LDH/LDPE 薄膜的值为 57.8，MgAl-ATMP-LDH/LDPE 薄膜的值为 83.4。表明 LDHs 的加入提高了 LDPE 的红外吸收性能，吸收效果为 MgAl-ATMP-LDH > MgAl-GLYP-LDH > MgAl-CO₃-LDH。

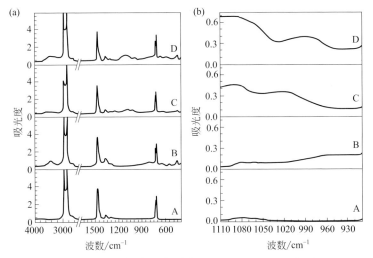

图9-11　LDPE薄膜（A）及分别含MgAl-CO₃-LDH（B）、MgAl-GLYP-LDH（C）和 MgAl-ATMP-LDH（D）的质量分数为4%的LDH/LDPE薄膜在4000～400cm⁻¹波数范围（a）和1111～909cm⁻¹波数范围（b）的FT-IR谱图

目前，国内已经有许多企业在农膜中添加 MgAl-CO₃-LDH 作为红外吸收材料。如北京华盾雪花塑料集团有限责任公司，在 PE-EVA 中添加 MgAl-CO₃-LDH 材料生产出了优质的农膜，并且通过改进工艺解决了 LDHs 在加工时易粘连、出气泡等难题[81]。这种农膜是该公司采用北京化工大学技术生产的保温农膜，在山东、宁夏、辽宁等地区经越冬使用覆盖 EVA 农膜，产生了较好的效果，起到取代进口 LDHs 作为保温剂的目的。应用该技术后，EVA 农膜透明度高，膜面流滴剂析出少。在数万个大棚的实际应用中，经过近 7 个月的对比，与用进口 LDHs 保温剂生产的农膜在滴水、消雾、保温、抗老化等功能上没有显著差异，但是保温添加剂成本降低至一半。

# 第五节
# 超分子插层结构气密材料

柔性、质轻、低成本的气密材料在电池隔膜、药物及食品包装等领域中发挥着越来越重要的作用[82-85]。这些气密材料的性能与其透气量的高低密切相关，聚合物材料由于原子堆积密度较低，具有一定的自由体积，气体分子可以缓慢渗透，通过在聚合物表面或基体中添加无机物，可以提高其气体阻隔性能。气相沉积的薄膜气密材料（例如 $SiO_x$、$Al_2O_3$ 等）具有显著的阻气效果，但需要特殊的制备环境（如真空、高温等），且在使用时容易发生破裂。另一种提高气密性的有效途径是将无机填料，如黏土、氧化硅或石墨烯等加入到聚合物基体中得到类似"砖-墙"结构，该结构使得气体分子在材料中的扩散路径增加，得以降低气体的渗透性[86-89]。尽管无机纳米片的加入可以提高聚合物的气体阻隔性能，但是目前无机纳米片的长径比控制存在困难，且其颗粒大小不均匀，这些因素制约了插层结构材料气体阻隔性能的进一步提高。除此以外，无机填料的随机取向以及无机填料与聚合物之间弱的相互作用会导致无机填料与聚合物发生相分离，必然导致阻隔性能的降低[90-92]。因此，很有必要发展新型的材料或方法以获得高性能气密材料。

有序有机-无机材料的最新进展表明，二维（2D）纳米结构赋予复合材料特殊的机械、物理化学和光学特性[93,94]。人们对 LDHs 基气密材料早期的研究主要集中于粉体材料，但是粉体材料存在分散性差、难以实现器件化等问题。在过去的十几年间，随着薄膜制备技术的不断发展和成熟，人们逐渐开始关注水滑石基薄膜气密材料。该类薄膜材料在光致发光、光学器件、电化学传感器、电池隔膜和药物释放等领域表现出优异的性能[95-99]。自从 2014 年本书著者团队[100]发现并报道了 LDH/聚合物薄膜具有优异的气体阻隔性能以来，该领域的研究引起了科学界及产业界的高度关注。本节从该类材料的性能强化方面阐述 LDHs 基插层结构气密材料的最新研究进展，并分析推进该类薄膜进一步发展所必须克服的挑战。

## 一、主体结构调控与气密性能强化

将高度取向的无机层板填充到聚合物基体中可以延长气体分子的扩散路径、抑制氧气的扩散，并改善薄膜的阻气性能。但是，对传统无机层板来说，只能抑制气体分子在垂直方向上的扩散，而不能抑制气体在水平方向上的扩散。因此，为了满足气体阻隔的要求，人们不得不使用大量的无机物填料。这会导致气密材料容易破裂且粗糙，而且无机层板的长径比越大，与聚合物基体的界面相容性就越差，同时聚合物的不规则性和链之间的缠结也会在膜中引起团聚，从而导致自由体积变大，使得气体分子更容易通过。因此，很有必要在水平方向上抑制氧气的扩散。

如图 9-12 所示，本书著者团队[101]利用焙烧-还原的方法制备了具有多级结构的 LDHs，随后通过旋涂的方法将 LDHs 和壳聚糖层层自组装，发现作为阻隔材料的杂化薄膜即使在较薄的条件下也能实现以下优点：首先，多级结构的 LDHs 能够从多个路径对气体的扩散进行抑制，使得氧气的扩散路径进一步延长；其次，由于多级 LDHs 具有更大的比表面积，导致更多数量的氧气分子可能会吸附在 LDHs 表面，这会降低 LDHs 和聚合物间的自由体积，造成氧气的低扩散；最后，焙烧-还原制备的多级 LDHs 中存在大量氧空位，导致氧气在薄膜上强的化学吸附抑制氧气的扩散。制备的 (H-LDH/CTS)$_n$ 获得了优异的氧气阻隔性能，透过率低于商业化氧气监测仪器的最低检测限〔<0.005cm$^3$/（m$^2$·d·atm），1atm=101325Pa〕。

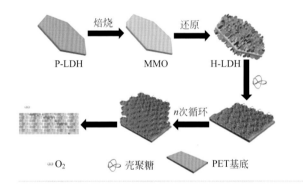

图9-12
优良氧气阻隔性能的(H-LDH/CTS)$_n$薄膜制备示意图

## 二、客体组成调控与气密性能强化

在气密材料的实际应用过程中，会受到诸多环境因素的影响，如环境中的水蒸气等，而水蒸气会对气密材料产生塑化效应，因而导致阻气性能下降，研究发现选择合适的客体分子可以在一定程度上抑制甚至消除这些环境因素的不良影响。本书著者团队[102]将羧甲基纤维素（CMC）与 LDHs 组装制备得到 (LDH/CMC)$_n$ 薄膜，如图 9-13（a）所示，高度取向的大尺寸 LDHs 能实现优异的气体阻隔行为，而富含羟基的 CMC 却促进水分子透过薄膜，并且随着环境中湿度的增加，意外发现 (LDH/CMC)$_n$ 的气体阻隔性能没有受到塑化效应的影响反而有了一定提升，这是由于水含量的增加会诱导薄膜中水和CMC间氢键的形成[图9-13（b）]，薄膜自由体积的下降及气体扩散路径的增加提高了气体阻隔性能。

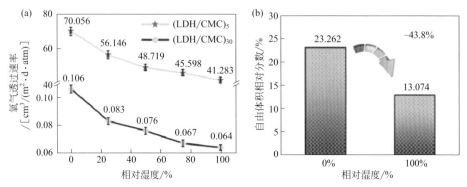

图9-13　（a）不同相对湿度下(LDH/CMC)$_5$和(LDH/CMC)$_{30}$的氧气透过率；（b）(LDH/CMC)$_{30}$薄膜自由体积随相对湿度变化图

此外，对气密材料进行功能化修饰能进一步增强其实际应用性，其中气体阻隔薄膜的重要应用领域之一是燃料电池隔膜，该领域对薄膜的氧气阻隔、力学性能及离子电导率提出了极高的要求，但是薄膜的气体阻隔性会与离子电导率间存在此消彼长的限制，因此在提高薄膜阻气性的同时提高薄膜的离子电导率仍具有极大的挑战。本书著者团队[103]将LDHs和季铵盐改性聚砜（QCMPSF）通过层层自组装的方法组装成膜，发现该薄膜对$O_2$和$H_2$的渗透速率分别为$1.25cm^3/(m^2 \cdot d \cdot atm)$和$1.86cm^3/(m^2 \cdot d \cdot atm)$，这是因为无机纳米片的加入延长了QCMPSF中气体的扩散路径，增强了气体阻隔性能，氢氧根离子电导率能达到7.252mS/cm，除了因为QCMPSF具有良好的离子传导性，LDHs纳米片正电性及吸水性会进一步提升氢氧根离子的电导率。

## 三、主客体相互作用控制与气密性能强化

尽管有诸多科学家对气密材料的阻隔机理进行了研究，但目前仍局限于20世纪提出的"绕道理论"，这些理论表明无机纳米片的长径比对有机-无机气体阻隔薄膜来说是关键的影响因素，也就是说更高的长径比会导致更好的阻隔性能。但是，片面追求纳米片的高长径比会引起薄膜韧性的均匀性降低。另外，自由体积是影响阻隔薄膜性能的另一个关键因素，因为高的自由体积会让气体分子在膜中的扩散更容易。由于自由体积是由聚合物和无机组分间的不相容性引起的，因此即使进行再精细的设计在这种"砖-墙"结构中也难以避免自由体积的存在。本书著者团队[104]通过交替组装LDHs和聚丙烯酸（PAA）随后吸附$CO_2$

获得了一种"砖 - 墙 - 沙"结构的薄膜，首先，LDHs 和聚合物的结合形成的"砖 -墙"结构延长了气体分子的扩散路径、增大了扩散阻力；其次，吸附的 $CO_2$ 可以固定在 LDHs 表面，形成"砖 - 墙 - 沙"结构，这些"沙粒"可以填充进薄膜间的自由体积并进一步提升阻隔性能。

本书著者团队[104] 利用程序升温脱附法（TPD）探究了 XAl-LDH 纳米片对酸性气体 $CO_2$ 的吸附能力，采用 $CO_2$ 温度程序解吸法（TPD）对 XAl-LDH 纳米片中的碱性位点进行研究，发现 MgAl-LDH 与 NiAl-LDH、ZnAl-LDH 和 CoAl-LDH 相比，表现出最大的 $CO_2$ 吸附能力。原位红外技术（in situ FT-IR）揭示了 MgAl-LDH、NiAl-LDH、ZnAl-LDH、CoAl-LDH 能够吸附 $CO_2$ 气体分子，LDHs 与 $CO_2$ 的相互作用大小与 LDHs 的碱性强弱相关，且升高温度时 $CO_2$ 会发生可逆脱附。本书著者团队利用正电子湮灭寿命谱对薄膜吸附 $CO_2$ 前后的自由体积进行了表征［图 9-14（a）］，发现吸附 $CO_2$ 后薄膜的自由体积会下降，氧气透过性能测试［图 9-14（b）］表明经过 $CO_2$ 吸附后的（MgAl-LDH/PAA）$_n$-$CO_2$ 薄膜的氧气透过率会由 (MgAl-LDH/PAA)$_n$ 薄膜的 $0.150 cm^3/(m^2 \cdot d \cdot atm)$ 下降到 $0.007 cm^3/(m^2 \cdot d \cdot atm)(n=15)$，实现了氧气阻隔性能的改善。

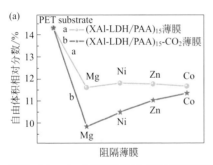 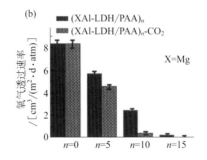

图9-14 （a）不同LDHs气体阻隔薄膜的自由体积相对分数；（b）不同组装层数（MgAl-LDH/PAA）$_n$和（MgAl-LDH/PAA）$_n$-$CO_2$的氧气透过率

本书著者团队[105] 将超薄的 LDHs（U-mLDH）表面进行聚乙烯吡咯烷酮（PVP）修饰后与丁腈橡胶（NBR）组装，制备了（U-mLDH/NBR）$_n$ 薄膜，PVP 的修饰能够增强 LDHs 与 NBR 的界面相容性，减小薄膜的自由体积［图 9-15(a)和（b）］，其氧气透过率仅为 $0.626 cm^3/(m^2 \cdot d \cdot atm)$，实现了优异的氧气阻隔性能［图 9-15（c）］。

目前对 LDHs 插层结构气密材料的设计主要还是在如何提高其长径比、增加与聚合物的界面相容性及进行适当的结构设计以实现多维度抑制气体分子扩散，这几个方面仍是当前的研究热点；同时结合 LDHs 自身特点，挖掘功能多样化的客体分子，赋予阻气功能的同时，结合客体分子的特定功能以满足不同应用领域对气密材料性能的需求；推动组装驱动力由单一驱动向多重作用发展是调控主客体相互作用的重要研究内容。

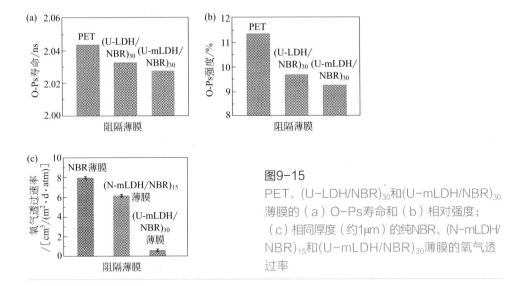

图9-15
PET、(U-LDH/NBR)₃₀和(U-mLDH/NBR)₃₀薄膜的（a）O-Ps寿命和（b）相对强度；（c）相同厚度（约1μm）的纯NBR、(N-mLDH/NBR)₁₅和(U-mLDH/NBR)₃₀薄膜的氧气透过率

# 第六节
# 超分子插层结构紫外阻隔材料

## 一、紫外阻隔材料的种类与作用机理

太阳光光谱由三个部分组成：紫外线，可见光及红外线。紫外线（UV），也被称为紫外辐射（UVR），仅仅占太阳光辐射总量的5%，然而，这一小部分的紫外辐射却对地球上的生物和环境有着极其重要的作用和影响[106]。紫外辐射的范围一般为200～400nm，按照波长分为三个部分：波长位于400～320nm的为UV-A，波长位于320～290nm的为UV-B，波长位于290～200nm的为UV-C[107]。过量的紫外线对人类健康会产生严重的危害，紫外线通过破坏人体内的DNA结构，从而容易引起黑色素瘤及皮肤癌[108]。同时紫外线的波长范围为200～400nm，其对应的能量为3.1～6.2eV，而大多数材料的化学键键能均处于该范围内，因此紫外线可以破坏纺织品、木材、染料、涂料、沥青、橡胶和塑

料等材料中的化学键，从而引起材料的老化[109,110]。紫外线对材料的破坏每年会造成不可估量的经济损失，因此，紫外阻隔材料一直是科研工作者的研究重点和热点之一[111,112]。

紫外阻隔材料，通常也被称为紫外吸收剂，是用于吸收和屏蔽紫外线的材料的总称。按照来源可分为天然型和合成型紫外阻隔材料；按用途可以分为防晒剂、屏蔽剂以及光稳定剂；按照化学结构划分，主要分为以下几大类：

第一类为有机紫外吸收材料，是目前种类最多的一类，主要包括水杨酸酯类、二苯甲酮类及苯并三唑类、肉桂酸酯类、三嗪类、受阻胺类、苯甲酸酯类、草酰胺类及取代丙烯腈类等。由于有机紫外吸收材料对紫外线的吸收范围较广、吸收能力较强，因此它是种类最多、应用最广泛的一类紫外阻隔材料。然而，大部分有机紫外吸收材料光热稳定性较差，且近年来关于有机紫外吸收材料对人类健康和生态系统造成了潜在危害的报道越来越多，因此，有机紫外吸收材料的使用范围受到了一定的限制[113-115]。

第二类为无机紫外屏蔽材料，无机紫外屏蔽剂对紫外线具有反射、散射和吸收的作用，通常被用作物理防晒剂[116]。由于不同材料的折射率不同，因此不同材料的紫外屏蔽性能也有很大区别，目前常用的无机紫外屏蔽剂包括炭黑、二氧化钛和氧化锌、二氧化铈等[117,118]。二氧化钛在1999年首次被美国FDA作为第一类防晒剂批准使用，最高配方量达25%[119]。

第三类为复合紫外阻隔材料，主要包括无机 - 无机复合材料和无机 - 有机复合材料两大类。无机 - 无机复合材料通常为两种无机紫外屏蔽剂的复合物，由于两种无机材料的复合，其紫外阻隔范围得到一定的扩大，且安全性和稳定性较好，例如复合二氧化硅紫外吸收剂、氧化钛和氧化铁的复合物等[120,121]。无机 - 有机紫外阻隔材料通常具备了有机紫外吸收材料和无机紫外屏蔽材料的优点，具有紫外吸收能力强、吸收范围广、光热稳定性强等优势。近年来，无机 - 有机复合紫外吸收材料的发展趋向于多功能化，进一步扩大了紫外吸收剂在高分子材料、纺织品、化妆品等行业的应用范围和领域。北京化工大学化工资源有效利用重点实验室通过将多种有机紫外吸收剂阴离子插层到水滑石主体材料层间，制备了多种无机 - 有机复合紫外吸收剂，具有紫外吸收范围广、吸收能力强的特点，开辟了一条制备复合紫外吸收剂的新途径。

## 二、插层结构紫外阻隔材料的构筑及性能调控

### 1．LDHs主体层板调控及紫外阻隔性能

米尔散射理论认为，粒子对光的散射作用与其形貌有很大的关系，本书著者

团队[122] 在不同合成条件下制备了不同粒径分布的 $Zn_4Al_2$-$CO_3$-LDH，从而调整其对紫外线的不同的物理屏蔽作用。实验表明，在粒子尺寸分布为 136～218nm 的范围时，$Zn_4Al_2$-$CO_3$-LDH 粒子对紫外线的散射作用随着粒子尺寸的增大而增强，这与米尔散射的理论相符合[123,124]。

为了研究不同组成 LDHs 的紫外阻隔性能，本书著者团队[125] 通过调控得到不同层板 Zn 含量的 LDHs 样品。图 9-16 所示为不同层板 Zn 含量的 $Mg_aZn_bAl_c$-$CO_3$-LDH 的紫外漫反射光谱。

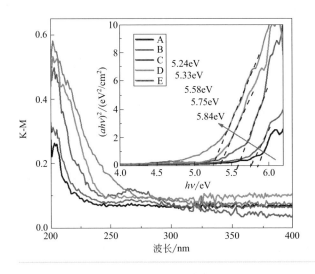

图9-16

不同Mg/Zn/Al比例LDHs的紫外漫反射光谱图

A—$Mg_4Al_2$-$CO_3$-LDH；B—$Mg_3ZnAl_2$-$CO_3$-LDH；C—$Mg_2Zn_2Al_2$-$CO_3$-LDH；D—$MgZn_3Al_2$-$CO_3$-LDH；E—$Zn_4Al_2$-$CO_3$-LDH

从图 9-16 中可以看出，LDHs 样品在低于 250nm 处的紫外吸收强度迅速增大，表明 LDHs 层板对短波紫外线有较强的吸收能力。我们可以进一步看出，随着层板上 Zn 含量的增加，$Mg_aZn_bAl_c$-$CO_3$-LDH 样品的紫外吸收强度呈现逐渐增强的趋势。对不同层板组成的 LDHs 紫外吸收光谱作切线得到不同 LDHs 样品的吸收阈值，即对应的禁带宽度。$Mg_aZn_bAl_c$-$CO_3$-LDH 的禁带宽度随着层板 Zn 元素含量的增加呈现逐渐减小的趋势，从 $Mg_4Al_2$-$CO_3$-LDH 的 5.84eV 减小到 $Zn_4Al_2$-$CO_3$-LDH 的 5.24eV。

为了进一步研究不同层板组成的 $Mg_aZn_bAl_c$-LDH 的紫外吸收机理，运用密度泛函理论对样品进行了模型建立及优化，并进行了禁带宽度的理论计算。不同层板组成的 $Mg_aZn_bAl_c$-LDH 优化后的模型如图 9-17（a）所示，通过密度泛函理论计算得到的不同层板组成的 $Mg_aZn_bAl_c$-LDH 的禁带宽度如图 9-17（b）所示。从图中可以明显看出，不同层板组成的 $Mg_aZn_bAl_c$-LDH 禁带宽度随着层板 Zn 含量的增加而呈现减小的趋势。

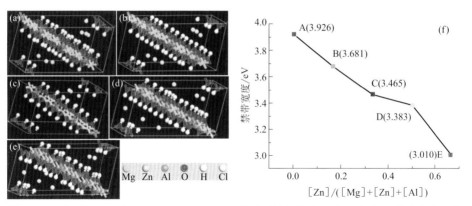

图9-17　（a）～（e）Mg$_u$Zn$_b$Al$_c$-Cl-LDH优化后的结构模型以及（f）禁带宽度计算结果
A—Mg$_4$Al$_2$-Cl-LDH；B—Mg$_3$ZnAl$_2$-Cl-LDH；C—Mg$_2$Zn$_2$Al$_2$-Cl-LDH；D—MgZn$_3$Al$_2$-Cl-LDH；E—Zn$_4$Al$_2$-Cl-LDH

### 2．LDHs 客体调控及主客体作用对紫外阻隔性能的影响

利用 LDHs 客体可插层、可调控的特性，将具有强紫外吸收性能的功能性客体引入层间，可以大幅度提高 LDHs 的紫外吸收性能，组装合成具有插层结构的高性能紫外阻隔材料。在前人工作中，研究了将水杨酸类、肉桂酸类、苯并咪唑类、苯甲酸类、二苯甲酮类、萘类及其衍生物插层于 LDHs 层间，合成的新型有机 - 无机插层材料不仅可以通过无机主体物理屏蔽紫外线，还可以通过有机客体吸收紫外线，并且有机紫外吸收剂与无机材料复合可以显著地提高有机紫外吸收剂的光热稳定性[126-129]。

本书著者团队[130] 将 2- 羟基 -4- 甲氧基二苯甲酮 -5- 磺酸（HMBA）和肉桂酸（CA）［图 9-18（a）］共插层于 MgZnAl-LDH 层间，得到具有优异紫外阻隔性能的材料。这三个样品显示了 LDHs 材料的典型特征衍射峰［图 9-18（b）］，通过减去 0.48nm 的 LDHs 层厚度，得到 CA-LDH、HMBA-LDH 和 HMBA-CA-LDH 的层间距分别约为 1.31nm、1.82nm 和 1.33nm，大于 CA 和 HMBA 的分子长度（分别为 0.86nm 和 0.96nm）并且小于两者分子长度的两倍。因此 HMBA 和 CA 的阴离子将在制备的 LDHs 层间形成交叉排列的单层结构。

图 9-18（c）描绘了溶解或分散在水中的 CA、HMBA、CA-LDH、HMBA-LDH 和 HMBA-CA-LDH 的紫外 - 可见吸收光谱。CA 和 CA-LDH 在 250 ～ 290nm 的波长范围内都表现出强吸收。HMBA 在 200 ～ 350nm 波长范围内显示出中等的紫外吸收。HMBA-LDH 显示出更宽的吸收带，其紫外吸收覆盖了 200 ～ 450nm 的波长范围，并且在 240 ～ 270nm 范围内具有更强的吸收。HMBA 在 326nm 处的吸收峰移至 374nm，这种巨大的转变表明 HMBA 的阴离子受 LDHs 层间区域限域效应形成了有利的 J 型聚集体，HMBA 的阴离子芳基之间的 π-π 共轭相互作

用导致其激发能降低，从而导致明显的红移。对于 HMBA-CA-LDH，也具有同样的效果。因此，HMBA 和 CA 客体阴离子共插层 LDHs 不仅保留了 HMBA 和 CA 的强紫外吸收能力，而且通过客体阴离子之间的 π-π 共轭相互作用拓宽了吸收带。

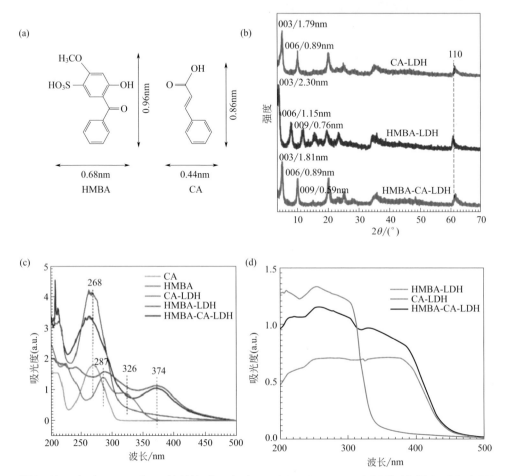

图9-18 （a）HMBA和CA的结构式；（b）HMBA-LDH、CA-LDH和HMBA-CA-LDH的XRD图谱；（c）CA、HMBA、CA-LDH、HMBA-LDH、HMBA-CA-LDH的紫外-可见吸收光谱；（d）HMBA-LDH、CA-LDH和HMBA-CA-LDH的漫反射光谱

HMBA-LDH、CA-LDH 和 HMBA-CA-LDH 的漫反射光谱如图 9-18（d）所示。CA-LDH 在 200 ～ 320nm 的波长范围内显示出强吸收，但在 320 ～ 400nm 范围内吸收能力较差。HMBA-LDH 具有广泛的紫外吸收区域，覆盖 200 ～ 400nm 的波长范围，但显示出中等的紫外吸收强度。有趣的是 HMBA-CA-LDH 还具有与 HMBA-

LDH 相似的宽紫外吸收范围，并且比 HMBA-LDH 具有更强的紫外吸收能力。

酚酞阴离子具有优秀的紫外吸收能力，然而由于其质子解离平衡依赖于 pH 值，且阴离子 PPN$^{2-}$ 存在于内酯式 PPN$_l^{2-}$ 和醌式结构二价阴离子 PPN$_q^{2-}$ 的平衡，只有醌式结构由于其大共轭结构显示出广泛的 UV-vis 吸收，因此它从未被认为是优异的紫外线吸收材料[131]。本书著者团队[132]用 LDHs 作为稳定的碱性主体，选择性地捕获和固定 PPN$_q^{2-}$ 到 LDHs 的层间，所获得的复合材料显示出广泛而强烈的紫外吸收。此外，碱性的主体层板和限域作用保护了 PPN$_q^{2-}$，使其在较宽的 pH 范围（pH=3～12）内都能够保持醌式结构的电离状态，因此该材料可在实践中用作紫外线吸收剂。

图 9-19（a）显示了 H$_2$PPN、Na$_2$PPN 和 MgAl-PPN-LDH 的 $^{13}$C MAS NMR 谱图。观察到 H$_2$PPN 有四个主要共振：化学位移 174.4 处的峰归因于内酯环的羰基；157.6 为酚羟基的碳；154.0 为位于苯环结构中具有内酯基团并与中心碳相连的碳；93.2 是与三个苯环相连的中心碳［图 9-19（a）、（b）］。在 Na$_2$PPN 的谱图中，化

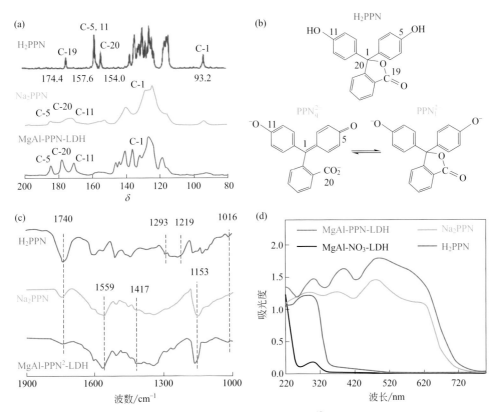

图9-19  H$_2$PPN、Na$_2$PPN和MgAl-PPN-LDH的（a）$^{13}$C MAS NMR光谱，（b）分子结构，（c）FT-IR光谱；（d）MgAl-PPN-LDH、MgAl-NO$_3$-LDH、Na$_2$PPN和H$_2$PPN的紫外-可见漫反射光谱

学位移 185.0 处的峰归属于 $PPN_q^{2-}$ 中的酮羰基。一旦形成大的共轭体系，178.2 和 170.7 处的羧基和酚羟基峰就会增强。由于 $PPN_l^{2-}$ 的存在，也可以观察到 93.2 和 154.0 处的弱峰。MgAl-PPN-LDH 的谱图与 $Na_2PPN$ 的谱图相似，但内酯形式的峰（93.2 和 154.0）被抑制，这表明嵌入的 $PPN^{2-}$ 的主要异构体结构是醌形式。红外光谱［图 9-19（c）］也可以表明层间酚酞以醌式结构为主。

混合材料的紫外线吸收能力由 UV-vis 漫反射光谱表征［图 9-19（d）］。$MgAl-NO_3-LDH$ 的吸收非常弱，而内酯结构的 $H_2PPN$ 在 220～320nm 的窄范围内表现出较强的紫外吸收。具有大共轭结构的 $Na_2PPN$ 的光谱在 220～620nm 范围内表现出广泛而强烈的吸收，在大约 288nm、372nm 和 477nm 处具有三个峰。插层后，所有这些峰都发生红移，这是由于分子间相互作用引起的分子间共轭。此外，MgAl-PPN-LDH 的吸收进一步拓宽（从 220～650nm）并增强。这种优异的紫外 - 可见吸收能力可归因于客体较大的共轭结构和 LDHs 的限域效应。

## 三、插层结构紫外阻隔材料的应用

本书著者团队[127]将 ZnAl-BZO-LDH 按质量的 1% 添加 PP 中，制成厚度约为 0.03～0.05mm 的 ZnAl-BZO-LDH/PP 薄膜，在功率为 1000W、波长范围 250～380nm 的紫外灯下辐照 35min 后观察。纯 PP 力学性能明显降低，在微弱外力作用下即发生脆裂，而 ZnAl-BZO-LDH/PP 在经相同时间紫外照射后，依旧保持了良好的力学性能。

沥青是一种石油衍生建筑材料，容易遭受太阳光降解，导致开裂、剥离或其他损坏[133,134]。为了评估 MgAl-PPN-LDH 作为紫外线吸收剂的效率，本书著者团队[132]将 $MgAl-NO_3-LDH$，$H_2PPN$ 和 MgAl-PPN-LDH 与沥青（3%，质量分数）混合，然后进行紫外线照射。辐照沥青的黏度老化指数（VAI）和软化点增量（$\Delta S$）如图 9-20（a）所示。可以观察到，复合材料的参数低于原始沥青的参

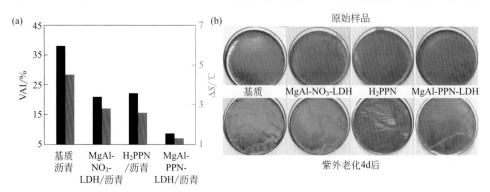

图9-20　紫外照射前后的基质沥青和添加了3%的MgAl-NO₃-LDH、H₂PPN和MgAl-PPN₂-LDH改性沥青的（a）VAI、$\Delta S$及（b）数码照片

数，含有 MgAl-PPN-LDH 的复合材料表现出最好的抗紫外线辐射性能。此外，图 9-20（b）显示 MgAl-PPN-LDH 改性沥青在 4d 的紫外线辐射后比其他对比样品更少开裂和剥离。这些结果表明，MgAl-PPN-LDH 具有优异的紫外线吸收性能，从而显著提高了沥青的抗紫外线辐射能力。

# 第七节
# 超分子插层结构吸酸剂

## 一、聚烯烃的合成与吸酸剂

聚烯烃应用广泛，是国民经济各行业不可或缺的重要材料。其中聚乙烯（PE）和聚丙烯（PP）是合成树脂中产量较大的品种，由于性能优异而广泛应用于工业、农业及日常生活用品等领域。随着我国国民经济的持续快速发展，对聚烯烃的需求量稳步增长，2019 年我国 PE 和 PP 的表观消费量分别为 3469 万吨和 2543 万吨。众所周知，聚烯烃技术的关键在于催化剂，聚烯烃树脂性能的改进与聚烯烃催化剂的开发有着极为密切的关系 [135,136]。目前在烯烃聚合中使用的催化剂主要包括 Ziegler-Natta、铬系、茂金属、非茂过渡金属催化剂等。这些催化剂具有很高的催化效率但其组成以氯化物、重金属配合物为主，在聚合结束后会有部分残存于聚合物树脂中，在后续加工成型及使用中会腐蚀设备并危害人体健康 [137,138]。

以 Ziegler-Natta 催化剂为例，其组分以 $MgCl_2$ 负载 $TiCl_4$ 为主，含有大量的金属氯化物，在聚合结束后会以 $TiCl_4$、$TiCl_3$、$Al(Et)_3$、$Al(Et)_2Cl$ 等物质形式残存于树脂中，并且产生的少量 HCl 等酸性物质会使与之接触的金属发生腐蚀，或腐蚀下游成型设备。为了除去聚合物中残存的 $Cl^-$ 等有害物质，需要在烯烃聚合结束后加入吸附材料对氯离子进行吸收。

吸酸剂是一类用于吸收聚烯烃残存催化剂中的氯离子和酸性物质的吸附材料，尽管添加量一般只有聚烯烃质量的 0.1‰ ~ 1‰，但却具有极其重要的作用。如果不加吸酸剂或吸酸剂性能较差，则聚烯烃在后续加工时很容易发生降解，从而影响制品的稳定性和性能。因此，吸酸剂与聚烯烃的产品质量和性能有着极为密切的关系，是除抗氧剂、加工稳定剂外常用的第三个重要的添加剂 [139]。

吸酸剂主要有金属硬脂酸盐、水铝钙石、氧化锌、亚磷酸酯衍生物等，其中金属硬脂酸盐使用最为广泛，其他种类的吸酸剂均由于性能问题未得到广泛使用[140]。目前，在 PE 中，使用最多的是硬脂酸钙和硬脂酸锌，而在 PP 中，应用较多的则是硬脂酸钙。但在实际应用中，金属硬脂酸盐也存在一些问题：吸酸效率较低、硬脂酸蒸气容易腐蚀管道、硬脂酸的携水量对薄膜制品影响也比较大，如镀铝 PP 薄膜、扁丝等；在使用苯甲酸钠成核剂的装置里，金属硬脂酸盐还会与成核剂发生反应，影响成核剂的性能[141,142]。此外，金属硬脂酸盐吸酸剂不能对催化体系残留中的 $H^+$ 等酸性物质进行吸收。

## 二、插层结构吸酸剂的构筑及作用机理

LDHs 独特的层状结构使得其层间客体具有可交换性，能将 $Cl^-$ 交换进入层间而进行吸收；并且由于 LDHs 层板具有电正性，在静电力作用下也能对带负电荷的 $Cl^-$ 产生吸附作用；通过调控 LDHs 主客体相互作用及层板羟基的电子云结构，能使其更有效地吸附聚烯烃中残留的 $H^+$ 等酸性物质[143]。

为了研究不同主体层板元素对于 LDHs 吸氯性能的影响，本书著者团队[144,145]采用共沉淀法，分别合成 Mg/Zn/Al=3:1:2，1:1:1 和 1:3:2 的 MgZnAl-CO$_3$-LDH。在研究含 Zn 量不同的 LDHs 的吸氯性能时，将各样品 100mg 分散于 250mL 氯离子初始浓度为 100mg/L 的溶液中，在 25℃水浴条件下搅拌反应 4h，反应结束后测量溶液氯离子浓度。实验结果如表 9-3 所示。从中可以看出，随着 Zn 含量的增加，LDHs 的碱性减弱，其中 Mg/Zn/Al=3:1:2 的 LDHs 对于酸的吸收量最大，吸收速度最快。

表9-3　不同 Mg/Zn/Al 量的 MgZnAl-CO$_3$-LDH 的吸氯性能

| Mg/Zn/Al | 3:1:2 | 1:1:1 | 1:3:2 |
|---|---|---|---|
| 起始浓度/（mg/L） | 50.00 | 50.00 | 50.00 |
| 平衡浓度/（mg/L） | 40.75 | 41.40 | 42.10 |
| 吸氯量/（mg/g） | 9.25 | 8.60 | 7.90 |

粒径的大小对于 LDHs 材料的各项吸附性能也有很大的影响。本书著者团队[146]通过对不同晶化时间的调控，合成具有不同粒径的镁铝碳酸根水滑石，并对其酸性位点、吸氯性能进行了研究。图 9-21 为不同晶化时间 LDHs 样品 NH$_3$-TPD 测试结果。LDHs 作为 Lewis 酸，表面存在可以吸附 Lewis 碱的酸性位。通过孤对电子对相互吸引，可以和氯离子形成结合力较强的化学吸附。从 NH$_3$-TPD 图中可以看出晶化 12h、24h、48h、72h 的水滑石的 NH$_3$ 脱附温度分别 505℃、502℃、551℃、514℃。NH$_3$ 脱附温度越高表明吸附位与 NH$_3$ 的结合力越强，随晶化时间延长，脱附温度逐渐升高表明酸性位的吸附强度逐渐增强。晶化 48h 脱

附温度最高，表明其对氯离子结合力最强。NH₃脱附面积越大表明LDHs表面酸性位数量越多。从图9-21中可明显看出，晶化12h、24h、72h时，NH₃-TPD的脱附峰面积逐渐增大即表面酸性位数量逐渐增加。晶化48h时，NH₃脱附面积最大，表明其表面酸性位数量最多。

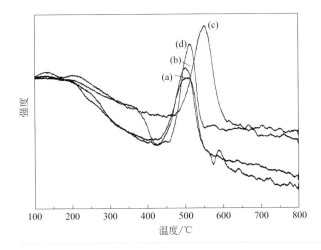

图9-21
不同晶化时间LDHs样品NH₃-
TPD图（a）12h；（b）24h；
（c）48h；（d）72h

表9-4为不同晶化时间LDHs样品吸氯量。Cl⁻与NH₃同样属于Lewis碱，其孤对电子可以被水滑石表面的酸性位吸引，从而通过化学吸附力吸附在水滑石表面。从表9-4中可以看出，晶化时间12h、24h、72h时吸氯性能逐渐增强，晶化48h吸氯量最大。吸氯结果与NH₃-TPD图结果相一致。由此可知，酸性位数量的增加和酸性位吸附强度的提高，可以提高LDHs的吸氯能力。同时，表明改变LDHs的晶化时间，可以改变LDHs表面的酸性位强度和酸性位数量，从而改变LDHs的吸氯性能。

表9-4　不同晶化时间LDHs样品吸氯性能

| 样品编号 | 样品名称 | 吸氯量/（mg/g） |
| --- | --- | --- |
| 1 | LDHs-0.4m-12h | 7.435 |
| 2 | LDHs-0.4m-24h | 10.575 |
| 3 | LDHs-0.4m-48h | 13.223 |
| 4 | LDHs-0.4m-72h | 11.765 |

## 三、插层结构吸酸剂的应用

与传统吸酸剂硬脂酸钙相比，LDHs吸酸剂具有吸酸能力强、析出难、热稳定性好、绿色环保等优点，适用于食品包装、医疗用品等高档聚烯烃制品。目前市场上用于聚烯烃的水滑石吸酸剂主要有日本协和的DHT-4A、呈和的AC-207

以及德国的科莱恩 Hycite 713。

除此之外，合成水滑石吸酸剂应用在氨纶的生产中能保持衣物的弹性（抗氧化），延长其使用寿命。在生产过程和使用过程中，氨纶常会像 PVC 一样释放出酸性物质，破坏聚氨基甲酸酯分子链，使其老化，因此在合成氨纶过程中，常添加水滑石作为吸酸剂抑制其老化，保持制品弹性。应用于氨纶的水滑石是含少量结晶水或不含结晶水的水滑石，应用于氨纶纤维中，具有出色的抗氯性和抗变色。

# 第八节
# 超分子插层结构固体润滑材料

## 一、固体润滑材料简介

在生活中摩擦无处不在，从工业革命至今，不断发展的交通运输业和工业生产消耗了大量的不可再生能源（如石油、煤炭等），这些消耗的能源有 1/3 用于克服机械系统中的摩擦，造成了极大的资源浪费，并有数据表明机械损坏 80% 归因于摩擦磨损[147]。目前更为严重的是，这些产生能量的燃料最终转变成二氧化碳，这将导致气候的变化，产生可怕的环境问题。因此，控制或减少运动机械系统中的摩擦磨损不仅对国民经济的发展具有举足轻重的影响，而且对于可持续发展来说非常重要。解决摩擦问题的常用方法是采用气体或液体形式的润滑材料。然而近年来，随着工业技术的发展，要求机械设备能够在高温、低温、高真空、高负载等极端苛刻工况条件下正常工作。此时，常规的气体或液体润滑材料已经不能够满足工业发展的需要，迫切需要一种能够在这种极端工况条件下正常润滑设备的材料。这样，固体润滑材料引起了人们的关注。固体润滑材料具有质轻、体积小、比强度高、耐腐蚀性好、时效变化小等特点。一般固体润滑剂通过转移至摩擦表面形成固体润滑膜达到润滑的效果。因有固体润滑膜，摩擦发生在润滑膜内部，从而减少摩擦磨损。摩擦副中间形成的固体润滑膜可阻挡两侧表面直接接触，从而降低接触薄层的剪切强度，减小摩擦系数。

## 二、典型固体润滑材料

### 1. 软金属

Pb、Sn、Zn、In、Au 和 Ag 等诸多软金属具有很好的润滑效果。软金属具有面心立方晶格，且它们的晶体是各向异性的，因此软金属的润滑性能类似于高黏度流体的润滑性能。软金属的润滑机理：软金属的固体润滑作用是由于其低剪切强度易层间滑移。在摩擦过程中，软金属会在相对表面上形成转移膜，并使转移膜与软金属之间发生摩擦，因此可以减小摩擦系数和磨损。

### 2．高分子润滑材料

聚四氟乙烯（PTFE）是一种饱和的脂肪族碳氟化合物，常用于在机油或其他润滑剂中作为抗磨损添加剂[148]。PTFE分子被平滑分布的外层电子包围，分子呈柱状流线形结构；分子间的相互作用很小，引力很弱。这些结构特性本质上决定了聚四氟乙烯的易滑移能力。PTFE具有优异的自润滑减摩性能，在真空中也能保持润滑性，其润滑性能几乎不受环境影响，且具有非常低的摩擦系数，并且随着滑动速度的增加而增加，因此即使在极低的滑动速度下也不会出现蠕变现象。但是PTFE耐磨性差，在重负载下很易磨损。

### 3．二维层状材料

石墨是碳的同素异形体，属六方晶系层状晶体结构，如图9-22（a）所示，层内的碳原子间距小，以较强的共价键相连，层与层之间的碳原子间距较大，以较弱的范德华力相连，当受到与层平行方向的剪切力时，层与层间极易滑动，所以具备较低的摩擦系数[149]。

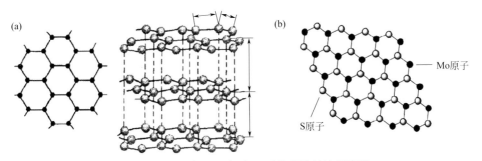

**图9-22** （a）石墨的分子结构示意图和（b）二硫化钼的结构示意图

二硫化钼（MoS$_2$）是典型的层状六方晶系金属化合物，如图9-22（b）所示。MoS$_2$分子层是两层S原子层将一层Mo原子层夹在层间，从而形成S—Mo—S的层状结构。Mo和S原子以很强的共价键相连接，分子层与分子层靠微弱的范德华力相连接，层与层之间极易分开，所以其具有优异的润滑性能[150]。

### 4．氟化物

来自Ⅰ族和Ⅱ族金属（LiF、CaF$_2$、BaF$_2$和NaF）和稀土元素（LaF$_3$、CeF$_3$）

及其共晶组合的化学稳定氟化物，在 500 ～ 1000℃的温度范围内是良好的润滑剂，可被用作在高负荷和化学反应的环境中。但是这些化合物大多数在低温下是脆性和非润滑性的。

## 三、插层结构固体润滑材料

LDHs 层板与层间阴离子以静电引力和氢键的方式结合。在受到剪切力时层与层之间易发生相对滑动，使 LDHs 具有优异的润滑性能。

### 1. 无机酸根插层 LDHs

王振宇[151]首次公开发表了纳米 CoAl-CO₃-LDH 作为润滑油基础油添加材料的摩擦学性能研究工作。文中通过共沉淀法制备 CoAl-CO₃-LDH 粉体，以其作为润滑油基础油的添加剂，添加量（质量分数）为 0.5%，采用四球摩擦实验机和齿轮摩擦实验机对样品的摩擦学性能进行了评价。结果显示，添加水滑石粉体后基础油的摩擦系数可降低 49.1%，油温可降低 7.4% ～ 7.7%，摩擦功耗可降低 4.8% ～ 7.0%，首次肯定了 LDHs 作为润滑油添加材料的减摩降耗功效。

Luo 等人[152]改变微乳化过程中的结晶时间，合成了三种不同尺寸的 NiAl-LDH 纳米片。作为润滑剂添加剂，使用球对盘往复摩擦计对其在基础油中的摩擦学性能进行了评估。在某一条件下，纳米 LDHs 的加入不仅使摩擦系数（COF）降低了约 10%，而且耐磨损性能得到了显著提高。根据详细的表面和结构分析研究，这些改进是由于接触界面上保护性摩擦层的形成。特别的是，TEM 的横截面图像显示，较大尺寸的纳米薄片（NiAl-24h）比较小尺寸的纳米薄片（NiAl-6h）具有最好和最稳定的摩擦学性能。这主要是因为它具有较高的结晶度，从而在滑动过程中形成了具有较好力学性能的摩擦保护膜（图 9-23）。

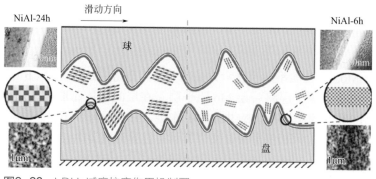

图9-23 LDHs减摩抗磨作用机制图

### 2. 有机酸根插层三元LDHs

巴召文等人[153]采用尿素分解法和离子交换法制备二丁基磷酸酯阴离子插层水滑石（LDH-DBP）和二异辛基磷酸酯阴离子插层水滑石（LDH-OBP），将其作为基础油PAO-4的润滑添加剂，利用SRV-Ⅳ微动摩擦试验机对混合油样的摩擦学性能进行测试，同时与商业化的二硫化钼和二正丁基磷酸酯作基础油添加剂进行摩擦性能对比研究，LDH-DBP与LDH-OBP纳米水滑石添加剂无论从减摩还是抗磨的效果均优于商业化的二硫化钼（图9-24）。

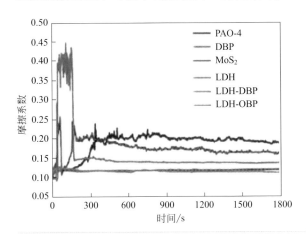

图9-24
摩擦系数随时间的变化曲线

### 3. 稀土元素掺杂及有机酸根插层LDHs

白志民等人[154,155]采用共沉淀法合成了Mg-Al-Ce三元LDHs，并用琥珀酸和月桂酸分别采取离子交换法制备了LDHs。通过四球摩擦试验和空压机试验，几种LDHs在试验中均能降低发动机润滑油的摩擦磨损。其中，月桂酸插层的耐摩擦磨损性能最好，主要表现在层间的相互滑动，在油介质中的分散性好，磨损表面形成了一层摩擦保护膜。同时合成了掺镧镁铝的LDHs，并用十二烷基硫酸钠进行了插层改性。通过四球摩擦试验和空压机试验，对LDHs作为润滑添加剂的摩擦性能进行了评价。在摩擦试验中，嵌入产物的摩擦学性能优于前驱体。性能提高的主要原因是膨胀层板之间的摩擦减少，纳米颗粒在介质中的良好分散，以及在接触表面形成了有效的摩擦保护膜。

### 4. 表面改性三元LDHs

白志民等人[156]经共沉淀法和水热法合成了锌镁铝三元类水滑石纳米粉体材料，并用油酸进行表面改性。采用四球摩擦试验机，SEM和X射线光电子能谱XPS等手段对类水滑石的摩擦性能以及磨损钢球表面进行了分析。结果表明：类水滑石改性后，油酸在类水滑石表面呈单分子层吸附；类水滑石在高载荷和适当的转速下可显著降低金属摩擦副的摩擦系数和磨斑直径。磨损表面生成了含有 ZnO、ZnS、MgO、氧化铁等化合物和有机物的化学反应保护膜，同时，纳米颗粒抛光和第三体效应也起到了减摩、抗磨作用。

# 第九节
# 小结与展望

本章总结了 LDHs 插层材料在功能助剂，特别是阻燃剂、抑烟剂、热稳定剂、吸酸剂，以及红外吸收、紫外阻隔、气密和润滑材料等方面的研究和应用进展。LDHs 作为一种插层结构材料，组成、结构、形貌等具有丰富的可设计调变性，可以将多种功能组分引入层板或者层间，大幅提升聚合物材料的各项性能。随着 LDHs 工业化生产的实现，国内外已经出现相关功能助剂的生产厂家，商业化产品不断涌现，市场对于插层结构功能助剂的需求也越来越大。尽管如此，在 LDHs 功能助剂发展和应用中仍然有许多方面需要突破与改进。

LDHs 在很多方面表现出不错的性质，如热稳定性、阻燃性、抑烟性、吸酸性等，但是与这些性质相关的作用机制及机理并不十分明确，就目前的技术要求来说，很多应用还无法达到工业化规模。如在有焰、无焰、加热、紫外线照射等外界条件下高聚物材料的老化分解过程，需要进一步进行研究，再从机理机制出发，进行材料的设计与合成，实现"对症下药"。针对不同的聚合物体系，其作用机制存在较大差异，性能仍有很大的提升空间，需要对不同的使用场景进行针对性研究，有助于实现材料性能的进一步提升，也为不同的应用场景及生产提供宝贵的参考。

功能助剂在使用过程中，往往要与多种助剂进行复合使用，不同助剂之间的协同作用以及相互之间的影响研究也是助剂研究中的重点，如何通过更好的组合实现目标性能的飞跃也需要持续的努力。同时针对 LDHs 特殊的结构和多因素可调性能，可以实现"一剂多能"功效，实现综合性能的提升，并部分或者全部替代复合助剂中的其他组分，充分发掘 LDHs 在不同领域中的应用潜力，拓展在不同制品特别是高端制品中的突破性应用。

在功能助剂的使用中，相容性和分散性会对其功能的实现产生巨大的影响。由于 LDHs 具有无机层板，在应用于聚合物中时需要将其高度分散，所以对 LDHs 表面的修饰和改性在许多领域的应用中十分重要。所以目前对 LDHs 的表面改性和分散加工工艺也需要进一步优化。同时结合表面改性实现功能的进一步优化和复合功能的实现，也是目前研究的热点。

在 LDHs 的制备中，也有许多方向需要向前推进。一方面，针对不同的功能开发合适的合成方法，实现目标助剂组分、形貌、分散性的控制。另一方面，现在大部分制备和生产都采用共沉淀方法，在生产过程中需要分离、洗涤、提纯，会用到大量的水以及其他溶剂，不利于绿色环保的生产理念，针对这一问题需要进一步推进绿色环保方法用于 LDHs 合成的研究以及大规模工业化的探索。此外，LDHs 的生产成本仍然较高，很多应用场景会选择成本较低的替代助剂，如氢氧化镁等，所以如何在生产中进一步实现工艺优化及降低成本也是其应用拓展不可忽视的挑战。

## 参考文献

[1] 欧育湘. 阻燃剂：制造、性能及应用 [M]. 北京：兵器工业出版社，1997.

[2] 鞠洪波. 阻燃材料发展现状与趋势分析 [J]. 绿色科技，2011(11): 136-138.

[3] 蔡坤鹏，黄淼铭，刘文涛，等. 无卤阻燃剂合成及应用研究进展 [J]. 工程塑料应用，2021, 49(1): 152-156,162.

[4] 李飞龙，胡永琪，刘润静，等. 中国塑料阻燃剂应用现状和发展趋势 [J]. 无机盐工业，2015, 47: 1-3.

[5] Sagerup K, Herzke D, Harju M, et al. New BFR in artic biota[R]. Technical Report of The Norwegian Polar Institute, the Norwegian Institute for Air Research (NILU) and Akvaplan-hiva on behalf of the Norwegian Climate and Polution Agency (klif), Spfo-rapport 1070/2010: TA-2630/2010.

[6] 关瑞芳，李宁. 无机阻燃剂的应用现状及其发展前景 [J]. 合成材料老化与应用，2013, 42 (4): 55-57.

[7] 胡爽，肖雄，董玲玲. 新型无卤阻燃技术的研究进展 [J]. 上海塑料，2020(2): 1-12.

[8] 黄雅妮. 氢氧化镁无机阻燃剂的改性研究进展 [J]. 材料导报，2014, 28(S1): 364-367.

[9] 房晓敏，刘麦女，张璞，等. 无机阻燃剂包覆笼状磷酸酯微胶囊的制备与表征 [J]. 现代化工，2013, 33(1): 48-51.

[10] Liu Y, Gao Y S, Wang Q, et al. The synergistic effect of layered double with other flame retardant additives nanocomposites: a critical review[J]. Dalton Transactions, 2018, 47: 14827-14840.

[11] Shi L, Li D Q, Wang J R, et al. Synthesis, flame-retardant and smoke suppressant properties of a borate-intercalated layered double hydroxide[J]. Clays and Clay Minerals, 2005, 53 (3) : 294-300.

[12] Xu S L, Zhang L X, Lin Y J, et al. Layered double hydroxides used as flame retardant for engineering plastic acrylonitrile-butadiene-styrene (ABS)[J]. Journal of Physics and Chemistry of Solids, 2012, 73: 1514-1517.

[13] 任庆利，罗强，吴洪才，等. 镁铝摩尔比对水滑石电缆阻燃剂热性能的影响 [J]. 绝缘材料，2001 (6): 22-25.

[14] 刘喜山，谷晓昱，侯慧娟，等. 插层改性水滑石对尼龙 6 阻燃及力学性能的影响 [J]. 塑料，2013, 42(1): 4-7.

[15] Ye L, Wu Q H. Effects of an intercalating agent on the morphology and thermal and flame-retardant properties of low-density polyethylene/layered double hydroxide nanocomposites prepared by melt intercalation[J]. Journal of Applied Polymer Science, 2012, 123: 316-323.

[16] Matusinovica Z, Wilkie C A. Fire retardancy and morphology of layered double hydroxide nanocomposites: a review[J]. Journal of Materials Chemistry, 2012, 22: 18701-18704.

[17] 王德富. 水滑石基 PVC 阻燃抑烟剂组成、界面结构调控及其作用机制研究 [D]. 北京：北京化工大学，2020.

[18] Wang Q, Undrell J P, Gao Y S, et al. Synthesis of flame-retardant polypropylene/LDH-borate nanocomposites[J]. Macromolecules, 2013, 46: 6145-6150.

[19] Zhang Z J, Xu C H, Qiu F L, et al. Study on fire-retardant nanocrystalline Mg-Al layered double hydroxides synthesized by microwave-crystallization method[J]. Science in China Series B：Chemistry, 2004, 47(6): 488-498.

[20] Choi J, Moon D S, Jang J U, et al. Synthesis of highly functionalized thermoplastic polyurethanes and their potential applications[J]. Polymer, 2017, 116: 287-294.

[21] Liu X D, Guo J, Tang W F, et al. Enhancing the flame retardancy of thermoplastic polyurethane by introducing montmorillonite nanosheets modified with phosphorylated chitosan[J]. Composites Part A, 2019, 119: 291-298.

[22] Zhou X, Mu X, Cai W, et al. Design of hierarchical NiCo-LDH@PZS hollow dodecahedron architecture and application in high-performance epoxy resin with excellent dire safety[J]. ACS Applied Materials & Interfaces, 2019, 11(44): 41736-41749.

[23] 郝建薇，温海旭，杜建新，等. 硼酸锌协同膨胀阻燃环氧涂层耐火作用及其机理研究 [J]. 北京理工大学学报，2012, 32(10): 1091-1095.

[24] Marosfoi B B, Garas S, Bodzay B, et al. Flame retardancy study on magnesium hydroxide associated with clays of different morphology in polypropylene matrix[J]. Polymers for Advanced Technologies, 2008, 19(6): 693-700.

[25] Ye Y Y, Wang H T, Guo W J. Synergistic flame retardant effect of metal hydroxide and nanoclay in EVA composites[J]. Polymer Degradation and Stability, 2012, 97(6): 863-869.

[26] Lum R M. MoO$_3$ additives for PVC: a study of the molecular interactions[J]. Journal of Applied Polymer Science, 2010, 23(4): 1247-1263.

[27] Lattimer R, Kroenke W. The functional role of molybdenum trioxide as a smoke retarder additive in rigid poly(vinyl chloride)[J]. Journal of Applied Polymer Science, 1981, 26: 1191-1210.

[28] Chen X, Liu L, Zhuo J, et al. Influence of iron oxide green on smoke suppression properties and combustion behavior of intumescent flame retardant epoxy composites[J]. Journal of Thermal Analysis and Calorimetry, 2015, 119(1): 625-633.

[29] Guo S, Ning Y. A study on properties and morphological structure of ferrocene-filled PVC[J]. Journal of Polymer Science Part B: Polymer Physics, 2015, 37(20): 2828-2834.

[30] 马嘉壮，陈颖，李凯涛，等. 镁基插层结构功能材料研究进展 [J]. 化工学报，2021, 72: 2922-2933.

[31] Xu W Z, Wang S Q, Li A J, et al. Synthesis of aminopropyltriethoxysilane grafted/tripolyphosphate intercalated ZnAl LDHs and their performance in the flame retardancy and smoke suppression of polyurethane elastomer[J]. RSC Advances, 2016, 6(53): 48189-48198.

[32] 卿克兰. 层状双金属氢氧化物的结构设计及对 EVA 抑烟性能研究 [D]. 北京：北京化工大学，2021.

[33] Xu W Z, Xu B L, Li A J, et al. Flame Retardancy and smoke suppression of MgAl layered double hydroxides containing P and Si in polyurethane elastomer[J]. Industrial & Engineering Chemistry Research, 2016, 55(42): 11175-11185.

[34] Zhou X H, Chen H, Chen Q H, et al. Synthesis and characterization of two-component acidic ion intercalated layered double hydroxide and its use as a nanoflame-retardant in ethylene vinyl acetate copolymer (EVA)[J]. RSC Advances, 2017, 7: 53064-53075.

[35] Wang W, Pan H F, Shi Y Q, et al. Fabrication of LDH nanosheets on β-FeOOH rods and applications for improving the fire safety of epoxy resin[J]. Composites Part A: Applied Science and Manufacturing, 2016, 80: 259-269.

[36] 林彦军, 黄小强, 卿克兰, 等. 一种 PVC 抑烟剂及其制备方法: CN201910385884.X[P]. 2020-10-27.

[37] Xu W Z, Wang S Q, Liu L, et al. Synthesis of heptamolybdate-intercalated MgAl LDHs and its application in polyurethane elastomer[J]. Polymers for Advanced Technologies, 2015, 27(2): 250-257.

[38] 李素锋. 层状与插层结构无机无卤阻燃剂制备及其性能研究 [D]. 北京: 北京化工大学, 2004.

[39] Wang B, Zhou K Q, Wang B B, et al. Synthesis and characterization of CuMoO₄/Zn-Al layered double hydroxide hybrids and their application as a reinforcement in polypropylene[J]. Industrial & Engineering Chemistry Research, 2014, 53(31): 12355-12362.

[40] 苏虎. 水滑石/锌类化合物复合改性聚氯乙烯的燃烧特性 [D]. 杭州: 浙江大学, 2011.

[41] Lv S, Kong X G, Wang L R, et al. Flame-retardant and smoke-suppressing wood obtained by the in-situ growth of a hydrotalcite-like compound on the inner surfaces of vessels[J]. New Journal of Chemistry, 2019, 43: 16359-16366.

[42] Ren H Y, Qing K L, Chen Y, et al. Smoke suppressant in flame retarded thermoplastic polyurethane composites: synergistic effect and mechanism study[J]. Nano Research, 2021, https://doi.org/10.1007/s12274-021-3317-z.

[43] 吴英茂. PVC 热稳定剂及其应用技术 [M]. 北京: 化学工业出版社, 2011: 7-9.

[44] Wang C, Li N, Huo L, et al. Effect of carbon nanotube on the mechanical, plasticizing behavior and thermal stability of PVC/poly (acrylonitrile-styrene-acrylate) nanocomposites[J]. Polymer Bulletin, 2015, 72(8): 1849-1861.

[45] Jia P Y, Hu L H, Shang Q Q, et al. Self-plasticization of PVC materials via chemical modification of mannich base of cardanol butyl ether[J]. ACS Sustainable Chemistry & Engineering, 2017, 5(8): 6665-6673

[46] 郭艺璇, 李殿卿, 唐平贵, 等. 水滑石类热稳定剂在聚氯乙烯中的应用研究进展 [J]. 塑料助剂, 2020 (1): 11-23.

[47] 杨惠娣. 聚氯乙烯及其热稳定剂现状与发展趋势 [J]. 中国塑料, 2019, 33(4): 111-119.

[48] 唐伟, 陈语. 我国 PVC 热稳定剂的现状与发展趋势 [J]. 聚氯乙烯, 2017, 45(8): 11-16.

[49] 宋银银, 徐会志, 蒋平平, 等. PVC 热稳定剂的发展趋势 [J]. 塑料助剂, 2010(4): 1-7.

[50] Liu H, Li D G, Li R J, et al. Synthesis of pentaerythritol stearate ester-based zinc alkoxide and its synergistic effect with calcium stearate and zinc stearate on PVC thermal stability[J]. Journal of Vinyl and Additive Technology, 2018, 24(4): 314-323.

[51] Wang M, Xia J L, Jiang J C, et al. Mixed calcium and zinc salts of N-(3-amino-benzoic acid)terpene-maleamic acid: preparation and its application as novel thermal stabilizer for poly(vinyl chloride)[J]. RSC Advances, 2016, 6: 97036-97047.

[52] 黄迎红, 王亚雄. 我国有机锡热稳定剂生产现状与研究进展 [J]. 现代化工, 2007, 27(9): 13-16.

[53] Zeddam C, Belhaneche-Bensemra N. Kinetic study of the specific migration of an organotin heat stabilizer from rigid poly(vinyl chloride) into food simulants by FTIR spectroscopy[J]. International Journal of Polymeric Materials, 2010, 59(5): 318-329.

[54] 张琳, 徐冬梅, 潘小青. 环保复合热稳定剂对 PVC 加工及力学性能的研究 [J]. 广州化工, 2015, 43(17): 124-126.

[55] Miyata S, Kuroda M. Method for inhibiting the thermal or ultraviolet degradation of thermoplastic resin and thermoplastic resin composition having stability to thermal or ultraviolet degradation: US4299759[P]. 1981-11-10.

[56] 林彦军, 周永山, 王桂荣, 等. 插层结构功能材料的组装与产品工程 [J]. 石油化工, 2012, 41(1): 1-8.

[57] 谢放. 水滑石调控及其复合材料对 PVC 热稳定性能研究 [D]. 北京: 北京化工大学, 2019.

[58] Fan L P, Yang L, Lin Y J, et al. Enhanced thermal stabilization effect of hybrid nanocomposite of Ni-Al layered

double hydroxide/carbon nanotubes on polyvinyl chloride resin[J]. Polymer Degradation and Stability, 2020, 176: 109153.

[59] Zhang X F, Zhao T B, Pi H, et al. Preparation of intercalated Mg-Al layered double hydroxides and its application in PVC thermal stability[J]. Journal of Applied Polymer Science, 2012, 124(6): 5180-5186.

[60] 林彦军, 饶治, 李凯涛. 一种制备高纯度钙基水滑石的方法: CN201510821395.6[P], 2015-11-23.

[61] 饶治. LDHs 的主客体调控及对 PVC 的热稳定作用研究 [D]. 北京：北京化工大学, 2016.

[62] Lin Y J, Wang J R, David E G, et al. Layered and intercalated hydrotalcite-like materials as thermal stabilizers in PVC resin[J]. Journal of Physics and Chemistry of Solids, 2006, 67: 998-1001.

[63] 林彦军. 层状与超分子插层结构热稳定剂的组装及结构和性能研究 [D]. 北京：北京化工大学, 2005.

[64] Labuschagne F J W J, Molefe D M, Focke W W, et al. Heat stabilising flexible PVC with layered double hydroxide derivatives[J]. Polymer Degradation and Stability, 2015, 113: 46-54.

[65] Zhang H M, Zhang S H, Stewart P, et al. Thermal stability and thermal aging of poly(vinyl chloride)/MgAl layered double hydroxides composites[J]. Chinese Journal of Polymer Science, 2016, 34(5): 542-551.

[66] Yan J, Yang Z H. Intercalated Hydrotalcite-like Materials and their application as thermal stabilizers in poly(vinyl chloride)[J]. Journal of Applied Polymer Science, 2017, 134: 44896.

[67] Zeng X, Yang Z H. Synthesis of CaZnAl-$CO_3$ ternary layered double hydroxides and its application on thermal stability of poly (vinyl chloride) resin[J]. Journal of Center South University, 2020, 27: 797-810.

[68] Yang H, Yang Z H. The effect of sodium stearate-modified hydrocalumite on the thermal stability of poly(vinyl chloride)[J]. Journal of Applied Polymer Science, 2018, 135: 45758.

[69] 刘英俊. 煅烧煤系高岭土在农用塑料薄膜中的应用 [J]. 塑料科技, 2002, 2(148): 22-26.

[70] 王士忠, 赵霞, 李树尘. 玻璃粉对 LDPE 薄膜保温特性改进的研究 [J]. 塑料科技, 2003, 3(155): 29-31, 34.

[71] 高继志. 北方越冬日光温室用 PE、EVA 棚膜有关功能问题的研究 [J]. 中国塑料, 1999, 13(6): 66-73.

[72] 田岩. 中国聚烯烃功能性农膜研究及应用进展 [J]. 中国塑料, 2004, 18(11): 1-8.

[73] 陈祖欣, 康军. 新颖助剂水滑石在农膜中的应用 [J]. 中国塑料, 2006, 20(2): 13-15.

[74] 王丽静, 徐向宇, Evans D G, 等. 磷酸二氢根插层水滑石的制备及其选择性红外吸收性能 [J]. 无机化学学报, 2010, 26(6): 970-976.

[75] 王丽静. 超分子插层结构选择性红外吸收材料的制备及应用研究 [D]. 北京：北京化工大学, 2011.

[76] Zhu H F, Tang P G, Feng Y J, et al. Intercalation of IR absorber into layered double hydroxides: preparation, thermal stability and selective IR absorption[J]. Materials Research Bulletin, 2012, 47(3): 532-536

[77] Wang L J, Xu X Y, Evans D G, et al. Synthesis and selective IR absorption properties of iminodiacetic-acid intercalated MgAl-layered double hydroxide[J]. Journal of Solid State Chemistry, 2010, 183(5): 1114-1119.

[78] Wang L J, Xu X Y, Evans D G, et al. Synthesis of an N,N-bis(phosphonomethyl)glycine anion-intercalated layered double hydroxide and its selective infrared absorption effect in low density polyethylene films for use in agriculture[J]. Industrial Engineering Chemistry Research, 2010, 49(11): 5339-5346.

[79] Wang L J, Wang L R, Feng Y J, et al. Highly efficient and selective infrared absorption material based on layered double hydroxides for use in agricultural plastic film[J]. Applied Clay Science, 2011, 53(4): 592-597.

[80] Guo Y X, Wang J, Li D Q, et al. Micrometer-sized dihydrogenphosphate-intercalated layered double hydroxides: synthesis, selective infrared absorption properties, and applications as agricultural films[J]. Dalton Transactions, 2018, 47(9): 3144-3154

[81] 秦占洁, 田岩, 崔海龙. 国内外水滑石产品在农膜中的应用探索 [J]. 塑料, 2006, 35(5): 47-52.

[82] Kim T, Kang J H, Yang S J, et al. Facile preparation of reduced graphene oxide-based gas barrier films for organic photovoltaic devices[J]. Energy and Environmental Science, 2014, 7(10): 3403-3411.

[83] Seethamraju S, Ramamurthy P C, Madras G. Flexible poly(vinyl alcohol-*co*-ethylene)/modified MMT moisture barrier composite for encapsulating organic devices[J]. RSC Advances, 2013, (31): 12831-12838.

[84] Jung K, Bae J Y, Park S J, et al. High performance organic-inorganic hybrid barrier coating for encapsulation of OLEDs[J]. Journal of Materials Chemistry, 2011, 21(6): 1977-1983.

[85] Kim S W, Cha S H. Thermal, mechanical, and gas barrier properties of ethylene-vinyl alcohol copolymer-based nanocomposites for food packaging films: effects of nanoclay loading[J]. Journal of Applied Polymer Science, 2014, 131(11): 40289-40296.

[86] Lape N K, Nuxoll E E, Cussler E L. Polydisperse flakes in barrier films[J]. Journal of Membrane Science, 2004, 236(1): 29-37.

[87] Introzzi L, Blomfeldt T O J, Trabattoni S, et al. Ultrasound-assisted pullulan/montmorillonite bionanocomposite coating with high oxygen barrier properties[J]. Langmuir, 2012, 28(30): 11206-11214.

[88] Hagen D A, Box C, Greenlee S, et al. High gas barrier imparted by similarly charged multilayers in nanobrick wall thin films[J]. RSC Advances, 2014, 4(35): 18354-18359.

[89] Compton O C, Kim S, Pierre C, et al. Crumpled graphene nanosheets as highly effective barrier property enhancers[J]. Advanced Materials, 2010, 229(42): 4759-4763.

[90] Moeller M W, Lunkenbein T, Kalo H, et al. Barrier properties of synthetic clay with a kilo-aspect ratio[J]. Advanced Materials, 2010, 22(46): 5245-5249.

[91] Wu C N, Yang Q, Takeuchi M, et al. Highly tough and transparent layered composites of nanocellulose and synthetic silicate[J]. Nanoscale, 2014, 6(1): 392-399.

[92] Cussler E L, Hughes S E, Ward W J, et al. Barrier membranes[J]. Journal of Membrane Science, 1988, 38(2): 161-174.

[93] Cheng Q, Wu M, Li M, et al. Ultratough artificial nacre based on conjugated cross-linked graphene oxide[J]. Angewandte Chemie International Edition, 2013, 52(13): 3750-3755.

[94] Xu Z, Sun H, Zhao X, et al. Ultrastrong fibers assembled from giant graphene oxide sheets[J]. Advanced Materials, 2013, 25(2): 188-193.

[95] Gao R, Yan D P, Evans D G, et al. Layer-by-layer assembly of long-afterglow self-supporting thin films with dual-stimuli-responsive phosphorescence and antiforgery applications[J]. Nano Research, 2017, 10(10): 3606-3617.

[96] Gao R, Yan D P. Ordered assembly of hybrid room-temperature phosphorescence thin films showing polarized emission and the sensing of VOCs[J]. Chemical Communications, 2017, 53(39): 5408-5411.

[97] Han J B, Dou Y B, Yan D P, et al. Biomimetic design and assembly of organic-inorganic composite films with simultaneously enhanced strength and toughness[J]. Chemical Communications, 2011, 47(18): 5274-5276.

[98] Dou Y B, Zhou A W, Pan T, et al. Humidity-triggered self-healing films with excellent oxygen barrier performance[J]. Chemical Communications, 2014, 50(54): 7136-7138.

[99] Li Z X, Liang R Z, Xu S M, et al. Multi-dimensional, light-controlled switch of fluorescence resonance energy transfer based on orderly assembly of 0D dye@micro-micelles and 2D ultrathin-layered nanosheets[J]. Nano Research, 2016, 9(12): 3828-3838.

[100] Dou Y B, Xu S M, Liu X X, et al. Transparent, flexible films based on layered double hydroxide/cellulose acetate with excellent oxygen barrier property[J]. Advanced Functional Materials, 2014, 24(4): 514-521.

[101] Pan T, Xu S M, Dou Y B, et al. Remarkable oxygen barrier films based on a layered double hydroxide/chitosan hierarchical structure[J]. Journal of Materials Chemistry A, 2015, 3(23): 12350-12356.

[102] Wang J, Xu X Z, Zhang J, et al. Moisture-permeable, humidity-enhanced gas barrier films based on organic/

inorganic multilayers[J]. ACS applied materials and interfaces, 2018, 10(33): 28130-28138.

[103] Xu X Z, Wang L M, Wang J J, et al. Hydroxide-ion-conductive gas barrier films based on layered double hydroxide/polysulfone multilayers[J]. Chemical Communications, 2018, 54(56): 7778-7781.

[104] Dou Y B, Pan T, Xu S M, et al. Transparent, ultrahigh-gas-barrier films with a brick-mortar-sand structure[J]. Angewandte Chemie International Edition, 2015, 54(33): 9673-9678.

[105] Wang L M, Dou Y B, Wang J J, et al. Layer-by-layer assembly of layered double hydroxide/rubber multilayer films with excellent gas barrier property[J]. Composites Part A: Applied Science and Manufacturing, 2017, 102(1359-835X): 314-321.

[106] McKenzie R L, Aucamp P J, Bais A F, et al. Ozone depletion and climate change: impacts on UV radiation[J]. Photochemical Photobiological Sciences, 2011, 10(2): 182-198.

[107] Norval M, Lucas R M, Cullen A P, et al. The human health effects of ozone depletion and interactions with climate change[J]. Photochemical Photobiological Sciences, 2011, 10(2): 199-225.

[108] Jantschitsch C, Trautinger F. Heat shock and UV-B-induced DNA damage and mutagenesis in skin[J]. Photochemical Photobiological Sciences, 2003, 2(9): 899-903.

[109] Poli T, Toniolo L, Sansonetti A. Durability of protective polymers: the effect of UV and thermal ageing[J]. Macromolecular Symposia, 2006, 238(1): 78-83.

[110] Rosu D, Rosu L, Cascaval C N. IR-change and yellowing of polyurethane as a result of UV irradiation[J]. Polymer Degradation Stability, 2009, 94(4): 591-596.

[111] Wang X L, Zhou S X, Wu L M. Fabrication of $Fe^{3+}$ doped Mg/Al layered double hydroxides and their application in UV light-shielding coatings[J]. Journal of Materials Chemistry C, 2014, 2(29): 5752-5758.

[112] Ren Y, Chen M, Zhang Y, et al. Fabrication of rattle-type $TiO_2/SiO_2$ core/shell particles with both high photoactivity and UV-shielding property[J]. Langmuir, 2010, 26(13): 11391-11396.

[113] Sun W L, He Q L, Luo Y. Synthesis and properties of cinnamic acid series organic UV ray absorbents-interleaved layered double hydroxides[J]. Materials Letters, 2007, 61(8-9): 1881-1884.

[114] Gago-Ferrero P, Silvia Diaz-Cruz M S, Barcelo D. An overview of UV-absorbing compounds (organic UV filters) in aquatic biota[J]. Analytical Bioanalytical Chemistry, 2012, 404(9): 2597-2610.

[115] Diaz-Cruz M S, Llorca M, Barcelo D, et al. Organic UV filters and their photodegradates, metabolites and disinfection by-products in the aquatic environment[J]. Trac Trends in Analytical Chemistry, 2008, 27(10): 873-887.

[116] Koziej D, Fischer F, Kraenzlin N, et al. Nonaqueous $TiO_2$ nanoparticle synthesis: a versatile basis for the fabrication of self-supporting, transparent, and UV-absorbing composite films[J]. Acs Applied Materials Interfaces, 2009, 1(5): 1097-1104.

[117] Kumar S G, Devi L G. Review on modified $TiO_2$ photocatalysis under UV/visible light: selected results and related mechanisms on interfacial charge carrier transfer dynamics[J]. Journal of Physical Chemistry A, 2011, 115(46): 13211-13241.

[118] Broasca G, Borcia G, Dumitrascu N, et al. Characterization of ZnO coated polyester fabrics for UV protection[J]. Applied Surface Science, 2013, 279(aug15): 272-278.

[119] Novarina D, Amara F, Lazzaro F, et al. Mind the gap: keeping UV lesions in check[J]. DNA Repair, 2011, 10(7): 751-759.

[120] Wang Z, Pan Y F, Song Y M, et al. Ambient temperature sol-gel synthesis of $CeO_2-SiO_2$ and $TiO_2-CeO_2-SiO_2$ films with high efficiency of UV absorption and without destructive oxidation on heat sensitive organic substrate[J]. Journal of Sol-Gel Science and Technology, 2009, 50(3): 261-266.

[121] King D M, Liang X H, Carney C S, et al. Atomic layer deposition of UV-absorbing ZnO films on $SiO_2$ and $TiO_2$ nanoparticles using a fluidized bed reactor[J]. Advanced Functional Materials, 2008, 18(4): 607-615.

[122] 王桂荣. 水滑石插层结构紫外阻隔材料的组装与性能研究 [D]. 北京：北京化工大学，2015.

[123] Fu Q, Sun W. Mie Theory for light scattering by a spherical particle in an absorbing medium[J]. Applied Optics, 2001, 40(9): 1354-1361.

[124] Lee S C. Light scattering by a coated infinite cylinder in an absorbing medium[J]. Journal of the Optical Society of America A, 2011, 28(6): 1067-1075.

[125] Wang G R, Rao D M , Li K T, et al. UV blocking by Mg-Zn-Al layered double hydroxides for the protection of asphalt road surfaces[J]. Industrial Engineering Chemistry Research, 2014, 53(11): 4165-4172.

[126] Feng Y J, Li D Q, Wang Y, et al. Synthesis and characterization of a UV absorbent-intercalated Zn-Al layered double hydroxide[J]. Polymer Degradation and Stability, 2006, 91(4): 789-794.

[127] Li D Q, Tuo Z J, Evans D G, et al. Preparation of 5-benzotriazolyl-4-hydroxy-3-*sec*-butylbenzenesulfonate anion-intercalated layered double hydroxide and its photo stabilizing effect on polypropylene[J]. Journal of Solid State Chemistry, 2006, 179(10): 3114-3120.

[128] Cui G J, Evans D G, Li D Q. Synthesis and UV absorption properties of 5,5′-thiodisalicylic acid intercalated Zn-Al layered double hydroxides[J]. Polymer Degradation Stability, 2010, 95(10): 2082-2087.

[129] Wang G R, Xu S M, Xia C H, et al. Fabrication of host-guest UV-blocking materials by intercalation of fluorescent anions into layered double hydroxides[J]. Rsc Advances, 2015, 5(30): 23708-23714.

[130] Ma R Y, Tang P G , Feng Y J, et al. UV absorber co-intercalated layered double hydroxides as efficient hybrid UV-shielding materials for polypropylene[J]. Dalton Transactions, 2019, 48(8): 2750-2759.

[131] Kunimoto K K, Sugiura H, Kato T, et al. Molecular structure and vibrational spectra of phenolphthalein and its dianion[J]. Spectrochim. Acta, Part A, 2001, 57 (2): 265-271

[132] Yang Y, Li K T, Liu W D, et al. Selective intercalation of phenolphthalein quinone dianion in layered hosts against UV-photodegradation of bitumen[J]. Industrial & Engineering Chemistry Research, 2021, 60(14): 5076-5083

[133] 叶奋，黄彭. 强紫外线辐射对沥青路用性能的影响 [J]. 同济大学学报，2005, 33(7): 909-913.

[134] Livraghi S, Corazzari I, Paganini M C, et al. Decreasing the oxidative potential of $TiO_2$ nanoparticles through modification of the surface with carbon: a new strategy for the production of safe UV filters[J]. Chemical Communications, 2010, 46, 8478-8480.

[135] 洪定一. 聚丙烯——原理，工艺与技术 [M]. 北京：中国石化出版社，2002: 26-27.

[136] 杨挺，程丽鸿，钱丹. 我国聚乙烯发展现状及市场分析 [J]. 绝缘材料，2013, 46(3): 33-36.

[137] Cossee P. Ziegler-Natta catalysis I. Mechanism of polymerization of $\alpha$-olefins with Ziegler-Natta catalysts[J]. Journal of Catalysis, 1964, 3(1): 80-88.

[138] 王志武. 丙烯聚合用齐格勒 - 纳塔催化剂的作用机理 [J]. 工业催化，2003, 11(11): 1-6.

[139] 李淼，孙建平，孔祥森. 吸酸剂对超高分子量聚乙烯性能的影响 [J]. 齐鲁石油化工，2011, 39(003): 228-230.

[140] Li D G, Zhou M, Xie L H, et al. Synergism of pentaerythritol-zinc with $\beta$-diketone and calcium stearate in poly (vinyl chloride) thermal stability[J]. Polymer Journal, 2013, 45(7): 775-782.

[141] Allen N S, Hoang E, Liauw C M, et al. Influence of processing aids on the thermal and photostabilisation of HDPE with antioxidant blends[J]. Polymer Degradation and Stability, 2001, 72(2): 367-376.

[142] Trongtorsak K, Supaphol P, Tantayanon S. Effect of calcium stearate and pimelic acid addition on mechanical properties of heterophasic isotactic polypropylene/ethylene-propylene rubber blend[J]. Polymer Testing, 2004, 23(5): 533-539.

[143] 施珣若. 合成水滑石在高分子材料中的应用 [J]. 塑料助剂，2020, 139(1): 50-53.

[144] 宁波. 复合金属氢氧化物的插层组装与吸酸性能研究 [D]. 北京：北京化工大学，2014.

[145] 林彦军，宁波，夏敏，等. 一种用于聚烯烃的水滑石吸酸剂 CN201510013403.4[P]. 2017-05-24.

[146] 夏敏. 层状复合金属氢氧化物的表面酸性调控与吸氯性能研究 [D]. 北京：北京化工大学，2015.

[147] 温诗铸，黄平. 摩擦学原理 [M]. 4 版. 北京：清华大学出版社，2012.

[148] 张林，李玉海. 聚四氟乙烯的性能与应用现状 [J]. 科技创新导报，2012(4): 111-112.

[149] 刘鹤，郭军红，夏天东，等. 石墨基固体润滑复合涂料的研究与应用现状 [J]. 涂料工业，2019, 49(1): 84-87.

[150] Su Y L, Kao W H. Tribological behaviour and wear mechanism of MoS₂-Cr coatings sliding against various counterbody[J] Tribology International, 2003, 36(1): 11-23.

[151] 王振宇. Co-Al 水滑石类化合物的制备与摩擦性能研究 [D]. 北京：中国地质大学（北京），2011.

[152] Wang H D, Liu Y H, Liu W R, et al. Tribological behavior of NiAl-layered double hydroxide nanoplatelets as oil-based lubricant additives[J]. ACS Applied Materials & Interfaces 2017, 9: 30891-30899.

[153] 巴召文，韩云燕，乔旦，等. 磷酸酯阴离子插层水滑石作为纳米润滑添加剂的研究 [J]. 摩擦学学报，2018, 38(4): 373-382.

[154] Li S, Qin H J, Zuo R F, et al. Friction properties of La-doped Mg/Al layered double hydroxide and intercalated product as lubricant additives[J]. Tribology International, 2015, 91: 60-66.

[155] Li S, Qin H J, Zuo R F, et al. Tribological performance of Mg/Al/Ce layered double hydroxides nanoparticles and intercalated products as lubricant additives[J]. Applied Surface Science, 2015, 353: 643-650.

[156] 李硕，白志民，赵栋. 表面改性锌镁铝三元类水滑石的摩擦性能及抗磨机理 [J]. 硅酸盐学报，2014, 42(10): 1316-1324.

# 索引

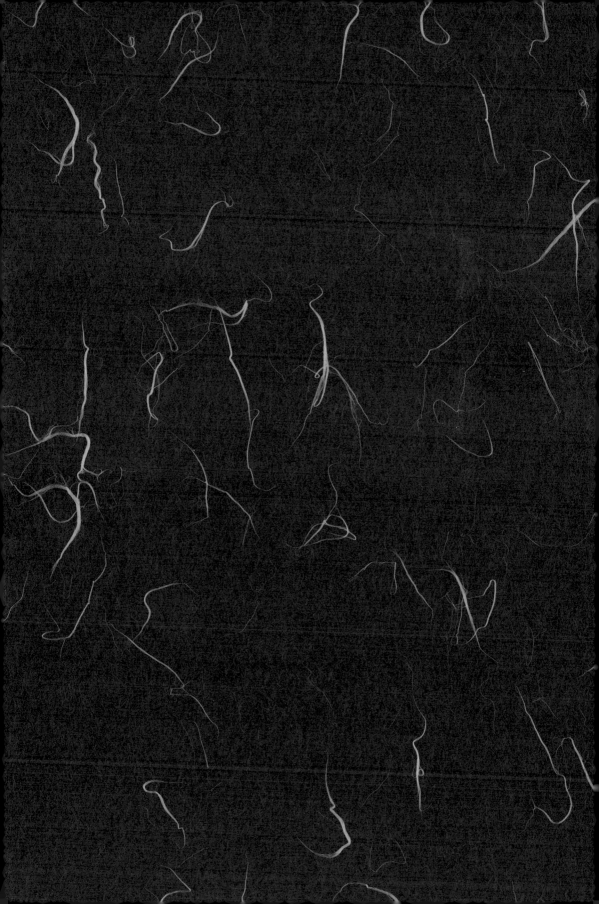